Walter Purkert

Brückenkurs Mathematik
für Wirtschaftswissenschaftler

27,90

Walter Purkert

Brückenkurs Mathematik

für Wirtschaftswissenschaftler

4., durchgesehene Auflage

Teubner

B. G. Teubner Stuttgart · Leipzig · Wiesbaden

Die Deutsche Bibliothek – CIP-Einheitsaufnahme
Ein Titeldatensatz für diese Publikation ist bei
Der Deutschen Bibliothek erhältlich.

1. Auflage 1995
2. Auflage 1997
3. Auflage 1999
4., durchgesehene Auflage März 2001

Der Verlag Teubner ist ein Unternehmen der Fachverlagsgruppe BertelsmannSpringer.

www.teubner.de

Gedruckt auf säurefreiem Papier.

Umschlaggestaltung: Ulrike Weigel, www.CorporateDesignGroup.de
Druck und buchbinderische Verarbeitung: Druckhaus „Thomas Müntzer" GmbH, Bad Langensalza
Printed in Germany

ISBN 3-519-10248-X

Vorwort

Studierende der Volks- und Betriebswirtschaft haben heutzutage ein beträchtliches Pensum an Mathematik zu absolvieren, und dieses Pensum wird in Zukunft mit Sicherheit nicht geringer werden. Andererseits sind Mathematik und mathematische Statistik Fächer, die bei vielen Studierenden der Anfangssemester nicht sehr beliebt sind, ja sogar einer nicht geringen Zahl von ihnen erhebliche Schwierigkeiten bereiten. Viele dieser Schwierigkeiten beruhen erfahrungsgemäß darauf, daß der Schulstoff, der an der Universität oder Fachhochschule vorausgesetzt werden muß, nicht sicher beherrscht wird.

Ein erstes Ziel dieses Brückenkurses besteht deshalb darin, kompakt und übersichtlich nochmals diejenigen Teile des Schulstoffes darzustellen, die für ein Studium der Volks- und Betriebswirtschaft besonders relevant sind. Es geht vor allem um sicheres Rechnen mit allgemeinen Zahlen sowie um den Funktionsbegriff, der als eines der wichtigsten theoretischen Werkzeuge zum Verständnis von Zusammenhängen im Mittelpunkt steht.

Eine Brücke hat aber mindestens zwei Pfeiler, und so soll der Kurs gleichzeitig ein brauchbares Lehrbuch der Mathematik für die Anfangssemester sein. Ich habe mich bemüht, ein Buch auch für diejenigen Studierenden zu schreiben, für die Mathematik nicht gerade das Lieblingsfach ist. Es wurde deshalb Wert auf große Anschaulichkeit gelegt. Auf mathematische Strenge und auf Beweise, die zwar für den Mathematiker unerläßlich sind, für den Praktiker aber eine unnötige Belastung darstellen, wurde vollkommen verzichtet. Zahlreiche durchgerechnete Beispiele zeigen die Anwendung des Gelernten, und eine Fülle von Abbildungen soll auch das Vorstellungsvermögen anregen. Die Motivationen und Anwendungsbeispiele sind ausnahmslos dem wirtschaftswissenschaftlichen Bereich entnommen. Jedem Kapitel sind zur Festigung des Stoffes Aufgaben beigefügt. Die Lösungen sämtlicher Aufgaben sind in Kapitel 8 abgedruckt.

Auf Mengenlehre und mengentheoretische Terminologie habe ich bewußt verzichtet. Die Mengenlehre ist für den Anfänger frustrierend, weil ihre tiefen und schönen Konzepte, z.B. der mengentheoretische Funktionsbegriff, ohne genügend Hintergrundwissen gar nicht verstanden werden oder als abstrakte Spielerei erscheinen und in der Tat dann später auch nicht wirklich benutzt werden. Denn in den Anwendungen ist eine Funktion über $\{1, \ldots, n\}$ ein n-Tupel oder eine Tabelle, eine Funktion über $\{1, 2, 3, \ldots\}$ eine Folge, und die Funktionen über Intervallen von R sind halt wieder Formeln, die eine Zuordnungsvorschrift definieren. Wenn man aber umgekehrt ein sicheres und inhaltlich gut verstandenes mathematisches Grundwissen hat, bereitet der Übergang zur mengentheoretischen Terminologie – falls aus diesem oder jenem Grunde erforderlich – keinerlei Schwierigkeiten.

Das Buch wendet sich an Studierende der Wirtschaftswissenschaften in den Anfangssemestern an Hoch- und Fachhochschulen, aber auch an zukünftige Studentinnen und Studenten, die den Start ihrer wirtschaftswissenschaftlichen Studien gut vorbereiten möchten.

Ein herzlicher Dank geht an die Herren Dr. Spuhler und J. Weiß vom Teubner Verlag für die angenehme Zusammenarbeit sowie an Gert Purkert für die Fertigstellung der Druckvorlage und die Herstellung sämtlicher Abbildungen.

Leipzig, Juli 1995   Walter Purkert

In der vorliegenden 4., durchgesehenen Auflage wurden weitere kleine Versehen berichtigt, auf die mich Leser des Buches dankenswerterweise aufmerksam gemacht haben.

Bonn, Januar 2001   Walter Purkert

Inhaltsverzeichnis

Kapitel 1

Das Rechnen mit reellen Zahlen

Vorbemerkung zu den Kapiteln 1 und 2

In den folgenden Kapiteln 1 und 2 beschäftigen wir uns mit Inhalten, die größtenteils in der Mittelstufe der allgemeinbildenden Schule behandelt werden. Aber gerade das ist lange her — und wer weiß schon zu Beginn eines Studiums alles, was er irgendwann in der Schule gelernt hat? Natürlich ist für einen angehenden Wirtschaftswissenschaftler manches aus der Mathematik der Schule kaum relevant (das kann für andere Fachrichtungen ganz anders aussehen). Aber was jeder unbedingt können sollte, das ist sicheres Rechnen. Die Erfahrung zeigt, daß gerade mangelnde Rechenfertigkeiten häufig die Ursache für die Schwierigkeiten der Studenten in den mathematischen Anfängervorlesungen ist. Wer nicht souverän im Rechnen ist, wird nie ein Gefühl der Unsicherheit beim Umgang mit Formeln überwinden können. Testen Sie ihre diesbezüglichen Fähigkeiten, indem Sie die Übungsaufgaben zu den Kapiteln 1 und 2 lösen. Wenn sie das fehlerfrei können, gehen Sie (nach einem kurzen Blick auf 1.3) gleich zu Kapitel 3 über. Andernfalls sollten Sie sich die Mühe machen, 1 und 2 gründlich zu studieren, auch wenn Ihnen manches trivial vorkommt. Sie sollten auch versuchen, sich zu den Beispielen im Text weitere Beispiele selbst auszudenken – das schult das Verständnis mehr, als nur immer vorgegebene Beispiele nachzuvollziehen.

1.1 Grundregeln des Rechnens

1.1.1 Der Bereich der reellen Zahlen

In der Schule haben wir, ausgehend von den *natürlichen Zahlen* $1, 2, 3, 4, 5, \ldots$ den Zahlbereich nach und nach erweitert. Fügt man zu den natürlichen Zahlen die Zahl 0 sowie die negativen Zahlen $-1, -2, -3, -4, -5, \ldots$ hinzu, so erhält man den Bereich der *ganzen Zahlen*. Die negativen Zahlen sind im Mittelalter von italienischen Kaufleuten eingeführt worden, um Schulden von Guthaben zu unterscheiden. Alle möglichen Brüche mit ganzen Zahlen als Zähler und Nenner (der Nenner 0 ist dabei ausgeschlossen) bilden den Bereich der *rationalen Zahlen*. $\frac{-1}{3}$, $\frac{23}{7}$, 15 $(= \frac{15}{1})$ sind Beispiele für rationale Zahlen. Stellt man die rationalen Zahlen als Dezimalzahlen dar, d.h. teilt man im Dezimalsystem den Zähler durch den Nenner, so erhält man *abbrechende* oder *nichtabbrechende periodische* Dezimalzahlen. $\frac{1}{3}$ ist z.B. gleich $0,3333\ldots$; $\frac{157}{8} = 19,625$; $\frac{7}{11} = 0,636363\ldots$; $\frac{1}{-32} = -0,03125$; $15 = 15,0$; $\frac{2}{9} = 0,2222\ldots$. Es gibt Zahlen, wie die Kreiszahl π, von denen man weiß, daß ihre Dezimaldarstellung eine *nichtabbrechende nichtperiodische* Dezimalzahl ergibt. Für π erhält man z.B. den Wert $3,14152926535897923846\ldots$; die drei Punkte bedeuten hier, daß unendlich viele weitere Stellen folgen, die man aber nicht aus den schon berechneten erschließen kann. Im übrigen ist es ein beliebter Sport, mit Hilfe von Großcomputern immer neue und neue Stellen von π zu berechnen; man kennt heute schon einige Tausend. Zahlen, die wie π eine nicht abbrechende nichtperiodische Dezimaldarstellung haben, heißen irrationale Zahlen. Bei jeder praktischen Rechnung werden diese irrationalen Zahlen, zu denen z.B. auch Wurzeln wie $\sqrt{2}$ oder $\sqrt[3]{5}$ gehören, durch endliche Dezimalzahlen, d.h. durch rationale Näherungen ersetzt. Z.B. genügt für π oft die Näherung $3,14$; der Taschenrechner liefert die wesentlich genauere Näherung $3,1415927$.

Die rationalen und die irrationalen Zahlen zusammengenommen bilden den Bereich der *reellen Zahlen*. Dieser Zahlbereich ist die Grundlage der höheren Mathematik. Eine anschauliche Vorstellung von den reellen Zahlen kann man mittels der Zahlengeraden gewinnen. Das ist eine horizontale Gerade, auf der irgendwo der Nullpunkt fixiert ist und von dort nach rechts eine Einheitsstrecke abgetragen ist, d.h. die Zahl 1 festgelegt ist. Alle anderen Zahlen sind dann auf der Geraden fixiert.

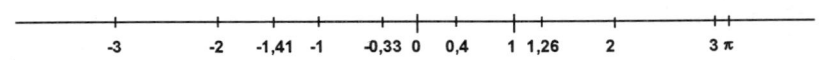

Abb. 1.1   Zahlengerade mit einigen darauf verzeichneten Zahlen

Als Fazit merken wir uns:

> Die reellen Zahlen, mit denen wir arbeiten, können wir uns geometrisch auf der Zahlengeraden vorstellen: Jedem Punkt auf der Zahlengeraden entspricht genau eine reelle Zahl und umgekehrt entspricht jeder reellen Zahl genau ein Punkt auf der Zahlengeraden. Jede in irgendeinem Zusammenhang auftretende reelle Zahl – ganz gleich, ob sie ihrem Wesen nach rational oder irrational ist – wird in der Praxis durch eine Dezimalzahl mit endlich vielen Stellen hinter dem Komma dargestellt. Diese Darstellung liefern die heutigen Rechner automatisch mit hinreichender Genauigkeit.

1.1.2 Rechenregeln

Mit den reellen Zahlen sind die vier Grundrechenarten (mit Ausnahme der Division durch Null) uneingeschränkt ausführbar, d.h. wenn zwei Zahlen a und b gegeben sind, so existieren im Bereich der reellen Zahlen ihre Summe $a+b$, ihre Differenz $a - b$, ihr Produkt ab und ihr Quotient $\frac{a}{b}$ (falls $b \neq 0$ ist). Wenn uns die Zahlen a und b als Dezimalzahlen gegeben sind, so wissen wir aus den ersten Schuljahren, wie man mittels schriftlicher Rechenmethoden Summe, Differenz, Produkt und Quotient ausrechnet. Heutzutage wird das natürlich meist mittels eines Taschenrechners erledigt. Um Mathematik zu betreiben, muß man über das Rechnen mit konkreten Zahlen hinaus mit allgemeinen Zahlen (Buchstaben) rechnen. Allgemeine Zahlen sind nichts anderes als Buchstaben, für die man jede beliebige reelle Zahl gesetzt denken kann. Wir wollen uns diese in der Schule über Jahre eingeübte Idee nochmals vergegenwärtigen: Es ist offenbar gleichgültig, in welcher Reihenfolge man zwei Zahlen addiert: z.B. ist $7 + 3 = 3 + 7$; $8,25 + 7,037 = 7,037 + 8,25$ usw., man könnte noch beliebig viele weitere konkrete Beispiele aufschreiben. Um diese Gesetzmäßigkeit nicht stets von neuem feststellen zu müssen, sondern sie ganz allgemein ausdrücken zu können, trifft man folgende Vereinbarung: a und b werden als Vertreter von zwei beliebigen Zahlen gewählt; es wird dabei offen gelassen, welche reellen Zahlen man sich unter a und b denken will. Die in Rede stehende Gesetzmäßigkeit kommt dann in folgender Gleichung zum Ausdruck:

$$\boxed{a + b = b + a} \tag{1.1}$$

Man nennt dieses Gesetz das *Vertauschungs-* oder *Kommutativgesetz* der Addition. Es gilt auch für mehrere Summanden und besagt inhaltlich: *Es ist gleichgültig, in welcher Reihenfolge man Additionen vornimmt.*

Beispiele:

1) $x + y + a + 5 = 5 + x + a + y = a + y + 5 + x$
(man könnte weitere Gleichheiten hinzufügen; wieviele?)

2) $2 + x + a + 5 + a + 3x = x + 3x + a + a + 2 + 5 = 4x + 2a + 7$
Das Kommutativgesetz braucht man also oft, um gleichnamige Glieder zusammenzufassen.

3) $4xy + y + 2xy + a + 7y = a + 6xy + 8y$

4) $a^2 + a + 3a^2 + 2ab = 4a^2 + a + 2ab$
(Bemerkung: Obwohl Potenzen erst im Kapitel 2 behandelt werden, wollen wir durchweg schon von der Abkürzung $a \cdot a = a^2$ Gebrauch machen.)

Ein analoges Kommutativgesetz gilt für die Multiplikation:

$$\boxed{ab = ba} \tag{1.2}$$

Beispiele:

1) $cde = dec = ecd$

2) $6abx \cdot 7 = 6 \cdot 7 \cdot abx = 42abx$
(Bemerkung: Der Malpunkt kann geschrieben oder auch weggelassen werden; wenn konkrete Zahlen am Ende stehen wird er in der Regel geschrieben: $6ac \cdot 7$ bzw. man setzt eine Klammer: $(6ac)7$. Auch bei gleichen Faktoren schreibt man den Malpunkt: $a \cdot a \cdot x \cdot x = a^2 x^2$.)

3) $a \cdot x \cdot b \cdot x \cdot a = a \cdot a \cdot b \cdot x \cdot x = a^2 b x^2$

Weitere Grundgesetze sind die Assoziativgesetze der Addition und Multiplikation:

$$\boxed{(a + b) + c = a + (b + c)} \tag{1.3}$$

$$\boxed{(ab)c = a(bc)} \tag{1.4}$$

Das Assoziativgesetz der Addition besagt z.B. inhaltlich, daß es bei Addition von drei reellen Zahlen gleichgültig ist, ob man zuerst die beiden ersten addiert und dann die dritte hinzufügt oder ob man die erste zur vorher bestimmten Summe der beiden letzten addiert. Man kann also die Klammern beliebig setzen oder auch ganz weglassen: $(a + b) + c = a + (b + c) = a + b + c$. Das gilt auch für mehrere Summanden; insbesondere folgt aus dem Assoziativgesetz, daß man eine Klammer, vor der ein $+$-Zeichen steht, d.h. die addiert wird, weglassen kann. Eine Klammer, die als Summand am Anfang steht, kann ebenfalls weggelassen werden.

Beispiele:

1) $(a + b) + (c + d + e) = a + b + c + d + e$

2) $(x + 2 + y) + (6 + a + y) = x + 2 + y + 6 + a + y = a + x + y + y + 6 + 2 = a + x + 2y + 8$

In 2) wurde außer dem Assoziativgesetz auch noch das Kommutativgesetz benutzt.

Beispiele für die Anwendung des Assoziativgesetzes der Multiplikation:

1) $(ab)(cd) = abcd$

2) $(3xy)(2ab) = 3xy \cdot 2ab = 3 \cdot 2 \cdot xyab = 6abxy$

3) $(zw)(7x)(8zw)(3x) = z \cdot w \cdot 7 \cdot x \cdot 8 \cdot z \cdot w \cdot 3 \cdot x = 3 \cdot 7 \cdot 8 \cdot x \cdot x \cdot w \cdot w \cdot z \cdot z = 168x^2w^2z^2$

In 2) und 3) wurde außerdem das Kommutativgesetz benutzt. So werden wir nach und nach unser Arsenal an Regeln und Gesetzen erweitern, ohne daß im folgenden bei den einzelnen Beispielen immer wieder darauf hingewiesen wird, welche der schon früher besprochenen Gesetze zum Tragen kommen. Sie, lieber Leser, sollten aber versuchen, sich darüber Rechenschaft abzulegen; das übt ungemein. Die Kunst des Rechnens besteht ganz einfach darin, im gegebenen Fall die jeweils erforderlichen Gesetze richtig anzuwenden; eine systematische, Schritt für Schritt vorgehende Wiederholung und Einübung (auch durch das Ausdenken eigener Aufgaben) wird Sie mit Sicherheit zum Erfolg führen.

Die beiden Operationen Addition und Multiplikation stehen durch das Distributivgesetz miteinander in Beziehung. Es lautet:

$$\boxed{a(b + c) = ab + ac} \tag{1.5}$$

Es kann wegen des Kommutativgesetzes natürlich auch die Summe zuerst stehen: $(b + c)a = a(b + c)$. Das Distributivgesetz liefert die Regel für das Multiplizieren eines Faktors mit einer Summe: Man muß den Faktor mit jedem Glied der Summe multiplizieren und die entstehenden Produkte addieren. Das gilt auch für mehr als zwei Summanden.

Beispiele:

1) $a(b + c + d + e) = ab + ac + ad + ae$

2) $(x_1 + x_2 + x_3 + \ldots + x_n)y = x_1 y + x_2 y + x_3 y + \ldots + x_n y$

In Beispiel 2) hat die Summe in der Klammer n Summanden. Da n eine beliebige natürliche Zahl sein kann, ist es unmöglich, alle Summanden wirklich hinzuschreiben, man schreibt den Anfang der Summe und den letzten Summanden und deutet die übrigen, nicht ausgeschriebenen Summanden durch drei Punkte an. Zur Bezeichnungsweise ist noch folgendes zu bemerken: Hat man eine geringe Zahl verschiedener Summanden, z.B. 2, 3 oder 4, so ist die Bezeichnung mit verschiedene Buchstaben sachgemäß:

$a + b$, $a + b + c$, $a + b + c + d$. Das ist sehr aufwendig bei einer großen Zahl von Summanden und unmöglich bei beliebig vielen (n); in einem solchen Fall verwendet man einen festen Buchstaben (hier x) und unterscheidet die einzelnen Summanden durch unten angebrachte Nummern (Indices): der erste Summand bekommt den Index 1, der zweite den Index 2, usw., schließlich der n-te Summand den Index n. Indices treten gerade in ökonomischen Zusammenhängen sehr häufig auf.

3) $b(7a + 5b + c) = 7ab + 5b^2 + bc$

4) $2xy(x + 6y + z) = 2x^2y + 12xy^2 + 2xyz$

5) $(x_1y_1 + x_2y_2 + \ldots + x_ny_n) \cdot 2xy = 2yx x_1y_1 + 2xy x_2y_2 + \ldots + 2xy x_ny_n$

Das Distributivgesetz ist auch die Grundlage für das Ausmultiplizieren von in Klammern stehenden Summen: Es soll z.B. $(a + b)(c + d)$ berechnet werden. Wir setzen zunächst $c + d = e$, dann ist $(a + b)(c + d) = (a + b)e = ae + be$ nach dem Distributivgesetz. Nun setzen wir für e wieder $c + d$ ein und verwenden erneut das Distributivgesetz: $ae + be = a(c + d) + b(c + d) = ac + ad + bc + bd$, also $(a + b)(c + d) = ac + ad + bc + bd$.

> Beim Ausmultiplizieren zweier in Klammern stehender Summen muß man jedes Glied der einen Klammer mit jedem Glied der anderen Klammer multiplizieren und alle so entstehenden Produkte addieren.

Beispiele:

1) $(x + 2y)(4a + 3b) = 4ax + 3bx + 8ay + 6by$

2) $(a + b)(a + 2b + c) = a^2 + 2ab + ac + ab + 2b^2 + bc = a^2 + 3ab + ac + 2b^2 + bc$
    In 2) wurden die gleichnamigen Glieder $2ab$ und ab zu $3ab$ addiert.

3) $(6a + 2b + 4c)(4a + 4b + 5c) = 24a^2 + 24ab + 30ac + 8ab + 8b^2 + 10bc+$
    $$+16ac + 16bc + 20c^2$$
    $$= 24a^2 + 32ab + 46ac + 8b^2 + 26bc + 20c^2.$$

4) $(x_1 + x_2 + \ldots + x_n)(y_1 + y_2 + \ldots + y_m) = \quad x_1y_1 + x_1y_2 + \ldots + x_1y_m$
    $$+ \; x_2y_1 + x_2y_2 + \ldots + x_2y_m$$
    $$\vdots \qquad \vdots \qquad \qquad \vdots$$
    $$+ \; x_ny_1 + x_ny_2 + \ldots + x_ny_m.$$

In diesem Beispiel haben wir insgesamt $n \cdot m$ Produkte zu addieren. Für $n = 3$, $m = 4$ ergäbe sich z.B.:

$$(x_1 + x_2 + x_3)(y_1 + y_2 + y_3 + y_4) = x_1y_1 + x_1y_2 + x_1y_3 + x_1y_4 +$$
$$x_2y_1 + x_2y_2 + x_2y_3 + x_2y_4 +$$
$$x_3y_1 + x_3y_2 + x_3y_3 + x_3y_4.$$

Die Beispiele 3) und 4) zeigen auch, daß man bei der Regel, jedes Glied mit jedem zu multiplizieren, versuchen sollte, eine gewisse Systematik einzuhalten, um keine Glieder zu vergessen.

Ausklammern: Wie jede mathematische Gleichung kann man das Distributivgesetz von links nach rechts oder von rechts nach links lesen und dementsprechend verschieden interpretieren. Bisher haben wir es von links nach rechts gelesen, d.h. $a(b+c)$ war der Ausgangspunkt, $ab + ac$ das Ergebnis. Umgekehrt gelesen, d.h. $ab + ac = a(b+c)$ ergibt es die Regel für das Ausklammern:

> Wenn ein Faktor in jedem Glied einer Summe auftritt, so kann dieser Faktor ausgeklammert werden.

Beispiele:

1) $abc + ad + ae = a(bc + d + e)$

2) $a^2 + 2abc + axy = a(a + 2bc + xy)$

3) $4a + 6b + 10c = 2 \cdot 2a + 2 \cdot 3b + 2 \cdot 5c = 2(2a + 3b + 5c)$

4) $2xy + 4x^2y^2 + 8xyz = 2xy(1 + 2xy + 4z)$

5) $xy_1 + 2xy_2 + 3xy_3 + \ldots + nxy_n = x(y_1 + 2y_2 + 3y_3 + \ldots + ny_n)$
   Die Probe für richtiges Ausklammern ist erneutes Ausmultiplizieren der Klammer: Es muß dann der Ausdruck entstehen, von dem man ausgegangen ist. Das macht auch klar, daß Ausklammern von a etwa aus $a + ab$ zu $1 + b$ führt: $a + ab = a(1 + b)$ (vgl. Bsp. 4).

Vorzeichenregeln:
Zu jeder Zahl a kann man die zugehörige entgegengesetzte Zahl $-a$ finden; die Summe einer Zahl und ihrer entgegengesetzten Zahl ergibt gerade Null: $a + (-a) = 0$. Auf der Zahlengeraden entsteht die entgegengesetzte Zahl von a durch die *Spiegelung von a am Nullpunkt:*

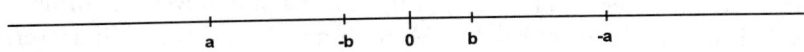

Ist a positiv, ist die entgegengesetzte Zahl $-a$ negativ; ist a negativ, so ist die entgegengesetzte Zahl $-a$ positiv.

Beispiele:

1) $-5,3$ ist die entgegengesetzte Zahl zu $5,3$

2) $-(-9) = 9$, d.h. 9 ist die entgegengesetzte Zahl zu -9

Es gelten folgende sogenannte *Vorzeichenregeln*:

$$\boxed{-(-a) = a} \tag{1.6}$$

$$\boxed{-a = (-1) \cdot a = a \cdot (-1)} \tag{1.7}$$

$$\boxed{(-a)b = a(-b) = -(ab) = -ab} \tag{1.8}$$

$$\boxed{(-a)(-b) = ab} \tag{1.9}$$

Regel (1.8) hat man gelegentlich durch den suggestiven Merksatz „Minus mal Plus" bzw. „Plus mal Minus" ergibt „Minus", Regel (1.9) durch den Merksatz „Minus mal Minus" ergibt „Plus" ausgedrückt.

Bei der Subtraktion $a - b$ wird zu a gerade die entgegengesetzte Zahl von b addiert

$$\boxed{a - b = a + (-b)} \tag{1.10}$$

Daraus folgt auch $-a + b = b - a$. Unter Beachtung von (1.10) erhält man aus dem Distributivgesetz $a(b + c) = ab + ac$ bei Berücksichtigung der Vorzeichenregeln (1.8) und (1.9) folgende Ergebnisse:

$$(-a)(b + c) = -ab - ac; \qquad (-a)(b - c) = -ab + ac;$$
$$(-a)(-b + c) = ab - ac; \qquad (-a)(-b - c) = ab + ac;$$
$$a(b - c) = ab - ac; \qquad a(-b + c) = -ab + ac;$$
$$a(-b - c) = -ab - ac.$$

Diese Formeln braucht man natürlich nicht zu lernen; man kann sie folgendermaßen beschreiben (und so merkt man sie sich auch): Das Multiplizieren eines Faktors mit einer in Klammern stehenden Summe (auch $a - b = a + (-b)$ oder $-b - c = (-b) + (-c)$ sind ja Summen!) geschieht wie üblich, indem der Faktor mit jedem Glied multipliziert wird; die Vorzeichen der entstehenden Produkte ergeben sich nach den Regeln (1.8) und (1.9), d.h. nach den Regeln „Minus mal Plus" bzw. „Plus mal Minus" ergibt „Minus"und „Minus mal Minus" ergibt „Plus". Dasselbe gilt für das Ausmultiplizieren zweier in Klammern stehender Summen: Man muß jedes Glied der einen Klammer mit jedem der anderen Klammer multiplizieren und die genannten Vorzeichenregeln beachten.

Beispiele:

1) $(-3)(a + b - c) = -3a - 3b + 3c$

2) $6a(-3a + 5b - c) = -18a^2 + 30ab - 6ac$

3) $(2x - 6y)(-x - 2y) = -2x^2 - 4xy + 6xy + 12y^2 = -2x^2 + 2xy + 12y^2$

4) $(a - 3b)(-a + 5b - c) = -a^2 + 5ab - ac + 3ab - 15b^2 + 3bc$
$$= -a^2 + 8ab - ac - 15b^2 + 3bc.$$

Im folgenden Beispiel sind drei Klammern zu multiplizieren. Man multipliziert zuerst zwei und dann das Ergebnis mit der dritten. Analog verfährt man bei mehr als drei Klammern.

5) $(x - y)(x + 2y)(a - b) = (x^2 + 2xy - xy - 2y^2)(a - b)$
$$= (x^2 + xy - 2y^2)(a - b)$$
$$= ax^2 - bx^2 + axy - bxy - 2ay^2 + 2by^2.$$

Die Regeln für das Ausmultiplizieren liefern uns auch die sogenannten *binomischen Formeln*:

$$(a + b)^2 = (a + b)(a + b) = a^2 + ab + ab + b^2$$
$$= a^2 + 2ab + b^2, \text{ also}$$

$$\boxed{(a + b)^2 = a^2 + 2ab + b^2} \quad (1.\,binomische\,Formel). \qquad (1.11)$$

Analog ergeben sich:

$$\boxed{(a - b)^2 = a^2 - 2ab + b^2} \quad (2.\,binomische\,Formel) \qquad (1.12)$$

$$\boxed{(a + b)(a - b) = a^2 - b^2} \quad (3.\,binomische\,Formel). \qquad (1.13)$$

Wir wollen anhand der binomischen Formeln noch zwei allgemeine Gesichtspunkte diskutieren, die für eine erfolgreiche Beschäftigung mit Mathematik wichtig sind. So sollte man sich die Inhalte von Formeln möglichst durch Beschreibung in Worten klarmachen, um sie auch auf Fälle anwenden zu können, die nicht die Gestalt der Standardformeln, hier etwa (1.11)–(1.13), haben. Die erste binomische Formel z.B. besagt, daß man das Quadrat einer Summe erhält, indem man die Quadrate der Summanden addiert und dazu noch das doppelte Produkt der Summanden hinzufügt.

Beispiele:

1) Aus (1.11) folgt z.B.
$$(a + 4x)^2 = a^2 + 2 \cdot a \cdot 4x + (4x)^2 = a^2 + 8ax + 16x^2$$
$$(7xy + 6z)^2 = (7xy)^2 + 2(7xy)(6z) + (6z)^2 = 49x^2y^2 + 84xyz + 36z^2$$
$$(y + 3)^2 = y^2 + 6y + 9$$

2)   Aus (1.12) folgt etwa
$$(b - 4)^2 = b^2 - 8b + 16$$
$$(3ax - 9cx)^2 = 9a^2x^2 - 54acx^2 + 81c^2x^2$$
$$(1 - p)^2 = 1 - 2p + p^2$$

3)   Aus (1.13) folgt z.B.
$$(2a + 3b)(2a - 3b) = 4a^2 - 9b^2$$
$$(1 - q)(1 + q) = 1 - q^2$$

Die erste binomische Formel kann leicht auf mehr als zwei Summanden ausgedehnt werden, z.B. gilt $(a + b + c)^2 = a^2 + b^2 + c^2 + 2ab + 2ac + 2bc$. Ein zweiter Gesichtspunkt ist, daß man eine Gleichung nicht nur von links nach rechts, sondern auch vom rechts nach links lesen kann, d.h. jede Seite einer Gleichung kann als Ausgangspunkt, die jeweils andere als Ergebnis betrachtet werden. So liefert die dritte binomische Formel eine Regel, wie man die Differenz zweier Quadrate in zwei Faktoren zerlegen kann: $a^2 - b^2 = (a + b)(a - b)$, also z.B. $4x^2 - 9y^2 = (2x + 3y)(2x - 3y)$, $q^2 - 1 = q^2 - 1^2 = (q + 1)(q - 1)$. Aus der zweiten binomischen Formel würde man z.B. folgende Zerlegungen in zwei gleiche Faktoren finden: $x^2 - 6xy + 9y^2 = (x - 3y)^2$, $25c^2 - 80cd + 64d^2 = (5c - 8d)^2$.

Wir hatten schon gesehen, daß man bei in Klammern stehenden Summen, die addiert werden, die Klammern weglassen kann, z.B. gilt $(x - y) + (-2x + 3y - z) = x - y - 2x + 3y - z = -x + 2y - z$. Dabei haben wir $a + (-b) = a - b$ beachtet, denn zunächst ist $(x - y) + (-2x + 3y - z) = x - y + (-2x) + 3y + (-z)$ und das ist gleich $x - y - 2x + 3y - z$.

Aus der Vorzeichenregel $-a = (-1)a$ und den Regeln über das Ausmultiplizieren einer geklammerten Summe mit einem Faktor erhält man eine Vorschrift, wie man mit Klammern verfährt, die subtrahiert werden. Beispielsweise ist $x - (a - b + c) = x + (-1)(a - b + c) = x - a + b - c$. Das Ergebnis kann man sich so entstanden denken, daß man die Klammer weglassen kann, aber bei jedem Glied der Klammer das Vorzeichen umkehren muß.

> Wird eine geklammerte Summe subtrahiert, so kann man die Klammer weglassen, muß aber bei jedem Summanden das Vorzeichen umkehren.

Beispiele:

1) $-(x - 2y) + (x - y) - (-2x - 6y) = -x + 2y + x - y + 2x + 6y = 2x + 7y$

2) $a - [-(4a + b)] = a - [-4a - b] = a + 4a + b = 5a + b$
   Bei mehrfachen Klammern geht man also schrittweise von den inneren zu den äußeren. Oft werden bei mehrfachen Klammern, um sie besser zu unterscheiden, verschiedene Klammersymbole verwendet.

3) $a + 2b - (a - b)(c - d) = a + 2b - (ac - ad - bc + bd) = a + 2b - ac + ad + bc - bd$

Hier berechnet man erst das Produkt und wendet dann die Regel über das Umkehren der Vorzeichen an. Man hätte auch anders verfahren können:

$$a + 2b - (a - b)(c - d) = a + 2b + (-1)(a - b)(c - d)$$
$$= a + 2b + (-a + b)(c - d)$$
$$= a + 2b - ac + ad + bc - bd.$$

Falsch wäre es, in beiden Faktoren die Vorzeichen umzukehren, d.h. $a + 2b + (-a + b)(-c + d)$ zu rechnen; dieser Fehler wird nicht selten begangen.

4) $(x - y)(x + y) - (x + y)^2 = x^2 - y^2 - (x^2 + 2xy + y^2)$
(binomische Formeln werden angewandt)
$$= x^2 - y^2 - x^2 - 2xy - y^2 = -2y^2 - 2xy = -2y(x + y)$$

Man kann Klammern bei Faktoren in Fällen, wo Mißverständnisse entstehen, nicht weglassen. Es soll ja hier $-2y$ mit der Summe $(x + y)$ multipliziert werden. Das ist bei $-2y(x + y)$ klar. Schriebe man aber statt $(x + y)(-2y)$ $(x + y) - 2y$, so wäre das etwas völlig anderes.

Bruchrechnung:
Zur Zeit des Rechenmeisters Adam Ries, im 16. Jahrhundert, galt die Bruchrechnung als etwas besonders schwieriges, das nur wenige Menschen beherrschten. Auch heute hat noch mancher damit Probleme. Relativ einfach sind die Regeln der *Multiplikation* (1.14) und *Division* (1.15) von Brüchen:

$$\boxed{\frac{a}{b} \cdot \frac{c}{d} = \frac{ac}{bd}} \qquad (1.14)$$

> Man multipliziert Brüche, indem man die Zähler und Nenner jeweils multipliziert.

Beispiele:

1) $\dfrac{xy}{a} \cdot \dfrac{x}{ab} = \dfrac{x \cdot y \cdot x}{a \cdot a \cdot b} = \dfrac{x^2 y}{a^2 b}$

2) $\dfrac{2(a - b)}{c} \cdot \dfrac{a + b}{c - d} = \dfrac{2(a - b)(a + b)}{c(c - d)} = \dfrac{2a^2 - 2b^2}{c^2 - cd}$

Dieses Beispiel zeigt, daß ein Bruchstrich bzgl. Zähler und Nenner auch die Funktion einer Klammer hat: Wird der Bruch durch weitere Rechnungen, wie hier die Multiplikation, in seiner Eigenständigkeit aufgehoben, muß man Klammern setzen, falls die Zähler oder Nenner aus Summen bestanden haben.

3) $\dfrac{a + b}{b} \cdot \dfrac{c}{2d} \cdot \dfrac{a - b}{b + c} = \dfrac{(a + b) \cdot c \cdot (a - b)}{b \cdot 2d \cdot (b + c)} = \dfrac{(a^2 - b^2)c}{2bd(b + c)} = \dfrac{a^2 c - b^2 c}{2b^2 d + 2bcd}$

$$\frac{\dfrac{a}{b}}{\dfrac{c}{d}} = \frac{a}{b} \cdot \frac{d}{c} = \frac{ad}{bc} \qquad (1.15)$$

Man dividiert einen Bruch durch einen zweiten Bruch, indem man den ersten Bruch mit dem Kehrwert des zweiten Bruches multipliziert.

Beispiele:

1) $\dfrac{\dfrac{2x}{3y}}{\dfrac{4a}{3b}} = \dfrac{2x}{3y} \cdot \dfrac{3b}{4a} = \dfrac{2 \cdot 3 \cdot b \cdot x}{3 \cdot 4 \cdot a \cdot y} = \dfrac{bx}{2ay}$

2) $\dfrac{a+b}{c+d} : \dfrac{a-b}{c-d} = \dfrac{a+b}{c+d} \cdot \dfrac{c-d}{a-b} = \dfrac{(a+b)(c-d)}{(c+d)(a-b)} = \dfrac{ac - ad + bc - bd}{ac - bc + ad - bd}$

3) $\dfrac{\dfrac{2xy}{z}}{\dfrac{x^2 y}{2z}} = \dfrac{2xy}{z} \cdot \dfrac{2z}{x^2 y} = \dfrac{4xyz}{x^2 yz} = \dfrac{4}{x}$

In den Beispielen 1) und 3) haben wir schon gekürzt; darauf wird gleich noch genauer eingegangen.

Setzt man in (1.14) $b = 1$, so erhält man

$$a \cdot \frac{c}{d} = \frac{ac}{d} \qquad (1.16)$$

Man multipliziert einen Bruch mit einer Zahl, indem man den Zähler mit dieser Zahl multipliziert und den Nenner unverändert läßt.

Beispiele:

1) $7 \cdot \dfrac{5}{3} = \dfrac{35}{3}$

2) $x \dfrac{x^2 - 1}{y} = \dfrac{x(x^2 - 1)}{y} = \dfrac{x^3 - x}{y}$

3) $(a - b) \dfrac{a+b}{b} = \dfrac{(a-b)(a+b)}{b} = \dfrac{a^2 - b^2}{b}$

Regel (1.16) wird auch oft von rechts nach links gelesen, d.h. man kann einen Faktor aus dem Zähler eines Bruches vor den Bruch schreiben. Das benutzt man etwa, um auszuklammern.

Beispiele:

1) $\quad a + \dfrac{ab}{c} + \dfrac{a^2xy}{d} = a + a\dfrac{b}{c} + a\dfrac{axy}{d} = a\left(1 + \dfrac{b}{c} + \dfrac{axy}{d}\right)$

2) $\quad \dfrac{x-y}{x+y} + \dfrac{x^2-y^2}{y} = (x-y)\dfrac{1}{x+y} + (x-y)\dfrac{x+y}{y} = (x-y)\left(\dfrac{1}{x+y} + \dfrac{x+y}{y}\right)$

Aus (1.15) bekommt man, wenn man $d = 1$ bzw. $b = 1$ setzt, die beiden Regeln:

$$\frac{a}{b} : c = \frac{\dfrac{a}{b}}{c} = \frac{a}{bc} \qquad (1.17)$$

$$a : \frac{b}{c} = \frac{a}{\dfrac{b}{c}} = a\frac{c}{b} = \frac{ac}{b} \qquad (1.18)$$

Man dividiert einen Bruch durch eine Zahl, indem man den Nenner mit dieser Zahl multipliziert und den Zähler unverändert läßt. Man dividiert eine Zahl durch einen Bruch, indem man die Zahl mit dem Kehrwert des Bruches multipliziert.

Beispiele:

1) $\quad \dfrac{7}{3} : 6 = \dfrac{7}{3\cdot 6} = \dfrac{7}{18}$

2) $\quad \dfrac{\dfrac{xy}{z}}{x^2} = \dfrac{xy}{x^2 z} = \dfrac{y}{xz}$

3) $\quad \dfrac{\dfrac{a+b}{c}}{a^2-b^2} = \dfrac{a+b}{c(a^2-b^2)} = \dfrac{(a+b)}{c(a-b)(a+b)} = \dfrac{1}{c(a-b)}$

4) $\quad (a+b) : \dfrac{c}{a^2-b^2} = (a+b)\dfrac{a^2-b^2}{c} = \dfrac{(a+b)(a^2-b^2)}{c}$

5) $\quad x : \dfrac{x^2y}{z} = x \cdot \dfrac{z}{x^2y} = \dfrac{xz}{x^2y} = \dfrac{z}{xy}$

6) $\quad \dfrac{7a+7b}{\dfrac{a+b}{a-b}} = 7(a+b)\dfrac{a-b}{a+b} = \dfrac{7(a+b)(a-b)}{(a+b)} = 7(a-b)$

Aus der Regel (1.14) folgen auch die Regeln für das *Kürzen* und *Erweitern* von Brüchen:

Hat ein Bruch im Zähler und Nenner einen gemeinsamen Faktor, so kann dieser Faktor weggelassen werden, d.h.

$$\frac{ac}{bc} = \frac{a}{b}$$ (1.19)

Denn nach (1.14) ist $\frac{ac}{bc} = \frac{a}{b} \cdot \frac{c}{c} = \frac{a}{b} \cdot 1 = \frac{a}{b}$. Liest man (1.19) von rechts nach links, so erhält man die Regel über das Erweitern eines Bruches:

In einem Bruch kann man Zähler und Nenner mit demselben Faktor multiplizieren, ohne den Wert des Bruches zu ändern.

Weitere *Beispiele* zum Kürzen:

1) $\dfrac{2xy}{6y} = \dfrac{2y \cdot x}{2y \cdot 3} = \dfrac{x}{3}$

2) $\dfrac{a^2bc}{ab^2c^2} = \dfrac{a}{bc}$

3) $\dfrac{2-x}{4-x^2} = \dfrac{2-x}{(2-x)(2+x)} = \dfrac{1}{2+x}$, da $2-x = (2-x) \cdot 1$

4) $\dfrac{xy + x^2}{ax - 2x} = \dfrac{x(y+x)}{x(a-2)} = \dfrac{x+y}{a-2}$

Beispiel 4) zeigt, daß man, falls Zähler oder Nenner oder beide aus Summen bestehen, gemeinsame Faktoren ausklammern muß. Ist das nicht möglich, kann nicht gekürzt werden. Der Bruch $\dfrac{ax+a}{x^2-ax}$ z.B. kann weder durch x noch durch a gekürzt werden. $\dfrac{3a+2x^2}{2bx+4x}$ kann weder durch 2 noch durch x gekürzt werden. Der Fehler, in solchen Fällen doch zu kürzen, wird häufig begangen; manche Lehrer versuchen ihm mit dem Spruch „Differenzen und Summen kürzen die Dummen" vorzubeugen.

5) $\dfrac{a^2 + 2ab + b^2}{ac + bc} = \dfrac{(a+b)^2}{(a+b)c} = \dfrac{a+b}{c}$

6) $\dfrac{xy}{x^2 - 2x} = \dfrac{xy}{x(x-2)} = \dfrac{y}{x-2}$

7) $\dfrac{a^2 + 5ab}{a^2c} = \dfrac{a(a+5b)}{a^2c} = \dfrac{a+5b}{ac}$

8) $\dfrac{a^2 + ab + ac}{ax - by}$

Hier kann man nichts kürzen. Der Faktor a ist zwar im Zähler enthalten, aber nicht im Nenner.

Das *Erweitern* benötigt man vor allem bei der Addition oder Subtraktion von Brüchen (s.u.).

Die Regel (1.16) liefert eine erste Vorzeichenregel für Brüche:

$$-\frac{a}{b} = (-1) \cdot \frac{a}{b} = \frac{(-1)a}{b} = \frac{-a}{b} \qquad (1.20)$$

Die weiteren Vorzeichenregeln erhält man durch Erweitern mit (-1):

$$\frac{(-a)}{b} = \frac{(-1)(-a)}{(-1)b} = \frac{a}{-b} \qquad (1.21)$$

$$\frac{a}{b} = \frac{(-1)a}{(-1)b} = \frac{-a}{-b} \qquad (1.22)$$

Beispiele:

1) $\quad -\dfrac{3}{8} = \dfrac{-3}{8} = \dfrac{3}{-8}$

2) $\quad \dfrac{x-y}{u-v} = \dfrac{-(x-y)}{-(u-v)} = \dfrac{y-x}{v-u}$

3) $\quad \dfrac{x-y}{y^2-x^2} = \dfrac{x-y}{(y-x)(y+x)} = -\dfrac{(y-x)}{(y-x)(y+x)} = -\dfrac{1}{y+x}$

    Hier ist durch geschickte Anwendung der Vorzeichenregel das Kürzen ermöglicht worden.

4) $\quad -\dfrac{1-q}{p} = \dfrac{q-1}{p} = \dfrac{1-q}{-p}$

5) $\quad \dfrac{-x-3}{-x+2} = \dfrac{x+3}{x-2}$

Die *Addition* und die *Subtraktion* von Brüchen gestaltet sich sehr einfach, wenn die zu addierenden oder zu subtrahierenden Brüche gleiche Nenner haben; man sagt in diesem Falle, sie sind *gleichnamig*.

$$\frac{a}{c} + \frac{b}{c} = \frac{a+b}{c} \qquad (1.23)$$

$$\frac{a}{c} - \frac{b}{c} = \frac{a-b}{c} \qquad (1.24)$$

Gleichnamige Brüche werden addiert oder subtrahiert, indem man ihre Zähler addiert bzw. subtrahiert und den gleichnamigen Nenner unverändert läßt.

Beispiele:

1) $\quad \dfrac{a}{3b} + \dfrac{c-d}{3b} = \dfrac{a+c-d}{3b}$

2) $\quad \dfrac{a}{3b} - \dfrac{c-d}{3b} = \dfrac{a-(c-d)}{3b} = \dfrac{a-c+d}{3b}$

Man erinnere sich bei diesem Beispiel an die Bemerkung, daß ein Bruchstrich wie eine Klammer wirkt, die man setzen muß, wenn der Bruchstrich durch Rechenoperationen aufgehoben wird. In Beispiel 1) wird $(c-d)$ addiert; deshalb wird die Klammer sofort weggelassen.

3) $\quad \dfrac{x}{x-y} - \dfrac{2x+4y}{x-y} + \dfrac{3y+z}{x-y} = \dfrac{x-(2x+4y)+3y+z}{x-y} = \dfrac{x-2x-4y+3y+z}{x-y}$

$$= \dfrac{-x-y+z}{x-y}$$

$$= \dfrac{x+y-z}{y-x}$$

Die *Addition* und *Subtraktion ungleichnamiger Brüche* kann durch passendes Erweitern auf den Fall gleichnamiger Brüche zurückgeführt werden. Aus den verschiedenen Nennern wird dabei ein gemeinsamer Nenner, der sogenannte *Hauptnenner*, gebildet. Man kann stets als Hauptnenner das Produkt aller vorkommenden Nenner verwenden. Sei z.B. $\dfrac{a}{b} + \dfrac{c}{d}$ zu berechnen. Wir wählen als Hauptnenner das Produkt bd der beiden vorkommenden Nenner. Durch Erweitern wollen wir erreichen, daß beide Brüche der Summe in Brüche mit dem Nenner bd übergehen. Bei dem Bruch $\dfrac{a}{b}$ ist b im Nenner schon vorhanden. Um den Nenner bd zu erreichen, ist mit d zu erweitern; beim zweiten Bruch analog mit b, also $\dfrac{a}{b} = \dfrac{ad}{bd}$; $\dfrac{c}{d} = \dfrac{bc}{bd}$. Es ist also gerade immer mit dem Teil des Hauptnenners zu erweitern, der den Nenner des Bruches, den wir erweitern wollen, zum Hauptnenner ergänzt. Als Resultat erhält man:

$$\frac{a}{b} + \frac{c}{d} = \frac{ad}{bd} + \frac{bc}{bd} = \frac{ad+bc}{bd}.$$

Analog wird bei mehr als zwei Brüchen verfahren:

$$\frac{a}{x} - \frac{b}{y} - \frac{c}{z} = \frac{ayz - bxz - cxy}{xyz}.$$

Beispiele:

1) $\quad \dfrac{x}{2} + \dfrac{y}{3} + \dfrac{z}{a} = \dfrac{3ax + 2ay + 2 \cdot 3 \cdot z}{2 \cdot 3 \cdot a} = \dfrac{3ax + 2ay + 6z}{6a}$

2) $\quad \dfrac{a}{x} + \dfrac{b}{x-y} = \dfrac{a(x-y)+bx}{x(x-y)}$

3) $\quad \dfrac{3x}{6(x-y)} - \dfrac{5y}{7(x+y)} = \dfrac{3x \cdot 7(x+y) - 5y \cdot 6(x-y)}{6 \cdot 7(x-y)(x+y)}$

$$= \frac{21x^2 + 21xy - 30xy + 30y^2}{42(x^2 - y^2)}$$

$$= \frac{21x^2 - 9xy + 30y^2}{42(x^2 - y^2)} = \frac{7x^2 - 3xy + 10y^2}{14(x^2 - y^2)}.$$

4) $\quad \dfrac{\dfrac{a}{b} - \dfrac{x}{y}}{\dfrac{a}{b} + \dfrac{x}{y}} = \dfrac{\dfrac{ay - bx}{by}}{\dfrac{ay + bx}{by}} = \dfrac{ay - bx}{by} \cdot \dfrac{by}{ay + bx} = \dfrac{ay - bx}{ay + bx}.$

Oft ist es nicht günstig, als Hauptnenner das Produkt aller vorkommenden Nenner zu wählen, weil sich dadurch der Rechenaufwand unnötig vergrößert. Sei z.B. $\dfrac{a}{x} + \dfrac{b}{xy} + \dfrac{c}{y}$ zu addieren. Nehmen wir zunächst als Hauptnenner das Produkt, so ergibt sich $\dfrac{a}{x} + \dfrac{b}{xy} + \dfrac{c}{y} = \dfrac{axy^2 + bxy + cx^2y}{x^2y^2}$. Hier kann aber noch gekürzt werden: $\dfrac{axy^2 + bxy + cx^2y}{x^2y^2} = \dfrac{xy(ay + b + cx)}{xy \cdot xy} = \dfrac{ay + b + cx}{xy}$. Das Ergebnis läßt uns vermuten, daß man bereits mit dem Hauptnenner xy ausgekommen wäre. In der Tat sind alle vorkommenden Nenner als Faktoren in dem Ausdruck xy enthalten, $\dfrac{a}{x} + \dfrac{b}{xy} + \dfrac{c}{y} = \dfrac{ay}{xy} + \dfrac{b}{xy} + \dfrac{cx}{xy} = \dfrac{ay + b + cx}{xy}$. Wir haben so das Ergebnis viel einfacher erhalten.

Für die Bildung des Hauptnenners merken wir uns:

> Man sucht einen Ausdruck, in dem alle beteiligten Nenner als Faktoren vorkommen. Das Produkt der Nenner leistet das immer. Oft aber gibt es „einfachere" Ausdrücke (d.h. solche mit weniger Faktoren), die das bereits leisten. Erweitert wird ein bestimmter Bruch der zu berechnenden Summe oder Differenz dann gerade mit dem Teil des Hauptnenners, der den Nenner des zu behandelnden Bruchs zum Hauptnenner ergänzt.

Beispiel: $\dfrac{a}{x} + \dfrac{b}{xy} - \dfrac{c}{xy^2}$ sei zu berechnen. Die drei Nenner sind x, xy, xy^2. Sie sind alle Faktoren von xy^2, denn

$$x \cdot y^2 = xy^2, \quad xy \cdot y = xy^2, \quad xy^2 \cdot 1 = xy^2. \qquad (1.25)$$

Ein geeigneter Hauptnenner ist also xy^2. Die Zerlegungen in (1.25) zeigen auch, wie man erweitern muß: den ersten Bruch mit y^2, denn y^2 ergänzt den vorhandenen Nenner x zum Hauptnenner, den zweiten Bruch mit y, den dritten mit 1 (d.h. der dritte bleibt unverändert). Also: $\dfrac{a}{x} + \dfrac{b}{xy} - \dfrac{c}{xy^2} = \dfrac{ay^2 + by - c}{xy^2}$.

Man gehe die Beispiele 1) – 4) nochmals durch: dort ist der „einfachste" Ausdruck, in dem alle beteiligten Nenner als Faktoren vorkommen, gerade das Produkt der Nenner.

Weitere Beispiele:

1) $\quad \dfrac{1}{8} - \dfrac{1}{12} + \dfrac{7}{4} = \dfrac{1 \cdot 3 - 1 \cdot 2 + 6 \cdot 7}{24} = \dfrac{43}{24}$

   Bei ganzen Zahlen als Nennern ist der einfachste Hauptnenner das kleinste gemeinsame Vielfache.

2) $\quad \dfrac{x}{y-x} + \dfrac{2x}{x+y} + \dfrac{y}{x-y}$

   Hier könnte man zunächst meinen, es gäbe keinen einfacheren Hauptnenner als das Produkt der drei Nenner. Da aber $y - x = -(x - y)$ ist, gilt nach den Vorzeichenregeln (1.21) und (1.22):

$$\frac{x}{y-x} + \frac{2x}{x+y} + \frac{y}{x-y} = -\frac{x}{x-y} + \frac{2x}{y+x} + \frac{y}{x-y}$$

$$= \frac{-x(x+y) + 2x(x-y) + y(x+y)}{(x-y)(x+y)}$$

$$= \frac{x^2 - 2xy + y^2}{(x-y)(x+y)} = \frac{(x-y)^2}{(x-y)(x+y)} = \frac{x-y}{x+y}$$

3) $\quad \dfrac{2x+5}{x} - \dfrac{1}{2x} - \dfrac{x-5}{4x^2} = \dfrac{4x(2x+5) - 2x - (x-5)}{4x^2} = \dfrac{8x^2 + 17x + 5}{4x^2}$

4) $\quad \dfrac{a}{x+4} - \dfrac{b}{x^2 + 8x + 16} + \dfrac{c}{6x + 24} = \dfrac{a}{x+4} - \dfrac{b}{(x+4)^2} + \dfrac{c}{6(x+4)}$

$$= \frac{6a(x+4) - 6b + c(x+4)}{6(x+4)^2}$$

$$= \frac{6ax + 24a - 6b + cx + 4c}{6(x+4)^2}$$

Weitere Beispiele werden im Abschnitt über Potenzrechnung behandelt.

Zum Abschluß unseres Exkurses über die grundlegenden Rechenregeln stellen wir noch die Regeln über das Rechnen mit der Null kurz zusammen:

$$a + 0 = 0 + a = a \qquad (1.26)$$

$$a - 0 = -0 + a = a \qquad (1.27)$$

$$0 \cdot a = a \cdot 0 = 0 \qquad (1.28)$$

$$\frac{0}{a} = 0. \qquad (1.29)$$

Aus $\frac{a}{b} = 0$ folgt $a = 0$. Ein Bruch ist also dann und nur dann gleich Null, wenn der Zähler gleich Null ist.

Beispiel:

Aus $\dfrac{x - y}{6a^2 + xy} = 0$ folgt $x - y = 0$, d.h. $x = y$.

Aus $ab = 0$ folgt $a = 0$ oder $b = 0$; zusammen mit (1.28) heißt das:

> Ein Produkt ist dann und nur dann gleich Null, wenn mindestens einer der Faktoren gleich Null ist.

Beispiel:

Aus $x_1 \cdot x_2 \cdot x_3 = 0$ kann man schließen, daß $x_1 = 0$ oder $x_2 = 0$ oder $x_3 = 0$ ist (es können natürlich auch zwei oder alle drei der x_i gleich Null sein).

1.1.3 Umformen von Gleichungen. Lineare Gleichungen

Einen Ausdruck in allgemeinen Zahlen – oder, wie man auch sagt, in Variablen – nennt man einen Term; auch konkrete Zahlen sollen zu den Termen gerechnet werden. 16, $-5,3$, $-a$, $a + b$, $y - 7$, $(a - b)^2$, $x^2 + 2x + 5$, $(x - a)^2 - (y + b)(x - c)$, $\dfrac{x - y}{x^2 - 4}$, $\dfrac{7}{c + d}$ sind Beispiele für Terme. In unseren bisherigen Rechnungen sind uns ja zahlreiche andere Beispiele begegnet.

Ausdrücke, die für keinen konkreten Wert einen Sinn ergeben, wie $\dfrac{a^2}{x - x} \,\widehat{=}\, \left(\dfrac{a^2}{0}\right)$ oder $\dfrac{y^2 - y^2}{b - b} \,\widehat{=}\, \left(\dfrac{0}{0}\right)$ sind keine Terme und werden aus der Betrachtung ausgeschlossen.

Manche Terme sind für jede Wahl der in ihnen vorkommenden allgemeinen Zahlen oder Variablen sinnvoll, z.B. $a + b$, $(a + b)^2$, $x^2 + 2x + 5$, $y - 7$, $-a$,

$(x-a)^2-(y+b)(x-c)$. In anderen Termen muß man die Wahl der vorkommenden Variablen einschränken, weil man nie durch Null dividieren darf (später lernen wir noch weitere verbotene Operationen kennen). Z.B. darf in dem Term $\dfrac{x-y}{x^2-4}$ x nicht gleich 2 und auch nicht gleich -2 sein, da für diese Werte $x^2-4=0$ und damit der Ausdruck sinnlos wird. In dem Term $\dfrac{7}{c+d}$ muß $c \neq -d$ sein. Im Term $\dfrac{x^2-2x+6}{x^2+1}$ unterliegt x keiner Einschränkung, da x^2+1 nie Null werden kann.

Mit Termen, die nicht für alle Werte der vorkommenden Variablen sinnvoll sind, darf man nur operieren, wenn man die Werte oder Wertekombinationen, für die der Ausdruck sinnlos wird, ausschließt.

In der Praxis geht oft aus inhaltlichen Zusammenhängen hervor, ob die Variablen die Werte, für die ein Ausdruck sinnlos wird, annehmen können oder nicht. So kommt z.B. in der Rentenrechnung (vgl. Kap. 3) der Term $\dfrac{q^n-1}{q-1}$ vor. Mit diesem Term kann bedenkenlos operiert werden, da der Aufzinsungsfaktor q immer größer als 1 und somit $q-1$ stets $\neq 0$ ist.

Eine Gleichheit von zwei Termen T_1, T_2:

$$T_1 = T_2$$

nennt man eine *Gleichung*. Oft müssen solche Gleichungen umgeformt werden, z.B., um sie nach einer der darin vorkommenden Variablen aufzulösen. Wir wollen jetzt einige wichtige *erlaubte Umformungen von Gleichungen* kennenlernen. „Erlaubt" bedeutet, daß aus $T_1 = T_2$ wieder eine Gleichung hervorgeht und daß umgekehrt aus der neu entstandenen Gleichung auf das Bestehen der alten geschlossen werden darf. Wir drücken diese Übergangsmöglichkeit von einer Gleichung zur anderen und umgekehrt durch einen Doppelpfeil aus; man sagt, die alte und die neue Gleichung sind äquivalent. Es gilt:

$$\boxed{\begin{aligned} T_1 = T_2 &\iff T_1 + T_3 = T_2 + T_3 \\ T_1 = T_2 &\iff T_1 - T_3 = T_2 - T_3 \end{aligned}} \qquad (1.30)$$

Auf beiden Seiten einer Gleichung darf derselbe Term addiert oder subtrahiert werden.

Insbesondere gilt $T_1 = T_2 \iff T_1 - T_2 = 0$ (wenn man nämlich auf beiden Seiten den Term T_2 subtrahiert). Etwas lax sagt man oft: Man kann einen Term mit „Minus" auf die andere Seite „schaffen". Diese Sprechweise ist ganz suggestiv, man muß nur wissen, was gemeint ist.

$$\boxed{T_1 = T_2 \iff T_1 \cdot T_3 = T_2 \cdot T_3 \text{ für } T_3 \neq 0}$$ (1.31)

Beide Seiten einer Gleichung dürfen mit demselben Term multipliziert werden, aber nur, wenn der Multiplikator nicht verschwindet.

$$\boxed{T_1 = T_2 \iff \frac{T_1}{T_3} = \frac{T_2}{T_3} \text{ für } T_3 \neq 0}$$ (1.32)

Beide Seiten einer Gleichung dürfen durch denselben Term dividiert werden, aber nur, wenn der Divisor nicht verschwindet.

Die Einschränkung in (1.31) und (1.32), daß der Multiplikator bzw. der Divisor T_3 nicht verschwindet, bedeutet folgendes: Die Operation ist für alle die Werte oder Wertekombinationen der im Term T_3 vorkommenden Variablen erlaubt, für die $T_3 \neq 0$ ist. Ist z.B. $T_3 = x - 2a$, so darf etwa durch T_3 dividiert werden für $x - 2a \neq 0$, d.h. $x \neq 2a$. Für alle Wertekombinationen x, a mit $x = 2a$, z.B. für $x = 4$, $a = 2$, wäre die genannte Operation nicht erlaubt.

Im Kapitel 2 werden wir noch weitere erlaubte Umformungen kennenlernen.

Lineare Gleichungen: Eine Gleichung mit einer unbekannten Größe x nennt man linear, wenn man sie durch erlaubte Umformungen auf die Gestalt

$$\boxed{ax = b \text{ mit } a \neq 0}$$ (1.33)

bringen kann. a und b faßt man dabei als gegebene Größen auf. Dividiert man (1.33) auf beiden Seiten durch a (wegen $a \neq 0$ ist das erlaubt), so ergibt sich sofort die Lösung

$$\boxed{x = \frac{b}{a}}$$ (1.34)

Lineare Gleichungen konnten schon die ägyptischen Priester um 1800 v. Chr. lösen.

Beispiel: Ein Gewinn von 9500 DM soll an vier Gesellschafter A, B, C, D, folgendermaßen verteilt werden: B erhält das Doppelte von A, C erhält soviel wie A und B zusammen, D erhält das 1,5–fache von C gemindert um 1000 DM. Bezeichnen wir den Anteil von A mit x, so ergibt sich die Gleichung:
$x + 2x + (x + 2x) + 1,5(x + 2x) - 1000 = 9500$ bzw. $10,5x - 1000 = 9500$. Addition von 1000 auf beiden Seiten liefert $10,5x = 10500$, Division durch 10,5 ergibt $x = 1000$ DM, woraus sich sämtliche Anteile leicht berechnen.

In den folgenden Beispielen werden – wie allgemein üblich – die vorzunehmenden Umformungen hinter einen senkrechten Strich geschrieben. $|$: 7 bedeutet also: beide Seiten der Gleichung sind durch 7 zu teilen. Man bestimme x aus folgenden Gleichungen:

1)
$$7x + 3 = 5x - 2 \quad | -5x$$
$$7x - 5x + 3 = -2 \quad | -3$$
$$2x = -5 \quad |: 2$$
$$x = -\frac{5}{2}$$

2)
$$\frac{1}{x - 3} = 5 \qquad | \cdot (x - 3); \quad x \neq 3$$
$$1 = 5(x - 3)$$
$$1 = 5x - 15 \quad | +15$$
$$16 = 5x \qquad |: 5$$
$$x = \frac{16}{5}$$

Dies x ist tatsächlich die Lösung, da es $\neq 3$ ist. Für $x = 3$ wäre ja die Umformung nicht erlaubt gewesen.

3)
$$\frac{4}{x - 2} = \frac{2}{x + 1} \qquad | \cdot (x - 2); \quad x \neq 2$$
$$4 = \frac{2(x - 2)}{x + 1} \qquad | \cdot (x + 1); \quad x \neq -1$$
$$4x + 4 = 2x - 4 \qquad | -2x - 4$$
$$4x - 2x = -4 - 4$$
$$2x = -8 \qquad |: 2$$
$$x = -4$$

Das ist die Lösung, da $x \neq 2$ und $x \neq -1$ ist.

In der linearen Gleichung (1.33) kommen drei allgemeine Zahlen, nämlich a, x und b vor. Wir hatten a, b als gegeben, x als gesucht angenommen. Man kann auch annehmen, daß x und b gegeben sind und a gesucht ist. Die Lösung lautete dann $a = \frac{b}{x}$, $(x \neq 0)$. Es hat sich in der Unterrichtspraxis der Mathematik eingebürgert, gegebene Größen mit den Anfangsbuchstaben des Alphabets (z.B. a, b, c), gesuchte Größen mit den Endbuchstaben (z.B. x, y, z) zu bezeichnen. Bei praktischen Zusammenhängen, etwa in der Ökonomie, läßt sich das nicht durchhalten. Man muß vielmehr aus dem Zusammenhang, aus der Problemstellung entnehmen, welche Größen gegeben und welche gesucht sind.

Die Aufgabe besteht dann in einem solchen Fall etwa darin, eine Gleichung nach der jeweils gesuchten Größe aufzulösen (oft wird auch gesagt: die Formel nach der gesuchten Größe umzustellen).

Beispiel: In Abschnitt 1.2 werden wir sehen, daß ein Kapital von K_0 DM, welches t Tage lang zu einem Zinssatz von $p\%$ angelegt wird, $\frac{K_0 \cdot p \cdot t}{100 \cdot 360}$ DM Zinsen bringt. Bezeichnen wir also mit z die Zinsen, so gilt die Gleichung.

$$\boxed{z = \frac{K_0 \cdot p \cdot t}{100 \cdot 360}} \tag{1.35}$$

Hier sind K_0, p, t gegeben, gesucht ist z; diese Formel gibt also die Antwort auf die Frage „Wieviel DM Zinsen bringen K_0 DM Kapital in t Tagen bei einem Zinssatz von $p\%$?". Nun könnte aber auch gefragt werden: „Wieviel DM muß man anlegen, um bei einem Zinssatz von $p\%$ in t Tagen z DM Zinsen zu erzielen?" Also etwa konkret: Wieviel DM muß man anlegen, um bei einem Zinssatz von $5,2\%$ in 220 Tagen $732,86$ DM Zinsen zu erzielen? Nun ist z, t und p gegeben und K_0 ist gesucht. (1.35) ist eine lineare Gleichung für K_0:

$$\frac{p \cdot t}{100 \cdot 360} \cdot K_0 = z$$

Denn eine lineare Gleichung hat ja – in Worten ausgedrückt – die Gestalt „Bekannte Größe mal Unbekannte = einer weiteren bekannten Größe" .

Division durch $\frac{p \cdot t}{100 \cdot 360}$ (bzw. Multiplikation mit dem Kehrwert) auf beiden Seiten liefert

$$K_0 = \frac{z \cdot 100 \cdot 360}{p \cdot t}.$$

Für obige konkrete Zahlen ergibt sich $K_0 = \frac{732,86 \cdot 100 \cdot 360}{5,2 \cdot 220} = 23062,03$ DM.

Ebenso gibt es sinnvolle Fragen, die es erforderlich machen, die Gleichung (oder wie man auch sagt, die Formel) (1.35) nach p oder nach t aufzulösen. Wie lauten diese Fragen? Wie sehen die entsprechenden Auflösungen aus?

Weitere Beispiele:

1) Man löse nach a auf:

$$\frac{a - b}{c} y = K \cdot x \quad | \cdot c$$

$$(a - b)y = Kxc$$

$$ay - by = Kxc \qquad\qquad | +by$$

$$ay = Kxc + by \qquad | : y$$

$$a = \frac{Kxc + by}{y}$$

2)   Man löse nach q auf:

$$ab - F = \frac{qa}{q - 1} \qquad\qquad | \cdot (q - 1)$$

$$(ab - F)(q - 1) = qa$$

$$abq - Fq - ab + F = qa \qquad\qquad | -qa$$

$$abq - aq - Fq - ab + F = 0 \qquad\qquad | +ab - F$$

$$abq - aq - Fq = ab - F \qquad\qquad | \ q \ \text{ausklammern}$$

$$(ab - a - F)q = ab - F$$

$$q = \frac{ab - F}{ab - a - F}$$

Die Beispiele 1) und 2) zeigen die Strategie, die man bei der Auflösung immer verfolgt: Man bringt alle Terme, die die gesuchte Größe enthalten, durch erlaubte Umformungen auf eine Seite, alle übrigen auf die andere Seite. Dann versucht man durch Ausklammern und Division durch den bei der gesuchten Größe stehenden Faktor die Auflösung. Das funktioniert immer, wenn das Problem auf eine lineare Gleichung für die gesuchte Größe führt, was natürlich nicht der Fall zu sein braucht. In Kap. 2 lernen wir weitere Auflösungsverfahren.

3) $\dfrac{1}{u} + \dfrac{1}{v} = 1$ soll nach u aufgelöst werden.

$$\frac{1}{u} = 1 - \frac{1}{v}$$

$$u \left(1 - \frac{1}{v} \right) = 1$$

$$u = \frac{1}{1 - \dfrac{1}{v}} = \frac{1}{\dfrac{v - 1}{v}} = \frac{v}{v - 1}$$

4)   Man löse nach i auf:

$$F = Kq - \frac{q - 1}{i}$$

$$F - Kq = \frac{1 - q}{i}$$

$$i(F - Kq) = 1 - q$$

$$i = \frac{1 - q}{F - Kq}$$

1.2 Proportionen, Prozentrechnung, Zinsen

1.2.1 Proportionen

Wenn eine Größe a zu einer Größe b dasselbe Verhältnis hat wie eine Größe c zu einer Größe d, also wenn

$$\boxed{a : b = c : d} \tag{1.36}$$

(gelesen: a zu b wie c zu d) ist, so spricht man von einer Proportion. Sie kann auch so geschrieben werden:

$$\boxed{\frac{a}{b} = \frac{c}{d}} \tag{1.37}$$

Multiplikation mit bd auf beiden Seiten von (1.37) liefert die zur Proportion (1.36) gleichwertige Gleichung

$$\boxed{ad = bc} \tag{1.38}$$

Wir merken uns den Sinn von (1.38) in Worten:

> In einer Proportion ist das Produkt der Innenglieder gleich dem Produkt der Außenglieder.

Aus (1.38) läßt sich sofort, wenn drei der Größen gegeben sind, die vierte ermitteln. Eine große Auswahl von Aufgaben läßt sich so behandeln, ohne daß man sich irgendein Rechenverfahren merken muß. Die Proportion gewinnt man nämlich unmittelbar aus dem inhaltlichen Zusammenhang, dann setzt man die Produkte gemäß (1.38) gleich und löst die entstehende lineare Gleichung.

Beispiele:

1) Aus 4 kg Garn kann man 3 m Tuch weben. Wieviel m Tuch kann man aus 23,5 kg Garn herstellen? Bezeichnen wir diese gesuchte Menge mit x, so besteht die Proportion:
$4 : 23,5 = 3 : x$, also $23,5 \cdot 3 = 4x$ und $x = \dfrac{3 \cdot 23,5}{4} = 17,625$ m.

2) Mit einem Bauvorhaben haben 12 Arbeiter 16 Tage lang zu tun. Wie lange würden 18 Arbeiter benötigen? Hier ist beim Aufstellen der Proportion zu beachten, daß mehr Arbeiter weniger Zeit brauchen, daß also ein umgekehrtes Verhältnis vorliegt.
$$12 : 18 = x : 16$$
$$18x = 12 \cdot 16$$
$$x = \frac{12 \cdot 16}{18} = 10\frac{2}{3} \text{ Tage.}$$

3) Bei einer Inventur nahmen 6 Verkäuferinnen in 8 Stunden 5600 Artikel auf. Wie lange würden 9 Verkäuferinnen in einer gleichartigen Abteilung mit der Aufnahme von 7400 Artikeln zu tun haben?

Man braucht zwei Schritte: Ist y die Anzahl der Stunden, die 9 Verkäuferinnen für 5600 Artikel brauchen würden und x die gesuchte Stundenzahl, so gilt:

$6 : 9 = y : 8$ (umgekehrtes Verhältnis)

$5600 : 7400 = y : x$, also

$$9y = 6 \cdot 8; \ y = \frac{48}{9}$$

$$7400y = 5600x$$

$$x = \frac{7400 \cdot 48}{5600 \cdot 9} = 7,05 \text{ Stunden}.$$

4)   24 Lampen benötigen bei täglich 6-stündiger Brennzeit in 15 Tagen 188 kWh. Wieviel kWh verbrauchen 16 Lampen in 40 Tagen bei täglich 4–stündiger Brennzeit?

z: Anzahl der kWh, die 24 Lampen bei tägl. 4–stündiger Brennzeit in 15 Tagen brauchen

y: Anzahl der kWh, die 24 Lampen bei tägl. 4– stündiger Brennzeit in 40 Tagen brauchen

x: gesuchte Größe

$6 : 4 = 188 : z; \quad z : y = 15 : 40; \quad y : x = 24 : 16$

$$6z = 188 \cdot 4 \quad ; z = \frac{188 \cdot 4}{6}$$

$$15y = 40z \quad ; y = \frac{40 \cdot 188 \cdot 4}{15 \cdot 6}$$

$$24x = 16y \quad ; x = \frac{16 \cdot 40 \cdot 188 \cdot 4}{24 \cdot 15 \cdot 6} = 222,81 \text{ kWh}.$$

5)   100 holländische Gulden sind 88,20 DM. 1 kg Kaffee kostet 10,40 Gulden. Wieviel kosten 250 g Kaffee in DM?

$$100 : 88,20 = 10,40 : y$$

$$1000 : 250 = y : x$$

$$y = \frac{88,20 \cdot 10,40}{100}$$

$$x = \frac{250 \cdot 88,20 \cdot 10,40}{1000 \cdot 100} = 2,29 \text{ DM}.$$

1.2.2   Prozentrechnung

In der Prozentrechnung bezeichnet man die Größe, die 100% entspricht, als den Grundwert g, die Größe, die dem Prozentsatz $p\%$ enspricht, als den Prozentwert w. In der Praxis sind immer zwei dieser Größen gegeben, die jeweils dritte ist dann gesucht. Aus diesem inhaltlichen Zusammenhang ergibt sich sofort folgende Proportion:

$$\boxed{p : 100 = w : g} \tag{1.39}$$

Also:

$$p \cdot g = 100 \cdot w. \tag{1.40}$$

Ist der Prozentwert gesucht, so hat man dann

$$w = \frac{p \cdot g}{100} = \text{Grundwert} \cdot \frac{p}{100}. \tag{1.41}$$

Diese Rechnung ist auf dem Taschenrechner durch die % -Taste erleichtert.

Tastenfolge: p $\boxed{\%}$ $\boxed{\text{x}}$ g $\boxed{=}$
Aus (1.40) erhält man bei gesuchtem Grundwert

$$g = \frac{100w}{p} \tag{1.42}$$

und bei gesuchtem Prozentsatz

$$p = \frac{100w}{g}. \tag{1.43}$$

Man braucht sich (1.42) und (1.43) nicht zu merken, weil es einfacher ist, für jede konkrete Aufgabe die Proportion (1.39) aus dem Inhalt der Aufgabe heraus zu formulieren und dann die gesuchte Größe zu ermitteln, nachdem man die Proportion gemäß dem Rezept „Produkt der Innenglieder=Produkt der Außenglieder" umgeformt hat.

Beispiele:

1) Ein Lieferer gewährt bei Barzahlung $2\frac{1}{2}\%$ Skonto. Wie hoch ist der nachgelassene Betrag, wenn der Rechnungsbetrag $7256,30$ DM beträgt?

$$100 : 2,5 = 7256,30 \text{ DM} : x$$
$$x = \frac{7256,30 \text{ DM} \cdot 2,5}{100} = 181,41 \text{ DM}$$

Bei Fragen nach dem Prozentwert ist das allerdings überflüssig; man weiß:
Grundwert $\cdot \dfrac{p}{100}$, also

$$2,5 \; \boxed{\%} \; \boxed{\text{x}} \; 7256,30 \; \boxed{=} \; 181,41.$$

2) Ein Artikel wird mit 559 DM eingekauft und mit 779 DM ausgezeichnet. Wieviel % beträgt der Aufschlag?

Aufschlag $= 779 - 559 = 220$ DM

$$100 : x = 559 : 220$$
$$x = \frac{220 \cdot 100}{559} = 39,36\%.$$

Oder man rechnet: $100 : y = 559 : 779$; $y = 139,36\%$, der Aufschlag ergibt sich dann aus $139,36\% - 100\% = 39,36\%$.

3)   Für eine Ware, auf die 8% Rabatt gewährt wurde, zahlt man 432,70 DM. Wie teuer war sie ursprünglich?

$$100 : 92 = x : 432,70$$

$$x = 470,33 \text{ DM}.$$

4)   Die Miete einer Wohnung beträgt nach einer Mieterhöhung um 8% 891 DM. Wie hoch war die bisherige Miete?

$$100 : 108 = x : 891 \text{ DM}$$

$$x = 825 \text{ DM}.$$

5)   Auf ein Möbelstück wird 8% Rabatt gewährt. Auf diesen verminderten Betrag wird noch $3\frac{1}{2}$% Skonto gewährt. Der Kunde zahlt schließlich 8345,32 DM. Wie teuer war das Möbelstück?
Man braucht hier zwei Schritte: Sei y der um den Rabatt verminderte Betrag, x der gesuchte Preis, so gilt:

$$100 : 96,5 = y : 8345,32 \text{ DM}$$

$$y = \frac{8345,32 \text{ DM} \cdot 100}{96,5}$$

$$100 : 92 = x : y$$

$$92x = 100y$$

$$x = \frac{8345,32 \text{ DM} \cdot 100 \cdot 100}{96,5 \cdot 92} = 9400 \text{ DM}.$$

Abwegig wäre es hier, die beiden Prozentsätze zu addieren und 8345,32 als 88,5% anzusetzen. Warum?

1.2.3   Zinsen

Wird Kapital ausgeliehen oder angelegt, kurz, wird Kapital überlassen, so werden Zinsen erhoben. Die Termine, an denen die Zinsen fällig werden, nennt man die *Zinszuschlagtermine*. Der Zeitraum zwischen zwei aufeinanderfolgenden Zinszuschlagterminen heißt die *Zinsperiode*. Die gängigsten Zinsperioden sind das Jahr und der Monat, aber auch Halbjahr und Quartal sind in Gebrauch. Wir betrachten hier nur den Fall *nachschüssiger Verzinsung*, d.h. die Zinsen werden am Ende der jeweiligen Zinsperiode (bzw. am Ende der Kapitalüberlassungsfrist) gezahlt. (Das Ende der Kapitalüberlassungsfrist ist stets ein Zinszuschlagtermin). Ferner geht es hier zunächst um *einfache Verzinsung*; das Kapitalwachstum bei Zinseszins betrachten wir in Kap. 2. Einfache Verzinsung bedeutet: der Kapitalüberlassungszeitraum fällt mit einer Zinsperiode zusammen oder liegt ganz innerhalb einer Zinsperiode.

Wir beschränken uns auf das Jahr als Zinsperiode. Die Zinsen eines Kapitals

K_0, des sogenannten Anfangskapitals, sind in einem Jahr gerade $p\%$ von K_0; der Prozentsatz p heißt der Zinsfuß (auch oft Zinssatz genannt). Ist beim Zinssatz kein Zeitraum angegeben, so bezieht er sich immer auf ein Jahr; manchmal steht auch p.a. (per annum = pro Jahr) dahinter. (Die Zeitangabe p.m. würde auf einen Monatszins hindeuten). Eine Angabe von z.B. $p = 7,3\%$ p.a. bedeutet also, daß 100 DM, zu diesem Zinssatz angelegt, in einem Jahr 7,30 DM Zinsen bringen. Ein Kapital K_0, zu $p\%$ angelegt, bringt in einem Jahr also gemäß (1.41)

$$K_0 \cdot \frac{p}{100} \text{ DM Zinsen,}$$

denn K_0 ist der Grundwert, die Zinsen sind der Prozentwert zum Prozentsatz p.

Wichtig ist die Berechnung von *Tageszinsen*, z.B. für das Diskontieren von Wechseln, für die Berechnung von Verzugszinsen, von Zinsen für kurzfristige Dispositionskredite und in vielen anderen Fällen. Es wird also gefragt, wieviel DM Zinsen ein Kapital K_0 bringt, *welches t Tage lang zu $p\%$ angelegt ist.* Um diese Frage zu beantworten, müssen wir zunächst einige in Deutschland im kaufmännischen Bereich geltende Regeln kennenlernen: Das *Zinsjahr hat 12 gleiche Zinsmonate zu je 30 Zinstagen; das Zinsjahr hat also 360 Zinstage.* Falls das Ende eines Überlassungszeitraums „Ende Februar" lautet, wird der Februar exakt gezählt mit 28 , gegebenenfalls 29 Tagen (in allen anderen Fällen hat der Februar auch 30 Zinstage!). Bei der Ermittlung der Laufzeit, d.h. beim Zählen der Zinstage, wird der erste Tag des Überlassungszeitraums nicht gezählt, der letzte Tag wird gezählt.

Beispiele zum Zählen der Tage:

1) Jemand überzieht am 26.1. sein Konto um einen gewissen Betrag und gleicht das Konto (ohne weitere Kontenbewegungen) am 17.3. wieder aus. Für wieviel Tage muß er Überziehungszinsen zahlen? Januar: 27.1., 28.1., 29.1., 30.1.:4 Tage (der 26.1. zählt nicht!). Februar: 30 Tage (die Überlassungfrist endet nicht mit Ende Februar). März: 17 Tage, also insgesamt 51 Tage.

   Für das Zählen der Tage ist folgende Eselsbrücke hilfreich: Tage im ersten angebrochenen Monat: 30-Datum; im Beispiel: Januar: $30 - 26 = 4$ Tage. Tage im letzten angebrochenen Monat: =Datum; im Beispiel: März: 17 Tage.

2) Überlassungszeitraum: 16.2–28.11.
   Februar: $30 - 16 = 14$ Tage
   März–Oktober: 8 Monate zu 30 Tagen = 240 Tage
   November: 28 Tage. Insgesamt 282 Tage.

Nun können wir die Tageszinsformel leicht aus einer Proportion gewinnen und dann bei gegebenen Überlassungszeiträumen anwenden. Bezeichnen wir mit z

die *Zinsen eines Kapitals* K_0, *welches* t *Tage lang zu* $p\%$ *überlassen wird*, so verhält sich z zu den Zinsen in einem Jahr, d.h. zu $\dfrac{K_0 \cdot p}{100}$, wie t zu 360, denn das ganze Jahr hat 360 Zinstage. Es gilt also

$$z : \frac{K_0 \cdot p}{100} = t : 360$$

bzw. $360 \cdot z = \dfrac{K_0 \cdot p \cdot t}{100}$, also schließlich

$$\boxed{z = \frac{K_0 \cdot p \cdot t}{100 \cdot 360}} \qquad (1.44)$$

Beispiele:

1)   Eine Rechnung über 7236,50 DM, fällig am 25.6., wird am 8.8. bezahlt. Der Verzugszinssatz beträgt $6,5\%$. Wieviel Verzugszinsen werden fällig?

$25.6.–8.8.: 5 + 30 + 8 = 43$ Tage, $z = \dfrac{7236,50 \text{ DM} \cdot 6,5 \cdot 43}{100 \cdot 360} = 56,18$ DM.

2)   Jemand überzieht am 5.7. sein Konto um 2400 DM und gleicht es am 14.9. wieder aus. Der Zinssatz für den Dispositionskredit betrage $14,5\%$. Wieviel Zinsen bucht ihm die Bank für die Überziehung ab?

$z = \dfrac{2400 \text{ DM} \cdot 14,5 \cdot 69}{100 \cdot 360} = 66,70$ DM.

3)   Jemand leiht für 9 Monate 12000 DM zu $7,6\%$ p.a. Wie hoch ist die Rückzahlungssumme?

9 Monate = 270 Tage, $z = \dfrac{12000 \cdot 7,6 \cdot 270}{100 \cdot 360} = 684$ DM.

Die Rückzahlungssumme beträgt 12000 DM + 684DM = 12684 DM.

Beispiel 3) legt noch nahe, direkte Formeln für das Endkapital aufzustellen. Es gilt bei nachschüssiger Verzinsung:

$$\text{Endkapital} = \text{Anfangskapital} + \text{Zinsen}$$

Für das Endkapital nach einem Jahr, das wir mit K_1 bezeichnen wollen (das Anfangskapital war ja K_0), ergibt sich:

$$K_1 = K_0 + K_0 \cdot \frac{p}{100}$$

$$\boxed{K_1 = K_0 \left(1 + \frac{p}{100} \right)} \qquad (1.45)$$

Für die Größe $1 + \dfrac{p}{100}$ hat sich die Abkürzung q eingebürgert:

$$\boxed{q = 1 + \frac{p}{100}} \tag{1.46}$$

q heißt der *Aufzinsungsfaktor*. Man kann ihn bei gegebenem p sofort im Kopf berechnen; und umgekehrt weiß man bei gegebenem q sofort, wie groß p ist. Die folgende kleine Beispieltabelle macht das ohne weiteren Kommentar klar:

p	2%	5%	7,2%	$4\frac{1}{4}\%$	$6\frac{1}{3}\%$	12,4%
q	1,02	1,05	1,072	1,0425	$1,0633\ldots$	1,124

Mit dem Aufzinsungfaktor q gilt für das Endkapital nach einem Jahr:

$$\boxed{K_1 = K_0 \cdot q} \tag{1.47}$$

Auf diese wichtige Formel werden wir im Kap.2 noch zurückkommen.

Beispiel:

Auf welche Summe wachsen 22000 DM zu 5, 1% in einem Jahr?

$$K_1 = 22000 \cdot 1,051 = 23122 \text{ DM}.$$

Für das Endkapital K nach t Tagen gilt: $\quad K = K_0 + K_0 \dfrac{p \cdot t}{100 \cdot 360}$

$$\boxed{K = K_0 \left(1 + \frac{p \cdot t}{100 \cdot 360}\right)} \tag{1.48}$$

Rechnen wir Beispiel 3) noch nach dieser Formel:

$$K = 12000 \left(1 + \frac{7,6 \cdot 270}{100 \cdot 360}\right) = 12000 \cdot 1,057 = 12684 \text{ DM}.$$

1.3 Summenzeichen, Mittel, Indexzahlen

1.3.1 Gebrauch des Summenzeichens

Wir hatten in einigen Beispielen des Abschnittes 1.1.2 schon gesehen, wie man mittels Indices Summen mit einer beliebigen Anzahl von Summanden aufschreiben kann. Betrachten wir dazu noch ein praktisches Beispiel: Aus den wöchentlich erfaßten Umsätzen eines Warenhauses soll am Jahresende der Gesamtumsatz ermittelt werden. Das ist eine Summe mit 52 Summanden. Bezeichnen wir den Umsatz in der i-ten Woche mit u_i (u_1 ist also der Umsatz in der ersten Woche, u_2 in der zweiten, usw.), so gilt für den Gesamtumsatz U:

$$U = u_1 + u_2 + \ldots + u_{52}. \tag{1.49}$$

Die drei Punkte deuten die übrigen Summanden an (eigentlich müßte man ja 52 Summanden aufschreiben, da aber das Bildungsgesetz der Summe völlig klar ist, genügt es, ihren Anfang und ihr Ende aufzuschreiben).

Das Summenzeichen $\sum$ dient nun dazu, Summen noch kürzer und übersichtlicher als etwa in der Form (1.49) darzustellen.

Das Zeichen $\sum\limits_{i=m}^{n} a_i$ (gelesen: Summe über alle a_i von $i = m$ bis $i = n$) ist eine abgekürzte Schreibweise für die Summe $a_m + a_{m+1} + \ldots + a_n$. Es ist also

$$\sum_{i=m}^{n} a_i = a_m + a_{m+1} + \ldots + a_n. \tag{1.50}$$

---

i heißt der *Summationsindex*; er beginnt bei der Summationsuntergrenze m, erhöht sich schrittweise um 1 und endet bei der Summationsobergrenze n. Es ist also insbesondere

$$\sum_{i=1}^{n} a_i = a_1 + a_2 + \ldots + a_n.$$

Die Bezeichnung dieses Index ist beliebig, d.h. es gilt:

$$\sum_{i=m}^{n} a_i = \sum_{j=m}^{n} a_j = \sum_{k=m}^{n} a_k. \tag{1.51}$$

Natürlich darf man für den Summationsindex keines der Symbole nehmen, die in den Summationsgrenzen vorkommen; also in (1.51) könnte man die Buchstaben m oder n nicht als Summationsindex benutzen.

Beispiele:

1) $\displaystyle\sum_{l=1}^{k} a_l = a_1 + a_2 + \ldots + a_k$

2) $\displaystyle\sum_{j=5}^{27} b_j = b_5 + b_6 + \ldots + b_{27}$

3) $\displaystyle\sum_{k=0}^{m} x_k y_k = x_0 y_0 + x_1 y_1 + \ldots + x_m y_m$

4) $\displaystyle\sum_{i=1}^{n} i = 1 + 2 + \ldots + n$

5) $\displaystyle\sum_{n=0}^{N} (n^2 - n + 2) = 2 + 2 + 4 + \ldots + (N^2 - N + 2)$

6) $\displaystyle\sum_{k=1}^{n} a_{ik} x_k = a_{i1} x_1 + a_{i2} x_2 + \ldots + a_{in} x_n.$

   Summen dieses Typs kommen in den Anwendungen besonders häufig vor. (s. Kap. 7)

7) $\displaystyle\sum_{l=m}^{n} x_l^2 (y_l - z_l) = x_m^2 (y_m - z_m) + x_{m+1}^2 (y_{m+1} - z_{m+1}) + \ldots + x_n^2 (y_n - z_n)$

Folgende Beispiele zeigen den umgekehrten Vorgang, d.h. eine ausgeschriebene Summe soll durch das Summenzeichen ausgedrückt werden:

1) In unserem Ausgangsbeispiel (1.49) gilt:

   $$U = \sum_{i=1}^{52} u_i.$$

2) $\displaystyle a_0 b_0^2 + a_1 b_1^2 + \ldots + a_{2n} b_{2n}^2 = \sum_{i=0}^{2n} a_i b_i^2$

3) $\displaystyle 5x_1 x_2 + 5x_2 x_3 + \ldots + 5x_n x_{n+1} = \sum_{i=1}^{n} 5x_i x_{i+1}$

4) $\displaystyle a_{i1} x_1 + a_{i2} x_2 + \ldots + a_{im} x_m = \sum_{j=1}^{m} a_{ij} x_j$

   i ist hier eine feste Größe. Man kann als Summationsindex jeden Buchstaben wählen, nur nicht i (und m natürlich auch nicht)!

   (Was wäre denn $\displaystyle\sum_{i=1}^{m} a_{ii} x_i$?)

5) $\displaystyle 1 + 4 + 9 + \ldots + k^2 = \sum_{i=1}^{k} i^2$

Es gelten für das Summenzeichen folgende Rechenregeln:

1) $\displaystyle\sum_{i=m}^{n}(a_i + b_i) = \sum_{i=m}^{n} a_i + \sum_{i=m}^{n} b_i$

2) $\displaystyle\sum_{i=m}^{n} ca_i = c \sum_{i=m}^{n} a_i$

d.h. ein nicht vom Summationsindex abhängiger Faktor kann aus der Summe ausgeklammert werden.

3) $\displaystyle\sum_{i=1}^{n} c = \underbrace{c + c + \ldots + c}_{n \text{ Summanden}} = n \cdot c$

Man beachte insbesondere, daß $\displaystyle\sum_{i=1}^{n} a_i b_i$ i.a. etwas völlig anderes ist als $\displaystyle\sum_{i=1}^{n} a_i \cdot \sum_{i=1}^{n} b_i$!

So ist $\displaystyle\sum_{i=1}^{3} a_i b_i = a_1 b_1 + a_2 b_2 + a_3 b_3$, aber

$$\sum_{i=1}^{3} a_i \sum_{i=1}^{3} b_i = (a_1 + a_2 + a_3)(b_1 + b_2 + b_3)$$

$$= a_1 b_1 + a_1 b_2 + a_1 b_3 + a_2 b_1 + a_2 b_2 + a_2 b_3 + a_3 b_1 + a_3 b_2 + a_3 b_3.$$

1.3.2 Arithmetisches Mittel

Das *arithmetische Mittel* oder der Durchschnitt von n Zahlen $x_1, x_2, \ldots, x_n$ ist die Zahl

$$\bar{x} = \frac{1}{n}(x_1 + x_2 + \ldots + x_n) = \frac{1}{n} \sum_{i=1}^{n} x_i. \tag{1.52}$$

Beispiel:

Die Quartalsumsätze eines Restaurants betrugen im Jahr 1993:

Quartal	1	2	3	4
Umsatz (DM)	135 750	122 000	207 400	157 850

Wie hoch ist der durchschnittliche Umsatz pro Quartal?

$$\bar{x} = \frac{1}{4}(135\,750 + 122\,000 + 207\,400 + 157\,850) = 155\,750 \text{ DM}.$$

Eine grosse praktische Bedeutung hat das *gewogene arithmetische Mittel.* Betrachten wir folgendes Beispiel:

Von einer Ware A sind drei Sorten AI, AII und AIII auf dem Markt. Die folgende Tabelle enthält die Preise und die umgesetzten Mengen in einer bestimmten Woche:

Warensorte	Preis/kg	umgesetzte Menge
AI	3,- DM	430 kg
AII	2,- DM	950kg
AIII	5,- DM	70 kg

Gesucht ist der Durchschnittspreis für die umgesetzte Ware A in der betrachteten Woche. Hier wäre es verfehlt, das Mittel der Preise zu nehmen. Denn die teure Sorte A III hat ja einen viel geringeren Anteil am Verkauf der Ware A als etwa die Sorte AII. Deshalb kommt ihr bei der Berechnung des Durchschnittspreises ein viel geringeres Gewicht als der Sorte AII zu. Man wird hier die umgesetzten Mengen als Gewichtsfaktoren benutzen:

$$\bar{x} = \text{Durchschnittspreis} = \frac{3 \cdot 430 + 2 \cdot 950 + 5 \cdot 70}{\text{Gesamtmenge}} = \frac{3 \cdot 430 + 2 \cdot 950 + 5 \cdot 70}{430 + 950 + 70}$$

$$= 2,44 \text{ DM/kg}.$$

Kommen Maßzahlen $x_1, x_2, \ldots, x_n$ unterschiedliche Gewichte $g_1, g_2, \ldots, g_n$ zu, so ist das gewogene Mittel der x_i folgendermaßen definiert:

$$\bar{x} = \frac{\displaystyle\sum_{i=1}^{n} g_i x_i}{\displaystyle\sum_{i=1}^{n} g_i} \tag{1.53}$$

Beispiele:

1) $y_1, y_2, \ldots, y_n$ seien die Preise (pro kg) von n Sorten einer Ware, $u_1, u_2, \ldots, u_n$ die umgesetzten Mengen der einzelnen Sorten (in kg). Wie lautet die Formel für den Durchschnittspreis pro kg?

$$\bar{y} = \frac{\displaystyle\sum_{i=1}^{n} u_i y_i}{\displaystyle\sum_{i=1}^{n} u_i}$$

2) Der Preis eines Produktes schwankt von Monat zu Monat. Ein Betrieb benötigte das Produkt erstmalig im August 1993 und bezog in den letzten Monaten des Jahres 1993 folgende Mengen zu folgenden Stückpreisen:

Monat	8	9	10	11	12
Preis/Stück (DM)	8,20	8,00	7,80	8,00	8,40
bezogene Menge (Stück)	1200	1070	1290	1300	930

Üblicherweise wird der Restbestand eines Wirtschaftsgutes am Jahresende zum Durchschnittspreis $\bar{x}$ bilanziert. Es waren am Jahresende noch 200 Stück des betrachteten Produkts vorhanden. Was ist der Bilanzwert dieses Restbestandes?

$$\bar{x} = \frac{1200 \cdot 8,20 + 1070 \cdot 8,00 + 1290 \cdot 7,80 + 1300 \cdot 8,00 + 930 \cdot 8,40}{1200 + 1070 + 1290 + 1300 + 930}$$
$$= 8,06 \text{ DM/Stück.}$$

Bilanzwert $= 8,06 \cdot 200 = 1612$ DM.

3)　Eine Kaffeesorte wird aus drei Sorten gemischt:

A mit einem Anteil von 30%zum Preis von 3,60 DM/kg
B mit einem Anteil von 60% zum Preis von 2,90 DM/kg
C mit einem Anteil von 10% zum Preis von 4,80 DM/kg

Wieviel kosten 2000kg der Mischung?

$$\text{Preis/kg der Mischung} = \frac{30 \cdot 3,60 + 60 \cdot 2,90 + 10 \cdot 4,80}{100}$$
$$= 3,30 \text{ DM/kg}$$

Demnach kosten 2000 kg 6600 DM.

1.3.3　Indexzahlen

Indexzahlen dienen dazu, Entwicklungen zu messen, z.B. die Preisentwicklung, die Umsatzentwicklung, die Entwicklung der Aktienkurse und vieles andere mehr. Sie sind im einfachsten Fall Verhältnisse von Mittelwerten, oft aber Verhältnisse von gewogenen Mitteln. Wir wollen hier nur Umsatz-, Preis-, und Mengenindexzahlen behandeln.

Wir betrachten einen „Korb" von n verschiedenen Gütern und wollen zunächst die *Umsatzentwicklung* dieses Korbes durch eine geeignete Indexzahl charakterisieren. Die Preise jedes Gutes (pro Einheit, d.h. etwa pro Stück, pro kg, pro Liter etc.) sowie die umgesetzten Mengen (entsprechend in Stück, kg, Liter etc.) werden periodenweise (etwa wöchentlich, monatlich, quartalsweise, jährlich) registriert. Die Perioden numerieren wir mit $0, 1, 2, \ldots$ Wir führen folgende Bezeichnungen ein:

$p_{01}, p_{02}, \ldots, p_{0n}$ seien die *Preise* der n Güter in der 0-ten Periode, der sogenannten *Basisperiode*. p_{0j} ist also der Preis des j-ten Gutes in der Basisperiode. $q_{01}, q_{02}, \ldots, q_{0n}$ seien die *umgesetzten Mengen* der n Güter in der Basisperiode.

Entsprechend seien $p_{i1}, p_{i2}, \ldots, p_{in}$ und $q_{i1}, q_{i2}, \ldots, q_{in}$ die Preise bzw. die umgesetzten Mengen in der i–ten Periode, der sogenannten *Berichtsperiode*. Es soll jetzt die Entwicklung des Umsatzes der n betrachteten Güter in ihrer Gesamtheit (d.h. des ganzen „Korbes") von der Basisperiode zur Berichtsperiode durch eine Indexzahl ausgedrückt werden. Es gilt: Umsatz = Preis pro Einheit × Menge der umgesetzten Einheiten. Die Umsätze der n Güter in der Basisperiode sind also die n Produkte $p_{01}q_{01}, p_{02}q_{02}, \ldots, p_{0n}q_{0n}$. Entsprechend sind die Umsätze in der Berichtsperiode die n Produkte $p_{i1}q_{i1}, p_{i2}q_{i2}, \ldots, p_{in}q_{in}$. Als einen geeigneten Index wird man hier das Verhältnis der arithmetischen Mittel ansehen können. Indexzahlen, die die Periode i mit der Periode 0 vergleichen, werden etwa mit dem Symbol $I_{0,i}$ bezeichnet. Es würde also für unseren Umsatzindex gelten:

$$I_{0,i} = \frac{\dfrac{1}{n} \cdot \sum_{j=1}^{n} p_{ij}q_{ij}}{\dfrac{1}{n} \cdot \sum_{j=1}^{n} p_{0j}q_{0j}}$$

Wenn wir das nach unseren Kenntnissen über Doppelbrüche umformen und n kürzen, ergibt sich schließlich:

Umsatzindex

$$I_{0,i} = \frac{\displaystyle\sum_{j=1}^{n} p_{ij}q_{ij}}{\displaystyle\sum_{j=1}^{n} p_{0j}q_{0j}}. \tag{1.54}$$

Oft multipliziert man die rechte Seite noch mit 100 und erhält dann direkt einen Prozentsatz für die Änderung.

Beispiel:

Für drei Güter wurden über 4 Perioden folgende Preise und Mengen ermittelt:

Periode	Preis in DM/Einheit			Menge in Einheiten		
	Gut 1	Gut 2	Gut 3	Gut 1	Gut 2	Gut 3
0	3,50	18,20	105,-	2506	1112	104
1	3,65	17,50	112,-	2400	1640	103
2	3,90	18,00	117,-	2320	2230	116
3	4,10	17,00	132,-	2410	2700	101

Man berechne:

a) Den Umsatzindex $I_{0,1}$ und den Umsatzindex $I_{0,3}$;   b) den Umsatzindex $I_{2,3}$.

Zu b) ist zu bemerken, daß bei der Aufstellung der allgemeinen Formel (1.54) die Basisperiode mit 0, die Berichtsperiode mit i bezeichnet wird. Die Basisperiode kann natürlich irgendein k sein, die Berichtsperiode $i > k$, die Formel (1.54) wäre dann folgendermaßen zu modifizieren:

$$I_{k,i} = \frac{\displaystyle\sum_{j=1}^{n} p_{ij} q_{ij}}{\displaystyle\sum_{j=1}^{n} p_{kj} q_{kj}}. \tag{1.55}$$

Im Beispiel ist $k = 2, i = 3$, d.h. man will wissen, wie sich der Umsatz von der 2. zur 3. Periode verändert hat.

Lösung: a) $I_{0,1} = \dfrac{3,65 \cdot 2400 + 17,50 \cdot 1640 + 112 \cdot 103}{3,50 \cdot 2506 + 18,20 \cdot 1112 + 105 \cdot 104}$

$\qquad\qquad = \dfrac{48996}{39929,4} = 1,2271.$

Der Umsatz stieg von Periode 0 zu Periode 1 um 22,71% bzw. auf 122,71% .

$I_{0,3} = \dfrac{4,10 \cdot 2410 + 17 \cdot 2700 + 132 \cdot 101}{3,50 \cdot 2506 + 18,20 \cdot 1112 + 105 \cdot 104}$

$\qquad = \dfrac{69113}{39929,4} = 1,7309.$

Der Umsatz stieg von Periode 0 zur Periode 3 um 73,09% bzw. auf 173,09% .

b) $I_{2,3} = \dfrac{4,10 \cdot 2410 + 17 \cdot 2700 + 132 \cdot 101}{3,90 \cdot 2320 + 18 \cdot 2230 + 117 \cdot 116}$

$\qquad = \dfrac{69113}{62750} = 1,1012.$

Der Umsatz stieg von Periode 2 zu Periode 3 um 10,12% bzw. auf 110,12% .

Anmerkung: Man läßt in den Formeln (1.54) bzw. (1.55) oft die Summationsindices und die Summationsgrenzen am Summenzeichen weg und schreibt kurz:

$$I_{0,i} = \frac{\sum p_i q_i}{\sum p_0 q_0} \quad \text{bzw.} \quad I_{k,i} = \frac{\sum p_i q_i}{\sum p_k q_k}.$$

Wenn man diese Schreibweise in der Literatur findet, muß man sich unbedingt vergegenwärtigen, daß i und 0 bzw. i und k hier *keine* Summationsindices sind, sondern die Perioden kennzeichnen, und daß das Summenzeichen die Summation über die n betrachteten Güter zum Ausdruck bringt; der Summationsindex und die Summationsgrenzen sind weggelassen.

Will man die Entwicklung des Preisniveaus des betrachteten Güterkorbes von der Basisperiode zur Berichtsperiode erfassen, kann man nicht – wie bei den Umsätzen – hier die arithmetischen Mittel der Preise ins Verhältnis setzen. Denn werde z.B. vom Gut 2 eine 100 mal größere Menge von Einheiten umgesetzt als von Gut 1, so wird auf den Preisindex des gesamten Korbes die Preisentwicklung von Gut 2 einen 100 mal so großen Einfluß haben gegenüber der von Gut 1. Man muß also gewogene Mittel ins Verhältnis setzen, d.h. ein Preisindex wird so aussehen (g_j sind geeignete Gewichte):

$$I_{0,i} = \frac{\dfrac{\sum\limits_{j=1}^{n} p_{ij} g_j}{\sum\limits_{j=1}^{n} g_j}}{\dfrac{\sum\limits_{j=1}^{n} p_{0j} g_j}{\sum\limits_{j=1}^{n} g_j}} = \frac{\sum\limits_{j=1}^{n} p_{ij} g_j}{\sum\limits_{j=1}^{n} p_{0j} g_j} \tag{1.56}$$

Dabei ist es wichtig, dieselben Gewichte g_j für die Basisperiode und für die Berichtsperiode zu nehmen, andernfalls würde die Änderung der Gewichte die Preisänderung überlagern und verfälschen. Für die Gewichte bieten sich naturgemäß die umgesetzten Mengen an. Je nachdem, ob man die Mengen der Basisperiode oder die der Berichtsperiode als Gewichte nimmt, erhält man verschiedene Indexzahlen mit spezifischen Vor - und Nachteilen.

Preisindex nach Laspeyres: Wählt man für die Gewichte die *umgesetzten Mengen der Basisperiode*, d.h. $g_j = q_{0j}$, so erhält man den

Preisindex nach Laspeyres:
$$I_{0,i} = \frac{\sum\limits_{j=1}^{n} p_{ij} q_{0j}}{\sum\limits_{j=1}^{n} p_{0j} q_{0j}} \tag{1.57}$$

oder in Kurzschreibweise
$$I_{0,i} = \frac{\sum p_i q_0}{\sum p_0 q_0}.$$

Preisindex nach Paasche: Wählt man für die Gewichte die *umgesetzten Mengen der Berichtsperiode*, d.h. $g_j = q_{ij}$, so erhält man den

Preisindex nach Paasche:
$$I_{0,i} = \frac{\displaystyle\sum_{j=1}^{n} p_{ij}q_{ij}}{\displaystyle\sum_{j=1}^{n} p_{0j}q_{ij}} \qquad (1.58)$$

oder in Kurzschreibweise:
$$I_{0,i} = \frac{\sum p_i q_i}{\sum p_0 q_i}.$$

Nach demselben Muster sind die Mengenindexzahlen aufgebaut; hier sind *die Gewichte die Preise.*

Mengenindex nach Laspeyres: Gewichte sind die Preise der Basisperiode:

$$I_{0,i} = \frac{\displaystyle\sum_{j=1}^{n} q_{ij}p_{0j}}{\displaystyle\sum_{j=1}^{n} q_{0j}p_{0j}} \qquad (1.59)$$

oder in Kurzschreibweise:
$$I_{0,i} = \frac{\sum q_i p_0}{\sum q_0 p_0}.$$

Mengenindex nach Paasche: Gewichte sind die Preise der Berichtsperiode:

$$I_{0,i} = \frac{\displaystyle\sum_{j=1}^{n} q_{ij}p_{ij}}{\displaystyle\sum_{j=1}^{n} q_{0j}p_{ij}} \qquad (1.60)$$

oder in Kurzschreibweise:
$$I_{0,i} = \frac{\sum q_i p_i}{\sum q_0 p_i}.$$

Beispiele:

Zugrundegelegt sei die Tabelle von Daten des vorigen Beispiels. Es sind folgende Indexzahlen zu berechnen:

a) Preisindex $I_{0,3}$ nach Laspeyres
b) Preisindex $I_{0,3}$ nach Paasche
c) Mengenindex $I_{1,2}$ nach Laspeyres
d) Mengenindex $I_{2,3}$ nach Paasche

Zu c) und d) gilt die Bemerkung vom vorigen Beispiel b) sinngemäß.

Lösung (wir geben nur die Rechnung an, den Antwortsatz – die ökonomische Interpretation – möge der Leser selbst formulieren):

a) $I_{0,3} = \dfrac{4,10 \cdot 2506 + 17 \cdot 1112 + 132 \cdot 104}{3,50 \cdot 2506 + 18,20 \cdot 1112 + 105 \cdot 104} = \dfrac{42906,6}{39929,4} = 1,0746 \quad (107,46\%)$

b) $I_{0,3} = \dfrac{4,10 \cdot 2410 + 17 \cdot 2700 + 132 \cdot 101}{3,50 \cdot 2410 + 18,20 \cdot 2700 + 105 \cdot 101} = \dfrac{69113}{68180} = 1,0137 \quad (101,37\%)$

Die erhebliche Differenz bedarf einer Diskussion (Andeutungen nach dem Beispiel).

c) $I_{1,2} = \dfrac{2320 \cdot 3,65 + 2230 \cdot 17,50 + 116 \cdot 112}{2400 \cdot 3,65 + 1640 \cdot 17,50 + 103 \cdot 112} = \dfrac{60485}{48996} = 1,2345 \quad (123,45\%)$

d) $I_{2,3} = \dfrac{2410 \cdot 4,10 + 2700 \cdot 17 + 101 \cdot 132}{2320 \cdot 4,10 + 2230 \cdot 17 + 116 \cdot 132} = \dfrac{69113}{62734} = 1,1017 \quad (110,17\%)$

Unser Beispiel zeigt eine erhebliche Differenz der Preisindexzahlen $I_{0,3}$ nach Laspeyres und Paasche. Wir wollen uns zunächst überlegen, wie das zustandekommt und dann einige Bemerkungen über die Vor- und Nachteile dieser beiden Indexzahlen machen. Das Gut 2 wird von Periode 0 zu Periode 3 um einiges billiger, sein Umsatz hat sich mehr als verdoppelt. Der Paasche-Index erfaßt diese Änderung besser, weil er die *aktuellen Mengen* als Gewichte benutzt (denn durch den hohen Umsatz des billigeren Gutes wird der durch die Teuerung der Güter 1 und 3 entstehende Preisauftrieb viel stärker gedämpft als das bei weniger Umsatz der Fall wäre). Güter, bei denen bereits geringe Preisänderungen wesentliche Umsatzänderungen bewirken, nennt man *preiselastisch*. Ein *Vorteil des Paasche-Index ist also seine bessere Widerspiegelung der tatsächlichen aktuellen Verhältnisse*, was sich insbesondere bei preiselastischen Gütern deutlich bemerkbar macht. Er hat dafür zwei wesentliche Nachteile: 1) man kann keine fortlaufenden Reihen vergleichbarer Indexzahlen bilden, weil sich die Gewichte ebenfalls von Periode zu Periode mit verändern, 2) man muß z.B. beim Preisindex die Mengen in jeder Periode neu erheben, was einen beträchtlichen Arbeits- und Kostenaufwand erfordert. Der Laspeyres-Index wiederum hat den Nachteil, daß seine Gewichte nicht dem aktuellen Stand entsprechen. Das wirkt sich besonders aus, wenn man preiselastische Güter vergleicht oder wenn viel Zeit zwischen Basis- und Berichtsperiode liegt. Der Vorteil des Laspeyres-Index

besteht darin, daß man eine fortlaufende Reihe vergleichbarer Indexzahlen be-
rechnen kann und daß die hohen Kosten für die fortlaufende Erhebung der
Gewichte entfallen. So ist z.B. der vom statistischen Bundesamt veröffentlichte
Index der Lebenshaltungskosten ein Laspeyresscher Index.

1.4   Rechnen mit Ungleichungen und Beträgen

1.4.1   Ungleichungen

Wir erinnern uns an die in 1.1.1 eingeführte Zahlengerade. Man sagt, eine
reelle Zahl a ist kleiner als eine reelle Zahl b (geschrieben $a < b$), falls a auf der
Zahlengeraden links von b liegt; entsprechend ist $a > b$, wenn a rechts von b
liegt. $a < b$ bedeutet demnach dasselbe wie $b > a$. Wir brauchen also nur für
das $<$-Zeichen die Regeln anzugeben.

Beispiel: $2 < 3; -1 < 0; 5 > 0; -18 < -3; -9 < 0,5; 8 > -22$

Eine Zahl a heißt positiv, wenn $a > 0$ ist; sie heißt negativ, wenn $a < 0$ ist.
$a \leq b$ (gelesen: a kleiner-gleich b) bedeutet: $a < b$ oder $a = b$; entsprechend
bedeutet $a \geq b$, daß $a > b$ oder $a = b$ ist. Aus $a \leq b$ und gleichzeitig $a \geq b$
folgt $a = b$ (denn $a < b$ ist sowohl mit $a > b$ als auch mit $a = b$ unverträglich).
$a \leq x \leq b$ bedeutet, daß x zwischen a und b liegt, einschließlich der Grenzen;
$a < x < b$ bedeutet, daß x zwischen a und b liegt ausschließlich der Grenzen.
Die Kleiner-Beziehung ist *transitiv*, d.h. aus $a < b$, $b < c$ folgt $a < c$. (Man
mache sich alle diese Dinge an der Zahlengeraden klar.)

Rechengesetze:

$$a < b \iff a + c < b + c \qquad (1.61)$$

$$a < b \iff a - c < b - c \qquad (1.62)$$

(man erinnere sich des Gebrauchs des Zeichens $\iff$ in 1.1.3)

Diese Regeln lauten in Worten:

> Eine Ungleichung bleibt bestehen, wenn man auf beiden Seiten diesselbe Zahl
> addiert oder subtrahiert.

Beispiele:

1) $-6 < -3 \quad | +5$

       $-1 < 2$

2) $8 < 17 \quad | -12$

       $-4 < 5$

3) $a < b \iff a - b < 0$ (bzw. $b - a > 0$) (das folgt durch Subtraktion von b bzw. durch Subtraktion von a auf beiden Seiten).

$$a < b \iff ac < bc, \text{ falls } c > 0 \qquad (1.63)$$

Eine Ungleichung darf mit *einer positiven Zahl* multipliziert werden.

$$a < b \iff ac > bc, \text{ falls } c < 0 \qquad (1.64)$$

Wird eine Ungleichung mit einer negativen Zahl multipliziert, so muß das Ungleichheitszeichen umgekehrt werden.

Die Regeln (1.63) und (1.64) sind gleichzeitig Regeln für die Division durch eine Zahl, denn Division durch $d \neq 0$ ist gleichbedeutend mit Multiplikation mit $1/d$, und bei $d > 0$ ist auch $1/d > 0$ und bei $d < 0$ ist auch $1/d < 0$.

Eine Ungleichung darf durch eine positive Zahl dividiert werden. Wird eine Ungleichung durch eine negative Zahl dividiert, so muß das Ungleichheitszeichen umgekehrt werden.

Beispiele:

1) $7,6 < 10 \quad | \cdot 3; \qquad 22,8 < 30.$

2) $7 < 10 \quad | \cdot (-2); \qquad -14 > -20.$

3) $-12 < 0 \quad | : 4; \qquad -3 < 0.$

4) $-5 < -1 \quad | : (-2); \qquad \dfrac{5}{2} > \dfrac{1}{2}.$

Schließlich gilt noch folgende Regel: Sind a, b beide positiv oder beide negativ, so gilt:

$$\text{aus } a < b \text{ folgt } \quad \frac{1}{a} > \frac{1}{b} \qquad (1.65)$$

d.h.:

> Sind die Seiten einer Ungleichung beide positiv oder beide negativ, so kann man auf beiden Seiten zum Kehrwert übergehen, wenn man das Ungleichheitszeichen umkehrt.

Beispiele:

1) $7 < 10; \qquad \dfrac{1}{7} > \dfrac{1}{10}.$

2) $-3 < -2; \qquad -\dfrac{1}{3} > -\dfrac{1}{2}.$

Alle Rechenregeln gelten auch für Ungleichungen vom Typ $a \leq b$ oder $a > b$ oder $a \geq b$. Sie gelten auch unverändert, wenn rechts und links des Ungleichheitszeichens Terme stehen. Das benutzen wir nun, um einfache Ungleichungen zu lösen.

Beispiele:

1)   Für welche x ist $-3x + 2 < 4x - 9$?

$$-3x + 2 < 4x - 9 \qquad | +3x$$
$$2 < 4x + 3x - 9 \quad | +9$$
$$2 + 9 < 7x$$
$$11 < 7x \qquad\qquad |: 7$$
$$\frac{11}{7} < x$$
$$x > \frac{11}{7}.$$

Für alle reellen Zahlen x, die größer sind als $11/7$, ist die Ungleichung $-3x + 2 < 4x - 9$ erfüllt.

2)   Für welche x gilt $(a - x)b > Kx$?

$$ab - bx > Kx \qquad | +bx$$
$$ab > Kx + bx$$
$$ab > (K + b)x.$$

Nun kann man nicht einfach durch $K + b$ dividieren (es sei denn, man wüßte aus inhaltlichen Zusammenhängen, daß $K + b > 0$ ist). Wir müssen also zwei Fälle unterscheiden:

1. Fall: $K + b > 0$.

Dann kann man durch $K + b$ dividieren und man erhält $\dfrac{ab}{K + b} > x$ oder $x < \dfrac{ab}{K + b}$.

Für $K + b > 0$ erfüllen also alle x mit $x < \dfrac{ab}{K + b}$ die gegebene Ungleichung.

2. Fall: $K + b < 0$.

Division durch $K + b$ liefert jetzt $\dfrac{ab}{K+b} < x$. Für $K + b < 0$ erfüllen also alle x mit

$x > \dfrac{ab}{K+b}$ die gegebene Ungleichung.

3) Für welche x ist $\dfrac{3x-1}{2x+2} > 1$?

Um die Ungleichung zu lösen, wird man sie mit $2x + 2$ multiplizieren; aber auch hier muß man die Fälle $2x + 2 > 0$ und $2x + 2 < 0$ unterscheiden.

1. Fall: $2x + 2 > 0$, d.h. $2x > -2$ oder $x > -1$.

Multiplikation mit $2x + 2$ liefert in diesem Fall:

$$3x - 1 > 2x + 2 \quad | -2x + 1$$

$$3x - 2x > 2 + 1$$

$$x > 3.$$

Für die x, die größer als 3 sind, ist die Bedingung, unter der dies Ergebnis erzielt wurde, nämlich $x > -1$, automatisch erfüllt, also: alle $x > 3$ erfüllen die gegebene Ungleichung.

2. Fall: $2x + 2 < 0$, d.h. $2x < -2$ oder $x < -1$.

Multiplikation mit $2x + 2$ liefert jetzt

$$3x - 1 < 2x + 2 \quad | -2x + 1$$

$$x < 3.$$

Die Bedingung unter der dieses Ergebnis zustande kam, war $x < -1$, also von den x, die kleiner als 3 sind, kommen nur die $x < -1$ in Frage. Die Fälle 1 und 2 ergeben zusammen das Resultat: Die gegebene Ungleichung ist für $x < -1$ und für $x > 3$ erfüllt; für $-1 \leq x \leq 3$ ist sie nicht erfüllt (für $x = -1$ hat der Term auf der linken Seite keinen Sinn).

4) Für welche x ist $\dfrac{x-1}{x+2} \leq 4$?

1. Fall: $x + 2 > 0$, d.h. $x > -2$.

$$x - 1 \leq 4x + 8 \quad | -x - 8$$

$$-9 \leq 3x \qquad |: 3$$

$$-3 \leq x$$

$$x \geq -3.$$

Wieder müssen die Bedingungen $x > -2$ und das Ergebnis $x \geq -3$ gleichzeitig gelten, Fall 1 liefert also: $x > -2$.

Fall 2: $x + 2 < 0$, d.h. $x < -2$

$$x - 1 \geq 4x + 8 \quad | -x - 8$$

$$-3 \geq x.$$

$x \leq -3$ und $x \leq -2$ sind gleichzeitig für alle $x \leq -3$ erfüllt. Die gegebene Ungleichung gilt also für $x \leq -3$ und für $x \geq -2$; für $-3 < x < -2$ gilt sie nicht (für $x = -2$ ist der linke Term sinnlos).

1.4.2 Das Rechnen mit Beträgen

Unter dem Betrag einer Zahl a (bezeichnet $|a|$, gelesen „Betrag von a") versteht man den Abstand des Punktes a auf der Zahlengeraden zum Punkte 0. Der Abstand kann nie negativ sein, also gilt $|a| > 0$. Nach dieser Definition ist $|0| = 0$; $|3| = 3$; $|7,8| = 7,8$; allgemein: $|a| = a$, falls $a \geq 0$ ist.

Es gilt $|-3| = 3$, denn der Punkt -3 ist auf der Zahlengeraden 3 Einheiten links von Null, also vom Punkt 0 drei Einheiten entfernt. Ebenso ist $|-9| = 9$; $|-3,75| = 3,75$ usw. Für jede negative Zahl a ist also $|a| = -a$. Das ist, so merkwürdig es aussieht, richtig, denn z.B. $|-9| = -(-9) = 9$ (a ist hier -9 !), $|-7,5| = -(-7,5) = 7,5$. Wir können also den Betrag auch folgendermaßen definieren:

$$|a| = \left\{ \begin{array}{l} a \text{ für } a \geq 0 \\ -a \text{ für } a < 0 \end{array} \right\} \qquad (1.66)$$

Das bei Generationen von Schülern und Studenten immer wieder auftretende psychologische Problem beim Verständnis dieser Formel besteht darin, daß man irgendwie assoziiert, daß $-a$ immer negativ ist. Das ist durchaus falsch, denn $-a$ ist nur bei positivem a negativ, bei negativem a aber positiv: $-(-9) = 9$. Also nochmals: $-a$ *ist positiv für* $a < 0$. Wenn man das einsieht, ist (1.66) keine Hürde mehr. Es ist

$$|a| = |-a|, \qquad (1.67)$$

denn der Abstand von a zu Null ist aus Symmetriegründen derselbe wie der Abstand von $-a$ zu Null, ganz gleich, welche Zahl a ist. Also gilt auch

$$|a - b| = |b - a|,$$

denn $b - a = -(a - b)$.

$|a - b|$ ist der Abstand von a und b auf der Zahlengeraden.

Beispiele:

1) $a = -8, b = 4$

Der Abstand der beiden Punkte ist 12 Einheiten. Es gilt

$$|a - b| = |-8 - 4| = |-12| = 12.$$

2) $a = 4, b = 7$

Der Abstand beider Punkte ist 3 Einheiten.

$$|a - b| = |4 - 7| = |-3| = 3$$

Für den Betrag gilt die wichtige *Dreiecksungleichung*:

$$\boxed{|a + b| \le |a| + |b|}$$

(1.68)

Beispiele:

1) $a = 4;\ b = 2$
      $|a + b| = |6| = 6; |a| + |b| = |4| + |2| = 4 + 2 = 6;$
      In diesem Fall gilt also das Gleichheitszeichen.

2) $a = 10;\ b = -3$
      $|a + b| = |10 - 3| = |7| = 7$
      $|a| + |b| = |10| + |-3| = 10 + 3 = 13$
      $7 < 13;$ in diesem Fall gilt also das Kleiner-Zeichen.

Wir wollen zur Übung noch ein wenig das Rechnen mit Beträgen und das mit Ungleichungen kombinieren. Dabei müssen wir immer wieder auf die Formel (1.66) zurückgreifen.

Für welche x gilt $|x - 2| \le 4$?
Man muß hier entsprechend der Formel (1.66) eine Fallunterscheidung vornehmen:
1.Fall: $x - 2 \ge 0$, d.h. $x \ge 2$. Dann ist $|x - 2| = x - 2$ und

$$x - 2 \le 4 \quad | +2$$

$$x \le 6$$

Alle x mit $2 \le x \le 6$ genügen also der Ungleichung.
2. Fall: $x - 2 < 0$, d.h. $x < 2$. Dann ist $|x - 2| = -(x - 2)$ und

$$-x + 2 \leq 4 \quad | +x - 4$$

$$-2 \leq x, \text{ also } x \geq -2$$

Alle x mit $-2 \leq x < 2$ genügen also auch der Ungleichung. Nimmt man die Ergebnisse beider Fälle zusammen, so erhält man das Endresultat: Die Ungleichung ist für alle x mit $-2 \leq x \leq 6$ erfüllt.

Bemerkung: Das hätten wir auch aus der geometrischen Bedeutung von $|x - 2|$ ablesen können, denn $|x - 2| \leq 4$ ist für alle diejenigen x erfüllt, die von 2 einen Abstand ≤ 4 haben.

Ganz analog erkennt man:

$|x - a| < \varepsilon$ wird von allen x erfüllt, die von a einen geringeren Abstand als ε haben, d.h. von allen x mit $a - \varepsilon < x < a + \varepsilon$.

1.5 Übungsaufgaben

1) Man vereinfache folgende Ausdrücke soweit möglich:
   a) $5a - 3b + xy + 6b - 8xy + 11a$;   b) $(2a)(3x^2y)(-4b)$;
   c) $7x_1 + 5x_2 - x_3 + 6x_2 - 12x_1$;   d) $(x - 6y) - (4x - 9y)$;
   e) $(3q - 5r) - (2q + 4r) - (q - 11r)$;   f) $(2u - v) - [3v - (u - v)] - [(5u + 3v) - (2u - v)]$;
   g) $8a - a + [(3a - 2b) - (5a + 3b)] - [-(-a + b)]$.

2) Man multipliziere die Klammern aus und vereinfache soweit als möglich:
   a) $(2a - 3b)(a + 2b)$;   b) $(-13x - 10y)(9x - 15y)$;
   c) $(2ax + 3by)(\frac{1}{2}a - \frac{1}{3}b)$;   d) $(x_1 + x_2 + \ldots + x_n)(x - y)$;
   e) $(\sum_{i=1}^{n} a_i b_i)(a - c)$;   f) $(a + b)(2a - 4b) - (3a + b)(2a - b)$;
   g) $(x + 9)(x - 2) - (x + 3)^2 + (x - 2)^2$;   h) $\left(\frac{1}{2}p - \frac{1}{3}q + \frac{1}{4}r\right)\left(\frac{2}{3}p + \frac{1}{6}q - \frac{1}{4}r\right)$.

3) In den folgenden Ausdrücken sind gemeinsame Faktoren auszuklammern:
   a) $a^2 + ab + ab^2$;   b) $x^2 - 2xy + x$;   c) $\sum_{i=1}^{n} xyx_i y_i^2$.

4) Man berechne folgende Ausdrücke mittels der binomischen Formeln:
   a) $(r - s)^2$;   b) $(k + 1)^2$;   c) $(4 - 2x)(4 + 2x)$;   d) $(-2 - x)^2 - (1 - x)^2$;
   e) $(a + b + c - d)^2$;   f) $(3x + 4y)^2 - (2x - 5y)^2 + (4x - 3y)(3y + 4x) - 6x^2$.

5) Man zerlege folgende Ausdrücke mittel binomischer Formeln in zwei Faktoren:
   a) $x^2 - 1$;   b) $4a^2 - 9$;   c) $1 - 36x^2$;   d) $u^2 + v^2 + w^2 + 2uv + 2uw + 2vw$;
   e) $25x^2y^2 + 20xy + 4$.

6) Man kürze die nachfolgenden Brüche soweit als möglich:
   a) $\frac{bc - b}{bc + b}$;   b) $\frac{4x - 4y}{ay - ax}$;   c) $\frac{a^2b - ab^2}{a^2c - ac^2}$;   d) $\frac{(u - v)^2}{u^2 - v^2}$;   e) $\frac{a^2 + a}{a^2 - 1}$;
   f) $\frac{r - s}{s - r}$;   g) $\frac{mp + mq - np - nq}{mp - mq - np + nq}$.

7) Man multipliziere und kürze, falls möglich:
   a) $(x - y)\frac{a + b}{x^2 - y^2}$;   b) $\frac{4a^2 - 4ab + 1}{ac} \cdot \frac{a^2b^2}{a^2 - b^2}$;
   c) $\frac{1}{xy} \cdot \frac{axy^2 + bxy}{a^2 - b^2}$;   d) $\frac{7a + 5b}{3a + 4b} \cdot \frac{5a - b}{6a - 9b}$.

8) Folgende Terme sind in einen einzigen Bruch umzuwandeln:
   a) $\frac{5 - 2x}{10ax} - \frac{36 - 4x}{12bx} + \frac{1}{20a^2b}$;   b) $\frac{(3b - 2c)a}{6bc} - \frac{b(4a - 5c)}{10ac} + \frac{1}{6ab} - \frac{b}{10c}$;
   c) $\frac{1}{x} - \frac{1}{y} + \frac{2}{x^2y} + \frac{6}{y^2}$;   d) $1 - \frac{1}{x - y}$;   e) $\frac{2a}{3b - a} - \frac{5}{6}$;   f) $\frac{1}{x - y} - \frac{1}{x + y}$;
   g) $\frac{1}{t - 1} - \frac{5}{1 + t} + \frac{7t - 9}{t^2 - 1} - \frac{5}{1 - t}$;   h) $\frac{1}{a + 1} + \frac{4}{3a + 2} - \frac{3}{a + 1}$;

i) $\dfrac{1}{1-5k} - \dfrac{k}{25k^2-1} + 4 + \dfrac{3k}{25k^2-10k+1}$.

9)   Folgende Ausdrücke sollen als ein einziger Bruch geschrieben und soweit als möglich gekürzt werden:

a) $\dfrac{24abx}{39cdy} : \dfrac{8b}{13y}$;   b) $\dfrac{p-q}{8p} : \dfrac{q-p}{16q}$;   c) $\left(\dfrac{x^2-10x+25}{3a-1} - \dfrac{x-5}{9a^2-1} \right) : \dfrac{x^2-25}{1-3a}$;

d) $\left(\dfrac{a+b}{b} + \dfrac{a+b}{a} \right) : \left(\dfrac{1}{a} + \dfrac{1}{b} \right)$;   e) $\left(\dfrac{a}{2b} - \dfrac{2b}{a} \right) : \dfrac{a+2b}{a}$;

f) $\dfrac{1-\dfrac{1}{u}}{\dfrac{1}{u}-\dfrac{1}{u^2}}$;   g) $\dfrac{\dfrac{x}{x-y}+\dfrac{y}{x+y}}{\dfrac{x}{x+y}-\dfrac{y}{x-y}}$;   h) $\dfrac{\dfrac{b-1}{b}-\dfrac{b}{b+1}}{\dfrac{1-b}{b}+\dfrac{b}{b+1}}$.

10) Man löse die folgenden Gleichungen nach x auf:

a) $12 - (5x+5) + (2x-7) = 8x - 20$;

b) $51a - 23x + 5[2a - 3(2x - 7a) + 4x] - 3(5x - 2a) = 17a - x$;

c) $(x-2)(x-9) = (x+4)(x-7) - 12$;   d) $\dfrac{x+4}{7x+2} = \dfrac{x+6}{7x-4}$;

e) $\dfrac{2x-1}{x-2} - \dfrac{5x-3}{3x-6} + \dfrac{8x+1}{5x-10} = 0$;   f) $\dfrac{2x+1}{x-1} + \dfrac{2x+4}{1-x} + \dfrac{x-9}{x^2-1} = \dfrac{3-8x}{1-x^2}$.

11) Man stelle folgende Formeln um:

a) $a(1+y) = b$ nach y;   b) $K = xy(u_1 - u_2)$ nach u_2;

c) $s_n = a_0 + (n-1)d$ nach n;   d) $\dfrac{1+k}{1-k} = \dfrac{a-b^2}{c}$ nach k;

e) $\dfrac{s+r}{r_1+x+s} = \dfrac{r_1}{r_2}$ nach s;   f) $\dfrac{y-y_1}{y_2-y_1} = \dfrac{x-x_1}{x_2-x_1}$ nach y;

g) $x^2 = y^2 + (x-a)^2$ nach x;   h) $\dfrac{a-b(a-c)}{a+f} = 5$ nach a.

12) 16 Arbeiter erhalten bei einer täglichen Arbeitszeit von 8 Stunden am Ende einer Woche zusammen 9254,- DM Lohn. Wieviel würden bei gleichen Verhältnissen 12 Arbeiter erhalten, wenn sie täglich 9 Stunden arbeiten?

13) Für 1000 Lire erhält man 0,92 DM. Ein Kaufhaus bezieht 960 Paar Schuhe für 38,4 Mio Lire. Wieviel DM kostet 1 Paar Schuhe?

14) Jemand kauft einen Elektroherd und erhält wegen einer Lackbeschädigung 7% Preisnachlaß. Da er bar zahlt, erhält er auf diesen geminderten Kaufpreis noch 2% Skonto und bezahlt 1093,68 DM. Wie teuer ist dieser Typ von Elektroherd?

15) Jemand eröffnet am 6.6. ein Sparbuch, welches zu 2% verzinst wird, mit einer Einzahlung von 2000 DM. Am 24.10. zahlt er nochmals 1000 DM ein. Wieviel DM Zinsen werden am Jahresende gutgeschrieben?

16) Jemand beansprucht vom 3.2. bis 29.11. einen kurzfristigen Kredit von 5000 DM zu $p = 12,4\%$. Wie hoch ist die Rückzahlungssumme?

17) Wieviel DM muß man anlegen, um bei $p = 5\%$ in 11 Monaten 550 DM Zinsen zu erzielen?

18) Man ergänze in folgender Tabelle den Aufzinsungsfaktor q bzw. den Zinssatz p.

p	7,03	$8\frac{1}{3}$	11,5			
q				1,0504	1,062	$1,033\ldots$

19) Folgende Summen sind mittels des Summenzeichens zu schreiben:

a) $x_n + x_{n+1} + \ldots + x_{2n}$;   b) $a_0 x_0 + a_1 x_1 + \ldots + a_k x_k$;

c) $\dfrac{u_1 g_1 + u_2 g_2 + \ldots + u_n g_n}{g_1 + g_2 + \ldots + g_n}$;   d) $a_{i1} b_{1k} + a_{i2} b_{2k} + \ldots + a_{in} b_{nk}$;

e) $1^3 + 2^3 + 3^3 + \ldots + n^3$;   f) $1 + 0 + 1 + 4 + \ldots + (n-1)^2$.

20) Folgende Ausdrücke, die Summenzeichen enthalten, sind auszuschreiben:

a) $\dfrac{\displaystyle\sum_{i=1}^{n} a_i b_i}{\displaystyle\sum_{i=1}^{n} b_i}$;

b) der Preisindex $I_{0,i}$ von Laspeyres;   c) der Mengenindex $I_{0,i}$ von Paasche;

d) $\displaystyle\sum_{j=3}^{2n+1} (j+1)^2$;   e) $\displaystyle\sum_{i=1}^{n} a_{ij} b_{jk}$;   f) $\displaystyle\sum_{k=0}^{l} \frac{2k+1}{3k+1}$;   g) $\displaystyle\sum_{i=1}^{n} x_i y_i^2 (z_i - u_i)$.

21) Ein Motorenöl wird aus vier Komponenten gemischt. Die folgende Tabelle gibt die Anteile an der Mischung und die Preise pro Liter der einzelnen Komponenten:

Komponente	Anteil	Preis/Liter
I	10%	8,80 DM
II	40%	5,30 DM
III	30%	6,90 DM
IV	20%	7,00 DM

Wieviel kostet ein Liter der Mischung?

22) Die folgende Tabelle gibt für drei Perioden Preise und umgesetzte Mengen von vier Gütern:

Periode	Preise pro Einheit				Mengen (in Einheiten)			
	1	2	3	4	1	2	3	4
0	2,80	3,75	12,10	0,90	2760	1020	475	9412
1	2,45	3,65	10,80	1,20	2810	1000	630	8305
2	2,10	3,80	10,15	1,25	2950	990	680	8110

Man berechne:

a) den Preisindex $I_{0,2}$ nach Laspeyres;   b) den Preisindex $I_{0,2}$ nach Paasche;

c) den Umsatzindex $I_{0,1}$;   d) den Mengenindex $I_{1,2}$ nach Laspeyres;

e) den Mengenindex $I_{0,1}$ nach Paasche.

23) Für welche x gelten folgende Ungleichungen:

a) $5(3x-2) > 12x - 9$;   b) $2 + \dfrac{3(x+1)}{8} < 3 - \dfrac{x-1}{4}$;   c) $\dfrac{1}{x-1} < \dfrac{2}{x+1}$;

d) $|2x-1| \geq |x-1|$.

Kapitel 2

Potenzen, Wurzeln, Logarithmen

2.1 Potenzen mit ganzzahligen Exponenten

2.1.1 Potenzen mit natürlichen Exponenten

Ein Produkt $a \cdot a \cdot \ldots \cdot a$ aus n gleichen Faktoren ($n > 1$) nennt man eine *Potenz*. Man schreibt abkürzend:

$$\underbrace{a \cdot a \cdot \ldots \cdot a}_{n \text{ Faktoren}} = a^n \qquad (2.1)$$

(gelesen: *a* hoch *n*).

a^n ist also eine Potenz, a heißt ihre *Basis*, n heißt ihr *Exponent*. Unter a^1 versteht man die Zahl a selbst.

Beispiele:

1) $1^n = 1; \quad 0^n = 0; \quad (2x)^1 = 2x$

2) $2^5 = 2 \cdot 2 \cdot 2 \cdot 2 \cdot 2 = 32$

3) $(1,067)^4 = 1,067 \cdot 1,067 \cdot 1,067 \cdot 1,067 = 1,2961572$
    Die meisten Taschenrechner besitzen eine Taste zur Berechnung von Potenzen, meist mit $\boxed{y^x}$, $\boxed{x^y}$, $\boxed{a^n}$ oder ähnlich bezeichnet. Die Tastenfolge zur Berechnung von a^n ist: a $\boxed{y^x}$ n $\boxed{=}$, also in obigem Beispiel: Eingabe 1,067, dann $\boxed{y^x}$ drücken, Eingabe 4, $\boxed{=}$ drücken: 1,2961572.

4) $(-2)^4 = (-2)(-2)(-2)(-2) = 16$

5) $(-1)^3 = (-1)(-1)(-1) = -1$

6)   Ist der Exponent gerade, d.h. hat er die Gestalt $2n$, so gilt $(-a)^{2n} = a^{2n}$, insbesondere $(-1)^{2n} = 1$.

7)   Ist der Exponent ungerade, d.h. hat er die Gestalt $2n + 1$, so gilt $(-a)^{2n+1} = -a^{2n+1}$, insbesondere $(-1)^{2n+1} = -1$. Die Beispiele 4) und 5) waren konkrete Fälle dieser allgemeinen Regeln.

Bemerkung: Es ist nötig, zwischen $-a^n$ und $(-a)^n$ zu unterscheiden: $-2^4 = -16$, aber $(-2)^4 = 16$, ebenso zwischen ab^n und $(ab)^n$: $3 \cdot 2^3 = 3 \cdot 8 = 24$, aber $(3 \cdot 2)^3 = 6^3 = 216$.

8) $(x + y)^3 = (x + y)(x + y)(x + y) = x^3 + 3x^2y + 3xy^2 + y^3$

9) $(2a - b)^4 = (2a - b)(2a - b)(2a - b)(2a - b)$

   $= 16a^4 - 32a^3b + 24a^2b^2 - 8ab^3 + b^4$

Insbesondere ist zu beachten, daß $(a + b)^n$ etwas völlig anderes als $a^n + b^n$ ist! Die Gleichsetzung dieser beiden Ausdrücke ist ein oft begangener grober Fehler.

Addieren und *subtrahieren* kann man Potenzen nur, *wenn sie sowohl in der Basis als auch im Exponenten übereinstimmen.*

Ausdrücke vom Typ $a^m \pm a^n$ oder $a^m \pm b^m$, in denen nur die Basis oder nur der Exponent übereinstimmen, lassen sich nicht vereinfachen, erst recht nicht Ausdrücke, in denen sowohl Basis als auch Exponent verschieden sind.

Beispiele:

1) $12a^3 - 7a^4 + 18b^5 + 8a^3 + 2b^5 + 6b^2 - b^5 = 20a^3 - 7a^4 + 19b^5 + 6b^2$

2) $ax^m - bx^m + cyx^m + ax^n = (a - b + cy)x^m + ax^n$

3) $r^8 + (-r)^8 + r^3 + (-r)^3 = r^8 + r^8 + r^3 - r^3 = 2r^8$

4) $7x^3 + 3x^2 + 6x - 1 - (2x^3 - x^2 + x - 7) = 5x^3 + 4x^2 + 5x + 6$

Multiplikation und *Division* von *Potenzen mit gleichen Exponenten:*

Nach (2.1) ist

$$a^n b^n = \underbrace{a \cdot a \cdot \ldots \cdot a}_{n \text{ Faktoren}} \cdot \underbrace{b \cdot b \cdot \ldots \cdot b}_{n \text{ Faktoren}} .$$

Das ergibt unter Berücksichtigung von Kommutativ- und Assoziativgesetz der Multiplikation (1.2), (1.4):

$$a^n b^n = \underbrace{(ab)(ab)\ldots(ab)}_{n \text{ Faktoren}} , \text{ also}$$

$$\boxed{a^n b^n = (ab)^n}$$ (2.2)

Nicht ganz exakt, aber suggestiv, drückt man das so aus:

> Potenzen mit gleichen Exponenten werden multipliziert, indem man die Basen multipliziert und den Exponenten unverändert läßt.

Diese Regel wird auch oft von rechts nach links benutzt:

> Ein Produkt wird potenziert, indem man jeden Faktor potenziert und die entstehenden Potenzen miteinander multipliziert.

Nach der Regel über die Multiplikation von Brüchen ((1.14), wenn man sie von rechts nach links liest) ergibt sich für $\dfrac{a^n}{b^n}$ (bei $b \neq 0$):

$$\frac{a^n}{b^n} = \frac{a \cdot a \cdot \ldots \cdot a}{b \cdot b \cdot \ldots \cdot b} = \underbrace{\frac{a}{b} \cdot \frac{a}{b} \cdot \ldots \cdot \frac{a}{b}}_{n \text{ Faktoren}} = \left(\frac{a}{b}\right)^n \text{ , also}$$

$$\boxed{\frac{a^n}{b^n} = \left(\frac{a}{b}\right)^n}$$ (2.3)

> Potenzen mit gleichem Exponenten werden dividiert, indem man die Basen dividiert und den Exponenten unverändert läßt.

Von rechts nach links gelesen sagt (2.3):

> Ein Bruch wird potenziert, indem man Zähler und Nenner potenziert und die entsprechenden Potenzen durcheinander dividiert.

Beispiele:

1) $(-2ab)^4 = (-2)^4 a^4 b^4 = 16 a^4 b^4$
    Man beachte den Unterschied zu $-(2ab)^4 = -16 a^4 b^4$ bzw. zu $-2(ab)^4 = -2 a^4 b^4$.

2) $125 x^3 y^3 = (5xy)^3$

3) $(q-1)^3 (q+1)^3 = ((q-1)(q+1))^3 = (q^2-1)^3$

4) $(-a)^4 (-a)^4 = (a^2)^4$

5) $\left(\dfrac{xy}{6z}\right)^3 = \dfrac{x^3 y^3}{216 z^3}$

6) $\quad \dfrac{\left(\dfrac{2x-3y}{4}\right)^4}{\left(\dfrac{4x^2-9y^2}{8}\right)^4} = \left(\dfrac{\dfrac{2x-3y}{4}}{\dfrac{4x^2-9y^2}{8}}\right)^4 = \left(\dfrac{(2x-3y)\cdot 8}{4\cdot(2x-3y)(2x+3y)}\right)^4 = \left(\dfrac{2}{2x+3y}\right)^4$

$$= \dfrac{16}{(2x+3y)^4}$$

Multiplikation von Potenzen mit gleicher Basis:

Es ist nach (2.1):

$$a^n a^m = \underbrace{a\cdot a\cdot\ldots\cdot a}_{n\ \text{Faktoren}}\cdot\underbrace{a\cdot a\cdot\ldots\cdot a}_{m\ \text{Faktoren}} = \underbrace{a\cdot a\cdot\ldots\cdot a}_{n+m\ \text{Faktoren}} = a^{n+m},\ \text{also}$$

$$\boxed{a^n a^m = a^{n+m}} \tag{2.4}$$

> Potenzen mit gleicher Basis werden multipliziert, indem man die Exponenten addiert.

Beispiele:

1) $\quad a^n\cdot a = a^{n+1};\quad a^{n-1}\cdot a = a^n$

2) $\quad 6y^2\cdot y^3\cdot(xy^4) = 6xy^9$

3) $\quad a^{n-2}bxa^3b^{m+1} = xa^{n+1}b^{m+2}$

4) $\quad (q^m-1)(q^m+1) = q^{2m}-1$

5) $\quad (x^n-y^{n-1})(2x^2+y^3) = 2x^{n+2}+x^ny^3-2x^2y^{n-1}-y^{n+2}$

6) $\quad u^{10-n}(u^{10+n}+u^2) = u^{20}+u^{12-n}$

Regel (2.4) wird auch sehr oft von rechts nach links benutzt, etwa in der Form $a^n = a^{n-k}a^k$, also z.B. $a^{12} = a^7a^5$. Das braucht man häufig bei der Bildung des Hauptnenners in der Bruchrechnung oder beim Ausklammern.

Beispiele:

1) $\quad (x-2y)^{10}$ läßt sich z.B. zerlegen in $(x-2y)^9(x-2y)$ oder in $(x-2y)^8(x-2y)^2$ oder in $(x-2y)^7(x-2y)^3$ usw.

2) $\quad 7x^4+8x^5y+x^6 = x^4(7+8xy+x^2)$

3) $\quad t^{n+2}-3t^n+t^{n-1} = t^{n-1}(t^3-3t+1)$

4) $\quad \dfrac{1}{u^2x^2}-\dfrac{2a}{ux}+\dfrac{a}{ux^3}$ ist zu einem Bruch zusammenzufassen.

Der Hauptnenner ist hier (vgl. die allgemeinen Bemerkungen über den Hauptnenner in 1.1.2) u^2x^3. Es ist $x(u^2x^2) = u^2x^3$, also ist der erste Bruch mit x zu erweitern. Wegen $(ux^2)(ux) = u^2x^3$ ist der zweite Bruch mit ux^2 zu erweitern, der dritte schließlich ist wegen $u(ux^3) = u^2x^3$ mit u zu erweitern. Also:

$$\frac{1}{u^2x^2} - \frac{2a}{ux} + \frac{a}{ux^3} = \frac{x - 2aux^2 + au}{u^2x^3}$$

5) $\quad \dfrac{2}{a^{10}} - \dfrac{4}{a^6b^4} + \dfrac{5}{b^8} = \dfrac{2b^8 - 4a^4b^4 + 5a^{10}}{a^{10}b^8}$

6) $\quad \dfrac{2x^5}{(x-y)^5} + \dfrac{x^4}{(x-y)^4} + \dfrac{4x^5y}{(x-y)^6} = \dfrac{2x^5(x-y) + x^4(x-y)^2 + 4x^5y}{(x-y)^6}$

$$= \frac{2x^6 - 2x^5y + x^6 - 2x^5y + x^4y^2 + 4x^5y}{(x-y)^6}$$

$$= \frac{3x^6 + x^4y^2}{(x-y)^6}$$

$$= \frac{x^4(3x^2 + y^2)}{(x-y)^6}$$

7) $\quad \dfrac{1}{r^{n-2}} - \dfrac{r^2-1}{r^{n+1}} + \dfrac{r}{r^{n-1}} = \dfrac{r^3 - (r^2-1) + r \cdot r^2}{r^{n+1}} = \dfrac{2r^3 - r^2 + 1}{r^{n+1}}$

Division von Potenzen mit gleicher Basis:

Die Basis a sei $\neq 0$. Dann ist

$$\frac{a^n}{a^m} = \frac{\overbrace{a \cdot a \cdot \ldots \cdot a}^{n\ \text{Faktoren}}}{\underbrace{a \cdot a \cdot \ldots \cdot a}_{m\ \text{Faktoren}}}$$

Ist $n > m$, so kann man m Faktoren a kürzen. Im Zähler bleiben dann $n - m$ Faktoren a übrig, d.h. a^{n-m}, im Nenner bleibt 1 übrig. Z.B. ist $\dfrac{a^5}{a^3} = \dfrac{a \cdot a \cdot a \cdot a \cdot a}{a \cdot a \cdot a} = \dfrac{a^2}{1} = a^2$. Es gilt also:

$$\boxed{\frac{a^n}{a^m} = a^{n-m} \quad \text{für } n > m} \tag{2.5}$$

Ist $n = m$, so lassen sich alle Faktoren a kürzen, und es verbleibt 1:

$$\boxed{\frac{a^n}{a^m} = 1 \quad \text{für } n = m} \tag{2.6}$$

Ist $n < m$, so bleiben nach dem Kürzen im Nenner $m - n$ Faktoren a übrig, im Zähler bleibt 1, also

$$\boxed{\frac{a^n}{a^m} = \frac{1}{a^{m-n}} \quad \text{für } n < m} \qquad (2.7)$$

Beispiele:

1) $\dfrac{2b^7}{b^4} = 2b^{7-4} = 2b^3$

2) $\dfrac{q^n}{q^2} = q^{n-2} \quad (n > 2)$

3) $\dfrac{4x^8}{x^{12}} = \dfrac{4}{x^{12-8}} = \dfrac{4}{x^4}$

4) $\dfrac{4x^2y^6z^3}{2x^2yz^4} = \dfrac{4}{2} \cdot \dfrac{x^2}{x^2} \cdot \dfrac{y^6}{y} \cdot \dfrac{z^3}{z^4} = 2 \cdot y^5 \cdot \dfrac{1}{z} = \dfrac{2y^5}{z}$

5) $\dfrac{u^{n+1}}{u^{n-3}} = u^{n+1-(n-3)} = u^4 \quad (\text{denn } n+1 > n-3)$

6) $\dfrac{r^{k-4}}{r^{k+1}} = \dfrac{1}{r^{k+1-(k-4)}} = \dfrac{1}{r^5} \quad (\text{denn } k-4 < k+1)$

7) $\dfrac{x^4 - 3x^3 + 2x^2 - 5x + 1}{x^3}$ ist in einzelne Brüche aufzuspalten.

$\dfrac{x^4 - 3x^3 + 2x^2 - 5x + 1}{x^3} = \dfrac{x^4}{x^3} - \dfrac{3x^3}{x^3} + \dfrac{2x^2}{x^3} - \dfrac{5x}{x^3} + \dfrac{1}{x^3} = x - 3 + \dfrac{2}{x} - \dfrac{5}{x^2} + \dfrac{1}{x^3}.$

Schließlich ergibt sich aus dem Potenzgesetz (2.4) noch eine Regel für das *Potenzieren einer Potenz:*

$$(a^n)^m = \underbrace{a^n \cdot a^n \cdot \ldots \cdot a^n}_{m \text{ Faktoren}} = a^{n+n+\ldots+n},$$

wobei man im Exponenten m Summanden n hat, der Exponent rechts ist also $n \cdot m$.

$$\boxed{(a^n)^m = a^{nm}} \qquad (2.8)$$

$\boxed{\text{Eine Potenz wird potenziert, indem man die Exponenten multipliziert.}}$

Beispiele:

1) $((x+y)^2)^{n+1} = (x+y)^{2n+2}$

2) $(x^2y^3)^5 = (x^2)^5(y^3)^5 = x^{10}y^{15}$

3) $(-3a^2)^3 = (-3)^3(a^2)^3 = -27a^6$

4) $\quad \dfrac{(2uv^2)^3}{(6u^2v)^4} : \dfrac{(12u^5v^4)^2}{(4u^2v^3)^5} = \dfrac{2^3u^3v^6 \cdot 4^5u^{10}v^{15}}{6^4u^8v^4 \cdot 12^2u^{10}v^8} = \dfrac{2^3 \cdot (2^2)^5u^{13}v^{21}}{3^4 \cdot 2^4 \cdot 3^2(2^2)^2u^{18}v^{12}}$

$$= \dfrac{2^{13}u^{13}v^{21}}{3^6 \cdot 2^8u^{18}v^{12}} = \dfrac{2^5v^9}{3^6u^5}$$

2.1.2 Erweiterung auf ganzzahlige Exponenten

Bei den Regeln (2.5)-(2.7) für die Division von Potenzen mußten die drei Fälle $n > m$, $n = m$ und $n < m$ unterschieden werden, da bisher nach Definition (2.1) Potenzen nur für natürliche Zahlen als Exponenten erklärt sind. Wenn wir wünschen, daß die Regel (2.5): $\dfrac{a^n}{a^m} = a^{n-m}$ ganz allgemein, d.h. auch für $n \leq m$ gelte, so müßten Potenzen mit dem Exponenten 0 und mit negativem Exponenten erklärt werden. Nun ist $\dfrac{a^n}{a^n} = 1$ für $a \neq 0$, also muß, damit (2.5) auch für $n = m$ richtig bleibt, $a^0 = 1$ gesetzt werden. Wir definieren also über (2.1) hinaus:

$$\boxed{a^0 = 1 \quad \text{für } a \neq 0} \tag{2.9}$$

Für jede nichtverschwindende Basis hat die Potenz mit dem Exponenten 0 den Wert 1.

Damit (2.5) etwa für $n = 3$, $m = 6$ gelten soll, müßte $\dfrac{a^3}{a^6}$, was ja $\dfrac{1}{a^3}$ ist, gleich $a^{3-6} = a^{-3}$ sein. Also müßte man unter a^{-3} gerade den Wert $\dfrac{1}{a^3}$ verstehen.

Diese Betrachtung führt uns nun zur allgemeinen Definition von Potenzen mit negativen Exponenten (für $a \neq 0$):

$$\boxed{a^{-n} = \dfrac{1}{a^n}} \tag{2.10}$$

Durch (2.1), (2.9) und (2.10) ist der Potenzbegriff für beliebige ganzzahlige Exponenten erklärt. Entscheidend dafür, daß diese Erweiterung wirklich Sinn macht, ist die folgende Tatsache (sog. Permanenzprinzip):

Die Potenzgesetze (2.2)-(2.5) und (2.8) gelten unverändert auch für den erweiterten Potenzbegriff.

Wir werden den Potenzbegriff im Abschnitt 2.2 noch mehr erweitern und auch dann werden die Potenzgesetze weiter gültig sein; die Wurzelgesetze werden sich als nichts anderes als eine neue Schreibweise der Potenzgesetze für gebrochene Zahlen als Exponenten erweisen. Deshalb muß man sich die Potenzgesetze gut einprägen und versuchen, sie sicher zu beherrschen.

Beispiele:

1) $\quad x^{-3}y^{-2} = \dfrac{1}{x^3} \cdot \dfrac{1}{y^2} = \dfrac{1}{x^3 y^2}$

2) $\quad a^{-4}a^2 a^{-1} = a^{-4+2-1} = a^{-3} = \dfrac{1}{a^3}$

3) $\quad \dfrac{x^6}{x^{-2}} = x^{6-(-2)} = x^8$

4) $\quad (x^2 - y^4)^3 (x^2 - y^4)^{-3} = (x^2 - y^4)^0 = 1 \quad$ für $x^2 \neq y^4$

5) $\quad x^{1-m}x^{1+m}x^{-2} = x^0 = 1 \quad$ für $x \neq 0$

6) $\quad (x^{1-q})^{1+q} = x^{1-q^2} = \dfrac{1}{x^{q^2-1}}$

7) $\quad$ Der Bruch $\dfrac{x^2 y^{-3} z^5}{u^{-2}v^{-1}}$ soll so umgeformt werden, daß keine Potenzen mit negativem Exponenten mehr vorkommen.

$$\frac{x^2 y^{-3} z^5}{u^{-2}v^{-1}} = \frac{x^2 \cdot \dfrac{1}{y^3} \cdot z^5}{\dfrac{1}{u^2} \cdot \dfrac{1}{v}} = \frac{\dfrac{x^2 z^5}{y^3}}{\dfrac{1}{u^2 v}} = \frac{x^2 z^5 u^2 v}{y^3}$$

Dasselbe Ergebnis erhält man, wenn man den Bruch mit entsprechenden Potenzen mit positiven Exponenten erweitert:

$$\frac{x^2 y^{-3} z^5}{u^{-2}v^{-1}} = \frac{x^2 y^{-3} z^5 \cdot y^3 u^2 v}{u^{-2}v^{-1} \cdot y^3 u^2 v} = \frac{x^2 y^0 z^5 u^2 v}{u^0 v^0 y^3} = \frac{x^2 z^5 u^2 v}{y^3}.$$

8) $\quad$ Der Bruch $\dfrac{5x^{-n} + 3x^{n-2}}{x^{-n} + x^{4-n}}$ ist so umzuformen, daß Potenzen mit negativen Exponenten nicht mehr vorkommen ($n \geq 4$ vorausgesetzt). Wir erweitern mit x^n und erhalten:

$$\frac{5x^{-n} + 3x^{n-2}}{x^{-n} + x^{4-n}} = \frac{(5x^{-n} + 3x^{n-2})x^n}{(x^{-n} + x^{4-n})x^n} = \frac{5 + 3x^{2n-2}}{1 + x^4}$$

9) $\quad \left[\left(\dfrac{1}{t^{-3}} \right)^{-4} \right]^{-2} = \left[(t^3)^{-4} \right]^{-2} = t^{3(-4)(-2)} = t^{24}$

10) $\quad \left((-2)^{-3} \right)^2 = (-2)^{-6} = \dfrac{1}{2^6}$

11) $\quad$ Der Doppelbruch $\dfrac{\dfrac{a^2 b^{-4}}{c^2}}{\dfrac{b^{-4}a^{-3}}{a^{-1}c^{-2}}}$ soll so umgeformt werden, daß gar kein Bruch mehr auftritt. Wir beseitigen erst den Doppelbruch und rechnen dann nach den Potenzgesetzen (2.4) und (2.5):

$$\frac{a^2b^{-4}}{c^2} : \frac{b^{-4}a^{-3}}{a^{-1}c^{-2}} = \frac{a^2b^{-4}a^{-1}c^{-2}}{c^2b^{-4}a^{-3}} = a^{2-1-(-3)} \cdot b^{-4-(-4)} \cdot c^{-2-2} = a^4c^{-4}.$$

12) $\quad (2x^2 - 7x)(x^{-2} + x^{-1} - 1) = 2x^0 + 2x - 2x^2 - 7x^{-1} - 7x^0 + 7x = -2x^2 + 9x - 5 - 7x^{-1}$

2.1.3 Binomialkoeffizienten, binomischer Lehrsatz

Binomialkoeffizienten:

Das Produkt $1 \cdot 2 \cdot 3 \cdot \ldots \cdot n$ der ersten n natürlichen Zahlen wird mit dem Symbol $n!$ abgekürzt (gelesen n Fakultät), also

$$\boxed{\begin{array}{l} 1 \cdot 2 \cdot 3 \cdot \ldots \cdot n = n! \\[2mm] 0! \text{ setzt man } = 1 \end{array}}$$

(2.11)

Z.B. ist $1! = 1$, $2! = 1 \cdot 2 = 2$, $4! = 1 \cdot 2 \cdot 3 \cdot 4 = 24$. Die Zahl $n!$ wird mit wachsendem n schnell sehr groß, $10!$ ist bereits 3628800. Wir denken uns jetzt eine Menge von n Dingen und fragen, *auf wieviel verschiedene Arten man daraus eine Teilmenge von k Dingen auswählen kann*. Die Anzahl dieser Auswahlmöglichkeiten wird mit dem Symbol $\binom{n}{k}$ (gelesen n über k) bezeichnet. Die Zahlen $\binom{n}{k}$ (n ist fest, k kann $0, 1, 2, \ldots, n$ sein) heißen *Binomialkoeffizienten*. Z.B. ist $\binom{5}{2}$ die Anzahl der verschiedenen Möglichkeiten, aus einer Menge von 5 Dingen eine Teilmenge von 2 Dingen auszuwählen. Nehmen wir als die 5 Dinge die Zahlen $1, 2, 3, 4, 5$, so haben wir folgende Auswahlen von 2 Dingen: {1,2}; {1,3}; {1,4}; {1,5}; {2,3}; {2,4}; {2,5}; {3,4}; {3,5}; {4,5}, also 10 Möglichkeiten. Es ist also $\binom{5}{2} = 10$.

$\binom{49}{6}$ ist beispielsweise die Anzahl der möglichen Tips beim Lotto, denn das Ziehungsgerät wählt aus 49 Kugeln 6 Kugeln aus, und die Anzahl der verschiedenen Möglichkeiten, dies zu tun, ist $\binom{49}{6}$. Wollten wir $\binom{49}{6}$ nach derselben Methode bestimmen, wie eben $\binom{5}{2}$, so hätten wir mehrere Wochen zu tun.

Es gibt für $\binom{n}{k}$ folgende Berechnungsformel:

$$\boxed{\binom{n}{k} = \frac{n!}{k!(n-k)!}}$$

(2.12)

Diese Formel kann man durch Kürzen noch ein wenig umgestalten, wobei wir

$n!$ aufspalten: $n! = 1 \cdot 2 \cdot 3 \cdot \ldots \cdot (n-k)(n-k+1) \cdot \ldots \cdot (n-1) \cdot n$. Damit wird:

$$\binom{n}{k} = \frac{1 \cdot 2 \cdot 3 \cdot \ldots \cdot (n-k)(n-k+1) \cdot \ldots \cdot (n-1) \cdot n}{1 \cdot 2 \cdot 3 \cdot \ldots \cdot (n-k) \cdot 1 \cdot 2 \cdot 3 \cdot \ldots \cdot k}, \quad \text{also}$$

$$\boxed{\binom{n}{k} = \frac{n(n-1) \cdot \ldots \cdot (n-k+1)}{1 \cdot 2 \cdot \ldots \cdot k}} \tag{2.13}$$

Für konkrete Berechnungen merkt man sich nicht die Formel (2.13), sondern das in ihr steckende Verfahren: Zum Beispiel sei $\binom{49}{6}$ zu berechnen. Wir schreiben einen Bruchstrich und im Nenner die 6 Faktoren $1\cdot2\cdot3\cdot4\cdot5\cdot6$. Dann hat auch der Zähler 6 Faktoren, beginnend bei 49 und dann absteigend: $49\cdot48\cdot47\cdot46\cdot45\cdot44$.

Also ist $\binom{49}{6} = \dfrac{49 \cdot 48 \cdot 47 \cdot 46 \cdot 45 \cdot 44}{1 \cdot 2 \cdot 3 \cdot 4 \cdot 5 \cdot 6} = 13983816$.

(Leider sind das schrecklich viele mögliche Tips, weshalb man so selten einen Sechser im Lotto gewinnt).

Weitere Beispiele:

1) $\quad \binom{18}{4} = \dfrac{18 \cdot 17 \cdot 16 \cdot 15}{1 \cdot 2 \cdot 3 \cdot 4} = 3060$

2) $\quad \binom{101}{3} = \dfrac{101 \cdot 100 \cdot 99}{1 \cdot 2 \cdot 3} = 166650$

3) $\quad \binom{6}{4} = \dfrac{6 \cdot 5 \cdot 4 \cdot 3}{1 \cdot 2 \cdot 3 \cdot 4} = 15 \quad \left(= \dfrac{6 \cdot 5}{1 \cdot 2} = \binom{6}{2}\right)$ Diese „Symmetrie" gilt, wie wir sehen werden, allgemein, d.h. $\binom{n}{k} = \binom{n}{n-k}$.

Aus (2.12) folgt noch unter Beachtung von $0! = 1$

$$\boxed{\binom{n}{0} = 1, \quad \binom{n}{n} = 1} \tag{2.14}$$

Ferner folgt aus (2.12) die schon erwähnte Symmetrie: Ersetzt man k durch $n-k$, so ändert sich der Binomialkoeffizient nicht:

$$\boxed{\binom{n}{k} = \binom{n}{n-k}} \tag{2.15}$$

Das leuchtet auch inhaltlich unmittelbar ein, denn stellen wir uns vor, die Auswahl der k Dinge erfolge durch Färben, dann gibt es genausoviele Möglichkeiten,

k Dinge zu färben, wie $n-k$ Dinge nicht zu färben. Beim Lotto gibt es genausoviele Möglichkeiten 6 Kugeln zu ziehen, wie $49-6=43$ Kugeln in der Maschine
zu lassen. Die Binomialkoeffizienten spielen außer im binomischen Lehrsatz z.B.
in der Wahrscheinlichkeitsrechnung und Statistik eine wichtige Rolle.

Binomischer Lehrsatz:

Der binomische Lehrsatz liefert einen Ausdruck für die Potenz $(a+b)^n$ (der
Name rührt daher, daß man einen Ausdruck mit zwei Summanden, d.h. so
etwas wie $a+b$, ein Binom nennt). Für $n=2$ kennen wir den Lehrsatz schon:
$(a+b)^2 = a^2 + 2ab + b^2$. Das ist die erste binomische Formel. Wir berechnen
nun durch Ausmultiplizieren die ersten 5 Potenzen und versuchen dann, eine
Gesetzmäßigkeit zu entdecken:

$$(a+b)^2 = a^2 + 2ab + b^2$$

$$(a+b)^3 = a^3 + 3a^2b + 3ab^2 + b^3$$

$$(a+b)^4 = a^4 + 4a^3b + 6a^2b^2 + 4ab^3 + b^4$$

$$(a+b)^5 = a^5 + 5a^4b + 10a^3b^2 + 10a^2b^3 + 5ab^4 + b^5$$

Man erkennt folgende Regelmäßigkeit im Aufbau der Ausdrücke $(a+b)^n$: Jeder
Summand der Summe ist – abgesehen von den Zahlenfaktoren – ein Produkt
einer Potenz von a mit einer Potenz von b, beginnend bei a^n $(= a^n b^0)$ über
$a^{n-1}b^1$, $a^{n-2}b^2, \ldots$ bis $a^1 b^{n-1}$, b^n $(= a^0 b^n)$. Die Summe der beiden Exponenten
bei jedem Glied ist also gleich n. Die Zahlen bei jedem Glied, die sogenannten
Koeffizienten, erweisen sich gerade als die Binomialkoeffizienten, und zwar steht
bei a^{n-k} gerade der Koeffizient $\binom{n}{k}$. (Man prüfe das für $(a+b)^4$, $(a+b)^5$ nach).
Nehmen wir von den oben ausgerechneten Ausdrücken die für $(a+b)^4$, $(a+b)^5$,
so können wir sie also so schreiben:

$$(a+b)^4 = \binom{4}{0}a^4b^0 + \binom{4}{1}a^3b^1 + \binom{4}{2}a^2b^2 + \binom{4}{3}a^1b^3 + \binom{4}{4}a^0b^4$$

$$(a+b)^5 = \binom{5}{0}a^5b^0 + \binom{5}{1}a^4b^1 + \binom{5}{2}a^3b^2 + \binom{5}{3}a^2b^3 + \binom{5}{4}a^1b^4 + \binom{5}{5}a^0b^5$$

In Analogie dazu gilt für beliebiges n (binomischer Lehrsatz):

$$(a+b)^n = \binom{n}{0}a^n b^0 + \binom{n}{1}a^{n-1}b^1 + \ldots + \binom{n}{n-1}a^1 b^{n-1} + \binom{n}{n}a^0 b^n$$

bzw. unter Verwendung des Summenzeichens

$$(a+b)^n = \sum_{k=0}^{n} \binom{n}{k}a^{n-k}b^k \qquad (2.16)$$

Die Formel eignet sich auch zur Berechnung von $(a-b)^n = (a+(-b))^n = a^n - \binom{n}{1}a^{n-1}b + \binom{n}{2}a^{n-2}b^2 - \binom{n}{3}a^{n-3}b^3 + \ldots + (-1)^n b^n$. (In allen Gliedern, in denen eine ungerade Potenz von b steht, erscheint ein Minuszeichen).

Beispiele:

1) $(x+y)^6$. Es ist $\binom{6}{1}=6$, $\binom{6}{2}=15$, $\binom{6}{3}=20$, $\binom{6}{4}=15$, $\binom{6}{5}=6$, also
    $(x+y)^6 = x^6 + 6x^5 y + 15x^4 y^2 + 20x^3 y^3 + 15x^2 y^4 + 6xy^5 + y^6$

2) $(a-b)^3 = a^3 - 3a^2 b + 3ab^2 - b^3$

3) $(x-y)^5 = x^5 - 5x^4 y + 10x^3 y^2 - 10x^2 y^3 + 5xy^4 - y^5$

4) $(a+2b)^5 = a^5 + 5a^4(2b) + 10a^3(2b)^2 + 10a^2(2b)^3 + 5a(2b)^4 + (2b)^5$
    $\qquad\quad = a^5 + 10a^4 b + 40a^3 b^2 + 80a^2 b^3 + 80ab^4 + 32b^5$

5) $(2u-3v)^4 = (2u)^4 - 4(2u)^3(3v) + 6(2u)^2(3v)^2 - 4(2u)(3v)^3 + (3v)^4$
    $\qquad\qquad = 16u^4 - 96u^3 v + 216u^2 v^2 - 216uv^3 + 81v^4$

2.1.4   Zinseszinsrechnung

Eine wichtige Anwendung findet das Rechnen mit Potenzen in der Zinseszinsrechnung. Man sagt, ein Kapital ist auf Zinseszins angelegt, wenn am Ende der Zinsperiode die Zinsen nicht ausbezahlt, sondern dem Kapital zugeschlagen werden. Das neue, erhöhte Kapital bildet die Grundlage für die Berechnung der Zinsen in der folgenden Zinsperiode, die dann abermals dem Kapital zugeschlagen werden usw. Die Zinsen einer vorhergehenden Periode werden also in der laufenden Periode mitverzinst – deshalb die Bezeichnung Zinseszins. Gängige Zinsperioden sind – wie bereits in 1.2.3 erwähnt – das Jahr, das Halbjahr, das Quartal und der Monat. Wir wollen zunächst das Kapitalwachstum bei *jährlicher Zinsperiode* ermitteln. Es soll also folgende Aufgabe gelöst werden:

Ein Anfangskapital K_0 werde zu einem Zinssatz von $p\%$ p.a. n Jahre lang angelegt. Wie hoch ist das Kapital am Ende des n-ten Jahres? Um ein konkretes Beispiel zu nennen: Auf welchen Betrag wachsen 3000 DM in 4 Jahren bei einem Zinssatz von $p = 5,2\%$ p.a.?

Bezeichnen wir das Endkapital nach n Jahren mit K_n, so wissen wir schon, daß das Kapital K_1 nach einem Jahr $K_1 = K_0 \cdot q$ ist (1.47), dabei ist $q = 1 + \dfrac{p}{100}$ der Aufzinsungsfaktor. K_1 ist das Startkapital für die nächste Periode; es ist also $K_2 = K_1 \cdot q$ das Kapital nach 2 Jahren. Setzen wir hier $K_1 = K_0 q$ ein, so ist $K_2 = K_0 q \cdot q = K_0 q^2$. Das ist das Anfangskapital für die dritte Periode, also $K_3 = K_2 \cdot q$. Hierin $K_2 = K_0 q^2$ eingesetzt und das Potenzgesetz (2.4) angewandt, ergibt $K_3 = K_2 \cdot q = K_0 q^3$ usw. Wir haben also $K_1 = K_0 q^1$, $K_2 = K_0 q^2$, $K_3 = K_0 q^3$ usw.

Allgemein also:

$$\boxed{K_n = K_0 q^n} \tag{2.17}$$

(2.17) wird – etwas irreführend – als Zinseszinsformel bezeichnet. Die Formel liefert das Endkapital, nicht den Zins oder den Zinseszins. Der Gewinn durch den Zinseffekt wäre $K_n - K_0 = K_0(q^n - 1)$. In unserem Eingangsbeispiel ergäbe sich $K_4 = 3000 \cdot 1,052^4 = 3674,38$ DM.

Beispiele:

1)   Auf welchen Betrag wachsen

    a) 6000 DM bei $p = 5\%$ in 10 Jahren

    b) 150 000 DM bei $p = 7,3\%$ in 25 Jahren

    c) 8000 DM bei $p = 4\frac{1}{3}\%$ in 7 Jahren?

a) $K_{10} = 6000 \cdot 1,05^{10} = 9773,37$ DM

b) $K_{25} = 150\,000 \cdot 1,073^{25} = 873\,140,85$ DM

c) $K_7 = 8000 \cdot 1,04333\ldots^7 = 10\,765,93$ DM

Bei c) ist zu beachten, daß man das $\frac{1}{3}\%$ möglichst genau approximiert. Rechnet man etwa recht ungenau mit $q = 1,043$, so ergäbe sich K_7 zu $8000 \cdot 1,043^7 = 10741,88$ DM mit einem Fehler von 24,05 DM.

2)   Auf welchen Betrag würde 1 Pfennig bei $p = 2\%$ in 1000 Jahren anwachsen?

$K_{1000} = 0,01 \cdot 1,02^{1000} = 3\,982\,646,50$ DM. Bei einem Zinssatz von $p = 8\%$ wäre $K_{1000} = 0,01 \cdot 1,08^{1000} = 2,6531 \cdot 10^{31}$ DM, eine Geldmenge, die größer als die auf der ganzen Welt vorhandene ist. Man sieht an diesem Beispiel besonders eindrucksvoll das starke Anwachsen des Endkapitals bei Anwachsen des Zinssatzes, d.h. der Gewinn $K_n - K_0 = K_0(q^n - 1)$ hängt nicht linear von q ab (siehe Kap. 4).

3) Jemand legt 4000 DM auf Zinseszins an. Der Betrag wird 10 Jahre lang zu $5,5\%$, dann weiter 7 Jahre zu 5% verzinst. Wie hoch ist das Kapital nach 17 Jahren?
Nach 10 Jahren ist das Kapital $= 4000 \cdot 1,055^{10} = 6832,58$ DM. Dies ist das Anfangskapital, welches nun 7 Jahre lang zu 5% verzinst wird, d.h. nach 17 Jahren hat man $6832,58 \cdot 1,05^7 = 9614,13$ DM.

4) Jemand legt 8000 DM zu $5,25\%$ an. Nach Ablauf von 6 Jahren verringert er das Guthaben um 4000 DM. Das Restguthaben wird weitere 5 Jahre zu $4,75\%$ angelegt. Wie hoch ist das Endguthaben?
$K_6 = 8000 \cdot 1,0525^6 - 4000 = 6874,83$ DM.
Endguthaben $= 6874,83 \cdot 1,0475^5 = 8670,26$ DM.

5) Ein Stiftungskapital von 100 000 DM soll 20 Jahre lang zu $6,25\%$ angelegt werden. Danach sollen die Zinsen zur Förderung von Studenten verwendet werden. Wie hoch ist dann der jährlich zur Verfügung stehende Zinsbetrag, wenn der Zinssatz unverändert $6,25\%$ beträgt?
$K_{20} = 100 000 \cdot 1,0625^{20} = 336185,34$ DM. Der jährlich zur Förderung verwendbare Zinsbetrag errechnet sich dann zu $336\,185,34 \cdot 0,0625 = 21011,58$ DM.

Unterjährige Verzinsung:

Ist die Zinsperiode kürzer als ein Jahr, so spricht man von unterjähriger Verzinsung. Das Jahr werde in m Zinsperioden geteilt. Es ist $m = 2$ bei halbjährlichem, $m = 4$ bei quartalsweisem und $m = 12$ bei monatlichem Zinszuschlag. Die Frage ist, auf wieviel DM ein Kapital K_0 in N solchen Zinsperioden anwächst.

Der Jahreszinssatz p, der in diesem Zusammenhang nomineller Zinssatz heißt, muß auf die Zinsperiode umgerechnet werden: Der Zinssatz pro Zinsperiode, der sogenannte unterjährige Zinssatz, ist dann gerade $\dfrac{p}{m}\%$. Das Kapital wächst also in einer Zinsperiode auf $K_1 = K_0 \left(1 + \dfrac{p}{m \cdot 100}\right)$. Analoge Betrachtungen, wie wir sie bei der Zinseszinsformel (2.17) anstellten, führen auf das Kapital K_N nach N Zinsperioden:

$$\boxed{K_N = K_0 \left(1 + \frac{p}{m \cdot 100}\right)^N} \qquad (2.18)$$

Beispiele:

1) Jemand legt 70 000 DM zu nominell $5,2\%$ an. Der Zinszuschlag erfolgt monatlich. Wie hoch ist das Kapital nach $5\frac{1}{2}$ Jahren?
Es ist $m = 12$. $5\frac{1}{2}$ Jahre ergeben $5\frac{1}{2} \cdot 12 = 66$ Zinsperioden. Es ist also $N = 66$. Das Endkapital ist nach (2.18) gleich $70\,000 \left(1 + \dfrac{5,2}{12 \cdot 100}\right)^{66} = 93118,91$ DM.

2)   Jemand legt 10 000 DM zu 5% p.a. 7 Jahre an. Man vergleiche die Endkapitalien bei
a) jährlichem; b) halbjährlichem; c) quartalsweisem; d) monatlichem Zuschlag.

a) Endkapital $= 10\,000 \cdot 1,05^7 = 14071,00$ DM

b) Endkapital $= 10\,000 \left(1 + \dfrac{5}{2 \cdot 100}\right)^{14} = 14\,129,74$ DM

c) Endkapital $= 10\,000 \left(1 + \dfrac{5}{4 \cdot 100}\right)^{28} = 14\,159,92$ DM

d) Endkapital $= 10\,000 \left(1 + \dfrac{5}{12 \cdot 100}\right)^{84} = 14\,180,36$ DM

Es ist klar, daß bei gleichem nominellen Zinssatz das Endkapital umso größer ausfällt,
je öfter der Zinszuschlag erfolgt.

Barwert:

Wir gehen zur Erläuterung dieses Begriffes von folgendem Beispiel aus: Jemand
möchte ein Grundstück verkaufen und erhält 2 Angebote:

(A) 200 000 DM sofort

(B) 220 000 DM in 3 Jahren.

Wie soll er sich entscheiden? Nehmen wir an, der Verkäufer hat eine Anla-
gemöglichkeit für Kapital von $p = 6\%$ p.a. Er könnte dann so überlegen: Welches Kapital müßte mir (B) heute bieten, damit ich, wenn ich es anlege, in 3
Jahren auf 220000 DM komme? Man nennt dieses Anfangskapital den *Barwert*
des Angebots (B). Wenn dieser Barwert höher ist als 200000 DM, d.h. höher
als das Angebot von (A), so wird man (B) wählen, liegt der Barwert darunter,
wird man sich für (A) entscheiden. Allgemein gilt folgendes *Grundprinzip der
Finanzmathematik:*

Geldbeträge, die zu verschiedenen Zeitpunkten fällig werden, kann man nur
dann vergleichen, wenn man sie auf ein und denselben Zeitpunkt umrechnet.
Meist rechnet man sie auf die Gegenwart um, d.h. man zieht die Barwerte
zum Vergleich heran.

Um den Barwert des Angebots (B) zu berechnen, bedenken wir, daß die 220 000
DM als Endkapital nach 3 Jahren bei einem Zinssatz von 6% aufzufassen sind.
Der gesuchte Barwert ist das entsprechende Anfangskapital K_0. Allgemein
müssen wir um den Barwert eines nach n Jahren fällig werdenden Kapitals
K_n zu berechnen, die Zinseszinsformel (2.17) nach K_0 auflösen. Das liefert für

den Barwert:

$$K_0 = \frac{K_n}{q^n} = K_n q^{-n}$$
(2.19)

In unserem Beispiel wäre $K_0 = \dfrac{220\,000}{1,06^3} = 184716,24$. Bei einem Zinssatz von 6% wäre also das Angebot (A) vorzuziehen. Der Barwert hängt natürlich entscheidend vom Zinssatz ab. Bei $p = 3\%$ beispielsweise wäre der Barwert des Angebots (B): $K_0 = \dfrac{220\,000}{1,03^3} = 201331,17$ DM. Bei 3% Zinssatz wäre also (B) vorzuziehen.

Beispiele:

1)   Jemand erhält für eine Immobilie drei Angebote:

   (A) 150 000 DM sofort, 240 000 DM nach 5 Jahren

   (B) 120 000 DM sofort, 250 000 DM nach 3 Jahren

   (C) 400 000 DM nach 6 Jahren.

   Welches Angebot hat den höchsten Barwert bei einer Verzinsung von 6%?

   Barwert (A) $= 150\,000 + \dfrac{240\,000}{1,06^5} = 329\,341,96$ DM

   Barwert (B) $120\,000 + \dfrac{250\,000}{1,06^3} = 329\,904,82$ DM

   Barwert (C) $= \dfrac{400\,000}{1,06^6} = 281\,984,22$ DM.

   (B) hat den höchsten Barwert.

2)   Die Kapitalbeteiligung an einem Unternehmen soll folgendermaßen fällig werden: 150 000 DM sofort, 100 000 DM nach 2 Jahren, 100 000 nach weiteren 2 Jahren und 120 000 nach nochmaligen 2 Jahren. Wie hoch ist der Barwert der Beteiligung bei einem Zinssatz von 7,25%?

   Der Barwert ist gleich $150\,000 + \dfrac{100\,000}{1,0725^2} + \dfrac{100\,000}{1,0725^4} + \dfrac{120\,000}{1,0725^6} = 391\,367,06$ DM.

3)   Jemand hat noch folgende Verbindlichkeiten offen:

   5000 DM fällig in 2 Jahren, 10 000 DM fällig in 4 Jahren. Der Zinssatz beträgt 7%. Durch eine Erbschaft kann er die Tilgung sofort vornehmen. Was hätte er zu zahlen?

   Barwert$= \dfrac{5000}{1,07^2} + \dfrac{10\,000}{1,07^4} = 11\,996,15$ DM.

   Bei sofortiger Tilgung der Schuld hätte er 11 996,15 DM zu zahlen.

2.2 Potenzen mit gebrochenen Exponenten

2.2.1 Begriff der Wurzel

Wir gehen von einem Beispiel aus der Zinseszinsrechnung aus: Jemand hat 13 000 DM bei einem unveränderlichen Zinssatz angelegt; diese sind in 6 Jahren auf 16 929,38 DM angewachsen. Wie hoch war der Zinssatz? Es ist nach der Zinseszinsformel: $16\,929,38 = 13\,000 \cdot q^6$, d.h. $q^6 = \dfrac{16\,929,38}{13000} = 1,30226$. Gesucht ist q, denn wenn wir q wissen, wissen wir auch p.

Es ist also die Gleichung $q^6 = 1,30226$ nach q aufzulösen. Allgemein führt die Aufgabe, die Gleichung $a^n = b$ bei gegebenem b und n nach der Basis a aufzulösen, auf den Begriff der n-ten Wurzel. Die n-te Wurzel aus b ist *nur für* $b \geq 0$ erklärt, und zwar folgendermaßen:

Die n-te Wurzel aus $b \geq 0$ (geschrieben $\sqrt[n]{b}$) ist diejenige nichtnegative Zahl a, deren n-te Potenz b ergibt. Die Auflösung von $a^n = b$ ($b \geq 0$ vorausgesetzt) nach a liefert also $a = \sqrt[n]{b}$

$$a^n = b \iff a = \sqrt[n]{b} \qquad \text{für } b \geq 0 \qquad (2.20)$$

---

b heißt der *Radikand*, n der *Wurzelexponent* und a der *Wurzelwert*. Aus der Definition folgt unmittelbar für jedes $b \geq 0$:

$$\boxed{\left(\sqrt[n]{b}\right)^n = b} \qquad (2.21)$$

Das Wurzelziehen oder Radizieren ist also eine Umkehrung des Potenzierens, nämlich die Auflösung nach der Basis. Die Auflösung von $a^n = b$ nach dem Exponenten heißt logarithmieren und wird in 2.3. behandelt.

Insbesondere ist stets $\sqrt[n]{1} = 1$, da $1^n = 1$ für jedes n. Es ist $\sqrt[n]{0} = 0$, da $0^n = 0$ für jedes $n \neq 0$. Für $b \geq 0$ ist $\sqrt[1]{b} = b$, da $b^1 = b$. Für $\sqrt[2]{a}$, die sogenannte Quadratwurzel schreibt man $\sqrt{a}$, man läßt also bei der zweiten Wurzel gewöhnlich den Exponenten weg.

Beispiele:

1) $\sqrt{81} = 9$, denn $9^2 = 81$

2) $\sqrt{0,16} = 0,4$, denn $0,4^2 = 0,16$

3) $\sqrt[4]{-16}$ existiert nicht, da der Radikand negativ ist.

4) $\sqrt[4]{256} = 4$, denn $4^4 = 256$.

Es ist $\sqrt{a^2} = |a|$, denn auch bei negativem a ist a^2 positiv; die Wurzel existiert also stets. Die Wurzel aus a^2 ist aber diejenige *nichtnegative* Zahl, deren Quadrat a^2 ergibt. Unter den beiden Zahlen a und $-a$, deren Quadrat a^2 ist, ist also die *nichtnegative* zu nehmen, d.h. es ist a zu nehmen für $a > 0$ und $-a$ für $a < 0$. Das ist aber der Betrag (vgl. (1.66)). Analog gilt $\sqrt[2n]{a^{2n}} = |a|$.

Viele Taschenrechner haben eine Taste für die n-te Wurzel (bezeichnet mit $\sqrt[x]{y}$, $\sqrt[y]{x}$, $\sqrt[n]{a}$ oder ähnlich). In diesem Falle ist die Tastenfolge etwa für $\sqrt[7]{4,2}$:

4,2 $\boxed{\sqrt[x]{y}}$ 7 $\boxed{=}$ 1,2275399.

Wir werden in 2.2.2 sehen, wie man auch mit Taschenrechnern, die nur die Potenztaste $\boxed{y^x}$ haben, Wurzeln berechnen kann. Die Quadratwurzel ist bei den meisten Rechnern als gesonderte Taste vorhanden: $\sqrt{2,5}$: 2,5 $\boxed{\sqrt{}}$ Ergebnis: 1,5811388.

Nun können wir auch unser Ausgangsbeispiel lösen: Es war $q^6 = 1,30226$, also $q = \sqrt[6]{1,30226} = 1,045$. Daraus folgt $p = 4,5\%$; das Geld war also zu $4,5\%$ angelegt.

Weitere Beispiele:

1)   Ein Immobilienfonds wuchs in 7 Jahren auf $148,2\%$ seines ursprünglichen Werts. Welchem Zinssatz würde bei Anlage auf Zinseszins diese Steigerung entsprechen?

Hätte man 100 DM angelegt, würde man nach 7 Jahren 148,20 DM haben. Also $q^7 = \dfrac{148,2}{100} = 1,482$, $q = \sqrt[7]{1,482} = 1,0578081$.

Der Zinssatz wäre also $5,78\%$.

2)   15 000 DM waren bei unterjähriger, monatlicher Verzinsung 2 Jahre und 9 Monate angelegt und stiegen in dieser Zeit auf 16 972,07 DM. Wie hoch war der nominelle Zinssatz p?

Es ist nach (2.18): $16\,972,07 = 15\,000 \left(1 + \dfrac{p}{12 \cdot 100}\right)^{33}$, also

$$1 + \frac{p}{12 \cdot 100} = \sqrt[33]{\frac{16\,972,07}{15\,000}} = 1,00375.$$

Das müssen wir nun nach p auflösen: $p = 1200 \cdot 0,00375 = 4,5\%$. Der nominelle Zinssatz betrug $4,5\%$ p.a.

2.2.2 Gebrochene Exponenten

In 2.1.1 waren Potenzen a^n für natürliche Exponenten n eingeführt worden. Durch die Festsetzung $a^0 = 1$ und $a^{-n} = \dfrac{1}{a^n}$ konnte der Potenzbegriff in 2.1.2 auf beliebige ganze Exponenten ausgedehnt werden. Das Entscheidende dabei war, daß alle Potenzgesetze gültig blieben. Es erhebt sich nun die Frage (der Erfolg wird es rechtfertigen), ob man auch Potenzen $a^{\frac{m}{n}}$ mit gebrochenem Exponenten erklären kann. Das hätte nur Sinn, wenn alle Potenzgesetze auch für diesen erweiterten Potenzbegriff Gültigkeit behielten. Was hätte z.B. $a^{\frac{1}{n}}$ für eine Bedeutung? Es müßte das Potenzgesetz (2.8) gelten, also etwa $\left(a^{\frac{1}{n}}\right)^n = a^{\frac{1}{n}\cdot n} = a^1 = a$. Nun kennen wir aber schon eine Größe, die, hoch n genommen, a ergibt, nämlich $\sqrt[n]{a}$. Das führt uns zu folgender Erklärung: Für $a \geq 0$ soll $a^{\frac{1}{n}}$ gerade $\sqrt[n]{a}$ sein, für $a < 0$ ist $a^{\frac{1}{n}}$ nicht erklärt. Entsprechend gilt für $a^{\frac{m}{n}}$: $\left(a^{\frac{m}{n}}\right)^n = a^{\frac{m}{n}\cdot n} = a^m$, d.h. $a^{\frac{m}{n}}$ wäre als $\sqrt[n]{a^m}$ zu erklären.

Es wird also jetzt definiert:

$$\text{Für } a \geq 0 \text{ ist } a^{\frac{m}{n}} = \sqrt[n]{a^m}, \qquad (2.22)$$

$$\text{insbesondere } a^{\frac{1}{n}} = \sqrt[n]{a}.$$

Man kann zeigen, daß alle Potenzgesetze auch für diese Erweiterung des Potenzbegriffs richtig sind.

> Potenzen mit gebrochenem Exponenten sind also eine andere Schreibweise für Wurzeln.

Beispiele:

1) $\sqrt{x - y} = (x - y)^{\frac{1}{2}}$

2) $\sqrt[3]{a^2} = a^{\frac{2}{3}}$

3) $\sqrt[7]{(u - 2v)^3} = (u - 2v)^{\frac{3}{7}}$

4) $\dfrac{1}{\sqrt[3]{a^2}} = a^{-\frac{2}{3}}$

5) $(b + 3c)^{-\frac{7}{8}} = \dfrac{1}{\sqrt[8]{(b + 3c)^7}}$

Die Auffassung der Wurzeln als Potenzen mit gebrochenem Exponenten gestattet jetzt auch die Berechnung von n-ten Wurzeln mit solchen Taschenrechnern, die keine Wurzeltaste, aber die $\boxed{y^x}$ -Taste haben.

Z.B berechnet man $\sqrt[4]{17,263} = 17,263^{\frac{1}{4}} = 17,263^{0,25}$ folgendermaßen:

17,263 $\boxed{y^x}$ 0,25 $\boxed{=}$ 2,0383515

und $\sqrt[7]{1,325} = 1,325^{\frac{1}{7}}$:

1,325 $\boxed{y^x}$ $\boxed{(}$ 1 $\boxed{\div}$ 7 $\boxed{)}$ $\boxed{=}$ 1,0410208.

Es ist nicht erforderlich, die sogenannten Wurzelgesetze zu lernen; die Wurzelgesetze sind nichts anderes als die Potenzgesetze für gebrochene Exponenten. Wir gehen sie jetzt in der Reihenfolge durch, wie sie in 2.1.1 vorkommen:

Man kann Wurzeln nur addieren oder subtrahieren, wenn Radikand und Wurzelexponent übereinstimmen.

Beispiele:

1) $\sqrt[3]{a} + 6\sqrt[3]{a} - 8\sqrt[3]{a} = -\sqrt[3]{a}$

2) $x\sqrt[7]{2x-y} + y^2\sqrt[7]{2x-y} - \sqrt[7]{2x-y} = (x + y^2 - 1)\sqrt[7]{2x-y}$

(2.2) beschrieb, wie man Potenzen mit gleichem Exponenten multipliziert. Wenden wir das auf n-te Wurzeln an, ergibt sich $a^{\frac{1}{n}} \cdot b^{\frac{1}{n}} = (ab)^{\frac{1}{n}}$ bzw.:

$$\boxed{\sqrt[n]{a}\,\sqrt[n]{b} = \sqrt[n]{ab}}$$

(2.23)

Ebenso erhält man aus (2.3)

$$\boxed{\frac{\sqrt[n]{a}}{\sqrt[n]{b}} = \sqrt[n]{\frac{a}{b}}}$$

(2.24)

Beispiele:

1) $(\sqrt{a} - \sqrt{b})(\sqrt{a} + \sqrt{b}) = (\sqrt{a})^2 - (\sqrt{b})^2 = a - b$

2) $(\sqrt{x} + \sqrt{y})^2 = (\sqrt{x})^2 + 2\sqrt{x}\sqrt{y} + (\sqrt{y})^2 = x + 2\sqrt{xy} + y$

3)   (2.23) gibt auch die Möglichkeit, einen Faktor aus einer Wurzel auszuklammern oder einen Faktor in eine Wurzel zu bringen:
        Es soll aus $\sqrt{x^2 - y^2}$ der Faktor x^2 ausgeklammert werden:

$$\sqrt{x^2 - y^2} = \sqrt{x^2\left(1 - \frac{y^2}{x^2}\right)} = \sqrt{x^2}\sqrt{1 - \frac{y^2}{x^2}} = |x|\sqrt{1 - \frac{x^2}{y^2}}.$$

Es soll in $a\sqrt[3]{1-\dfrac{1}{a^3}}$ das a unter die Wurzel gebracht werden:

$$a\sqrt[3]{1-\frac{1}{a^3}} = \sqrt[3]{a^3}\cdot\sqrt[3]{1-\frac{1}{a^3}} = \sqrt[3]{a^3\left(1-\frac{1}{a^3}\right)} = \sqrt[3]{a^3-1}.$$

4) $\sqrt[n]{x^{n-1}}\cdot\sqrt[n]{x^{n+2}} = \sqrt[n]{x^{n-1}x^{n+2}} = \sqrt[n]{x^{2n+1}} = \sqrt[n]{x^{2n}}\cdot\sqrt[n]{x} = x^2\sqrt[n]{x}$

5) $\dfrac{\sqrt[4]{625a^{10}b^6}}{\sqrt[4]{5a^2b^3}} = \sqrt[4]{\dfrac{625a^{10}b^6}{5a^2b^3}} = \sqrt[4]{125a^8b^3} = a^2\sqrt[4]{125b^3}$

6) (2.24) wird auch benutzt beim sogenannten Rationalmachen von Brüchen. Man erweitert dabei einen Bruch so, daß Wurzeln im Nenner nicht mehr auftreten:

$$\frac{2}{\sqrt{3}} = \frac{2\sqrt{3}}{\sqrt{3}\sqrt{3}} = \frac{2\sqrt{3}}{3}$$

$$\frac{a}{\sqrt[7]{a^3}} = \frac{a\sqrt[7]{a^4}}{\sqrt[7]{a^3}\sqrt[7]{a^4}} = \frac{a\sqrt[7]{a^4}}{a} = \sqrt[7]{a^4}$$

$$\frac{5}{\sqrt{3}-\sqrt{2}} = \frac{5(\sqrt{3}+\sqrt{2})}{(\sqrt{3}-\sqrt{2})(\sqrt{3}+\sqrt{2})} = \frac{5(\sqrt{3}+\sqrt{2})}{3-2} = 5(\sqrt{3}+\sqrt{2}).$$

(2.8) schließlich ergibt, auf n-te Wurzeln angewandt: $\left(a^{\frac{1}{n}}\right)^{\frac{1}{m}} = a^{\frac{1}{mn}}$ bzw.:

$$\boxed{\sqrt[m]{\sqrt[n]{a}} = \sqrt[mn]{a} = \sqrt[n]{\sqrt[m]{a}}} \qquad (2.25)$$

Beispiele:

1) $\sqrt[5]{\sqrt{32}} = \sqrt{\sqrt[5]{32}} = \sqrt{2}$

2) $\sqrt[3]{\sqrt{u^5}} = \sqrt[6]{u^5}$

3) $\sqrt[3]{4\sqrt{\sqrt[3]{4}}} = \sqrt[3]{4\sqrt[6]{4}} = \sqrt[3]{\sqrt[6]{4^6\cdot4}} = \sqrt[18]{4^7}$

Für die Potenzgesetze (2.4)–(2.7) ist im Falle gebrochener Exponenten eine Umschreibung auf Wurzelgesetze nicht vorteilhaft und deshalb nicht üblich; beim Multiplizieren oder Dividieren von Wurzeln mit gleichem Radikanden, aber verschiedenen Wurzelexponenten schreibt man die Wurzeln in Potenzen um und rechnet dann nach den Potenzgesetzen (dieses Vorgehen führt ja – wie erwähnt – immer zum Ziel; die Wurzelgesetze haben wir hier nur der Vollständigkeit halber, und weil sie traditionell benutzt werden, behandelt).

Beispiele:

1) $\sqrt[3]{a}\cdot\sqrt[7]{a} = a^{\frac{1}{3}}\cdot a^{\frac{1}{7}} = a^{\frac{1}{3}+\frac{1}{7}} = a^{\frac{10}{21}} = \sqrt[21]{a^{10}}$

2) $\sqrt[n]{x^k}\cdot\sqrt[m]{x^l} = x^{\frac{k}{n}}\cdot x^{\frac{l}{m}} = x^{\frac{k}{n}+\frac{l}{m}} = x^{\frac{km+ln}{mn}} = \sqrt[mn]{x^{km+ln}}$

3) $\quad \dfrac{\sqrt[7]{x^3}}{\sqrt[4]{x}} = \dfrac{x^{\frac{3}{7}}}{x^{\frac{1}{4}}} = x^{\frac{3}{7}-\frac{1}{4}} = x^{\frac{12-7}{28}} = x^{\frac{5}{28}} = \sqrt[28]{x^5}$

Schließlich sei noch bemerkt, daß für gegebenes $a \geq 0$ die Größe a^x gemäß (2.22) für jede rationale Zahl x erklärt ist. Da irrationale x durch rationale Zahlen beliebig angenähert werden können (siehe 1.1.1), ist es naheliegend, a^x für irrationales x folgendermaßen zu erklären: Man nähert x sukzessive durch passende rationale Zahlen $r_1, r_2, r_3, \ldots$ immer besser an und betrachtet die Zahlen a^{r_n} als immer bessere Näherungen für a^x. Die heutigen Rechner machen das automatisch, z.B. ergibt ein mäßig genauer Taschenrechner für 3^{π} den Näherungswert 31,544281. Für $7^{\sqrt{2}}$ z.B. liefert die Eingabe 7 $\boxed{y^x}$ 2 $\boxed{\sqrt{}}$ $\boxed{=}$ den Näherungswert 15,672891.

Wir können also festhalten, daß für $a \geq 0$ die Größe a^x für jede reelle Zahl x, d.h. für jedes x der Zahlengeraden, erklärt ist.

2.3 Logarithmen

Um zur Erklärung der Logarithmen zu gelangen, gehen wir von einem praktischen Beispiel der Zinseszinsrechnung aus: Wie lange muß man 10 000 DM zu 5,1% anlegen, um 16 000 DM zu erhalten? Es ist $16\,000 = 10\,000 \cdot 1,051^n$, also $1,051^n = 1,6$. Um die gesuchte Zahl n von Jahren zu erhalten, müßte also diese Gleichung nach n aufgelöst werden. Allgemein geht es um die Auflösung der Gleichung $a^n = b$ nach n. Die Auflösung dieser Gleichung nach a führte auf die Wurzeln, die Auflösung nach n führt auf die Logarithmen:

Denjenigen Exponenten n, mit dem man die Basis a potenzieren muß, um b zu erhalten, nennt man den Logarithmus von b zur Basis a, und man schreibt: $n = \log_a b$ (gelesen „Logarithmus von b zur Basis a"). Dabei sind a und b positiv und $a \neq 0$ vorausgesetzt.

Es sind also $a^n = b$ und $n = \log_a b$ äquivalente Gleichungen:

$$a^n = b \quad \Longleftrightarrow \quad n = \log_a b.$$

Die Definition des Logarithmus kann formelmäßig durch folgende Beziehungen beschrieben werden:

$$a^{\log_a b} = b \qquad (2.26)$$

$$\log_a(a^n) = n \qquad (2.27)$$

Beispiele:

1) $\log_{10} 100 = 2$, denn $10^2 = 100$.

2) $\log_5 125 = 3$, denn $5^3 = 125$

3) $\log_8 0,5 = -\dfrac{1}{3}$, denn $8^{-\frac{1}{3}} = \dfrac{1}{\sqrt[3]{8}} = \dfrac{1}{2} = 0,5$

Diese Logarithmen konnten wir nur angeben, weil man den Exponenten, also den Logarithmus, in diesen Fällen leicht erraten kann. In unserem Ausgangsbeispiel wäre die Lösung von $1,051^n = 1,6$: $n = \log_{1,051} 1,6$. Das sagt uns erstmal gar nichts. Es wird jetzt darauf ankommen $\log_a b$ zu berechnen. Dazu dienen die Logarithmen einer festen Basis, die man Tafeln entnehmen kann, viel schneller aber mit einem Taschenrechner berechnen kann. In der Praxis benutzt man Logarithmen zur Basis e ($e = 2,7182818\ldots$ ist eine irrationale Zahl; es hat innermathematische Gründe, warum diese Zahl so wichtig ist). Die Logarithmen zur Basis 10, die sogenannten Zehnerlogarithmen, schreibt man nicht $\log_{10} b$, sondern $\log b$ (manchmal auch $\lg b$); für die Logarithmen zur Basis e, die sogenannten natürlichen Logarithmen, schreibt man nicht $\log_e b$, sondern $\ln b$. Die charakteristischen Beziehungen (2.26), (2.27) lauten also für log bzw. für ln:

$$10^{\log b} = b; \quad \log 10^n = n \qquad (2.28)$$

$$e^{\ln b} = b; \quad \ln e^n = n \qquad (2.29)$$

Sowohl die Zehnerlogarithmen als auch die natürlichen Logarithmen sind auf den meisten Taschenrechnern durch eine besondere Taste aufrufbar. Um z.B. $\log 2,5$ zu berechnen, tippt man 2,5 ein und drückt die Taste $\boxed{\text{LOG}}$, man erhält 0,39794. Durch Eintippen von 2,5 und Drücken der Taste $\boxed{\text{LN}}$ erhält man $\ln 2,5 = 0,9162907$.

Um nun $\log_a b$ auf Berechnungen mit log (d.h. mit den auf dem Rechner verfügbaren Logarithmen zur Basis 10) zurückzuführen, formen wir die definierende Gleichung (2.26) ein wenig um: Es ist $a^{\log_a b} = b$, ferner nach (2.28) $10^{\log a} = a$. Setzen wir diesen Ausdruck für a oben ein, so ergibt sich $\left(10^{\log a}\right)^{\log_a b} = b$ bzw. nach dem Potenzgesetz (2.8): $b = 10^{\log a \cdot \log_a b}$.

Andererseits ist nach (2.28): $b = 10^{\log b}$, also $\log a \cdot \log_a b = \log b$ bzw.:

$$\log_a b = \frac{\log b}{\log a} \qquad (2.30)$$

Mittels dieser Formel können wir nun die Gleichung $a^n = b$ tatsächlich auflösen

$$a^n = b \quad \Rightarrow \quad n = \frac{\log b}{\log a} \qquad (2.31)$$

Anmerkung: ln würde dasselbe leisten, d.h.

$$a^n = b \quad \Rightarrow \quad n = \frac{\ln b}{\ln a} \qquad (2.32)$$

Unser Ausgangsbeispiel führte ja auf die Gleichung $1,051^n = 1,6$, also

$$n = \frac{\log 1,6}{\log 1,051}.$$

Die Tastenfolge 1,6 $\boxed{\text{LOG}}$ $\boxed{\div}$ 1,051 $\boxed{\text{LOG}}$ $\boxed{=}$ liefert $n = 9,45$ Jahre.

Beispiele:

1) Man bestimme x aus $7^x = 24,3$.

  $x = \dfrac{\log 24,3}{\log 7} = 1,6395805.$

2) $0,3^x = 5,17$. $x = \dfrac{\log 5,17}{\log 0,3} = -1,364543$

3) In wieviel Jahren verdoppelt sich ein zu $p = 5\%$ angelegtes Vermögen?

  Nehmen wir an, wir haben 1 DM angelegt, so gilt: $2 = 1 \cdot 1,05^n$, d.h. $1,05^n = 2$,

  $n = \dfrac{\log 2}{\log 1,05} = 14,21$ Jahre.

Die *Logarithmengesetze* sind eine unmittelbare Folge der Potenzgesetze. Wir wollen den Logarithmus eines Produktes, d.h. $\log_a(uv)$ bestimmen. Sei $u = a^x$, also $x = \log_a u$, und $v = a^y$, also $y = \log_a v$. Dann ist $\log_a(uv) = \log_a(a^x \cdot a^y) =$ (nach 2.4) $\log_a(a^{x+y}) =$ (nach 2.27) $x + y$. Setzen wir die obigen Ausdrücke für x und y ein, so erhalten wir:

$$\log_a(uv) = \log_a u + \log_a v \qquad (2.33)$$

Der Logarithmus eines Produktes ist gleich der Summe der Logarithmen der einzelnen Faktoren.

Das gilt auch für mehr als zwei Faktoren, d.h.

$$\log_a(u_1 u_2 \dots u_n) = \log_a u_1 + \log_a u_2 + \dots + \log_a u_n = \sum_{k=1}^{n} \log_a u_k$$

Sind hier alle $u_k = u$, so erhält man

$$\log_a u^n = n \cdot \log_a u.$$

Man kann zeigen, daß dies nicht nur für ganzzahlige Exponenten, sondern für ganz beliebige reelle Exponenten x gilt:

$$\boxed{\log_a u^x = x \cdot \log_a u} \tag{2.34}$$

Aus (2.34) ergibt sich nochmals die so wichtige Auflösung der Gleichung $a^x = b$ nach x (2.30): Wir bilden auf beiden Seiten dieser Gleichung den Zehner-logarithmus (man sagt auch, die Gleichung wird logarithmiert), das ergibt $\log a^x = \log b$. Nun wenden wir links (2.34) an (diese Formel gilt ja für jeden beliebigen Logarithmus zu jeder beliebigen Basis, also auch für log), das ergibt $x \log a = \log b$, also $x = \dfrac{\log b}{\log a}$.

2.4 Weitere Typen von Gleichungen

2.4.1 Weitere äquivalente Umformungen

Wir hatten in 1.1.3 schon wichtige äquivalente Umformungen von Gleichungen kennengelernt. Durch unsere erweiterten Kenntnisse über Potenzen, Wurzeln und Logarithmen kommen noch einige hinzu:

$$\boxed{T_1 = T_2 \quad \Longleftrightarrow \quad a^{T_1} = a^{T_2} \quad \text{für } a > 0, a \neq 1} \tag{2.35}$$

Beide Seiten einer Gleichung dürfen zur selben positiven Basis a $(a \neq 1)$ potenziert werden, bzw. (von rechts nach links gelesen): Sind zwei Potenzen mit gleicher positiver Basis a $(a \neq 1)$ gleich, so sind auch die Exponenten gleich.

Beispiele:

1) Man berechne x aus $12^{x-1} = 12^{2x+7}$.
    Nach (2.35) folgt $x - 1 = 2x + 7$, d.h. $x = -8$.

2) $\log x = 1,2$. Man bestimme x.
    $10^{\log x} = 10^{1,2} \approx 15,8489$. $10^{\log x}$ ist aber gleich x (2.28), also $x \approx 15,8489$.

Sind T_1 und T_2 beide > 0, so gilt für positives a $(a \neq 1)$:

$$\boxed{T_1 = T_2 \quad \Longleftrightarrow \quad \log_a T_1 = \log_a T_2} \tag{2.36}$$

> Beide Seiten einer Gleichung dürfen, wenn sie beide positiv sind, zur selben positiven Basis $(\neq 1)$ logarithmiert werden.

Beispiel:

1) Man bestimme x aus $2,6^x = 3,6$.
    $\log 2,6^x = \log 3,6 \approx 0,5563025$. Wegen (2.34) ist $\log 2,6^x = x \cdot \log 2,6 = x \cdot 0,4149733$.
    Also $x \cdot 0,4149733 = 0,5563025$, $x = 1,340574$. (Vgl. den Schluß von Abschnitt 2.3)

Will man von einer Gleichung auf beiden Seiten die n-te Potenz bilden oder die n-te Wurzel ziehen, so ist das bei *ungeradem* n erlaubt:

$$\left.\begin{array}{rcl} T_1 = T_2 & \Longleftrightarrow & T_1^n = T_2^n \\[2mm] T_1 = T_2 & \Longleftrightarrow & \sqrt[n]{T_1} = \sqrt[n]{T_2} \\[2mm] \text{falls } n \text{ ungerade} & & \end{array}\right\} \tag{2.37}$$

Beispiele:

1) Man löse $\sqrt[5]{2x-1} = 1,3$. Beide Seiten werden zur 5. Potenz erhoben, das ergibt $2x - 1 = 1,3^5 = 3,71293$, also $x = 2,356465$.

2) $(x-6)^{\frac{1}{3}} = 2$. $x - 6 = 2^3 = 8$; $x = 14$.

3) $(7x+3)^7 = 10$. Wir ziehen die 7. Wurzel: $7x + 3 = \sqrt[7]{10} = 1,3894955$. $x \approx -0,23$.

Potenzieren und Radizieren mit *geradem Exponenten* sind keine äquivalenten Umformungen. Z.B. hat die Gleichung $x - 1 = 7$ nur eine einzige Lösung, nämlich $x = 8$. Quadriert man sie, so erhält man $(x - 1)^2 = 49$ und prüft leicht nach, daß diese Gleichung 2 Lösungen, nämlich $x_1 = 8$ und $x_2 = -6$ hat. Auch bei geradem Exponenten wird das Potenzieren und Radizieren von Gleichungen zu ihrer Umformung genutzt. Man muß aber dabei beachten, daß beim Potenzieren mit geradem Exponenten Vorzeichen verloren gehen können, beim Radizieren mit geradem Wurzelexponenten aus $T_1^n = T_2^n$ zwei Gleichungen, nämlich $T_1 = T_2$ oder $T_1 = -T_2$ entstehen können. Also:

$$T_1^n = T_2^n \quad \Longleftrightarrow \quad T_1 = T_2 \text{ oder } T_1 = -T_2, \quad (2.38)$$

falls n gerade.

Wenn man (2.38) im Prozeß einer Gleichungsauflösung anwendet, muß man die erhaltenen Lösungen an der Ausgangsgleichung überprüfen, ob sie diese tatsächlich erfüllen.

Beispiele:

1) $(2x - 3)^2 = 25$. Durch Wurzelziehen und Berücksichtigung von (2.38) folgt $2x - 3 = 5$ oder $2x - 3 = -5$ Das ergibt $x = 4$ oder $x = -1$. Beide Werte sind Lösungen der Ausgangsgleichung, wie man sich leicht durch Einsetzen überzeugt.

2) $\sqrt{x - 5} = \sqrt{2x + 3}$. Quadrieren ergibt $x - 5 = 2x + 3$, d.h. $x = -8$. Eine Lösung müßte aber $x \geq 5$ erfüllen, damit $\sqrt{x - 5}$ einen Sinn hat. Das gefundene x ist also keine Lösung.

3) $(x + 2)^4 = 16$. Wir ziehen die 4. Wurzel: $x + 2 = 2$ oder $x + 2 = -2$ mit den beiden Lösungen $x_1 = 0$, $x_2 = -4$; beide erfüllen die Ausgangsgleichung.

Schließlich erwähnen wir noch, daß folgende Eigenschaft der reellen Zahlen bei der Lösung von Gleichungen gelegentlich von Nutzen ist: Ein Produkt von reellen Zahlen ist genau dann gleich Null, wenn mindestens einer der Faktoren gleich Null ist. Daraus folgt:

$$T_1 \cdot T_2 \cdot \ldots \cdot T_n = 0 \quad \Longleftrightarrow \quad T_1 = 0 \text{ oder } T_2 = 0 \text{ oder } \ldots \text{ oder } T_n = 0 \quad (2.39)$$

Hat eine Gleichung die Gestalt „Produkt verschiedener Terme $=0$" , so erhält man die Lösungen, indem man die Terme einzeln gleich Null setzt und diese Gleichungen löst.

Beispiele:

1) $2x(x-3)(3x+5) = 0$

   $2x = 0,\ x = 0$

   $x - 3 = 0,\ x = 3$

   $3x + 5 = 0,\ x = -\dfrac{5}{3}$. Die Gleichung hat also die drei Lösungen $0;\ 3;\ -\dfrac{5}{3}$.

2) $\sqrt{2x-6}(e^x - 2)(4x - 1) = 0$

   $\sqrt{2x-6} = 0,\ 2x - 6 = 0,\ x = 3$

   $e^x - 2 = 0,\ e^x = 2,\ x = \ln 2 = 0{,}6931472$

   $4x - 1 = 0,\ x = \dfrac{1}{4}$. Die Ausgangsgleichung hat also die drei Lösungen $3;\ 0{,}6931472;\ \dfrac{1}{4}$.

2.4.2 Quadratische Gleichungen

Wir hatten in 1.1.3 bereits lineare Gleichungen kennengelernt; das waren Gleichungen, die sich nach Umformungen auf die Gestalt $ax + b = 0$ bringen ließen. Die Unbekannte kommt in ihnen also nur in der ersten Potenz vor. Gleichungen, in denen die Unbekannte in der zweiten Potenz, aber in keiner höheren Potenz vorkommt, heißen quadratische Gleichungen. Jede quadratische Gleichung läßt sich durch äquivalente Umformungen auf die Form $ax^2 + bx + c = 0$ bringen. Dabei muß $a \neq 0$ sein, sonst läge ja gar keine quadratische Gleichung vor. Dividiert man durch a so ergibt sich $x^2 + \dfrac{b}{a}x + \dfrac{c}{a} = 0$, bzw., wenn man $\dfrac{b}{a} = p$, $\dfrac{c}{a} = q$ setzt:

$$\boxed{x^2 + px + q = 0} \tag{2.40}$$

Das ist die sogenannte *Normalform* der quadratischen Gleichung.

Um sie zu lösen, betrachten wir das Quadrat $\left(x + \dfrac{p}{2}\right)^2 = x^2 + px + \left(\dfrac{p}{2}\right)^2$. Damit also auf der linken Seite das vollständige Quadrat $\left(x + \dfrac{p}{2}\right)^2$ erscheint (von dem ja $x^2 + px$ schon da ist), müssen wir auf beiden Seiten der Gleichung $\left(\dfrac{p}{2}\right)^2$ addieren: $x^2 + px + \left(\dfrac{p}{2}\right)^2 + q = \left(\dfrac{p}{2}\right)^2$ oder $\left(x + \dfrac{p}{2}\right)^2 = \left(\dfrac{p}{2}\right)^2 - q$. Nun ziehen wir auf beiden Seiten die Wurzel, dann erhalten wir gemäß (2.38) die beiden Gleichungen

$$x + \frac{p}{2} = \sqrt{\left(\frac{p}{2}\right)^2 - q}$$

$$x + \frac{p}{2} = -\sqrt{\left(\frac{p}{2}\right)^2 - q}.$$

Die Lösung x_1 der ersten Gleichung ist

$$x_1 = -\frac{p}{2} + \sqrt{\left(\frac{p}{2}\right)^2 - q},$$

die der zweiten Gleichung

$$x_2 = -\frac{p}{2} - \sqrt{\left(\frac{p}{2}\right)^2 - q}.$$

Man faßt diese beiden Lösungsformeln in eine Formel zusammen und schreibt

$$\boxed{x_{1,2} = -\frac{p}{2} \pm \sqrt{\left(\frac{p}{2}\right)^2 - q}} \qquad (2.41)$$

x_1 und x_2 sind die beiden Lösungen der quadratischen Gleichung (2.40) in der Normalform. Ist die sogenannte Diskriminante $\left(\frac{p}{2}\right)^2 - q > 0$, so gibt es zwei verschiedene reelle Lösungen. Ist $\left(\frac{p}{2}\right)^2 - q = 0$, so fallen die beiden reellen Lösungen zusammen, d.h. es ist in diesem Fall $x_1 = x_2 = -\frac{p}{2}$. Man spricht dann von einer Doppelwurzel der Gleichung (2.40) (die Lösungen einer Gleichung nennt man auch ihre Wurzeln). Ist $\left(\frac{p}{2}\right)^2 - q < 0$, so hat die Gleichung keine reellen Lösungen.

Um eine vorgegebene quadratische Gleichung zu lösen, muß man sie zunächst durch äquivalente Umformungen auf die Form (2.40) bringen. Dann kann man die Lösungsformel (2.41) anwenden.

Beispiele:

1) $x^2 + 5x - 14 = 0$

$$x_{1,2} = -\frac{5}{2} \pm \sqrt{\frac{25}{4} + 14} = -\frac{5}{2} \pm \sqrt{\frac{25}{4} + \frac{56}{4}}$$

$$= -\frac{5}{2} \pm \sqrt{\frac{81}{4}} = -\frac{5}{2} \pm \frac{9}{2}$$

$$x_1 = -\frac{5}{2} + \frac{9}{2} = 2; \quad x_2 = -\frac{5}{2} - \frac{9}{2} = -7.$$

2) $16x^2 + 120x + 221 = 0$

Wir stellen zunächst die Normalform her:
$$x^2 + \frac{120}{16}x + \frac{221}{16} = 0 \quad \text{bzw. nach Kürzen:}$$

$$x^2 + \frac{15}{2}x + \frac{221}{16} = 0$$

$$x_{1,2} = -\frac{15}{4} \pm \sqrt{\frac{225}{16} - \frac{221}{16}} = -\frac{15}{4} \pm \frac{2}{4}.$$

$$x_1 = -\frac{13}{4}; \quad x_2 = -\frac{17}{4}.$$

3) $\quad -x^2 + 6x - 3 = 0 \qquad | : (-1)$

$\quad x^2 - 6x + 3 = 0$

$\quad x_{1,2} = 3 \pm \sqrt{9 - 3} = 3 \pm \sqrt{6}$

$\quad x_1 = 3 + 2,4494897 = 5,4494987$

$\quad x_2 = 3 - 2,4494897 = 0,5505103$

4) $\quad x^2 - b^2 = 0. \quad x_{1,2} = \pm\sqrt{b^2} = \pm \mid b \mid$

Eine Lösung ist b, die zweite $-b$.

(Warum ist das richtig? Vergleichen Sie die Definition des Betrages!)

5) $\quad 5x^2 - 27bx + 10b^2 = 0 \qquad |: 5$

$\quad x^2 - \frac{27}{5}bx + 2b^2 = 0$

$\quad x_{1,2} = \frac{27}{10}b \pm \sqrt{\frac{729}{100}b^2 - \frac{200}{100}b^2} = \frac{27}{10}b \pm \frac{23}{10}b$

$\quad x_1 = 5b; \quad x_2 = 0,4b.$

6) $\quad \dfrac{2x-1}{x+3} - \dfrac{1-x}{x} - \dfrac{3x-6}{x-1} = 0$

Der Term auf der linken Seite ist für $x \neq -3$, $x \neq 0$ und $x \neq 1$ definiert; für diese x kann man ihn mit $(x+3)(x-1)x$ multiplizieren; man erhält:

$(2x-1)(x-1)x - (1-x)(x-1)(x+3) - (3x-6)(x+3)x = 0$

Multipliziert man aus und faßt man zusammen, erhält man:

$-5x^2 + 14x + 3 = 0 \qquad$ bzw.

$\quad x^2 - \frac{14}{5}x - \frac{3}{5} = 0$

$\quad x_{1,2} = \frac{14}{10} \pm \sqrt{\frac{196}{100} + \frac{60}{100}} = \frac{14}{10} \pm \frac{16}{10}$

$\quad x_1 = 3; \quad x_2 = -0,2.$

7) $\quad x^4 - 3x^2 + 2 = 0.$

Das ist zunächst keine quadratische Gleichung, sondern eine sogenannte biquadratische Gleichung; sie enthält an Potenzen von x nur x^2 und x^4. Setzt man $x^2 = z$, so erhält man die in z quadratische Gleichung $z^2 - 3z + 2 = 0$. Ihre Lösungen sind $z_{1,2} = \frac{3}{2} \pm \sqrt{\frac{9}{4} - \frac{8}{4}} = \frac{3}{2} \pm \frac{1}{2}$; $z_1 = 2$, $z_2 = 1$. Das ergibt für x die beiden Gleichungen $x^2 = 2$ und $x^2 = 1$ mit den Lösungen $x_1 = \sqrt{2}$; $x_2 = -\sqrt{2}$; $x_3 = 1$; $x_4 = -1$; diese vier Zahlen sind die Lösungen der Ausgangsgleichung.

Biquadratische Gleichungen (d.h. Gleichungen, die nur x^4 und x^2 enthalten) kann man immer durch die Substitution $x^2 = z$ auf eine in z quadratische Gleichung zurückführen.

8) Man löse die Formel $a^2 + bxa - c = 2a^2 + ax + b$ nach a auf. Zunächst bringen wir alle Terme auf eine Seite und erhalten eine quadratische Gleichung für a:

$$-a^2 + (bx - x)a - (b + c) = 0.$$

Die Normalform lautet: $a^2 - (bx - x)a + (b + c) = 0$.

Hier ist a die Unbekannte, es ist also $p = -(bx - x)$ und $q = b + c$. Die Auflösung nach a ergibt sich aus der Lösungsformel (2.41):

$$a_{1,2} = \frac{bx - x}{2} \pm \sqrt{\left(\frac{bx - x}{2}\right)^2 - (b + c)}.$$

Das kann nicht weiter vereinfacht werden.

9) $x^5 - 3x^4 + 2x^3 = 0$

Hier erhält man durch Ausklammern von x^3: $x^3(x^2 - 3x + 2) = 0$

Das liefert nach (2.39) die zwei Gleichungen $x^3 = 0$ mit der Lösung $x = 0$ und $x^2 - 3x + 2 = 0$ mit den Lösungen 2 und 1.

Die Ausgangsgleichung hat also die drei Lösungen $x_1 = 0$, $x_2 = 2$ und $x_3 = 1$.

Quadratische Gleichungen nennt man auch Gleichungen zweiten Grades, weil zweite Potenzen der Unbekannten vorkommen. Für Gleichungen 5. und höheren Grades gibt es keine Auflösungsformeln mehr; man muß bei der Auflösung solcher Gleichungen auf numerische Auflösungsverfahren zurückgreifen. Für Gleichungen 3. und 4. Grades sind die Auflösungsformeln ziemlich kompliziert, so daß man auch in diesen Fällen die numerischen Verfahren vorzieht.

2.4.3 Wurzelgleichungen

Wurzelgleichungen sind Gleichungen, bei denen die gesuchte Größe im Radikanden von Wurzeln vorkommt. Um sie zu lösen, isoliert man möglichst die vorkommenden Wurzeln und beseitigt sie schließlich durch Potenzieren. Manchmal wird man dadurch auf Gleichungen geführt, die man lösen kann. In anderen Fällen wird man auf numerische Methoden zurückgreifen müssen. Da Potenzieren mit geradem Exponenten (z.B. Quadrieren) keine äquivalente Umformung ist, muß man, falls man solche Umformungen vorgenommen hat, stets die Probe machen, d.h. man muß nachrechnen, ob die erhaltenen Lösungen tatsächlich die Ausgangsgleichung erfüllen. Eine notwendige Bedingung dafür ist, daß die gefundenen Lösungen im Definitionsbereich der Wurzeln liegen, d.h. in dem Bereich, für den die vorkommenden Wurzeln überhaupt existieren.

Beispiele:

1) $\sqrt{x-1} + \sqrt{x-4} = 3.$

Wir quadrieren auf beiden Seiten (links muß man dabei die erste binomische Formel anwenden).

$$(\sqrt{x-1})^2 + 2\sqrt{x-1}\sqrt{x-4} + (\sqrt{x-4})^2 = 9$$

Das ergibt nach den Wurzelgesetzen

$$x - 1 + 2\sqrt{(x-1)(x-4)} + x - 4 = 9.$$

Nun wird die Wurzel isoliert:

$$2\sqrt{x^2 - 5x + 4} = 14 - 2x \qquad |: 2$$

$$\sqrt{x^2 - 5x + 4} = 7 - x.$$

Durch Quadrieren wird die Wurzel beseitigt:

$$x^2 - 5x + 4 = 49 - 14x + x^2.$$

Nun bringen wir alle Glieder, die x enthalten, auf eine Seite und erhalten die lineare Gleichung $9x = 45$ mit der Lösung $x = 5$. Die Wurzel $\sqrt{x-1}$ ist für $x \geq 1$ definiert, $\sqrt{x-4}$ ist für $x \geq 4$ definiert, die ganze linke Seite der Ausgangsgleichung also für $x \geq 4$. Die gefundene Lösung liegt im Definitionsbereich. Die Probe ergibt $\sqrt{5-1} + \sqrt{5-4} = 2 + 1 = 3$, d.h. unsere gefundene Lösung erfüllt die Ausgangsgleichung.

2) $\sqrt{x-1} + 3 = x.$

$$\sqrt{x-1} = x - 3 \qquad | \text{ quadrieren}$$

$$x - 1 = x^2 - 6x + 9$$

$$x^2 - 7x + 10 = 0$$

$$x_{1,2} = \frac{7}{2} \pm \sqrt{\frac{49}{4} - \frac{40}{4}} = \frac{7}{2} \pm \frac{3}{2}$$

$x_1 = 5; \quad x_2 = 2.$

Beide Werte liegen im Definitionsbereich $x \geq 1$ der Wurzel $\sqrt{x-1}$.

Probe: $\sqrt{5-1} + 3 = 2 + 3 = 5$; x_1 ist Lösung der Ausgangsgleichung.

$\sqrt{2-1} + 3 = 1 + 3 = 4 \neq 2$; x_2 ist keine Lösung der Ausgangsgleichung.

3) $\sqrt[3]{x^2 - 1} - 2 = 0.$

$\sqrt[3]{x^2 - 1} = 2; x^2 - 1 = 8; x^2 = 9; x_{1,2} = \pm 3; x_1 = 3; x_2 = -3.$

Da hier Äquivalenzumformungen erfolgt sind (Erheben in die 3. Potenz: Exponent ungerade!) ist eine Probe nicht erforderlich; beide genügen der Ausgangsgleichung.

4) $\sqrt[3]{4 + \sqrt{2x + 5}} = 3$ | hoch 3

   $4 + \sqrt{2x + 5} = 27$ | -4

   $\sqrt{2x + 5} = 23$ | quadrieren

   $2x + 5 = 529$

   $x = 262$

Der Definitionsbereich ist $x \geq -2,5$; die Probe ergibt, daß die gefundene Lösung tatsächlich die Ausgangsgleichung erfüllt.

2.4.4   Exponential- und Logarithmengleichungen

Bei einer Exponentialgleichung befindet sich die Unbekannte im Exponenten einer Potenz. Die einfachste Exponentialgleichung $a^x = b$ haben wir schon gelöst (Abschnitt 2.3); durch Logarithmieren auf beiden Seiten folgte $x \cdot \log a = \log b$ mit der Lösung $x = \dfrac{\log b}{\log a}$. Auch kompliziertere Exponentialgleichungen werden durch Logarithmieren und Anwendung der Logarithmengesetze (2.33) und (2.34) gelöst.

Beispiele:

1) $5 \cdot 1,04^x - 2(1,04^x - 1) = 6.$

   Zunächst isoliert man $1,04^x$: $3 \cdot 1,04^x = 4$; $x = \dfrac{\log \frac{4}{3}}{\log 1,04} \approx 7,335.$

2) $2 \cdot 3^{2x-1} = 7 \cdot 3^{x+1}.$

   Durch Logarithmieren und Berücksichtigung der Logarithmengesetze erhält man

   $$\log 2 + (2x - 1)\log 3 = \log 7 + (x + 1)\log 3.$$

   Nun werden die x enthaltenden Glieder auf eine Seite gebracht:

   $$x \log 3 = \log 7 + 2 \log 3 - \log 2$$

   $$x = \frac{\log 7 + 2 \log 3 - \log 2}{\log 3} \approx 3,1403.$$

3) $3^{x^2+1} = 4 \cdot 2^{2x+1}.$

   $(x^2 + 1)\log 3 = \log 4 + (2x + 1)\log 2$

   $\log 3 \cdot x^2 - 2 \log 2 \cdot x + \log 3 - \log 4 - \log 2 = 0$

   $x^2 - 2\dfrac{\log 2}{\log 3} x + 1 - \dfrac{\log 4}{\log 3} - \dfrac{\log 2}{\log 3} = 0$

$$x_{1,2} = \frac{\log 2}{\log 3} \pm \sqrt{\left(\frac{\log 2}{\log 3}\right)^2 - 1 + \frac{\log 4}{\log 3} + \frac{\log 2}{\log 3}}$$

$$= 0,6309298 \pm \sqrt{0,3980724 - 1 + 1,2618595 + 0,6309298}$$

$$x_1 \approx 1,767; \quad x_2 \approx -0,505.$$

4)   Man löse folgende Formel nach b auf:

$$a \cdot c^{2b-1} = d^{b+1}$$

$$\log a + (2b - 1)\log c = (b + 1)\log d$$

$$(2\log c - \log d)b = \log d + \log c - \log a$$

$$b \cdot \log \frac{c^2}{d} = \log \frac{dc}{a}$$

$$b = \frac{\log \dfrac{dc}{a}}{\log \dfrac{c^2}{d}}$$

(bzw. $b = \dfrac{\log d + \log c - \log a}{2\log c - \log d}$).

Bei einer Logarithmengleichung kommt die Unbekannte unter dem Logarithmus vor. Man versucht, solche Gleichungen durch Potenzieren mit der Basis des vorkommenden Logarithmus zu lösen.

Beispiele:

1) $\ln x = 1,7$

Potenzieren zur Basis e liefert $e^{\ln x} = e^{1,7}$ bzw. $x = e^{1,7} \approx 5,4739$.

2) $\log_7 x = 2,8$.

Potenzieren zur Basis 7 liefert $x = 7^{2,8} \approx 232,4205$.

3) $1 + \log x = 2\log(x - 1)$

$$10^{1+\log x} = 10^{2\log(x-1)}$$

Jetzt verwenden wir die Potenzgesetze:

$$10^1 \cdot 10^{\log x} = \left(10^{\log(x-1)}\right)^2; \quad \text{das ergibt}$$

$$10x = (x - 1)^2 \quad \text{bzw.}$$

$$x^2 - 12x + 1 = 0$$

$$x_{1,2} = 6 \pm \sqrt{35}; \quad x_1 \approx 11,9161; \quad x_2 \approx 0,0839.$$

Die zweite Lösung ist nicht zulässig, da $\log(x - 1)$ nur für $x > 1$ definiert ist, d.h. die rechte Seite der Gleichung hat für $x = x_2$ gar keinen Sinn. Die Ausgangsgleichung hat also die Lösung $x \approx 11,9151$.

4) $\ln(2y+1)^2 - 1 = 0$

$$e^{\ln(2y+1)^2} = e^1$$

$$(2y+1)^2 = e$$

$$4y^2 + 4y + 1 - e = 0$$

$$y^2 + y + \frac{1-e}{4} = 0$$

$$y_{1,2} = -\frac{1}{2} \pm \sqrt{\frac{1}{4} - \frac{1-e}{4}} = -0,5 \pm \frac{1}{2}\sqrt{e}$$

$y_1 \approx 0,3244; \quad y_2 \approx -1,3244.$

Da $(2y+1)^2$ stets > 0 ist, sind beide Lösungen zulässig.

5)   Man löse folgende Formel nach a auf: $\ln\sqrt{a^2+1} - b = 0$.

$\sqrt{a^2+1} = e^b; \quad a^2 + 1 = e^{2b}; \quad a^2 = e^{2b} - 1$

$a_{1,2} = \pm\sqrt{e^{2b} - 1}$

2.5 Übungsaufgaben

1) Man fasse zusammen bzw. klammere aus:

a) $17x^2 - 6y^2 + 12x^2 - 9y^2 - x^2$;   b) $\dfrac{1}{3}ab^2 - \dfrac{3}{5}a^2b - \dfrac{5}{6}ab^2 + \dfrac{1}{2}a^2b$;

c) $12x^8 - 4x^7 + 24x^6 - 6x^5$;   d) $8a^3 - 2b^3 + c^3 - 11d^3$.

2) Man berechne:

a) $x^{n+1} \cdot x$;   b) $u^x \cdot u^{1-x} \cdot u^2$;   c) $c^n \cdot c^7 \cdot c^{n+4}$;   d) $x^{3n-2} \cdot 2x^{m-2n+1} \cdot 5x^{2n+m}$

e) $(a-b)^3(b-a)^4(a-b)^{n-1}$;   f) $(-a)^5(-a)^{4n}(-a)^{2-2m}$;

g) $(2a^4 - 12a^3 + a^2)(3a^2 - 2a + 1)$;

3) Man berechne:

a) $\dfrac{7rs^2t^3}{161r^2s^3t^4}$;   b) $\dfrac{a^3(b^2 - c^2)c^2}{b^2(b+c)a^4}$;   c) $\left(\dfrac{3b^2y}{2ax^2}\right)^2 \cdot \left(\dfrac{5x^2y^2}{3a^2b^2}\right)^3 : \left(\dfrac{5b^2y^2}{4a^4}\right)^2$;

d) $\left(\dfrac{u^2v^{n+1}}{3w^{1-2n}}\right)^3 : \left(\dfrac{u^3v^{2-n}}{15w^{3-2n}}\right)^2$;   e) $\left[(-y)^{2n-1}\right]^{2n+1}$;   f) $\left(x^{y-3z}\right)^{2z+y}$.

4) Folgende Brüche sind zu einem Bruch zusammenzufassen:

a) $\dfrac{1-t}{t^6} + \dfrac{1+t}{t^5} - \dfrac{3t^2}{t^3}$;   b) $\dfrac{a}{y^{n+2}} + \dfrac{b}{y^{n-1}} - \dfrac{c}{y^{n-4}} + \dfrac{d}{y^5}$;

c) $\dfrac{x^4}{(x-1)^4} + \dfrac{x^5 - x^4}{(x-1)^5} - \dfrac{x^6 - x^5 + 2x^4}{(1-x)^6}$.

5) In den folgenden Ausdrücken sind durch Umformung in Potenzen mit negativen Exponenten die Brüche zu beseitigen:

a) $\dfrac{c}{a^2b}$;   b) $\dfrac{u-v}{u+v}$;   c) $\dfrac{1}{x^2} - \dfrac{2}{x} + 1$;   d) $\dfrac{1}{\dfrac{n}{a^{-2}}}$;   e) $\dfrac{1}{(uv)^x}$.

6) Man schreibe als Bruch:

a) $b^{n-3}c^{-4n}$;   b) $a^{-x}(bc)^{3-x}d^{x-4}$;   c) $x^{-2} + y^{-3} - (xy)^{-1}$;

d) $4a^{-3n} + 5a^{1-m} - 6a^{-2m-n}$.

7) Man forme so um, daß keine negativen Exponenten auftreten:

a) $\left(\dfrac{v^{-4}x^2}{u^{-6}y^{-4}}\right)^2 : \left(\dfrac{x^{-1}y^{-2}}{u^4v^{-3}}\right)^3$;   b) $\left[\left(\dfrac{1}{5^{-3}}\right)^{-2}\right]^{-3}$;   c) $\left[\left(\dfrac{x^{-3}y^{-2}}{z^{-3}}\right)^4\right]^{-2}$.

8) Man berechne:

a) $(3x^{-4}y^{-2} - 2x^{-3}y^{-3} + x^{-2}y^{-4}) \cdot 3x^{-1}y^{-2}$

b) $(4a^{-3} + 2a^{-4} - a^{-5}) : a^{-6}$

c) $(y^{2n-1} - 2y^{-n+2} + y^{-4n-3}) : y^{-n+1}$

9) Beim Genueser Lotto werden 5 Kugeln aus 90 Kugeln gezogen. Wie viele verschiedene Tips gibt es?

10) Man berechne mittels binomischem Lehrsatz:

a) $(a - 2b)^4$;   b) $(1 - x)^6$;   c) $(q - 1)^5$;   d) $(u - v)^7$.

11) Ein Kapital von 120 000 DM wird 9 Jahre zu $p = 6\%$ angelegt. Auf wieviel DM wächst es in dieser Zeit an?

12) Jemand legt 22 000 DM zu $p = 5,25\%$ p.a. an. Man vergleiche die Endkapitalien nach 4 Jahren bei   a) jährlichem   b) monatlichem Zinszuschlag.

13) Jemand erhält für ein Grundstück 3 Angebote:

   (A) 100 000 DM sofort, 250 000 DM nach 4 Jahren;

   (B)   80 000 DM sofort, 260 000 DM nach 2 Jahren;

   (C) 400 000 DM nach 6 Jahren.

Welches Angebot ist das günstigste, wenn ein Zinsatz von $p = 5,5\%$ p.a. zugrundegelegt wird?

14) Man berechne mit dem Taschenrechner:

a) $\sqrt[7]{2}$;   b) $\sqrt[13]{1,43}$;   c) $\sqrt[5]{8,6}$.

15) Jemand hat 20 000 DM bei einem unveränderlichen Zinssatz angelegt; das Kapital ist nach 4 Jahren auf 24 079,43 DM angewachsen. Wie hoch war der Zinssatz?

16) Für welche x sind folgende Wurzeln erklärt:

a) $\sqrt{1-x}$;   b) $\sqrt[4]{a^2 - x^2}$;   c) $\sqrt[6]{(x-2y)^2}$.

17) Welche der folgenden Gleichungen sind falsch:

a) $\sqrt{(a+b)^4} = (a+b)^2$;   b) $\sqrt[4]{a^4} = a$;   c) $\sqrt{a^2 - b^2} = a - b$;   d) $\sqrt[3]{x^3 + y^3} = x + y$.

18) Man schreibe folgende Wurzeln als Potenzen mit gebrochenem Exponenten:

a) $\sqrt[9]{x^2}$;   b) $\dfrac{1}{\sqrt[4]{y^3}}$;   c) $\sqrt[3]{x^3 - y^3}$.

19) Folgende Potenzen sollen als Wurzeln geschrieben werden:

a) $b^{\frac{7}{16}}$;   b) $a^{-\frac{2}{3}}$;   c) $xy^{2,5}$;   d) $u^{-0,4}$.

20) Man vereinfache:

a) $\sqrt[3]{x^2} + a\sqrt[3]{x^2} - 2b\sqrt[3]{x^2}$;   b) $\sqrt{bc} \cdot \sqrt{ab} \cdot \sqrt{2a}$;   c) $\sqrt[5]{a^{m+2}} \cdot \sqrt[5]{a^{4m+3}}$.

d) $\dfrac{x+y}{z} \sqrt[3]{\dfrac{z^4 - z^3 x}{x^2 + 2xy + y^2}}$ (indem man den Faktor vor der Wurzel unter die Wurzel bringt).

e) $\dfrac{\sqrt{a+b}}{\sqrt{a^4 - b^4}} \cdot \sqrt{a^2 + b^2}$;   f) $\dfrac{\sqrt[n]{a^{2n-3}} \cdot \sqrt[n]{a^{7-n}}}{\sqrt[n]{a^4}}$;   g) $\dfrac{\sqrt[3]{a^4 b} \cdot \sqrt[3]{a^2 b^7} \cdot \sqrt[3]{a^2 b}}{\sqrt[3]{a^2 b^5}}$.

21) Die Doppelwurzeln sollen beseitigt werden:

a) $\sqrt[3]{a^2 \sqrt{a \sqrt[4]{a^3}}}$;   b) $\sqrt[4]{\sqrt[3]{x}} \cdot \sqrt{\sqrt[6]{x^2}} \cdot \sqrt[12]{x^7}$;   c) $\sqrt{\dfrac{a}{b} \sqrt{\dfrac{b}{a} \sqrt{\dfrac{a}{b}}}}$.

22) Man berechne:

a) $\log_3 1,6$;   b) $\log_{64} 0,5$;   c) $\log_k \sqrt[m]{k}$;   d) $\log_x x^{-n}$;   e) $\ln e^{-3}$;   f) $\log \dfrac{1}{10}$.

23) Man bestimme x aus:

a) $\log_x \dfrac{1}{u} = -1$;   b) $\log_4 x = \dfrac{1}{2}$.

24)   Man fasse mittels der Logarithmengesetze zusammen:

a) $\log_a u + \log_a v - \log_a w$;   b) $x \ln u + y \ln v$;   c) $\frac{1}{3} \log a - \frac{1}{5} \log b + \frac{2}{3} \log c$.

25)   Wie lange muß man $12\,000$ DM zu $5,25\%$ anlegen, damit sie auf $17\,168{,}64$ DM anwachsen?

26)   Wie lange dauert es, bis sich ein zu $p = 4,8\%$ angelegtes Kapital verdreifacht?

27)   Man löse folgende Gleichungen

a) $x^2 + 4x - 5 = 0$;   b) $7x^2 + 21x + 14 = 0$;   c) $x^4 - 5x^2 + 4 = 0$;

d) $x^7 + 5x^6 + 4x^5 = 0$;   e) $(x^2 - 6x + 5)(2x^2 - 19x + 9) = 0$;

f) $(x+4)^2 - (x-5)^2 - (x-1)^2 = 14x - 1$;   g) $\frac{1}{x-2} + \frac{1}{x-4} = \frac{1}{x+2} + \frac{1}{x-7}$;

h) $\sqrt{5x - 4} = 1 + \sqrt{3x + 1}$;   i) $\sqrt{x+2} - \sqrt{x-2} = \frac{x+1}{\sqrt{x+2}}$;

j) $\sqrt{x+5} + \sqrt{x} - \sqrt{4x+9} = 0$;   k) $4\sqrt[3]{6x-1} + 5 = 0$;

l) $1,052^x = 1,765$ m) $11^{2x} = 10^{x+1}$.

28)   Man löse folgende Formeln auf:

a) $u^2 x^2 + 2u - (x^2 + y^2) = uv - u^2$ nach u;

b) $\sqrt{a+b} - \sqrt{a-b} = c$ nach a;

c) $e^{2b} = x - y^2$ nach b;

d) $Kq^n - \dfrac{q^n - 1}{q - 1} = 0$ nach n

e) $Kq^n + (x-2)q^{-n} - c^2 = 0$ nach q.

Kapitel 3

Zahlenfolgen und Reihen

Zunächst wollen wir den Begriff einer *Zahlenfolge* (oder kurz: Folge) ein wenig diskutieren, uns dann aber auf arithmetische und geometrische Folgen beschränken.

Wenn der Nummer 0 eine reelle Zahl a_0, der Nummer 1 eine reelle Zahl a_1, der 2 eine reelle Zahl a_2 usw., allgemein der Nummer n eine reelle Zahl a_n zugeordnet ist, dann sagt man, es liegt eine Zahlenfolge $a_0, a_1, a_2, \ldots$ vor. Eine Zahlenfolge kann z.B. eine Folge statistischer Maßzahlen sein: a_n sei das jährliche Bruttosozialprodukt Frankreichs im Jahre n, wobei das Jahr 0 etwa das Jahr 1950 sein möge. a_1 ist dann das BSP von 1951, a_2 das von 1952 usw.; a_{49} wäre in diesem Fall noch nicht bekannt. Man sieht an diesem Beispiel, daß die in der Realität vorkommenden Zahlenfolgen endlich sind. Da aber das Ende meist nicht von vornherein festliegt, ist die mathematische Idealisierung solcher Zahlenkolonnen durch Zahlenfolgen durchaus vernünftig.

Oft ist eine Zahlenfolge durch ein mathematisches Bildungsgesetz gegeben, d.h. durch eine Formel, die angibt, welche Zahl a_n der Nummer n zugeordnet werden soll. So liefert die Zinseszinsformel $K_n = K_0 q^n$ das Bildungsgesetz für die Folge $K_0, K_1, K_2, \ldots$ der Kapitalien, die sich bei Anlage auf Zinseszins bei einem konstanten Zinssatz ergeben. Das erste Glied K_0 dieser Folge ist das Anfangskapital, K_n (für $n \geq 1$) ist das Kapital am Ende des n−ten Jahres. Dem Bildungsgesetz $a_n = \dfrac{n}{n+1}$ entspricht die Folge $0, \dfrac{1}{2}, \dfrac{2}{3}, \dfrac{3}{4}, \ldots$. An dieser Folge können wir eine bemerkenswerte Eigenschaft feststellen: je größer wir die Nummer n des Folgengliedes a_n wählen, desto näher kommt a_n der

Zahl 1; z.B. haben wir für $n = 1000$: $a_n = \dfrac{1000}{1001} \approx 0,999$, für $n = 100\,000$:
$a_n = \dfrac{100\,000}{100\,001} \approx 0,999999$ usw.   Eine Folge, die die Eigenschaft hat, daß ihre
Glieder einer festen Zahl g immmer näher und näher kommen, nennt man kon-
vergent. Die Zahl g, der die Zahlen der Folge beliebig nahe kommen, nennt
man ihren Grenzwert und schreibt $g = \lim_{n\to\infty} a_n$ (gelesen „g gleich limes a_n,
n gegen unendlich"). In dieser Schreibweise könnten wir im obigen Beispiel
schreiben $\lim_{n\to\infty} \dfrac{n}{n+1} = 1$. Eine Folge braucht natürlich nicht konvergent zu
sein, wie uns die Folge der Endkapitalien beim Zinseszins zeigt: die K_n wachsen
in immer größeren Schritten, sie können sich also keiner festen Zahl immer mehr
nähern.

Weitere Beispiele für Folgen:

1) $a_n = \dfrac{1}{n+1}$.   Die ersten Glieder lauten: $1, \dfrac{1}{2}, \dfrac{1}{3}, \dfrac{1}{4}, \ldots$

2) $a_n = (0.5)^n$. $1\ ,\ 0,5\ ,\ 0,25\ ,\ 0,125\ ,\ 0,0625\ ,\ldots$

3) $a_n = n^2 + n + 1$. $1, 3, 7, 13, \ldots$

(Welche dieser Folgen sind konvergent? Mit welchem Grenzwert?)

Nach unserer Definition beginnen Folgen immer mit dem Glied a_0, d.h. mit der Num-
mer 0. Man kann natürlich genauso gut mit a_1 beginnen, wie das häufig geschieht.
Der Beginn mit a_0 empfiehlt sich, wenn man vor allem arithmetische und geometrische
Folgen im Auge hat.

Die Folge $K_0, K_1, K_2, \ldots$ der Kapitalien bei Anlage auf Zinseszins hat die Eigenschaft, daß das Kapital in einem bestimmten Jahr stets größer ist als das im
Jahr davor, d.h. es ist stets $K_{n+1} > K_n$. Eine Folge mit dieser Eigenschaft heißt
monoton wachsend. Allgemein heißt die Folge $a_0, a_1, a_2, \ldots$ monoton wachsend,
falls $a_{n+1} > a_n$ *für jedes* n. Gilt $a_{n+1} < a_n$ *für jedes* n, so heißt die Folge
monoton fallend. So sind die Folgen der Beispiele 1) und 2) monoton fallend.
Eine Folge braucht weder monoton wachsend noch monoton fallend zu sein, sie
kann steigen und wieder fallen, wie das Beispiel „Bruttosozialprodukt" zeigt.

3.1 Arithmetische Folgen und Reihen mit Anwendungen

3.1.1 Arithmetische Folgen und Reihen

Eine Folge $a_0, a_1, a_2, \ldots$ heißt eine arithmetische Folge, wenn die *Differenz* zweier aufeinanderfolgender Glieder konstant ist, d.h. stets ein und derselben Zahl gleich ist. Nennen wir diese Zahl d die Differenz der Folge, so gilt also $a_1 - a_0 = d$, $a_2 - a_1 = d$, $a_3 - a_2 = d$, allgemein:

$$\boxed{a_{n+1} - a_n = d} \tag{3.1}$$

(3.1) können wir auch so ausdrücken:

> Bei einer arithmetischen Folge entsteht das jeweils nächste Glied a_{n+1} aus dem vorhergehenden Glied a_n durch Addition von d:
>
> $$a_{n+1} = a_n + d \tag{3.2}$$

Ist $d > 0$, so ist die Folge monoton wachsend, für $d < 0$ ist sie monoton fallend. Aus (3.2) ergibt sich leicht das Bildungsgesetz einer arithmetischen Folge: Es ist $a_1 = a_0 + d$, $a_2 = a_1 + d = (a_0 + d) + d = a_0 + 2d$, $a_3 = a_2 + d = (a_0 + 2d) + d = a_0 + 3d$ usw., also allgemein

$$\boxed{a_n = a_0 + nd} \tag{3.3}$$

Wenn man die Glieder einer arithmetischen Folge bis zum Glied a_n aufsummiert, so entsteht die sogenannte *arithmetische Reihe*

$$s_n = a_0 + a_1 + a_2 + \ldots + a_n = \sum_{k=0}^{n} a_k.$$

Wir wollen s_n berechnen, indem wir für a_k gemäß (3.3) $a_k = a_0 + kd$ einsetzen:

$$s_n = a_0 + (a_0 + d) + (a_0 + 2d) + \ldots + (a_0 + nd) = (n+1)a_0 + d(1 + 2 + 3 + \ldots + n)$$

Es kommt also darauf an, die Reihe $u_n = 1 + 2 + 3 + \ldots + n$ zu berechnen. Es gibt eine berühmte Geschichte über den Mathematiker Carl Friedrich Gaus (dessen Porträt heute den 10-DM-Schein ziert), er habe die Lösung dieser Aufgabe als etwa achtjähriger Junge in der Schule gefunden und dadurch sei sein Talent entdeckt worden. Gauß schrieb die Reihe u_n zweimal hin, einmal in der richtigen Reihenfolge, einmal umgekehrt:

$$u_n = 1 + \quad 2 \quad + \quad 3 \quad + \ldots + (n-2) + (n-1) + n$$
$$u_n = n + (n-1) + (n-2) + \ldots + \quad 3 \quad + \quad 2 \quad + 1$$

Nun addierte er die beiden Gleichungen:

$$2u_n = (n+1) + (n+1) + (n+1) + \ldots + (n+1) + (n+1) + (n+1)$$

Rechts hat man gerade n Stück Summanden, die alle gleich $(n+1)$ sind, also $2u_n = n(n+1)$ oder

$$1 + 2 + 3 + \ldots + n = \frac{n(n+1)}{2}$$
$$\sum_{k=1}^{n} k = \frac{n(n+1)}{2}.$$

Setzt man dieses Resultat in den Ausdruck für die arithmetische Reihe s_n ein, so erhält man $s_n = a_0(n+1) + d\dfrac{n(n+1)}{2}$ bzw. nach Ausklammern:

$$\boxed{s_n = \frac{n+1}{2}(2a_0 + nd)} \tag{3.4}$$

Das läßt sich auch anders schreiben, wenn wir beachten, daß $a_0 + nd = a_n$ ist:

$$\boxed{s_n = (n+1)\left(\frac{a_0 + a_n}{2}\right)} \tag{3.5}$$

(3.5) besagt in Worten:

> Die Summe einer arithmetischen Reihe ist gleich dem Produkt aus der Gliederzahl und dem arithmetischen Mittel von erstem und letztem Glied.

Beispiele:

1)   Eine arithmetische Folge mit $a_0 = 5000$ und $d = -25$ sei gegeben. Man berechne das Glied a_{20} und die Summe s_{20}.
$$a_{20} = 5000 - 20 \cdot 25 = 4500$$
$$s_{20} = 21 \cdot \left(\frac{5000 + 4500}{2}\right) = 99\,750.$$

Wir hätten s_{20} auch nach (3.4) berechnen können: $s_{20} = \dfrac{21}{5}(2 \cdot 5000 - 25 \cdot 20) = 10,5 \cdot 9500 = 99\,750$. Dieser zweite Weg setzt nicht die Berechnung des Endgliedes a_{20} voraus.

2) Das Glied a_{12} einer arithmetischen Folge mit Anfangsglied $a_0 = 110$ ist 2210. Wie groß ist die Differenz dieser Folge?

$$a_{12} = a_0 + 12d; \quad d = \frac{a_{12} - a_0}{12} = \frac{2210 - 110}{12}; \quad d = 175.$$

3.1.2 Anwendungen

Lineare Abschreibung

Zur Bereitstellung wirtschaftlicher Leistungen setzt jeder Betrieb Güter wie Gebäude, Maschinen, Fahrzeuge, Geschäfts- und Büroausstattungen etc. ein, deren Wert sich im Verlaufe ihrer wirtschaftlichen Nutzungsdauer vermindert. Entsprechend der eingetretenen Wertminderung müssen also die Anschaffungs- oder Herstellungskosten dieser Güter auf die Jahre der wirtschaftlichen Nutzungsdauer verteilt und als Kosten in Rechnung gestellt werden. Diesen Prozeß nennt man Abschreibung. Der in einem bestimmten Nutzungsjahr abgeschriebene Betrag heißt die *Abschreibungsrate* oder der *Abschreibungsbetrag* in diesem Jahr. Die wirtschaftliche Nutzungsdauer kann in vielen Fällen den sogenannten AfA-Tabellen (Afa:„Absetzung für Abnutzung" ist der juristische Ausdruck für Abschreibung) entnommen werden. Die Abschreibung geht als Aufwand in die Erfolgsrechnung des Betriebes ein und mindert den zu versteuernden Gewinn. Die gesetzlichen Grundlagen der Abschreibung findet man deshalb im Einkommenssteuerrecht (§7 EStG). Als Regelfall sieht das Einkommensteuerrecht die *lineare Abschreibung* vor. Lineare Abschreibung bedeutet, daß *die Abschreibungsrate konstant* ist, d.h. die Anschaffungs- oder Herstellungskosten (zu denen der Nettopreis des Wirtschaftsgutes zuzüglich der einmalig auftretenden Beschaffungskosten wie Transportkosten, Montagekosten usw. zählen) werden gleichmäßig auf die Jahre der Nutzungsdauer verteilt (der Gesetzestext spricht von Absetzung für Abnutzung in gleichen Jahresbeträgen).

Bezeichne R_0 die Anschaffungs- oder Herstellungskosten eines Wirtschaftsgutes, R_l den Buchwert oder Restwert dieses Gutes am Ende des l-ten Jahres, A die konstante Abschreibungsrate, so gilt bei linearer Abschreibung:

$$R_1 = R_0 - A, \text{ d.h. } R_1 - R_0 = -A$$
$$R_2 = R_1 - A, \text{ d.h. } R_2 - R_1 = -A$$

usw., allgemein $R_{l+1} - R_l = -A$. Wir sehen also: Die Buchwerte oder Restwerte R_l am Ende des l-ten Jahres (mit dem Wert R_l geht das Wirtschaftsgut in die Bilanz des Jahres l ein) bilden eine (fallende) arithmetische Folge mit der Differenz $d = -A$. Gemäß (3.3) gilt also für R_l:

$$\boxed{R_l = R_0 - lA} \tag{3.6}$$

Bezeichnen wir mit n die wirtschaftliche Nutzungsdauer in Jahren, so muß in der Regel $R_n = 0$ sein, da das Gut am Ende der wirtschaftlichen Nutzungsdauer ganz abgeschrieben ist (daß es bei Weiternutzung mit 1 DM „Erinnerungswert" in die Bilanz eingeht, spielt für die Abschreibungsrechnung keine Rolle). Soll das Gut bis auf einen sogenannten Schrottwert S abgeschrieben werden, so ist $R_n = S$ zu setzen. Daraus ist die Abschreibungsrate leicht zu berechnen: Es ist nach (3.6) ($l = n$ gesetzt): $R_n = R_0 - nA$. Setzt man das gleich S so folgt $S = R_0 - nA$ und somit

$$\boxed{A = \frac{R_0 - S}{n}} \tag{3.7}$$

Für vollständige Abschreibung, d.h. für $S = 0$, gilt:

$$\boxed{A = \frac{R_0}{n}} \tag{3.8}$$

Meist ordnet man die Rest- oder Buchwerte R_l und die im Jahre l anfallende Abschreibungsrate in einer Tabelle an, dem sogenannten *Abschreibungsplan*. So habe z.B. eine Anlage im Wert von 100 000 DM eine Nutzungsdauer von 5 Jahren; sie soll auf 0 abgeschrieben werden. Zuerst wird die Abschreibungsrate nach (3.8) berechnet:

$$A = \frac{R_0}{n} = \frac{100\,000 \text{ DM}}{5 \text{ Jahre}} = 20\,000 \text{ DM/Jahr.}$$

Der Abschreibungsplan würde dann etwa folgendermaßen zu erstellen sein:

Jahr	Wert am Jahresanfang	Abschreibungsrate	Buchwert R_l am Jahresende
1	100 000	20 000	80 000
2	80 000	20 000	60 000
3	60 000	20 000	40 000
4	40 000	20 000	20 000
5	20 000	20 000	0

Beispiele:

1) Eine Anlage mit einem Anschaffungswert von 62 000 DM soll innerhalb von 8 Jahren auf einen Schrottwert von 6000 DM linear abgeschrieben werden. Man stelle einen Abschreibungsplan auf!

Wir ermitteln zunächst die Abschreibungsrate nach (3.7):

$$A = \frac{62\,000 - 6000}{8} = \frac{56\,000}{8} = 7000 \text{DM/Jahr}$$

Der Abschreibungsplan sieht dann folgendermaßen aus:

Jahr	Wert am Jahresanfang	Abschreibungsrate	Buchwert R_l am Jahresende
1	62 000	7000	55 000
2	55 000	7000	48 000
3	48 000	7000	41 000
4	41 000	7000	34 000
5	34 000	7000	27 000
6	27 000	7000	20 000
7	20 000	7000	13 000
8	13 000	7000	6000

2) Eine chemische Großanlage im Wert von 13 Mill. DM soll innerhalb von 32 Jahren auf den Schrottwert von 1 Mill. DM abgeschrieben werden. Wie groß ist der Buchwert am Ende des 27. Jahres?

$$A = \frac{13 - 1}{32} = 0,375 \text{ Mill. DM/Jahr}$$
$$R_{27} = 13 - 27 \cdot 0,375 = 2,875 \text{ Mill. DM}$$

Ratentilgung

Wird ein Schuldbetrag (Kredit, Hypothek etc.) durch regelmäßige Zahlungen von Teilbeträgen in gleichen Zeitabständen zurückgezahlt, so spricht man von *Tilgung*. Wir betrachten hier nur jährliche Zahlungen; die Übertragung auf andere Zeiträume, wie Quartal oder Monat, macht keine Schwierigkeiten. Am Anfang sei der Schuldbetrag S_0. Mit S_l bezeichnen wir die Restschuld nach l Jahreszahlungen, d.h. die am Anfang des Jahres $l + 1$ vorhandene Restschuld (damit übereinstimmend mit S_0 die am Anfang des Jahres 1 vorhandene Restschuld). Im Jahre l werde der Betrag T_l getilgt; T_l heißt die *Tilgungsrate*. Die Restschuld S_l erhält man, indem man von der am Jahresanfang des Jahres l bestehenden Restschuld S_{l-1} die Tilgungsrate des Jahres l subtrahiert:

$$\boxed{S_l = S_{l-1} - T_l} \qquad (3.9)$$

also etwa $S_1 = S_0 - T_1$, $S_2 = S_1 - T_2$, usw. Üblicherweise werden mit der Tilgungsrate T_l die für das Jahr l angefallenen Zinsen z_l mitgezahlt. Das zu verzinsende Kapital im Jahre l ist die Restschuld S_{l-1}; nach der Jahreszinsformel erhält man, wenn p_l der im Jahre l gültige Zinssatz ist

$$z_l = \frac{p_l}{100} \cdot S_{l-1}$$ (3.10)

Der am Ende des Jahres l insgesamt zu zahlende Betrag A_l, die sogenannte *Annuität*, ist die Summe aus Zinsen und Tilgung:

$$A_l = z_l + T_l$$ (3.11)

Die Annuität A_l ist also die tatsächliche Belastung des Schuldners im Jahre l. Die Formeln (3.9)-(3.11) gelten ganz allgemein für jede Tilgungsform.

Die *Ratentilgung* ist nun dadurch charakterisiert, daß die Tilgungsrate T_l konstant ist, d.h. nicht vom Jahr l abhängt; es ist demnach $T_l = T$ für alle l. Das ergibt, in (3.9) eingesetzt: $S_l - S_{l-1} = -T$, d.h. bei der Ratentilgung bilden die Restschuldbeträge der einzelnen Jahre eine (fallende) arithmetische Folge mit der Differenz $d = -T$. Es gilt also für die Restschuldbeträge bei Ratentilgung

$$S_l = S_0 - lT$$ (3.12)

Die Zinsen z_l werden nach (3.10) berechnet. Für die Annuitäten ergibt sich: $A_l = z_l + T$; sie nehmen bei der Ratentilgung von Jahr zu Jahr ab, da T konstant ist und die Zinsen wegen der geringer werdenden Restschuld von Jahr zu Jahr geringer ausfallen.

Nach einer gewissen Tilgungszeit von n Jahren wird die Schuld vollständig getilgt sein; es gilt also, wenn n die gesamte Tilgungszeit in Jahren ist, gemäß (3.12)

$$0 = S_0 - nT$$ (3.13)

Man kann hieraus T berechnen, wenn n gegeben ist, oder umgekehrt, n berechnen, wenn T gegeben ist.

Einen guten Überblick über den Ablauf des Tilgungsgeschehens gibt ein sogenannter Tilgungsplan, der Spalten für die jeweilige Restschuld am Jahresanfang, für die Zinsen, die Tilgungsraten und die Annuitäten enthält.

Beispiel: Ein Darlehen von 120 000 DM soll innerhalb von 5 Jahren in Ratentilgung getilgt werden. Der Zinssatz betrage für die ersten drei Jahre 8%, für den Rest der Laufzeit 7, 5%. Man stelle den Tilgungsplan auf.

Ein Tilgungsplan hat folgenden Kopf:

Jahr	Restschuld am Jahresanfang	Zinsen	Tilgungsrate	Annuität

In den Zeilen des Plans stehen die Werte dieser Größen für die einzelnen Jahre; in unserem Beispiel hat der Plan 5 Zeilen.

Zunächst berechnen wir nach (3.13) die Tilgungsrate: $0 = 120\,000 - 5T$, $T = \dfrac{120\,000}{5} = 24\,000$ DM. Die Spalte Tilgungsrate kann nun ausgefüllt werden. Dann berechnen wir die Restschuldspalte, indem wir, bei 120 000 DM beginnend, immer 24 000 DM vom vorhergehenden Wert abziehen (Benutzung des Speichers beim Taschenrechner!). Nun kann man zeilenweise die Zinsen berechnen, indem man von der in der Zeile l stehenden Restschuld $p\%$ nimmt; in unserem Beispiel in den ersten drei Jahren 8%, danach 7, 5%. Die Annuitätenspalte ergibt sich durch Addition von Zinsen und Tilgungsrate. Der Tilgungsplan für unser Beispiel sieht dann folgendermaßen aus:

Jahr	Restschuld am Jahresanfang	Zinsen	Tilgungsrate	Annuität
1	120 000	9600	24 000	33 600
2	96 000	7680	24 000	31 680
3	72 000	5760	24 000	29 760
4	48 000	3600	24 000	27 600
5	24 000	1800	24 000	25 800

Man erkennt bereits an diesem einfachen Beispiel einen erheblichen Nachteil der Ratentilgung: Die Belastung des Schuldners ist in den einzelnen Zeitabschnitten sehr unterschiedlich. Diesen Nachteil gleicht die später zu besprechende *Annuitätentilgung* aus, die gleiche Belastungen im gesamten Zeitraum ergibt. Die Annuitätentilgung ist deshalb von größerer praktischer Bedeutung als die Ratentilgung.

Beispiele zur Ratentilgung:

1) Eine Schuld von 180 000 DM soll innerhalb von 8 Jahren in Ratentilgung getilgt werden. Der Zinssatz beträgt über die gesamte Laufzeit 8% Man stelle einen Tilgungsplan auf!

Wir berechnen zuerst die Tilgungsrate: $T = \dfrac{180\,000}{8} = 22500$ DM/Jahr.

Der Tilgungsplan ist dann folgender:

Jahr	Restschuld	Zinsen	Tilgungsrate	Annuität
1	180 000	14 400	22 500	36 900
2	157 500	12 600	22 500	35 100
3	135 000	10 800	22 500	33 300
4	112 500	9000	22 500	31 500
5	90 000	7200	22 500	29 700
6	67 500	5400	22 500	27 900
7	45 000	3600	22 500	26 100
8	22 500	1800	22 500	24 300

2) Eine Schuld von 250 000 DM soll in Ratentilgung getilgt werden. Die ersten 5 Jahre betrage die Tilgungsrate 8% der Anfangsschuld, der Zinssatz 7,25%. Für den Rest der Laufzeit wird die Tilgungsrate auf 12% der Anfangsschuld erhöht, der Zinssatz aber auf 6,75% gesenkt. Man stelle einen Tilgungsplan auf!

Für die ersten 5 Jahre beträgt die Tilgungsrate 8% von 250 000 DM, d.h. 20 000 DM, danach 12% von 250 000 DM, d.h. 30 000 DM. Der Tilgungsplan hat folgende Gestalt:

Jahr	Restschuld	Zinsen	Tilgungsrate	Annuität
1	250 000	18 125	20 000	38 125
2	230 000	16 675	20 000	36 675
3	210 000	15 225	20 000	35 225
4	190 000	13 775	20 000	33 775
5	170 000	12 325	20 000	32 325
6	150 000	10 125	30 000	40 125
7	120 000	8100	30 000	38 100
8	90 000	6075	30 000	36 075
9	60 000	4050	30 000	34 050
10	30 000	2025	30 000	32 025

3) Ein Kredit von 13 000 DM soll durch monatliche Ratentilgung innerhalb von 26 Monaten getilgt werden. Der Zinssatz betrage 8% p.a. Man schreibe die ersten 5 Zeilen des Tilgungsplans auf! Wie groß ist die Restschuld zu Beginn des 21. Monats? Wie groß ist die Annuität im 21. Monat?

Die monatliche Tilgungsrate ist $T = \dfrac{13\,000}{26} = 500$ DM/Monat. Bei Berechnung der Zinsen müssen wir beachten, daß die Jahreszinsen (Kapital mal 0,08) noch durch 12 geteilt werden müssen, denn wir haben ja hier Monatszinsen zu berechnen. Die ersten 5 Zeilen des Tilgungsplans sehen folgendermaßen aus (die Annuität ist hier die monatlich zu leistende Gesamtzahlung):

Jahr	Restschuld	Zinsen	Tilgungsrate	Annuität
1	13 000	86,67	500	586,67
2	12 500	83,33	500	583,33
3	12 000	80,00	500	580,00
4	11 500	76,67	500	576,67
5	11 000	73,33	500	573,33
⋮	⋮	⋮	⋮	⋮

S_{l-1} war die Restschuld am Beginn des l-ten Zahlungszeitraumes; wir haben also gemäß (3.12) $S_{20} = 13\,000 - 20 \cdot 500 = 3000$ DM. Davon betragen die Monatszinsen $\dfrac{3000 \cdot 0,08}{12} = 20$ DM. Die Annuität im 21. Monat beträgt also 520 DM.

Der effektive Jahreszins bei Darlehen mit Laufzeitzinssatz

Sogenannte Darlehen mit Laufzeitzinssatz sind im Bankkreditgeschäft, vor allem für relativ kurzfristige Darlehen, weit verbreitet. Sie sind dadurch charakterisiert, daß mit einem Zinssatz p, der über die volle Laufzeit unverändert bleibt, die Zinsen nach der einfachen Zinsrechnung (kein Zinseszins) berechnet werden, aber so, daß der *volle Darlehensbetrag über die volle Laufzeit* verzinst wird. Die monatlich erfolgende Tilgung wird bei der Zinsberechnung nicht berücksichtigt. Zu den Zinsen kommt meist noch eine Bearbeitungsgebühr (z.B. $1 - 2\%$ der Darlehenssumme).

Beispiel: Ein Darlehen von 10 000 DM soll in 30 Monaten zurückgezahlt werden. Der Laufzeitzinssatz beträgt $0,32\%$ pro Monat ($p = 0,32 \cdot 12 = 3,84\%$ p.a.). Die Bearbeitungsgebühr beträgt 2% der Darlehenssumme. Wir haben an Zinsen: $z = \dfrac{0,32}{100} \cdot 30 \cdot 10\,000 = 960$ DM und an Bearbeitungsgebühr 200 DM. Es sind also insgesamt $10\,000 + 960 + 200 = 11\,160$ DM, über 30 Monate verteilt, zurückzuzahlen. Das ergibt eine Monatsrate von $\dfrac{11160}{30} = 372$ DM/Monat.

Dem Begriff des „effektiven Zinssatzes" oder (unkorrekt ausgedrückt) „effektiven Jahreszinses" liegt folgender Gedankengang zugrunde: Die zusätzlich zur Tilgung kommende Belastung durch Zinsen, Gebühren und andere Kosten des Kredits, hier 1160 DM, werden als Zinsen gedeutet und man fragt, *welchen Zinssatz man anwenden müßte*, um bei „ehrlicher Rechnung", d.h. bei *Berücksichtigung der Tilgung*, genau auf diese Belastung als Zinsbetrag zu kommen. Den Zinssatz, den man auf diese Weise errechnet, nennt man den effektiven Zinssatz, abgekürzt p_{eff}; ihn muß man bei Vergleichen und Entscheidungen zugrunde legen.

Lösen wir das Problem allgemein: Gegeben sei die Belastung b (im Beispiel 1160 DM). Die Darlehenssumme werde mit K bezeichnet, die Laufzeit in Monaten mit n. Wir haben zur Berechnung der Zinsen den gesuchten Zinssatz p_{eff} zugrundezulegen und die Tilgung von monatlich $\dfrac{K}{n}$ DM zu berücksichtigen, d.h. je einen Monat lang haben wir $\dfrac{K}{n}$, $2\dfrac{K}{n}$, $3\dfrac{K}{n}$, ..., $n\dfrac{K}{n}$ DM zu verzinsen (s. Abb. 3.1)

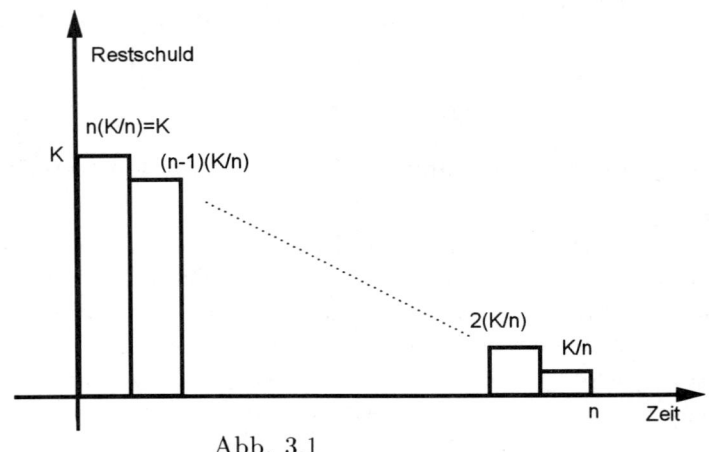

Abb. 3.1

Es gilt also für die Zinsen bei Berücksichtigung der Tilgung (Monatszinsen, deshalb Division durch 12 !):

$$z = \frac{p_{\text{eff}}}{100 \cdot 12}\left(\frac{K}{n} + 2\frac{K}{n} + \ldots + n\frac{K}{n}\right) = \frac{p_{\text{eff}}}{100 \cdot 12} \cdot \frac{K}{n}(1 + 2 + \ldots + n).$$

Das ergibt nach Abschnitt 3.1.1:

$$z = \frac{p_{\text{eff}}}{100 \cdot 12} \cdot \frac{K}{n} \cdot \frac{n(n+1)}{2} = \frac{p_{\text{eff}} \cdot K}{100 \cdot 12} \cdot \frac{n+1}{2}.$$

Die Größe $\dfrac{n+1}{2}$ nennt man in diesem Zusammenhang *mittlere Laufzeit*, denn die Zinsen unter Berücksichtigung der Tilgung kann man sich auch so entstanden vorstellen, daß man die volle Darlehensschuld K *über die mittlere Laufzeit ver-zinst.* (Man hat genau die übliche Monatszinsformel: $\dfrac{\text{Kapital} \cdot \text{Zinssatz}}{100 \cdot 12} \cdot \text{Zeit}$).

Der Zinsbetrag z muß nun der Belastung b gleichgesetzt werden:

$$b = \frac{p_{\text{eff}} \cdot K}{100 \cdot 12} \cdot \frac{n+1}{2}.$$

Löst man die Formel nach dem unbekannten p_{eff} auf, so erhält man:

$$\boxed{p_{\text{eff}} = \frac{100 \cdot 12 \cdot 2 \cdot b}{K(n+1)}} \tag{3.14}$$

In unserem Beispiel war $K = 10\,000$ DM, $n = 30$, $b = 1160$ DM, also

$$p_{\text{eff}} = \frac{100 \cdot 12 \cdot 2 \cdot 1160}{10\,000 \cdot 31} = 8,98\%$$

(Man sieht, daß das erheblich höher ist als der Nominalzinssatz von $3,84\%$).

Beispiele:

1) Ein Darlehen von $24\,000$ DM mit Laufzeitzinssatz von $0,45\%$ p.m. soll in 36 Monaten getilgt werden. Wie groß sind die monatlichen Raten und wie hoch ist der effektive Jahreszins, wenn die Bearbeitungsgebühr 1% der Darlehenssumme beträgt?

    Für die Zinsen erhält man $z = \dfrac{0,45}{100} \cdot 36 \cdot 24\,000 = 3888$ DM, die Gebühren betragen

    240 DM, also $b = 4128$ DM. Monatsrate$= \dfrac{24\,000 + 4128}{36} = 781,33$ DM (in der Praxis wird man etwa 35 Monatsraten zu 780 DM festlegen und die Differenz mit der 36. Rate verrechnen, d.h. die 36. Rate beträgt 828 DM).

    $$p_{\text{eff}} = \frac{100 \cdot 12 \cdot 2 \cdot 4128}{24\,000 \cdot 37} = 11,16\%.$$

2) Ein Darlehen von $26\,000$ DM, z.B. für den Kauf eines Autos, wird zu folgenden Bedingungen angeboten: 47 Monatsraten zu 650 DM, eine Monatsrate zu 702 DM. Wie hoch ist der effektive Jahreszins?

    Wir berechnen zunächst die Belastung b durch die Kreditgesamtkosten:

    $b = 47 \cdot 650 + 702 - 26\,000 = 5252$ DM, $n = 48$ Monate

    $$p_{\text{eff}} = \frac{100 \cdot 12 \cdot 2 \cdot 5252}{26\,000 \cdot 49} = 9,89\%.$$

3.2 Geometrische Folgen und Reihen mit Anwendungen

3.2.1 Geometrische Folgen und Reihen

Eine Folge a_0, a_1, a_2, ... heißt eine *geometrische Folge*, wenn der *Quotient* zweier aufeinanderfolgender Glieder konstant ist, d.h. stets ein und derselben Zahl q gleich ist. Diese Zahl q heißt der Quotient der Folge; es gilt also $\dfrac{a_1}{a_0} = q$, $\dfrac{a_2}{a_1} = q$, $\dfrac{a_3}{a_2} = q$ usw., allgemein

$$\boxed{\frac{a_{n+1}}{a_n} = q} \tag{3.15}$$

(3.15) können wir auch so ausdrücken:

> Bei einer geometrischen Folge entsteht das jeweils nächste Glied a_{n+1} aus dem vorhergehenden Glied a_n durch Multiplikation mit q:
>
> $$a_{n+1} = a_n \cdot q. \tag{3.16}$$

Ist $q > 1$, so ist die Folge monoton wachsend, für $q < 1$ ist sie monoton fallend. Aus (3.16) ergibt sich leicht das Bildungsgesetz einer geometrischen Folge: Es ist $a_1 = a_0 q$, $a_2 = a_1 q = a_0 q \cdot q = a_0 q^2$, $a_3 = a_2 q = a_0 q^2 \cdot q = a_0 q^3$, usw., also allgemein:

$$\boxed{a_n = a_0 q^n} \tag{3.17}$$

Wir kennen schon ein wichtiges Beispiel einer geometrischen Folge: Vergleichen wir nämlich (3.17) mit der *Zinseszinsformel* (2.17), so erkennen wir: Die Endkapitalien K_n bei Anlage auf Zinseszins bilden eine geometrische Folge mit dem Anfangsglied K_0: $K_n = K_0 q^n$. Der Quotient dieser Folge ist gerade der Aufzinsungsfaktor q.

Summiert man die Glieder einer geometrischen Folge bis zum Glied a_n auf, so entsteht die (endliche) *geometrische Reihe*

$$s_n = a_0 + a_1 + a_2 + \ldots + a_n = a_0 + a_0 q + a_0 q^2 + \ldots + a_0 q^n = a_0 (1 + q + q^2 + \ldots + q^n).$$

Um eine Formel für s_n zu finden, müssen wir einen Ausdruck für die Summe $u_n = 1 + q + q^2 + \ldots + q^{n-1} + q^n$ finden. Multipliziert man u_n mit q, so ergibt sich: $u_n \cdot q = q + q^2 + \ldots + q^n + q^{n+1}$. Bilden wir nun die Differenz $u_n q - u_n$, so erkennen wir, daß sich q, $q^2, \ldots, q^n$ wegheben, weil sie sowohl in $u_n q$ als auch in u_n vorkommen; es bleibt also $u_n q - u_n = q^{n+1} - 1$. Klammern wir u_n aus, so gilt $u_n(q-1) = q^{n+1} - 1$ und schließlich $u_n = \dfrac{q^{n+1} - 1}{q - 1}$ bzw.

$$\boxed{1 + q + q^2 + \ldots + q^n = \frac{q^{n+1} - 1}{q - 1}} \tag{3.18}$$

Das ist die Formel für die endliche geometrische Reihe. Der Ausdruck rechts ist also das Ergebnis des Aufsummierens der sukzessiven Potenzen von q, bei $q^0 = 1$ beginnend bis q^n. Für unsere ursprüngliche Reihe s_n mit dem Anfangsglied a_0 ergibt sich:

$$\boxed{a_0 + a_0 q + a_0 q^2 + \ldots + a_0 q^n = a_0 \frac{q^{n+1} - 1}{q - 1}} \tag{3.19}$$

Man merkt sich: Auf der rechten Seite ist der Exponent von q im Zähler gerade um eins höher als beim letzten Glied der Summe. So ist z.B.

$$1 + q + \ldots + q^{11} = \frac{q^{12} - 1}{q - 1},$$

$$b + bu + bu^2 + \ldots + bu^7 = b\frac{u^8 - 1}{u - 1},$$

$$a + ax + ax^2 + \ldots + ax^{k-1} = a\frac{x^k - 1}{x - 1},$$

$$\sum_{i=0}^{m} xa^i = x + xa + xa^2 + \ldots + xa^m = x\frac{a^{m+1} - 1}{a - 1},$$

$$\sum_{j=0}^{n+5} a_0 u^i = a_0 \frac{u^{n+6} - 1}{u - 1}.$$

Beispiele:

1) Für eine geometrische Folge mit Anfangsglied $a_0 = 2000$ und Quotient $q = 0,7$ berechne man a_{15}.

   $a_{15} = 2000 \cdot 0,7^{15} \approx 9,495$.

2) Eine geometrische Folge habe das Anfangsglied $a_0 = 100$ und das Glied $a_{21} = 278,5963$. Wie groß ist der Quotient q?

   $a_{21} = 100 \cdot q^{21}, \quad q^{21} = \frac{278,5963}{100}, \quad q = \sqrt[21]{2,785963} = 1,05$.

3) Man berechne $\sum_{k=0}^{11} 2^k$.

   $$\sum_{k=0}^{11} 2^k = 1 + 2 + 2^2 + \ldots + 2^{11} = \frac{2^{12} - 1}{2 - 1} = 2^{12} - 1 = 4095.$$

4) Wie groß ist $3^2 + 3^3 + \ldots + 3^9$?

   Es ist $1 + 3 + 3^2 + 3^3 + \ldots + 3^9 = \frac{3^{10} - 1}{3 - 1} = 29524$.

   Also: $3^2 + 3^3 + \ldots + 3^9 = 29524 - 1 - 3 = 29520$.

5) $\sum_{i=0}^{2n-4} x^i = ?$

   $$\sum_{i=0}^{2n-4} x^i = 1 + x + x^2 + \ldots + x^{2n-4} = \frac{x^{2n-3} - 1}{x - 1}.$$

6) $u + ua + ua^2 + \ldots + ua^{4k+7} = u\frac{a^{4k+8} - 1}{a - 1}$.

3.2.2 Anwendungen

Rentenrechnung

Renten sind Zahlungen, die periodisch in gleichbleibender Höhe geleistet werden. Werden die Zahlungen *am Ende* der jeweiligen Zeitabschnitte geleistet, so spricht man von *nachschüssigen Renten*, werden sie am Anfang der jeweiligen Zeitabschnitte geleistet, handelt es sich um *vorschüssige Renten.*

Zum Beispiel zahle jemand 6 Jahre lang am Ende eines jeden Jahres 2000 DM auf ein mit $p = 5\%$ verzinstes Konto. Wieviel hat er am Ende des 6. Jahres, d.h. unmittelbar nach der letzten Zahlung? Das Endkapital, nach dem hier gefragt ist, heißt in diesem Zusammenhang der *Rentenendwert*. Um ihn zu bestimmen, berechnen wir nach der Zinseszinsformel (2.17) den Beitrag jeder Rate zum Endkapital: Die letzte Rate wird nicht mehr verzinst, ihr Beitrag ist also 2000 DM, die vorletzte Rate wird ein Jahr lang verzinst, ihr Beitrag ist $2000 \cdot 1,05$ DM, die Rate davor läuft 2 Jahre auf Zinseszins, ihr Beitrag ist $2000 \cdot 1,05^2$ DM usw.; die erste Rate schließlich läuft 5 Jahre auf Zinseszins, ihr Beitrag zum Endkapital ist folglich $2000 \cdot 1,05^5$ DM. Also ergibt sich insgesamt, wenn wir den Rentenendwert dieser nachschüssigen Rente nach 6 Jahren mit R_6 bezeichnen:

$$
\begin{aligned}
R_6 &= 2000 + 2000 \cdot 1,05 + 2000 \cdot 1,05^2 + \ldots + 2000 \cdot 1,05^5 \\
&= 2000 \cdot (1 + 1,05 + 1,05^2 + \ldots + 1,05^5) \\
&= 2000 \cdot \frac{1,05^6 - 1}{1,05 - 1} = 13603,82 \text{ DM}.
\end{aligned}
$$

Wir sehen also: die Berechnung von Rentenendwerten geschieht mittels der geometrischen Reihe; der Quotient ist der Aufzinsungsfaktor.

Überlegen wir die Sache allgemein: Es werde n Jahre lang jeweils am Jahresende die Rate r eingezahlt. Der zugrundeliegende Zinssatz sei p, der zugehörige Aufzinsungsfaktor ist dann $q = 1 + \dfrac{p}{100}$. Gefragt ist nach dem Rentenendwert R_n nach diesen n nachschüssigen Zahlungen, d.h. nach dem Endkapital unmittelbar nach der letzten Zahlung. Wir bestimmen wie im obigen Beispiel nach der Zinseszinsformel die Beiträge der einzelnen Raten zum Rentenendwert: Die letzte Rate trägt r DM bei, die vorletzte rq DM, die davor rq^2 DM usw, die erste schließlich liefert den Beitrag rq^{n-1} DM, denn sie wird $n - 1$ Jahre lang verzinst. Summiert man das alles, erhält man den Rentenendwert:

$$
R_n = r + rq + rq^2 + \ldots + rq^{n-1}.
$$

Die Formel für die geometrische Reihe ergibt schließlich für den *Rentenendwert* R_n *einer nachschüssigen Rente mit n Zahlungen der Höhe r:*

$$R_n = r\frac{q^n - 1}{q - 1}$$
      (3.20)

Im vorschüssigen Fall läuft jeder Beitrag ein Jahr länger; jeder Beitrag muß also mit q multipliziert werden. Bezeichnen wir den vorschüssigen Rentenendwert mit $\overline{R}_n$, so gilt also:

$$\overline{R}_n = rq + rq^2 + rq^3 + \ldots + rq^n = rq(1 + q + q^2 + \ldots + q^{n-1}) = rq\frac{q^n - 1}{q - 1}.$$

Für den *Rentenendwert* $\overline{R}_n$ *einer vorschüssigen Rente mit n Zahlungen der Höhe r gilt:*

$$\overline{R}_n = rq\frac{q^n - 1}{q - 1}$$
      (3.21)

Es ist ratsam, sich die Zahlungsweisen und den Zeitpunkt der Erfassung des Endkapitals in beiden Fällen durch eine Zeitskala zu verdeutlichen:

nachschüssiger Fall

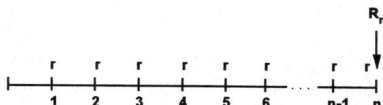

vorschüssiger Fall

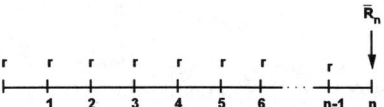

n ist in beiden Fällen die Anzahl der Zahlungen.

Beispiele:

1)   Jemand zahlt 7 Jahre lang jeweils am Jahresende 12 000 DM auf ein mit 6% verzinstes Konto ein. Wie hoch ist das Guthaben am Ende des 7. Jahres?

      Es handelt sich um eine nachschüssige Rente. $R_7 = 12\,000\dfrac{1,06^7 - 1}{1,06 - 1} = 100\,726,06$ DM.

2)   Herr Müller zahlt für seinen Sohn jeweils am Jahresanfang 1000 DM auf ein Sparbuch, welches mit $4,75\%$ verzinst wird. Wie hoch ist das Guthaben am Ende des 5. Jahres?

In diesem Fall handelt es sich um eine vorschüssige Rente.

$$\overline{R}_5 = 1000 \cdot 1,0475 \cdot \frac{1,0475^5 - 1}{1,0475 - 1} = 5759,26 \text{ DM}.$$

3) Jemand zahlt 9 Jahre lang jeweils am Jahresende 4500 DM auf ein Konto. Die ersten 5 Jahre beträgt der Zinssatz 5,5%, die restliche Zeit 5%. Wie hoch ist das Guthaben am Ende des 9. Jahres?

Wir veranschaulichen uns die Verhältnisse auf einer Zeitskala:

Wir können das Endkapital aus zwei Anteilen zusammensetzen: dem Anteil der ersten 5 Raten, die bis zur Zinsänderung gezahlt werden, und dem Anteil der weiteren 4 Raten. Wir berechnen zunächst den ersten Anteil: Das Kapital am Ende des 5. Jahres beträgt $R_5 = 4500 \cdot \dfrac{1,055^5 - 1}{1,055 - 1} = 25\,114,91$ DM. Dieses Kapital wird bis zum Ende des 9. Jahres noch 4 Jahre zu Zinseszins verzinst, und zwar mit $p = 5\%$; also ist der Beitrag der ersten 5 Raten zum Endkapital $25\,114,91 \cdot 1,05^4 = 30\,527,33$ DM. Der Anteil der nächsten 4 Raten ist einfach der Rentenendwert bei 4 Zahlungen: $R_4 = 4500 \cdot \dfrac{1,05^4 - 1}{1,05 - 1} = 19\,395,57$ DM. Das Endkapital am Ende des 9. Jahres beträgt demnach $19\,395,57 + 30\,527,33 = 49\,922,90$ DM.

4) Herr Kunze will durch regelmäßige Zahlungen am Jahresende innerhalb von 8 Jahren 80000 DM sparen. Wieviel muß er am Ende jeden Jahres einzahlen, damit bei 5,5% Verzinsung am Ende des 8. Jahres 80000 DM zur Verfügung stehen?

Hier ist nach der Rate r gefragt und der Endwert ist gegeben. Die nachschüssige Rentenendwertformel muß also nach r aufgelöst werden.

$$R_n = r\frac{q^n - 1}{q - 1}, \quad r = R_n\frac{q - 1}{q^n - 1}, \quad r = 80\,000 \cdot \frac{0,055}{1,055^8 - 1} = 8229,12 \text{ DM}.$$

5) Wieviel Jahre lang muß man am Anfang jeden Jahres 5000 DM auf ein Sparkonto einzahlen, bis am Ende des Jahres der letzten Zahlung 100000 DM überschritten werden? Der Zinssatz betrage 6%. Hier ist n unbekannt; wir müssen also die vorschüssige Rentenendwertformel nach n auflösen. Wir lösen zunächst nach q^n auf:

$$\overline{R}_n = rq\frac{q^n - 1}{q - 1}, \quad q^n - 1 = \frac{\overline{R}_n}{rq}(q - 1), \quad q^n = \frac{\overline{R}_n}{rq}(q - 1) + 1$$

$$1,06^n = \frac{100\,000}{5000 \cdot 1,06} \cdot 0,06 + 1 = 2,1320755$$

Nun haben wir eine Gleichung vom Typ (2.31), die wir durch Logarithmieren lösen können:

$$n = \frac{\log 2,1320755}{\log 1,06} = 12,99 \text{ Jahre}.$$

Nach 13 Jahren ist der Betrag von 100000 DM überschritten.

Die Rentenendwertformeln (3.20) und (3.21), die zunächst auf die Periode „Jahr" zugeschnitten sind, kann man auch für andere Perioden, etwa Quartal oder Monat, benutzen, *aber nur dann, wenn Zahlungsperiode und Verzinsungsperiode übereinstimmen*. Wenn man also z.B. monatlich zahlt und das Konto monatlich verzinst wird, lassen sich die Formeln (3.20), (3.21) im Prinzip benutzen; die erforderlichen Modifikationen wollen wir uns jetzt überlegen.

Wir wissen aus Abschnitt 2.1.4, daß im Falle der unterjährigen Verzinsung q durch $1 + \dfrac{p}{m \cdot 100}$ ersetzt werden muß, wo m die Anzahl der Zinsperioden ist, in die das Jahr zerfällt (also z.B. $m = 4$ bei quartalsweiser Verzinsung). Bezeichnen wir jetzt die Anzahl der Zahlungen mit N (da sie von der Anzahl der Jahre n verschieden ist), so lautet die Rentenendwertformel, etwa im nachschüssigen Fall:

$$R_N = r \, \frac{\left(1 + \dfrac{p}{m \cdot 100}\right)^N - 1}{\left(1 + \dfrac{p}{m \cdot 100}\right) - 1}.$$

Beispiele:

1) Jemand zahlt jeweils am Ende des Monats 100 DM auf ein monatlich verzinstes Konto, der Zinssatz betrage $p = 5\%$ p.a. Wie hoch ist das Kapital nach $3\frac{1}{2}$ Jahren?
   Es ist $m = 12$, $r = 100$, $N = 3\frac{1}{2} \cdot 12 = 42$

$$R_{42} = 100 \cdot \frac{\left(1 + \dfrac{5}{12 \cdot 100}\right)^{42} - 1}{\dfrac{5}{12 \cdot 100}} = 4579,52 \text{ DM.}$$

2) Herr Meyer zahlt jeweils am Anfang eines Quartals 600 DM auf ein zu $4,5\%$ verzinstes Konto, auf dem die Zinsen quartalsweise gutgeschrieben werden. Wie hoch ist das Kapital nach 6 Jahren?
   $m = 4$, $r = 600$, $N = 6 \cdot 4 = 24$, vorschüssiger Fall

$$\overline{R}_{24} = 600 \left(1 + \frac{4,5}{4 \cdot 100}\right) \cdot \frac{\left(1 + \dfrac{4,5}{4 \cdot 100}\right)^{24} - 1}{\dfrac{4,5}{4 \cdot 100}} = 16\,610,99 \text{ DM.}$$

In der Praxis wird es aber oft gerade so sein, daß Zahlungsperiode und Verzinsungsperiode *nicht übereinstimmen*. Z.B. wird oft die Zahlungsweise monatlich sein, die Verzinsung aber jährlich stattfinden.

Beispiel: Auf ein Konto, das mit $4,5\%$ verzinst wird und bei dem der Zinszuschlag jeweils am Jahresende erfolgt, werden regelmäßig an jedem Monatsanfang 200 DM eingezahlt. Wir hoch ist das Guthaben am Ende des 8. Jahres?

Zur Lösung dieses Problems kann man zunächst feststellen, daß das Einzahlungsregime Jahr für Jahr dasselbe ist. Die Zahlungen eines Jahres und die Zinsen, die diese einzelnen Zahlungen im laufenden Jahr erbringen, ergeben also am Ende eines jeden Jahres stets denselben Betrag r. Wenn wir dieses r berechnet haben, können wir für die Berechnung des Endkapitals die Rentenendwertformel (3.20) für den nachschüssigen Fall benutzen (r steht immer am Jahresende zur Verfügung, ganz gleich, ob die einzelnen Zahlungen am Monatsanfang oder am Monatsende erfolgen). r setzt sich zusammen aus 12 Raten zu 200 DM zuzüglich der Zinsen, die diese Raten im Laufe des Jahres erbringen. Zur Berechnung dieser Zinsen überlegen wir, daß die erste Rate 12 Monate verzinst wird, die zweite 11 Monate usw., schließlich die letzte einen Monat. Also gilt für die gesuchten Zinsen z (Monatszinsformel):

$$z = \frac{200 \cdot 4,5}{12 \cdot 100} \cdot 12 + \frac{200 \cdot 4,5}{12 \cdot 100} \cdot 11 + \ldots + \frac{200 \cdot 4,5}{12 \cdot 100} \cdot 1$$

$$= \frac{200 \cdot 4,5}{12 \cdot 100}(12 + 11 + \ldots + 1) = \frac{200 \cdot 4,5}{12 \cdot 100} \cdot 78$$

$$= 58,50 \text{ DM}$$

$$r = 12 \cdot 200 + 58,50 = 2458,50 \text{ DM}.$$

Mit diesem r (der sog. *Ersatzrente* oder *Ersatzrate*) liefert (3.20):

$$R_8 = 2458,50 \frac{1,045^8 - 1}{0,045} = 23\,060,76 \text{ DM}.$$

Weitere Beispiele:

1) Ein Sparplan sieht eine monatliche Einzahlung von 100 DM jeweils am Monatsende vor. Das Konto hat eine jährliche Verzinsungsperiode und einen Zinssatz von $5,4\%$. Wie hoch ist das Vermögen am Ende des 10. Jahres?
    Hier müssen wir beachten, daß wegen der Zahlung am Monatsende die erste Rate nur 11 Monate verzinst wird, die zweite 10 Monate usw., also

    $$z = \frac{100 \cdot 5,4}{12 \cdot 100}(11 + 10 + \ldots + 1 + 0) = \frac{100 \cdot 5,4}{12 \cdot 100} \cdot 66 = 29,70 \text{ DM}.$$

    $$r = 12 \cdot 100 + 29,70 = 1229,70 \text{ DM}$$

    $$R_{10} = 1229,70 \cdot \frac{1,054^{10} - 1}{0,054} = 15\,758,89 \text{ DM}.$$

2) Auf ein Bausparkonto werden jeweils am Monatsanfang 350 DM eingezahlt. Die Verzinsung erfolgt bei $p = 3,8\%$ p.a. jährlich. Wie hoch ist die angesparte Summe nach $12\frac{1}{2}$ Jahren?
Wir berechnen zunächst R_{12} und bestimmen dann noch den Beitrag des letzten halben Jahres.

$$z = \frac{350 \cdot 3,8}{12 \cdot 100} \cdot 78 = 86,45 \text{ DM}, \quad r = 12 \cdot 350 + 86,45 = 4286,45 \text{ DM}$$

$$R_{12} = 4286,45 \cdot \frac{1,038^{12} - 1}{0,038} = 63\,673,37 \text{ DM}.$$

Beitrag des letzten halben Jahres:

$$6 \cdot 350 + \frac{350 \cdot 3,8}{12 \cdot 100}(6 + 5 + 4 + 3 + 2 + 1) = 6 \cdot 350 + \frac{350 \cdot 3,8}{12 \cdot 100} \cdot 21 = 2123,28 \text{ DM}.$$

Die angesparte Summe nach $12\frac{1}{2}$ Jahren beträgt $63\,673,37 + 2123,28 = 65\,796,65$ DM.

Bisher haben wir Rentenendwerte berechnet; die Frage danach, wieviel eine zukünftig über einen gewissen Zeitraum zu erfolgende Zahlung heute wert ist, führt auf den *Rentenbarwert* (die Bedeutung des Begriffes „Barwert" wurde schon in 2.1.4 erläutert).

Beispiel: Aus einer Erbschaft soll 15 Jahre lang eine nachschüssige Rente von 10 000 DM jährlich gezahlt werden. Der Erbe wünscht die sofortige Auszahlung dieses Rentenanspruchs. Wieviel DM sind auszuzahlen bei einem Zinssatz von 5% ?

Bezeichnen wir den Barwert einer nachschüssigen Rente mit R_0, den einer vorschüssigen mit $\overline{R}_0$, so ergeben sich diese Größen nach der Formel (2.19), die wir in Worten so fassen können:

$$\text{Barwert} = \frac{\text{Endwert nach } n \text{ Jahren}}{q^n}.$$

Für den Endwert haben wir hier die Rentenendwerte gemäß (3.20) bzw. (3.21) zu setzen. So erhalten wir für den *nachschüssigen Rentenbarwert:*

$$\boxed{R_0 = r\frac{q^n - 1}{q^n(q - 1)}} \tag{3.22}$$

Für den *vorschüssigen Rentenbarwert* ergibt sich:

$$\boxed{\overline{R}_0 = r\frac{q(q^n - 1)}{q^n(q - 1)}} \tag{3.23}$$

Die Größen $\dfrac{q^n - 1}{q^n(q - 1)}$ bzw. $\dfrac{q(q^n - 1)}{q^n(q - 1)}$ heißen *Rentenbarwertfaktoren.*

Die Lösung unseres Ausgangsbeispieles erhalten wir nun aus (3.22) zu

$$R_0 = 10\,000\,\frac{(1,05^{15} - 1)}{1,05^{15} \cdot 0,05} = 103\,796,58 \text{ DM}$$

Beispiele:

1) Herr Meyer will einmalig soviel DM einzahlen, daß er davon 15 Jahre lang am Anfang eines jeden Jahres eine Rente von 12 000 DM beziehen kann. Welchen Betrag muß er bei einem Zinssatz von 6% anlegen?

$$\overline{R}_0 = 12\,000 \cdot 1,06 \cdot \frac{1,06^{15} - 1}{1,06^{15} \cdot 0,06} = 123\,539,81 \text{ DM}$$

Dieser Betrag muß einmalig angelegt bzw. bis zum Zeitpunkt der ersten Rentenzahlung angespart sein.

2) Von 100 000 DM Erbschaft soll eine vorschüssige Rente, beginnend im 1. Jahr gezahlt werden. Wie hoch ist diese Rente bei einem Zinssatz von 5% und 10 Jahren Laufzeit? Hier ist nach r gefragt; wir müssen also (3.23) nach r auflösen:

$$r = \overline{R}_0\,\frac{q^n(q-1)}{q(q^n-1)} = 100\,000 \cdot \frac{1,05^{10} \cdot 0,05}{1,05(1,05^{10}-1)} = 12\,333,77 \text{ DM}.$$

3) Jemand soll aus einem Erbschaftsanteil von 80 000 DM eine nachschüssige Rente von jährlich 15 000 DM erhalten. Wie lange kann er diese Rente beziehen, wenn ein Zinssatz von 6,5% zugrundegelegt wird? Hier ist in (3.22) n gesucht; wir lösen zunächst (3.22) nach q^n auf (eine schöne Übung für das Umformen von Gleichungen):

$$R_0 = r\,\frac{q^n - 1}{q^n(q-1)}, \quad R_0 q^n(q-1) = r(q^n-1), \quad R_0 q \cdot q^n - R_0 q^n = r q^n - r$$

$$q^n(R_0 q - R_0 - r) = -r, \quad r = q^n(R_0 + r - R_0 q), \quad q^n = \frac{r}{R_0 + r - R_0 q}$$

$$1,065^n = \frac{15\,000}{80\,000 + 15\,000 - 1,065 \cdot 80\,000} = 1,5306122.$$

Nach (2.31) ergibt sich für n:

$$n = \frac{\log 1,5306122}{\log 1,065} = 6,76 \text{ Jahre}.$$

Die Rente kann 6 Jahre voll bezahlt werden, der dann übrigbleibende Betrag entspricht etwa drei Vierteln eines Jahresbeitrages.

Kapitalaufbau und Kapitalverzehr

Hierbei geht es um die Veränderung eines gegebenen Kapitals K_0 durch regelmäßig erfolgende (vor- oder nachschüssige) Ein- oder Auszahlungen.

Beispiel: Auf einem mit $p = 6\%$ verzinsten Konto befinden sich 120 000 DM. Es sollen jeweils zum Jahresende 12 000 DM abgehoben werden. Wie hoch ist dann das Guthaben nach Ende des 10. Jahres?

Allgemein betrachten wir folgendes Problem: Es ist ein Kapital von K_0 DM vorhanden. Wie hoch ist das Kapital nach n Jahren, wenn jährlich nachschüssig (bzw. vorschüssig) r DM eingezahlt (bzw. ausgezahlt) werden (der Aufzinsungsfaktor sei q)? Beim Fall *regelmäßiger Einzahlung* (Kapitalaufbau) kommt zum Kapital $K_0 q^n$, welches sich aus K_0 entsprechend der Zinseszinsformel ergibt, noch der Anteil aus den regelmäßigen Einzahlungen, der sich nach den Rentenendwertformeln (3.20) bzw. (3.21) berechnet, hinzu. Also hat man für das Endkapital E_n nach n Jahren bei *nachschüssigen Einzahlungen*:

$$\boxed{E_n = K_0 q^n + r\frac{q^n - 1}{q - 1}} \tag{3.24}$$

Bei *vorschüssigen Einzahlungen* ergibt sich für das Endkapital E_n nach n Jahren:

$$\boxed{E_n = K_0 q^n + rq\frac{q^n - 1}{q - 1}} \tag{3.25}$$

Bei *regelmäßigen Auszahlungen* (Kapitalverzehr) hat man den Rentenanteil nicht zu addieren, sondern zu subtrahieren. Für das Endkapital E_n bei n *nachschüssigen Auszahlungen* der Höhe r ergibt sich demnach:

$$\boxed{E_n = K_0 q^n - r\frac{q^n - 1}{q - 1}} \tag{3.26}$$

Bei *vorschüssigen Auszahlungen* gilt:

$$\boxed{E_n = K_0 q^n - rq\frac{q^n - 1}{q - 1}} \tag{3.27}$$

Die Formeln (3.24)–(3.27) heißen auch die Sparkassenformeln.

Auf unser Eingangsbeispiel wäre die Formel (3.26) anzuwenden:

$$E_{10} = 120\,000 \cdot 1,06^{10} - 12\,000 \cdot \frac{1,06^{10} - 1}{0,06} = 56\,732,18 \text{ DM}.$$

Beispiele:

1)   Jemand besitzt 50 000 DM und möchte diese durch regelmäßige, jeweils am Jahresende erfolgende Einzahlungen innerhalb von 8 Jahren auf 150 000 DM vermehren. Wieviel muß er jedes Jahr einzahlen bei einem Zinssatz von $6,5\%$? Hier kommt (3.24) in Betracht; gesucht ist r:

$$150\,000 = 50\,000 \cdot 1,065^8 + r\frac{1,065^8 - 1}{0,065}.$$

Dies ist eine lineare Gleichung für r, die Lösung ist

$$r = 6673,73 \text{ DM}.$$

2)   Ein Kapital von 200 000 DM wird durch regelmäßige, jeweils am Jahresanfang er-
     folgende Einzahlungen von je 10 000 DM vermehrt. Wie hoch ist das Kapital nach
     5 Jahren bei einem Zinssatz von 5, 3%?

$$E_5 = 200\,000 \cdot 1,053^5 + 10\,000 \cdot 1,053 \frac{1,053^5 - 1}{0,053} = 317\,458,32 \text{ DM}$$

3)   Jemand möchte von einem Kapital von 160 000 DM 10 Jahre lang jährlich eine vor-
     schüssige Rente beziehen. Wie hoch ist diese Rente, wenn er am Ende des 10. Jahres
     noch 30 000 DM übrig haben will? Der Zinssatz betrage 5%.

$$30\,000 = 160\,000 \cdot 1,05^{10} - r \cdot 1,05 \cdot \frac{1,05^{10} - 1}{0,05}, \quad r = 17\,462,47 \text{ DM}.$$

Von besonderem Interesse ist der Fall des *vollständigen Kapitalverzehrs*, d.h.
ein Kapital K_0 wird duch regelmäßige Auszahlungen schließlich auf 0 reduziert.
Es ist also in den Formeln (3.26) bzw. (3.27) $E_n = 0$ zu setzen; bringt man das
Glied mit dem Minuszeichen auf die andere Seite, so erhält man die Formeln
des *vollständigen Kapitalverzehrs:*

$$K_0 q^n = r \frac{q^n - 1}{q - 1} \qquad (3.28)$$

(nachschüssiger Fall)

$$K_0 q^n = r q \frac{q^n - 1}{q - 1} \qquad (3.29)$$

(vorschüssiger Fall)

(3.28) wird uns bei der Annuitätentilgung in anderer Interpretation wiederbegegnen.

Beispiele:

1)   Ein Kapital von 50 000 DM soll innerhalb von 7 Jahren durch jährliche nachschüssige
     Auszahlungen gleicher Höhe aufgebraucht werden. Wie hoch ist die jährlich ausgezahlte
     Rate bei einem Zinssatz von 5, 5%?

     Mit (3.28) erhält man $50\,000 \cdot 1,055^7 = r \frac{1,055^7 - 1}{0,055}$, woraus

     $r = 8798,22$ DM folgt.

2)   Auf einem mit 6% verzinsten Konto befinden sich 200 000 DM. Es sollen jeweils am
     Jahresanfang 25 000 DM abgehoben werden. Wie lange dauert es, bis das Geld aufge-
     braucht ist?

     (3.29) ergibt $200\,000 \cdot 1,06^n = 25\,000 \cdot 1,06 \frac{1,06^n - 1}{0,06}$.

Diese Gleichung muß zunächst nach $1,06^n$ aufgelöst werden:

$$1,06^n \left(200\,000 - \frac{25\,000 \cdot 1,06}{0,06} \right) = -\frac{25\,000 \cdot 1,06}{0,06}$$

Multiplikation mit (-1) und Division durch den Faktor bei $1,06^n$ ergibt

$$1,06^n = \frac{\dfrac{25\,000 \cdot 1,06}{0,06}}{\dfrac{25\,000 \cdot 1,06}{0,06} - 200\,000} = \frac{1}{1 - \dfrac{200\,000 \cdot 0,06}{25\,000 \cdot 1,06}} = 1,8275862$$

$$n = \frac{\log 1,8275862}{\log 1,06} = 10,35 \text{ Jahre.}$$

Man kann also 10 Jahre lang den vollen Betrag abheben; es bleibt dann ein Restbetrag, der sich leicht exakt berechnen läßt.

Annuitätentilgung

Die Grundbegriffe der Tilgungsrechnung und die für jede Art von Tilgung geltenden Formeln (3.9)-(3.11) haben wir schon in 3.1.2 kennengelernt. Wir wissen auch schon, wie die Kopfzeile eines Tilgungsplanes aussieht, und wir haben für die Ratentilgung Tilgungspläne aufgestellt. Im Unterschied zur Ratentilgung, wo die Tilgungsrate konstant war, ist die *Annuitätentilgung* dadurch charakterisiert, daß die *Annuität stets dieselbe ist*. Da infolge der Tilgung die Restschuldbeträge und damit auch die Zinsen in den einzelnen Jahren eine fallende Folge bilden, müssen die Tilgungsraten von Jahr zu Jahr steigen, damit die Summe aus Zinsen und Tilgung immer die gleiche Annuität A ergibt.

Nehmen wir nun an, ein Darlehen von K_0 DM werde zu $p\%$ Zinsen gewährt, und es soll innerhalb von n Jahren in Annuitätentilgung getilgt werden. Die Aufgabe besteht darin, den Tilgungsplan aufzustellen. Zunächst muß die unbekannte Annuität A berechnet werden. Wir gehen davon aus, daß die Tilgungen nachschüssig erfolgen. Zur Berechnung von A greifen wir auf die Kapitalverzehrsformel (3.28) zurück: Dort hatten wir vollständigen Kapitalverzehr durch regelmäßige Auszahlungen der Höhe r; in unserem Fall der Annuitätentilgung geht es um vollständigen Schuldenverzehr durch regelmäßige Einzahlungen der Höhe A. Wir müßten also in (3.28) r durch A ersetzen und beide Seiten mit (-1) multiplizieren. Da letzteres, wir wir wissen, zu nichts neuem führt, da man beide Seiten wieder durch (-1) dividieren kann, ist die Formel (3.28), wenn man r durch A ersetzt, auch die Grundformel für die Annuitätentilgung eines Darlehens von K_0 DM in n Jahren:

$$K_0 q^n = A \frac{q^n - 1}{q - 1} \tag{3.30}$$

Für die Annuität ergibt sich daraus:

$$A = K_0 q^n \frac{q - 1}{q^n - 1} \tag{3.31}$$

Beispiel: Ein Darlehen von 130 000 DM, das zu $p = 7,5\%$ gewährt wurde, soll innerhalb von 7 Jahren in Annuitätentilgung (bei jährlicher Tilgung) getilgt werden. Man stelle den Tilgungsplan auf!

Zunächst muß nach (3.31) die Annuität berechnet werden:

$$A = 130\,000 \cdot 1,075^7 \frac{0,075}{1,075^7 - 1} = 24\,544,04 \text{ DM.}$$

Um den Tilgungsplan aufzustellen, berücksichtigen wir, daß die Restschuld im 1. Jahr gleich der Darlehenshöhe 130 000 DM ist. Die Zinsen im 1. Jahr betragen also $130\,000 \cdot 0,075 = 9750$ DM. Aus diesem Zinsbetrag und der Annuität können wir gemäß (3.11) die erste Tilgungsrate berechnen: $T_1 = A - z_1 = 24\,544,04 - 9750 = 14794,04$ DM. Subtrahieren wir diese Tilgungsrate von 130 000 DM, so erhalten wir die Restschuld im 2. Jahr: $130\,000 - 14\,794,04 = 115\,205,96$ DM. Im 2. Jahr werden $115\,205,96 \cdot 0,075 = 8640,45$ DM Zinsen fällig. Also beträgt die Tilgungsrate für das 2. Jahr $24\,544,04 - 8640,45 = 15\,903,59$ DM. Dies von der Restschuld des 2. Jahres subtrahiert ergibt die Restschuld des 3. Jahres: 99 302,37 DM, usw. Der gesamte Tilgungsplan für das Beispiel sieht folgendermaßen aus:

Jahr	Restschuld am Jahresanfang	Zinsen	Tilgungsrate	Annuität
1	130 000,00	9750,00	14 794,04	24544,04
2	115 205,96	8640,45	15 903,59	24 544,04
3	99 302,37	7447,68	17 096,36	24 544,04
4	82 206,01	6165,45	18 378,59	24 544,04
5	63 827,42	4787,06	19 756,98	24 544,04
6	44 070,44	3305,28	21 238,76	24 544,04
7	22 831,68	1712,38	22 831,66	24 544,04

Die letzte Tilgungsrate muß mit der letzten Restschuld übereinstimmen; wenige Pfennige Differenz erklären sich aus den Rundungen aller Resultate auf volle

Pfennige. Die Gesamtbelastung aus Zinsen und Tilgung beträgt bei diesem Kredit $7 \cdot 24\,544,04 = 171\,808,28$ DM.

In der Praxis erfolgen die Zahlungen meist nicht jährlich, sondern monatlich. Wir können die Formel (3.31) auch in diesem Fall benutzen, wenn wir — entsprechend dem Vorgehen bei unterjähriger monatlicher Verzinsung — q durch $1 + \dfrac{p}{12 \cdot 100}$ und n durch $N =$ Laufzeit der Tilgung in Monaten ersetzen. Das berechnete A ist dann die Gesamtzahlung pro Monat.

Beispiel:

Ein Kredit von $200\,000$ DM, der zu $p = 8\%$ gewährt wurde, soll in gleichgroßen Annuitäten bei monatlicher Zahlung innerhalb von $8\frac{1}{2}$ Jahren getilgt werden. Wie groß ist die monatliche Zahlung?

Vom Tilgungsplan, der in diesem Fall $N = 8,5 \cdot 12 = 102$ Zeilen hat, wollen wir nur die ersten 5 Zeilen aufschreiben.

$$A = 200\,000 \cdot \left(1 + \frac{8}{12 \cdot 100}\right)^{102} \frac{\dfrac{8}{12 \cdot 100}}{\left(1 + \dfrac{8}{12 \cdot 100}\right)^{102} - 1} = 2708,71 \text{ DM}$$

Bei der Berechnung des Tilgungsplanes geht man genauso vor, wie im vorigen Beispiel, allerdings muß man bei der Zinsberechnung beachten, daß es sich jetzt um Monatszinsen handelt, d.h. man muß den Jahreszinsbetrag noch durch 12 teilen. Die ersten fünf Zeilen des Tilgungsplanes lauten folgendermaßen:

Jahr	Restschuld	Zinsen	Tilgungsrate	Annuität
1	200 000,00	1333,33	1375,38	2708,71
2	198 624,62	1324,16	1384,55	2708,71
3	197 240,07	1314,93	1393,78	2708,71
4	195 846,29	1305,64	1403,07	2708,71
5	194 443,22	1296,29	1412,42	2708,71
⋮	⋮	⋮	⋮	⋮

Oft ist bei der Annuitätentilgung nicht die Laufzeit, sondern die Annuität vorgegeben. Die Formel (3.30) dient dann dazu, die Laufzeit oder Tilgungszeit zu berechnen. Die Aufstellung des Tilgungsplanes erfolgt in der gleichen Weise wie oben.

Beispiel:

Ein Darlehen von $150\,000$ DM soll in Annuitätentilgung bei jährlicher Zahlungsweise getilgt werden. Die Annuität werde mit $30\,000$ DM festgelegt, der Zinssatz betrage $8,5\%$. Man berechne die Tilgungsdauer und stelle den Tilgungsplan auf.

Es ist nach (3.30):

$$150\,000 \cdot 1,085^n = 30\,000 \frac{1,085^n - 1}{0,085} = \frac{30\,000}{0,085} \cdot 1,085^n - \frac{30\,000}{0,085}, \text{ also}$$

$$\left(\frac{30\,000}{0,085} - 150\,000\right) \cdot 1,085^n = \frac{30\,000}{0,085}; \quad 1,085^n = \frac{1}{1 - \dfrac{150\,000 \cdot 0,085}{30\,000}} = 1,7391304$$

$$n = \frac{\log 1,7391304}{\log 1,085} = 6,78 \text{ Jahre}.$$

Wenn die Annuität vorgegeben ist,kann natürlich nicht erwartet werden, daß die Zeit eine ganze Zahl wird. Der Tilgungsplan hat also 6 reguläre Zeilen mit der Annuität 30 000 DM, in einer 7. Zeile wird der noch verbleibende Rest verrechnet. Ist der Tilgungsrest klein (z.B. wenn man 6,07 Jahre erhalten hätte), wird er in der Praxis auch oft mit der letzten regulären Zeile des Tilgungsplans verrechnet. In unserem Fall sieht der Tilgungsplan folgendermaßen aus:

Jahr	Restschuld	Zinsen	Tilgungsrate	Annuität
1	150 000,00	12 750,00	17 250,00	30 000,00
2	132 750,00	11 283,75	18 716,25	30 000,00
3	114 033,75	9692,87	20 307,13	30 000,00
4	93 726,62	7966,76	22 033,24	30 000,00
5	71 693,38	6093,94	23 906,06	30 000,00
6	47 787,32	4061,92	25 938,08	30 000,00
7	21 849,24	1857,19	21 849,24	23 706,43

Im 7. Jahr ist also nicht mehr die volle Annuität zu zahlen, sondern die Summe aus der letzten Restschuld und den sich aus dieser ergebenden Zinsen.

Bei den meisten langfristigen Krediten mit monatlicher Tilgung wird die (monatliche) Annuität vorgegeben, und zwar indirekt in folgender Weise: Man gibt die erste Tilgungsrate in % der Darlehenssumme an (z.B. „Tilgung 1%"). Da die Zinsen für den ersten Monat aus der Darlehenshöhe leicht berechnet werden können, ist damit die Annuität für den ersten Monat gegeben; diese Annuität gilt dann für alle Monate. Ab dem 2. Monat wächst die Tilgungsrate an. Dieses Wachstum weist man im Tilgungsplan oft in einer Spalte „Zinsersparnis" bzw. „zusätzliche Tilgung" extra aus. Die bisherige Spalte Tilgung wird also in zwei Teile aufgespalten: eine konstante Spalte „Tilgung" und eine Spalte „Zinsersparnis". Man darf sich durch die Schreibweise des Planes nicht täuschen lassen: es handelt sich nicht um Ratentilgung, sondern um Annuitätentilgung — die Annuität ist konstant. Addiert man die beiden Spalten „Tilgung" und „Zinsersparnis" zu einer Gesamtspalte „Tilgung", so erhält man den Plan einer Annuitätentilgung in der bisher behandelten Form.

Beispiel:

Ein Kredit von 200 000 DM soll bei $p = 8\%$ in Annuitätentilgung bei monatlicher Zahlung getilgt werden. Tilgung: 1% p.m.

Wir berechnen zunächst die Annuität: Die erste Tilgungsrate beträgt 1% von 200 000 DM=2000 DM. Die Zinsen im ersten Monat betragen $200\,000 \cdot \dfrac{0,08}{12} = 1333,33$. Also ist $A = 3333,33$ DM. Nun können wir die Laufzeit berechnen (wir benutzen dazu (3.30) in der für monatliche Zahlung gültigen Form):

$$200\,000 \left(1 + \frac{8}{12 \cdot 100}\right)^N = 3333,33 \cdot \frac{\left(1 + \dfrac{8}{12 \cdot 100}\right)^N - 1}{\dfrac{8}{12 \cdot 100}}$$

Analoge Rechnungen wie im vorigen Beispiel liefern:

$$\left(1 + \frac{8}{12 \cdot 100}\right)^N = \frac{1}{1 - \dfrac{200\,000 \cdot 8}{3333,33 \cdot 12 \cdot 100}}$$

$$1,0066667^N = 1,6666678$$

$$N = 76,88 \text{ Monate } (\approx 6,4 \text{ Jahre}).$$

Der Tilgungsplan in der besprochenen modifizierten Form würde folgendermaßen aussehen (wir schreiben von den insgesamt 77 Zeilen die ersten 5 auf):

Monat	Restschuld	Zinsen	Tilgung	Zinsersparnis	Annuität
1	200 000	1333,33	2000,00	—	3333,33
2	198 000,00	1320,00	2000,00	13,33	3333,33
3	195 986,67	1306,58	2000,00	26,75	3333,33
4	193 959,92	1293,07	2000,00	40,26	3333,33
5	191 919,66	1279,46	2000,00	53,87	3333,33
⋮	⋮	⋮	⋮	⋮	⋮

Geometrisch-degressive Abschreibung
(Absetzung für Abnutzung in fallenden Jahresbeträgen)

Die Grundbegriffe der Abschreibungsrechnung haben wir schon bei der linearen Abschreibung in 3.1.2 kennengelernt. Das Einkommenssteuergesetz läßt für bewegliche Güter des Anlagevermögens die geometrisch-degressive (kurz: degressive) Abschreibung zu. Sie ist dadurch charakterisiert, daß jedes Jahr ein fester Prozentsatz p vom *jeweiligen Restwert am Jahresanfang* (im ersten Jahr von den Anschaffungskosten) abgeschrieben wird. Dieser Prozentsatz darf höchstens das dreifache des bei linearer Abschreibung geltenden Prozentsatzes betragen (bei linearer Abschreibung wird immer der gleiche Prozentsatz von den

Anschaffungskosten abgeschrieben, nämlich $\dfrac{100\%}{\text{Nutzungsdauer}}$), p darf außerdem 30% nicht überschreiten.

Bei 10-jähriger Nutzungsdauer wäre das dreifache des linearen Abschreibungssatzes gerade 30%, d.h. das maximal zulässige würde gerade erreicht. Bei geringeren Nutzungsdauern übersteigt das dreifache des linearen Satzes die 30%, d.h. bei Nutzungsdauern ≤ 10 Jahren ist der Höchstsatz $p = 30\%$. bei höheren Nutzungsdauern kann man den Höchstsatz leicht berechnen: z.B. sei die Nutzungsdauer 20 Jahre. Dann ist der lineare Abschreibungssatz $\dfrac{100}{20} = 5\%$, der Höchstsatz für degressive Abschreibung wäre in diesem Fall $3 \cdot 5\% = 15\%$.

Wir wollen jetzt die Folge der Restwerte bei degressiver Abschreibung mit einem Abschreibungsprozentsatz von $p\%$ berechnen. Die erste Abschreibungsrate ist $p\%$ von den Anschaffungskosten R_0: $A_1 = R_0 \cdot \dfrac{p}{100}$. Der Buchwert oder Restwert R_1 am Ende des ersten Jahres ergibt sich gemäß $R_1 = R_0 - A_1$ zu $R_1 = R_0 \left(1 - \dfrac{p}{100}\right)$. Die Abschreibungsrate A_2 ist $p\%$ von R_1:

$$A_2 = R_1 \cdot \frac{p}{100} = R_0 \left(1 - \frac{p}{100}\right) \cdot \frac{p}{100}.$$

$$R_2 = R_1 - A_2 = R_0 \left(1 - \frac{p}{100}\right) - R_0 \left(1 - \frac{p}{100}\right) \cdot \frac{p}{100}$$
$$= R_0 \left(1 - \frac{p}{100}\right)\left(1 - \frac{p}{100}\right) = R_0 \left(1 - \frac{p}{100}\right)^2.$$

So fortfahrend erhalten wir allgemein

$$\boxed{\begin{aligned} R_l &= R_0 \left(1 - \frac{p}{100}\right)^l \\ A_l &= R_{l-1} \cdot \frac{p}{100} = R_0 \left(1 - \frac{p}{100}\right)^{l-1} \cdot \frac{p}{100} \end{aligned}}$$

(3.32)

Die Restwerte bei geometrisch-degressiver Abschreibung bilden also eine fallende geometrische Folge (das erklärt den Namen dieser Art von Abschreibung) mit dem Quotienten $1 - \dfrac{p}{100}$.

Wir benötigen allerdings die Formeln (3.32) nicht, um einen Abschreibungsplan aufzustellen. Zu diesem Zweck kann man die Restwerte und die Abschreibungsraten, bei R_0 beginnend, sukzessive ausrechnen.

Beispiel:

Ein mobiler Kran habe eine Nutzungsdauer von 6 Jahren. Seine Anschaffungskosten betragen 460 000 DM. Er soll mit dem höchstmöglichen Prozentsatz degressiv abgeschrieben werden. Man stelle den Abschreibungsplan auf.

Da die Nutzungsdauer < 10 Jahre ist, ist $p = 30\%$. Die Abschreibungsrate im ersten Jahr wäre 30% von 460 000 DM also 138 000 DM. $460\,000 - 138\,000 = 322\,000$ DM ist der Restwert am Ende des ersten Jahres. $0,3 \cdot 322\,000 = 96\,600$ DM ist die Abschreibungsrate im 2. Jahr usw. Der Abschreibungsplan hat folgende Form (man beachte, daß Abschreibungsraten auf volle DM gerundet werden):

Jahr	Wert am Jahresanfang	Abschreibungsrate	Restwert am Jahresende
1	460 000	138 000	322 000
2	322 000	96 600	225 400
3	225 400	67 620	157 780
4	157 780	47 334	110 446
5	110 446	33 134	77 312
6	77 312	23 194	54 118

Bei linearer Abschreibung, die immer zulässig ist, wäre (bei Abschreibung auf 0) die Abschreibungsrate gleichbleibend $\dfrac{460\,000}{6} = 76\,667$ DM gewesen.

Die bei degressiver Abschreibung am Anfang erheblich höheren Abschreibungsraten gegenüber linearer Abschreibung stellen in der Regel einen beträchtlichen ökonomischen Vorteil dar. Der Nachteil der rein degressiven Abschreibung besteht u.a. darin, daß man nach endlich vielen Schritten nie auf Null kommt; oft sind am Ende der Nutzungsdauer noch erhebliche Restwerte vorhanden, wie auch das Beispiel zeigt. Um diesen Nachteil auszugleichen, geht man im Verlaufe der Nutzungsdauer zu linearer Abschreibung über (das erlaubt das Einkommenssteuergesetz; den umgekehrten Übergang erlaubt es nicht). Für die Berechnung der linearen Abschreibungsrate für das Jahr des Übergangs und die folgenden Jahre (diese Rate ist ja konstant) sind natürlich der beim Übergang noch vorhandene Restwert und die restliche Nutzungsdauer zugrunde zu legen.

Beispiel:

Im obigen Fall soll im 3. Jahr zu linearer Abschreibung übergegangen werden. Der zugrundeliegende Wert am Anfang des 3. Jahres von 225 400 DM muß durch die restliche Nutzungsdauer von 4 Jahren dividiert werden, das ergibt die für die Jahre 3–6 konstante Abschreibungsrate $A = 56\,350$ DM. Der modifizierte Abschreibungsplan sieht dann so aus:

Jahr	Wert am Jahresanfang	Abschreibungsrate	Restwert am Jahresende
1	460 000	138 000	322 000
2	322 000	96 600	225 400
3	225 400	56 350	169 050
4	169 050	56 350	112 700
5	112 700	56 350	56 350
6	56 350	56 350	0

Eine interessante Übung für das Rechnen mit Ungleichungen ist die Bestimmung des *optimalen Zeitpunktes* für den Übergang von degressiver zu linearer Abschreibung. Optimal wird der Übergang zu einem Zeitpunkt sein, wenn erstmalig die dann berechnete lineare Abschreibungsrate die degressive Abschreibungsrate übertrifft. Im obigen Beispiel haben wir nicht den optimalen Zeitpunkt getroffen, denn im 3. Jahr ist die Abschreibungsrate, wenn man degressiv weiterrechnet, 67 620 DM, wenn man linear weiterrechnet, 56 350 DM. Zur Bestimmung des Jahres für den optimalen Übergang nehmen wir an, der Übergang erfolge im Jahre l. Würden wir für das Jahr l degressiv weiterrechnen, erhielten wir nach (3.32): $A_l = R_{l-1} \cdot \dfrac{p}{100}$. Lineares Weiterrechnen ergäbe

$$A = \frac{\text{noch vorhandener Restwert}}{\text{Restnutzungsdauer}} = \frac{R_{l-1}}{n - (l-1)}.$$

($l-1$ Jahre sind schon vergangen). A soll nun größer als A_l werden: $A \geq A_l$, d.h.

$$\frac{R_{l-1}}{n - (l-1)} \geq R_{l-1} \cdot \frac{p}{100}.$$

bzw. nach Kürzen von R_{l-1} (warum ist das erlaubt?) und Multiplikation mit $n - (l-1) = n - l + 1$ (warum darf man das?):

$$1 \geq \frac{p}{100}(n - l + 1).$$

Diese Ungleichung ist nach l aufzulösen:

$$1 + \frac{p}{100}l \geq \frac{p}{100}(n + 1)$$

$$\frac{p}{100}l \geq \frac{p}{100}(n + 1) - 1.$$

Schließlich folgt daraus durch Multiplikation mit $\dfrac{100}{p}$ für das *optimale* l die Ungleichung

$$\boxed{l \geq n + 1 - \frac{100}{p}} \tag{3.33}$$

In unserem obigen Beispiel ist $n = 6$, $p = 30$, d.h. $l \geq 7 - \dfrac{100}{30} = 3,67$; der optimale Übergang hätte also im vierten Jahr zu erfolgen.

Beispiel:

Ein Bagger mit Anschaffungskosten in Höhe von 260 000 DM soll innerhalb von 12 Jahren zuerst degressiv mit dem höchsten zulässigen Prozentsatz, dann nach optimalem Übergang linear auf Null abgeschrieben werden. Man stelle den Abschreibungsplan auf.

Wir berechnen zunächst den höchsten zulässigen Prozentsatz für die degressive Abschreibung. Es ist $n = 12$, der lineare Prozentsatz wäre also $\frac{100}{12} = 8\frac{1}{3}\%$. Also $p = 3 \cdot 8\frac{1}{3} = 25\%$. Nun berechnen wir gemäß (3.33) das Jahr des optimalen Übergangs zur linearen Abschreibung:

$$l \geq 12 + 1 - \frac{100}{25} = 9.$$

Der optimale Übergang erfolgt im 9. Jahr. Der Abschreibungsplan sieht folgendermaßen aus:

Jahr	Wert am Jahresanfang	Abschreibungsrate	Restwert am Jahresende
1	260 000	65 000	195 000
2	195 000	48 750	146 250
3	146 250	36 563	109 687
4	109 687	27 422	82 265
5	82 265	20 566	61 699
6	61 699	15 425	46 274
7	46 274	11 569	34 705
8	34 705	8676	26 029
9	26 029	6507	19 522
10	19 522	6507	13 015
11	13 015	6507	6508
12	6508	6507	1

3.3 Übungsaufgaben

1) Eine arithmetische Folge mit Anfangsglied 10 und Differenz 6 sei gegeben. Man berechne das Glied a_{15} und die Summe s_{15}.

2) Ein Gebäude im Wert von 1,2 Mill. DM soll innerhalb von 60 Jahren vollständig abgeschrieben werden. Wie groß ist der Restwert am Ende des 46. Jahres?

3) Ein Schuldbetrag von 210 000 DM soll innerhalb von 7 Jahren in Ratentilgung bei jährlicher Zahlungsweise getilgt werden. Der Zinssatz betrage 7,5 %. Man stelle den Tilgungsplan auf.

4) Ein Darlehen von 48 000 DM mit Laufzeitzinssatz von 0,4 % p.m. soll in 48 Monaten getilgt werden. Die Bearbeitungsgebühr betrage 1 % der Darlehenssumme. Wie hoch sind die monatlichen Raten und wie groß ist der effektive Jahreszins?

5) Man berechne:

a) $1 + 7 + 7^2 + 7^3 + 7^4 + 7^5$ b) $\sum_{n=0}^{11} (0,4)^n$ c) $2^2 + 2^3 + \ldots + 2^{17}$ d) $\sum_{k=1}^{n} aq^k$

6) Herr Arnold zahlt 5 Jahre lang jeweils am Jahresende 4000 DM auf ein Konto, welches mit 5,5 % verzinst wird. Wie hoch ist das Guthaben am Ende des 5. Jahres?

7) Jemand zahlt 10 Jahre lang jeweils am Jahresanfang 5000 DM auf ein mit 6 % verzinstes Konto. Ab dem 11. Jahr will er die Zinsen des angesammelten Vermögens jährlich abheben. Wie hoch ist dieser jährliche Zinsbetrag, wenn unverändert ein Zinssatz von 6 % gilt.

8) Jemand will durch regelmäßige Zahlungen jeweils am Jahresanfang innerhalb von 5 Jahren 20 000 DM sparen. Wieviel muß er am Anfang eines jeden Jahres einzahlen, damit bei 6,5 % Verzinsung am Ende des 5. Jahres der genannte Betrag zur Verfügung steht.

9) Wieviel Jahre lang muß man am Ende eines jeden Jahres 10 000 DM auf ein mit 5,5 % verzinstes Konto einzahlen, damit unmittelbar nach der letzten Zahlung ein Betrag von mehr als 160 000 DM zur Verfügung steht?

10) Jemand zahlt jeweils am Ende eines Monats 250 DM auf ein Konto ein, bei dem die Zinsen monatlich gutgeschrieben werden. Der Zinssatz beträgt 4,5 % p.a. Wie hoch ist das Kapital nach $4\frac{1}{2}$ Jahren?

11) Man berechne das Endkapital nach 10 Jahren für einen Sparplan mit folgenden Daten: Monatliche Einzahlung jeweils am Monatsanfang 200 DM; Zinsgutschrift jährlich; Zinssatz 4,5 % p.a.

12) Welcher Betrag muß vorhanden sein, um davon bei einem Zinssatz von 5,5 % 12 Jahre lang eine nachschüssige Rente von jährlich 4000 DM beziehen zu können?

13) Von einem angesparten Betrag von 200 000 DM soll jährlich eine vorschüssige Rente von 24 000 DM gezahlt werden. Wie lange kann bei einem Zinssatz von 6 % diese Rente bezogen werden?

14) Ein Kapital von 50 000 DM wird durch regelmäßige jährliche nachschüssige Zahlungen in Höhe von 6000 DM vermehrt. Wie hoch ist es am Ende des 7. Jahres bei einem Zinssatz von $5\frac{1}{4}$ % ?

15) Von einem Kapital in Höhe von 140 000 DM wird 11 Jahre lang eine nachschüssige Rente bezogen. Wie hoch ist diese Rente, wenn verlangt wird, daß nach der 11. Zahlung noch 50 000 DM übrig sein sollen? Der Zinssatz betrage 5,75%.

16) Ein Kapital von 120 000 DM soll innerhalb von 6 Jahren durch jährliche nachschüssige Auszahlungen gleicher Höhe aufgebraucht werden. Wie hoch ist die jährlich ausgezahlte Rate bei einem Zinssatz von 5% ?

17) Von einem Betrag von 25 000 DM sollen jährlich jeweils am Jahresende 4000 DM abgehoben werden. Wie lange dauert es bei einem Zinssatz von 5,2%, bis das Geld aufgezehrt ist?

18) Ein Darlehen von 100 000 DM, das zu einem Zinssatz von 9% gewährt worden ist, soll innerhalb von 12 Jahren in Annuitätentilgung bei jährlicher Zahlung getilgt werden. Man stelle den Tilgungsplan auf.

19) Ein Kredit von 80 000 DM, der zu $p = 8,5\%$ gewährt wurde, soll innerhalb von 9 Jahren in Annuitätentilgung bei monatlicher Zahlung getilgt werden. Wie hoch ist die monatliche Zahlung? Man stelle die ersten 4 Zeilen des Tilgungsplanes auf.

20) Ein Darlehen von 240 000 DM soll in Annuitätentilgung bei jährlicher Zahlungsweise getilgt werden. Die Annuität ist auf 25% der Darlehenssumme festgelegt. Man berechne die Tilgungsdauer und stelle den Tilgungsplan auf; Zinssatz 10%.

21) Für einen Annuitätenkredit in Höhe von 150 000 DM werden folgende Daten angegeben: monatliche Zahlung; Tilgung 0,8% p.m.; Zinssatz 8,5% p.a. Man berechne die Laufzeit und die ersten 5 Zeilen des Tilgungsplanes.

22) Ein Reisebus mit Anschaffungskosten in Höhe von 380 000 DM soll innerhalb von 8 Jahren zuerst degressiv mit dem höchsten zulässigen Prozentsatz, dann nach optimalem Übergang linear auf Null abgeschrieben werden. Man stelle den Abschreibungsplan auf.

Kapitel 4

Funktionen

4.1 Grundbegriffe

4.1.1 Der Funktionsbegriff

In unzähligen praktischen Situationen hängen die Daten einer ökonomischen Größe y in eindeutiger Weise von den Daten einer anderen Größe x ab. Man kann das auch so ausdrücken: Jedem Wert x aus einem gewissen Bereich von Werten ist eindeutig ein Wert y zugeordnet (eindeutig bedeutet: die Zuordnung mehrerer y zu ein und demselben x ist verboten).

Beispiele:

1) Unter fixierten Bedingungen hängt der Energieverbrauch y einer Anlage in eindeutiger Weise von der Laufzeit x ab. Die möglichen Werte der Laufzeit sind hier die reellen Zahlen ≥ 0.

2) Die Einkommenssteuer y hängt (unter fixierten Verhältnissen wie Steuerklasse, Kinderzahl etc.) in eindeutiger Weise vom Einkommen x ab. Die möglichen Werte für x sind hier auch alle Zahlen $x \geq 0$.

3) Die Produktionskosten y hängen eindeutig von der produzierten Menge x ab. Hier ist der Bereich der möglichen x durch die Ungleichung $0 \leq x \leq g$ beschrieben, wo g die Kapazitätsgrenze für die produzierte Menge ist.

Diese Überlegungen führen uns zum Begriff der Funktion:

> Wenn jeder reellen Zahl x aus einem Bereich D reeller Zahlen eindeutig eine reelle Zahl y zugeordnet ist, so sagt man, y ist eine Funktion von x, und man schreibt $y = f(x)$.

Oft schreibt man auch $y = y(x)$, oder um den Prozeß des Zuordnens zu symbolisieren, $f : x \mapsto y$ oder $x \overset{f}{\longmapsto} y$ oder $f : x \mapsto f(x)$. Der Bereich D heißt der *Definitionsbereich* oder die *Definitionsmenge* der Funktion. Die Größe x heißt das *Argument* oder die *unabhängige Variable*, die Größe y der *Funktionswert* oder die *abhängige Variable*. Diese Bezeichnungen deuten darauf hin, daß man die x-Werte aus dem Definitionsbereich frei wählen kann; mittels der Zuordnungsvorschrift f sind dann die zugehörigen y-Werte bestimmt. Der Bereich aller so entstehenden y-Werte heißt der *Wertebereich*. Eine kausale Abhängigkeit im Sinne eines Ursache – Wirkungszusammenhanges braucht dabei nicht zu bestehen.

Man kann den hier mit Worten umschriebenen Begriff der Funktion mathematisch exakt mengentheoretisch definieren und hat damit alle denkbaren — auch die irrsinnigsten — Zuordnungsvorschriften erfaßt. Für die Anwendungen der Mathematik in der Praxis ist aber eigentlich nur der Fall interessant, daß die Zuordnungsvorschrift durch eine Formel gegeben ist (bzw. durch endlich viele Fomeln für einzelne Stücke des Definitionsbereiches, wie z.B. bei der Einkommenssteuer – s. später).

Beispiel: $y = f(x) = x^2 - 1$, oft auch kurz $y = x^2 - 1$ oder $f(x) = x^2 - 1$ geschrieben. Die Vorschrift lautet hier: „Man nehme das Argument, quadriere es und subtrahiere 1. Das ergibt den Funktionswert". Es ist für den Anfänger wichtig, sich die *Zuordnungsvorschrift*, die durch die Formel zum Ausdruck kommt, *in Worten zu verdeutlichen*. Dann wird ihm auch klar, daß es ganz gleichgültig ist, wie die Variablen bezeichnet sind. $E(t) = t^2 - 1$, $u = v^2 - 1$, $g(h) = h^2 - 1$, $\phi(a) = a^2 - 1$, $B = C^2 - 1$, alle diese Formeln stellen dieselbe Funktion dar (wenn wir immer denselben Definitionsbereich zugrundelegen: t bzw. v bzw. a bzw. C mögen alle reellen Zahlen durchlaufen).

Eine weitere Schwierigkeit für den Anfänger ist das Einsetzen von konkreten Argumenten in eine Funktion. Nehmen wir wieder als Beispiel $f(x) = x^2 - 1$. Wenn konkrete Argumentwerte, z.B. $x = 3$ oder $x = x_0$ oder $x = b$ oder $x = x_1 + h$ oder $x = 1 - u^2$ gegeben sind und die Aufgabe darin besteht, die zugehörigen Funktionswerte $f(x)$ zu berechnen, sollte man sich die Vorschrift der Zuordnung in Worten vor Augen führen. Sie heißt hier – wie schon erwähnt – „Man nehme das vorgelegte Argument, quadriere es und ziehe 1 ab". Das ergibt ohne weiteres:

$$f(3) = 3^2 - 1 = 8; \quad f(x_0) = x_0^2 - 1; \quad f(b) = b^2 - 1$$

$$f(x_1 + h) = (x_1 + h)^2 - 1 = x_1^2 + 2x_1 h + h^2 - 1$$

$$f(1 - u^2) = (1 - u^2)^2 - 1 = 1 - 2u^2 + u^4 - 1 = u^4 - 2u^2$$

Für den Ausdruck $f(x_2) - f(x_1)$ erhielte man

$$f(x_2) - f(x_1) = x_2^2 - 1 - (x_1^2 - 1) = x_2^2 - x_1^2.$$

Aus der Zuordnungvorschrift ersieht man auch den Definitionsbereich (im Sinne des mathematisch maximal möglichen; oft wird er aus praktischen Gründen eingeschränkt). Eine Funktion kann nämlich für alle diejenigen x durch einen Ausdruck oder einen Term in x definiert werden, für die dieser Ausdruck mathematisch sinnvoll ist.

Beispiele: 1) $f(x) = x^2 - 1$. Dieser Ausdruck ist für alle reellen Zahlen sinnvoll, also besteht D aus allen reellen Zahlen.

2) $f(x) = \dfrac{1}{x - 1}$. Den Definitionsbereich bilden hier alle reellen Zahlen mit Ausnahme der 1, denn für $x = 1$ wird der Nenner 0 und der Ausdruck sinnlos.

3) $f(x) = \sqrt{x}$. D besteht hier aus den reellen Zahlen ≥ 0, denn für negative x ist die Wurzel nicht erklärt.

4) $f(x) = \sqrt[4]{x^2 - 1}$. D besteht aus allen reellen Zahlen x, die entweder ≥ 1 oder ≤ -1 sind, d.h. aus allen reellen Zahlen x mit $|x| \geq 1$, denn nur für diese ist der Radikand positiv und die Wurzel erklärt.

5) $f(x) = \dfrac{7x}{x^2 - 3x + 2}$. Die Ausnahmewerte, für die $f(x)$ nicht erklärt ist, erhält man, indem man ausrechnet, für welche x der Nenner Null wird: $x^2 - 3x + 2 = 0$. Die Lösungen dieser quadratischen Gleichung sind $x_1 = 1$ und $x_2 = 2$. D ist also die Menge aller reellen Zahlen mit Ausnahme von 1 und 2.

Weitere Beispiele zur Bestimmung des Definitionsbereiches und zum Einsetzen von Argumentwerten in Funktionen:

1) $f(x) = \dfrac{1}{x^2 - 1}$. Man bestimme D und berechne $f(7)$, $f(c + 5)$, $f(x_1) - f(x_0)$. Der Nenner wird Null für $x_1 = 1$ und $x_2 = -1$, D ist also die Menge aller reellen Zahlen mit Ausnahme dieser beiden.

$$f(7) = \frac{1}{49 - 1} = \frac{1}{48}; \quad f(c + 5) = \frac{1}{(c + 5)^2 - 1} = \frac{1}{c^2 + 10c + 24}$$

$$f(x_1) - f(x_0) = \frac{1}{x_1^2 - 1} - \frac{1}{x_0^2 - 1} = \frac{x_0^2 - x_1^2}{(x_1^2 - 1)(x_0^2 - 1)}.$$

2) $g(x) = 4x^2 - 7x + 3$. Man bestimme D und berechne $g(-1)$, $g(-2-t)$.
     D ist die Menge aller reellen Zahlen.

$$g(-1) = 4(-1)^2 - 7(-1) + 3 = 14$$
$$g(-2-t) = 4(-2-t)^2 - 7(-2-t) + 3 = 4(4 + 4t + t^2) + 7(2+t) + 3 = 4t^2 + 23t + 33.$$

3) $E(u) = \dfrac{4u}{2u^2 - 1}$. Bestimme D und berechne $E(1)$, $E(-4)$, $E\left(\dfrac{1}{h}\right)$, $E(u_0 + 1)$.

$E(u)$ ist nicht definiert für die Lösungen der Gleichung $2u^2 - 1 = 0$, d.h. für $u_1 = \sqrt{\dfrac{1}{2}}$

und $u_2 = -\sqrt{\dfrac{1}{2}}$. D besteht also aus allen reellen Zahlen mit Ausnahme dieser beiden.

$$E(1) = \frac{4}{2-1} = 4; \qquad E(-4) = \frac{-16}{32-1} = -\frac{16}{31}$$

$$E\left(\frac{1}{h}\right) = \frac{4 \cdot \dfrac{1}{h}}{2\left(\dfrac{1}{h}\right)^2 - 1} = \frac{\dfrac{4}{h}}{\dfrac{2 - h^2}{h^2}} = \frac{4}{h} \cdot \frac{h^2}{2 - h^2} = \frac{4h}{2 - h^2}$$

$$E(u_0 + 1) = \frac{4(u_0 + 1)}{2(u_0 + 1)^2 - 1} = \frac{4u_0 + 4}{2u_0^2 + 4u_0 + 1}$$

4) $$f(x) = \left\{ \begin{array}{ll} \sqrt{x^2 - 1} & \text{für} \quad |x| > 1 \\ x^2 - 1 & \text{für} \quad |x| \le 1 \end{array} \right\}$$

Bei dieser Funktion hat man zwei verschiedene Zuordnungsvorschriften für die zwei Teilbereiche, in die ihr Definitionsbereich, die Menge aller reellen Zahlen, geteilt ist. Im Bereich $|x| > 1$, d.h. für $x < -1$ oder $x > 1$, gilt die erste Zuordnungsvorschrift, sie ist dort überall sinnvoll. Im Bereich $|x| \le 1$, d.h. für $-1 \le x \le 1$ gilt die zweite Vorschrift; auch sie ist dort überall sinnvoll. Wir wollen für diese Funktion $f(2)$, $f\left(-\dfrac{1}{2}\right)$ und $f(a+2)$ berechnen.

$f(2)$: Da $|2| = 2 > 1$, müssen wir zur Berechnung von $f(2)$ die erste Vorschrift nehmen:
$$f(2) = \sqrt{2^2 - 1} = \sqrt{3}.$$
$f\left(-\dfrac{1}{2}\right)$: Da $\left|-\dfrac{1}{2}\right| = \dfrac{1}{2} \le 1$, kommt hier die zweite Vorschrift in Betracht:

$$f\left(-\frac{1}{2}\right) = \left(-\frac{1}{2}\right)^2 - 1 = -\frac{3}{4}.$$

$f(a+2)$: Hier hängt es von a ab, welche Vorschrift in Betracht kommt. Für $|a+2| > 1$, d.h. für $a+2 < -1$ oder $a+2 > 1$ ist die erste Vorschrift zu nehmen, also für $a < -3$ oder $a > -1$. Für $|a+2| \le 1$, d.h. für $-3 \le a \le -1$ kommt die zweite Vorschrift in Betracht. Dieses Ergebnis können wir nach einigen einfachen Rechnungen so zusammenfassen:

$$f(a+2) = \left\{ \begin{array}{ll} \sqrt{a^2 + 4a + 3} & \text{für } a < -3, \ \ a > -1 \\ a^2 + 4a + 3 & \text{für } -3 \le a \le -1 \end{array} \right\}$$

Es sei noch bemerkt, daß in der Praxis der ökonomisch sinnvolle Definitionsbereich einer Funktion in der Regel kleiner ist als der mathematisch mögliche. So liefert die Formel, die etwa den Energieverbrauch E einer Anlage in Abhängigkeit von der Laufzeit t angibt, nämlich $E(t) = bt$ (wobei b eine die Anlage charakterisierende Größe ist) auch für negative t Funktionswerte; ökonomisch sind negative Laufzeiten aber sinnlos. Man wird den Definitionsbereich der Funktion $E(t)$ hier deshalb auf $t \geq 0$ einschränken.

4.1.2 Graphische Darstellung von Funktionen

Ist eine Funktion $y = f(x)$ gegeben, so kann man für jeden konkreten x-Wert den y-Wert bestimmen. Wenn man das für eine Anzahl von x-Werten tut, kann man die Resultate in einer Tabelle übersichtlich zusammenstellen; man nennt eine solche Tabelle eine *Wertetabelle* der gegebenen Funktion.

Beispiel: $f(x) = x^2 - 1$

x	-2	-1	-0.5	0	$0,5$	1	2
y	3	0	$-0,75$	-1	$-0,75$	0	3

Eine Wertetabelle gibt für einige ausgewählte Argumentwerte die zugehörigen Funktionswerte an. Sie besteht somit aus Paaren (x, y), wo die x gewisse Argumentwerte, die y die zugehörigen Funktionswerte sind. In unserem Beispiel besteht die Wertetabelle aus den Paaren $(-2, 3)$, $(-1, 0)$, $(-0, 5, \ -0, 75)$, $(0, -1)$, $(0, 5, \ -0, 75)$, $(1, 0)$, $(2, 3)$. Solche Paare von reellen Zahlen kann man sich in einem rechtwinkligen Koordinatensystem als Punkte veranschaulichen.

Ein rechtwinkliges Koordinatensystem besteht aus zwei orientierten, d.h. mit einer Pfeilrichtung versehenen, zueinander senkrechten Achsen, den sogenannten Koordinatenachsen. Wir bezeichnen die horizontale Achse als x−Achse und die vertikale als y-Achse. Die x-Achse heißt auch die *Abszissenachse*, die y-Achse die *Ordinatenachse* (s. Abb. 4.1).

Beide Achsen fassen wir als Zahlengerade auf, d.h. auf beiden ist eine Einheit (die Strecke von 0 bis 1) und damit ein Maßstab fixiert. In den praktischen Anwendungen sind diese Maßstäbe (im Unterschied zu unserer Abb. 4.1) oft verschieden groß. Um ein Zahlenpaar, etwa $(-1, 2)$, als Punkt in diesem System darzustellen, zeichnet man durch den Abszissenwert $x = -1$ eine Senkrechte, durch den Ordinatenwert $y = 2$ eine Waagerechte (in Abb. 4.1 beide gestrichelt

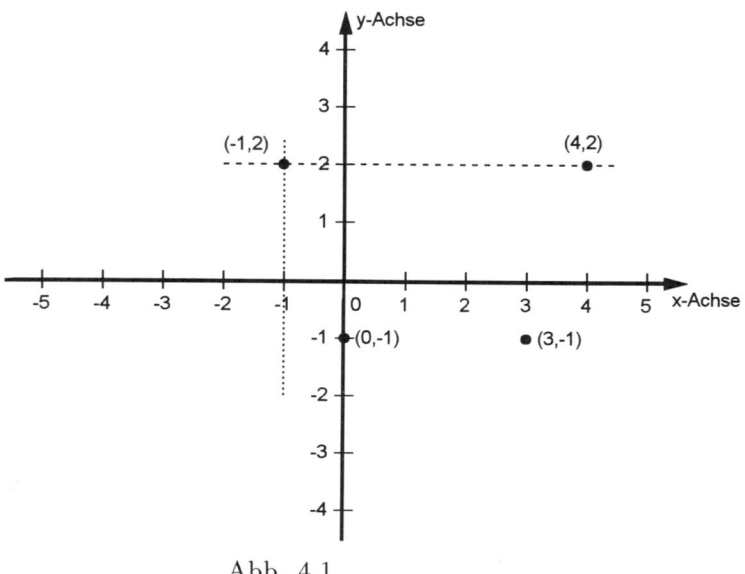

Abb. 4.1

eingezeichnet). Der Schnittpunkt beider ergibt den gesuchten Punkt. Bei einiger Übung braucht man diese senkrechten und waagerechten Linien natürlich in Wirklichkeit nicht zu zeichnen. In Abb. 4.1 sind als Beispiele noch die Punkte $(4, 2)$, $(3, -1)$ und $(0, -1)$ eingetragen.

Wir übertragen nun die Punkte der Wertetabelle unseres Beispiels in ein Koordinatensystem (Abb. 4.2). Die eingetragenen Punkte geben uns schon eine Vorstellung vom Verlauf der Funktion, natürlich nur eine lückenhafte. Würde man die Wertetabelle immer feiner und feiner machen, z.B. die Argumentwerte von -2 bis 2 in Zehntelschritten wählen, so ergäbe die graphische Darstellung einer solchen Tabelle schon eine sehr gute Vorstellung vom Verlauf der Funktion, hier also zwischen -2 und 2. Dieser Gedanke führt uns zum Begriff des Graphen einer Funktion: Wir stellen uns alle möglichen Paare (x, y) graphisch dargestellt vor, wo x den Definitionsbereich der betrachteten Funktion durchläuft und y der zu x gehörige Funktionswert $f(x)$ ist. Dann erhält man eine Kurve. Diese Kurve heißt der *Graph*, die *graphische Darstellung* oder das *Bild* der Funktion $f(x)$; er ist ein außerordentlich wichtiges Mittel, um sich den Verlauf einer Funktion anschaulich vorzustellen. Wirklich zeichnen kann man in der Regel nur ein Stück des Graphen; man wird für die graphische Darstellung immer einen solchen Bereich von Argumentwerten auswählen, wo die Funktion aus irgendeinem Grunde interessant ist. Abb. 4.3 zeigt die graphische Darstellung der in unserem Beispiel benutzten Funktion $y = x^2 - 1$ im Bereich $-2 \leq x \leq 2$.

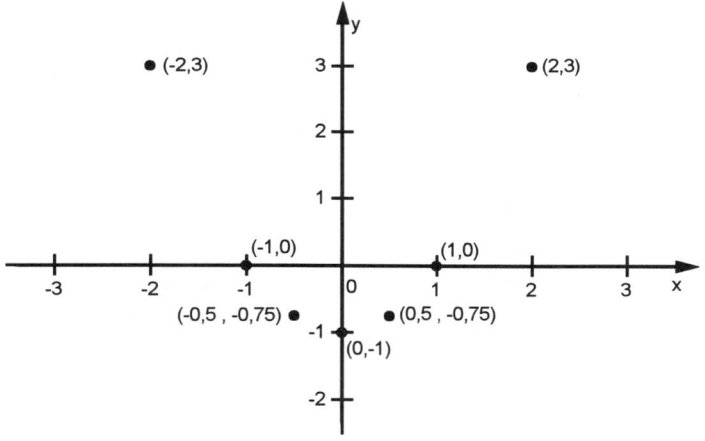

Abb. 4.2

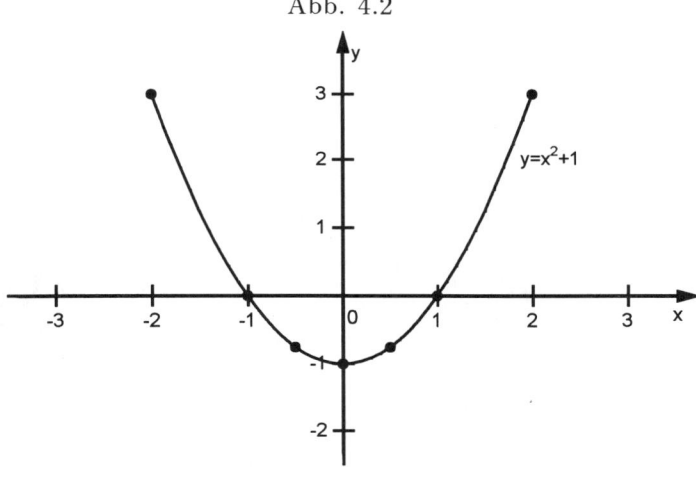

Abb. 4.3

Um den Graphen einer gegebenen Funktion zu finden, stellt man sich eine Wertetabelle her, trägt die Punkte in ein Koordinatensystem ein und versucht dann, den Verlauf des Graphen zu skizzieren. Das wird immer besser gelingen, je mehr Punkte die Wertetabelle ausweist; gegebenenfalls muß man die Wertetabelle durch weitere Zwischenwerte verfeinern. Wie man besonders interessante Punkte der Funktion, z.B. ihre Maxima und Minima, ihre Schnittpunkte mit der x-Achse (Nullstellen) und ihre Wendepunkte findet, lernen wir später kennen.

Beispiele:

1) $f(x) = 2x - 3$

x	0	1	2	3
y	-3	-1	1	3

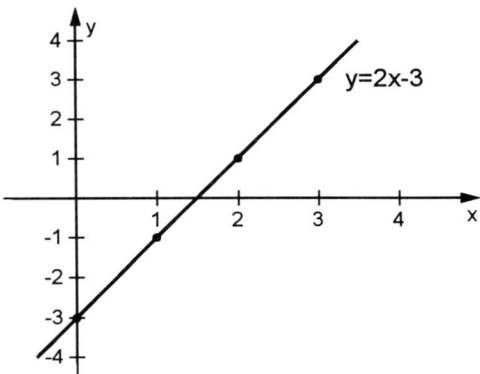

Abb. 4.4

Der Graph ist eine Gerade.

2) $f(x) = x^3 + 1$

x	$-1,5$	-1	$-0,5$	0	$0,5$	1	$1,5$
y	$-2,375$	0	$0,875$	1	$1,125$	2	$4,375$

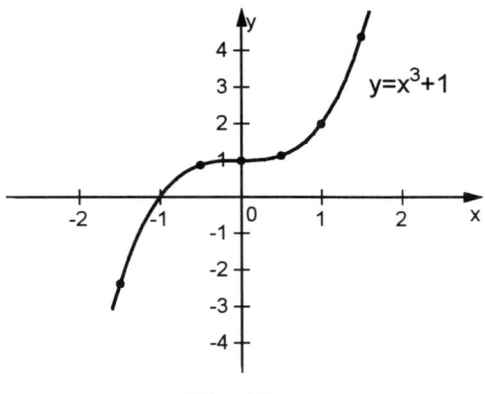

Abb. 4.5

Bei der Darstellung von Funktionen verwenden wir auf der $x-$Achse und der y-Achse oft verschiedene Maßstäbe.

3) $f(x) = \sqrt{x}$ Hier kommen nur x-Werte ≥ 0 in Frage (negative x gehören nicht zum Definitionsbereich).

x	0	0,5	1	2	3	4
y	0	$0,707\ldots$	1	$1,414\ldots$	$1,732\ldots$	2

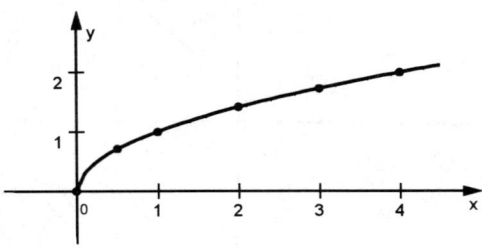

Abb. 4.6

4) $f(x) = \sqrt{4 - x^2}$. Den Definitionsbereich dieser Funktion bilden alle x, die die Ungleichung $-2 \leq x \leq 2$ erfüllen. In diesem Fall kann man also den Graphen vollständig zeichnen, und nicht nur einen Ausschnitt, wie bei den vorigen Beispielen.

x	-2	$-1,5$	-1	$-0,5$	0	1	1,5	2
y	0	$1,322\ldots$	$1,732\ldots$	$1,936\ldots$	2	$1,732\ldots$	$1,323\ldots$	0

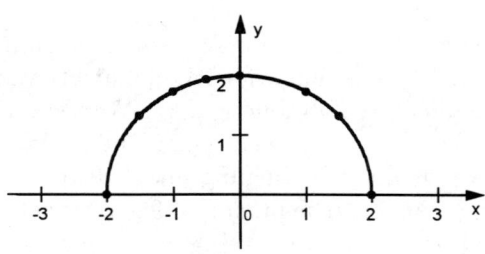

Abb. 4.7

Der Graph der Funktion ist ein Halbkreis.

Ist von einer Funktion die graphische Darstellung gegeben, so kann man zeichnerisch die Funktionswerte ermitteln. Es soll z.B. in Abb. 4.8 der Funktionswert zum Argument x_0 gefunden werden. Man errichtet bei x_0 eine Senkrechte zur x-Achse. Diese schneide den Graphen der Funktion im Punkt P_0. Durch P_0 ziehen wir eine Parallele zur x-Achse. Diese schneide die y-Achse in y_0. Dann ist y_0 der dem Argument x_0 zugeordnete Funktionswert (denn P_0 hat die Koordinaten (x_0, y_0), und da P_0 auf dem Graphen liegt, ist $y_0 = f(x_0)$).

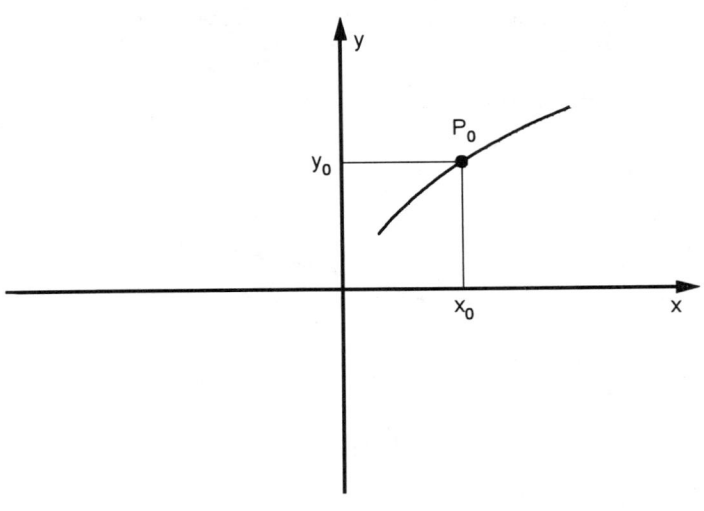

Abb. 4.8

Diese Überlegung zeigt uns auch, wie man feststellen kann, ob eine gezeichnet vorliegende Kurve das Bild einer Funktion ist oder nicht. Wir erinnern uns: Eine Funktion war eine *eindeutige Zuordnung* von y-Werten zu x-Werten; jedem x aus der Definitionsmenge D muß genau ein y entsprechen. Die in Abb. 4.9 gezeichnete Kurve erfüllt diese Bedingung nicht, denn zu $x = 1$ z.B. gehören zwei y-Werte, nämlich 1 und 3. Die in Abb. 4.9 gezeichnete Kurve ist also nicht der Graph einer Funktion.

Gelegentlich muß man feststellen, ob ein durch seine Koordinaten gegebener Punkt auf dem Graphen einer vorgelegten Funktion liegt oder nicht. Sei z.B. $f(x) = x^2 - 2$ gegeben. Welcher der folgenden drei Punkte $(-1, -1)$, $(-2, 0)$, $(3, 7)$ liegen auf dem Graphen dieser Funktion? Um dies festzustellen, muß man prüfen, ob für einen herausgegriffenen Punkt der y-Wert tatsächlich der Funktionswert des gegebenen x-Wertes ist. Beim ersten Punkt ist der x-Wert -1, $f(-1) = (-1)^2 - 2 = -1$, und das stimmt mit dem gegebenen y-Wert überein. $(-1, -1)$ ist also ein Punkt des Graphen von $f(x) = x^2 - 2$. $f(-2) = (-2)^2 - 2 = 2$. Das stimmt nicht mit dem gegebenen y-Wert 0 überein; $(-2, 0)$ liegt also nicht auf dem Graphen. $f(3) = 3^2 - 2 = 7$. Der dritte Punkt liegt auf dem Graphen.

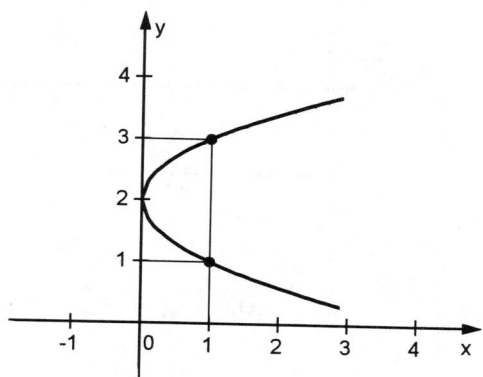

Abb. 4.9

Beispiele:

1)   Stellt folgende Kurve eine Funktion dar?

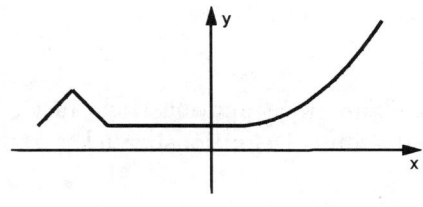

Abb. 4.10

Ja, zu jedem x gehört genau ein y. (Daß zu verschiedenen x dasselbe y gehören kann, stört nicht. Der Graph kann sogar eine Parallele zur x-Achse im Abstand c sein. Dann gehört zu jedem x-Wert ein und derselbe y-Wert $y = c$; es handelt sich also um die sogenannte konstante Funktion $f(x) = c$; s. Abb. 4.11)

2)   Stellt die Kurve in Abb. 4.12 eine Funktion dar ?
     Nein, denn zu $x = x_0$ gehören drei y-Werte.

3)   Welche der Punkte $(0,-1)$, $(2,4)$, $(-1,-1)$, $(1,-1)$, $(3,24)$ liegen auf dem Graphen von $f(x) = x^3 - x - 1$?
     $f(0) = -1$; $(0,-1)$ liegt auf dem Graphen;
     $f(2) = 5$; $(2,4)$ liegt nicht auf dem Graphen;
     $f(-1) = -1$; $(-1,-1)$ liegt auf dem Graphen;
     $f(1) = -1$; $(1,-1)$ liegt auf dem Graphen;
     $f(3) = 23$; $(3,24)$ liegt nicht auf dem Graphen.

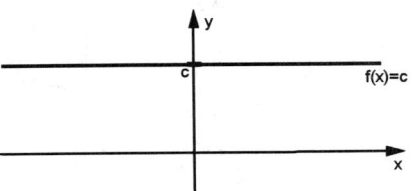

Abb. 4.11

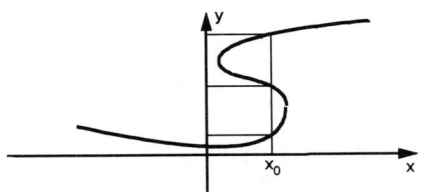

Abb. 4.12

Wie schon erwähnt, kann eine Funktion auch durch verschiedene Vorschriften für einzelne Abschnitte ihres Definitionsbereiches gegeben sein.

Beispiele:

1) Ein Reiseveranstalter bietet folgende ermäßigte Reisepreise für Kinder und Jugendliche an:

0 bis 4 Jahre: 10% des Grundpreises, über 4 bis 12 Jahre: 30% des Grundpreises, über 12 bis 18 Jahre: 70% des Grundpreises. Ab 18 Jahren ist der volle Preis zu zahlen. Bezeichnen wir das Alter mit A, den Preis in % des Grundpreises mit p, dann sieht die Funktion $p(A)$, die den Preis in Abhängigkeit des Alters angibt, so aus:

$$p(A) = \left\{ \begin{array}{ll} 10 & \text{für } 0 \ < A \leq 4 \\ 30 & \text{für } 4 \ < A \leq 12 \\ 70 & \text{für } 12 < A \leq 18 \\ 100 & \text{für } 18 < A \end{array} \right\}$$

Sie ist also stückweise konstant; Abb. 4.13 zeigt ihren Graphen. Eine solche stückweise konstante Funktion nennt man auch eine Treppenfunktion. Ein weiteres Beispiel für eine Treppenfunktion ist das Paketporto in Abhängigkeit vom Gewicht.

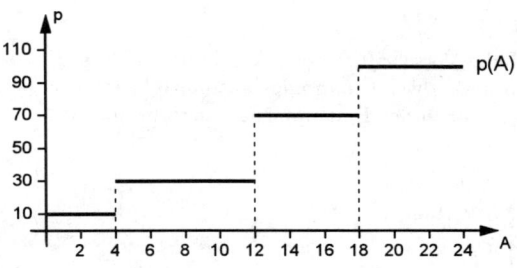

Abb. 4.13

2)

$$f(x) = \left\{ \begin{array}{rl} x & \text{für } x < 1 \\ 2x - 1 & \text{für } 1 \leq x < 3 \\ -3x + 14 & \text{für } x > 3 \end{array} \right\}$$

Abb. 4.14 zeigt den Graphen dieser Funktion. Die gestrichelten senkrechten Linien markieren, wie bereits bei Beispiel 1), die Abschnitte der verschiedenen Zuordnungsvorschriften.

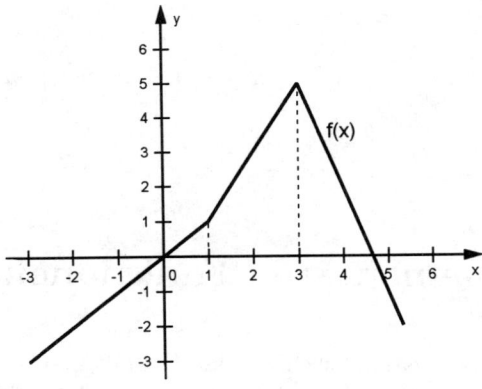

Abb. 4.14

3) Das Einkommensteuergesetz sieht für die Berechnung der Einkommensteuer S (in DM) in Abhängigkeit vom Einkommen E folgende Vorschrift vor ($z = \dfrac{E - 18\,000}{10\,000}$):

$$S(E) = \left\{ \begin{array}{ll} 0 & \text{für } E \leq 4536 \\ 0,22 \cdot E - 998 & \text{für } 4537 \leq E \leq 18\,035 \\ \{[(0,79\,z - 30,82)\,z + 452]\,z + 2200\}\,z + 2926 & \text{für } 18\,036 \leq E \leq 80\,027 \\ \left(60\dfrac{E - 80\,000}{10\,000} + 5000\right)\dfrac{E - 80\,000}{10\,000} + 27\,798 & \text{für } 80\,028 \leq E \leq 130\,031 \\ 0,56E - 18\,502 & \text{für } E \geq 130\,032 \end{array} \right\}$$

Man sieht, daß die Vorschrift für den Abschnitt $18\,036 \leq E \leq 80\,027$ ziemlich kompliziert ist; sie enthält – wenn man alles ausmultipliziert – E bis zur 4. Potenz. Abb. 4.15 zeigt den Graphen der Einkommenssteuerfunktion $S(E)$.

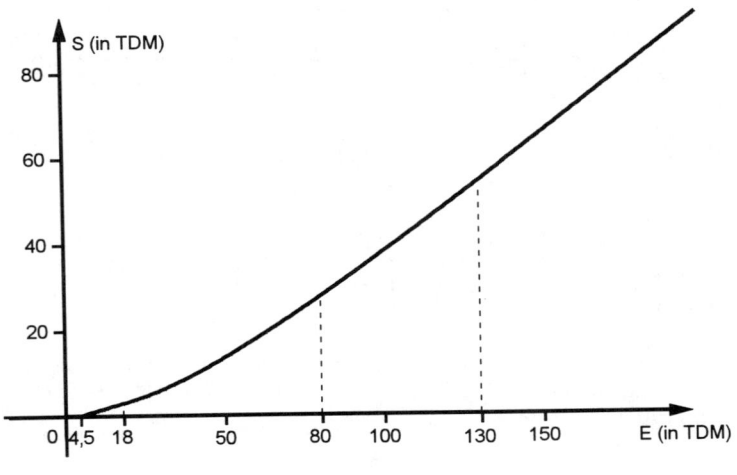

Abb. 4.15

4.2 Die elementaren Funktionen

Wir behandeln jetzt systematisch gewisse Grundtypen von Funktionen, aus denen sich so gut wie alle praktisch interessanten Funktionen zusammensetzen lassen. Auch die in 4.1. bereits betrachteten Beispiele, die als Zuordnungsvorschrift auch für sich verständlich waren, sind aus den elementaren Funktionen zusammengesetzt.

4.2.1 Lineare Funktionen

Obwohl lineare Funktionen spezielle Fälle der in 4.2.2 betrachteten ganzrationalen Funktionen sind, wollen wir sie wegen ihrer besonderen Wichtigkeit eingehend behandeln.

Eine Funktion der Form $f(x) = mx + b$ heißt eine lineare Funktion.

(Man schreibt sie auch oft als $y = mx+b$). Die reellen Zahlen m und b heißen die *Koeffizienten*. Der Definitionsbereich einer linearen Funktion besteht aus allen reellen Zahlen, denn der Ausdruck $mx + b$ ist für alle x erklärt, ganz gleich, welche Zahlen m und b sind.

Beispiele:

1) $f(x) = 2x - 7$ $(m = 2,\ b = -7)$
2) $y = 3$ $(m = 0,\ b = 3)$
3) $y = -0,5x + \sqrt{2}$ $(m = -0,5,\ b = \sqrt{2})$
4) $y = \pi^2 cx + a^2$ $(m = \pi^2 c,\ b = a^2$

Ist $m = 0$, so hat man (wie im Beispiel 2) eine konstante Funktion $f(x) = b$, bzw. $y = b$. Hier ist der Funktionswert unabhängig von x immer gleich b.

Der Graph einer konstanten Funktion ist eine Parallele zur x-Achse.

Beispiele: s. Abb. 4.16 u. 4.17.

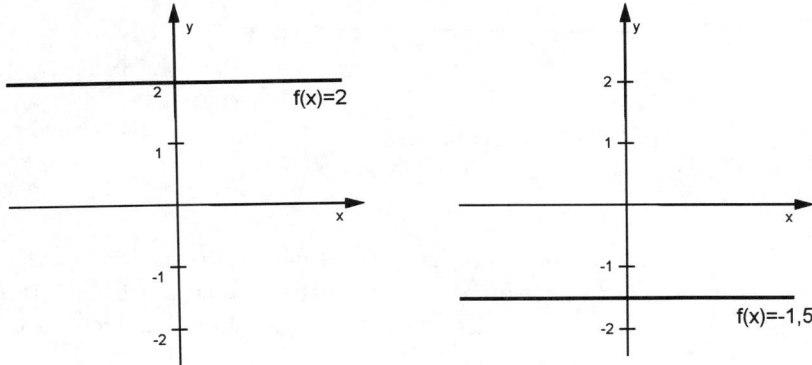

Abb. 4.16 und 4.17

Typische Beispiele für *konstante Funktionen* sind *Fixkostenfunktionen*. Die fixen Kosten sind z.B. bei einer Autovermietung die Grundgebühr einschließlich Versicherung/Tag; sie hängen nicht von den gefahrenen Kilometern ab. Bei einem Telefonanschluß sind die fixen Kosten (d.h. die unabhängig von den verbrauchten Einheiten anfallenden Kosten) die Grundgebühr und eventuell auftretende

Leihgebühren für die technische Einrichtung. Bei der Produktion eines Gutes sind die fixen Kosten jene Kosten, die stets anfallen, unabhängig davon, wieviel von dem betrachteten Gut produziert wird.

Der Graph einer konstanten Funktion war eine spezielle Gerade (parallel zur x-Achse). Allgemein gilt nun:

Der Graph einer linearen Funktion $f(x) = mx + b$ ist eine Gerade.

Wir wollen uns jetzt die *geometrische Bedeutung der Koeffizienten* m und b klarmachen. Setzt man in $y = mx + b$ für x den Wert 0 ein, so erhält man $y = b$, d.h. $f(0) = b$. Der Punkt $(0, b)$ liegt also auf dem Graphen der Funktion $f(x) = mx + b$, mit anderen Worten, die Gerade $y = mx + b$ geht durch den Punkt $(0, b)$. In Abb. 4.18 ist der Fall eines positiven b angenommen, ist b negativ, liegt der Schnittpunkt unterhalb der x-Achse.

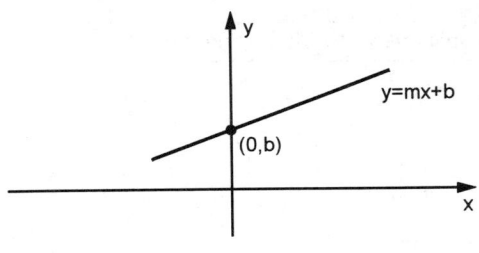

Abb. 4.18

Das sogenannte Absolutglied b (d.h. der von x freie Term) in der Funktionsgleichung $y = mx + b$ (oder wie man sich geometrisch auch ausdrückt, in der Geradengleichung $y = mx + b$) ist also gleich dem Abschnitt auf der y-Achse, dem sogenannten *Ordinatenabschnitt*.

Um die Bedeutung von m zu klären, müssen wir zunächst den Begriff der *Steigung* oder des *Anstiegs* einer Geraden einführen. Auf der gegebenen Geraden werden zwei Punkte P_1 mit den Koordinaten (x_1, y_1) und P_2 mit den Koordinaten (x_2, y_2) fixiert (Abb. 4.19). Das Verhältnis $\dfrac{y_2 - y_1}{x_2 - x_1}$ bezeichnet man als *Steigung* oder *Anstieg* der Geraden. Dieses Verhältnis ist immer dasselbe, welche Punkte man auf der Geraden auch auswählt; eine Gerade hat überall den gleichen Anstieg.

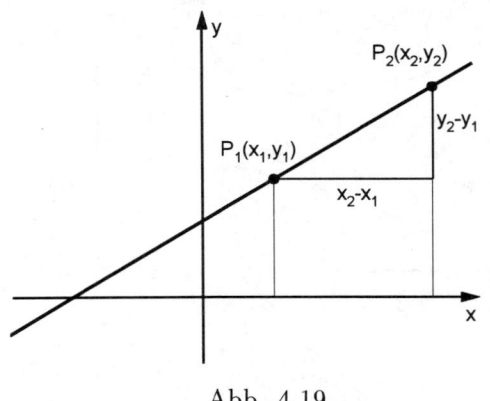

Abb. 4.19

Sei nun eine Gerade durch die Gleichung $y = mx + b$ gegeben. Wir können bei gegebenen Abszissenwerten x_1 bzw. x_2 die zugehörigen Ordinatenwerte leicht berechnen:

$$y_1 = mx_1 + b, \quad y_2 = mx_2 + b$$

Für den Anstieg ergibt sich also:

$$\frac{y_2 - y_1}{x_2 - x_1} = \frac{mx_2 + b - (mx_1 + b)}{x_2 - x_1} = \frac{m(x_2 - x_1)}{x_2 - x_1} = m.$$

Der Koeffizient m in dem Ausdruck für die lineare Funktion $f(x) = mx + b$ bzw. $y = mx + b$ ist der Anstieg der diese Funktion darstellenden Geraden.

Zusammenfassung: In der Geradengleichung $y = mx + b$ ist m der Anstieg der Geraden, b ihr Ordinatenabschnitt.

Ist eine Gerade durch die Gleichung $y = mx + b$ gegeben, so kann man sie folgendermaßen zeichnen: Wir fixieren den Punkt $(0, b)$; durch diesen Punkt geht die Gerade. Dann gehen wir von diesem Punkt aus eine Einheit (oder – falls das zeichnerisch bequemer ist – k Einheiten) nach rechts und von dem dann erreichten Punkt um m Einheiten (oder entsprechend um $k \cdot m$ Einheiten) nach oben, falls m positiv ist, nach unten, falls m negativ ist. Der dann erreichte Punkt wird mit dem Punkt $(0, b)$ verbunden, und die gesuchte Gerade ist fertig. Die Abb. 4.20–4.22 zeigen dies für die Beispiele:

$$y = 3x + 1 \quad \text{(Abb. 4.20)}, \qquad y = -\frac{1}{2}x - 1 \quad \text{(Abb. 4.21)} \qquad y = \frac{4}{5}x \quad \text{(Abb. 4.22)}$$

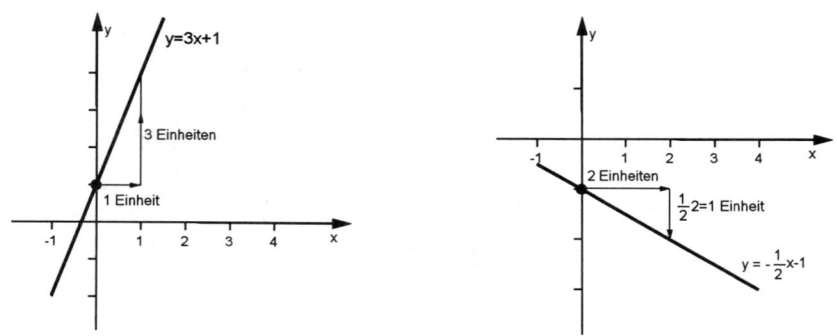

Abb. 4.20 u. 4.21

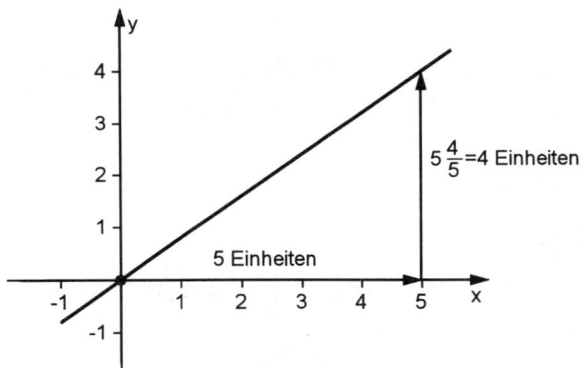

Abb. 4.22

Im Beispiel 2 wäre es auch möglich gewesen, eine Einheit nach rechts und $\frac{1}{2}$ Einheit nach unten zu gehen (analog im Beispiel 3 eine Einheit nach rechts und $\frac{4}{5}$ Einheiten nach oben). Daß man stattdessen k Einheiten nach rechts geht mit passend gewähltem k geschieht aus Bequemlichkeit. Hat m die Form $\frac{p}{q}$, so empfielt sich $k = q$ zu wählen, man geht dann q Einheiten nach rechts und $k \cdot m = q \cdot m = q \cdot \frac{p}{q} = p$ Einheiten nach oben (bei $m > 0$) bzw. unten (bei $m < 0$).

Man kann eine Gerade natürlich auch zeichnen, indem man zwei beliebige Punkte zeichnet und diese verbindet. Beispiel: $y = -\frac{2}{3}x + 1$. Wählen wir $x = 1$, ergibt sich $y = +\frac{1}{3}$, wählen wir $x = -\frac{3}{2}$, so ist $y = 2$; die Gerade geht also durch die beiden Punkte $(1, \frac{1}{3})$ und $(-\frac{3}{2}, 2)$ (Abb. 4.23).

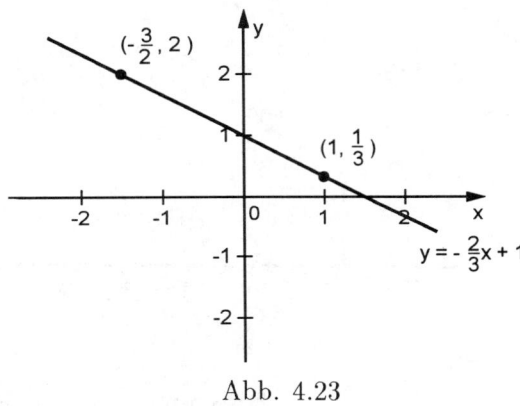

Abb. 4.23

Beispiele:

1) Die Gesamtkosten K einer Produktion mögen vom Output x linear nach dem Gesetz $K(x) = \frac{1}{4}x + 5,5$ abhängen (nach geeigneter Wahl der Einheiten, z.B. K in TDM, x in Tausend-Stück). Die fixen Kosten, die stets anfallen, ganz gleich, ob produziert wird oder nicht, d.h. $K(0)$, betragen hier 5,5 TDM. Der Anstieg $\frac{1}{4}$ bedeutet: steigt die produzierte Menge um eine Einheit, d.h. um 1000 Stück, so steigen die Kosten um 0,25 Einheiten, d.h. um 250 DM. Abb. 4.24 zeigt die graphische Darstellung.

Ein linearer Ansatz für die Kosten ist *ein* mögliches Modell; es gibt natürlich eine Reihe von Situationen, in denen ein so einfaches Modell nicht mehr ausreicht.

2) Der Erlös E in (DM) hängt bei festem Preis linear von der verkauften Menge x ab, beispielsweise könnte $E(x) = 3,2x$ eine Erlösfunktion sein. Nimmt hier die verkaufte Menge um eine Einheit zu, steigt der Erlös um 3,20 DM (Abb. 4.25).

3) Für die Abhängigkeit des Konsums C vom Einkommen Y wählt man oft ein lineares Modell, d.h. man nimmt an, daß $C(Y) = \alpha Y + C_0$ ist. $C_0 = C(0)$ ist das sogenannte Existenzminimun; es wird durch den Sozialstaat auch bei $Y = 0$, d.h. bei keinem Einkommen, garantiert. α gibt an, um wieviel Geldeinheiten der Konsum steigt, wenn das Einkommen um eine Einheit steigt. Da in der Regel ein Teil des Einkommens nicht konsumiert wird, ist $\alpha < 1$. Abb. 4.26 zeigt eine Konsumfunktion mit $\alpha = 0,4$ und $C_0 = 1000$ DM, d.h. $C(Y) = 0,4Y + 1000$.

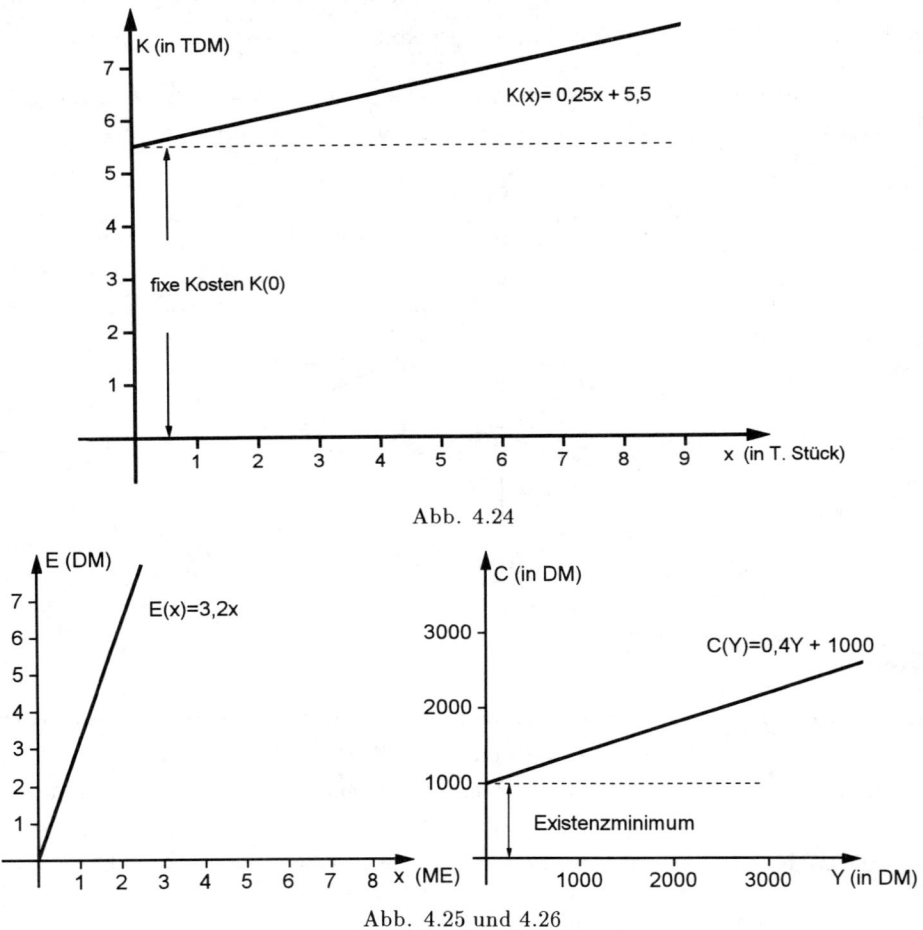

Abb. 4.24

Abb. 4.25 und 4.26

Die Beispiele haben auch gezeigt, daß in der Praxis die Variablen ganz unterschiedlich bezeichnet werden. Man kann sich also nicht an die Form $y = mx + b$ klammern; es kommt vielmehr darauf an, das Inhaltliche eines linearen Zusammenhanges zu verstehen, d.h. zu erkennen, was die unabhängige und was die abhängige Variable ist, was inhaltlich der Ordinatenabschnitt ist und was der Anstieg bedeutet.

Bisher war eine Gerade $y = mx + b$ gegeben durch den Wert b, d.h. durch den speziellen Geradenpunkt $(0, b)$, und durch den Anstieg m. Wie findet man nun die Gleichung einer Geraden, die durch einen beliebigen vorgegebenen Punkt

(x_1, y_1) geht und den Anstieg m hat? Wir betrachten neben dem Punkt (x_1, y_1) einen beliebigen Geradenpunkt (x, y) (Abb. 4.27). Da der Anstieg der Geraden aus zwei beliebigen ihrer Punkte als Ordinatendifferenz geteilt durch Abszissendifferenz zu ermitteln ist, gilt also $\dfrac{y - y_1}{x - x_1} = m$, also $y = m(x - x_1) + y_1$.

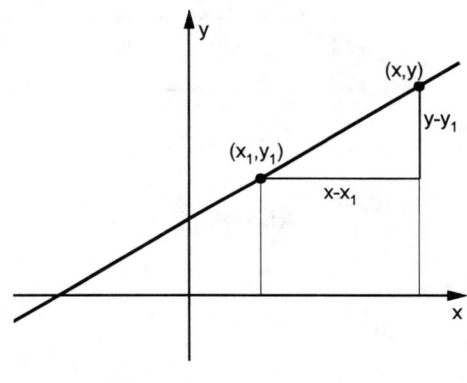

Abb. 4.27

$$y = m(x - x_1) + y_1 \qquad (4.1)$$

heißt die *Punktrichtungsform* oder *Punktsteigungsform* der Geradengleichung.

Beispiele:

1) Man gebe die Gleichung der Geraden an, die durch den Punkt $(-1, 2)$ geht und den Anstieg 2 hat.

$x_1 = -1$, $y_1 = 2$, $m = 2$

$y = 2(x - (-1)) + 2 = 2x + 4$. Die Gleichung der Geraden lautet $y = 2x + 4$.

2) Man gebe die Gleichung der Geraden durch $(-2, 0)$ an mit dem Anstieg $-\dfrac{1}{2}$.

$y = -\dfrac{1}{2}(x - (-2)) + 0 = -\dfrac{1}{2}x - 1$.

Schließlich wollen wir die Gleichung der Geraden bestimmen, die durch zwei vorgegebene Punkte (x_1, y_1) und (x_2, y_2) geht. Sei wieder (x, y) ein beliebiger Punkt der Geraden (Abb. 4.28), so können wir den Anstieg m auf zwei

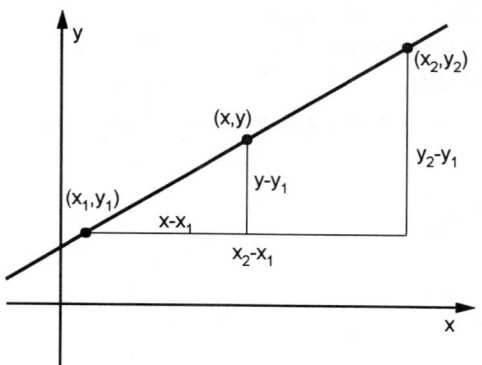

Abb. 4.28

verschiedene Weisen ausdrücken:

$$m = \frac{y - y_1}{x - x_1} = \frac{y_2 - y_1}{x_2 - x_1} \tag{4.2}$$

Also hat man $y - y_1 = \frac{y_2 - y_1}{x_2 - x_1}(x - x_1)$.

$$y = \frac{y_2 - y_1}{x_2 - x_1}(x - x_1) + y_1 \tag{4.3}$$

heißt die *Zweipunktform* der Geradengleichung.

Man wird sich nicht die Formel (4.3) merken, sondern viel eher die Überlegung (4.2), die sofort zu (4.3) führt.

Beispiele:

1)   Man bestimme die Gerade durch die beiden Punkte
       a) $(0, 1);\quad (-2, 3)$ b) $(-1, -2);\quad (2, -4)$.
       a) $x_1 = 0,\quad y_1 = 1, x_2 = -2, y_2 = 3$
          $$y = \frac{3 - 1}{-2 - 0}(x - 0) + 1 = -x + 1$$
       b) $y = \frac{-4 - (-2)}{2 - (-1)}(x - (-1)) + (-2) = -\frac{2}{3}(x + 1) - 2 = -\frac{2}{3}x - \frac{8}{3}$

4.2.2   Ganze rationale Funktionen (Polynome)

Eine außerordentlich wichtige Klasse von Funktionen bilden die *ganzen ratio-nalen Funktionen*, auch kurz *Polynome* genannt.

Eine Funktion der Form

$$f(x) = a_n x^n + a_{n-1} x^{n-1} + \ldots + a_2 x^2 + a_1 x + a_0 \qquad (4.4)$$

heißt eine ganze rationale Funktion oder ein Polynom. Die reellen Zahlen a_0, a_1, $a_2 \ldots a_{n-1}$, a_n heißen die *Koeffizienten* des Polynoms. Der Exponent der höchsten vorkommenden Potenz von x heißt der *Grad* des Polynoms.

In (4.4) wäre also der Grad (unter Voraussetzung, daß $a_n \neq 0$ ist) gerade n.

Beispiele:

1) $f(x) = 2x^2 - x + 1$
     $a_0 = 1$, $a_1 = -1$, $a_2 = 2$; Grad=2

2) $f(x) = -\sqrt{3}x^7 + \pi x^6 - bx^2 + ax + c$
     $a_0 = c$, $a_1 = a$, $a_2 = -b$, $a_3 = a_4 = a_5 = 0$, $a_6 = \pi$, $a_7 = -\sqrt{3}$; Grad=7

3) $f(x) = -x + 4$. $a_0 = 4$, $a_1 = -1$; Grad=1

4) $f(x) = 6$. $a_0 = 6$; Grad=0

5) $f(x) = x^p - 1$. $a_0 = -1$, $a_1 = a_2 = \ldots = a_{p-1} = 0$, $a_p = 1$; Grad=p

6) $f(x) = x^5$. $a_0 = a_1 = a_2 = a_3 = a_4 = 0$, $a_5 = 1$; Grad=5

7) $f(x) = kx^{2n+1} + x - 1$.
     $a_0 = -1$, $a_1 = 1$, $a_2 = a_3 = \ldots = a_{2n} = 0$, $a_{2n+1} = k$; Grad=2n + 1

Ein Polynom ist für alle Werte von x definiert; wenn der Definitionsbereich nicht durch praktische Belange eingeschränkt ist, kann er also als die Menge der reellen Zahlen angenommen werden. Mittels des Summenzeichens kann (4.4) kurz so geschrieben werden:

$$f(x) = \sum_{k=0}^{n} a_k x^k \qquad (4.5)$$

(das Glied a_0, das sogenannte Absolutglied, taucht hier in der Form $a_0 x^0$ auf, was ja wegen $x^0 = 1$ völlig korrekt ist).

Eine ganze rationale Funktion vom Grad 0 hat die Form $f(x) = a_0 x^0$, d.h. $f(x) = a_0$. Sie ist also eine *konstante Funktion*. Ihr Graph ist, wie wir bereits wissen, eine Parallele zur x-Achse.

Eine ganze rationale Funktion vom Grad 1 hat die Form $f(x) = a_1 x + a_0$ (mit $a_1 \neq 0$). Sie ist eine lineare Funktion. Ihr Bild ist eine Gerade; a_0 ist der Ordinatenabschnitt, a_1 der Anstieg. Diese Funktionenklasse haben wir in 4.2.1 ausführlich besprochen, wobei wir dort traditionsgemäß a_0 mit b und a_1 mit m bezeichnet haben.

Ganze rationale Funktionen vom Grad 2, d.h. Funktionen des Typs $f(x) = a_2 x^2 + a_1 x + a_0$ ($a_2 \neq 0$), heißen quadratische Funktionen. Ihre Graphen sind *Parabeln*, und zwar nach oben geöffnete, falls $a_2 > 0$ ist, nach unten geöffnete, falls $a_2 < 0$ ist.Die folgenden Beispiele zeigen solche Parabeln; wir werden später lernen, wie man besondere Punkte dieser Kurven, z.B. ihre Durchgangspunkte durch die x-Achse (Nullstellen) oder ihre Maxima bzw. Minima, bestimmt.

Beispiele für quadratische Funktionen und ihre Graphen:

1) $f(x) = x^2 - x - 1$

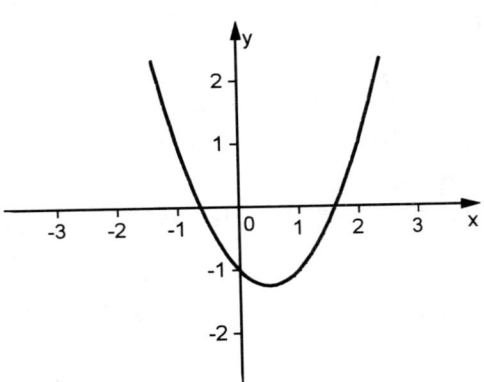

Abb. 4.29

2) $f(x) = -\dfrac{1}{2}x^2 + 2$

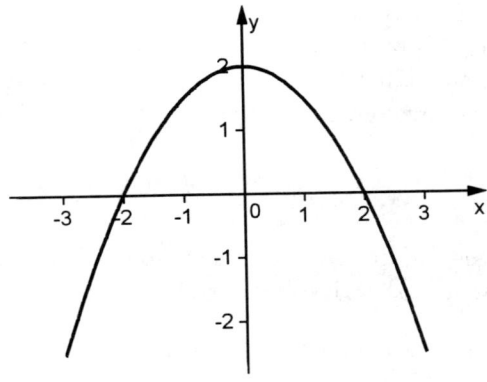

Abb. 4.30

3) $f(x) = 2x^2 + x + 2$

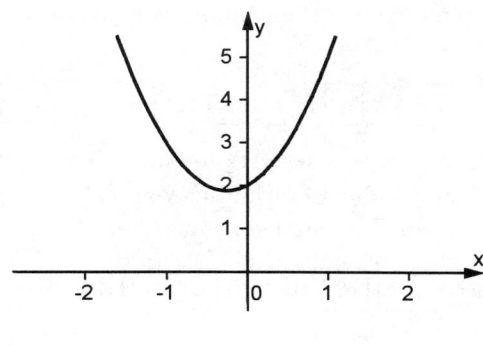

Abb. 4.31

(Man überprüfe mit einer kleinen Wertetabelle die Richtigkeit der Abbildungen an einigen Stellen).

In 4.4. werden wir Beispiele für ganze rationale Funktionen im Bereich der Wirtschaftswissenschaften kennenlernen. Wir wollen uns nun noch überlegen, wie man Funktionswerte einer ganzen rationalen Funktion möglichst rationell ausrechnet. Man kann den Funktionswert zu gegebenem Argument x natürlich direkt berechnen, indem man die einzelnen Potenzen von x berechnet, diese mit den Koeffizienten multipliziert und alles addiert.

Beispiel: $f(x) = 2x^4 - x^3 + 6x^2 - 4x + 3$. Gefordert sei, $f(1,5)$ zu berechnen.

$1,5^4 = 5,0625$; $1,5^3 = 3,375$; $1,5^2 = 2,25$; also

$f(1,5) = 2 \cdot 5,0625 - 3,375 + 6 \cdot 2,25 - 4 \cdot 1,5 + 3 = 17,25.$

Bei Benutzung des Speichers des Taschenrechners geht das auch ohne das Aufschreiben von Zwischenergebnissen. Allerdings ist dieser Rechenweg sehr umständlich.

Nun können wir unser Polynom $f(x) = 2x^4 - x^3 + 6x^2 - 4x + 3$ durch schrittweises Ausklammern von x nach und nach folgendermaßen umwandeln.

$$\begin{aligned} f(x) &= 2x^4 - x^3 + 6x^2 - 4x + 3 \\ &= (2x^3 - x^2 + 6x - 4)x + 3 \\ &= ((2x^2 - x + 6)x - 4)x + 3 \\ &= (((2x - 1)x + 6)x - 4)x + 3 \end{aligned}$$

Hier sind zur Berechnung von $f(x)$ nur noch Multiplikationen und Additionen gefordert; die Tastenfolge der Berechnung von $f(1,5)$ auf dem Taschenrechner sähe dann so aus:

$$2 \boxed{\times} 1{,}5 \boxed{-} 1 \boxed{=} \boxed{\times} 1{,}5 \boxed{+} 6 \boxed{=} \boxed{\times} 1{,}5 \boxed{-} 4 \boxed{=} \boxed{\times} 1{,}5 \boxed{+} 3 \boxed{=} 17{,}25.$$

Um das dauernde Eintippen des Arguments 1,5 zu vermeiden, wird man es abspeichern; d.h. bevor die Berechnung von $f(1,5)$ beginnt, wird 1,5 $\boxed{\text{STO}}$ realisiert, dann sieht die Tastenfolge so aus:

$$2 \boxed{\times} \boxed{\text{RCL}} \boxed{-} 1 \boxed{=} \boxed{\times} \boxed{\text{RCL}} \boxed{+} 6 \boxed{=} \boxed{\times} \boxed{\text{RCL}} \boxed{-} 4 \boxed{=} \boxed{\times} \boxed{\text{RCL}} \boxed{+} 3$$

$\boxed{=} 17{,}25.$ (Dabei ist $\boxed{\text{STO}}$ die Taste für Einspeichern, $\boxed{\text{RCL}}$ der Speicheraufruf; für diese Tasten sind auch verschiedene andere Bezeichnungen in Gebrauch).

Um nicht immer das schrittweise Ausklammern wirklich vornehmen zu müssen, ordnet man den Rechengang in einem Schema an, welches unter der Bezeichnung *Hornerschema* bekannt ist. Man schreibt die Koeffizienten in eine Zeile, läßt darunter eine breite Zeile frei, zieht dann eine Linie, auf der man vorn das Argument notiert, und schreibt unter die Linie vorn den höchsten Koeffizienten nochmals hin (Abb. 4.32).

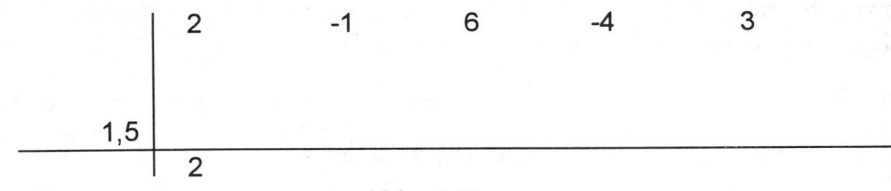

Abb. 4.32

Das weitere Vorgehen wird aus Abb. 4.33 deutlich. Die schrägen Pfeile bedeuten immer Multiplikation mit dem Argument, also hier mit 1,5, die senkrecht nach unten weisenden Pfeile die Addition des jeweils darüber stehenden Koeffizienten.

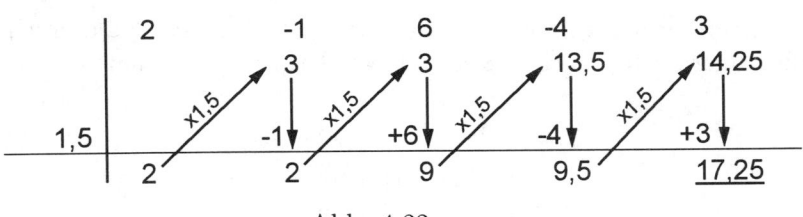

Abb. 4.33

Bei der praktischen Berechnung kommt das Argument in den Speicher; die Zwischenergebnisse braucht man gar nicht mehr zu notieren. Um $f(-2, 1)$ zu berechnen, hätte man zuerst $-2, 1$ $\boxed{\text{STO}}$ zu realisieren; dann sieht das Schema der Berechnung so aus:

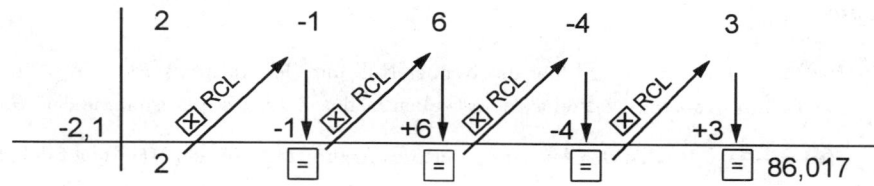

Sind Koeffizienten gleich Null, so müssen diese auch in dem Schema berücksichtigt werden.

Beispiel: $f(x) = x^5 - x^3 + 2x + 4$. Man berechne $f(0, 7)$.

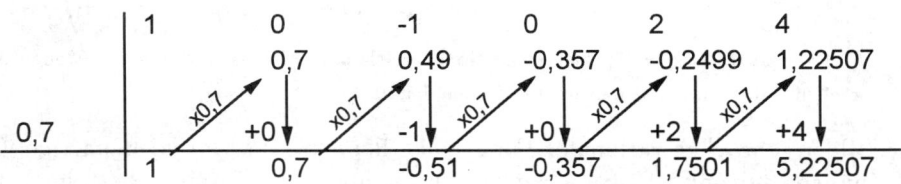

Zum Abschluß dieses Abschnittes sei noch bemerkt, daß man die ganz speziellen Polynome, in denen nur der höchste Koeffizient von Null verschieden ist, und zwar gleich 1, als *Potenzfunktionen* bezeichnet. $f(x) = x^n$, $f(x) = x^2$, $f(x) = x^{p-1}$, $f(x) = x^6$ sind Beispiele für Potenzfunktionen.

4.2.3   Gebrochen-rationale Funktionen

> Den Quotienten zweier Polynome nennt man eine gebrochen-rationale Funktion.

Eine gebrochen-rationale Funktion hat die Form

$$f(x) = \frac{a_n x^n + a_{n-1} x^{n-1} + \ldots + a_1 x + a_0}{b_m x^m + b_{m-1} x^{m-1} + \ldots + b_1 x + b_0} = \frac{\displaystyle\sum_{i=0}^{n} a_i x^i}{\displaystyle\sum_{k=0}^{m} b_k x^k}. \tag{4.6}$$

Dabei sind die a_i und b_k relle Zahlen. Der Definitionsbereich einer gebrochen-rationalen Funktionen besteht aus allen reellen Zahlen mit Ausnahme derjenigen, für die der Nenner Null wird (d.h. mit Ausnahme der Nullstellen des Nennerpolynoms; vgl. 4.3.2), denn durch Null darf ja nicht geteilt werden.

Beispiele:

1) $f(x) = \dfrac{1}{x}$. Für $x = 0$ wird hier der Nenner Null und der Ausdruck ist nicht definiert. Der Definitionsbereich besteht also aus allen reellen Zahlen mit Ausnahme der Null.

2) $f(x) = \dfrac{x+3}{x-4}$. Hier ist der Ausnahmewert des Argumentes, für den $f(x)$ nicht definiert ist, $x = 4$.

3) $f(x) = \dfrac{x}{x^2+1}$. $x^2 + 1$ wird für reelle x nie Null, also ist der Definitionsbereich die Menge aller reellen Zahlen.

4) $f(x) = \dfrac{x-6}{x^2-3x+2}$. Um hier festzustellen, für welche Werte von x der Nenner Null wird, müssen wir die quadratische Gleichung $x^2-3x+2 = 0$ lösen. $x_{1,2} = \dfrac{3}{2} \pm \sqrt{\dfrac{9}{4} - 2} = \dfrac{3}{2} \pm \dfrac{1}{2}$. $x_1 = 2$, $x_2 = 1$. Der Definitionsbereich besteht also hier aus der Menge der reellen Zahlen mit Ausnahme der Zahlen 1 und 2.

Die Bilder gebrochen-rationaler Funktionen können sehr verschiedenartige Erscheinungen zeigen: z.B. kann der Graph aus mehreren Zweigen bestehen, die nicht zusammenhängen; es kann Unendlichkeitsstellen geben und Asymptoten (vgl. 4.3.5). Mit der Erarbeitung weiterer mathematischer Hilfsmittel werden wir in die Lage versetzt, eine sogenannte Kurvendiskussion durchzuführen, d.h. die genannten Erscheinungen exakt zu bestimmen und dann den Graphen zu skizzieren. Beispiele für ökonomische Anwendungen gebrochen-rationaler Funktionen sind in 4.4. angegeben. Die folgenden Bilder sollen einen Eindruck von der Vielfalt gebrochen rationaler Funktionen vermitteln:

1) $f(x) = \dfrac{1}{x+1}$

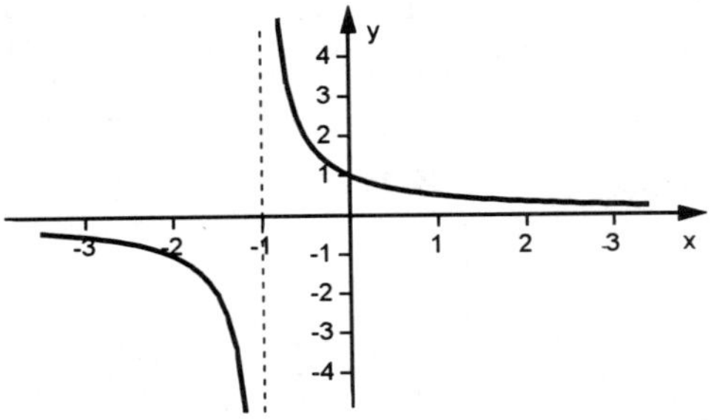

Abb. 4.34

2) $f(x) = \dfrac{x^2}{x^2 + 1}$

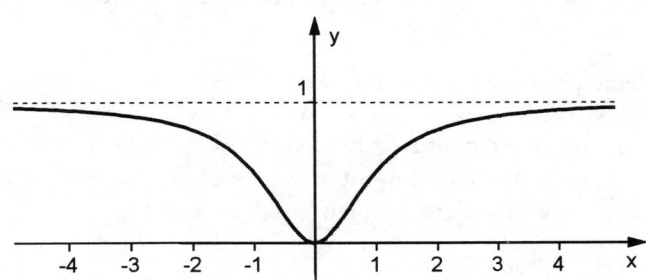

Abb. 4.35

3) $f(x) = \dfrac{x - 1}{x^2 - 4}$

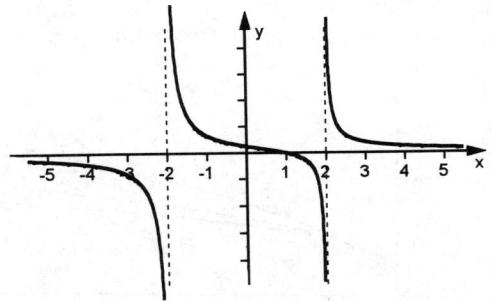

Abb. 4.36

4) $f(x) = \dfrac{x}{2} - 1 + \dfrac{1}{(x-1)^2} = \dfrac{\left(\dfrac{x}{2} - 1\right)(x^2 - 2x + 1) + 1}{x^2 - 2x + 1} = \dfrac{\dfrac{1}{2}x^3 - 2x^2 + \dfrac{5}{2}x}{x^2 - 2x + 1}$

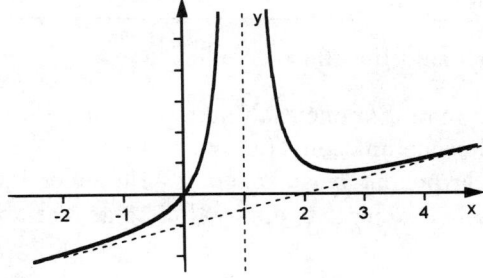

Abb. 4.37

4.2.4   Weitere elementare Funktionen

Im folgenden sollen noch Wurzel-, Exponential- und Logarithmusfunktionen behandelt werden. In 4.3.2 werden wir sehen, wie aus Polynomen und den eben genannten elementaren Funktionen kompliziertere Funktionen zusammengesetzt werden können. So gut wie jede praktisch relevante Funktion läßt sich aus den elementaren Funktionen zusammensetzen.

(1) *Wurzelfunktionen*

> Eine Funktion der Form $f(x) = \sqrt[n]{x}$ heißt eine Wurzelfunktion.

Wie wir aus 2.2.1 wissen, ist $\sqrt[n]{x}$ nur für $x \geq 0$ definiert. Der Definitionsbereich von $f(x) = \sqrt[n]{x}$ ist also die Menge derjenigen reellen Zahlen, die ≥ 0 sind. Abb. 4.38 zeigt die Wurzelfunktionen $f(x) = \sqrt{x}$, $f(x) = \sqrt[3]{x}$, $f(x) = \sqrt[4]{x}$. Alle Wurzelfunktionen $\sqrt[n]{x}$ gehen durch den Punkt $(1,1)$, denn $\sqrt[n]{1} = 1$ für jedes n.

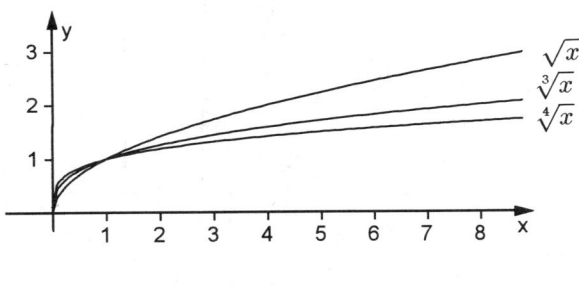

Abb. 4.38

(2) *Exponentialfunktionen*

> Es sei $a > 0$ und $a \neq 1$. Eine Funktion der Form $f(x) = a^x$ heißt eine Exponentialfunktion.

Exponentialfunktionen sind für alle x definiert.

Auf keinen Fall darf man Exponentialfunktionen mit Potenzfunktionen verwechseln. Bei einer Potenzfunktion $f(x) = x^n$ stellt die unabhängige Variable x die Basis dar, der Exponent n ist konstant. Bei einer Exponentialfunktion $f(x) = a^x$ ist die Basis a konstant, die unabhängige Variable steht im Exponenten.

Man kann mit einem Taschenrechner die Werte von $f(x) = a^x$ bei gegebenem

a leicht berechnen und mittels einer Wertetabelle die Funktion dann zeichnen. Für die spezielle Basis e (vgl. 2.3.) ist meist noch eine spezielle Taste für die Berechnung von e^x vorhanden. Die Tastenfolge 0,5 $\boxed{e^x}$ liefert dann z.B. den Wert $e^{0,5}$. Weitere Beispiele: $e^{-0,5} = 0,6065307$, $e^0 = 1$, $e^2 = 7,3890561$.

Für die Funktion a^x wollen wir noch eine Darstellung durch e^x finden. Dazu benutzen wir (2.29), d.h. $a = e^{\ln a}$ und das Potenzgesetz (2.8), welches auch für beliebige reelle Exponenten gilt. Dann ergibt sich $a^x = \left(e^{\ln a}\right)^x = e^{x \cdot \ln a}$, d.h.

$$\boxed{a^x = e^{x \cdot \ln a}} \tag{4.7}$$

Diese Formel wird in der Differentialrechnung benötigt. Man könnte sie auch zur Berechnung von a^x auf Rechnern benutzen, die e^x besitzen, aber keine allgemeine Potenztaste.

Um z.B. den Wert von 2^x für $x = 0,52$ zu berechnen, schreiben wir $2^{0,52} = e^{0,52 \cdot \ln 2}$. Die Tastenfolge sieht dann so aus: 2 $\boxed{\ln}$ $\boxed{\times}$ 0,52 $\boxed{=}$ $\boxed{e^x}$ $\boxed{=}$ 1,4339552.

Abb. 4.39 zeigt die Graphen dreier Exponentialfunktionen, nämlich $f(x) = e^x$, $f(x) = 2^x$, $f(x) = 1,5^x$.

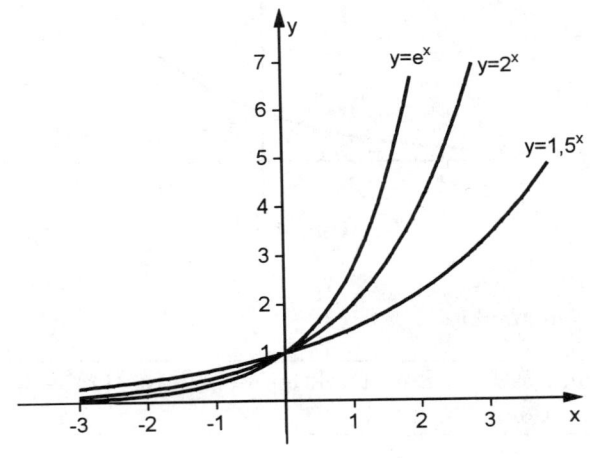

Abb. 4.39

Alle Exponentialfunktionen a^x gehen durch den Punkt $(0, 1)$, ganz gleich, welchen Wert a hat, denn $a^0 = 1$ für jedes a (vgl. (2.9)). Die Werte einer Exponentialfunktion $f(x) = a^x$ sind stets positiv; nie schneiden die Graphen dieser Funktionen die x-Achse, sondern sie verlaufen immer oberhalb derselben.

Im obigen Beispiel für Exponentialfunktionen war $a > 1$. In diesen Fällen nähern sich bei negativen x-Werten die Graphen der Funktion immer mehr der Null, je weiter man nach links geht; für positive x wachsen die Funktionswerte sehr stark an. Wir wollen uns noch überlegen, daß für $a < 1$ sich dieses Verhalten gerade umkehrt: a^x nähert sich für wachsende positive x immer mehr der Null, während es für negative x stark ansteigt, je weiter man nach links geht. Nehmen wir als Beispiel $a = \dfrac{1}{2}$. Nach den Potenzgesetzen ist $\left(\dfrac{1}{2}\right)^x = \dfrac{1}{2^x} = 2^{-x}$. Das Bild von $f(x) = 2^{-x}$ erhält man aber gerade durch Spiegelung des Bildes von 2^x an der y-Achse. Abb. 4.40 zeigt die Graphen von $f(x) = 2^x$ und $f(x) = \left(\dfrac{1}{2}\right)^x = 2^{-x}$.

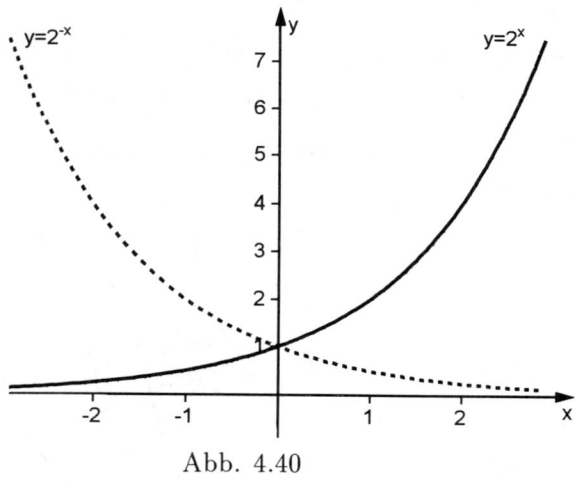

Abb. 4.40

(3) *Logarithmusfunktionen*

Es sei $a > 0$ und $a \neq 1$. Eine Funktion der Form $f(x) = \log_a x$ heißt eine Logarithmusfunktion.

Aus 2.3. wissen wir, daß $\log_a x$ für alle positiven x und nur für diese berechnet werden kann. Der Definitionsbereich ist also der Bereich der reellen Zahlen, die > 0 sind.

Die speziellen Logarithmusfunktionen zur Basis $a = e$ (bezeichnet als $\ln x$) und zur Basis $a = 10$ (bezeichnet als $\log x$) sind auf den meisten Taschenrechnern durch Funktionstasten direkt realisiert. Alle anderen lassen sich mittels der

Formel (2.30) auf $\log x$ zurückführen: $\log_a x = \dfrac{\log x}{\log a}$. Eine analoge Formel gilt

auch für $\ln x$, man kann also die Berechnung von $\log_a x$ vermöge $\log_a x = \dfrac{\ln x}{\ln a}$

auch auf die Berechnung von $\ln x$ zurückführen.

Beispiel: Um den Graph von $f(x) = \log_2 x$ zu zeichnen, fertigen wir eine Wertetabelle an.

x	$0,1$	$0,2$	$0,5$	$0,8$	1	2	...
$\log_2 x$	$-3,3219281$	$-2,3219281$	-1	$-0,3219281$	0	1	...

Zur Berechnung: Es ist $\log_2 x = \dfrac{\ln x}{\ln 2}$. Wir speichern $\ln 2 = 0,6931472$. Um

etwa $\log_2 4$ zu berechnen, realisieren wir die Tastenfolge 4 $\boxed{\ln}$ $\boxed{\div}$ $\boxed{\text{RCL}}$ $\boxed{=}$ 2
(das hätten wir auch im Kopf gekonnt; was war doch gleich $\log_2 4$?).

Abb. 4.41 zeigt die Graphen von $f(x) = \log x$ $(= \log_{10} x)$, $f(x) = \ln x$ $(= \log_e x)$, $f(x) = \log_2 x$.

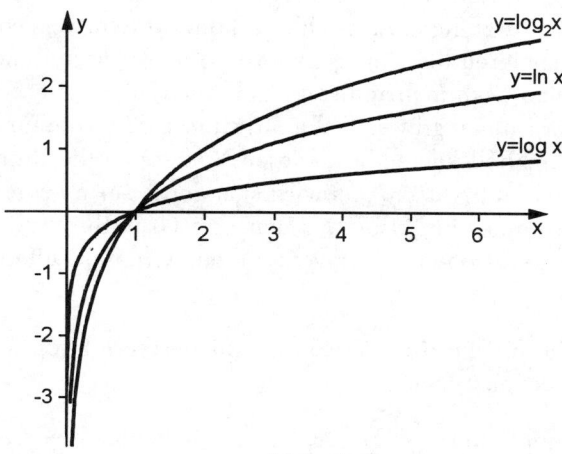

Abb. 4.41

Alle Logarithmusfunktionen gehen durch den Punkt $(1,0)$ (warum?). Wenn sich x (von rechts her) der Null nähert, kommen sie der Ordinatenachse immer näher, erreichen sie jedoch nie (man nennt die y-Achse deshalb eine Asymptote des Graphen einer jeden Logarithmusfunktion; siehe dazu 4.3.5).

Es sei noch angemerkt, daß zwischen Potenz- und Wurzelfunktionen sowie zwischen Exponential- und Logarithmusfunktinnen jeweils ein enger Zusammenhang besteht: Sie sind *Umkehrfunktionen* voneinander (s. 4.3.4).

4.3   Allgemeines über Funktionen

4.3.1   Der systematische Aufbau von Funktionen aus den einfachsten elementaren Bestandteilen

Wir haben schon zahlreiche Beispiele von Funktionen kennengelernt und wollen uns nun einen Einblick in die *Systematik des Aufbaus von Funktionen* verschaffen. Dabei werden wir erkennen, daß alle von uns betrachteten Funktionen aus den fünf *Grundbestandteilen konstante Funktion, Potenzfunktion, Wurzelfunktion, Exponentialfunktion* und *Logarithmusfunktion* durch die *vier Operationen Addition, Multiplikation, Division* und *Verkettung* gebildet werden. Es ist für die später folgende Differentialrechnung von ausschlaggebender Bedeutung, diese Systematik richtig zu verstehen. Es sei hier schon kurz vorweggenommen, warum. Für das Differenzieren der fünf genannten Grundbestandteile gibt es einfache Formeln, die man nach mehrmaligem Gebrauch im Kopf hat. Für die vier oben genannten Operationen gibt es Differentiationsregeln (die für die Addition hat wegen ihrer Einfachheit keinen besonderen Namen; an die Namen Produktregel, Quotientenregel und Kettenregel wird sich der Leser noch erinnern). Hat man nun den Aufbau einer Funktion aus den fünf Grundbestandteilen mittels der vier genannten Operationen richtig verstanden, wird das Differenzieren zum Kinderspiel.

Als Ausgangsmaterial für die Bildung von komplizierteren Funktionen betrachten wir folgende Funktionstypen:

1) die *konstanten Funktionen* $f(x) = c$; c eine beliebige reelle Zahl;

2) die *Potenzfunktionen* $f(x) = x^n$; n eine beliebige natürliche Zahl.

3) die *Wurzelfunktionen* $f(x) = \sqrt[n]{x}$; n eine beliebige natürliche Zahl; $x \geq 0$

4) die *Exponentialfunktion* $f(x) = e^x$;

5) die *Logarithmusfunktion* $f(x) = \ln x$; $x > 0$.

Addition von Funktionen:

Sind zwei Funktionen $u(x)$ und $v(x)$ gegeben, so entsteht durch ihre Addition eine neue Funktion $f(x) = u(x) + v(x)$. Man kann natürlich auch mehr als zwei Summanden addieren: Seien $f_1(x), f_2(x), \ldots, f_k(x)$ k Funktionen, so entsteht durch ihre Addition eine neue Funktion:

$$f(x) = f_1(x) + f_2(x) + \ldots + f_k(x) = \sum_{i=1}^{k} f_i(x).$$

Beispiele:

1) $u(x) = x, \quad v(x) = 4$
    $f(x) = u(x) + v(x) = x + 4$

2) $f_1(x) = \sqrt{x}, \quad f_2(x) = x^3, \quad f_3(x) = e^x$
    $f(x) = f_1(x) + f_2(x) + f_3(x) = \sqrt{x} + x^3 + e^x$

3) $f_i(x) = x^i, \quad i = 0, 1, 2, \ldots, k$

    $$f(x) = \sum_{i=0}^{k} f_i(x) = \sum_{i=0}^{k} x^i = 1 + x + x^2 + \ldots + x^k$$

Multiplikation von Funktionen:

Sind zwei Funktionen u und v gegeben, so entsteht durch ihre Multiplikation eine neue Funktion $f(x) = u(x)v(x)$. Auch hier kann man mehr als zwei Funktionen multiplizieren: $f(x) = f_1(x)f_2(x) \ldots f_k(x)$.

Beispiele:

1) Das Produkt einer konstanten Funktion $u(x) = c$ mit $v(x)$: $f(x) = cv(x)$, z.B. $f(x) = 7x^3$ $(c = 7, \ v(x) = x^3)$; $f(x) = -x^6$ $(c = -1, \ v(x) = x^6)$; $f(x) = \pi e^x$; $f(x) = -3 \ln x$.

2) $u(x) = x^3, v(x) = \sqrt{x}; \quad f(x) = u(x) \cdot v(x) = x^3\sqrt{x}$

3) $f_1(x) = -1, f_2(x) = x^2, f_3(x) = e^x; \quad f(x) = f_1(x)f_2(x)f_3(x) = -x^2 e^x$.

4) Jedes Polynom entsteht durch die Multiplikation einzelner Potenzfunktionen x^0, x^1, $x^2, \ldots, x^n$ mit konstanten Funktionen $a_0, a_1, a_2, \ldots, a_n$ und anschliessende Addition:
    $f(x) = a_0 + a_1 x + a_2 x^2 + \ldots + a_n x^n$.

5) $f(x) = -2x^2 \sqrt[3]{x} - 3e^x \cdot \ln x$.
    Hier sind zwei Produkte, nämlich $(-2) \cdot x^2 \cdot \sqrt[3]{x}$ und $(-3) \cdot e^x \cdot \ln x$ addiert worden.

Division von Funktionen:

Sind zwei Funktionen $u(x)$ und $v(x)$ gegeben, so entsteht durch ihre Division eine neue Funktion $f(x) = \dfrac{u(x)}{v(x)}$. Hier hat man zu beachten, daß diejenigen

x-Werte, für die $v(x) = 0$ ist (die Nullstellen von $v(x)$, vgl. 4.3.2) nicht zum Definitionsbereich von $f(x)$ gehören.

Beispiele:

1) $u(x) = e^x$, $v(x) = \ln x$. $f(x) = \dfrac{e^x}{\ln x}$. Da e^x überall und $\ln x$ nur für $x > 0$ definiert ist, besteht der Definitionsbereich von $f(x)$ aus allen Werten $x > 0$ mit Ausnahme von $x = 1$, denn dort ist $\ln x = 0$.

2) $f(x) = \dfrac{-x^2}{\sqrt[3]{x}}$. Definitionsbereich: alle $x > 0$.

3)   Jede Logarithmusfunktion $\log_a x$ ist der Quotient von $u(x) = \ln x$ und der konstanten Funktion $v(x) = \ln a$: $\log_a x = \dfrac{\ln x}{\ln a}$.

4)   Jede gebrochen-rationale Funktion hat die Form $f(x) = \dfrac{u(x)}{v(x)}$, wobei $u(x)$ und $v(x)$ Polynome sind. Definitionsbereich?

5) $f(x) = \dfrac{-3xe^x}{(2x^2 - x + 1)\sqrt{x}} - \dfrac{(7x^2 - x + 3)\ln x}{2x\sqrt[3]{x}e^x}$

Diese Funktion ist zunächst die Differenz zweier Funktionen: $f(x) = f_1(x) - f_2(x)$. $f_1(x)$ und $f_2(x)$ sind Quotienten: $f_1(x) = \dfrac{u_1(x)}{v_1(x)}$, $f_2(x) = \dfrac{u_2(x)}{v_2(x)}$ mit $u_1(x) = (-3x) \cdot e^x$, $v_1(x) = (2x^2 - x + 1) \cdot \sqrt{x}$, $u_2(x) = (7x^2 - x + 3) \cdot \ln x$, $v_2(x) = (2x) \cdot \sqrt[3]{x} \cdot e^x$. Definitionsbereich von f: alle $x > 0$ (warum?).
Anmerkung: Polynome zerlegt man aus praktischen Gründen nicht weiter in ihre Bestandteile.

Verkettung von Funktionen:

Als einführendes Beispiel betrachten wir die Funktion $f(x) = \sqrt{2x^3 - x + 1}$. Diese Funktion kann man sich folgendermaßen entstanden denken: Zunächst wird die Funktion $v(x) = 2x^3 - x + 1$ gebildet. Diese Funktion setzen wir als Argument in die Funktion $u(v) = \sqrt{v}$ ein: $f(x) = \sqrt{v(x)} = u(v(x))$ (die Vorschrift bei $u(v)$ lautete ja „Man bilde die Wurzel des Arguments"; das Argument ist eben jetzt die Funktion $v(x)$.

> Man bezeichnet die durch Einsetzen einer Funktion $v(x)$ in eine Funktion $u(v)$ entstehende Funktion $f(x) = u(v(x))$ als *verkettete Funktion*; v heißt die *innere*, u die *äußere* Funktion.

Die Reihenfolge ist bei der Verkettung wesentlich. Bilden wir etwa in obigem Beispiel die Funktion $g(x) = v(u(x))$, so ergibt sich: $v(u(x)) = 2(\sqrt{x})^3 - \sqrt{x} + 1 = (2x - 1)\sqrt{x} + 1$, also eine ganz andere Funktion als $f(x) = u(v(x)) = \sqrt{2x^3 - x + 1}$.

Man kann auch mehr als zwei Funktionen miteinander verketten. Beispiel: $u(v) = e^v$, $v(w) = \sqrt{w}$, $w(x) = 3x - 7$. $f(x) = u(v(w(x))) = e^{\sqrt{3x-7}}$.

Beispiele:

1) $u(v) = v^2 - 2v + 1$, $v(x) = \ln x$
    $u(v(x)) = (\ln x)^2 - 2\ln x + 1$; $v(u(x)) = \ln(x^2 - 2x + 1)$

2) $g(h) = \sqrt[3]{h}$, $h(x) = e^x$
    $g(h(x)) = \sqrt[3]{e^x}$; $h(g(x)) = e^{\sqrt[3]{x}}$

3) $r(s) = \dfrac{1}{s - 1}$, $s(t) = \ln t$, $t(x) = x^2 - 1$

    $r(s(t(x))) = \dfrac{1}{\ln(x^2 - 1) - 1}$; $r(t(s(x))) = \dfrac{1}{(\ln x)^2 - 1 - 1} = \dfrac{1}{(\ln x)^2 - 2}$

    $s(t(r(x))) = \ln\left[\left(\dfrac{1}{x-1}\right)^2 - 1\right]$

    Man bilde die anderen möglichen Kombinationen der Verkettungen von r, s, t.

In den folgenden Beispielen werden Funktionen gegeben; es soll herausgefunden werden, wie sie durch Verkettung entstehen. Genau diese Analyse wird man in der Differentialrechnung benötigen.

Beispiele:

1) $f(x) = e^{-x}$. Innere Funktion ist $v(x) = -x$; äußere Funktion $u(v) = e^v$. $f(x) = u(v(x))$.

2) $f(x) = a^x = e^{x \cdot \ln a}$; $v(x) = x \cdot \ln a$, $u(v) = e^v$, $f(x) = u(v(x))$.
    Jede Exponentialfunktion $y = a^x$ entsteht durch Verkettung einer linearen Funktion $v(x) = x \cdot \ln a$ ($\ln a$ ist ja eine Konstante) als innerer Funktion und der Funktion $u(v) = e^v$ als äußerer Funktion.

3) $f(x) = (x - 3)^4$; $u(v) = v^4$, $v(x) = x - 3$, $f(x) = u(v(x))$.
    Man mache sich die Vorschrift der äußeren Funktion stets in Worten klar. Sie lautet hier: Man erhebe das Argument in die 4. Potenz. Das Argument ist die innere Funktion $x - 3$.

4) $f(x) = \sqrt[3]{e^{-2x+5}}$. Hier sind drei Funktionen verkettet: $w(x) = -2x + 5$, $v(w) = e^w$, $u(v) = \sqrt[3]{v}$; $f(x) = u(v(w(x)))$.

5) $f(x) = \ln(\sqrt{3x - 7})$; $w(x) = 3x - 7$, $v(w) = \sqrt{w}$, $u(v) = \ln v$, $f(x) = u(v(w(x)))$

In den folgenden Beispielen sind alle behandelten Operationen (Addition, Multiplikation, Division und Verkettung) kombiniert; die Bezeichnungsweise wechselt absichtlich, um deutlich zu machen, daß die konkrete Bezeichnung unwesentlich ist und man sich immer darauf konzentrieren muß, was die einzelnen Funktionen „tun", welche Vorschrift sie geben, was also mit ihrem Argument zu tun ist.

Beispiele:

1) $f(x) = 5(2x + 4)^3$;

$f(x) = f_1(x) \cdot f_2(x)$; $f_1(x) = 5$, $f_2(x) = g(h(x))$ mit $h(x) = 2x + 4$ und $g(h) = h^3$.

2) $f(x) = 2xe^{-x} + \dfrac{1}{\ln(1 - x)}$; $f(x) = f_1(x) + f_2(x)$;

$f_1(x) = u(x)v(x)$ mit $u(x) = 2x$, $v(x) = g(h(x))$, $h(x) = -x$, $g(h) = e^h$;

$f_2(x) = \dfrac{w(x)}{z(x)}$, $w(x) = 1$, $z(x) = s(t(x))$ mit $t(x) = 1 - x$, $s(t) = \ln t$.

3) $f(x) = \dfrac{x\sqrt{x}}{(x - 4)^3}$; $f(x) = \dfrac{f_1(x)}{f_2(x)}$

$f_1(x) = u(x)v(x)$, $u(x) = x$, $v(x) = \sqrt{x}$

$f_2(x) = w(s(x))$ mit $s(x) = x - 4$, $w(s) = s^3$.

4) $f(x) = \dfrac{-x^2 + 2x + 5}{\sqrt{x^2 - 1} + 10}$; $f(x) = \dfrac{f_1(x)}{f_2(x)}$

$f_1(x) = -x^2 + 2x + 5$; $f_2(x) = u(v(x)) + 10$ mit $v(x) = x^2 - 1$, $u(v) = \sqrt{v}$.

5) $f(x) = e^{0,8x+4} - \dfrac{2x}{\ln \sqrt{x}}$; $f(x) = f_1(x) - f_2(x)$

$f_1(x) = u(v(x))$ mit $v(x) = 0,8x + 4$, $u(v) = e^v$;

$f_2(x) = \dfrac{g(x)}{h(x)}$, $g(x) = 2x$, $h(x) = s(t(x))$ mit $t(x) = \sqrt{x}$, $s(t) = \ln t$.

4.3.2 Nullstellen

> Ein Argumentwert x_0 heißt Nullstelle einer Funktion $f(x)$, wenn $f(x_0) = 0$ ist.

An einer Nullstelle ist also der Funktionswert, d.h. der y-Wert, gleich Null. Da die Punkte der x-Achse gerade dadurch charakterisiert sind, daß ihre y-Koordinate Null ist, sind *die Nullstellen* demnach *die Schnittpunkte des Graphen der Funktion mit der x-Achse.* Abb. 4.42 zeigt eine Funktion mit den drei Nullstellen x_1, x_2, x_3.

> Um die Nullstellen einer Funktion $f(x)$ zu bestimmen, muß man die Gleichung $f(x) = 0$ nach x auflösen.

Nullstellen linearer Funktionen:

Ist $f(x) = mx + b$ ($m \neq 0$; für $m = 0$ entsteht die konstante Funktion $y = b$, die keine Nullstellen hat), so ist die Gleichung für die Bestimmung der Nullstellen

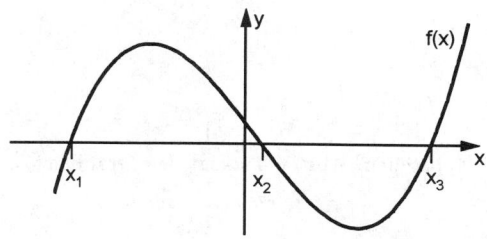

Abb. 4.42

$mx + b = 0$ mit der Lösung $x_0 = -\dfrac{b}{m}$.

> Jede lineare Funktion $f(x) = mx + b$ mit $m \neq 0$ hat eine einzige Nullstelle, die man durch Lösen einer linearen Gleichung findet.

Der Graph einer linearen Funktion $f(x) = mx + b$ ist eine Gerade, die bei $m \neq 0$ nicht parallel zur x-Achse ist. Die Nullstelle von $f(x)$ ist der Schnittpunkt dieser Geraden mit der x-Achse.

Beispiele:

1)   Wo schneidet $y = 2x - 6$ die x-Achse?

$2x - 6 = 0$; $x_0 = 3$. Bei $x_0 = 3$ schneidet die gegebene Gerade die x-Achse.

2)   Man bestimme die Nullstellen von

a) $y = x + 1$ b) $f(x) = 3x - 7$ c) $g(t) = 4t + 5$ d) $h(u) = u - 6$

a) $x + 1 = 0$, $x_0 = -1$;   b) $3x - 7 = 0$, $x_0 = \dfrac{7}{3}$

c) $4t + 5 = 0$, $t_0 = -\dfrac{5}{4}$;   d) $u - 6 = 0$, $u_0 = 6$.

Nullstellen quadratischer Funktionen:

Ist $f(x) = a_2 x^2 + a_1 x + a_0$ $(a_2 \neq 0)$, so findet man die Nullstellen von $f(x)$ durch Lösen der *quadratischen Gleichung* $a_2 x^2 + a_1 x + a_0 = 0$. Nach Division durch a_2 erhalten wir die Normalform (2.40) und können die Lösungsformel (2.41) anwenden.

Beispiele:

1) $f(x) = 3x^2 - 3x - 6$

$$3x^2 - 3x - 6 = 0 \quad | : 3$$

$$x^2 - x - 2 = 0$$

$$x_{1,2} = \frac{1}{2} \pm \sqrt{\frac{1}{4} + 2} = \frac{1}{2} \pm \frac{3}{2}; \quad x_1 = 2; \quad x_2 = -1$$

Es existieren zwei Nullstellen. Abb. 4.43 zeigt den Graphen von $f(x)$.

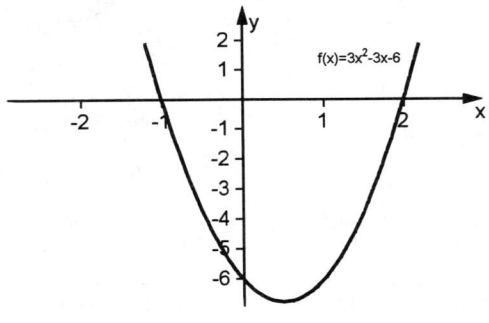

Abb. 4.43

2) $f(x) = -x^2 + 4x - 4$

$$-x^2 + 4x - 4 = 0 \quad | : (-1)$$

$$x^2 - 4x + 4 = 0$$

$$x_{1,2} = 2 \pm \sqrt{4 - 4}; \quad x_1 = x_2 = 2.$$

Es existiert also nur eine Nullstelle. Der Graph der Funktion berührt die x-Achse in dieser Nullstelle (Abb. 4.44) (Schnittpunkt meint: einen Punkt gemeinsam haben, es kann auch ein Berührungspunkt sein).

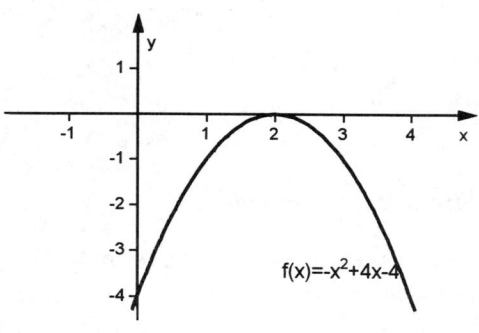

Abb. 4.44

3) $f(x) = x^2 + 2x + 5; \quad x^2 + 2x + 5 = 0; \quad x_{1,2} = -1 \pm \sqrt{1 - 5} = -1 \pm \sqrt{-4}.$

Da $\sqrt{-4}$ nicht existiert, hat diese Funktion keine reellen Nullstellen. Der Graph der Funktion liegt vollständig über der x-Achse (Abb. 4.45).

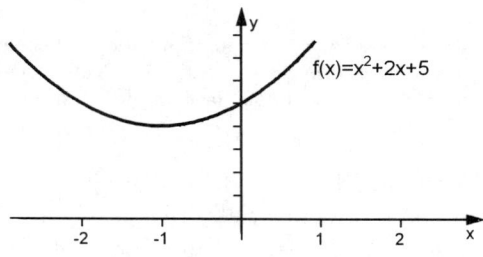

Abb. 4.45

Eine quadratische Funktion kann zwei, eine oder gar keine reellen Nullstellen haben, je nachdem, ob die entsprechende quadratische Gleichung zwei, eine oder gar keine reellen Lösungen hat.

Nullstellen von Polynomen:

Für Polynome höheren als zweiten Grades gelingt eine elementare Nullstellenbestimmung nur in Ausnahmefällen. Man muß hier auf numerische Näherungsverfahren, z.B. das Newtonsche Näherungsverfahren zurückgreifen; dazu sei auf weiterführende Literatur verwiesen. Programme, die Nullstellen von Polynomen berechnen, sind in jeder mathematischen Standardsoftware enthalten.

Einige Tatsachen über Nullstellen von Polynomen seien noch erwähnt: Ist x_0 Nullstelle des Polynoms $f(x)$, so ist $f(x)$ ohne Rest durch $x - x_0$ teilbar. Das kann man sich zunutze machen, um z.B. bei einem Polynom dritten Grades die Nullstellen zu bestimmen, wenn eine Nullstelle schon bekannt ist (etwa durch Probieren gefunden wurde).

Beispiel:

1) $f(x) = x^3 - 2x^2 - x + 2$

Hier findet man durch Probieren $x_0 = 1$ als eine Nullstelle. Nun führen wir die Division durch $x - 1$ aus (das Dividieren von Polynomen geschieht nach demselben Verfahren, wie man es bei der schriftlichen Division von Zahlen anwendet):

$$
\begin{array}{l}
(x^3 \;-2x^2 \;\;-x\;+2\;) : (x-1) = x^2 - x - 2 \\
\underline{\;x^3 \;-x^2} \\
\qquad\;\; -x^2 \;\;-x \\
\qquad\;\; \underline{-x^2 \;\;+x} \\
\qquad\qquad\quad -2x \;+2 \\
\qquad\qquad\quad \underline{-2x \;+2} \\
\qquad\qquad\qquad\qquad 0
\end{array}
$$

Die Lösung der Gleichung $x^2 - x - 2 = 0$ ergibt die restlichen beiden Nullstellen von $f(x)$: $x_1 = 2$, $x_2 = -1$; also hat $f(x)$ die drei Nullstellen 1, 2, -1. Die geringe praktische Bedeutung dieses Verfahrens liegt auf der Hand.

Wichtiger ist die Bemerkung, daß man die Nullstellen sofort ablesen kann, falls ein Polynom als Produkt von Linearfaktoren gegeben ist. Sei z.B. $f(x) = 2(x-1)(x+3) = 2x^2 + 4x - 6$ gegeben, so kann $f(x) = 0$, d.h. $2(x-1)(x+3) = 0$ nur sein, wenn die Faktoren einzeln Null werden. 2 ist $\neq 0$, also bleiben die Gleichungen $x - 1 = 0$ und $x + 3 = 0$; ihre Lösungen sind $x_1 = 1$, $x_2 = -3$. Also sind 1 und -3 die Nullstellen von $f(x)$.

Beispiele:

1)   Welche Nullstellen hat $f(x) = -7(x - 2)(x - \sqrt{2})(x + \sqrt{2})$?
       $x_0 = 2$, $x_1 = \sqrt{2}$, $x_2 = -\sqrt{2}$.

2)   Welche Nullstellen hat $f(x) = (x + 2)(x + 6)(x^2 - 1)$?
       $x + 2 = 0$ liefert $x_1 = -2$, $x + 6 = 0$ liefert $x_2 = -6$. $x^2 - 1 = 0$. Die Lösungen dieser quadratischen Gleichung sind $x_3 = 1$, $x_4 = -1$. $f(x)$ hat also die vier Nullstellen $1, -1, -2, -6$.

3)   Welchen Definitionsbereich hat $f(x) = \dfrac{2x}{(x - 3)(x + 4)(x + 5)}$?
       Der Definitionsbereich einer gebrochen-rationalen Funktion umfaßt alle reellen Zahlen mit Ausnahme der Nullstellen des Nenners. Diese sind $3, -4, -5$.

Ein Polynom n-ten Grades kann höchstens n Linearfaktoren haben. Daraus folgt, daß ein Polynom *höchstens soviele reelle Nullstellen hat, wie sein Grad angibt*.

Nullstellen gebrochen-rationaler Funktionen:

Eine gebrochen-rationale Funktion $f(x)$ hat bekanntlich die Gestalt $f(x) = \dfrac{g(x)}{h(x)}$, wo $g(x)$ und $h(x)$ Polynome sind. $f(x) = 0$ bedeutet $\dfrac{g(x)}{h(x)} = 0$; nach Multiplikation mit $h(x)$ folgt: $g(x) = 0$.

> Die Nullstellen einer gebrochen-rationalen Funktion sind gerade diejenigen Nullstellen des Zählerpolynoms, für die das Nennerpolynom nicht gleichzeitig Null wird (denn letztere gehören nicht zum Definitionsbereich von $f(x)$).

Beispiele:

1)   Welche Nullstellen hat $f(x) = \dfrac{x^2 - x - 2}{x^2 - 1}$?

Wir berechnen zunächst die Nullstellen des Zählerpolynoms: $x^2 - x - 2 = 0$, $x_1 = -1$, $x_2 = 2$. Nun prüfen wir, welche der gefundenen Nullstellen auch Nullstellen des Nenners sind. $2^2 - 1 = 3 \neq 0$, 2 ist also keine Nullstelle des Nenners; $(-1)^2 - 1 = 0$, die 1 ist also auszuschließen, da sie auch Nullstelle des Nenners ist. $f(x)$ hat $x_0 = 2$ als einzige Nullstelle.

2) Welche Nullstellen hat $f(x) = \dfrac{4(x-3)(x+2)(x+1)}{x(x-2)}$?

Das Zählerpolynom hat die Nullstellen $3, -2, -1$. Das Nennerpolynom hat die Nullstellen $0, 2$, diese sind von denen des Zählerpolynoms verschieden. $f(x)$ hat also die Nullstellen $3, -2, -1$.

Nullstellen beliebiger Funktionen:

Wie im Fall von Polynomen lassen sich bei allgemeineren Funktionen nur in speziellen Fällen die Nullstellen elementar berechnen; im allgemeinen wird man auf die schon erwähnten numerischen Näherungsverfahren zurückgreifen müssen.

Beispiele für Fälle, wo man die Nullstellen elementar berechnen kann:

Man berechne die Nullstellen folgender Funktionen:

1) $\ln(x-1)$

2) $\sqrt[4]{4 - x^2}$

3) $3e^{-x} - e^{3x}$

4) $\ln(x+1) + \ln x$.

1) Wir wissen, daß die Logarithmusfunktion nur Null wird, wenn das Argument $= 1$ ist, also haben wir die Gleichung $x - 1 = 1$ zu lösen. Das ergibt $x_0 = 2$; die Nullstelle ist 2.

2) $\sqrt[4]{4 - x^2} = 0$. Wir erheben beide Seiten in die 4. Potenz: $4 - x^2 = 0$; $x_1 = 2$, $x_2 = -2$. Diese Werte sind, wie wir durch Einsetzen prüfen, in der Tat Nullstellen.

3) $3e^{-x} - e^{3x} = 0$, also $3e^{-x} = e^{3x}$ $\quad | \cdot e^x$, $\quad 3 = e^{4x}$, $\quad 4x = \ln 3$; $\quad x_0 = \dfrac{\ln 3}{4} = 0,2746531$ ist die gesuchte Nullstelle von $f(x)$.

4) $\ln(x+1) + \ln x = 0$. Wir formen nach den Logarithmengesetzen um: $\ln(x+1) + \ln x = \ln[(x+1)x]$, also haben wir $\ln[(x+1)x] = 0$ zu lösen. Nach der Bemerkung in 1) ergibt das die Gleichung $(x+1)x = 1$, d.h. $x^2 + x - 1 = 0$ mit den Lösungen $x_{1,2} = -\dfrac{1}{2} \pm \dfrac{1}{2}\sqrt{5}$, d.h. $x_1 = 0,618034$; $x_2 = -1,618034$. x_2 kommt nicht in Frage, da $\ln(x+1)$ ebenso wie $\ln x$ für $x = x_2$ gar nicht definiert ist. Die einzige Nullstelle der in 4) genannten Funktion ist also 0,618034.

Schnittpunktbestimmung von Kurven:

Das Problem, diejenigen Punkte zu bestimmen, in denen sich die Graphen zweier Funktionen schneiden, führt auf eine Nullstellenbestimmung. Seien $f_1(x)$

und $f_2(x)$ zwei Funktionen, so bestimmt man diejenigen x-Werte, an denen sich ihre Graphen schneiden, aus der Gleichung $f_1(x) = f_2(x)$, denn in den Schnittpunkten sind ja die Funktionswerte gleich. Setzt man $g(x) = f_1(x) - f_2(x)$, so führt die Schnittpunktbestimmung auf die Nullstellenbestimmung der Funktion $g(x)$, denn $g(x) = 0$ bedeutet ja gerade $f_1(x) = f_2(x)$.

Beispiele:

1)   Wo schneiden sich die Geraden $y = 2x - 1$ und $y = x + 4$?
     $2x - 1 - (x + 4) = 0;\quad x - 5 = 0;\quad x_0 = 5$. Durch Einsetzen in eine der Gleichungen ermitteln wir den zugehörigen y-Wert: $y_0 = 2 \cdot 5 - 1 = 9$. Die Geraden schneiden sich im Punkt (5,9).

2)   Wo schneidet die Gerade $y = 3x - 2$ die Parabel $y = x^2 - x - 2$?
     $x^2 - x - 2 - (3x - 2) = 0;\quad x^2 - 4x = 0;\quad x_{1,2} = 2 \pm 2;\quad x_1 = 4;\quad x_2 = 0;\quad y_1 = 10;$
     $y_2 = -2$
     Die Schnittpunkte sind $P_1(4, 10)$ und $P_2(0, -2)$.

3)   Die variablen Stückkosten $k_v(x)$ (vgl.4.4) in Abhängigkeit vom Output x mögen durch folgende Funktion beschrieben werden: $k_v(x) = \dfrac{1}{4}x^2 - 2x + 8$. Bei welchem Output x erreichen die variablen Stückkosten die Schwelle 25 Einheiten?
     Hier ist der Schnittpunkt der Parabel $y = \dfrac{1}{4}x^2 - 2x + 8$ mit der zur x-Achse parallelen Geraden $y = 25$ gesucht:
     $\dfrac{1}{4}x^2 - 2x + 8 - 25 = 0;\quad x^2 - 8x - 68 = 0;\quad x_{1,2} = 4 \pm \sqrt{16 + 68} = 4 \pm 9,165$. Es kommt nur x_1 in Frage, da $x_2 < 0$, aber der Output seiner Natur nach stets positiv ist. $x_1 = 13,165$. Bei einem Output von 13,165 Einheiten wird die Schwelle 25 Einheiten von den variablen Stückkosten erreicht.

4.3.3   Eigenschaften von Funktionen (Beschränktheit, Monotonie, Konvexität)

Beschränktheit:

Eine Funktion $f(x)$ heißt nach unten beschränkt, falls es eine Zahl m gibt, so daß $f(x) \geq m$ ist für alle x des Definitionsbereiches von $f(x)$. m heißt eine untere Schranke. $f(x)$ heißt nach oben beschränkt, falls es eine Zahl M gibt mit $f(x) \leq M$ für alle x des Definitionsbereiches von $f(x)$. M heißt eine obere Schranke. Eine Funktion, die sowohl nach unten als auch nach oben beschränkt ist, heißt beschränkt.

Der Graph einer nach unten beschränkten Funktion mit der unteren Schranke m liegt vollständig oberhalb der Geraden $y = m$.

Beispiele:

1) $f(x) = e^x$; $m = 0$

2) $f(x) = x^2 + 1$; $m = 1$

Ebenso liegt der Graph einer nach oben durch M beschränkten Funktion unterhalb der Geraden $y = M$.

Beispiele:

1) $f(x) = -x^2 - 3$; $M = -3$

2) $f(x) = 1 - e^{-x}$; $M = 1$. Abb. 4.46 zeigt den Graphen dieser Funktion.

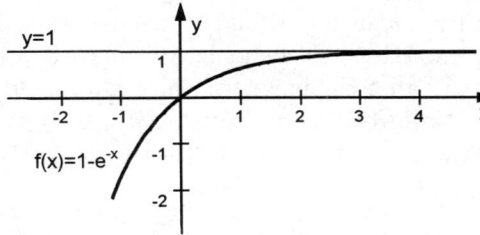

Abb. 4.46

Der Graph einer beschränkten Funktion liegt vollständig zwischen unterer Schranke m und oberer Schranke M:

Beispiel:

1) $f(x) = \dfrac{1}{\sqrt{2\pi}} e^{-\frac{x^2}{2}}$; $m = 0$, $M = \dfrac{1}{\sqrt{2\pi}}$. Abb. 4.47 zeigt den Graphen dieser Funktion.

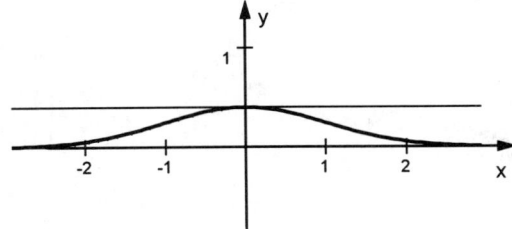

Abb. 4.47

Diese Funktion spielt in der Wahrscheinlichkeitstheorie und Statistik eine herausragende Rolle. Sie wurde von C.F. Gauß eingeführt und ist – etwas modifiziert – auch auf dem 10 DM - Schein abgebildet.

Monotonie:

Um hier und im Folgenden die Sprechweise abzukürzen, führen wir den Begriff des *Intervalls* ein. Alle x mit $a < x < b$ bilden das *offene Intervall* zwischen a und b, bezeichnet mit (a, b). $x \in (a, b)$ (gelesen: „x aus (a, b)") bedeutet, daß x im offenen Intervall zwischen a und b liegt, d.h. daß x die Ungleichungen $a < x < b$ erfüllt.

Die Menge der x mit $a \leq x \leq b$ bezeichnet man als das *abgeschlossene Intervall* zwischen a und b, in Zeichen $[a, b]$. $x \in [a, b]$ bedeutet $a \leq x \leq b$. Beim offenen Intervall gehören die beiden Grenzen a, b nicht mit zum Intervall, beim abgeschlossenen Intervall gehören sie dazu. Analog kann man halboffene Intervalle definieren: $(a, b]$ = Menge aller x mit $a < x \leq b$; $[a, b)$ = Menge aller x mit $a \leq x < b$. Schließlich kann a auch $-\infty$ und b auch $+\infty$ sein. Damit ist gemeint, daß sich das Intervall im ersten Fall beliebig weit nach links (bis ins „negative Unendlich"), im zweiten Fall beliebig weit nach rechts (bis ins „positive Unendlich") erstreckt. $x \in (-\infty, b)$ bedeutet also: $x < b$; $x \in (a, \infty)$ bedeutet: $x > a$; entsprechend bedeutet $x \in (-\infty, b]$, daß $x \leq b$ ist und $x \in [a, \infty)$, daß $x \geq a$ ist.

Wenn man irgendein Intervall meint, ohne sich festzulegen, von welcher Art es sein soll, so sagt man, ein Intervall I ist gegeben. $x \in I$ bedeutet dann, daß x im Intervall I liegt.

Eine Funktion $f(x)$ heißt in einem Intervall I ihres Definitionsbereiches *monoton wachsend*, wenn für beliebige $x_1, x_2 \in I$ aus $x_1 < x_2$ folgt, $f(x_1) \leq f(x_2)$. Sie heißt *streng monoton wachsend* in I, falls aus $x_1 < x_2$ ($x_1, x_2 \in I$) folgt $f(x_1) < f(x_2)$.

Die Abb. 4.48 und 4.49 zeigen Funktionen, die in den eingezeichneten Intervallen I streng monoton wachsen.

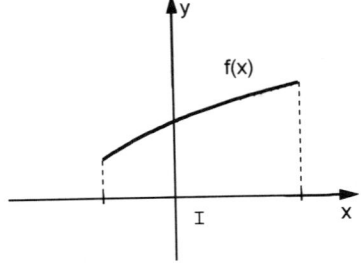
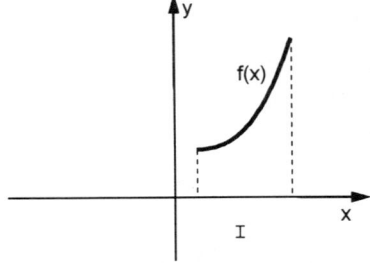

Abb. 4.48 u. 4.49

Abb. 4.50 zeigt eine in I monoton wachsende, aber nicht streng monoton wachsende Funktion.

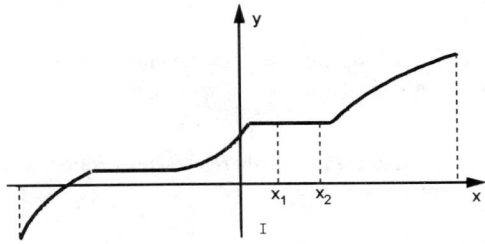

Abb. 4.50

Bei dieser Funktion ist für $x_1 < x_2$ auch $f(x_1) = f(x_2)$ zugelassen, wie die beiden eingezeichnetet Argumentwerte x_1 und x_2 zeigen. Ein praktisches Beispiel zeigt Abb. 4.13.

Eine Funktion $f(x)$ heißt in I *monoton fallend*, wenn aus $x_1 < x_2$ ($x_1, x_2 \in I$) stets folgt $f(x_1) \geq f(x_2)$. Sie heißt *streng monoton fallend*, falls aus $x_1 < x_2$ stets folgt $f(x_1) > f(x_2)$.

Die Abb. 4.51 und 4.52 zeigen Beispiele für in I streng monoton fallende Funktionen, Abb. 4.53 zeigt eine Funktion, die monoton fällt, aber nicht streng monoton fällt.

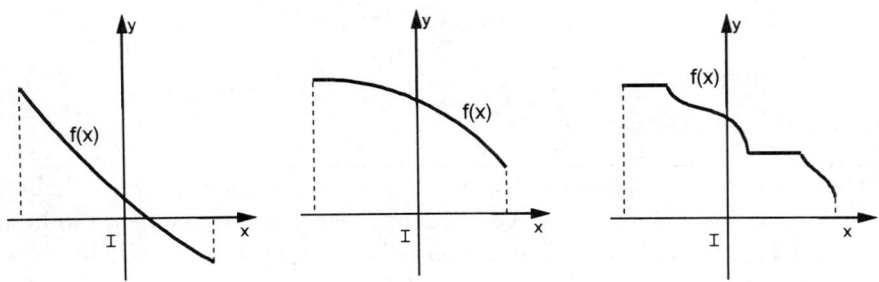

Abb. 4.51, 4.52 u. 4.53

Weitere Beispiele:

1) $f(x) = x^3 + 1$ (Abb. 4.5) ist im gesamten Definitionsbereich streng monoton wachsend. Dasselbe gilt von $f(x) = \sqrt{x}$ (Abb. 4.38), $f(x) = e^x$ (Abb. 4.39) und $f(x) = \ln x$ (Abb.

4.41).

2) $f(x) = x^2 - 1$ (Abb. 4.3) ist in $(-\infty, 0)$ streng monoton fallend, in $(0, \infty)$ streng monoton wachsend.

3) $f(x) = -3x + 1$ ist überall streng monoton fallend. Das gilt für jede lineare Funktion $f(x) = mx + b$, wenn $m < 0$ ist. Ist $m > 0$, so ist $f(x) = mx + b$ überall streng monoton wachsend.

4) $f(x) = e^{-x}$ ist im gesamten Definitionsbereich streng monoton fallend (Abb. 4.40 zeigt $y = 2^{-x}$; $y = e^{-x}$ sieht ähnlich aus).

5) $f(x) = -2x^2 + 3x + 8$ ist in $(-\infty, \frac{3}{4})$ streng monoton wachsend, in $(\frac{3}{4}, \infty)$ streng monoton fallend (Abb. 4.54). Wir werden in der Differentialrechnung (Kap. 5) Methoden kennenlernen, um das Wachstumsverhalten zu analysieren. So wird $x_0 = \frac{3}{4}$, wo in unserem Beispiel wachsendes Verhalten in fallendes übergeht, genau berechnet werden können.

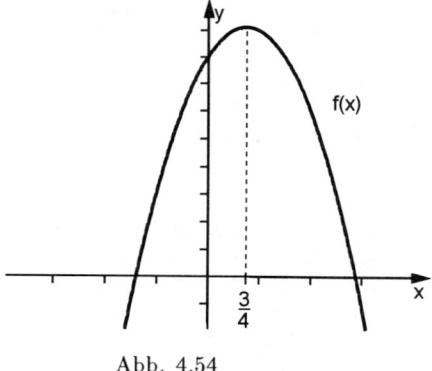

Abb. 4.54

Konvexität (Krümmungsverhalten):

$f(x)$ heißt in einem Intervall I von unten konvex, wenn für zwei beliebige Argumentwerte $x_1, x_2 \in I$ die Verbindungsstrecke zwischen den Punkten $(x_1, f(x_1))$, $(x_2, f(x_2))$ innerhalb des Intervalls (x_1, x_2) stets oberhalb des Graphen von $f(x)$ liegt.

Die Abb. 4.55 und 4.56 veranschaulichen dieses Verhalten.

Man kann den Begriff der Konvexität auch so fassen: $f(x)$ ist in I von unten konvex, wenn für jeden Punkt $x_0 \in I$ die dort an den Graphen von $f(x)$ gezogene Tangente im ganzen Intervall I unterhalb des Graphen der Funktion bleibt (Abb. 4.57 u. 4.58).

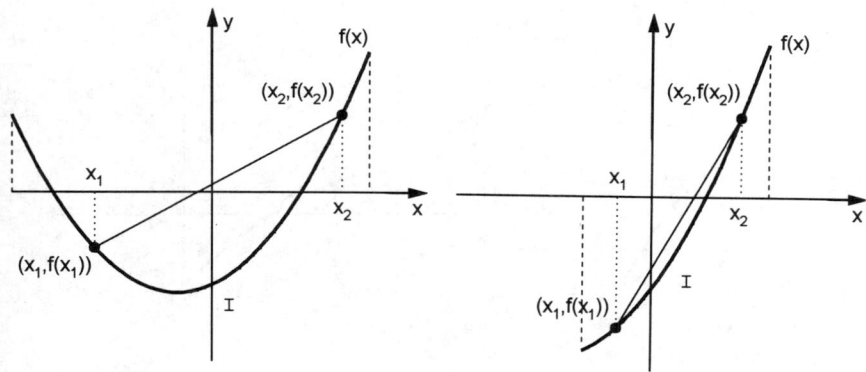

Abb. 4.55 u. 4.56

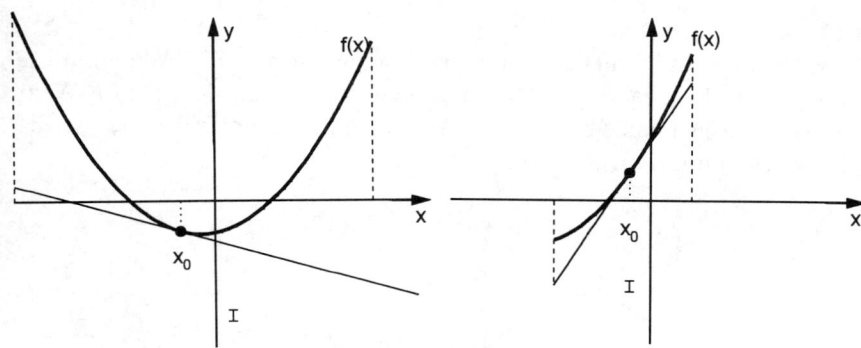

Abb. 4.57 u. 4.58

$f(x)$ heißt in I von unten konkav, wenn für zwei beliebige Argumentwerte $x_1, x_2 \in I$ die Verbindungsstrecke zwischen den Punkten $(x_1, f(x_1))$ und $(x_2, f(x_2))$ innerhalb des Intervalls (x_1, x_2) stets unterhalb des Graphen von $f(x)$ liegt (Abb. 4.59).

Es liegt dann für jeden Punkt $x_0 \in I$ die dort an den Graphen von $f(x)$ gezogene Tangente im ganzen Intervall I oberhalb des Graphen der Funktion (Abb. 4.60).

Ganz anschaulich und unmathematisch kann man sich die Sache so merken: Stellt man sich vor, daß man auf dem Graphen der Funktion mit einem Fahrrad in Richtung wachsende x-Werte entlangfährt, so ist die Kurve von unten konvex, wenn man laufend eine Linkskurve fährt, sie ist von unten konkav, wenn man laufend eine Rechtskurve fährt. Die Punkte, wo Rechts - in Linkskurven

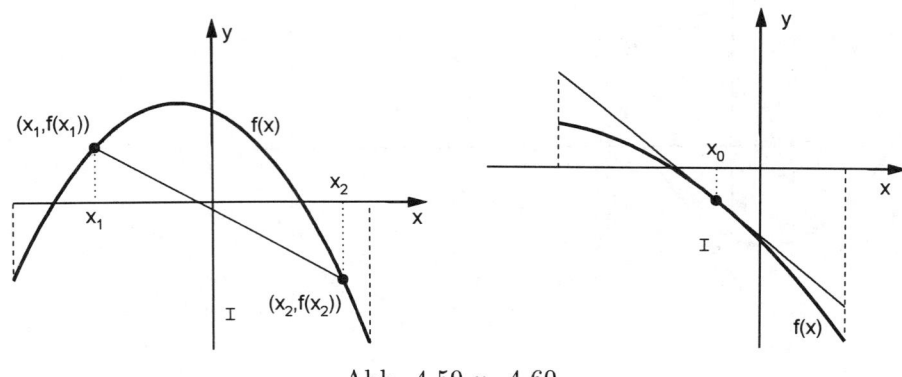

Abb. 4.59 u. 4.60

oder umgekehrt Links- in Rechtskurven übergehen, nennt man die Wendepunkte der Funktion. Abb. 4.61 zeigt den Graphen einer Funktion, die bis zum Wendepunkt W von unten konkav, und ab dort von unten konvex ist (x_0 ist die Abszisse des Wendepunktes).

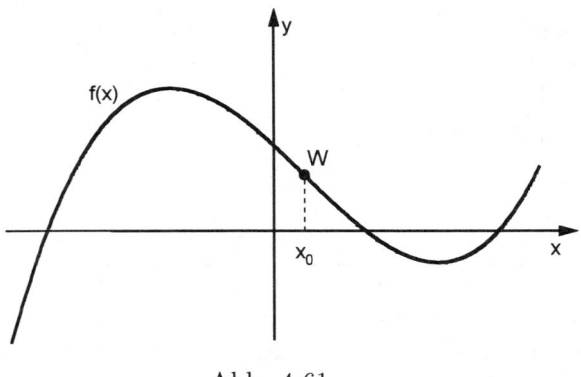

Abb. 4.61

Die Differentialrechnung (Kap. 5) wird uns Mittel und Wege in die Hand geben, um das Krümmungsverhalten zu bestimmen und eventuell existierende Wendepunkte zu berechnen.

Beispiele:

1)   Die in den Abb. 4.29, 4.31, 4.37, 4.39, 4.40 dargestellten Funktionen sind Beispiele für von unten konvexe Funktionen.

2)   Die in den Abbildungen 4.30, 4.38, 4.41, 4.44, 4.46 dargestellten Funktionen sind Beispiele für von unten konkave Funktionen.

Für die wirtschaftswissenschaftliche Praxis ist folgende Ausdrucksweise besonders wichtig: Eine streng monoton wachsende von unten konvexe Funktion heißt *progressiv wachsend*. Eine streng monoton wachsende von unten konkave Funktion heißt *degressiv wachsend*.

Beispiele:

1)   Die Einkommenssteuerfunktion (Abb. 4.15) ist progressiv wachsend.

2)   Abb. 4.39, 4.49 zeigen Beispiele progressiv wachsender Funktionen.

3)   Abb. 4.38, 4.41, 4.46, 4.48 zeigen Beispiele degressiv wachsender Funktionen.

4.3.4   Umkehrfunktionen

Wir wollen die Problematik zunächst an einem praktischen Beispiel erläutern. Zwischen dem Preis p eines Gutes und der am Markt nachgefragten (abgesetzten) Menge x eines Gutes besteht ein funktionaler Zusammenhang; $x = f(p)$. Eine solche Funktion heißt eine Nachfragefunktion. Ein Beispiel einer solchen Nachfragefunktion wäre etwa $x = f(p) = 10\sqrt{80 - p}$. Ist ein bestimmter Preis p_0 gegeben, so liefert die Zuordnungsvorschrift die zugehörige Menge $x_0 = 10\sqrt{80 - p_0}$; p ist die unabhängige Variable, x die abhängige Variable. In der graphischen Darstellung (Abb. 4.62) wird dies durch die Pfeile angedeutet: Ausgehend von p_0 liefert der Graph der Funktion den Wert x_0.

In der Praxis wird die Frage aber auch oft umgekehrt gestellt: Gegeben ist die nachgefragte Menge x_0, gesucht der dazu gehörende Marktpreis p_0. Jetzt wird also x als *unabhängige Variable* und p als *abhängige Variable* gedeutet. Die Pfeile in Abb. 4.63 zeigen die graphische Bestimmung von p_0 bei gegebenem x_0. Um bei gegebenem x den zugehörigen Preis rechnerisch zu bestimmen, muß man die Beziehung $x = 10\sqrt{80 - p}$ nach p auflösen:

$$\frac{x}{10} = \sqrt{80 - p}; \quad \frac{x^2}{100} = 80 - p; \quad p = 80 - \frac{x^2}{100}.$$

Die Funktion $p = g(x) = 80 - \dfrac{x^2}{100}$ stellt, wie die Abb. 4.62 und 4.63 zeigen, denselben Zusammenhang dar, nur die Rollen von unabhängigen und abhängigen Variablen sind vertauscht. Man nennt die Funktion $p = g(x)$ die Umkehrfunktion der gegebenen Funktion $x = f(p)$ und bezeichnet sie meist mit $f^{-1}(x)$: $p = g(x) = f^{-1}(x)$. Sie entstand durch Auflösen der Gleichung $x = f(p)$ nach p: das Ergebnis dieser Auflösung ist die Umkehrfunktion $p = f^{-1}(x)$.

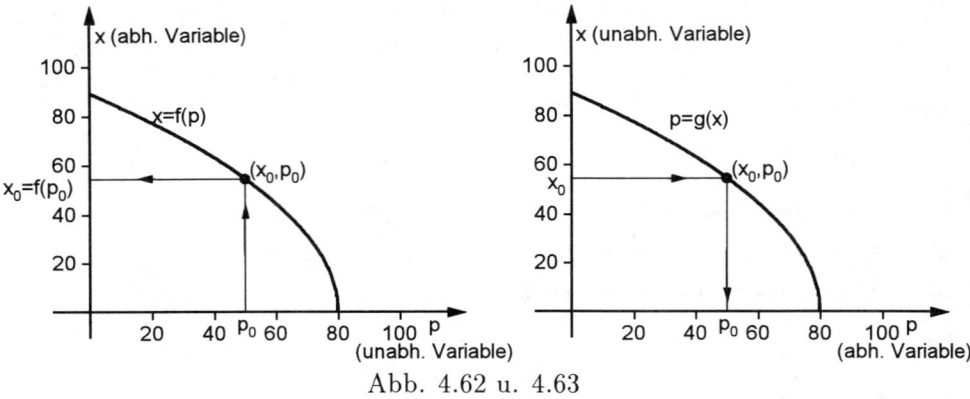

Abb. 4.62 u. 4.63

Betrachten wir nun die Situation allgemein: Gegeben sei eine Funktion $y = f(x)$. Man nennt sie *umkehrbar*, falls aus $x_1 \neq x_2$ stets folgt $f(x_1) \neq f(x_2)$, d.h., falls zu jedem y aus dem Wertebereich der Funktion $f(x)$ eindeutig ein Argument x gehört mit $f(x) = y$. Hat eine Funktion diese Eigenschaft, so kann man also auch zu gegebenem y *eindeutig* das zugehörige x finden. Die Zuordnung $y \rightarrow x$ definiert also auch eine Funktion; man nennt sie die *Umkehrfunktion* zur Funktion $y = f(x)$. Sie wird – wie erwähnt – meist mit dem Funktionssymbol f^{-1} bezeichnet, d.h. die Umkehrfunktion von $y = f(x)$ (falls $f(x)$ umkehrbar ist) ist $x = f^{-1}(y)$. Die Abb. 4.64 und 4.65 zeigen Graphen umkehrbarer Funktionen: zu jedem y aus dem Wertebereich der Funktion findet man genau ein zugehöriges x.

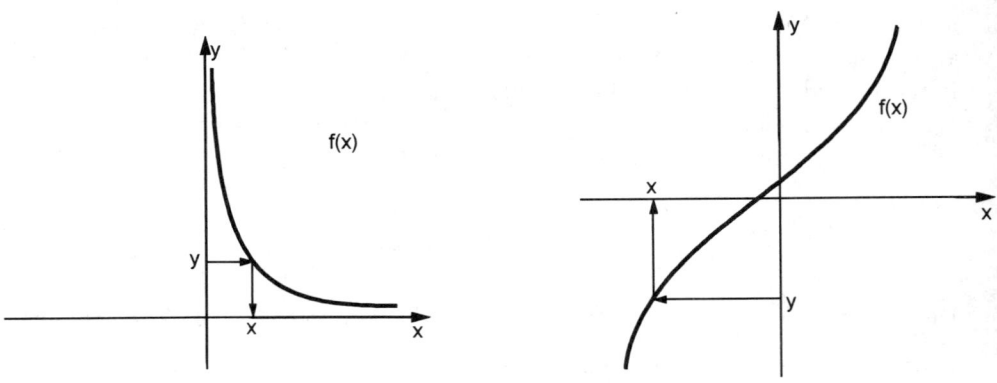

Abb. 4.64 u. 4.65

Umkehrbarkeit liegt dann vor, wenn jede zur x-Achse parallele Gerade den Graphen der Funktion nie in mehreren Punkten schneidet. Die Abb. 4.66 und 4.67 zeigen Graphen nicht umkehrbarer Funktionen: es gibt y-Werte, zu denen mehrere x-Werte gehören.

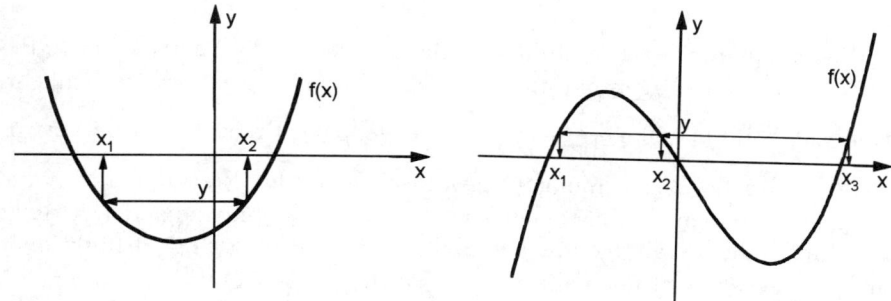

Abb. 4.66 u. 4.67

Umkehrbarkeit äußert sich rechnerisch darin, daß die Gleichung $y = f(x)$ *eindeutig* nach x auflösbar ist.

Beispiele:

1) $y = f(x) = x^n$. Die Gleichung $y = x^n$ ist nicht eindeutig nach x auflösbar, z.B. liefert $y = x^2$ die beiden Auflösungen $x_1 = -\sqrt{y}$, $x_2 = +\sqrt{y}$ (Abb. 4.68).

Betrachten wir die Funktion $y = x^n$ nur für nichtnegative x, d.h. schränken wir ihren Definitionsbereich auf $x \geq 0$ ein, so ist $x = \sqrt[n]{y}$ die Umkehrfunktion von $y = x^n$. (In Abb. 4.68 wäre also nur der rechte Zweig der Parabel zu betrachten).

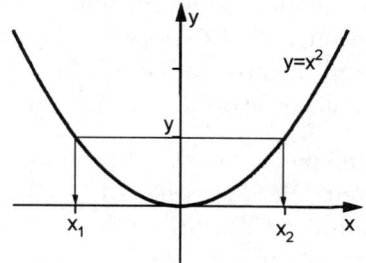

Abb. 4.68

2) $y = f(x) = 2x+3$. Die Gleichung $y = 2x+3$ ist eindeutig nach x auflösbar: $x = \frac{1}{2}(y-3)$. $x = f^{-1}(y) = \frac{1}{2}(y - 3)$ ist die Umkehrfunktion von $f(x)$.

3) $y = \dfrac{1}{2x}$; $x = \dfrac{1}{2y}$ ist die Umkehrfunktion.

4) $y = e^x$. Löst man diese Beziehung nach x auf, so erhält man $x = \ln y$. Allgemein gilt:
Die Logarithmusfunktion $x = \log_a y$ ist die Umkehrfunktion von $y = a^x$.

In der Praxis haben, wie das einführende Beispiel zeigte, die Variablen feste Bedeutungen. Zur Nachfragefunktion $x = f(p) = 10\sqrt{80 - p}$ gehört die Umkehrfunktion $p = f^{-1}(x) = 80 - \dfrac{x^2}{100}$. x ist die Menge, p der Preis. Es würde Verwirrung stiften, hier die Bezeichnungen zu wechseln, d.h. den Preis plötzlich x und die Menge p zu nennen. In der reinen Mathematik ist es üblich, die unabhängige Variable mit x, die abhängige mit y zu bezeichnen. Bei den Umkehrfunktionen ist das ja zunächst nicht der Fall: $x = \sqrt[n]{y}$ ist die Umkehrfunktion von $y = x^n$. Man benennt deshalb in der Umkehrfunktion nachträglich die Variablen wieder um und sagt: „$y = \sqrt[n]{x}$ ist die Umkehrfunktion von $y = x^n$.“ Dies führt bei Anfängern häufig zu großer Verwirrung. Auch hier ist es für das Verständnis wichtig, die Zuordnung, welche die Umkehrfunktion realisiert, inhaltlich zu verstehen. Die Umkehrfunktion von $y = x^n$, nämlich $x = \sqrt[n]{y}$, schreibt folgendes vor: „Man nehme das Argument und ziehe daraus die n-te Wurzel.“ Nun verbietet nichts, diese Vorschrift wieder wie üblich zu fassen und das Argument x zu nennen: $y = \sqrt[n]{x}$ bedeutet inhaltlich nach wie vor „Man nehme das Argument und ziehe daraus die n-te Wurzel.“ Ebenso sieht man ein, daß $\ln x$ die Umkehrfunktuion von e^x, $\log_a x$ die Umkehrfunktion von a^x, x^n die Umkehrfunktion von $\sqrt[n]{x}$, e^x die Umkehrfunktion von $\ln x$, a^x die Umkehrfunktion von $\log_a x$, $\dfrac{1}{2}(x - 3)$ die Umkehrfunktion von $2x + 3$ usw. ist. Wenn man die Variablen nicht umbenennt, haben Funktion und Umkehrfunktion denselben Graphen, wie die Abbildungen 4.62, 4.63 zeigen. Man nimmt dabei den Nachteil in Kauf, daß bei der Umkehrfunktion die unabhängige Variable nach oben und die abhängige Variable nach rechts abgetragen ist.

Beseitigt man diesen Nachteil und benennt in der Umkehrfunktion die Variablen um, d.h. wird die unabhängige Variable wieder mit x bezeichnet, die abhängige mit y, so entsteht der Graph der Umkehrfunktion $f^{-1}(x)$ durch *Spiegelung des Graphen der Funktion $f(x)$ an der Winkelhalbierenden des ersten Quadranten*, d.h. an der Geraden $y = x$ (Abb. 4.69–4.71).

Das letztere zeigt auch die Richtigkeit folgender Tatsache, die die Beispiele schon vermuten ließen: Ist $f^{-1}(x)$ Umkehrfunktion von $f(x)$, so ist $f(x)$ Umkehrfunktion von $f^{-1}(x)$.

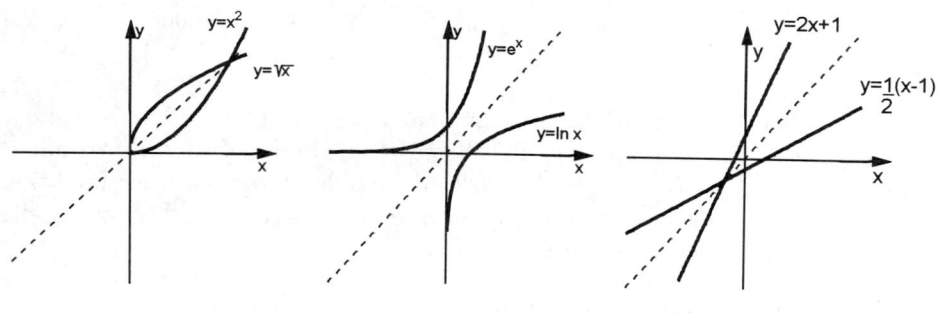

Abb. 4.69–4.71

Beispiele:

1)   ln x ist Umkehrfunktion von e^x, e^x ist Umkehrfunktion von ln x.

2) $\sqrt[n]{x}$ ist Umkehrfunktion von x^n, x^n ist Umkehrfunktion von $\sqrt[n]{x}$ ($x \geq 0$ vorausgesetzt).

4.3.5   Grenzwerte und Stetigkeit

Bei der Ermittlung von Grenzwerten geht es darum, das Verhalten der Funktionswerte einer Funktion $f(x)$ zu untersuchen, wenn das Argument x sich einem Wert x_0 nähert oder aber über alle Grenzen wächst oder fällt. Wir werden später sehen, daß die Grundbegriffe der Differential- und Integralrechnung durch spezielle Typen von Grenzwerten definiert werden.

(1) *Grenzwerte an einer Stelle x_0:*

Als einführendes Beispiel betrachten wir die Funktion $f(x) = \dfrac{x^3 - x^2 + x - 1}{x - 1}$. Diese Funktion ist für $x_0 = 1$ nicht definiert; für $x = x_0 = 1$ würde sich nämlich der sinnlose Ausdruck $\dfrac{0}{0}$ ergeben. Für jedes $x \neq 1$ ist die Funktion definiert. Man kann also die Frage aufwerfen, was mit den Funktionswerten $f(x)$ geschieht, wenn sich x der kritischen Stelle $x_0 = 1$ beliebig nähert. Folgende Wertetabelle zeigt das Verhalten der Funktion bei Annäherung des Arguments x von links und von rechts an die Stelle $x_0 = 1$:

x	$0,9$	$0,99$	$0,999$	$0,9999$	$0,99999$
$f(x)$	$1,8100$	$1,9801$	$1,9980$	$1,9998$	$1,99998$

x	$1,1$	$1,01$	$1,001$	$1,0001$	$1,00001$
$f(x)$	$2,21$	$2,0201$	$2,0020$	$2,0002$	$2,00002$

Man sieht: Wenn wir uns mit dem Argument x dem Wert $x_0 = 1$ immer mehr
nähern (ganz gleich wie), kommen die Werte von $f(x)$ der Zahl 2 immer näher
und näher. Man bezeichnet deshalb die Zahl 2 als den Grenzwert der Funktion
$f(x)$ für $x \to 1$ („x gegen 1"). Auch wenn es einen Funktionswert an der Stelle
x_0 nicht gibt, kann ein Grenzwert existieren.

Das Beispiel führt uns zu folgender allgemeiner Definition:

> Kommen die Funktionswerte einer Funktion $f(x)$ bei beliebiger Annäherung
> von x an eine Stelle x_0 einer Zahl a immer näher und näher, so heißt a der
> Grenzwert der Funktion $f(x)$ an der Stelle x_0. Man schreibt $\lim_{x \to x_0} f(x) = a$
> (gelesen: „limes $f(x)$, x gegen x_0, gleich a").

Anmerkung:

$\lim_{x \to x_0} f(x) = a$ und $\lim\limits_{x \to x_0} f(x) = a$ bedeuten dasselbe; der Bezeichnungsunterschied
hat drucktechnische Gründe.

Man sagt auch $f(x)$ strebt gegen a für x gegen x_0. In unserem Beispiel gilt also:

$$\lim_{x \to 1} \frac{x^3 - x^2 + x - 1}{x - 1} = 2.$$

Der Leser prüfe folgende *Beispiele* mittels einer geeigneten Wertetabelle:

1) $\lim\limits_{x \to 0} (x^3 + 3x^2 - 1) = -1$

2) $\lim\limits_{x \to 2} \dfrac{x^2 - 4x + 4}{x - 2} = 0$

3) $\lim\limits_{x \to 1} \dfrac{x^2 - 1}{x - 1} = 2$

4) $\lim\limits_{x \to 0} \dfrac{x^3 - x + 4}{2x^2 + 7x + 3} = \dfrac{4}{3}$

Eine Funktion braucht bei Annäherung an eine Stelle x_0 dort keinen Grenzwert
zu besitzen. Sie kann z.B. über alle Schranken hinaus anwachsen. Betrachten
wir als Beispiel die Funktion $f(x) = \dfrac{1}{x^2}$. Sie ist für alle x definiert außer für
$x = 0$. Die folgende Wertetabelle zeigt, daß $f(x)$ immer größere Werte annimmt,
je näher x dem Wert $x_0 = 0$ kommt.

x	$\pm 0,1$	$\pm 0,01$	$\pm 0,001$	$\pm 0,0001$
$f(x)$	100	10 000	1 000 000	100 000 000

Abb. 4.72 zeigt den Graphen der Funktion $f(x) = \dfrac{1}{x^2}$.

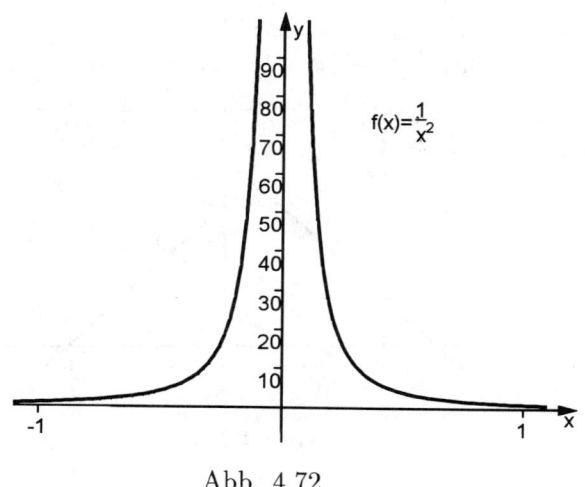

Abb. 4.72

Hat eine Funktion $f(x)$ die Eigenschaft, daß ihre Funktionswerte über alle Grenzen wachsen, wenn x gegen x_0 geht, so nennt man sie an der Stelle x_0 bestimmt divergent und ordnet ihr dort den uneigentlichen Grenzwert $+\infty$ zu. Man schreibt $\lim_{x \to x_0} f(x) = +\infty$. Ebenso bedeutet $\lim_{x \to x_0} f(x) = -\infty$, daß $f(x)$ unbegrenzt fällt, wenn sich x der Stelle x_0 immer mehr nähert.

Es ist zu beachten, daß $+\infty$ bzw. $-\infty$ keine Zahlen sind: Die angegebenen Schreibweisen sind nur eine Symbolik für die Tatsache, daß $f(x)$ über alle Grenzen wächst oder unter alle Grenzen fällt, wenn x sich der Stelle x_0 nähert.

Beispiele:

1) $\lim\limits_{x \to 2} \dfrac{7x}{(x-2)^2} = +\infty$

2) $\lim\limits_{x \to -1} \dfrac{-3}{(x+1)^2} = -\infty$

3) $\lim\limits_{x \to 1} \dfrac{x^2-1}{(x-1)^3} = +\infty$

Auch das prüfe man mit geeigneten Wertetabellen nach.

(2) *Einseitige Grenzwerte*:

Wir betrachten die Funktion $f(x) = \left\{ \begin{array}{ll} x+1 & \text{für} \quad x \leq 3 \\ -x+6 & \text{für} \quad x > 3 \end{array} \right\}$.

Nähert man sich mit dem Argument x von rechts der Stelle $x_0 = 3$, so strebt $f(x)$ gegen 3 (denn rechts von $x_0 = 3$ lautet ja die Vorschrift $f(x) = -x + 6$). Nähert man sich dem Wert $x_0 = 3$ von links, so strebt $f(x)$ gegen 4 (denn für $x < 3$ lautet die Vorschrift $f(x) = x + 1$). (Abb. 4.73)

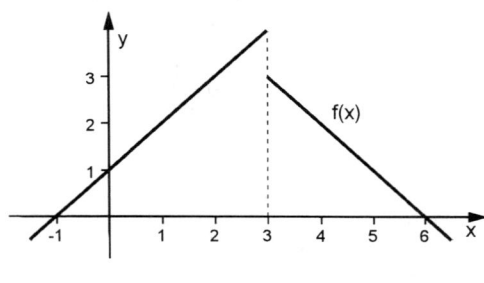

Abb. 4.73

Das Beispiel gibt Anlaß zu folgender Erklärung einseitiger, d.h. links- bzw. rechtsseitiger Grenzwerte:

$f(x)$ hat an der Stelle x_0 den linksseitigen Grenzwert a, wenn bei Annäherung an x_0 von links her die Funktionswerte $f(x)$ der Zahl a immer näher und näher kommen. Man schreibt $\lim_{x \to x_0 - 0} f(x) = a$. Analog gilt $\lim_{x \to x_0 + 0} f(x) = b$, falls bei Annäherung der Argumente gegen x_0 von rechts her die Funktionswerte der Zahl b immer näher und näher kommen. b heißt der rechtsseitige Grenzwert von $f(x)$ an der Stelle x_0.

In unserem Beispiel ist also $\lim_{x \to 3 - 0} f(x) = 4$, $\lim_{x \to 3 + 0} f(x) = 3$. Stimmen rechtsseitiger und linksseitiger Grenzwert überein, so hat die Funktion an x_0 einen Grenzwert: Aus $\lim_{x \to x_0 - 0} f(x) = \lim_{x \to x_0 + 0} f(x) = a$ folgt $\lim_{x \to x_0} f(x) = a$, wie sich aus den Erklärungen unmittelbar ergibt.

Ganz analog zu den uneigentlichen Grenzwerten können *links- und rechtsseitige uneigentliche Grenzwerte* definiert werden:

$\lim_{x \to x_0 - 0} f(x) = +\infty$, falls $f(x)$ bei Annäherung an x_0 von links her über alle Grenzen wächst;

$\lim_{x \to x_0+0} f(x) = +\infty$, falls $f(x)$ bei Annäherung an x_0 von rechts her über alle Grenzen wächst;

$\lim_{x \to x_0-0} f(x) = -\infty$, falls $f(x)$ bei Annäherung an x_0 von links her unter jede Schranke fällt;

$\lim_{x \to x_0+0} f(x) = -\infty$, falls $f(x)$ bei Annäherung an x_0 von rechts her unter jede Schranke fällt.

Beispiele:

1) $f(x) = \dfrac{1}{x}$

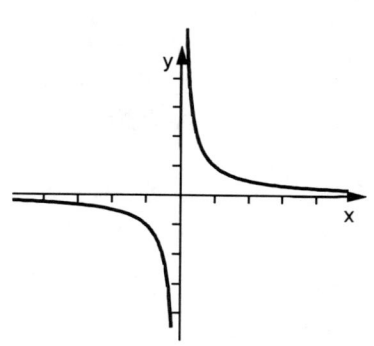

Abb. 4.74

$$\lim_{x \to 0-0} \frac{1}{x} = -\infty; \quad \lim_{x \to 0+0} \frac{1}{x} = +\infty$$

2) $$\lim_{x \to -1-0} \frac{1}{x+1} = -\infty; \quad \lim_{x \to -1+0} \frac{1}{x+1} = +\infty$$

3) $$\lim_{x \to -2-0} \frac{x-1}{x^2-4} = -\infty; \quad \lim_{x \to -2+0} \frac{x-1}{x^2-4} = +\infty$$

$$\lim_{x \to 2-0} \frac{x-1}{x^2-4} = -\infty; \quad \lim_{x \to 2+0} \frac{x-1}{x^2-4} = +\infty; \quad \text{(vgl. Abb.4.36)}$$

4) $$\lim_{x \to 1-0} \frac{\frac{1}{2}x^3 - 2x^2 + \frac{5}{2}x}{x^2-2x+1} = +\infty; \quad \lim_{x \to 1+0} \frac{\frac{1}{2}x^3 - 2x^2 + \frac{5}{2}x}{x^2-2x+1} = +\infty; \quad \text{(vgl. Abb. 4.37)}$$

(3) *Verhalten einer Funktion im Unendlichen:*

Wir betrachten als Beispiel die Funktion $f(x) = \dfrac{1}{x}$. Wird x immer größer, so nähert sich $f(x)$ immer mehr der Zahl 0:

x	10	100	1000	1000 000
$f(x)$	$0,1$	$0,01$	$0,001$	$0,000\,001$

Man sagt, $f(x) = \dfrac{1}{x}$ strebt gegen 0 für $x \to +\infty$. Ebenso strebt $f(x) = \dfrac{1}{x}$ für $x \to -\infty$ gegen 0.

Allgemein definiert man:

$\lim_{x \to +\infty} f(x) = a$, falls bei unbegrenzt wachsendem x die Werte von $f(x)$ sich immer mehr dem Wert a annähern. Analog ist $\lim_{x \to -\infty} f(x) = a$, falls bei unbegrenzt fallendem x die Werte von $f(x)$ sich immer mehr dem Wert a annähern.

Beispiele:

1) $\lim\limits_{x \to +\infty} \dfrac{1}{x} = 0;\quad \lim\limits_{x \to -\infty} \dfrac{1}{x} = 0;\quad$ (Abb. 4.74)

2)   Allgemeiner gilt (für jede natürliche Zahl $n > 0$):

$$\lim_{x \to +\infty} \frac{1}{x^n} = 0;\quad \lim_{x \to -\infty} \frac{1}{x^n} = 0$$

3) $\lim\limits_{x \to +\infty} \dfrac{x^2}{x^2 + 1} = 1;\quad \lim\limits_{x \to -\infty} \dfrac{x^2}{x^2 + 1} = 1;\quad$ (Abb. 4.35)

4) $\lim\limits_{x \to -\infty} 2^x = 0;\quad$ (Abb. 4.40)

5) $\lim\limits_{x \to +\infty} (1 - e^{-x}) = 1;\quad$ (Abb. 4.46)

6) $\lim\limits_{x \to +\infty} \dfrac{1}{\sqrt{2\pi}} e^{-\frac{x^2}{2}} = \lim\limits_{x \to -\infty} \dfrac{1}{\sqrt{2\pi}} e^{-\frac{x^2}{2}} = 0;\quad$ (Abb. 4.47)

7) $\lim\limits_{x \to +\infty} \dfrac{2x - 1}{x + 3} = 2;\quad \lim\limits_{x \to -\infty} \dfrac{2x - 1}{x + 3} = 2;\quad$ (Abb. 4.75)

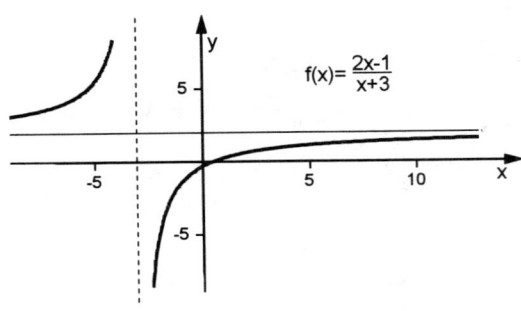

Abb. 4.75

Ist $\lim_{x \to +\infty} f(x) = a$, so sagt man, die Gerade $y = a$ ist eine *Asymptote* der Funktion $f(x)$, da sich der Graph von $f(x)$ dieser Geraden immer mehr nähert, je größer x wird. Dieselbe Ausdrucksweise benutzt man für $\lim_{x \to -\infty} f(x) = a$. Wenn eine Funktion $f(x)$ für $x \to +\infty$ über alle Grenzen wächst, so ordnen wir ihr den *uneigentlichen Grenzwert* $+\infty$ zu, in Zeichen $\lim_{x \to +\infty} f(x) = +\infty$, fällt sie unter jede Schranke, so ordnen wir ihr den *uneigentlichen Grenzwert* $-\infty$ zu, in Zeichen $\lim_{x \to +\infty} f(x) = -\infty$. Analog sind $\lim_{x \to -\infty} f(x) = +\infty$ und $\lim_{x \to -\infty} f(x) = -\infty$ erklärt.

Beispiele:

1) $\lim\limits_{x \to +\infty} x^2 = +\infty$; $\lim\limits_{x \to -\infty} x^2 = +\infty$

2) $\lim\limits_{x \to +\infty} (-x^3 + x + 2) = -\infty$; $\lim\limits_{x \to -\infty} (-x^3 + x + 2) = +\infty$;

3) $\lim\limits_{x \to +\infty} \ln x = +\infty$;   (Abb. 4.41)

4) $\lim\limits_{x \to +\infty} e^x = +\infty$;   (Abb. 4.39)

5) $\lim\limits_{x \to +\infty} \sqrt[n]{x} = +\infty$;   (Abb. 4.38)

6) $\lim_{x \to -\infty} 2^{-x} = +\infty$;   (Abb. 4.40)

(4) *Grenzwertsätze und Berechnung von Grenzwerten:*

Wir stellen zunächst wichtige Grenzwerte zusammen; einige davon sind schon aus Beispielen bekannt.

$$\lim_{x \to +\infty} \frac{1}{x^n} = \lim_{x \to -\infty} \frac{1}{x^n} = 0 \quad \text{für natürliche Zahlen } n > 0 \qquad (4.8)$$

$$\lim_{x \to +\infty} e^{-x} = 0; \quad \lim_{x \to +\infty} a^{-x} = 0, \quad \text{falls } a > 1 \qquad (4.9)$$

$$\lim_{x \to +\infty} \frac{x^n}{e^x} = 0 \quad \text{für jedes } n. \qquad (4.10)$$

(4.10) wird oft so ausgedrückt: e^x wächst stärker als jede Potenz (weshalb letztlich der Nenner überwiegt und das Ganze gegen Null strebt).

$$\lim_{x \to +\infty} a^x = 0 \quad \text{für } a < 1 \qquad (4.11)$$

Wir nehmen jetzt an, daß $f(x)$ und $g(x)$ für $x \to x_0$ *endliche Grenzwerte* a bzw. b besitzen: $\lim_{x \to x_0} f(x) = a$, $\lim_{x \to x_0} g(x) = b$. Dann gelten folgende *Grenzwertsätze:*

$$\boxed{\lim_{x \to x_0} (f(x) \pm g(x)) = \lim_{x \to x_0} f(x) \pm \lim_{x \to x_0} g(x) = a \pm b} \qquad (4.12)$$

Der Grenzwert einer Summe (Differenz) ist gleich der Summe (Differenz) der Grenzwerte. Ebensolche Aussagen gelten für Produkte und Quotienten:

$$\boxed{\lim_{x \to x_0} (f(x)g(x)) = \lim_{x \to x_0} f(x) \cdot \lim_{x \to x_0} g(x) = a \cdot b} \qquad (4.13)$$

$$\boxed{\lim_{x \to x_0} \frac{f(x)}{g(x)} = \frac{\lim_{x \to x_0} f(x)}{\lim_{x \to x_0} g(x)} = \frac{a}{b}, \text{ falls } b \neq 0}$$ (4.14)

Ferner gilt im Fall von $\lim_{x \to x_0} f(x) = a$:

$$\lim_{x \to x_0} (f(x))^n = \left(\lim_{x \to x_0} f(x) \right)^n = a^n$$ (4.15)

$$\lim_{x \to x_0} \sqrt[n]{f(x)} = \sqrt[n]{\lim_{x \to x_0} f(x)} = \sqrt[n]{a}$$ (4.16)

$$\lim_{x \to x_0} e^{f(x)} = e^{\lim_{x \to x_0} f(x)} = e^a$$ (4.17)

$$\lim_{x \to x_0} (\ln f(x)) = \ln \left(\lim_{x \to x_0} f(x) \right) = \ln a$$ (4.18)

In den Formeln (4.12)-(4.18) kann überall $x \to x_0$ durch $x \to +\infty$ oder $x \to -\infty$ ersetzt werden, d.h. die Formeln bleiben richtig, wenn $\lim_{x \to +\infty} f(x) = a$, $\lim_{x \to +\infty} g(x) = b$ oder wenn $\lim_{x \to -\infty} f(x) = a$, $\lim_{x \to -\infty} g(x) = b$ ist.

Für uneigentliche Grenzwerte gelten die Formeln (4.12)-(4.18) im allgemeinen nicht !

Beispiele für Anwendungen (in den einzelnen Schritten sind die angewandten Formeln durch ihre Nummern angegeben):

1) $\quad \lim_{x \to \infty} \dfrac{5 + e^{-x}}{\frac{1}{x} - 2} \overset{(4.14)}{=} \dfrac{\lim_{x \to \infty} (5 - e^{-x})}{\lim_{x \to \infty} \left(\frac{1}{x} - 2 \right)} \overset{(4.12)}{=} \dfrac{\lim_{x \to \infty} 5 - \lim_{x \to \infty} e^{-x}}{\lim_{x \to \infty} \frac{1}{x} - \lim_{x \to \infty} 2} \overset{(4.8),(4.9)}{=} \dfrac{5 - 0}{0 - 2} = -\dfrac{5}{2}.$

Hier wurde auch die selbstverständliche Tatsache benutzt, daß der Grenzwert einer Konstanten gleich dieser Konstanten ist.

2) $\quad \lim_{x \to \infty} \dfrac{10}{1 - 20e^{-0,8x}} \overset{(4.14),(4.12)}{=} \dfrac{10}{1 - \lim\limits_{x \to \infty} 20 \cdot e^{-0,8x}} \overset{(4.13)}{=} \dfrac{10}{1 - \lim\limits_{x \to \infty} 20 \cdot \lim\limits_{x \to \infty} e^{-0,8x}}$

$\overset{(4.9)}{=} \dfrac{10}{1 - 20 \cdot 0} = 10$

3) $\quad \lim_{t \to 0} \dfrac{t - 3}{e^{2-t}} \overset{(4.14)}{=} \dfrac{\lim\limits_{t \to 0}(t - 3)}{\lim\limits_{t \to 0} e^{2-t}} \overset{(4.12),(4.17)}{=} \dfrac{\lim\limits_{t \to 0} t - 3}{e^{\lim\limits_{t \to 0}(2 - t)}} = \dfrac{0 - 3}{e^{2-0}} = -\dfrac{3}{e^2}$

Für das Verhalten gebrochen-rationaler Funktionen im Unendlichen lassen sich leicht allgemeine Regeln angeben. Der Trick besteht darin, *im Zähler und Nenner jeweils die höchste Potenz der Variablen auszuklammern*. Bevor wir die allgemeine Regel formulieren, zeigen wir das Verfahren an drei charakteristischen Beispielen:

1)
$$\lim_{x\to\infty} \frac{3x^3 - 2x^2 + x + 4}{-x^3 + x^2 + 6} = \lim_{x\to\infty} \frac{x^3\left(3 - \dfrac{2}{x} + \dfrac{1}{x^2} + \dfrac{4}{x^3}\right)}{x^3\left(-1 + \dfrac{1}{x} + \dfrac{6}{x^3}\right)} = \lim_{x\to\infty} \frac{3 - \dfrac{2}{x} + \dfrac{1}{x^2} + \dfrac{4}{x^3}}{-1 + \dfrac{1}{x} + \dfrac{6}{x^3}}$$

$$\overset{(4.14),(4.12),(4.8)}{=} \frac{3}{-1} = -3$$

Charakteristisch für dieses Beispiel ist, daß Zähler und Nenner den gleichen Grad haben.

2)
$$\lim_{x\to-\infty} \frac{2x^2 + x + 1}{7x^3 - 2x^2 + 5} = \lim_{x\to-\infty} \frac{x^2\left(2 + \dfrac{1}{x} + \dfrac{1}{x^2}\right)}{x^3\left(7 - \dfrac{2}{x} + \dfrac{5}{x^3}\right)} = \lim_{x\to-\infty} \frac{1}{x} \cdot \frac{2 + \dfrac{1}{x} + \dfrac{1}{x^2}}{7 - \dfrac{2}{x} + \dfrac{5}{x^3}}$$

$$\overset{(4.13)}{=} \lim_{x\to-\infty} \frac{1}{x} \cdot \lim_{x\to-\infty} \frac{2 + \dfrac{1}{x} + \dfrac{1}{x^2}}{7 - \dfrac{2}{x} + \dfrac{5}{x^3}} \overset{(4.8)}{=} 0 \cdot \frac{2}{7} = 0$$

Charakteristisch für dieses Beispiel ist, daß der Nenner einen größeren Grad hat als der Zähler.

3)
$$\lim_{x\to\infty} \frac{2x^3 + x + 1}{-x + 5} = \lim_{x\to\infty} \frac{x^3\left(2 + \dfrac{1}{x^2} + \dfrac{1}{x^3}\right)}{x\left(-1 + \dfrac{5}{x}\right)} = \lim_{x\to\infty} x^2 \cdot \lim_{x\to\infty} \frac{2 + \dfrac{1}{x^2} + \dfrac{1}{x^3}}{-1 + \dfrac{5}{x}} \,.$$

Der zweite Grenzwert liefert etwas negatives, die Funktion verhält sich also wie $-x^2$; wegen $\lim_{x\to\infty} -x^2 = -\infty$ ist demnach $\lim_{x\to\infty} \dfrac{2x^3 + x + 1}{-x + 5} = -\infty$.

Charakteristisch für dieses Beispiel ist, daß der Grad des Zählers größer als der Grad des Nenners ist.

Die allgemeine Regel wird genauso gewonnen wie die Einzelergebnisse in diesen Beispielen, nämlich durch Ausklammern der höchsten Potenz der Variablen in Zähler und Nenner: Sei folgende gebrochen-rationale Funktion gegeben:

$$f(x) = \frac{a_n x^n + a_{n-1} x^{n-1} + \ldots + a_1 x + a_0}{b_m x^m + b_{m-1} x^{m-1} + \ldots + b_1 x + b_0} \,.$$

1) Ist $n = m$, d.h. der Grad des Zählers gleich dem Grad des Nenners, so gilt

$$\lim_{x \to \infty} f(x) = \lim_{x \to -\infty} f(x) = \frac{a_n}{b_m},$$

d.h. *der Grenzwert für* $x \to \pm\infty$ *ist der Quotient der höchsten Koeffizienten.*
In diesem Fall ist also die Gerade $y = \dfrac{a_n}{b_m}$ nach beiden Seiten Asymptote der
Funktion. Beispiele sind die Funktionen in den Abb. 4.35 und 4.75.

2) Ist $n < m$, d.h. der Grad des Zählers kleiner als der Grad des Nenners, so
gilt

$$\lim_{x \to \infty} f(x) = \lim_{x \to -\infty} f(x) = 0.$$

In diesem Fall ist die x-Achse nach beiden Seiten Asymptote der Funktion.
Beispiele sind die Funktionen in den Abb. 4.34 u. 4.36.

3) Ist $n > m$, d.h. der Grad des Zählers größer als der Grad des Nenners, so
verhält sich $f(x)$ im Unendlichen wie $x^{n-m} \cdot \text{sgn} \dfrac{a_n}{b_m}$, wobei $\text{sgn} \dfrac{a_n}{b_m}$ das Vorzeichen
von $\dfrac{a_n}{b_m}$ bedeutet.

Beispiele:

1) $\displaystyle \lim_{x \to -\infty} \frac{3x + 4}{-x + 6} = \frac{3}{-1} = -3$ (Fall 1)

2) $\displaystyle \lim_{u \to \infty} \frac{6u^2 + 4u + 5}{7u^3 - u + 1} = 0$ (Fall 2)

3) $\displaystyle \lim_{t \to \infty} \frac{at^2 + bt + c}{-5t^2 + bt - c} = \frac{a}{-5} = -\frac{a}{5}$ (Fall 1)

4) $\displaystyle \lim_{c \to -\infty} \frac{c + 1}{c^2 - 1} = 0$ (Fall 2)

5) $\displaystyle \lim_{x \to \infty} \frac{-3x^3 + 5x^2 + x - 6}{3x + 4}$

Diese Funktion verhält sich im Unendlichen wie $\text{sgn} \dfrac{-3}{3} \cdot x^{3-1}$, d.h. wie $-x^2$. Da $-x^2$
für $x \to \infty$ gegen $-\infty$ geht, ist der gesuchte Grenzwert $-\infty$ (also ein uneigentlicher
Grenzwert).

6) $\displaystyle \lim_{x \to -\infty} \frac{2x^4 + 5x - 1}{x - 7}$

$f(x)$ verhält sich wie $\text{sgn} \dfrac{2}{1} \cdot x^3$, d.h. wie x^3. Wegen $\lim_{x \to -\infty} x^3 = -\infty$ ist also
$\lim_{x \to -\infty} f(x) = -\infty$.

7) $\displaystyle \lim_{t \to -\infty} \frac{t^3 - 1}{-t + 1}.$

$f(x)$ verhält sich wie $-t^2$; da $\lim_{t \to -\infty}(-t^2) = -\infty$ ($\lim_{t \to -\infty} t^2 = +\infty$) ist, gilt also $\lim_{t \to -\infty} \dfrac{t^3 - 1}{-t + 1} = -\infty$.

(5) *Stetigkeit von Funktionen:*

Anschaulich versteht man unter der Stetigkeit einer Funktion in einem Intervall, daß man den Graphen der Funktion in diesem Intervall ohne Unterbrechung durchzeichnen kann. Wir überlegen uns nun, welche Eigenschaften eine Funktion $f(x)$ an einer Stelle x_0 des Intervalls haben muß, um stetig zu sein (Abb. 4.76).

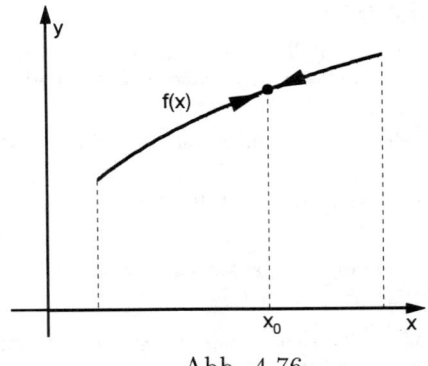

Abb. 4.76

Zunächst muß $f(x_0)$ existieren, denn sonst würde an der Stelle x_0 kein Punkt des Graphen existieren, der Graph also nicht ohne Unterbrechung zu zeichnen sein. Zweitens müssen bei Annäherung von links oder von rechts die Funktionswerte gegen denselben Grenzwert streben und dieser muß mit dem Funktionswert $f(x_0)$ übereinstimmen. Das bedeutet aber, daß der Grenzwert $\lim_{x \to x_0} f(x)$ existiert und mit $f(x_0)$ übereinstimmt. Man definiert deshalb: $f(x)$ heißt an der Stelle x_0 stetig, falls

1) $f(x_0)$ existiert, 2) $\lim_{x \to x_0} f(x)$ existiert, 3) Grenzwert und Funktionswert übereinstimmen.

Kurz kann man das so zusammenfassen:

> $f(x)$ heißt an der Stelle x_0 stetig, falls $\lim_{x \to x_0} f(x) = f(x_0)$. $f(x)$ heißt im Intervall (a, b) stetig, falls $f(x)$ an jeder Stelle des Intervalls stetig ist.

Aus den Grenzwertsätzen (4.12)-(4.18) folgt: Sind $f_1(x)$ und $f_2(x)$ stetig, so

sind auch $f_1(x) \pm f_2(x)$, $f_1(x) \cdot f_2(x)$ und $\dfrac{f_1(x)}{f_2(x)}$ stetig, letztere mit Ausnahme
der Stellen, wo $f_2(x) = 0$ ist. Ist $f(x)$ stetig, so sind auch $(f(x))^n$ und $e^{f(x)}$
stetig, ferner $\sqrt[n]{f(x)}$, falls $f(x) \geq 0$ und $\ln f(x)$, falls $f(x) > 0$. $f(x) = x$ ist
ersichtlich überall stetig; ebenso die konstante Funktion $f(x) = c$. Daraus ergibt
sich mittels der eben formulierten Sätze schrittweise:

> Alle Polynome sind überall stetig. Gebrochen-rationale Funktionen sind über-
> all stetig mit Ausnahme der Nullstellen des Nenners.

Beispiele:

1) $f(x) = e^{x^2 - 2x + 3}$ ist stetig, da $g(x) = x^2 - 2x + 3$ als Polynom stetig ist und $f(x) = e^{g(x)}$
      bei stetigen $g(x)$ auch stetig ist.

2) $f(x) = \ln(x^2 - 1)$ ist für alle Stellen außerhalb des abgeschlossenen Intervalls $[-1, 1]$
      stetig, denn für alle diese Stellen ist $g(x) = x^2 - 1 > 0$ und $g(x)$ ist stetig, also auch
      $f(x) = \ln g(x)$.

3) $f(x) = \sqrt[4]{x^2 - 1}$ ist stetig für alle x außerhalb des offenen Intervalls $(-1, 1)$, denn für
      diese x ist $x^2 - 1 \geq 0$.
      Für die Beispiele 2) und 3) vergleiche man die graphische Darstellung von $g(x) = x^2 - 1$
      in Abb. 4.3.

4) $f(x) = \dfrac{x - 6}{x^2 + x - 6}$ ist überall stetig außer an $x = -3$ und $x = 2$, denn dies sind die
      Nullstellen des Nenners.

5) $f(x) = (2x^3 - x + 6)^4 \cdot (x^2 + 5)$ ist überall stetig als Produkt der überall stetigen
      Funktionen $f_1(x) = (2x^3 - x + 6)^4$ und $f_2(x) = x^2 + 5$.

6) $f(x) = \dfrac{2x^2 + e^{-x}}{\ln x}$ ist für $x > 0$ stetig mit Ausnahme von $x = 1$, weil $\ln x$ dort gleich
      Null ist (für $x \leq 0$ ist $\ln x$ gar nicht erklärt).

7) $f(x) = \dfrac{x^2 + 3x + 5}{\sqrt{x^2 + 1}}$ ist für alle reellen x stetig, denn stets ist für reelle x der Ausdruck
      $x^2 + 1 > 0$ und damit auch $\sqrt{x^2 + 1}$. Zähler und Nenner sind aber stetige Funktionen.

Wir wenden uns nun der Frage zu, was an einer *Unstetigkeitsstelle* passieren
kann. Theoretisch kann sich eine Funktion an einer Unstetigkeitsstelle so pa-
thologisch verhalten, daß es schwierig oder gar unmöglich ist, sich davon eine
anschauliche Vorstellung zu machen. Zum Glück zeigen alle Funktionen, die
praktisch in Betracht kommen, nur *zwei Typen von Unstetigkeitsstellen*, nämlich
Sprünge und *Unendlichkeitsstellen*. Abb. 4.77 zeigt eine Funktion, die an der
Stelle x_0 einen Sprung hat.

Typisch für einen Sprung ist, daß links- und rechtsseitiger Grenzwert an der
Stelle x_0 verschieden sind. In der Regel kommen Sprünge dadurch zustande,

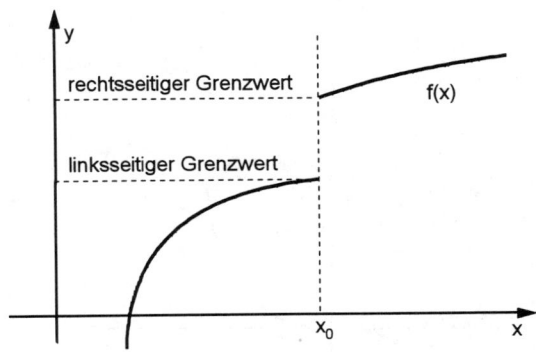

Abb. 4.77

daß eine Funktion aus verschiedenen Stücken zusammengesetzt wird. Ein Beispiel ist die in Abb. 4.13 dargestellte Preisfunktion, die aus konstanten Stücken zusammengesetzt ist, wobei an den Stellen, an denen die Stücke aneinandergesetzt sind, Sprünge auftreten.

Weitere Beispiele:

$$1) \qquad f(x) = \begin{cases} \dfrac{1}{2}x - 2 & \text{für } x < -2 \\[2mm] \dfrac{1}{4}x - 1 & \text{für } -2 \leq x \leq 2 \\[2mm] x - 1 & \text{für } x > 2 \end{cases}$$

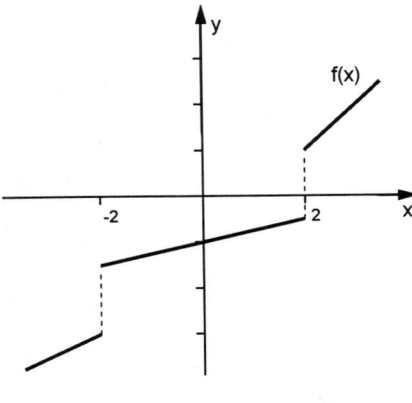

Abb. 4.78

2) $f(x) = \begin{cases} -x^2 + 1 & \text{für } x < -1 \\ x^3 & \text{für } -1 \leq x \leq 1,5 \\ x^2 - 1 & \text{für } x > 1,5 \end{cases}$

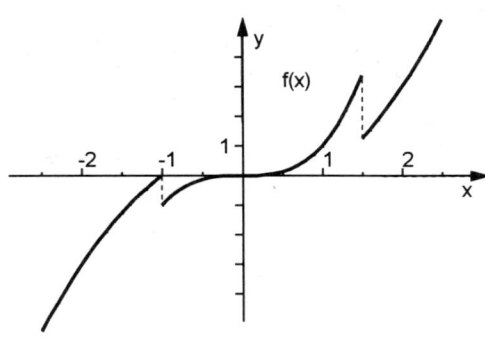

Abb. 4.79

Nicht immer, wenn eine Funktion aus Teilen zusammengesetzt ist, sind die Stückelungsstellen Unstetigkeitsstellen. Ein Beispiel für einen stetigen Anschluß der einzelnen Stücke aneinander ist die Einkommenssteuerfunktion (Abb. 4.15). Ein weiteres Beispiel ist die Funktion

$$f(x) = |x| = \begin{cases} x & \text{für } x \geq 0 \\ -x & \text{für } x < 0 \end{cases}.$$

Sie hat an $x_0 = 0$ zwar eine Ecke, ist dort aber stetig, denn man kann sie ohne Unterbrechung durchzeichnen (Abb. 4.80).

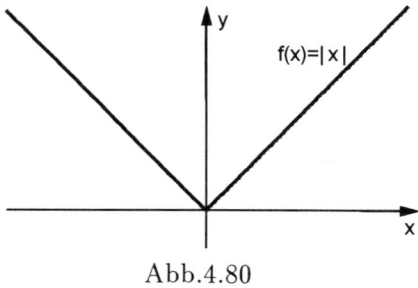

Abb.4.80

An einer *Unendlichkeitsstelle* x_0 strebt die Funktion bei Annäherung an die Stelle x_0 gegen $+\infty$ oder gegen $-\infty$, d.h. sie wächst über jede Grenze oder sie fällt unter jede Grenze. Die Abb. 4.81–4.84 zeigen das mögliche Verhalten gebrochen-rationaler Funktionen an einer Unendlichkeitsstelle x_0. Wir haben schon zahlreiche Beispiele für Funktionen mit Unendlichkeitsstellen kennengelernt (Abb. 4.34, 4.36, 4.37, 4.72, 4.74, 4.75).

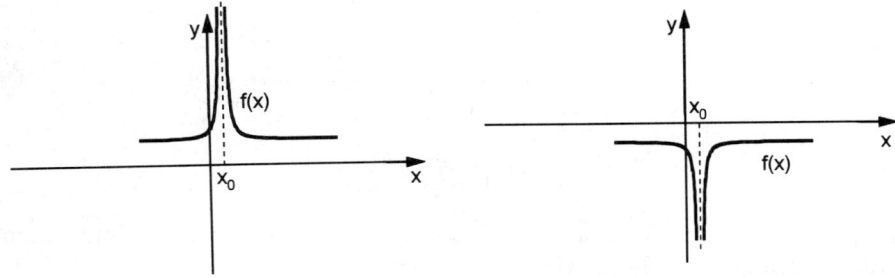

Abb. 4.81 und 4.82

In Abb. 4.81 ist $\lim\limits_{x\to x_0+0} f(x) = \lim\limits_{x\to x_0-0} f(x) = +\infty$.

In Abb. 4.82 ist $\lim\limits_{x\to x_0+0} f(x) = \lim\limits_{x\to x_0-0} f(x) = -\infty$.

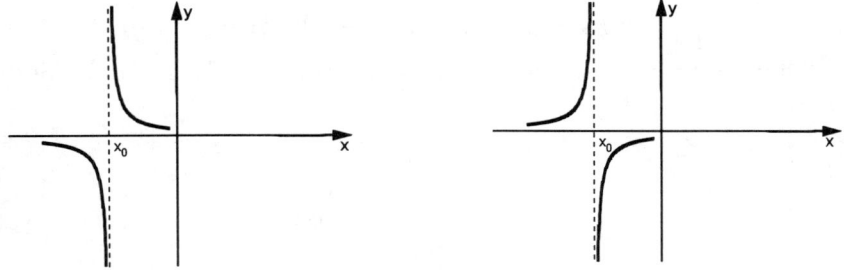

Abb. 4.83 und 4.84

In Abb. 4.83 ist $\lim\limits_{x\to x_0+0} f(x) = +\infty$, $\lim\limits_{x\to x_0-0} f(x) = -\infty$, in Abb. 4.84 ist es gerade umgekehrt. Es handelt sich bei Unendlichkeitsstellen durchweg um uneigentliche Grenzwerte; ein Grenzwert existiert an diesen Stellen nicht.

Es ist möglich, daß eine Funktion $f(x)$ nur auf einer Seite der Unendlichkeitsstellen x_0 definiert ist, wie $\ln x$ an $x_0 = 0$ (Abb. 4.41), oder daß nur bei Annäherung von einer Seite $f(x)$ unbegrenzt wächst oder fällt, während bei Annäherung von der anderen Seite ein endlicher Grenzwert auftritt (Abb. 4.85).

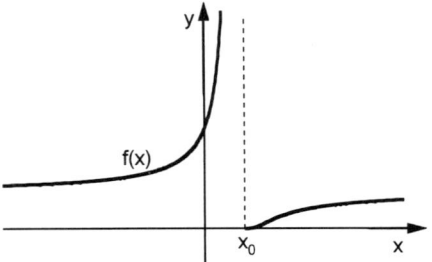

Abb. 4.85

Dieses Verhalten zeigt z.B. $f(x) = e^{\frac{1}{x-1}}$ an $x_0 = 1$. In diesem Fall könnte man von einem Sprung unendlicher Größe sprechen.

Eine dritte Form von Unstetigkeitsstellen sei noch erwähnt, die *Lücken*. Sie haben keine praktische Bedeutung, weil man sie durch geeignete Definition des Funktionswertes an der betreffenden Stelle beseitigen kann. Als Beispiel betrachten wir die Funktion $f(x) = \dfrac{x^3 - x^2}{x - 1}$. Sie ist für $x_0 = 1$ nicht definiert, hat dort also eine Unstetigkeitsstelle. Durch Ausklammern von x^2 im Zähler erhält man $f(x) = \dfrac{x^2(x - 1)}{x - 1}$. Für $x \neq 1$ kann man $x - 1$ kürzen; $f(x)$ stellt also für $x \neq 1$ die Funktion x^2 dar. Abb. 4.86 zeigt $f(x)$, wobei die Lücke an der Stelle $x_0 = 1$ übertrieben gezeichnet ist.

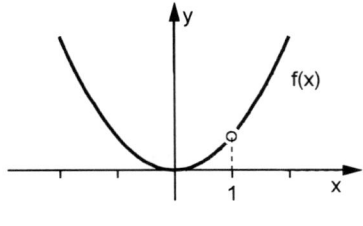

Abb. 4.86

Es ist $\lim_{x \to 1} f(x) = 1$. wenn wir also $f(1) = 1$ definieren, d.h.

$$f(x) = \left\{ \begin{array}{ll} \dfrac{x^3 - x^2}{x - 1} & \text{für } x \neq 1 \\[2mm] 1 & \text{für } x = 1 \end{array} \right\}$$

setzen, so ist die Lücke geschlossen und die Funktion ist stetig. Lücken bezeichnet man deshalb auch als *hebbare Unstetigkeitsstellen*.

4.4 Beispiele ökonomischer Funktionen

Ökonomische Sachverhalte werden sehr häufig durch quantitative Parameter beschrieben, wie Preise, produzierte Mengen, eingesetzte Mengen, Kosten, Umsätze, Gewinne, Zeiten, Konsum, Einkommen, Einkommenssteuerlast, Abgabenquote, Sparquote, Verbrauch, Investitionen, Arbeitslosenquote u.v.a.m. Man deutet diese Paramter in der Regel als reelle Variable, in vielen Fällen auch dann, wenn es sich (etwa bei einer produzierten Menge) um Stückzahlen oder andere diskrete Größen handelt.

Zusammenhänge zwischen diesen Größen werden durch Funktionen beschrieben; die Angabe einer ökonomischen Funktion ist also ein *mathematisches Modell* für einen gewissen ökonomischen Sachverhalt. Die Kunst der Modellierung besteht darin, möglichst wirklichkeitsnahe Modelle zu finden. Die Ausübung dieser Kunst ist nicht Sache des Mathematikers, sondern des Wirtschaftswissenschaftlers und setzt neben der fachwissenschaftlichen Kompetenz natürlich auch sichere mathematische Kenntnisse voraus. Wirklichkeitsnahe Modelle sind insbesondere dann erforderlich, wenn auf der Grundlage dieser Modelle Voraussagen gemacht oder volkswirtschaftliche bzw. betriebswirtschaftliche Entscheidungen getroffen werden sollen. Sie basieren nicht selten auf umfangreichen empirischen Untersuchungen und dem Einsatz statistischer Methoden.

Wenn es „nur" darum geht, wirtschaftliche Sachverhalte oder Prozesse qualitativ zu verstehen, genügen oft recht einfache Modelle, d.h. verhältnismäßig einfache Typen von Funktionen, die die Realität qualitativ im großen und ganzen richtig widerspiegeln. Von dieser Art werden die folgenden Beispiele sein. Manche der in 4.3. besprochenen Funktionen werden uns bei ökonomischen Sachverhalten wiederbegegnen.

4.4.1 Kostenfunktionen

(1) *Grundbegriffe:*

Funktionen, die den Zusammenhang zwischen einem Output x (etwa der produzierten Menge in Mengeneinheiten) und den für die Produktion des Outputs x anfallenden *Gesamtkosten* K (in Geldeinheiten) zum Ausdruck bringen, heißen *Gesamtkostenfunktionen*: $K = K(x)$. Die Funktion $K(x)$ enthält einen outputunabhängigen Anteil, die *fixen Kosten* K_f und einen von x abhängigen Anteil, die *variablen Kosten* $K_v(x)$.

$$\boxed{K(x) = K_v(x) + K_f}$$
(4.19)

Graphisch entsteht $K(x)$, indem man die Kurve $K_v(x)$ um den Betrag K_f nach oben verschiebt (bzw. entsteht $K_v(x)$ aus $K(x)$ durch Verschiebung von $K(x)$ um den Betrag K_f nach unten) (Abb. 4.87)

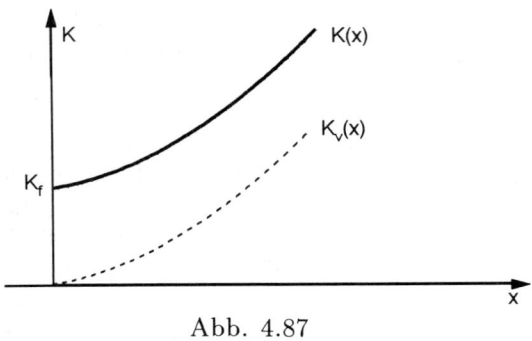

Abb. 4.87

Dividiert man die Kosten $K(x)$ durch die Anzahl x der produzierten Einheiten, so erhält man die *Stückkosten* $k(x)$:

$$\boxed{k(x) = \frac{K(x)}{x}}$$
(4.20)

Man bezeichnet die Stückkosten auch als *durchschnittliche Kosten*; $k(x)$ gibt an, *wieviel die Produktion einer Einheit kostet, wenn insgesamt x Einheiten produziert werden.*

Entsprechend (4.19) ist $k(x)$ die Summe der *variablen Stückkosten* $k_v(x)$ und der auf die Mengeneinheit (oder das Stück) bezogenen fixen Kosten $k_f(x)$:

$$k(x) = \frac{K(x)}{x} = \frac{K_v(x) + K_f}{x} = \frac{K_v(x)}{x} + \frac{K_f}{x} = k_v(x) + k_f(x) \quad \text{mit}$$

$$\boxed{\begin{aligned} k_v(x) &= \frac{K_v(x)}{x} && (4.21) \\ k_f(x) &= \frac{K_f}{x} && (4.22) \\ k(x) &= k_v(x) + k_f(x) && (4.23) \end{aligned}}$$

Da K_f eine Konstante ist, verhält sich $k_f(x) = \dfrac{K_f}{x}$ qualitativ wie $\dfrac{1}{x}$ (Abb. 4.88).

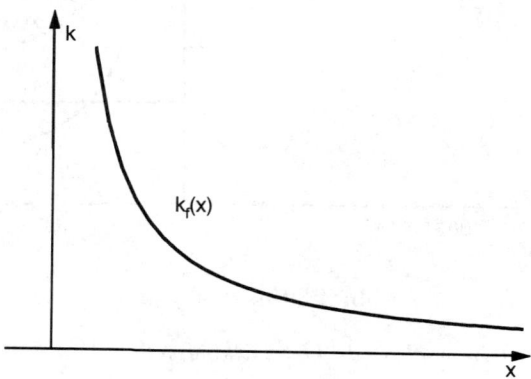

Abb. 4.88

Es ist $\lim_{x \to +\infty} k_f(x) = 0$, $\quad \lim_{x \to 0+0} k_f(x) = +\infty$. Diese Grenzwerte sind natürlich idealisierte, theoretische Beziehungen; sie bringen aber den ökonomischen Sachverhalt qualitativ richtig zum Ausdruck: Die fixen Kosten sind gewissermaßen die Kosten der Produktionsbereitschaft, die in der Höhe K_f anfallen, ganz gleich, wieviel produziert wird. Legt man diese Kosten auf die produzierte Menge x um, so werden sie pro Einheit (oder pro Stück) immer geringer, je mehr man produziert (Fixkostendegression), und sie wachsen pro Einheit (oder pro Stück) gewaltig an, wenn man fast nichts produziert. Da $k_f(x)$ gemäß (4.23) in die Stückkosten eingeht, gilt für die Stückkostenfunktion $k(x)$: $\lim_{x \to 0+0} k(x) = +\infty$.

(2) *Konkrete Kostenmodelle:*

Lineare Gesamtkosten: Man spricht in diesem Fall auch von *proportionalen Gesamtkosten.*

Beispiel:

$K(x) = 1,3x + 96$. Es ist $K_v(x) = 1,3x$; $K_f = 96$ (Abb. 4.89)

$k(x) = 1,3 + \dfrac{96}{x}$; $\quad k_v(x) = 1,3$; $\quad k_f(x) = \dfrac{96}{x}$ (Abb. 4.90).

Bei proportionalen Gesamtkosten sind die variablen Stückkosten konstant und die Stückkostenfunktion $k(x)$ nähert sich von oben dieser Konstante asymptotisch an.

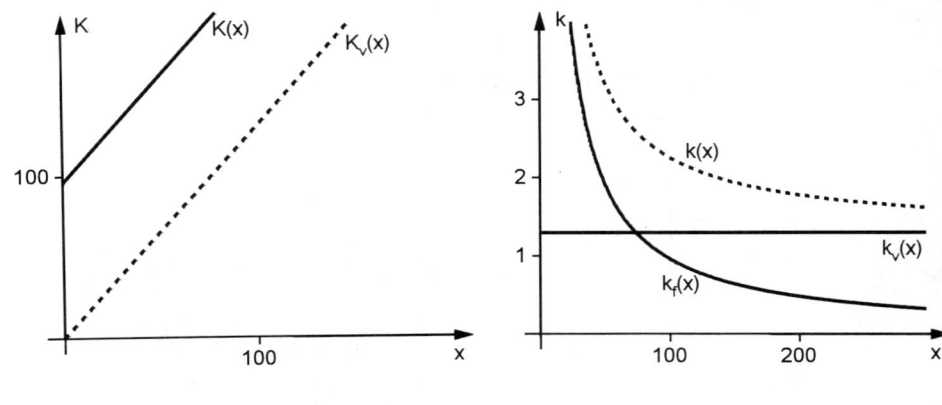

Abb. 4.89 u. 4.90

Progressiv bzw. degressiv wachsende Gesamtkosten

Wenn $K(x)$ *progressiv wächst* (wachsend, von unten konvex; vgl. 4.3), spricht man von progressiv wachsenden Gesamtkosten. Die variablen Stückkosten $k_v(x)$ sind dann wachsend (sie können progressiv, linear oder degressiv wachsen).

Beispiel:

$$K(x) = 0,2x^2 + 50; \quad K_v(x) = 0,2x^2; \quad K_f(x) = 50;$$

$$k_v(x) = 0,2x; \quad k_f(x) = \frac{50}{x}; \quad k(x) = 0,2x + \frac{50}{x}.$$

Die Abb. 4.91 und 4.92 zeigen die Zusammenhänge.

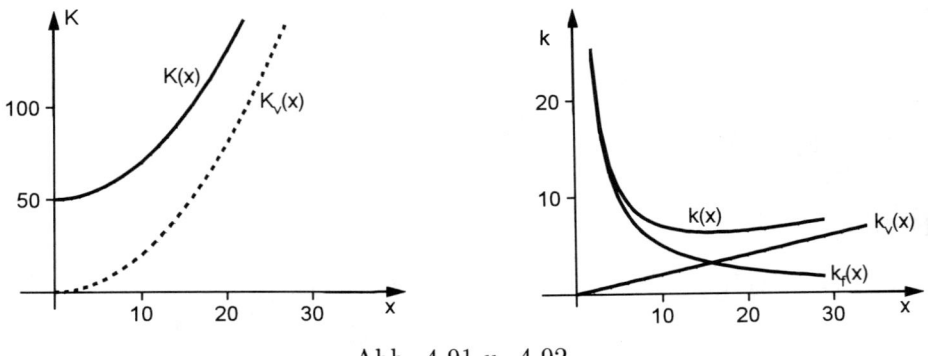

Abb. 4.91 u. 4.92

Wenn $K(x)$ *degressiv* wächst (wachsend, von unten konkav), spricht man von degressiv wachsenden Gesamtkosten. Die variablen Stückkosten $k_v(x)$ sind dann fallend.

Beispiel: $K(x) = x^{0,8}+72$; $K_v(x) = x^{0,8}$ (zur Erinnerung: $x^{0,8} = x^{\frac{8}{10}} = \sqrt[10]{x^8}$);
$K_f(x) = 72$; $k_v(x) = \dfrac{x^{0,8}}{x} = x^{0,8-1} = x^{-0,2} = \dfrac{1}{x^{0,2}}$; $k_f(x) = \dfrac{72}{x}$.

Die Abbildungen 4.93 und 4.94 zeigen die Verhältnisse.

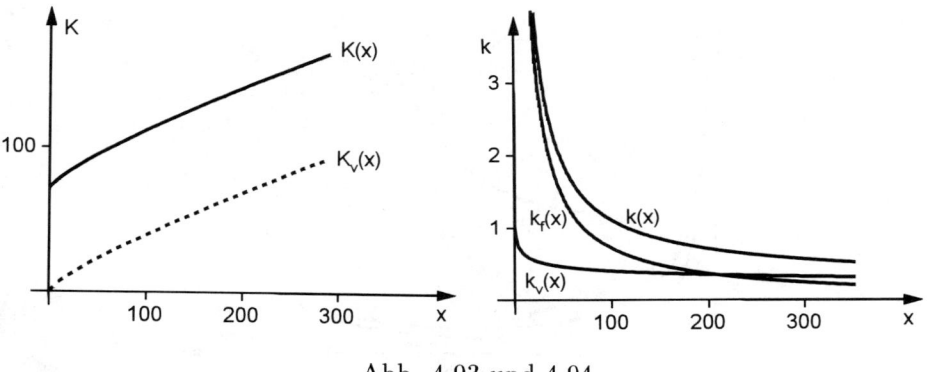

Abb. 4.93 und 4.94

Ertragsgesetzliche Kostenfunktionen

Eine ertragsgesetzliche Kostenfunktion zeigt einen S-förmigen Verlauf (Abb. 4.95).

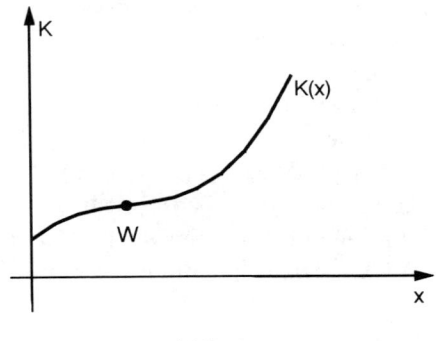

Abb. 4.95

Zur Frage, welche ökonomische Situation zu einem solchen Kostenverlauf führt, siehe z.B. [Wöhe1990, S. 576 ff.]. Eine ertragsgesetzliche Kostenfunktion hat einen degressiv steigenden Abschnitt, der nach Überschreiten des Wendepunktes W in einen progressiv steigenden Abschnitt übergeht. Eine genauere Analyse erfordert den Begriff der Grenzkosten, der auf der Differentialrechnung beruht; wir kommen auf ertragsgesetzliche Kostenfunktionen in Kap. 5 zurück.

Beispiel: $K(x) = 0,9x^3 - 11x^2 + 52x + 100;$ $K_v(x) = 0,9x^3 - 11x^2 + 52x;$
$K_f(x) = 100;$ $k_v(x) = 0,9x^2 - 11x + 52;$ $k_f(x) = \dfrac{100}{x}.$

Abb. 4.96 zeigt $K(x)$ und im selben Achsenkreuz $k(x)$, $k_f(x)$ und $k_v(x)$.

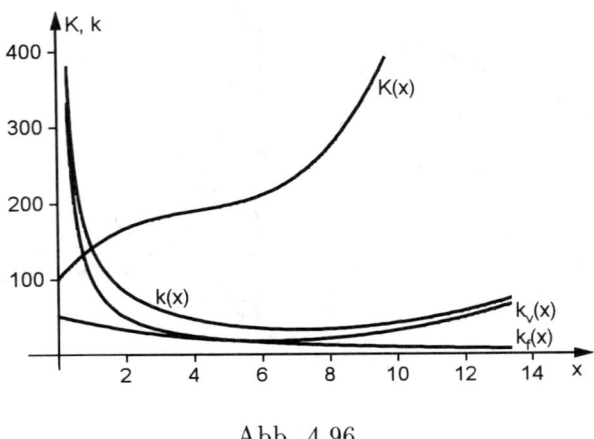

Abb. 4.96

Unstetige Kostenverläufe (Kosten bei Anpassung)

Wir nehmen an, daß für die Produktion eines Gutes mehrere Fließlinien bereit-stehen. Die Bereitstellungskosten für eine Fließlinie mögen 120 Geldeinheiten (GE) betragen; ferner fallen einmalig unabhängig von den Fließlinien fixe Ko-sten von 80 GE an. Bis zu $x = 50$ Mengeneinheiten genüge eine Fließlinie für die Produktion, dann wird eine weitere Fließlinie zugeschaltet, bei $x = 100$ die nächste usw. An den Zuschaltpunkten $x = 50, 100, 150, \dots$ springen die Kosten jeweils um die Bereitstellungkosten der nächsten Fließlinie (d.h. um jeweils 120 GE). Für den Betrieb der Fließlinien nehmen wir proportionale Kosten mit dem Proportionalitätsfaktor 0,7 an. Dann hat die Kostenfunktion folgende Gestalt:

$$
K(x) = \left\{
\begin{array}{ll}
0,7x + 200 & \text{für} \quad\ \ 0 \leq x \leq 50 \\
0,7x + 320 & \text{für} \quad 50 < x \leq 100 \\
0,7x + 440 & \text{für} \quad 100 < x \leq 150 \\
0,7x + 560 & \text{für} \quad 150 < x \leq 200
\end{array}
\right\}
$$

Abb. 4.97 zeigt die Gesamtkosten $K(x)$, Abb. 4.98 die Stückkosten $k(x)$, die auch bei den Zuschaltpunkten 50, 100, 150, ... Sprünge aufweisen.

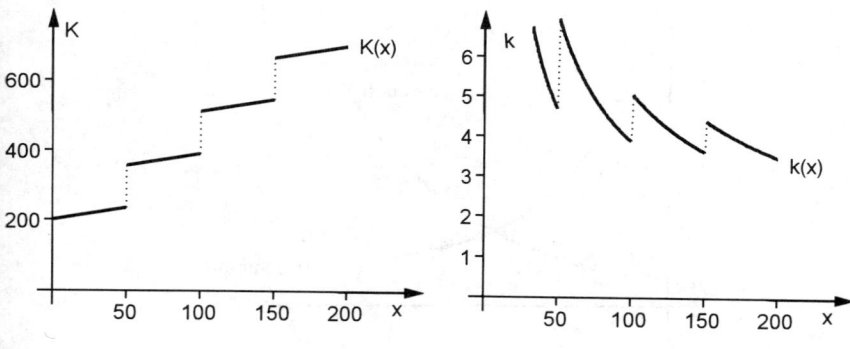

Abb. 4.97 und 4.98

4.4.2   Angebot, Nachfrage, Umsatz, Gewinn

(1) *Angebots- und Nachfragefunktionen*

Wir nehmen den Fall vollkommener Konkurrenz an, d.h. Anbieter und Nachfrager stehen sich in großer Zahl gegenüber. Das Verhalten aller Anbieter wird
dann durch eine *Angebotsfunktion* $p_1(x)$ charakterisiert, die den Preis p des betreffenden Gutes in Abhängigkeit von der angebotenen Menge x des Gutes (pro
Bezugsperiode) angibt. Sie ist monoton wachsend. Man überlegt sich das am
besten an der Umkehrfunktion, deren graphische Darstellung ja die Spiegelung
von $p_1(x)$ an der Winkelhalbierenden des ersten Quadranten ist. Mit der einen
Funktion wächst auch die andere monoton und umgekehrt. Die Umkehrfunktion gibt die angebotene Menge als Funktion des Marktpreises an. Es ist klar,
daß die Produzenten ihre Angebotsmenge erhöhen werden, wenn der Marktpreis
steigt.

Das Verhalten aller Nachfrager wird durch eine *Nachfragefunktion* $p_2(x)$ charakterisiert: sie gibt den Zusammenhang zwischen der nachgefragten Menge x des
betreffenden Gutes (pro Bezugsperiode) und dem Preis des Gutes an. Durch
dieselbe Überlegung wie oben, d.h. durch Betrachtung der Umkehrfunktion,
erkennt man, daß die Nachfragefunktion eine monoton fallende Funktion ist,
denn wenn der Preis sich erhöht, wird die Nachfrage geringer (einige wenige
Güter, wie Kunstwerke, ausgenommen). Der Schnittpunkt der beiden Kurven
definiert den sogenannten *Konkurrenzpreis*, bei dem angebotene und abgesetzte
Menge übereinstimmen (Abb. 4.99).

Angebots- und Nachfragefunktionen können auch in anderen Marktsituationen

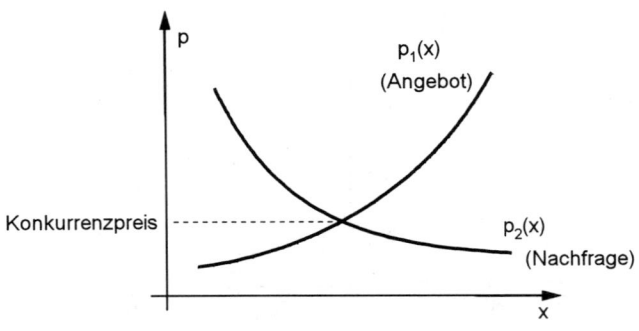

Abb. 4.99

bzw. für einzelne Unternehmen definiert werden. Nachfragefunktionen werden auch als *Preis-Absatz-Funktionen* bezeichnet; man setzt dabei voraus, daß die nachgefragte Menge abgesetzt wird.

(2) *Umsatzfunktionen*

Umsatzfunktionen geben den Umsatz (in Geldeinheiten) als Funktion der umgesetzten Gütermenge (in Mengeneinheiten) an. Sie werden auch als *Erlösfunktionen* bezeichnet: $E = E(x)$. Da Umsatz=Menge×Preis ist, gilt

$$\boxed{E(x) = x \cdot p} \qquad (4.24)$$

$E(x)$ ist also gegeben, wenn p in Abhängigkeit von x, d.h. wenn die Preis-Absatz-Funktion $p(x)$ gegeben ist.

$$\boxed{E(x) = x \cdot p(x)} \qquad (4.25)$$

Hat man statt $p(x)$ deren Umkehrfunktion $x = x(p)$ gegeben, so kann E auch als Funktion von p angegeben werden:

$$\boxed{E(p) = x(p) \cdot p} \qquad (4.26)$$

Beispiele:

1)   Man kann sich überlegen, daß bei vollkommener Konkurrenz kein teilnehmender Betrieb ein Interesse daran hat, den Konkurrenzpreis zu verändern. Er wird als gegebenes Datum des Marktes akzeptiert. In diesem Fall ist also für den einzelnen Anbieter $p =$const.$= p_0$ und damit $E(x)$ eine lineare Funktion von x: $E(x) = p_0 x$.

2)   Die Preis-Absatz-Funktion eines Anbieters habe die Form $p(x) = 8 - 0, 1x$. Dann gilt $E(x) = 8x - 0, 1x^2$ (Abb. 4.100).
In diesem Beispiel wäre die Umkehrfunktion der Preis-Absatz-Funktion $x(p) = 80 - 10p$ (das erhält man durch Auflösen von $p = 8 - 0, 1x$ nach x) und somit nach (4.26): $E(p) = 80p - 10p^2$.

3)   Die Preis-Absatz-Funktion eines monopolitischen Anbieters habe die Form $p(x) = 12, 3e^{-0,1x}$. Dann ist $E(x) = 12, 3xe^{-0,1x}$ (Abb. 4.101)

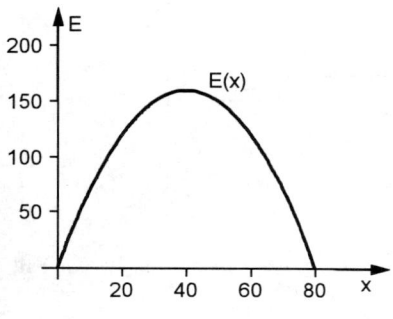 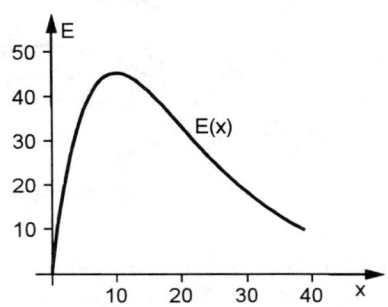

Abb. 4.100 u. 4.101

(3) *Gewinnfunktionen*

Die Gewinnfunktion $G(x)$ gibt für eine bestimmte Produktion den Zusammenhang zwischen der umgesetzten Menge x (in Mengeneinheiten) und dem Gewinn G (in Geldeinheiten) wieder. Da Gewinn=Umsatz−Kosten ist, gilt

$$\boxed{G(x) = E(x) - K(x) = x \cdot p(x) - K(x)} \tag{4.27}$$

Dabei ist $E(x)$ die Umsatz- oder Erlösfunktion, $K(x)$ die Gesamtkostenfunktion.

Das Mengenintervall, in dem $G(x) > 0$ ist, heißt die *Gewinnzone*. Sie wird begrenzt durch die positiven Nullstellen der Gewinnfunktion, oder – was dasselbe ist – durch die Abszissen der Schnittpunkte von Erlös- und Kostenfunktion. Diese x-Werte (Mengen) heißen die *Gewinnschwellen*.

Beispiele:

1)   Wir betrachten zunächst den Fall konstanten Preises; z.B. sei $p = 40$ Geldeinheiten pro Mengeneinheit (etwa 40 TDM/Tausend t). Wir legen eine ertragsgesetzliche Kostenfunktion zugrunde; sei etwa $K(x) = x^3 - 3x^2 + 12x + 60$. Dann ist $G(x) = 40x - (x^3 - 3x^2 + 12x + 60) = -x^3 + 3x^2 + 28x - 60$. Die Nullstellen dieser Funktion für positive x sind $x_1 = 2$ und $x_2 = 6$. Das Intervall $(2, 6)$ ist die Gewinnzone; 2 und 6 (bzw. 2000t und 6000t) sind die Gewinnschwellen. In Abb. 4.102 sind die Funktionen E, K, und G in ein Koordinatensystem eingezeichnet.

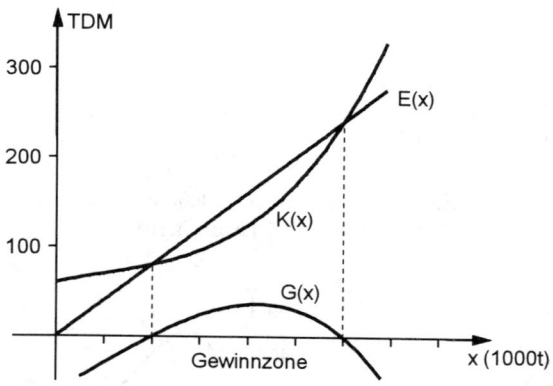

Abb. 4.102

2)   Als Erlösfunktion wählen wir $E(x) = 8x - 0,1x^2$. Die Kosten mögen in diesem Fall durchweg progressiv steigen: $K(x) = 30 + 0,2x^2$. Dann gilt

$$G(x) = 8x - 0,1x^2 - (30 + 0,2x^2) = -0,3x^2 + 8x - 30.$$

Zur Bestimmung der Gewinnschwellen berechnen wir die Nullstellen:

$$-0,3x^2 + 8x - 30 = 0; \quad x^2 - 26\tfrac{2}{3}x + 100 = 0;$$
$$x_{1,2} = 13\tfrac{1}{3} \pm \sqrt{177,777 - 100} = 13,333 \pm 8,819.$$

Die Gewinnzone ist (4,514 , 22,152). Abb. 4.103 zeigt E, K und G.

Das Stück zwischen den Kurven $E(x)$ und $K(x)$ (in Abb. 4.103 schraffiert) nennt man übrigens die Gewinnlinse.

In Beispiel 2) ließen sich die Gewinnschwellen elementar berechnen. Im allgemeinen muß man zu ihrer Berechnung numerische Verfahren anwenden.

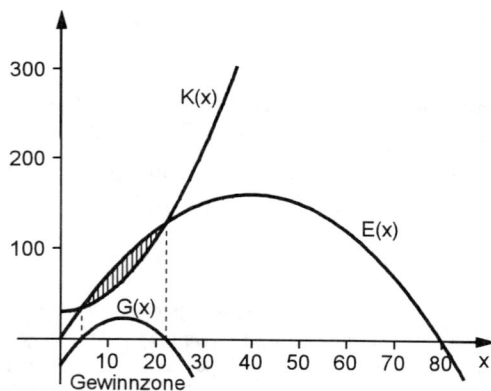

Abb. 4.103

Ähnlich wie bei der Bildung der Stückkosten erhält man durch Division von $G(x)$ durch die Menge x die Stückgewinnfunktion $g(x)$:

$$g(x) = \frac{G(x)}{x} \qquad (4.28)$$

$g(x)$ gibt den Gewinn pro abgesetzter Einheit an, unter der Voraussetzung, daß x Einheiten abgesetzt werden. Es ist $g(x) = \dfrac{G(x)}{x} = \dfrac{E(x) - K(x)}{x} = \dfrac{x \cdot p(x)}{x} - \dfrac{K(x)}{x} = p(x) - k(x)$, also

$$g(x) = p(x) - k(x) \qquad (4.29)$$

Der Stückgewinn ist gleich der Differenz von Preis und Stückkosten.

Subtrahiert man von der Umsatzfunktion $E(x)$ nur die variablen Kosten, so erhält man den sogenannten *Deckungsbeitrag* $D(x)$:

$$D(x) = E(x) - K_v(x) = G(x) + K_f(x) \qquad (4.30)$$

Entsprechend ist der Deckungsbeitrag pro Stück (oder pro Mengeneinheit)

$$d(x) = p(x) - k_v(x) \qquad (4.31)$$

Beispiel:

$$p(x) = 8 - 0{,}1x; \quad K(x) = 30 + 0{,}2x^2; \quad G(x) = -0{,}3x^2 + 8x - 30; \quad g(x) = -0{,}3x + 8 - \frac{30}{x};$$
$$K_v(x) = 0{,}2x^2; \quad D(x) = 8x - 0{,}1x^2 - 0{,}2x^2 = -0{,}3x^2 + 8x; \quad d(x) = -0{,}3x + 8.$$

4.4.3   Produktlebenszyklen, Investitionen, logistische Funktionen

(1) *Produktlebenszyklen*

Die Kurve des Produktlebenszyklus beschreibt den mengenmäßigen Umsatz U eines Produktes (pro Zeiteinheit) in Abhängigkeit von der Zeit: $U = U(t)$. Abb. 4.104 zeigt einen Produktlebenszyklus mit seinen typischen Phasen. Man gewinnt solche Kurven z.B. aus Umsatzstatistiken.

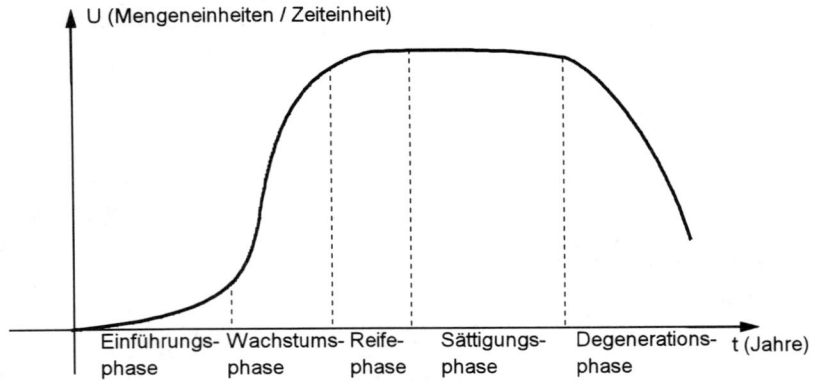

Abb. 4.104

Die Wachstumsphase ist durch starken Anstieg der umgesetzten Menge (und durch steigenden Gewinn) gekennzeichnet. In der Reifephase steigt der Umsatz nur noch schwach, der Gewinn ist relativ konstant. In der Sättigungsphase ist U relativ konstant, der Gewinn beginnt rückläufig zu werden. In der Degenerationsphase sind U und G stark rückläufig.

(2) *Investitionen*

Die Investitionen, die eine Volkswirtschaft, eine Branche oder ein Unternehmen tätigen, hängen vom Marktzinssatz ab. Z.B. werden die Investitionen für Immobilien steigen, wenn die Kreditzinsen sinken. Funktionen, die die Investitionen I in Abhängigkeit vom Zinssatz p darstellen, heißen Investitionsfunktionen $I(p)$. Abb. 4.105 zeigt einen typischen Verlauf.

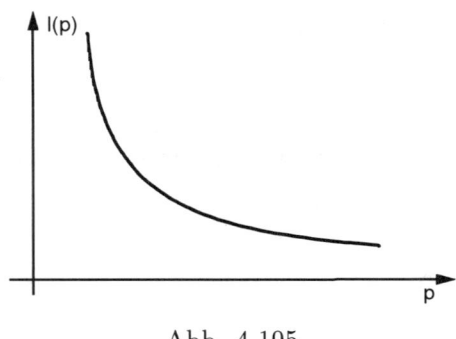

Abb. 4.105

(3) *Logistische Funktionen* geben Bestände in Abhängigkeit von der Zeit wieder, und zwar Bestände, die durch einen Sättigungspunkt charakterisiert sind. Bei-

spiele wären der PKW-Bestand, der Bestand an Hi-Fi-Anlagen, an CD-Playern etc. (absolut oder pro Kopf gerechnet). Logistische Funktionen haben die Form $B(t) = \dfrac{a}{1 + be^{-\alpha t}}$. Wegen $\lim_{t \to \infty} B(t) = a$ ist also a die obere Sättigungsgrenze.

Abb. 4.106 zeigt die Funktion $B(t) = \dfrac{12}{1 + 1,5e^{-0,5t}}$.

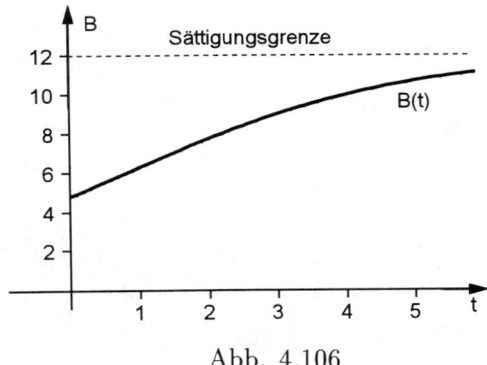

Abb. 4.106

4.5 Funktionen mehrerer Variabler

4.5.1 Begriff und Beispiele

Gehen wir zunächst nochmals zu den einführenden Bemerkungen zum Funktionsbegriff unter 4.1.1 zurück. Dort hatten wir festgestellt, daß häufig die Daten einer ökonomischen Größe y in eindeutiger Weise von den Daten einer anderen Größe x abhängen. Mittlerweile haben wir zahlreiche Beispiele für eine solche funktionale Abhängigkeit kennengelernt.

Oft sind aber die Zusammenhänge komplexer, und zwar in dem Sinne, daß eine Größe y nicht nur von einer Größe x abhängt, sondern von mehreren: y ist abhängig von $x_1, x_2, \ldots, x_n$.

Beispiele:

1) Die produzierte Menge x eines Gutes hängt von den Einsatzmengen $r_1, r_2, \ldots r_n$ gewisser Produktionsfaktoren ab, z.B. vom Stoffeinsatz verschiedener Roh- und Hilfsstoffe, von der eingesetzten Arbeitszeit usw.

2) In einem Unternehmen, welches 5 Produkte herstellt, hängen die Gesamtkosten K von den Outputmengen x_1, x_2, x_3, x_4, x_5 der fünf Produkte ab.

3)   Der Energieverbrauch V einer chemischen Anlage könnte z.B. von der Durchsatz-
     menge x, der Eingangstemperatur T_1 der Einsatzstoffe und der Außentemperatur T_0
     abhängen.

4)   Die Nachfrage x nach einem Gut hängt, wie wir gesehen haben, von seinem Preis p ab,
     aber realistischerweise davon nicht allein, sondern auch von den Preisen $p_1, p_2, \ldots, p_n$
     derjenigen Güter, die geeignet sind, das fragliche Gut zu substituieren.

Um auch in solchen Situationen einen adäquaten Begriff von Funktion definieren zu können, führen wir zunächst folgende Sprechweise ein: Eine Zusammen-
stellung von n reellen Zahlen $x_1, x_2, \ldots, x_n$ in *vorgegebener Reihenfolge* heißt
ein *n-Tupel reeller Zahlen* und wird mit $(x_1, x_2, \ldots, x_n)$ bezeichnet. Ein 2-
Tupel (x_1, x_2) heißt ein Paar, ein 3-Tupel (x_1, x_2, x_3) ein Tripel, ein 4-Tupel
(x_1, x_2, x_3, x_4) ein Quadrupel; für 5-Tupel, 6-Tupel usw. gibt es keine besonderen Namen. Tripel reeller Zahlen sind z.B. $(1, 0, \frac{1}{2})$, $(-1, 2, -2)$, $(2, 2, 2)$. Die
Tripel $(4, -2, 3)$ und $(-2, 3, 4)$ sind verschieden, obwohl sie dieselben Zahlen
enthalten. Bei n-Tupeln kommt es auf die Reihenfolge an!

Unsere Beispiele führen uns nun –ganz analog wie bei den Funktionen einer
Variablen – zum Begriff einer Funktion mehrerer Variabler:

Wenn jedem n-Tupel $(x_1, x_2, \ldots, x_n)$ aus einem Bereich D von n-Tupeln reel-
ler Zahlen eindeutig eine reelle Zahl y zugeordnet ist, so sagt man, y ist eine
Funktion von $x_1, x_2, \ldots, x_n$ und schreibt $y = f(x_1, x_2, \ldots, x_n)$. D heißt der
Definitionsbereich der Funktion.

Die allgemeinen Bemerkungen zum Funktionsbegriff gelten unverändert, insbesondere ist es auch hier so, daß die Zuordnungsvorschrift für die praktisch
interessanten Funktionen in der Regel durch eine Formel ausgedrückt wird, die
die unabhängigen Variablen $x_1, x_2, \ldots, x_n$ mit der abhängigen Variablen y eindeutig verknüpft, d.h. zu jedem n-Tupel von Werten der n Variablen, welches
in D liegt, erlaubt es die Formel, y eindeutig zu berechnen.

Eine besonders wichtige Klasse von Funktionen sind die *linearen Funktionen*.
Sie haben die Form

$$y = f(x_1, x_2, \ldots, x_n) = a_1 x_1 + a_2 x_2 + \ldots + a_n x_n + b = \sum_{i=1}^{n} a_i x_i + b.$$

Dabei sind die a_i und b feste reelle Zahlen. D ist in diesem Fall die Menge aller
möglichen n-Tupel. In praktischen Zusammenhängen wird D oft eingeschränkt,
z.B. wenn die x_i produzierte Mengen sind, so können sie nur positiv oder 0 sein,
d.h. D bestünde in diesem Fall aus allen n-Tupeln, die die Ungleichungen

$x_1 \geq 0$, $x_2 \geq 0, \ldots,$ $x_n \geq 0$ erfüllen. Lineare Funktionen spielen in der linearen Optimierung eine wichtige Rolle.

Beispiele:

1) $y = f(x_1, x_2, x_3, x_4) = 2x_1 - x_2 - 3x_3 + x_4 + 5$. Für diese Funktion wäre z.B.
$f(-1, 0, -2, 3) = 2(-1) - 1 \cdot 0 - 3(-2) + 3 + 5 = 12$;
$f(u, -u, 2u, -2u) = 2u - (-u) - 3(2u) + (-2u) + 5 = -5u + 5$.

2) $f(x_1, x_2, \ldots, x_n) = x_1 + 2x_2 + 3x_3 + \ldots + nx_n = \sum_{k=1}^{n} kx_k$

Es ist $f(1, 1, \ldots, 1) = \sum_{k=1}^{n} k = 1 + 2 + \ldots + n = \dfrac{n(n+1)}{2}$.

$f(1, 2, 3, \ldots, n) = \sum_{k=1}^{n} k^2 = 1^2 + 2^2 + \ldots + n^2$.

Wie bei Funktionen einer Variablen können auch im Fall mehrerer Variabler die Bezeichnungen ganz beliebig sein; das Entscheidende ist die Vorschrift, die angibt, was mit den Argumentwerten zu tun ist, um den Funktionswert zu erhalten. Insbesondere werden bei zwei unabhängigen Variablen diese häufig mit x und y, die abhängige Variable mit z bezeichnet: $z = f(x, y)$ oder $z = z(x, y)$. Bei drei unabhängigen Variablen werden diese oft mit x, y, z, die abhängige Variable etwa mit u bezeichnet: $u = f(x, y, z)$ oder $u = u(x, y, z)$. Überhaupt ist es in praktischen Zusammenhängen meist üblich, nicht das Funktionssymbol f zu verwenden, sondern für das Funktionssymbol denselben Buchstaben wie für die abhängige Variable zu nehmen: $x = x(r_1, r_2, \ldots, r_n)$, $E = E(p_1, p_2, \ldots, p_k)$, $u = u(x, y, z)$, $v = v(r, s, t)$, $K = K(x_1, \ldots, x_m)$ usw.

Beispiele für Funktionen mehrerer Variabler:

1) $z = f(x, y) = x^2 - xy + y^2$. Ebenso könnte man $z = z(x, y) = x^2 - xy + y^2$ schreiben.

2) $V = V(s, t) = \sqrt{s} + 0,3\sqrt{t}$.   Hier ist der Definitionsbereich der Bereich aller Paare (s, t) mit $s \geq 0$, $t \geq 0$.

3) $E = E(r_1, r_2) = c\sqrt{r_1 r_2}$; D: Alle Paare (r_1, r_2) mit sgnr_1=sgnr_2, d.h. mit $r_1 r_2 > 0$.

4) $u = f(x, y, z) = e^{-(x^2 + y^2 + z^2)}$

5) $f(p_1, p_2, \ldots, p_n) = \sum_{i=1}^{n} r_i p_i$; r_i: Konstante.

6) $x = x(u, v, w, t) = cu^{a_1} v^{a_2} w^{a_3} t^{a_4}$; c, a_i Konstanten.

4.5.2   Graphische Darstellung. Anwendungen

Um eine Funktion einer Variablen graphisch darzustellen, hatten wir ein zwei-
dimensionales Gebilde, eine Ebene benötigt. Eine Dimension braucht man für
die unabhängige Variable x, eine für die abhängige Variable y. Um zu definieren, was der Graph einer Funktion von n unabhängigen Variablen ist, braucht
man für die unabhängigen Variablen n Dimensionen, für die abhängige Variable
eine Dimension, insgesamt also einen $(n + 1)$-dimensionalen Raum. Man kann
in einem solchen Raum sehr wohl von einem Graphen sprechen und Geometrie
betreiben; man kann aber nichts veranschaulichen, wenn die Raumdimension
größer als 3, d.h. n größer als 2 ist, denn nur der dreidimensionale Raum ist
unserer Anschauung zugänglich. Deshalb müssen wir uns bei der graphischen
Darstellung von Funktionen mehrerer Variabler auf $n = 2$, d.h. auf Funktionen zweier Variabler beschränken. Eine solche Funktion $z = f(x, y)$ können wir
graphisch darstellen, indem wir im Raum ein rechtwinkliges Koordinatensystem
einführen. Es besteht aus drei zueinander senkrechten orientierten Achsen wie
in Abb. 4.107 dargestellt.

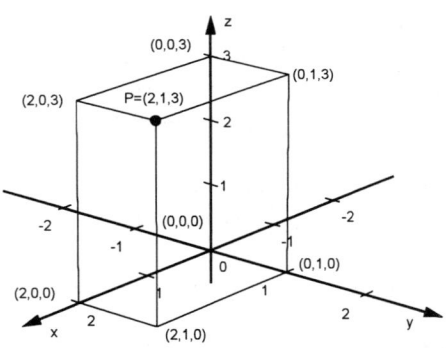

Abb. 4.107

Jeder Punkt im Raum ist durch drei Koordinaten x, y, z vollständig bestimmt.
In Abb. 4.107 ist der Punkt $P = (2, 1, 3)$ eingetragen. Er kann als Ecke
des eingezeichnetete Quaders bestimmt werden; die Koordinaten der restlichen
Ecken sind ebenfalls angegeben. Ein Punkt mit $z > 0$ liegt über der (x, y)-
Ebene, einer mit $z < 0$ darunter. Punkte mit $z = 0$ liegen in der (x, y)-Ebene.

Um zum Graphen von $z = f(x, y)$ zu gelangen, stellen wir uns alle möglichen
Tripel (x, y, z) für die (x, y) aus dem Definitionsbereich von f und $z = f(x, y)$
ist, d.h. alle Tripel $(x, y, f(x, y))$, in das Koordinatensystem als Punkte eingezeichnet vor. Diese Punkte bilden, wenn f vernünftige Eigenschaften hat, eine

Fläche, ein „Funktionengebirge". Abb. 4.108 zeigt das „Gebirge" der Funktion $z = f(x, y) = 5 - x^2 - 2y^2$.

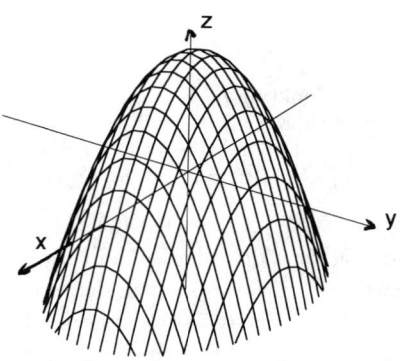

Abb. 4.108

Ceteris-paribus-Bedingung

Betrachten wir als Beispiel die Gesamtkostenfunktion $K(x_1, x_2, x_3, x_4)$ eines Unternehmens, welches vier Produkte herstellt. $K(x_1, x_2, x_3, x_4)$ gibt die Gesamtkosten in Abhängigkeit von den Ausbringungsmengen x_1, x_2, x_3, x_4 der vier hergestellten Produkte an. Oft ist die Frage interessant, wie K von x_1 abhängt, wenn die übrige Produktion auf einem festen Stand gehalten wird, d.h. wenn die übrigen Ausbringungsmengen feste Werte $x_2 = a_2$, $x_3 = a_3$, $x_4 = a_4$ annehmen: $K(x_1, a_2, a_3, a_4)$ ist dann nur noch eine Funktion einer Variablen, nämlich von x_1. Ebenso kann man nach der Abhängigkeit von K von x_2 bei festgehaltenen x_1, x_3, x_4 fragen usw.

Die Bedingung, daß nur eine der unabhängigen Variablen variiert, alle übrigen aber feste Werte haben, nennt man die *ceteris-paribus-Bedingung*. Eine Funktion, unter der ceteris-paribus-Bedingung betrachtet, ist dann nur noch eine Funktion einer Variablen (und kann natürlich auch graphisch dargestellt werden).

Beispiel:

$K(x_1, x_2, x_3, x_4) = 2x_1 + 5x_2 + 3x_3 + 0, 1x_3^2x_4 + 6x_4$. Läßt man x_1 variieren und setzt $x_2 = 6$, $x_3 = 2$, $x_4 = 5$, so ist $K(x_1, 6, 2, 5) = 2x_1 + 68$. Die Funktion $f(x_1) = 2x_1 + 68$ gibt die Kosten in Abhängigkeit von der Ausbringungsmenge x_1 an unter der Bedingung, daß von Produkt 2 6 Einheiten, von Produkt 3 2 Einheiten und von Produkt 4 5 Einheiten produziert werden.

Die Funktion einer Variablen, die man bei Erfülltsein der ceteris-paribus-Bedingung erhält, kann ihren Charakter ändern, je nachdem, welche konkreten
festen Werte die übrigen Variablen annehmen.

Beispiel:

    Lassen wir in der Funktion $K(x_1, x_2, x_3, x_4)$ des letzten Beispiels x_3 variieren und halten
    x_1, x_2, x_4 fest, etwa $x_1 = 5$, $x_2 = 3$, $x_4 = 4$, so ist $K(5, 3, x_3, 4) = 0, 4x_3^2 + 3x_3 + 49$,
    also eine quadratische Funktion von x_3. Wählt man als feste Werte $x_1 = 5$, $x_2 = 3$,
    $x_4 = 0$, so ist $K(5, 3, x_3, 0) = 3x_3 + 25$, also eine lineare Funktion von x_3.

Bei Funktionen zweier Variabler bedeutet die ceteris-paribus-Bedingung, daß
eine Variable variiert, die andere fest ist. Sei etwa $z = f(x, y)$, so kann man
$y = y_0$ festhalten. Geometrisch bedeutet das Festhalten von y am Wert y_0 einen
Schnitt parallel zur (x, z)-Ebene durch das Funktionsgebirge. Die ausgeschnittene Kurve, auf die (x, z)-Ebene projiziert, hat die Gleichung $z = f(x, y_0)$.

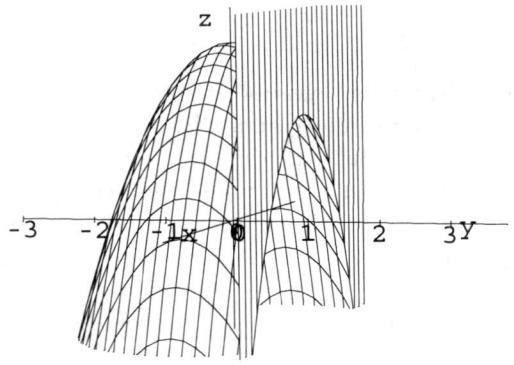

Abb. 4.109

Abb. 4.109 zeigt den Schnitt durch die Fläche von $z = f(x, y) = 5 - x^2 - 2y^2$
bei $y_0 = 1$; die ausgeschnittene Kurve hat in der (x, z)-Ebene die Gleichung
$z = f(x, 1) = 5 - x^2 - 2 = 3 - x^2$, ist also eine nach unten offene Parabel. Für
verschiedene y_0 erhält man verschiedene solcher Parabeln. Ebenso bedeutet das
Konstanthalten von x auf dem Wert $x = x_0$ einen Schnitt parallel zur (y, z)-
Ebene. Abb. 4.110 zeigt einen Schnitt durch die Fläche von $z = f(x, y) =$
$5 - x^2 - 2y^2$ bei $x_0 = 2$. Die ausgeschnittene Kurve auf die (y, z)-Ebene projiziert,
hat die Gleichung $z = f(2, y) = 5 - 4 - 2y^2 = 1 - 2y^2$, ist also ebenfalls eine
Parabel. Auch hier erhält man für verschiedene x_0 verschiedene Parabeln.

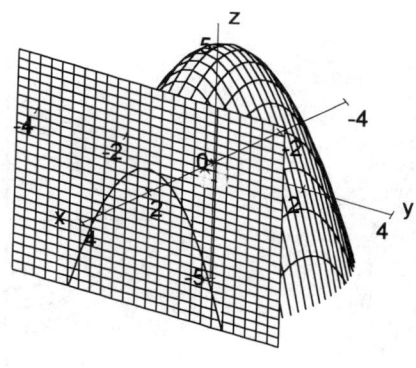

Abb. 4.110

Weiteres Beispiel:

Die lineare Funktion $z = f(x_1, x_2) = 3x_1 + 5x_2 - 3$ stellt im Raum eine Ebene dar. Ihre Schnitte mit den Ebenen $x_1 = a$ =const. bzw. $x_2 = b$ =const. sind Geraden. Z.B. ergibt sich für $x_1 = 2$ die Gerade $z = 6 + 5x_2 - 3 = 5x_2 + 3$ (in der (x_2, z)-Ebene). Für $x_2 = -2$ hat man die Gerade $z = 3x_1 - 10 - 3 = 3x_1 - 13$ (in der (x_1, z)-Ebene.

Isohöhenlinien

In einer physischen Landkarte sind in der Regel sogenannte Isohöhenlinien oder kurz Höhenlinien eingezeichnet. Alle Punkte auf einer Höhenlinie haben in dem realen Gebirge dieselbe Höhe. Man kann sich die Entstehung der Höhenlinien deshalb so vorstellen, daß eine Ebene parallel zur Grundebene das Gebirge schneidet. Die entstehende Linie wird dann auf die Grundebene projiziert und ergibt die Höhenlinie. Ebenso erhält man die zur Höhe $z = z_0$ gehörige Isohöhenlinie einer Funktion, wenn man das „Funktionsgebirge" mit der zur (x, y)-Ebene parallelen Ebene $z = z_0$ schneidet und die entstehende Schnittkurve in die (x, y)-Ebene projiziert. Alle Punkte, d.h. Paare (x, y) der unabhängigen Variablen, die auf der zu $z = z_0$ gehörigen Isohöhenlinie liegen, ergeben denselben Funktionswert z_0. Isohöhenlinien werden auch oft als *Isoquanten* bezeichnet, denn alle Punkte auf einer Isohöhenlinie ergeben dasselbe Quantum $z = z_0$ der Größe z. Abb. 4.111 zeigt verschiedene Schnitte durch das Gebirge der Funktion $z = f(x, y) = 5 - x^2 - 2y^2$, und zwar bei $z_0 = 4$, $z_0 = 2$, $z_0 = 0$, $z_0 = -2$. Abb. 4.112 zeigt die zugehörigen Isohöhenlinien $x^2 + 2y^2 = 1$, $x^2 + 2y^2 = 3$, $x^2 + 2y^2 = 5$, $x^2 + 2y^2 = 7$ in der (x, y)-Ebene.

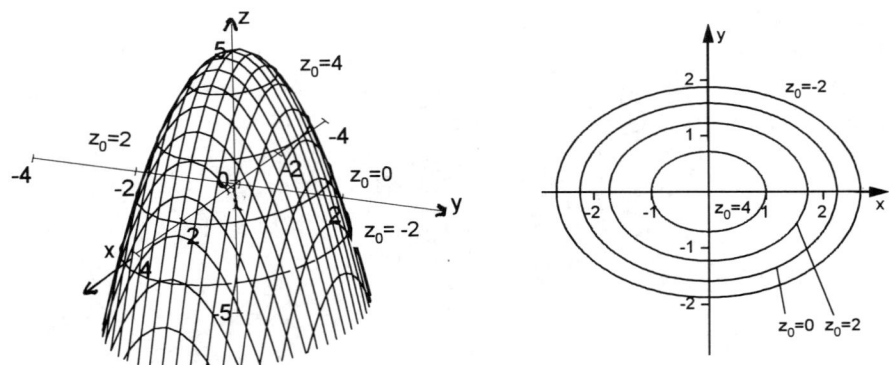

Abb. 4.111 u. 4.112

Die Gleichungen der Isohöhenlinien zur Höhe z_0 erhält man, indem man in die Funktionsgleichung $z = f(x, y)$ für z den Wert z_0 einsetzt. Isohöhenlinien spielen in der Praxis eine wichtige Rolle und haben z.T. eigene Bezeichnungen erhalten.

Beispiele:

1)   Zur Produktion eines Gutes mögen zwei Produktionsfaktoren erforderlich sein. Die Ausbringungsmenge x des Gutes ist dann eine Funktion der Einsatzmengen r_1 und r_2 der beiden Produktionsfaktoren: $x = x(r_1, r_2)$. Eine solche Funktion nennt man eine Produktionsfunktion. Vorausgesetzt ist hier, daß in einem gewissen Bereich die Einsatzmengen der Produktionsfaktoren frei variieren können, d.h. die Faktoren müssen beliebig gegeneinander austauschbar (substituierbar) sein. Die Isoquanten $x = x_0$ der Produktionsfunktion sind die Linien gleicher Ausbringung; alle Faktorkombinationen (r_1, r_2) auf der zur Ausbringungsmenge x_0 gehörigen Isoquante führen zur Ausbringungsmenge x_0. Abb. 4.113 zeigt das „Funktionengebirge" der Produktionsfunktion $x = x(r_1, r_2) = 2{,}5 r_1^{0,3} r_2^{0,7}$ mit den eingezeichneten Schnitten bei $x_0 = 1, 3, 5$. Abb. 4.114 zeigt die zu diesen Ausbringungsmengen gehörigen Isoquanten in der (r_1, r_2)-Ebene. Auf der zu $x_0 = 5$ gehörigen Isoquante sind drei Punkte, d.h. drei Faktorkombinationen (r_1, r_2) eingezeichnet. Sie führen, da sie auf der Isoquante $x_0 = 5$ liegen, alle zur Ausbringungsmenge 5 ME. Um die Isoquante rechnerisch zu bestimmen, setzt man für x den Wert 5 ein und erhält $5 = 2{,}5 r_1^{0,3} r_2^{0,7}$. Wir wollen dies in die Form $r_2 = f(r_1)$ bringen, um die Funktionsgleichung der Isoquante in der (r_1, r_2)-Ebene zu erhalten:

$$r_1^{0,3} = r_1^{\frac{3}{10}} = \sqrt[10]{r_1^3}; \quad r_2^{0,7} = \sqrt[10]{r_2^7}$$

$$r_1^{0,3} \cdot r_2^{0,7} = \frac{5}{2{,}5} = 2 \quad | \text{ beide Seiten hoch 10};$$

$$r_1^3 r_2^7 = 2^{10}; \quad r_2^7 = \frac{2^{10}}{r_1^3}, \quad r_2 = \frac{\sqrt[7]{2^{10}}}{\sqrt[7]{r_1^3}}.$$

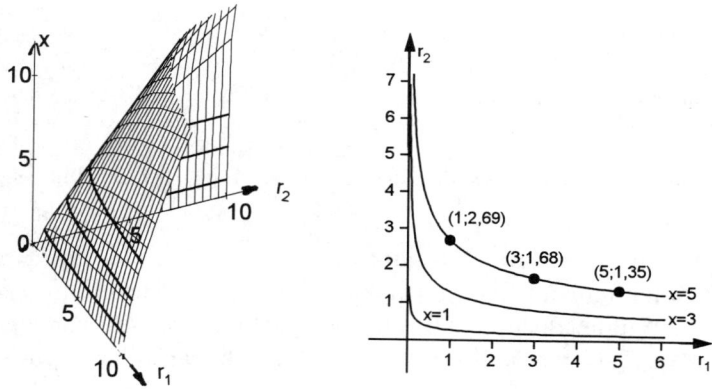

Abb. 4.113 u. 4.114

2) Der Nutzen N, den eine ökonomische Einheit, etwa eine Institution, bei Konsumtion der Mengen x_1, x_2 zweier Güter hat, ist eine Funktion dieser Mengen: $N = N(x_1, x_2)$. Die Isohöhenlinien (Kurven gleichen Nutzens) heißen hier Indifferenzkurven. Sei z.B. $N(x_1, x_2) = 4\sqrt{x_1}\,\sqrt[3]{x_2}$, so ist die zu $N = 5$ gehörige Indifferenzkurve:

$$5 = 4\sqrt{x_1}\,\sqrt[3]{x_2}; \qquad \left(\frac{5}{4}\right)^3 = \left(\sqrt{x_1}\right)^3 x_2; \qquad x_2 = \left(\frac{5}{4}\right)^3 \frac{1}{\left(\sqrt{x_1}\right)^3}.$$

Abb. 4.115 zeigt die zu $N = 5$ und $N = 7$ gehörigen Indifferenzkurven. Alle Gütermengenkombinationen (x_1, x_2), die auf einer festen Indifferenzkurve liegen, gewähren denselben Nutzen.

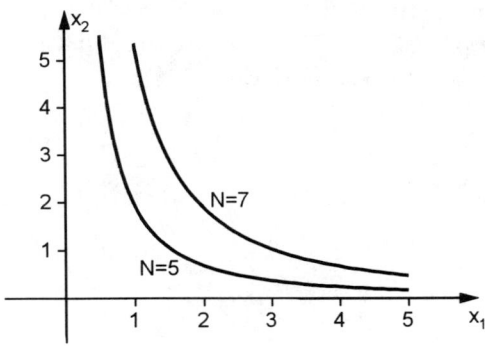

Abb. 4.115

3) Die Kosten der Ausbringungsmenge x eines Gutes hängen bei zwei eingesetzten Produktionsfaktoren von den Einsatzmengen r_1, r_2 dieser Faktoren ab: $K = K(r_1, r_2)$. Bei der Annahme fester Faktorpreise p_1, p_2 ist $K(r_1, r_2) = p_1 r_1 + p_2 r_2 + c$ eine lineare Funktion von r_1 und r_2. Die Kostenisoquanten (Isokostenlinien) sind dann Geraden. Diese Geraden heißen auch Bilanzgeraden. Ist z.B. $K(r_1, r_2) = 5r_1 + 8r_2 + 20$, so wäre die zu $K = 30$ Geldeinheiten gehörige Bilanzgerade $30 = 5r_1 + 8r_2 + 20$, also $r_2 = -\frac{5}{8}r_1 + \frac{10}{8}$.

Alle Faktorkombinationen (r_1, r_2), deren Punkte in der (r_1, r_2)-Ebene auf dieser Geraden liegen, verursachen dieselben Kosten von 30 GE.

4)   Der Gewinn eines Zweiproduktunternehmens hängt von den Ausbringungsmengen (x_1, x_2) der Produkte ab: $G = G(x_1, x_2)$. Die Gewinnisoquanten $G = G_0$ sind hier die Kurven gleichen Gewinns. Alle Ausbringungsmengenkombinationen (x_1, x_2), die auf einer Gewinnisoquante $G(x_1, x_2) = G_0$ liegen, liefern den gleichen Gewinn G_0.

Natürlich können alle diese Betrachtungen auch für n Variable durchgeführt werden. Die Isoquanten sind dann nicht Linien, sondern Flächen im n-dimensionalen Raum. Wir betrachten z.B. eine Kostenfunktion, die von den Einsatzmengen $r_1, r_2, \ldots, r_n$ von n Produktionsfaktoren linear abhängt; die festen Faktorpreise seien $p_1, p_2, \ldots, p_n$:

$$K(r_1, r_2, \ldots, r_n) = p_1 r_1 + p_2 r_2 + \ldots + p_n r_n + c = \sum_{i=1}^{n} p_i r_i + c.$$

Die zu K_0 gehörige Isoquante hat die Gleichung $\sum_{i=1}^{n} p_i r_i + (c - K_0) = 0$; das dadurch erzeugte geometrische Gebilde nennt man eine $(n-1)$-dimensionale Hyperebene im n-dimensionalen Raum. Alle Faktorkombinationen $(r_1, r_2, \ldots, r_n)$, die auf dieser Hyperebene liegen, ergeben die gleichen Kosten K_0. Für $n = 3$ ist die Hyperebene eine gewöhnliche Ebene im Raum. Sei z.B. $K(r_1, r_2, r_3) = 6r_1 + 5r_2 + 2r_3 + 10$, so ist die zu $K = 50$ gehörige Isoquante die Ebene $6r_1 + 5r_2 + 2r_3 - 40 = 0$. Alle Faktorkombinationen, die auf dieser Ebene liegen, ergeben Kosten von 50 GE.

4.6 Übungsaufgaben

1) Man bestimme den Definitionsbereich folgender Funktionen und berechne für diese Funktionen $f(-2)$, $f(0)$, $f(x_0 + 5)$:

   a) $f(x) = 2x + 6$;   b) $f(x) = -x^2 + x + 1$ c) $f(x) = \dfrac{1}{x - 1}$

   d) $f(x) = -x + 8 + \dfrac{1}{x^2 - 7x + 12}$ e) $f(x) = \begin{cases} \sqrt{x^2 - 4} & \text{für} \quad |x| > 2 \\ x - 2 & \text{für} \quad |x| \leq 2 \end{cases}$

2) Welche der Punkte $(0, \frac{1}{4})$, $(1, 1)$, $(5, 3)$, $(-2, \frac{1}{4})$, $(-2, -35)$, $(6, \frac{1}{10})$, $(-1, \frac{1}{3})$ liegen
   a) auf dem Graphen der Funktion $y = 2x^3 - 6x^2 + 5$
   b) auf dem Graphen der Funktion $y = \dfrac{1}{x^2 + 2x + 4}$?

3) Folgende Funktion soll graphisch dargestellt werden:
   $$f(x) = \begin{cases} x^3 & \text{für} \quad x \leq 0 \\ 2x & \text{für} \quad 0 < x \leq 2 \\ -x^2 + 8 & \text{für} \quad x > 2 \end{cases}$$
   Ist $f(x)$ stetig?

4) Man zeichne die Geraden:

   a) $y = -3$,   b) $y = 2x + 5$,   c) $y = -\dfrac{1}{2}x + 1$,   d) $y = \dfrac{2}{3}x - 1$
   e) $y = -4x + 6$,   f) $K = K(x) = 1,2x + 1510$.

5) Welche Gleichung hat die Gerade durch den Punkt P_1 mit der Steigung m ?
   a) $P_1(1, -2)$, $m = 4$;   b) $P_1(0, -1)$, $m = \dfrac{2}{3}$;   c) $P_1(a, b)$, $m = u$;

6) Welche Gleichung hat die Gerade durch die beiden Punkte P_1 und P_2 ?
   a) $P_1(2, 0)$, $P_2(-1, 2)$;   b) $P_1(3, 4)$, $P_2(-2, -2)$;   c) $P_1(a, b)$, $P_2(c, d)$;
   d) $P_1(u, -v)$, $P_2(-u, v)$

7) In welchem Punkt schneiden sich die Geraden ?
   a) $y = 3$, $y = 2x - 6$;   b) $y = -\dfrac{1}{2}x + 4$, $y = 3x - 1$ c) $u = 3v - 1$, $u = -v + 6$
   d) $k = t + 2$, $k = -2t + 4$

8) Geben Sie die Gleichungen zweier Geraden an, die sich nicht schneiden!

9) Geben Sie die Gleichungen zweier Geraden an, die sich im Punkt $(-1, 3)$ schneiden!

10) Ein Unternehmen kann für die Produktion eines Gutes wahlweise die Anlage A oder die Anlage B einsetzen. Für A betragen die Fixkosten 90 DM, die variablen Stückkosten liegen für die ersten 200 Stück bei 1 DM/Stück, für die nächsten 200 Stück bei 0,75 DM/Stück und für mehr als 400 Stück bei 0,60 DM/Stück. Für B betragen die Fixkosten 170 DM, die variablen Stückkosten liegen für die ersten 300 Stück bei 0,80 DM/Stück, für die nächsten 200 Stück bei 0,70 DM/Stück und bei der Produktion von 500 Stück und mehr bei 0,50 DM/Stück. Man ermittle die Kostenfunktionen $K_A(x)$ und $K_B(x)$ und zeichne sie. Ab welcher Stückzahl ist der Einsatz von B günstiger als der von A? Wie hoch ist der Kostenvorteil bei einer Produktion von 1000 Stück?

11)   Man berechne mittels des Horner-Schemas:
      a) für $f(x) = x^5 - 2x^4 + 6x^3 - x^2 + 1$ den Wert $f(1,2)$
      b) für $f(x) = -2x^4 + 6x^3 - 2x^2 + x - 6$ den Wert $f(-0,8)$.

12)   Man bestimme den Definitionsbereich folgender Funktionen:

      a) $f(x) = \dfrac{x+1}{2x-4}$,   b) $f(x) = \dfrac{x^2-1}{4x^2+4}$,   c) $f(x) = \dfrac{x}{x^2-3x-4}$,

      d) $f(x) = \dfrac{1}{\sqrt[4]{x^2-16}}$,   e) $f(x) = \ln(6-x)$,   f) $f(x) = e^{3\sqrt{x^2+1}}$.

13)   Man berechne
      a) $1,6^{1,7}$;   b) $2,3^{-0,8}$;   c) π^0;   d) $\log_6 7$;   e) $\log_2 0,3$.

14)   Man bestimme x aus:
      a) $1,08^x = 1,5$;   b) $3^x = 6,8$;   c) $5^{-x} = 0,8$.

15)   Es sei $f(x) = -x^2 + 2x + 5$, $g(x) = e^x$. Man bestimme $f(g(x))$ und $g(f(x))$.

16)   Man bestimme $r(s(t))$ für
      a) $r(t) = 2t + 5$, $s(t) = \sqrt{t-7}$,   b) $r(t) = 2e^t$, $s(t) = t^2 - 1$,
      c) $r(t) = \ln(t^2 + 1)$, $s(t) = 4t - 1$.

17)   Man zerlege nach dem Muster von Abschnitt 4.3.1 $f(x)$ in die einfachsten elementaren
      Bestandteile:

      a) $f(x) = e^x(x+7)^4$,   b) $f(x) = x\sqrt[3]{2x^2+5}$,   c) $f(x) = 2x\sqrt{x} - \dfrac{1}{\sqrt[3]{x}}$,

      d) $f(x) = e^{-(x^2+2)}$,   e) $f(x) = \dfrac{7x-5}{(x-3)^2}$,   f) $f(x) = \ln(\sqrt{3x-7})$,

      g) $f(x) = (\sqrt[3]{x})^2 - 2\sqrt[3]{x} + 5$.

18)   Man berechne die Nullstellen von:
      a) $f(x) = 7x - 2$,   b) $f(x) = x^2 + 9x + 20$,   c) $f(x) = 2x^2 - 7x - 3$,
      d) $f(x) = x^3 - 2x^2 - x + 2$,   e) $f(x) = (x+1)(x-3,8)(2x+5,6)$,
      f) $f(x) = (x-4)(x^2-1)$,   g) $f(x) = (x^2-x-2)(x^2-3x-6)$,

      h) $f(x) = \dfrac{x-1}{x^2+5}$,   i) $f(x) = \dfrac{x^2+5x+6}{x^2-1}$,   j) $f(x) = \ln(x-6)$,

      k) $f(x) = \sqrt[3]{3-x^2}$,   l) $f(x) = 2e^{-2x} - e^{2x}$,   m) $f(x) = \ln(x-2) + \ln(x+1)$.

19)   In welchen Punkten schneiden sich

      a) die Gerade $y = 2x + 1$ und die Parabel $y = \dfrac{1}{2}x^2 - 5$

      b) die Parabeln $y = x^2 + x + 2$ und $y = -2x^2 + 5$?

20)   Für welches positive x erreicht $f(x) = 0,2x^2 - 7x + 5$ die Schwelle $y = 17$?

21)   Man berechne die Umkehrfunktion (Anm.: Statt $y = f(x)$, $x = f^{-1}(y)$ schreibt
      man auch oft $y = y(x)$, $x = x(y)$; analog, wenn die Variablen anders heißen, z.B.
      $K = K(p)$, $p = p(K)$):
      a) $x = x(y)$ zu $y = 7x - 3$
      b) $x = f^{-1}(y)$ zu $y = f(x) = (x^2+1)^2$ im Bereich $x > 0$.
      c) $p = f^{-1}(x)$ zu $x = f(p) = 2\sqrt{6-p}$

d) $u = u(t)$ zu $t = t(u) = \dfrac{1}{2u - 5}$

e) $\alpha = g^{-1}(\beta)$ zu $\beta = g(\alpha) = e^{2\alpha - 1}$.

22) Wie lautet zu den gegebenen Funktionen die Umkehrfunktion, wenn man vereinbart, auch in der Umkehrfunktion die unabhängige Variable mit x, die abhängige mit y zu bezeichnen:

a) $y = f(x) = -3x + 5$,   b) $y = f(x) = \sqrt[3]{x^2 - 1}$,   c) $y = f(x) = e^{-x}$

d) $y = f(x) = \log_4(x - 3)$?

23) Man berechne

a) $\lim\limits_{x \to 1}(x^2 - 7x + 3)$,   b) $\lim\limits_{x \to 0} e^{-2x+3}$,   c) $\lim\limits_{x \to 2} \dfrac{x^2 + 4x - 12}{x^2 - 5x + 6}$

d) $\lim\limits_{x \to -6} \dfrac{x^2 + 4x - 12}{x^2 + 7x + 6}$,   e) $\lim\limits_{x \to 0} \dfrac{x^3 - 2x^2 + 5x - 3}{x^2 - x + 5}$.

24) Man berechne

a) $\lim\limits_{x \to 2} \dfrac{1}{(x - 2)^2}$

b) $\lim\limits_{x \to -1+0} \dfrac{1}{x + 1}$, $\lim\limits_{x \to -1-0} \dfrac{1}{x + 1}$

c) $\lim\limits_{x \to 4-0} \dfrac{x}{x^2 - 5x + 4}$, $\lim\limits_{x \to 4+0} \dfrac{x}{x^2 - 5x + 4}$

d) $\lim\limits_{x \to 2+0} f(x)$ und $\lim\limits_{x \to 2-0} f(x)$ für $f(x) = \left\{ \begin{array}{ll} x^2 - 5x + 5 & \text{für} \quad x \leq 2 \\ \frac{1}{2}x + 1 & \text{für} \quad x > 2 \end{array} \right\}$

25) Man berechne

a) $\lim\limits_{x \to \infty} \dfrac{3x^3 - 7x^2 + 7x + 4}{-x^3 + 3x^2 + x - 4}$,   b) $\lim\limits_{x \to -\infty} \dfrac{5x - 9}{-2x + 7}$,   c) $\lim\limits_{x \to -\infty} \dfrac{2x}{x^2 - 6}$

d) $\lim\limits_{x \to \infty} \dfrac{x + 5}{2x^3 - x + 9}$,   e) $\lim\limits_{x \to \infty} \dfrac{x^2 + 3x + 5}{x - 8}$,   f) $\lim\limits_{x \to -\infty} \dfrac{x^5 + x + 6}{2x^4 - x}$

g) $\lim\limits_{x \to \infty} \dfrac{5}{1 - e^{-2x}}$,   h) $\lim\limits_{x \to -\infty} \dfrac{e^x + 4}{e^{2x} + 2}$.

26) Sind die folgenden Funktionen stetig? (Wenn nicht, gebe man die Unstetigkeitsstellen an)

a) $f(x) = |x - 3|$

b) $f(x) = \left\{ \begin{array}{ll} -\frac{1}{2}x & \text{für} \quad x < 0 \\ 2x & \text{für} \quad 0 \leq x \leq 1 \\ x + 1 & \text{für} \quad x > 1 \end{array} \right\}$

c) $f(x) = \dfrac{x^2 + 6x - 5}{(x - 1)^2}$

d) $f(x) = \left\{ \begin{array}{ll} x^3 + 1 & \text{für} \quad x < -1 \\ x^2 & \text{für} \quad -1 \leq x < 1 \\ 2x - 2 & \text{für} \quad x \geq 1 \end{array} \right\}$

27) Für die Kostenfunktionen

a) $K(x) = 0,9x + 14,$ b) $K(x) = 0,8x^3 - 10x^2 + 60x + 120$

ermittle man die variablen Kosten, die fixen Kosten, die Stückkosten, die auf das Stück bezogenen fixen Kosten und die variablen Stückkosten.

28)   Für die Preis-Absatz-Funktion $p(x) = 10 - 0,3x$ bestimme man die Erlösfunktion $E(x)$ und unter Zugrundelegung der Kostenfunktion aus 29 a) die Gewinnfunktion und die Gewinnschwellen. Man bestimme ferner den Deckungsbeitrag $D(x)$.

29)   Welche Sättigungsgrenze hat die logistische Funktion $L(x) = \dfrac{2,5}{1 - 3e^{-0,8x}}$?

30)   Welche Gleichung hat die zu $z = 4$ gehörige Isohöhenline der Funktion $z = f(x,y) = 6 - y - 2x^2$ in der (x,y)-Ebene?

31)   Für die Produktionsfunktionen

a) $x = x(r_1, r_2) = 6r_1^{0,4}r_2^{0,5},$ b) $x = x(r_1, r_2) = 6,2\sqrt{r_1 r_2}$

berechne man die zu $x = 5,\ 10,\ 20$ gehörigen Isoquanten und stelle sie in der (r_1, r_2)-Ebene graphisch dar.

32)   Für die Kostenfunktion $K(x_1, x_2) = 6 + 2x_1 + 5x_2$ berechne man die zu $K = 20,\ 30,\ 40$ gehörigen Isokostenlinien und stelle sie in der (x_1, x_2)-Ebene graphisch dar.

33)   Zur Nutzenfunktion $N = N(x_1, x_2) = 8\sqrt[3]{x_1}\sqrt[4]{x_2}$ berechne man die zu $N = 5,\ 15,\ 20$ gehörigen Indifferenzkurven.

Kapitel 5

Differentialrechnung

5.1 Begriff und Bedeutung der Ableitung

5.1.1 Die Ableitung an einer Stelle

Die Differentialrechnung ist ein mathematisches Werkzeug, um Veränderungen an solchen Vorgängen zu studieren, die man durch Funktionen beschreiben kann. Im 17. Jahrhundert, der Zeit der Erfindung der Differentialrechnung, stand das Problem der mechanischen Bewegung im Vordergrund. Für die Bewegung eines Objektes, dessen Geschwindigkeit $v(t)$ eine Funktion der Zeit ist, ist es wichtig zu wissen, wie sich in einem vorgegebenen Zeitpunkt t_0 die Geschwindigkeit in der Nachbarschaft von t_0, etwa in der nächsten Sekunde, ändert. Nimmt sie sehr stark zu, wenn die Zeit von t_0 aus ein kleines Stückchen weiter läuft, so wird man zum Zeitpunkt t_0 eine starke Beschleunigung verspüren, nimmt sie sehr stark ab, verspürt man eine starke Verzögerung (negative Beschleunigung). Ist die Änderung der Geschwindigkeit gering, so werden auch Beschleunigung bzw. Verzögerung und die damit verbundenen Kräfte gering sein. Ein Maß für die relative Änderung der Geschwindigkeit, etwa die Änderung pro Sekunde, ist also die Beschleunigung. Die Beschleunigung im Zeitpunkt t_0 kann man demnach auffassen als die momentane Änderungsrate der Geschwindigkeit.

Fragen nach der Veränderung, nach Änderungsraten an einer vorgegebenen Stelle der unabhängigen Variablen, sind auch für die ökonomischen Funktionen von großem Interesse:

– Wie verändern sich z.B. die Kosten $K(x)$, wenn man bei einer gewissen Ausbringungsmenge x_0 die Ausbringungsmenge ein wenig steigert oder senkt?

– Wie verändert sich – etwa für einen Monopolisten – die Nachfrage $x(p)$, wenn er bei einem gewissen Preisniveau p_0 den Preis ein wenig erhöht oder erniedrigt?

– Wie verändert sich die Ausbringungsmenge $x = x(r_1, r_2)$, wenn man bei gegebenen Einsatzmengen $r_{1,0}, r_{2,0}$ der Produktionsfaktoren die Einsatzmenge des ersten Produktionsfaktors etwas erhöht, die des anderen aber bei $r_{0,2}$ festläßt?

– Wie verändert sich der Gewinn $G(x)$, wenn man bei einer gewissen Ausbringungsmenge x_0 die Ausbringungsmenge ein wenig steigert oder senkt?

Was man jeweils erfahren will, ist die Tendenz der Änderung der Funktionswerte, wenn die unabhängige Variable an einer Stelle x_0 ein wenig verändert wird. Es geht also um ein Maß für die relative Änderung einer Funktion – etwa pro Mengeneinheit, pro Zeiteinheit, allgemein pro Einheit der Größe x – an einer Stelle x_0. Man könnte das ihre Änderungsrate nennen. Da dieser Begriff aber schon anderweitig vergeben ist, wollen wir von der Stärke der Änderung sprechen. In den Wirtschaftswissenschaften gibt es dafür bei den einzelnen Funktionen (Kosten, Gewinn, Erlös, Konsum, Deckungsbeitrag usw.) spezielle Bezeichnungen (Grenzkosten, Grenzgewinn, Grenzerlös, marginale Konsumquote, Grenzdeckungsbeitrag usw. s. 5.4).

Die bisherigen Beispiele machen bereits klar, daß es nicht um Veränderungen überhaupt geht, sondern um Veränderungen an einer vorgegebenen Stelle der unabhängigen Variablen. So kann es sein, daß an einer Stelle x_1 die Gewinnfunktion stark zunimmt, wenn man die Ausbringungsmenge ein wenig erhöht; an einer anderen Stelle x_2 kann der Gewinn rapide abnehmen, wenn man die Ausbringungsmenge steigert. Die Differentialrechnung hat es also mit *lokalen Eigenschaften* der Funktionen zu tun.

Wir wollen uns am Beispiel einer Gewinnfunktion klarmachen, daß die Frage nach der Stärke der Änderung des Gewinns an einer Stelle x_0 auf die Frage führt, *die Steigung* der Gewinnfunktion an der Stelle x_0 zu ermitteln. Dabei stellen wir uns auf den naiven Standpunkt, daß man in x_0 an die Funktionskurve eine Tangente zeichnen kann und daß die Steigung der Funktion an der Stelle x_0 definiert ist als die Steigung der dort an die Funktionskurve gezeichneten Tangente (Abb. 5.1).

Wir betrachten nun die in Abb. 5.2 gegebene Gewinnfunktion $G(x)$ an $x_0 = 1000$ und erhöhen von x_0 aus die Ausbringungsmenge um $\Delta x = 2000$

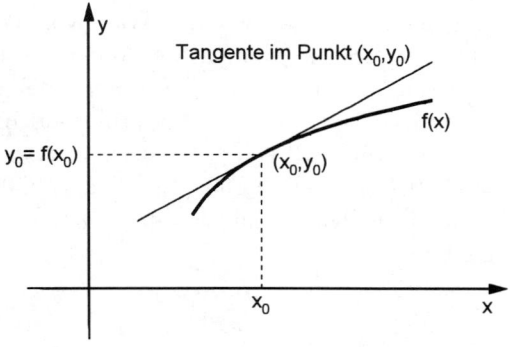

Abb. 5.1

Mengeneinheiten. Der Gewinn erhöht sich dabei von $G(x_0)$ auf $G(x_0 + \Delta x)$, d.h. er erhöht sich um $\Delta G = G(x_0 + \Delta x) - G(x_0)$ (in der Abb. stark ausgezogen).

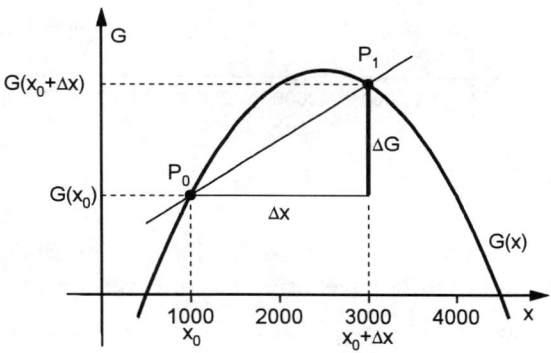

Abb. 5.2

Die auf die Mengenänderung Δx bezogene Gewinnänderung ist demnach

$$\frac{\Delta G}{\Delta x} = \frac{G(x_0 + \Delta x) - G(x_0)}{\Delta x}.$$

Man könnte das auch als die durchschnittliche Stärke der Änderung im Intervall $[x_0, x_0 + \Delta x]$ auffassen. Diese durchschnittliche Stärke der Änderung ist, wie aus Abb. 5.2 unmittelbar hervorgeht, gerade die Steigung der durch die Punkte P_0 und P_1 gezogenen Geraden, der sogenannten Sekante durch P_0 und P_1.

Wir wollen aber nicht diese durchschnittliche Stärke der Änderung wissen, sondern die momentane an der Stelle x_0. Mit der Wahl von Δx haben wir uns
ziemlich weit von x_0 entfernt; um die momentane Änderung an x_0 zu erfassen,
wird man auf den Gedanken kommen, das Δx immmer kleiner und kleiner zu
wählen, d.h. die durchschnittliche Stärke der Änderung auf immer kleinere Intervalle um x_0 zu beziehen. Abb. 5.3 zeigt die Schritte $\Delta x = 2000$ (führt auf
den Punkt P_1), $\Delta x = 1000$ (P_2), $\Delta x = 500$ (P_3), $\Delta x = 250$ (P_4), $\Delta x = 100$
(P_5). Dabei nähert sich die jeweilige Sekante S_i durch P_0 und P_i ($i = 1, 2, 3, 4, 5$)
immer mehr der Tangente T.

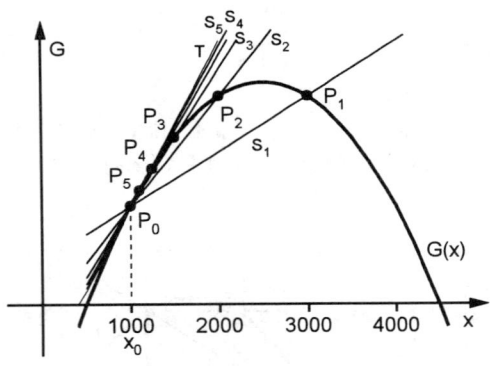

Abb. 5.3

Wenn man z.B. $\Delta x = 1$ wählte, so wäre das in unserem Maßstab faktisch unendlich klein, man könnte die zugehörige Sekante von der Tangente praktisch
nicht mehr unterscheiden. Das zugehörige $\dfrac{\Delta G}{\Delta x}$ wäre auf ein so kleines Intervall
$[x_0, x_0 + \Delta x]$ bezogen, daß es der gesuchten momentanen Stärke der Änderung
schon sehr nahe kommt. Die ideale Erfassung des momentanen Zustands würde
man für $\Delta x \to 0$ erhalten. Dann wäre die Sekante vollkommen in die Tangente
übergegangen. Die momentane Stärke der Änderung erhält man also rechne-
risch, indem man $\lim_{\Delta x \to 0} \dfrac{G(x_0 + \Delta x) - G(x_0)}{\Delta x}$ ausrechnet; geometrisch ist sie
gleich der Steigung der Tangente an die Kurve $G(x)$ an der Stelle x_0.

Diese Gedanken fassen wir jetzt allgemein. Gegeben sei eine Funktion $y = f(x)$;
unser Ziel ist es, die Steigung der Tangente an die Funktionskurve an einer Stelle
x_0 zu ermitteln (Abb. 5.4).

Dazu betrachten wir einen zweiten Punkt P_1 auf der Kurve, der die Abszisse

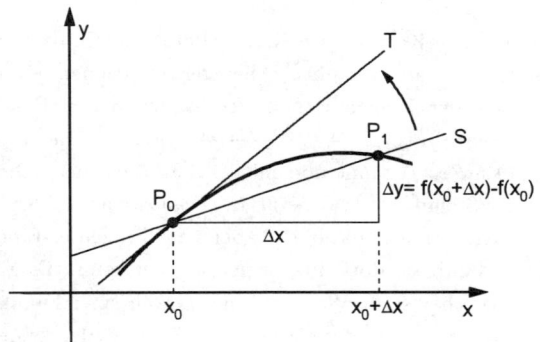

Abb. 5.4

$x_0 + \Delta x$ hat. Die Steigung der Sekante durch P_0 und P_1 ist

$$\frac{\Delta y}{\Delta x} = \frac{f(x_0 + \Delta x) - f(x_0)}{\Delta x}.$$

Dieser Quotient heißt der *Differenzenquotient* der Funktion $f(x)$ an der Stelle x_0. x_0 ist fest, Δx fassen wir als variabel auf, dann ist der Differenzenquotient eine Funktion von Δx. Um nun die Steigung der Tangente zu ermitteln, lassen wir Δx immer kleiner und kleiner werden. Dabei wandert der Punkt P_1 auf der Kurve $y = f(x)$ auf den Punkt P_0 zu; die Sekante durch P_0, P_1 nähert sich immer mehr der Tangente, ihre Steigung nähert sich immer mehr der gesuchten Tangentensteigung. Man wird also die Tangentensteigung erhalten, indem man den Grenzwert der Sekantensteigung für $\Delta x \to 0$ berechnet, d.h. $\lim_{\Delta x \to 0} \dfrac{f(x_0 + \Delta x) - f(x_0)}{\Delta x}$.

Der Grenzwert des Differenzenquotienten

$$\lim_{\Delta x \to 0} \frac{f(x_0 + \Delta x) - f(x_0)}{\Delta x}$$

heißt die erste Ableitung oder kurz die Ableitung von $f(x)$ an der Stelle x_0 und wird mit $f'(x_0)$ bezeichnet. Geometrisch ist $f'(x_0)$ die Steigung der Tangente an die Funktionskurve $y = f(x)$ an der Stelle x_0.

Anmerkung 1):

Wir waren vom naiven Standpunkt ausgegangen, daß es die Tangente gibt und wir ihre Steigung bestimmen wollen. Das ist vom praktischen Gesichtspunkt aus völlig korrekt. Vom streng mathematischen Standpunkt aus kann man ohne die Differentialrechnung den Tangentenbegriff nur für sehr spezielle Kurven, wie Kreise, Parabeln, Ellipsen und Hyperbeln, definieren. Für allgemeine Kurven, also Graphen beliebiger Funktionen, ermöglicht erst der Ableitungsbegriff die Definition der Tangente. Man geht dabei so vor: Eine Funktion $f(x)$ heißt an x_0 *differenzierbar*, wenn $\lim_{\Delta x \to 0} \frac{f(x_0+\Delta x)-f(x_0)}{\Delta x}$ existiert. Dieser Grenzwert wird die erste Ableitung von $f(x)$ an x_0 genannt und mit $f'(x_0)$ bezeichnet. Die Gerade durch den Punkt $(x_0, f(x_0))$ mit der Steigung $f'(x_0)$ *heißt die Tangente* an die Kurve $y = f(x)$ an der Stelle x_0. Nur die differenzierbaren Funktionen haben eine Tangente. Eine Funktion muß notwendig an x_0 stetig sein, damit sie dort differenzierbar sein kann. Es gibt aber stetige Funktionen, die nicht differenzierbar sind. Wenn z.B. der Graph einer Funktion Ecken oder Spitzen hat (wie z.B. $f(x) = |x|$ an $x = 0$), dann gibt es an diesen Stellen keine eindeutig definierte Tangente, und die Funktion ist dort nicht differenzierbar. Differenzierbare Funktionen sind also in gewissem Sinne „glatt".

Anmerkung 2):

Für die Bezeichnung der 1. Ableitung an x_0 sind verschiedene Symbole in Gebrauch. Neben $f'(x_0)$ noch $y'(x_0)$, $\left.\frac{dy}{dx}\right|_{x=x_0}$, (gelesen dy nach dx an $x = x_0$), $\left.\frac{df}{dx}\right|_{x=x_0}$, $\frac{d}{dx}f|_{x=x_0}$ oder auch kürzer $\left.\frac{dy}{dx}\right|_{x_0}$, $\left.\frac{df}{dx}\right|_{x_0}$, $\frac{d}{dx}f|_{x_0}$.

Beispiele:

1) $f(x) = x^2$ sei gegeben. Wir wollen an der Stelle $x_0 = 2$ die Ableitung berechnen und die Gleichung der Tangente an die Kurve $y = x^2$ aufstellen. Der Differenzenquotient lautet an $x_0 = 2$:
$$\frac{f(2+\Delta x) - f(2)}{\Delta x} = \frac{(2+\Delta x)^2 - 2^2}{\Delta x} = \frac{4 + 4\Delta x + (\Delta x)^2 - 4}{\Delta x} = 4 + \Delta x.$$
Also: $f'(2) = \lim_{\Delta x \to 0} \frac{f(2+\Delta x) - f(x)}{\Delta x} = \lim_{\Delta x \to 0} (4 + \Delta x) = 4$.
Die Ableitung von $y = x^2$ an $x_0 = 2$ ist 4. Damit wissen wir: Die Steigung der Tangente an die Kurve $y = x^2$ (und damit die Steigung der Kurve) an der Stelle 2 ist gleich 4. Es ist $y_0 = f(x_0) = f(2) = 2^2 = 4$. Wir müssen, um die Tangentengleichung zu finden, die Gleichung derjenigen Geraden bestimmen, die durch $P_0(2,4)$ geht und die Steigung 4 hat. Dazu benutzen wir die Punktrichtungsform (4.1) der Geradengleichung, die in unserem Fall die Gestalt $y = m(x - x_0) + y_0$, also $y = 4(x - 2) + 4 = 4x - 4$ hat. Abb. 5.5 zeigt die Verhältnisse.

2) $f(x) = -x^3$. Gesucht ist die Steigung der Tangente (und damit der Kurve) an $x_0 = 1$ und die Gleichung der Tangente an dieser Stelle.
Es ist $f'(1) = \lim_{\Delta x \to 0} \frac{-(1+\Delta x)^3 - (-1)^3}{\Delta x} = \lim_{\Delta x \to 0} \frac{-1 - 3\Delta x - 3(\Delta x)^2 - \Delta x^3 + 1}{\Delta x} =$
$\lim_{\Delta x \to 0} (-3 - 3\Delta x - (\Delta x)^2) = -3$. Die Steigung der Tangente an $y = -x^3$ an der Stelle $x_0 = 1$ ist -3. Es ist $y_0 = -1^3 = -1$. Die Gerade durch $P_0(1, -1)$ mit der Steigung -3 lautet $y = -3(x - 1) - 1 = -3x + 2$. Abb. 5.6 zeigt die Verhältnisse.

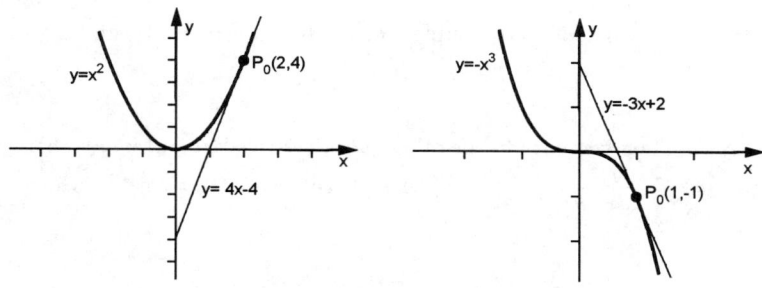

Abb. 5.5 und 5.6

5.1.2   Die Ableitung als Funktion

Es wäre sehr mühsam, für eine Funktion $f(x)$, für deren Ableitung an verschiedenen Stellen man sich interessiert, stets für jede Stelle nach dem eben beschriebenen Verfahren die Ableitung auszurechnen. Wir können uns aber das Verfahren für jede Stelle x_0 ausgeführt denken. Es liefert dann für jede reelle Zahl x_0 des Definitionsbereiches von $f(x)$ *eindeutig eine Zahl* $f'(x_0)$. Das ist aber genau das Kriterium für die Definition einer Funktion: Jeder reellen Zahl x_0 (eines gewissen Bereiches) ist eindeutig eine weitere reelle Zahl, hier eben gerade $f'(x_0)$, zugeordnet. Es gibt also bei differenzierbaren Funktionen $f(x)$ eine neue Funktion, die wir mit $f'(x)$ bezeichnen und die erste Ableitung oder kurz die Ableitung von $f(x)$ nennen, die folgendes leistet: Ihr Funktionswert $f'(x_0)$ an irgendeiner Stelle x_0 gibt die Steigung der Tangente an $y = f(x)$ an der Stelle x_0 an. $f'(x)$ kann entsprechend unserer Überlegung in 5.1.1 so bestimmt werden: Man läßt im Differenzenquotienten die zunächst als fest angenommene Stelle x_0 variabel sein, d.h. man setzt $x_0 = x$. Dann erhält man $f'(x) = \lim\limits_{\Delta x \to 0} \dfrac{f(x + \Delta x) - f(x)}{\Delta x}$. Wir können das so zusammenfassen:

$f(x)$ sei an jeder Stelle x_0 des Definitionsbereiches D_f differenzierbar, d.h. an jeder Stelle möge der Grenzwert des Differenzenquotienten existieren. Anschaulich gesprochen sei $f(x)$ also in D_f eine glatte Funktion. Dann existiert in D_f die Ableitung

$$f'(x) = \lim_{\Delta x \to 0} \frac{f(x + \Delta x) - f(x)}{\Delta x}. \tag{5.1}$$

Der Funktionswert der Ableitung, genommen an einer Stelle x_0, d.h. $f'(x_0)$, gibt die Steigung der Tangente an die Kurve $y = f(x)$ an der Stelle x_0 an.

Den Vorgang der Berechnung der Ableitung nennt man *Differenzieren.*

Anmerkung:

Für die Ableitung als Funktion von x sind neben $f'(x)$ noch verschiedene andere Symbole in Gebrauch, z.B. $y'(x)$, y', $\frac{dy}{dx}$, $\frac{df}{dx}$, $\frac{d}{dx}f$. $\frac{dy}{dx}$ wird auch als Differentialquotient bezeichnet.

Beispiele:

1) $y = f(x) = x^2$.

$$f'(x) = \lim_{\Delta x \to 0} \frac{(x + \Delta x)^2 - x^2}{\Delta x} = \lim_{\Delta x \to 0} (2x + \Delta x) = 2x.$$

Zu $f(x) = x^2$ gehört die Ableitung $f'(x) = 2x$. Es ist $f'(2) = 2 \cdot 2 = 4$, wie wir schon in 5.1.1 gesehen hatten. Es ist $f'(-1) = 2(-1) = -2$. Die Steigung der Tangente an die Kurve $y = x^2$ an der Stelle $x_0 = -1$ ist also -2. Man kann mittels der Ableitung $f'(x) = 2x$ an jeder beliebigen Stelle sofort die Steigung der Tangente an $y = x^2$ ausrechnen: man braucht die Stelle nur als Argument in $f'(x) = 2x$ einzusetzen.

2) $f(x) = 2x^3$.

$$f'(x) = \lim_{\Delta x \to 0} \frac{2(x + \Delta x)^3 - 2x^3}{\Delta x} = \lim_{\Delta x \to 0} \frac{6x^2 \Delta x + 6x(\Delta x)^2 + 2(\Delta x)^3}{\Delta x}$$

$$= \lim_{\Delta x \to 0} (6x^2 + 6x\Delta x + 2(\Delta x)^2) = 6x^2,$$

also $f'(x) = 6x^2$. Um z.B. die Steigung der Kurve $y = 2x^3$ an $x_0 = 2$ zu ermitteln, setzen wir 2 in die Ableitung ein und erhalten $f'(2) = 6 \cdot 2^2 = 24$. Die Steigung ist 24.

5.1.3   Das Differential

Wir erinnern nochmals an unser einführendes Beispiel in 5.1.1: $G(x)$ sei eine Gewinnfunktion und $G'(x_0)$ ihre Ableitung an x_0. Wegen

$$G'(x_0) = \lim_{\Delta x \to 0} \frac{\Delta G}{\Delta x} = \lim_{\Delta x \to 0} \frac{G(x_0 + \Delta x) - G(x_0)}{\Delta x}$$

können wir sagen, daß für kleines Δx der Differenzenquotient $\frac{\Delta G}{\Delta x}$ annähernd gleich der Ableitung ist, wir schreiben dafür $\frac{\Delta G}{\Delta x} \approx G'(x_0)$. Daraus folgt $\Delta G \approx G'(x_0)\,\Delta x$, d.h: Die Gewinnänderung ΔG bei Änderung der Ausbringungsmenge von x_0 aus um Δx erhält man näherungsweise, wenn man $G'(x_0)$ mit Δx multipliziert. Abb. 5.7. zeigt die Verhältnisse.

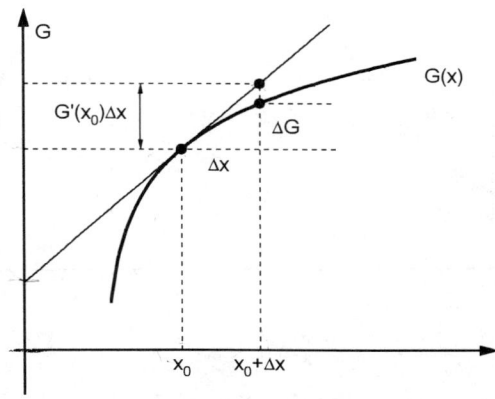

Abb. 5.7

ΔG ist die Funktionsänderung, $G'(x_0)\,\Delta x$ ist die Änderung der Tangentenordinate, beides bei Änderung des Arguments um Δx. Man sieht, daß ΔG und $G'(x_0)\,\Delta x$ immer besser übereinstimmen, je kleiner Δx wird.

Um anzudeuten, daß man bei Betrachtungen dieser Art immer an ein sehr kleines Δx denkt, schreibt man für Δx das Zeichen dx und nennt das Produkt $G'(x)\,dx$ das *Differential* der Funktion $G(x)$. Es wird mit dG oder auch mit $dG(x)$ bezeichnet. $dG(x)$ gibt näherungsweise an, wie sich der Gewinn ändert, wenn man von der Stelle x aus die Ausbringungsmenge um dx verändert.

Fassen wir diese Überlegungen allgemein:

Die Funktion $y = f(x)$ sei für alle x ihres Definitionsbereiches differenzierbar. Dann heißt das Produkt $f'(x)dx$ das Differential der Funktion $f(x)$. Es wird mit dy, df oder $df(x)$ bezeichnet. Das Differential ist die Änderung der Tangentenordinate, wenn die unabhängige Variable von x aus um dx verändert wird. Das Differential gibt näherungsweise an, um wieviel sich der Funktionswert $f(x)$ ändert, wenn die unabhängige Variable von x aus um dx verändert wird. Dabei ist die Näherung umso besser, je kleiner dx betragsmäßig ist.

Die Abbildungen 5.8 und 5.9 veranschaulichen für steigende und fallende Funktionen sowie für positive und negative Änderungen dx jeweils die Differentiale und ihre Vorzeichen.

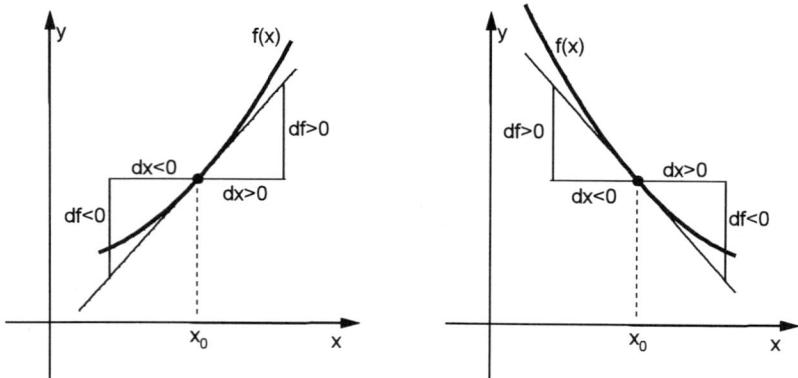

Abb. 5.8 und 5.9

Beispiele:

1) $y = f(x) = x^2$. Es ist (5.1.2) $f'(x) = 2x$. also gilt für das Differential $df = 2x\,dx$.
     Fragen wir z.B. nach der Änderung von $f(x)$, wenn x von $x = 2$ aus um $dx = 0,1$
     zunimmt. Das Differential ergibt näherungsweise für diese Änderung $2 \cdot 2 \cdot 0,1 = 0,4$.
     Die exakte Änderung beträgt $\Delta f = (2 + 0,1)^2 - 2^2 = 0,41$. Die über das Differential
     ermittelte Änderung ist für $dx = 0,1$ schon eine recht gute Näherung für die tatsächliche
     Funktionsänderung. Sie ist leichter zu berechnen, was bei komplizierten Funktionen
     noch deutlicher ins Gewicht fällt.

2) $y = f(x) = -x^3$. Hierfür ist die Ableitung $f'(x) = -3x^2$ (bitte mittels der Definition
     selbst nachprüfen, d.h. den Grenzwert des Differenzenquotienten ausrechnen). Wir
     fragen nun nach der Änderung von $f(x)$ an der Stelle 1, wenn sich x um 0,05 Einheiten
     vermindert. Das Differential $df = -3x^2\,dx$ ergibt für $x = 1$ und $dx = -0,05$: $df =$
     $-3 \cdot 1^2(-0,05) = 0,15$. die Funktion nimmt also bei Abnahme des x von $x = 1$ aus
     um $0,05$ Einheiten näherungsweise um $0,15$ Einheiten zu. Die exakte Änderung ist
     $\Delta f = -(1 - 0,05)^3 - (-1^3) \approx 0,1426$.

Weitere Beispiele werden in 5.2 behandelt. Wir werden dem Differential auch
beim Elastizitätsbegriff (5.4.3) wiederbegegnen.

5.2   Differentiationsregeln und höhere Ableitungen

Die Differentialrechnung wäre ein mühsames Geschäft, wollte man jedesmal die
Ableitung durch Grenzübergang aus dem Differenzenquotienten gewinnen. Nun

haben wir ja bereits in 4.3.1 gesehen, wie man Funktionen aus fünf Grundbe-standteilen, nämlich Konstanten, Potenzfunktionen, Wurzelfunktionen, Expo-nentialfunktionen und Logarithmusfunktionen durch Addition, Multiplikation, Division und Verkettung zusammensetzt. Wir werden also alle uns interes-sierenden Funktionen differenzieren können, wenn wir 1) die Ableitungen der fünf Typen von Grundfunktionen kennen und 2) Regeln für die Ableitung ei-ner Summe, eines Produkts, eines Quotienten und einer verketteten Funktion haben. Das Differenzieren wird dadurch zu einem ziemlich formalen und von jedermann leicht erlernbaren Handwerk.

Auf eine damit zusammenhängende Gefahr sei hier hingewiesen: Die Erfah-rung zeigt, daß manch einer wunderbar differenzieren kann, und daher meint, er beherrsche die Differentialrechnung ganz gut. Das alles nützt aber nichts, wenn man nicht verstanden hat, was eine Ableitung überhaupt ist, was man durch sie zum Ausdruck bringen kann und wozu man sie – speziell in den Wirt-schaftswissenschaften – benötigt. Dieses Verständnis ist das Wichtigste; das formale Differenzieren kann heute jeder PC mit entsprechender Software; es würde also (außer z.B. in einer Klausur) nichts schaden, wenn man das formale Differenzieren wieder vergessen hätte, aber die grundlegenden Begriffe und ihre Anwendungen sicher beherrschte.

5.2.1 Differentiation der elementaren Funktionen

(1) *Konstante Funktionen*

Für $f(x) = c$ ist $\dfrac{f(x + \Delta x) - f(x)}{\Delta x} = \dfrac{c - c}{\Delta x} = 0$ und folglich nach (5.1) auch $f'(x) = 0$.

> Die Ableitung einer Konstanten ist 0.

Dieses Ergebnis war zu erwarten, denn der Graph einer konstanten Funktion ist eine Parallele zur x–Achse und hat überall die Steigung 0.

(2) *Potenzfunktionen*

$y = f(x) = x^n$. Für die Berechnung des Differenzenquotienten benutzen wir den binomischen Lehrsatz:

$$\frac{f(x + \Delta x) - f(x)}{\Delta x} = \frac{(x + \Delta x)^n - x^n}{\Delta x} =$$

$$= \frac{\binom{n}{0}x^n + \binom{n}{1}x^{n-1}\Delta x + \binom{n}{2}x^{n-2}(\Delta x)^2 + \ldots + \binom{n}{n}(\Delta x)^n - x^n}{\Delta x}.$$

Es ist $\binom{n}{0}x^n - x^n = x^n - x^n = 0$. $\binom{n}{1} = n$. Aus dem Ausdruck $\binom{n}{2}x^{n-2}(\Delta x)^2 + \ldots + \binom{n}{n}(\Delta x)^n$ läßt sich $(\Delta x)^2$ ausklammern, wir schreiben diesen Ausdruck als $(\Delta x)^2 \cdot R$, wobei R gar nicht mehr interessiert. Also:

$$f'(x) = \lim_{\Delta x \to 0} \frac{nx^{n-1}\Delta x + (\Delta x)^2 \cdot R}{\Delta x} = \lim_{\Delta x \to 0}\left(nx^{n-1} + \Delta x \cdot R\right) = nx^{n-1}.$$

$$\boxed{\text{Aus } f(x) = x^n \text{ folgt } f'(x) = nx^{n-1}.} \qquad (5.2)$$

Beispiele:

1)   Man berechne die Ableitungen von
   a) $f(x) = x$,   b) $f(x) = x^3$,   c) $y = x^2$,   d) $u(t) = t^4$,   e) $v(s) = s^{k+7}$,
   f) $E(K) = K^{2n-3}$.
   Lösungen: a) $f(x) = x = x^1$. $f'(x) = 1x^{1-1} = 1x^0 = 1$. Das war auch zu erwarten, denn die Gerade $y = x$ hat überall die Steigung 1.
   b) $f'(x) = 3x^2$,   c) $y' = 2x$,   d) $u'(t) = 4t^3$,   e) $v'(s) = (k+7)s^{k+6}$
   f) $E'(K) = (2n-3)K^{2n-4}$.

(3) *Wurzelfunktionen*

$y = f(x) = \sqrt[n]{x}$. Die Wurzel wird als Potenz mit gebrochenem Exponenten geschrieben: $f(x) = x^{\frac{1}{n}}$. Man kann zeigen, daß (5.2) auch für gebrochene Exponenten gilt, d.h.

$$f'(x) = \frac{1}{n}x^{\frac{1}{n}-1} = \frac{1}{n}x^{\frac{1-n}{n}} = \frac{1}{n}x^{-\frac{n-1}{n}}.$$

Schreibt man das wieder als Wurzel, so ergibt sich: $f'(x) = \dfrac{1}{n\sqrt[n]{x^{n-1}}}$.

$$\boxed{\text{Aus } f(x) = \sqrt[n]{x} \text{ folgt } f'(x) = \frac{1}{n\sqrt[n]{x^{n-1}}}.} \qquad (5.3)$$

Beispiele:

1)   Man berechne die Ableitungen von
   a) $f(x) = \sqrt{x}$,   b) $y(x) = \sqrt[3]{x}$,   c) $u(t) = \sqrt[4]{t}$,   d) $v(s) = {}^{2n-1}\!\sqrt{s}$
   f) $x(p) = {}^{k+3}\!\sqrt{p}$.

Lösungen: a) $f'(x) = \dfrac{1}{2\sqrt{x}}$, b) $y'(x) = \dfrac{1}{3\sqrt[3]{x^2}}$, c) $u'(t) = \dfrac{1}{4\sqrt[4]{t^3}}$

d) $v'(s) = \dfrac{1}{(2n-1)\ ^{2n-1}\!\sqrt{s^{2n-2}}}$, e) $x'(p) = \dfrac{1}{(k+3)\ ^{k+3}\!\sqrt{p^{k+2}}}$.

Man benutzt für das Differenzieren von Wurzelfunktionen meist nicht (5.3), sondern rechnet in Potenzen um, benutzt dann (5.2) und rechnet das Resultat wieder in Wurzeln um. (5.2) ist einfacher zu behalten und deshalb auch für die Ableitung von Wurzelfunktionen die zentrale Formel.

Beispiele:

1) $\quad f(x) = \sqrt[3]{x^2} = x^{\frac{2}{3}}$; $\quad f'(x) = \dfrac{2}{3}x^{\frac{2}{3}-1} = \dfrac{2}{3}x^{-\frac{1}{3}} = \dfrac{2}{3\sqrt[3]{x}}$.

2) $\quad u(t) = \sqrt[7]{t^4} = t^{\frac{4}{7}}$; $\quad u'(t) = \dfrac{4}{7}t^{\frac{4}{7}-1} = \dfrac{4}{7}t^{-\frac{3}{7}} = \dfrac{4}{7\sqrt[7]{t^3}}$.

3) $\quad x(p) = \ ^{2n-1}\!\sqrt{p^3} = p^{\frac{3}{2n-1}}$,

$\quad x'(p) = \dfrac{3}{2n-1}p^{\frac{3}{2n-1}-1} = \dfrac{3}{2n-1}p^{\frac{3-(2n-1)}{2n-1}} = \dfrac{3}{2n-1}p^{-\frac{2n-4}{2n-1}} = \dfrac{3}{(2n-1)\ ^{2n-1}\!\sqrt{p^{2n-4}}}$.

(4) *Exponentialfunktion*

$f(x) = e^x$. Man kann zeigen, daß sich e^x beim Differenzieren nicht ändert.

$$\boxed{\text{Aus } f(x) = e^x \text{ folgt } f'(x) = e^x.} \qquad (5.4)$$

Mittels (5.4) und der Kettenregel werden wir auch leicht die Ableitung der allgemeinen Exponentialfunktion $f(x) = a^x$ finden.

(5) *Logarithmusfunktion*

$f(x) = \ln x$. Man kann zeigen, daß hier $f'(x) = \dfrac{1}{x}$ ist.

$$\boxed{\text{Aus } f(x) = \ln x \text{ folgt } f'(x) = \dfrac{1}{x}.} \qquad (5.5)$$

Mittels der Faktorregel (5.6) können wir hieraus auch die Ableitung von $f(x) = \log_a x$ finden.

Folgende Tabelle stellt die Ableitungen der elementaren Funktionen zusammen (man sollte diese wenigen Formeln auswendig können):

$f(x)$	$f'(x)$
c	0
x^n	nx^{n-1}	auch für gebrochenes n
e^x	e^x
$\ln x$	$\dfrac{1}{x}$

5.2.2 Differentiationsregeln

(1) *Die Behandlung eines konstanten Faktors*

Wir wissen bereits, daß $f(x) = x^2$ die Ableitung $f'(x) = 2x$ hat. Welche Ableitung hat $f(x) = -7x^2$? Sei allgemein $f(x) = c \cdot g(x)$, c ein konstanter, von x unabhängiger Faktor, und $g(x)$ habe die Ableitung $g'(x)$. Wir fragen nach der Ableitung von $f(x)$.

$$\text{Es ist:}\quad f'(x) = \lim_{\Delta x \to 0} \frac{f(x + \Delta x) - f(x)}{\Delta x} = \lim_{\Delta x \to 0} \frac{cg(x + \Delta x) - cg(x)}{\Delta x}$$

$$= \lim_{\Delta x \to 0} c \cdot \frac{g(x + \Delta x) - g(x)}{\Delta x} = c \cdot \lim_{\Delta x \to 0} \frac{g(x + \Delta x) - g(x)}{\Delta x}$$

$$= cg'(x).$$

Aus $f(x) = cg(x)$ folgt $f'(x) = cg'(x)$.   (5.6)
Einen konstanten Faktor kann man vor die Ableitung ziehen.

Regel (5.6) wird auch oft so geschrieben:

$$(cf(x))' = cf'(x) \text{ oder } \frac{d(cf(x))}{dx} = c\frac{df}{dx} \text{ oder } \frac{d}{dx}(c(f(x))) = c\frac{df}{dx}.$$

Immer kommt in dieser Symbolik der dahinter liegende Inhalt zum Ausdruck: Will man das Produkt aus einem konstanten Faktor und einer Funktion ableiten, so braucht man nur die Ableitung der Funktion mit dem konstanten Faktor zu multiplizieren. Z.B. hat $f(x) = \log_a x = \dfrac{\ln x}{\ln a}$ die Ableitung $f'(x) = \dfrac{1}{\ln a} \cdot \dfrac{1}{x} = \dfrac{1}{x \ln a}$.

Beispiele:

1)   Man berechne die Ableitung von

    a) $f(x) = -7x^2$,   b) $f(x) = -3\ln x$,   c) $u(s) = 5\sqrt[3]{s^2}$,   d) $h(t) = (3a+b)e^t$

    e) $p(x) = \dfrac{1}{7}x^7$,   f) $x(p) = \dfrac{1}{n-1}p^{n^2-1}$.

Lösungen:

    a) $f'(x) = (-7) \cdot 2x = -14x.$,   b) $f'(x) = (-3)\dfrac{1}{x} = -\dfrac{3}{x}$

    c) $u'(s) = 5 \cdot \dfrac{2}{3}s^{\frac{2}{3}-1} = \dfrac{10}{3}s^{-\frac{1}{3}} = \dfrac{10}{3\sqrt[3]{s}}$,   d) $h'(t) = (3a+b)e^t$

    e) $p'(x) = \dfrac{1}{7} \cdot 7x^6 = x^6$,   f) $x'(p) = \dfrac{1}{n-1}(n^2-1)p^{n^2-2} = (n+1)p^{n^2-2}$.

(2) *Summenregel*

Es sei $f(x)$ die Summe zweier differenzierbarer Funktionen: $f(x) = u(x)+v(x)$. Dann ist

$$
\begin{aligned}
f'(x) &= \lim_{\Delta x \to 0} \frac{f(x+\Delta x) - f(x)}{\Delta x} \\
&= \lim_{\Delta x \to 0} \frac{u(x+\Delta x) + v(x+\Delta x) - (u(x)+v(x))}{\Delta x} \\
&\stackrel{(4.12)}{=} \lim_{\Delta x \to 0} \frac{u(x+\Delta x) - u(x)}{\Delta x} + \lim_{\Delta x \to 0} \frac{v(x+\Delta x) - v(x)}{\Delta x} \\
&= u'(x) + v'(x).
\end{aligned}
$$

Aus $f(x) = u(x) + v(x)$ folgt $f'(x) = u'(x) + v'(x)$.   (5.7)
Eine Summe kann gliedweise differenziert werden. Das gilt
auch für mehr als zwei Summanden.

Dasselbe gilt für die Differenz: Aus $f(x) = u(x)-v(x)$ folgt $f'(x) = u'(x)-v'(x)$. Das folgt unmittelbar aus (5.6) und (5.7), denn $f(x) = u(x) - v(x) = u(x) + (-1)v(x)$. Also $f'(x) = u'(x) + ((-1)v(x))' = u'(x) + (-1)v'(x) = u'(x) - v'(x)$. Die Regel (5.7) wird auch oft in einer der folgenden Formen geschrieben:

$$(u+v)' = u' + v' \quad \text{oder} \quad \frac{d(u+v)}{dx} = \frac{du}{dx} + \frac{dv}{dx} \quad \text{oder} \quad \frac{d}{dx}(u+v) = \frac{du}{dx} + \frac{dv}{dx}.$$

(5.7) mit (5.6) und (5.2) kombiniert, gestattet das Differenzieren beliebiger Polynome: Ist $f(x) = a_n x^n + a_{n-1}x^{n-1} + \ldots + a_2 x^2 + a_1 x + a_0$, so ist $f'(x) = n a_n x^{n-1} + (n-1)a_{n-1}x^{n-2} + \ldots + 2a_2 x + a_1$, oder in Summenschreibweise:

Aus $f(x) = \sum_{k=0}^{n} a_k x^k$ folgt $f'(x) = \sum_{k=0}^{n} k a_k x^{k-1}$. \hfill (5.8)

Man braucht sich (5.8) nicht zu merken, sondern man differenziert einfach wegen (5.7) ein Polynom gliedweise; jedes Glied kann nach (5.2) differenziert werden.

Beispiele:

1)   Man differenziere $f(x) = 2x - 3$ und allgemein $f(x) = mx + b$.

       Es ist $f(x) = 2x^1 - 3$, also $f'(x) = 2 \cdot 1 x^{1-1} = 2x^0 = 2$. Die Konstante -3 fällt beim Differenzieren fort. Die Ableitung ist also die konstante Funktion $f'(x) = 2$. Das war zu erwarten, denn der Funktionswert der Ableitung an einer Stelle x_0 gibt die Steigung der Funktion $f(x)$ an dieser Stelle. Die Gerade $y = 2x - 3$ hat aber überall die Steigung 2, also muß die Ableitung überall gleich 2 sein, d.h. die konstante Funktion 2. Ebenso ist bei $f(x) = mx + b$ die Ableitung $f'(x) = m$.

2)   Man differenziere

       a) $f(x) = -2x^2 + x + 5$ b) $f(x) = 0,1x^4 - 2,3x^3 + 0,8x^2 - 8,2x + 6,4$

       c) $u(t) = 2t^{n+1} - 3t^n + 1$ d) $v(s) = as^2 + 2abs - c$ e) $E(x) = -x^3 + 3x^2 - 2x + 4$

       Lösungen:

       a) $f'(x) = \dfrac{df}{dx} = -4x + 1$ b) $f'(x) = \dfrac{df}{dx} = 0,4x^3 - 6,9x^2 + 1,6x - 8,2$

       c) $u'(t) = \dfrac{du}{dt} = 2(n+1)t^n - 3nt^{n-1}$ d) $v'(s) = \dfrac{dv}{ds} = 2as + 2ab$

       e) $E'(x) = \dfrac{dE}{dx} = -3x^2 + 6x - 2$

Wie haben hier auch jeweils die Schreibweise als „Differentialquotient" mit angegeben. Der Vorteil dieser Schreibweise besteht darin, daß deutlich erkennbar ist, nach welcher Variablen differenziert wird.

3)   Man differenziere

       a) $f(x) = 2e^x - 3\ln x + \sqrt{x} - x$ b) $f(x) = -\sqrt[6]{x^5} + 3x^2 - e^x$

       c) $g(t) = -3t^5 + t^4 - 2\sqrt{t}$ d) $h(u) = \sqrt{8} + 3(u^2 - 2u + 1) - \ln 5$

       Lösungen:

       a) $f'(x) = \dfrac{df}{dx} = 2e^x - \dfrac{3}{x} + \dfrac{1}{2\sqrt{x}} - 1$

       b) $f'(x) = \dfrac{df}{dx} = -\dfrac{5}{6}x^{\frac{5}{6}-1} + 6x - e^x = -\dfrac{5}{6\sqrt[6]{x}} + 6x - e^x$

       c) $g'(t) = \dfrac{dg}{dt} = -15t^4 + 4t^3 - \dfrac{1}{\sqrt{t}}$ d) $h'(u) = \dfrac{dh}{du} = 3(2u - 2) = 6u - 6$

Die Konstanten 3, $\sqrt{8}$ und $-\ln 5$ fallen beim Differenzieren fort.

(3) *Produktregel*

Es sei $f(x) = u(x)v(x)$ das Produkt zweier differenzierbarer Funktionen. Dann ist

$$\frac{\Delta f}{\Delta x} = \frac{f(x + \Delta x) - f(x)}{\Delta x} = \frac{u(x + \Delta x)\,v(x + \Delta x) - u(x)\,v(x)}{\Delta x}.$$

Addiert man im Zähler den Term $-u(x)\,v(x + \Delta x) + u(x)\,v(x + \Delta x)$, der $= 0$ ist und deshalb addiert werden kann, ohne etwas zu verändern, so gilt

$$\frac{\Delta f}{\Delta x} = \frac{u(x + \Delta x) - u(x)}{\Delta x}v(x + \Delta x) + u(x)\frac{v(x + \Delta x) - v(x)}{\Delta x}.$$

Geht hier $\Delta x \to 0$ so strebt $v(x + \Delta x)$ wegen der Stetigkeit von v gegen $v(x)$ und es folgt:

$$f'(x) = \lim_{\Delta x \to 0} \frac{\Delta f}{\Delta x} = u'(x)\,v(x) + u(x)\,v'(x).$$

$$\boxed{\text{Aus } f(x) = u(x)\,v(x) \text{ folgt } f'(x) = u'(x)\,v(x) + u(x)\,v'(x)} \qquad (5.9)$$

Die Produktregel (5.9) wird auch oft in einer der folgenden Formen geschrieben:

$$(uv)' = u'v + uv' \quad \text{oder} \quad \frac{d(uv)}{dx} = \frac{du}{dx}v + u\frac{dv}{dx} \quad \text{oder} \quad \frac{d}{dx}(uv) = \frac{du}{dx}v + u\frac{dv}{dx}.$$

In allen diesen Schreibweisen wird der Inhalt symbolisiert, den man in Worten so ausdrücken kann:

> Die Ableitung eines Produktes aus zwei Faktoren erhält man so: Ableitung des ersten Faktors mal unverändertem zweiten Faktor plus unveränderter erster Faktor mal Ableitung des zweiten Faktors.

Man kann diese Regel auch auf mehr als zwei Faktoren ausdehnen, z.B. gilt:

$$(uvw)' = u'vw + uv'w + uvw'.$$

Anmerkung:

Die Regel (5.6) über das Vorziehen eines konstanten Faktors vor die Ableitung kann auch als Folgerung aus der Produktregel erhalten werden: $f(x) = cg(x) = u(x)\,v(x)$ mit $u(x) = c$, $v(x) = g(x)$. Es ist $u'(x) = 0$, $v'(x) = g'(x)$, also $f'(x) = 0 \cdot g(x) + cg'(x) = cg'(x)$.

Beispiele zur Produktregel:

1) $f(x) = 6x\sqrt{x}.$ Es ist $u(x) = 6x$, $v(x) = \sqrt{x}$.

     $f'(x) = 6\sqrt{x} + 6x\dfrac{1}{2\sqrt{x}} = 6\sqrt{x} + 3x\dfrac{\sqrt{x}}{x} = 9\sqrt{x}.$

2) $f(x) = (x^2 - x + 1) \ln x.$ $f'(x) = (2x - 1) \ln x + \dfrac{x^2 - x + 1}{x}.$

3) $h(z) = x z^2 e^z.$

Hier ist die Variable, nach der differenziert werden soll, z. x ist ein sogenannter Parameter, der als fest aufgefaßt wird. Das kommt in der Bezeichnung der Funktion als $h(z)$ zum Ausdruck. Würde man x hier auch noch als variabel auffassen, so hätte man eine Funktion $h(x, z)$ von zwei Variablen (siehe 5.5). Hier ist x also eine Konstante und es gilt:

$h'(z) = 2xze^z + xz^2 e^z = xze^z(z + 2).$

4) $u(t) = 2t^2 \ln t \cdot e^t.$ $u(t)$ ist ein Produkt von 3 Faktoren.

$u'(t) = 4t \ln t \cdot e^t + 2t^2 \dfrac{1}{t} e^t + 2t^2 \ln t \cdot e^t = 2te^t(2 \ln t + t \ln t + 1).$

(4) *Quotientenregel*

$f(x)$ sei ein Quotient differenzierbarer Funktionen: $f(x) = \dfrac{u(x)}{v(x)}.$ Es ist dann

$$\frac{\Delta f}{\Delta x} = \frac{\dfrac{u(x + \Delta x)}{v(x + \Delta x)} - \dfrac{u(x)}{v(x)}}{\Delta x}.$$

Durch einen ähnlichen Trick wie bei der Herleitung der Produktregel ergibt sich

$$f'(x) = \frac{u'(x)\, v(x) - u(x)\, v'(x)}{(v(x))^2}.$$

$$\boxed{\text{Aus } f(x) = \frac{u(x)}{v(x)} \text{ folgt } f'(x) = \frac{u'(x)\, v(x) - u(x)\, v'(x)}{(v(x))^2}.} \qquad (5.10)$$

Für die Quotientenregel sind auch die folgenden Schreibweisen gebräuchlich:

$$\left(\frac{u}{v}\right)' = \frac{u'v - uv'}{v^2} \quad \text{oder} \quad \frac{d\left(\dfrac{u}{v}\right)}{dx} = \frac{\dfrac{du}{dx}v - u\dfrac{dv}{dx}}{v^2} \quad \text{oder} \quad \frac{d}{dx}\left(\frac{u}{v}\right) = \frac{\dfrac{du}{dx}v - u\dfrac{dv}{dx}}{v^2}.$$

Anmerkung:

Die wichtige Potenzregel (5.2) gilt auch für negative Exponenten, d.h. aus $f(x) = x^{-n}$ folgt $f'(x) = (-n)x^{-n-1}$. Es ist nämlich $f(x) = x^{-n} = \dfrac{1}{x^n}$, $u(x) = 1$, $v(x) = x^n$,

$$f'(x) = \frac{0 \cdot x^n - 1 \cdot nx^{n-1}}{x^{2n}} = (-n)x^{n-1-2n} = (-n)x^{-n-1}.$$

Beispiele:

1) $f(x) = \dfrac{2x^2 - 5x + 6}{-x + 2}$.

$f'(x) = \dfrac{(4x - 5)(-x + 2) - (2x^2 - 5x + 6)(-1)}{(-x + 2)^2} = \dfrac{-2x^2 + 8x - 4}{(-x + 2)^2}$.

2) $f(x) = \dfrac{\ln x}{x - e^x}$.

$f'(x) = \dfrac{\dfrac{1}{x}(x - e^x) - \ln x(1 - e^x)}{(x - e^x)^2}$.

3) $u(z) = \dfrac{az^2 - 1}{bz^2 + 1}$.

$u'(z) = \dfrac{du}{dz} = \dfrac{2az(bz^2 + 1) - (az^2 - 1)2bz}{(bz^2 + 1)^2} = \dfrac{2z(a + b)}{(bz^2 + 1)^2}$.

4) $x(t) = \dfrac{s\sqrt{t} - \ln t}{t\sqrt[3]{s}}$. Gesucht ist $\dfrac{dx}{dt}$, s wird also als konstanter Parameter aufgefaßt.

$x'(t) = \dfrac{dx}{dt} = \dfrac{\left(\dfrac{s}{2\sqrt{t}} - \dfrac{1}{t}\right)t\sqrt[3]{s} - (s\sqrt{t} - \ln t)\sqrt[3]{s}}{t^2(\sqrt[3]{s})^2} = \dfrac{\sqrt[3]{s}\left[\left(\dfrac{s}{2}\sqrt{t} - 1\right) - (s\sqrt{t} - \ln t)\right]}{t^2(\sqrt[3]{s})^2}$

$= \dfrac{\ln t - \dfrac{s}{2}\sqrt{t} - 1}{t^2\sqrt[3]{s}}$.

(5) Kettenregel

in 4.3.1 haben wir schon die Verkettung von Funktionen besprochen, d.h. das Einsetzen von Funktionen in andere Funktionen. Z.B. läßt sich $f(x) = \sqrt{2x^2 - x + 1}$ schreiben als $f(x) = u(v(x))$. Es ist hier $u(v) = \sqrt{v}$, $v(x) = 2x^2 - x + 1$. u ist die äußere, v die innere Funktion. Sei jetzt $f(x) = u(v(x))$ und $u(v)$, $v(x)$ seien differenzierbar. Dann gilt für den Differenzenquotienten

$$\frac{f(x + \Delta x) - f(x)}{\Delta x} = \frac{u(v(x + \Delta x)) - u(v(x))}{\Delta x}.$$

Nun ist aber $\Delta v = v(x + \Delta x) - v(x)$ also $v(x + \Delta x) = \Delta v + v$. Setzen wir das oben ein und erweitern mit Δv, so ergibt sich für den Differenzenquotienten

$$\frac{f(x + \Delta x) - f(x)}{\Delta x} = \frac{u(v + \Delta v) - u(v)}{\Delta v} \cdot \frac{\Delta v}{\Delta x}.$$

Mit Δx geht auch Δv gegen 0 und wir erhalten die sogenannte Kettenregel:

$$f'(x) = u'(v)\, v'(x)$$

> Aus $f(x) = u(v(x))$ folgt $f'(x) = u'(v) \cdot v'(x)$ (5.11)
>
> Man differenziert eine verkettete Funktion, indem man zunächst die äußere Funktion differenziert und deren Ableitung mit der Ableitung der inneren Funktion multipliziert.

Suggestiv ist die folgende Schreibweise: Für eine Funktion $u(v(x))$ gilt:

$$\frac{du}{dx} = \frac{du}{dv} \cdot \frac{dv}{dx}. \tag{5.12}$$

(5.12) läßt sich sofort für mehrere ineinandergeschachtelte Funktionen erweitern, z.B. ist für die Funktion $u(v(w(x)))$:

$$\frac{du}{dx} = \frac{du}{dv} \cdot \frac{dv}{dw} \cdot \frac{dw}{dx}.$$

In den folgenden Beispielen führen wir alle Schritte in Nebenrechnungen wirklich aus; bei einiger Übung hat man das dann nicht mehr nötig.

Beispiele:

1) $f(x) = \sqrt{2x^2 - x + 1}$. Es ist $f(x) = u(v(x))$ mit $u(v) = \sqrt{v}$, $v(x) = 2x^2 - x + 1$. Es ist $u'(v) = \dfrac{1}{2\sqrt{v}}$, $v'(x) = 4x - 1$, $f'(x) = \dfrac{4x - 1}{2\sqrt{v}}$. Damit das eine Funktion von x ist, muß für v wieder $v(x) = 2x^2 - x + 1$ eingesetzt werden: $f'(x) = \dfrac{4x - 1}{2\sqrt{2x^2 - x + 1}}$.

2) $f(x) = (x^2 + 1)^5 = u(v(x))$ mit $u(v) = v^5$ und $v(x) = x^2 + 1$. $u'(v) = 5v^4$, $v'(x) = 2x$. $f'(x) = 5v^4 \cdot 2x = 10x(x^2 + 1)^4$.

3) $f(x) = e^{-x} = u(v(x))$ mit $u(v) = e^v$ und $v(x) = -x$. $f'(x) = e^v(-1) = -e^{-x}$.

4) $f(x) = a^x = e^{x \cdot \ln a}$. Ebenso wie in 3) erhält man $f'(x) = \ln a \cdot e^{x \ln a} = (\ln a)a^x$. Damit haben wir die Ableitung der allgemeinen Exponentialfunktion gefunden: Aus $f(x) = a^x$ folgt $f'(x) = (\ln a)a^x$.

5) $f(x) = \ln(x^2 + 1) = u(v(x))$ mit $u(v) = \ln v$, $v(x) = x^2 + 1$. $f'(x) = \dfrac{1}{v} \cdot 2x = \dfrac{2x}{x^2 + 1}$.

6) $h(t) = [\ln(6t - 1)]^2$. $h(t) = u(v(w(t)))$ mit $u(v) = v^2$, $v(w) = \ln w$, $w(t) = 6t - 1$. $u'(v) = 2v$, $v'(w) = \dfrac{1}{w}$, $w'(t) = 6$. $h'(t) = 2v \cdot \dfrac{1}{w} \cdot 6 = 2\ln(6t - 1) \cdot \dfrac{1}{6t - 1} \cdot 6 = \dfrac{12\ln(6t - 1)}{6t - 1}$.

7) $f(x) = x^2 e^{-2x^2 + 1}$. Hier müssen Produkt- und Kettenregel kombiniert werden: $f'(x) = 2xe^{-2x^2 + 1} + x^2 e^{-2x^2 + 1} \cdot (-4x) = 2xe^{-2x^2 + 1}(1 - 2x^2)$.

8) $f(x) = \dfrac{\sqrt{\ln x}}{x^2 - 1}$.

Hier ist die Quotientenregel mit der Kettenregel zu kombinieren:

$$f'(x) = \frac{\dfrac{1}{2\sqrt{\ln x}} \cdot \dfrac{1}{x}(x^2 - 1) - \sqrt{\ln x} \cdot 2x}{(x^2 - 1)^2} = \frac{\dfrac{x^2 - 1}{2x\sqrt{\ln x}} - 2x\sqrt{\ln x}}{(x^2 - 1)^2}.$$

9) Gegeben sei die Kostenfunktion $K(x) = 0,05x^3 - 2x^2 + 65x + 220$.

Man ermittle mittels des Differentials von $K(x)$ die Änderung der Kosten, wenn die Ausbringungsmenge x bei $x_0 = 12$ Mengeneinheiten um 0,5 Einheiten gesenkt wird. Es ist $K'(x) = 0,15x^2 - 4x + 65$, also $dK = (0,15x^2 - 4x + 65)dx$. Wir haben $x = 12$ und $dx = -0,5$ zu setzen, also $dK = (0,15 \cdot 12^2 - 4 \cdot 12 + 65)(-0,5) = -19,3$. Die Kosten nehmen näherungsweise um 19,3 Einheiten ab. Die genaue Funktionsdifferenz ΔK ist gleich $-19,36$; ihre Berechnung ist wesentlich aufwendiger.

10) Man ermittle die Steigung der logistischen Funktion $f(t) = \dfrac{10}{1 + e^{-0,8t}}$ an $t_0 = 1,5$ und gebe die Gleichung der Tangente an die Kurve an dieser Stelle an.

$$f'(t) = \frac{-10(-0,8)e^{-0,8t}}{(1 + e^{-0,8t})^2} = \frac{8e^{-0,8t}}{(1 + e^{-0,8t})^2}.$$

$$f'(1,5) = \frac{8e^{-0,8 \cdot 1,5}}{(1 + e^{-0,8 \cdot 1,5})^2} = 1,4232.$$

Die Steigung der Kurve an $t_0 = 1,5$ beträgt 1,4232. Es ist $f(1,5) = 7,6852$.

$y = 1,4232(t - 1,5) + 7,6852 = 1,4232t + 5,5504$ lautet die Gleichung der gesuchten Tangente.

11) Gegeben sei die Kostenfunktion $K(x) = 0,6x + 100$. Man ermittle mittels des Differentials die Senkung der Stückkosten, wenn bei $x_0 = 100$ die Produktion um 5 Einheiten erhöht wird.

Es ist $k(x) = 0,6 + \dfrac{100}{x}$; $k'(x) = -\dfrac{100}{x^2}$, $dk = -\dfrac{100}{x^2}dx$.

$$dk = -\frac{100}{100^2} \cdot 5 = -\frac{5}{100} = -0,05.$$

Die Stückkosten sinken um 0,05 Einheiten. Die genaue Funktionsdifferenz Δk beträgt $-0,0526$.

5.2.3 Höhere Ableitungen

Wenn die erste Ableitung $f'(x)$ einer Funktion $f(x)$ wieder differenzierbar ist, so kann man sie erneut ableiten: $(f'(x))'$ heißt dann die zweite Ableitung von $f(x)$ und wird mit $f''(x)$ (gelesen: f zwei gestrichen von x) bezeichnet. Diesen Prozeß der sukzessiven Ableitung kann man fortsetzen und gewinnt so nacheinander die dritte Ableitung $f'''(x)$, die vierte $f^{(IV)}(x)$ usw. bis zur n−ten Ableitung $f^{(n)}(x)$. Man kann die n−te Ableitung folgendermaßen rekursiv definieren.

$$\boxed{f^{(n)}(x) = \left(f^{(n-1)}(x)\right)'} \tag{5.13}$$

Einen Prozeß rekursiv definieren, bedeutet, seinen n-ten Schritt zu definieren, wenn man alle Schritte bis $(n-1)$ schon gegangen ist. In der Tat wird in der Formel (5.13) vorausgesetzt, daß man die $(n-1)$-te Ableitung schon hat. Die n-te Ableitung ist dann die Ableitung der $(n-1)$-ten. Was ableiten, d.h. die Operation $()'$ bedeutet, muß anderweitig definiert sein.

Für die n-te Ableitung sind auch folgende Bezeichnungen gebräuchlich:

$\dfrac{d^n f(x)}{dx^n}$ (gelesen: $d\ n\ f(x)$ nach dx hoch n) oder $\dfrac{d^n}{dx^n} f(x)$ (gelesen: $d\ n$ nach dx hoch $n\ f(x)$).

Beispiele:

1) $f(x) = x^4 - 3x^3 + x^2 - x + 1$
        $f'(x) = 4x^3 - 9x^2 + 2x - 1$
        $f''(x) = 12x^2 - 18x + 2$
        $f'''(x) = 24x - 18$
        $f^{(IV)}(x) = 24$
        $f^{(V)}(x) = f^{(VI)}(x) = \ldots = 0$

2) $f(x) = e^{-x}, \quad f'(x) = -e^{-x}, \quad f''(x) = e^{-x}, \quad f'''(x) = -e^{-x}$, usw.
      $f^{(n)}(x) = (-1)^n e^{-x}$.

3) $f(x) = \dfrac{1}{x}, \quad f'(x) = -\dfrac{1}{x^2}, \quad f''(x) = \dfrac{2}{x^3}, \quad f'''(x) = -\dfrac{2 \cdot 3}{x^4}, \quad f^{(IV)}(x) = \dfrac{2 \cdot 3 \cdot 4}{x^5}$, usw.
      $f^{(n)}(x) = (-1)^n \dfrac{n!}{x^{n+1}}$.

Die zweite Ableitung wird bei der Untersuchung des Krümmungsverhaltens (5.3.2) eine wichtige Rolle spielen. Der Funktionswert $f'(x_0)$ der ersten Ableitung ergab die Steigung der Funktion $f(x)$ an x_0; entsprechend ist $f''(x_0)$ die Steigung der ersten Ableitung $f'(x)$ an x_0.

Beispiele:

1)   Welche Steigung hat die erste Ableitung von $f(x) = x^3 - x^2 + x - 1$ an $x_0 = 2$?
      Es ist $f'(x) = 3x^2 - 2x + 1, \quad f''(x) = 6x - 2, \quad f''(2) = 6 \cdot 2 - 2 = 10$.
      Die Steigung der ersten Ableitung $f'(x)$ an $x_0 = 2$ ist 10.

5.3 Untersuchung des Verhaltens von Funktionen mittels ihrer Ableitung

5.3.1 Steigungsverhalten

Ist eine Funktion $f(x)$ gegeben, z.B. eine Gewinnfunktion, so interessiert man sich dafür, in welchem Bereich der unabhängigen Variablen die Funktion steigt und in welchem sie fällt. Da $f'(x)$ die Steigung angibt, wird also $f(x)$ monoton wachsen oder steigen, falls $f'(x) > 0$ (positive Steigung), $f(x)$ wird monoton fallen, falls $f'(x) < 0$ (negative Steigung) (Abb. 5.10 u. 5.11).

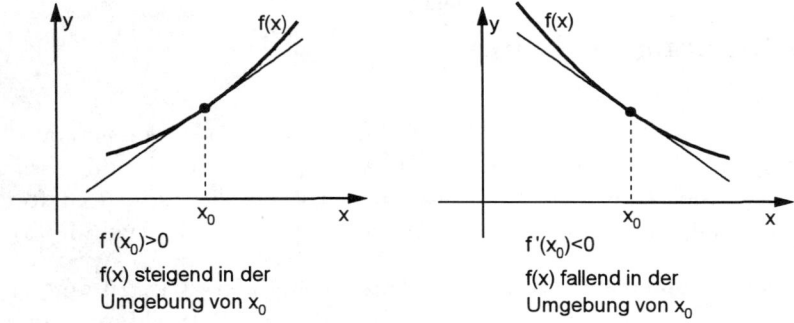

Abb. 5.10 und 5.11

> Ist $f'(x) > 0$ in einem Intervall I, so steigt $f(x)$ in I monoton. Ist $f'(x) < 0$ in einem Intervall I, so fällt $f(x)$ in I monoton.

Beispiele:

1) $f(x) = x^2 - 4x - 3$.

    Es ist $f'(x) = 2x - 4$. $f'(x) > 0$ für $2x - 4 > 0$, d.h. für $x > 2$. Für $x > 2$ ist $f(x)$ monoton wachsend. $f'(x) < 0$ für $x < 2$. Dort ist $f(x)$ monoton fallend (Abb. 5.12).

2) $f(x) = x^3 - 3x^2 - x + 3$. $f'(x) = 3x^2 - 6x - 1$.

    Wir berechnen die Nullstellen von f', um herauszufinden, wo $f' > 0$ und wo $f' < 0$ ist.

    $f'(x) = 0$ ergibt $x^2 - 2x - \dfrac{1}{3} = 0$. $x_{1,2} = 1 \pm \sqrt{1,3333}$; $x_1 = 2,1547$; $x_2 = -0,1547$.

    Für $x < -0,1547$ ist $f'(x) > 0$, für $-0,1547 < x < 2,1547$ ist $f'(x) < 0$, für $x > 2,1547$ ist $f'(x)$ wieder > 0 (das findet man leicht durch probeweises Einsetzen von Werten). Also ist $f(x)$ für $x < -0,1547$ und für $x > 2,1547$ monoton wachsend, für $-0,1547 < x < 2,1547$ monoton fallend (Abb. 5.13)

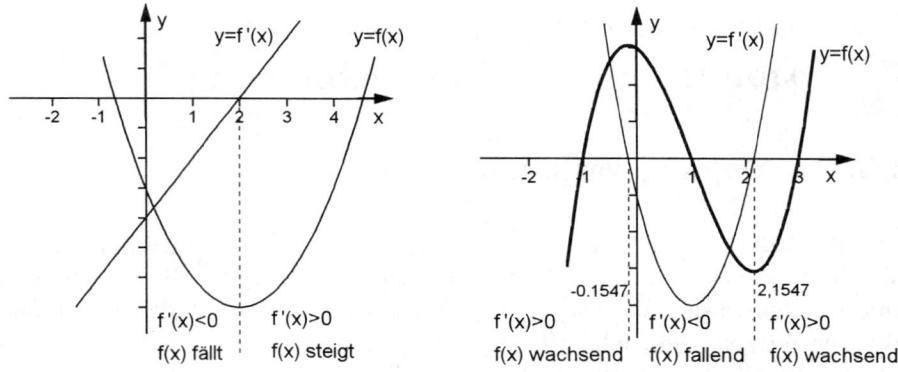

Abb. 5.12 und 5.13

5.3.2 Krümmungsverhalten

Neben der Tatsache des Steigens oder Fallens einer Funktion interessiert auch die Art des Steigens oder Fallens: steigt die Funktion progressiv oder degressiv, fällt sie überlinear oder unterlinear? Wir erinnern uns, daß diese Eigenschaften damit zusammenhängen, ob eine Funktion *konvex* oder *konkav* ist (vgl. 4.3.3).

Die Frage, ob der Graph einer Funktion $f(x)$ konvex oder konkav gekrümmt ist, kann man mittels der zweiten Ableitung $f''(x)$ beantworten. Betrachten wir eine konvexe Funktion $f(x)$ (Abb. 5.14). Die Steigung einer solchen Funktion ist

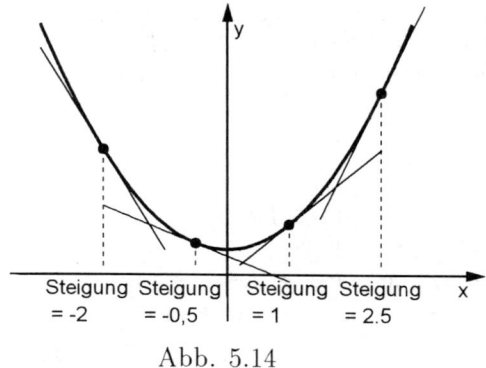

Abb. 5.14

monoton wachsend (in Abb. 5.14 haben wir vier x-Werte fixiert; man sieht, daß die Steigung ständig zunimmt). Die Funktion $f'(x)$, welche ja die Steigung darstellt, ist also monoton wachsend. Folglich muß die Ableitung dieser Funktion, und das ist ja gerade $f''(x)$, nach 5.3.1 positiv sein. Entsprechend ist für konkaves $f(x)$ die zweite Ableitung $f''(x)$ negativ. Es gilt auch die Umkehrung, also

> Ist in einem Intervall $f''(x) > 0$, so ist $f(x)$ in diesem Intervall konvex. Ist in einem Intervall $f''(x) < 0$, so ist $f(x)$ in diesem Intervall konkav.

Dies mit 5.3.1 kombiniert, ergibt folgende Tabelle zur Charakterisierung des Verhaltens von Funktionen mittels der 1. und 2. Ableitung:

	$f' > 0$, d.h. f monoton wachsend	$f' < 0$, d.h. f monoton fallend
$f'' > 0$, d.h. f konvex	f wachsend, konvex f wächst progressiv	f fallend, konvex f fällt unterlinear (schwächer als linear)
$f'' < 0$, d.h. f konkav	f wachsend, konkav f wächst degressiv	f fallend, konkav f fällt überlinear (stärker als linear)

Beispiele:

1) Gegeben sei die ertragsgesetzliche Kostenfunktion $K(x) = 0,1x^3 - 3x^2 + 75x + 1000$; es ist ihr Wachstumsverhalten zu untersuchen. Eine ertragsgesetzliche Kostenfunktion muß beständig wachsen. Wir überprüfen das zunächst anhand der ersten Ableitung (sie muß für alle x positiv sein). $K'(x) = 0,3x^2 - 6x + 75$. Für $x = 0$ ist $K'(x) = 75 > 0$. Wenn $K'(x)$ keine Nullstelle hat, dann liegt sie ganz über der x-Achse, ist also stets > 0. Für die Berechnung der Nullstellen haben wir $x^2 - 20x + 250 = 0$; $x_{1,2} = 10 \pm \sqrt{100 - 250} = 10 \pm \sqrt{-150}$. Es gibt keine reellen Nullstellen. Also: $K'(x) > 0$ für alle x: $K(x)$ ist überall wachsend.

   Es ist $K''(x) = 0,6x - 6$. $K''(x) < 0$ für $0,6x - 6 < 0$, d.h. für $x < 10$. $K''(x) > 0$ für $x > 10$. $K(x)$ ist also bis $x = 10$ degressiv wachsend, ab $x = 10$ progressiv wachsend.

2) $f(x) = \dfrac{1}{x}$. Es ist $f'(x) = -\dfrac{1}{x^2}$. Das ist für alle x außer für $x = 0$ negativ, d.h. $f(x)$ ist in seinem Definitionsbereich $(x \neq 0)$ durchweg fallend.

$f''(x) = \dfrac{2}{x^3}$. $f''(x) < 0$ für $x < 0$ und $f''(x) > 0$ für $x > 0$. $f(x)$ ist konkav, d.h., da es fallend ist, stärker als linear fallend für $x < 0$. Für $x > 0$ ist $f(x)$ konvex. Da es fallend ist, ist es also für $x > 0$ schwächer als linear fallend. (s. Abb. 4.74).

3) $f(x) = \dfrac{x^2}{x^2 + 1}$; $f'(x) = \dfrac{2x(x^2 + 1) - x^2 \cdot 2x}{(x^2 + 1)^2} = \dfrac{2x}{(x^2 + 1)^2}$.

$f''(x) = \dfrac{2(x^2 + 1)^2 - 2x \cdot 2(x^2 + 1) \cdot 2x}{(x^2 + 1)^4} = \dfrac{(x^2 + 1)(2x^2 + 2 - 8x^2)}{(x^2 + 1)^4} = \dfrac{-6x^2 + 2}{(x^2 + 1)^3}$.

Wegen $(x^2 + 1)^2 > 0$ für alle x wird das Vorzeichen von $f'(x)$ vom Zähler bestimmt: $f'(x) > 0$ für $x > 0$ und $f'(x) < 0$ für $x < 0$. Also wächst $f(x)$ für $x > 0$ und fällt für $x < 0$.

Ebenso wird bei der zweiten Ableitung das Vorzeichen durch den Zähler bestimmt: $f''(x) < 0$ bedeutet $-6x^2 + 2 < 0$, d.h. $6x^2 > 2$, $x^2 > \dfrac{1}{3}$, $|x| > \sqrt{\dfrac{1}{3}} = 0,5774$. Für $x < -0,5774$ und $x > 0,5774$ ist $f''(x) < 0$, dort ist also $f(x)$ konkav. Für $-0,5774 < x < 0,5774$ ist $f''(x) > 0$, dort ist also $f(x)$ konvex (s. Abb. 4.35).

5.3.3 Extrema und Wendepunkte

(1) *Lokale Extrema*

Man interessiert sich in den Wirtschaftswissenschaften vielfach für Extremwerte (Maxima oder Minima): Bei welcher Ausbringungsmenge ist der Gewinn maximal? Bei welchem Output sind die Stückkosten minimal? Wo liegt das Minimum der Grenzkosten (s. 5.4) usw.

Wir wollen zunächst die Begriffe lokales (oder relatives) Maximum und lokales (oder relatives) Minimum klären und Wege angeben, wie man diese Punkte findet.

Man sagt, $f(x)$ hat an x_0 ein lokales oder relatives Maximum (Minimum), wenn $f(x_0)$ in einer Umgebung von x_0 der größte (kleinste) Funktionswert ist (Abb. 5.15, 5.16).

Wie findet man bei gegebener Funktion, die wir als zweimal differenzierbar mit stetiger 2. Ableitung, d.h. als hinreichend glatt, voraussetzen, diese Punkte? Aus den Abbildungen 5.15 und 5.16 ist unmittelbar ersichtlich, daß die Steigung von $f(x)$ an der Stelle eines relativen Maximums oder eines relativen Minimums gleich Null sein muß: Die Tangente an die Kurve ist parallel zur x-Achse. Das

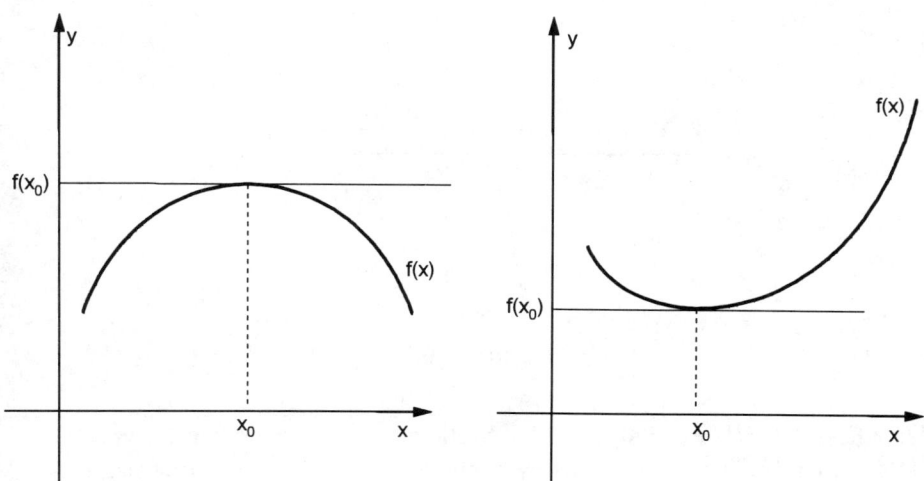

Abb. 5.15 und 5.16

heißt aber: an der Stelle x_0 eines relativen Extremums ist $f'(x_0) = 0$. Ein erster Schritt, um die relativen Extrema einer Funktion $f(x)$ zu finden, besteht also in der Berechnung der Nullstellen der ersten Ableitung. Denn wenn x_0 Stelle eines relativen Extremums ist, so gilt notwendigerweise $f'(x_0) = 0$. An Stellen mit $f'(x_0) \neq 0$ kann bei glatten Funktionen kein relatives Extremum liegen.

Die Bedingung $f'(x_0) = 0$ ist aber allein nicht hinreichend für ein relatives Extremum. Das zeigt die Funktion $f(x) = x^3 + 1$. Die 1. Ableitung $f'(x) = 3x^2$ hat eine einzige Nullstelle $x_0 = 0$. Dort ist also die Tangente an die Kurve $y = x^3 + 1$ parallel zur x-Achse. Ein relatives Extremum von $f(x)$ liegt aber an $x_0 = 0$ nicht vor (Abb. 5.17).

Was unterscheidet diese Situation von der bei relativen Extrema, wie sie in Abb. 5.15 und 5.16 dargestellt sind? Offenbar liegt an x_0 ein relatives Maximum vor, wenn dort die Steigung 0 ($f'(x_0) = 0$) und die Funktion in der Umgebung (von unten) konkav ist, d.h. $f''(x_0) < 0$ ist. Ein Minimum liegt vor, wenn $f'(x_0) = 0$ und die Funktion (von unten) konvex ist, d.h. für $f''(x_0) > 0$ ist. Es gelten also für glatte Funktionen $f(x)$ (genauer gesagt, für solche, deren 1. und 2. Ableitung existieren und deren 2. Ableitung eine stetige Funktion ist) folgende hinreichende Bedingungen für relative Extrema:

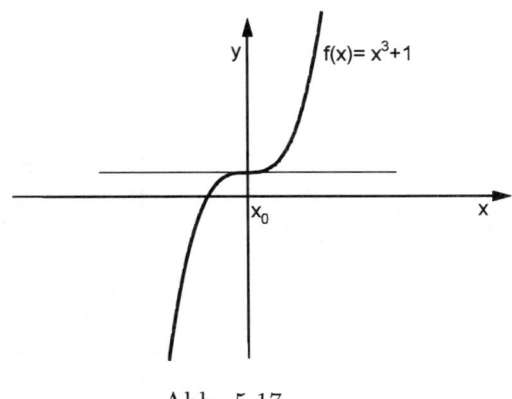

Abb. 5.17

Ist $f'(x_0) = 0$, $f''(x_0) > 0$, so ist x_0 Stelle eines relativen Minimums.

Ist $f'(x_0) = 0$, $f''(x_0) < 0$, so ist x_0 Stelle eines relativen Maximums.

Anmerkung:

Meist werden diese Bedingungen auswendig gelernt; eine Klippe besteht dann darin, sich zu merken, was bei $f''(x_0) < 0$ bzw. was bei $f''(x_0) > 0$ vorliegt. Wenn man die geometrische Bedeutung der 1. und 2. Ableitung verstanden hat, kann man die Bedingungen aus den Skizzen 5.15 und 5.16 unmittelbar ablesen.

Beispiele:

1)   Man bestimme die lokalen Extrema von $f(x) = x^2 + x - 6$.

Es ist $f'(x) = 2x + 1$, $f''(x) = 2$. $f'(x) = 0$ liefert $2x + 1 = 0$, $x_0 = -\dfrac{1}{2}$. Da $f''(x) = 2 > 0$ für alle x, also auch für x_0, ist x_0 Stelle eines relativen Minimums von $f(x)$. Der minimale Funktionswert ist $f(-\frac{1}{2}) = -6\frac{1}{4}$.

2)   Man bestimme die lokalen Extrema von $f(x) = 2x^3 - 3x^2 - 12x + 6$.

Es ist $f'(x) = 6x^2 - 6x - 12$, $f''(x) = 12x - 6$, $f'(x) = 0$ ergibt $x^2 - x - 2 = 0$.

$x_{1,2} = \dfrac{1}{2} \pm \sqrt{\dfrac{1}{4} + 2} = \dfrac{1}{2} \pm \dfrac{3}{2}$. $x_1 = 2$, $x_2 = -1$.

Weiterhin ist $f''(x_1) = 12 \cdot 2 - 6 = 18 > 0$. An $x_1 = 2$ hat $f(x)$ also ein relatives Minimum. $f''(x_2) = 12(-1) - 6 = -18 < 0$. An $x_2 = -1$ hat $f(x)$ ein relatives Maximum. Es ist $f(-1) = 13$, $f(2) = -14$ (Abb. 5.18).

3)   Man bestimme die relativen Extrema von $f(x) = 4xe^{-2x}$.

$f'(x) = 4e^{-2x} + 4x(-2)e^{-2x} = 4e^{-2x}(1 - 2x)$,

$f''(x) = 4(-2)e^{-2x}(1 - 2x) + 4e^{-2x}(-2) = 16e^{-2x}(x - 1)$.

$f'(x) = 0$: $4e^{-2x}(1-2x) = 0$. Da $4e^{-2x}$ stets > 0 ist, kann die Gleichung nur bestehen, wenn $1 - 2x = 0$ ist. Das hat die Lösung $x_0 = \dfrac{1}{2}$. $f''\left(\dfrac{1}{2}\right) = 16e^{-1}\left(-\dfrac{1}{2}\right) = -\dfrac{8}{e} < 0$.

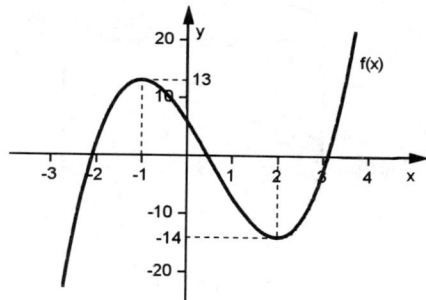

Abb. 5.18

$f(x)$ hat an $x_0 = \dfrac{1}{2}$ ein relatives Maximum. Der maximale Wert ist $f\left(\dfrac{1}{2}\right) = 4 \cdot \dfrac{1}{2} e^{-1} = \dfrac{2}{e} \approx 0,7358$. Abb. 5.19 zeigt $f(x)$.

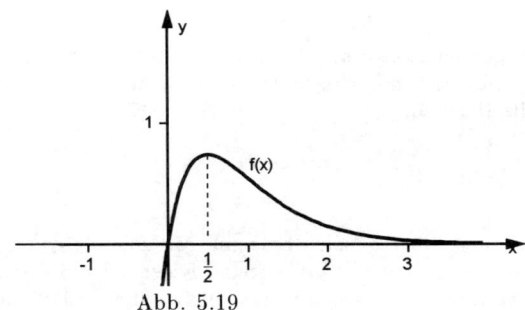

Abb. 5.19

4) $K(x) = 0,1x^3 - 3x^2 + 75x + 1000$ sei eine ertragsgesetzliche Kostenfunktion. Bei welchem Output x sind die variablen Stückkosten minimal?

Es ist (4.21) $k_v(x) = 0,1x^2 - 3x + 75$, $k_v'(x) = 0,2x - 3$, $k_v''(x) = 0,2$.

$k_v'(x) = 0$: $0,2x - 3 = 0$, $x_0 = 15$. $k_v''(x_0) = 0,2 > 0$. $k_v(x)$ hat für einen Output von $x_0 = 15$ ME ein relatives Minimum.

5) Wie muß eine zylindrische Konservendose von 1 Liter ($=1000$ cm^3) Inhalt beschaffen sein, damit sie eine minimale Oberfläche hat? Wir nennen den Radius des Zylinders x, seine Höhe h (Abb. 5.20). Dann gilt für das Volumen $V = \pi x^2 \cdot h$, also $1000 = \pi x^2 \cdot h$.

Für die Oberfläche O (2 Deckel + Mantelfläche) gilt: $O = 2\pi x^2 + 2\pi x h$. O hängt noch von zwei Variablen, von x und h ab. h können wir aber aus der Gleichung $1000 = \pi x^2 h$ durch x ausdrücken: $h = \dfrac{1000}{\pi x^2}$. Setzen wir das in O ein, erhalten wir O also Funktion von x:

$$O(x) = 2\pi x^2 + 2\pi x \cdot \dfrac{1000}{\pi x^2} = 2\pi x^2 + \dfrac{2000}{x}; \quad O'(x) = 4\pi x - \dfrac{2000}{x^2}; \quad O''(x) = 4\pi + \dfrac{4000}{x^3}.$$

Setzen wir $O'(x) = 0$, so ergibt sich $4\pi x = \dfrac{2000}{x^2}$ bzw. $x^3 = \dfrac{500}{\pi}$ mit der Lösung

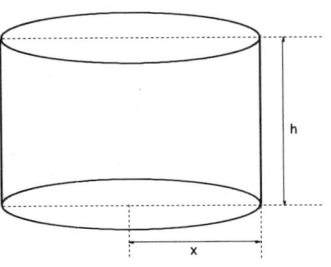

Abb. 5.20

$x_0 = \sqrt[3]{\dfrac{500}{\pi}} \approx 5,42$ cm. $O''(x) = 4\pi + \dfrac{4000}{5,42^3} > 0$. Es handelt sich also um ein Minimum, wie verlangt.

Berechnen wir noch das zugehörige h: $h = \dfrac{1000}{\pi \sqrt[3]{\left(\dfrac{500}{\pi}\right)^2}} = \dfrac{1000 \sqrt[3]{\dfrac{500}{\pi}}}{\pi \cdot \dfrac{500}{\pi}} = 2\sqrt[3]{\dfrac{500}{\pi}}$.

Das ist gerade $2x_0$, d.h. der Durchmesser der Dose. Die optimale Dose hat also einen quadratischen Querschnitt; der Durchmesser beträgt 10,84 cm, die Höhe beträgt ebenfalls 10,84 cm.

Anmerkung:

Alles bisher Gesagte über relative Extrema galt nur für glatte Funktionen. Aber auch für Funktionen, die stetig und bis auf einzelne Ecken oder Spitzen glatt sind, liefert die erste Ableitung, wenn man sie links und rechts der Ecke betrachtet (an der Ecke selbst existiert sie ja nicht) ein Kriterium für relative Extrema:

Ist in einer Umgebung links von x_0 $f'(x) < 0$, in einer Umgebung rechts von x_0 dagegen $f'(x) > 0$, so liegt in x_0 ein relatives Minimum vor (Abb. 5.21).

Ist in einer Umgebung links von x_0 $f'(x) > 0$, in einer Umgebung rechts von x_0 dagegen $f'(x) < 0$, so liegt in x_0 ein relatives Maximum vor (Abb. 5.22).

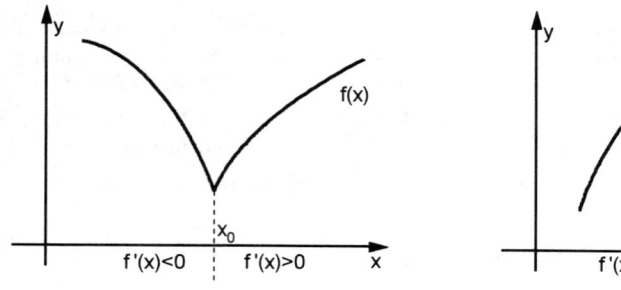

Abb. 5.21 u. 5.22

Beispiele:

1) Man untersuche $f(x) = |x|$ an $x_0 = 0$ auf relative Extrema.

Es ist $f(x) = \left\{ \begin{array}{ll} -x & \text{für} \quad x < 0 \\ x & \text{für} \quad x > 0 \end{array} \right\}$.

$f'(x) = -1$ links von $x_0 = 0$. $f'(x) = 1$ rechts von x_0. $f(x)$ ist stetig. Also liegt bei $x_0 = 0$ ein relatives Minimum von $f(x)$ vor (Abb. 5.23).

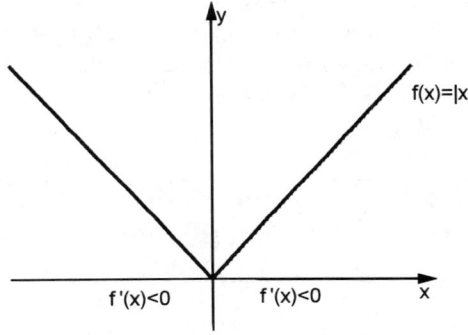

Abb. 5.23

2) $f(x) = \left\{ \begin{array}{ll} x^2 - 2x + 1 & \text{für} \quad x < 2 \\ x^2 - 6x + 9 & \text{für} \quad x > 2 \end{array} \right\}$

Man untersuche $f(x)$ an $x_0 = 2$ auf Extrema.

Für $x < 2$ gilt $f'(x) = 2x - 2$. In der Nähe von $x_0 = 2$, etwa für $1,5 < x < 2$, ist das > 0. Für $x > 2$ gilt $f'(x) = 2x - 6$. in der Nähe von $x_0 = 2$, etwa für $2 < x < 2,5$ ist das < 0. $f(x)$ ist eine stetige Funktion, denn für $x_0 = 2$ stimmen beide Zweige überein: $f(x_0) = 1$. Also ist $x_0 = 2$ Stelle eines relativen Maximums (Abb. 5.24).

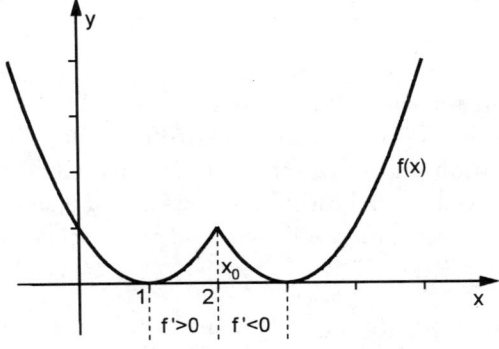

Abb. 5.24

(2) *Absolute (globale) Extrema*

Betrachten wir zunächst als Beispiel die in Abb. 5.18 dargestellte Funktion $f(x) = 2x^3 - 3x^2 - 12x + 6$ im Intervall $[-4, 5]$. Es ist $f(-4) = -122$. dieser Wert ist erheblich kleiner als der Funktionswert -14 an der Stelle des relativen Minimums. Ebenso ist $f(5) = 121$ erheblich größer als der Funktionswert 13 an der Stelle des relativen Maximum. Hat eine Funktion in einem Intervall $[a, b]$ ein relatives Minimum, so braucht dies nicht das Minimum der Funktionswerte im ganzen Intervall zu sein; dasselbe gilt analog für ein relatives Maximum. Die relativen Extrema sind immer nur Extrema im bezug auf ihre Umgebung. Das führt uns auf folgenden Begriff:

---

x_0 heißt Stelle eines absoluten (globalen) Maximums (Minimums) einer Funktion $f(x)$ in einem Intervall I, wenn $f(x_0)$ der größte (kleinste) Funktionswert in I ist.

Der Begriff des absoluten oder globalen Extremums hat nur Sinn in Bezug auf ein vorgegebenes Intervall.

In unserem obigen Beispiel ist $x_0 = -4$ Stelle des absoluten Minimums von $f(x)$ in $[-4, 5]$ und $x_1 = 5$ Stelle des absoluten Maximums von $f(x)$ in $[-4, 5]$. Es fällt auf, daß hier die absoluten Extrema am Rand des Intervalls angenommen werden. Allgemein gilt:

Das absolute Maximum (Minimum) einer Funktion $f(x)$ in einem Intervall $[a, b]$ ist entweder eines der in $[a, b]$ liegenden relativen Maxima (Minima) von $f(x)$ oder es ist einer der Randwerte.

Es kann natürlich in $[a, b]$ mehrere x-Werte geben, in denen das absolute Maximum (Minimum) realisiert ist; sie liefern dann alle den gleichen maximalen (minimalen) Funktionswert. Das obige Kriterium zeigt uns auch den Weg zur Bestimmung des absoluten Maximums (Minimums) einer Funktion in einem gegebenen Intervall $[a, b]$: Wir bestimmen zunächst diejenigen relativen Maxima (Minima), die in diesem Intervall liegen, und vergleichen sie mit den Randwerten $f(a)$, $f(b)$.

Bei einer Funktion $f(x)$, die in $[a, b]$ keine relativen Extrema hat, wissen wir also von vornherein, daß die Extrema, die dann absolute Extrema sind, am Rand des betrachteten Intervalls angenommen werden. Das gilt insbesondere für *lineare Funktionen*.

Beispiele:

1) $f(x) = |x|$ im Intervall $[-2, 1]$.

     $f(x)$ hat keine relativen Maxima. Es ist $f(-2) = |-2| = 2$, $f(1) = 1$. Also ist -2 Stelle des absoluten Maximums von $f(x)$ in $[-2, 1]$.

     $f(x)$ hat an $x_0 = 0$ ein relatives Minimum mit $f(0) = 0$. Kleinere Werte nimmt $f(x)$ nirgends an, also ist das auch das absolute Minimum in $[-2, 1]$ (Abb. 5.25).

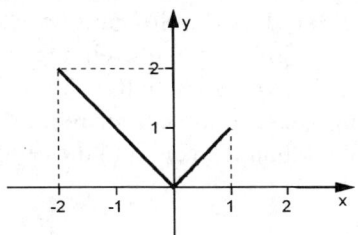

Abb. 5.25

2) $f(x) = 2x - 6$, betrachtet in $[1, 3]$. Diese Funktion ist linear, hat also keine relativen Extrema. Da sie wächst, liegt bei $x_0 = 1$ das absolute Minimum in $[1, 3]$ mit $f(1) = -4$, bei $x_1 = 3$ das absolute Maximum in $[1, 3]$ mit $f(3) = 0$.

3) $f(x) = 4xe^{-2x}$, betrachtet in $[0, 5]$ (Abb. 5.19). $x_0 = \frac{1}{2}$ ist Stelle des absoluten Maximums in $[0, 5]$, da $f(0)$ und $f(5)$ beide kleiner als $f\left(\frac{1}{2}\right)$ sind. Das absolute Minimum der Funktion im betrachteten Intervall liegt bei $x = 0$ $(f(0) = 0$, alle übrigen $f(x)$ sind $> 0)$.

4)   Eine ertragsgesetzliche Kostenfunktion ist dadurch charakterisiert, daß sie zunächst degressiv, dann progressiv wächst, auf jeden Fall also keine relativen Extrema besitzt. Das absolute Maximum der Kosten liegt in einem solchen Fall also am rechten Rand des ökonomischen Definitionsbereichs, den man die Kapazitätsgrenze nennt: Bei ertragsgesetzlichen Kostenfunktionen liegt das Maximum der Kosten an der Kapazitätsgrenze (Abb. 5.26).

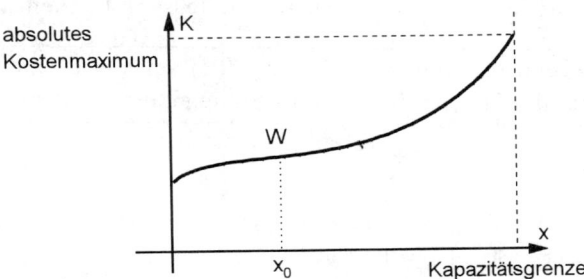

Abb. 5.26

(3) *Wendepunkte*

Für die in Abb. 5.26 gezeichnete Kostenfunktion ist der eingezeichnete Punkt W ein interessanter Punkt, denn an dieser Stelle geht das degressive in progressives Wachstum über. Allgemein nennt man x_0 Stelle eines Wendepunktes von $f(x)$, wenn in x_0 konkaves in konvexes oder umgekehrt, konvexes in konkaves Verhalten übergeht. Wir hatten in 5.3.2 für konvexes (konkaves) Verhalten als charakteristisch erkannt, daß dort die Steigung wächst (fällt). Beim Übergang des Krümmungsverhaltens muß also die Steigung einen relativen Extremwert haben: Geht konkaves in konvexes Verhalten über, hat sie ein relatives Minimum (Abb. 5.27), im umgekehrten Fall ein relatives Maximum (Abb. 5.28). Demnach hat an einem Wendepunkt von $f(x)$ die Steigung von $f(x)$ ein relatives

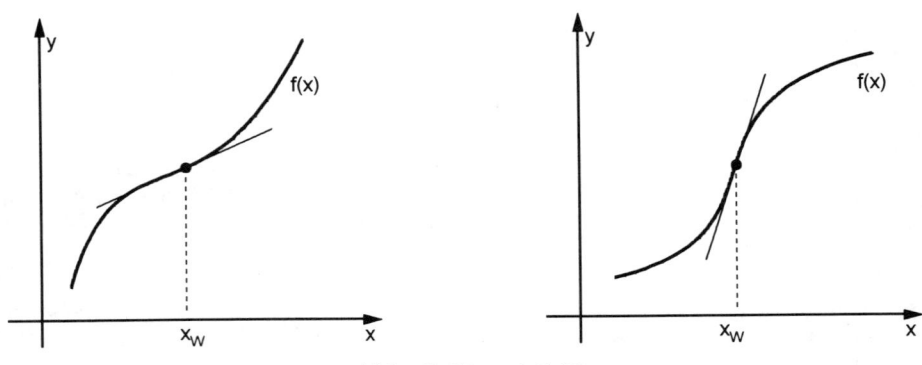

Abb. 5.27 und 5.28

Extremum. Die Steigung wird aber gerade durch die Funktion $f'(x)$ gegeben. An einem Wendepunkt von $f(x)$ hat also $f'(x)$ ein relatives Extremum. Also ist hinreichend für einen Wendepunkt von $f(x)$, daß die erste Ableitung von $f'(x)$, das ist aber gerade $f''(x)$, gleich 0 ist, und die zweite Ableitung von $f'(x)$, d.h. $f'''(x)$, größer oder kleiner 0 ist. Zusammenfassend können wir feststellen:

$f(x)$ sei dreimal differenzierbar und $f'''(x)$ sei stetig. Ist an der Stelle x_0 $f''(x_0) = 0$ und $f'''(x_0) \neq 0$, so ist x_0 Stelle eines Wendepunktes von $f(x)$.

Beispiele:

1)   Man bestimme die Wendepunkte der ertragsgesetzlichen Konstenfunktion
$$f(x) = 0,1x^3 - 3x^2 + 75x + 1000.$$
$f'(x) = 0,3x^2 - 6x + 75, \quad f''(x) = 0,6x - 6, \quad f'''(x) = 0,6.$
$f''(x) = 0$ liefert $0,6x - 6 = 0$, d.h. $x_0 = 10$. $f'''(x_0) = 0,6 \neq 0$. Also hat $f(x)$ an

$x = x_0$ einen Wendepunkt, die Koordinaten dieses Wendepunktes sind $(10, 1550)$.

2) Man bestimme die Wendepunkte von $f(x) = 4xe^{-2x}$ (s. Abb.5.19).

$f'(x) = 4e^{-2x}(1 - 2x)$, $f''(x) = 16e^{-2x}(x - 1)$ $f'''(x) = 16e^{-2x}(3 - 2x)$.

$f''(x) = 0$: $16e^{-2x}(x - 1) = 0$. Wegen $16e^{-2x} \neq 0$ für alle x muß $x - 1 = 0$ sein, also $x_0 = 1$.

$f'''(1) = 16e^{-2}(3 - 2) = \dfrac{16}{e^2} \neq 0$. $f(x)$ hat einen Wendepunkt an $x_0 = 1$ mit den Koordinaten $\left(1, \dfrac{4}{e^2}\right)$.

3) Man bestimme die Wendepunkte von $f(x) = x^4 - 10x^2 + 9$.

$f'(x) = 4x^3 - 20x$, $f''(x) = 12x^2 - 20$, $f'''(x) = 24x$.

$f''(x) = 0$: $12x^2 - 20 = 0$, $x^2 = \dfrac{5}{3}$, $x_{1,2} \approx \pm 1,29$.

$f'''(-1,29) = -24 \cdot 1,29 < 0$, $f'''(1,29) = 24 \cdot 1,29 > 0$.

Die Funktion hat Wendepunkte an $x_1 = -1,29$ und an $x_2 = 1,29$ (Abb. 5.29).

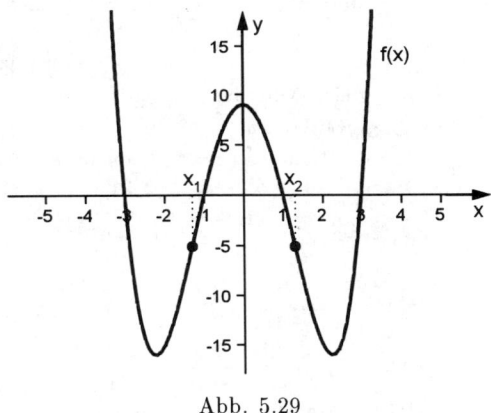

Abb. 5.29

5.3.4   Kurvendiskussionen

Wir hatten uns in 4.1. eine Vorstellung vom Verlauf des Graphen einer Funktion mittels einer Wertetabelle gemacht. Eine solche Skizze ist in der Regel recht grob, da man die für den Kurvenverlauf wichtigen Punkte, wie Nullstellen, Unstetigkeitsstellen, Extremwerte und Wendepunkte nicht kennt. Mit den in den Kapiteln 4 und 5 behandelten mathematischen Hilfsmitteln sind wir in der Lage, eine genauere Analyse durchzuführen; man nennt eine solche Analyse eine Kurvendiskussion. Dabei werden nacheinander im wesentlichen folgende Schritte abgehandelt:

1) Definitionsbereich
2) Nullstellen
3) Unstetigkeitsstellen
4) relative Extrema
5) Wendepunkte
6) Wachstumsverhalten
7) Krümmungsverhalten
8) Verhalten im Unendlichen
9) Graphische Darstellung.

Beispiele:

1) $f(x) = \dfrac{x^2 - 1}{x^2 - 4}$.

(1) *Definitionsbereich:*

$f(x)$ ist für alle x definiert, außer für $x = -2$ und $x = 2$ (Nullstellen des Nenners).

(2) *Nullstellen:*

$f(x) = 0$, d.h. $x^2 - 1 = 0$: $x_1 = -1$, $x_2 = 1$ sind die Nullstellen von $f(x)$, denn der Zähler ist an diesen Stellen gleich Null, der Nenner $\neq 0$.

(3) *Unstetigkeitsstellen, Stetigkeitsverhalten:*

$f(x)$ ist an den Nullstellen des Nenners ($x = \pm 2$) unstetig, sonst im ganzen Definitionsbereich, d.h. in den Intervallen $(-\infty, -2)$, $(-2, 2)$, $(2, \infty)$ stetig.

Es ist $\lim\limits_{x \to -2-0} f(x) = \infty$, $\quad \lim\limits_{x \to -2+0} f(x) = -\infty$, $\quad \lim\limits_{x \to 2-0} f(x) = -\infty$, $\quad \lim\limits_{x \to 2+0} f(x) = \infty$.

(4) *Relative Extrema:*

$$f'(x) = \frac{-6x}{(x^2 - 4)^2}, \quad f''(x) = \frac{18x^2 + 24}{(x^2 - 4)^3}.$$

$$f'(x) = 0: \quad -6x = 0, \quad x_0 = 0. \quad f''(0) = \frac{24}{(-4)^3} = -\frac{24}{64} < 0.$$

Bei $x_0 = 0$ liegt ein relatives Maximum vor. Der Funktionswert des Maximums ist $f(0) = \dfrac{-1}{-4} = \dfrac{1}{4}$.

(5) *Wendepunkte:*

$f''(x) = 0$: $\quad 18x^2 + 24 = 0$. Diese Gleichung hat keine reellen Lösungen. Es gibt keine Wendepunkte.

(6) *Wachstumsverhalten:*

$$f'(x) = \frac{-6x}{(x^2 - 4)^2}.$$

Da $(x^2 - 4)^2$ stets positiv ist, richtet sich das Vorzeichen von $f'(x)$ nach dem Vorzeichen des Zählers. $-6x > 0$ für $x < 0$; $-6x < 0$ für $x > 0$, also $f(x)$ wachsend in $-\infty < x < -2$, $-2 < x < 0$; $f(x)$ fallend in $0 < x < 2$, $2 < x < \infty$.

(7) *Krümmungsverhalten:*

$$f''(x) = \frac{18x^2 + 24}{(x^2 - 4)^3}.$$

Da $18x^2 + 24$ stets > 0 ist, richtet sich das Vorzeichen von $f''(x)$ nach dem Vorzeichen des Nenners. $(x^2 - 4)^3$ hat dasselbe Vorzeichen wie $x^2 - 4$. Es ist also $(x^2 - 4)^3 > 0$ und damit $f''(x) > 0$ für $|x| > 2$, d.h. für $x < -2$ und $x > 2$. Für $|x| < 2$, d.h. für $-2 < x < 2$, ist $(x^2 - 4)^3 < 0$ und damit auch $f''(x) < 0$. Also ist $f(x)$ konvex für $-\infty < x < -2$ und $2 < x < \infty$ und konkav für $-2 < x < 2$.

(8) *Verhalten im Unendlichen:*

$$\lim_{x \to \infty} \frac{x^2 - 1}{x^2 - 4} = 1, \quad \lim_{x \to -\infty} \frac{x^2 - 1}{x^2 - 4} = 1$$

(9) *Graphische Darstellung*

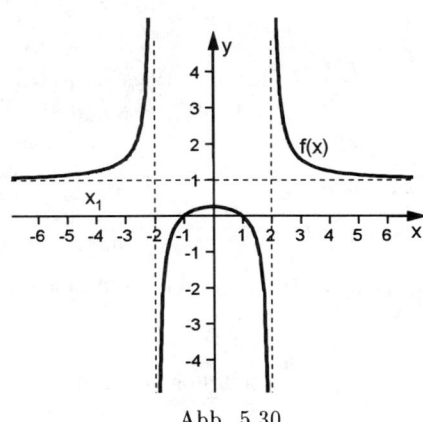

Abb. 5.30

2) $f(x) = (x - 1)e^{-\frac{x}{2}}$

(1) *Definitionsbereich:*

$f(x)$ ist für alle reellen x definiert.

(2) *Nullstellen:*

$f(x) = 0$: Da $e^{-\frac{x}{2}}$ stets $\neq 0$ ist, muß $x - 1 = 0$ sein. $x_0 = 1$ ist die einzige Nullstelle.

(3) *Stetigkeitsverhalten:*

$f(x)$ ist überall stetig.

(4) *relative Extrema:*

$$f'(x) = e^{-\frac{x}{2}} + \left(-\frac{1}{2}\right)e^{-\frac{x}{2}}(x - 1) = \frac{1}{2}e^{-\frac{x}{2}}(3 - x), \quad f''(x) = \frac{1}{4}e^{-\frac{x}{2}}(x - 5).$$

$f'(x) = 0$: Da $\frac{1}{2}e^{-\frac{x}{2}} \neq 0$ ist, muß $3 - x = 0$ sein. An $x_1 = 3$ ist $f'(x) = 0$. $f''(3) = \frac{1}{4}e^{-\frac{3}{2}}(-2) < 0$. An $x_1 = 3$ hat $f(x)$ also ein relatives Maximum. Der Funktionswert am Maximum ist $f(3) \approx 0,446\,26$.

(5) *Wendepunkte:*

$f'''(x) = \frac{1}{8}e^{-\frac{x}{2}}(7 - x)$. $f''(x) = 0$ liefert $x - 5 = 0$, d.h. $x_2 = 5$.

$f'''(5) = \frac{1}{8}e^{-\frac{5}{2}}(7 - 5) \neq 0$, also liegt bei $x_2 = 5$ ein Wendepunkt vor. Sein Funktionswert ist $f(5) \approx 0,328\,34$.

(6) *Wachstumsverhalten:*

Da in $f'(x) = \frac{1}{2}e^{-\frac{x}{2}}(3-x)$ der Term $\frac{1}{2}e^{-\frac{x}{2}}$ stets positiv ist, richtet sich das Vorzeichen von $f'(x)$ nach dem Vorzeichen von $3-x$:

$f'(x) > 0$: $3 - x > 0$, d.h. $x < 3$, $f'(x) < 0$: $3 - x < 0$, d.h. $x > 3$.

Für $x < 3$ ist $f(x)$ monoton wachsend, für $x > 3$ monoton fallend.

(7) *Krümmungsverhalten:*

Da sich in $f''(x) = \frac{1}{4}e^{-\frac{x}{2}}(x-5)$ das Vorzeichen nach dem Vorzeichen von $(x-5)$ richtet, ist $f''(x) > 0$ für $x - 5 > 0$, d.h. für $x > 5$ und $f''(x) < 0$, für $x - 5 < 0$, d.h. für $x < 5$. Für $x < 5$ ist $f(x)$ konkav, für $x > 5$ ist $f(x)$ konvex.

(8) *Verhalten im Unendlichen:*

Da für negative x der Term $-\frac{x}{2}$ positiv ist, strebt $e^{-\frac{x}{2}}$ gegen ∞ für $x \to -\infty$. Da $(x-1)$ für $x \to -\infty$ gegen $-\infty$ strebt, strebt das Produkt $f(x) = (x-1)e^{-\frac{x}{2}}$ gegen $-\infty$: $\lim\limits_{x \to -\infty} f(x) = -\infty$.

Es ist $f(x) = \dfrac{x-1}{e^{\frac{x}{2}}}$. Wegen (4.10) gilt: $\lim\limits_{x \to \infty} f(x) = 0$.

(9) *Graphische Darstellung:*

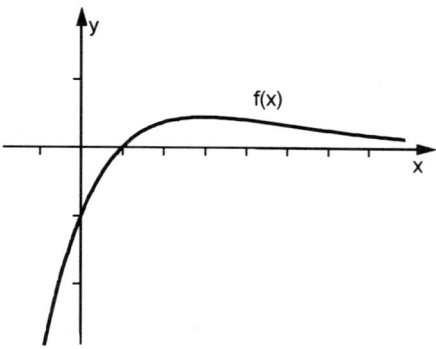

Abb. 5.31

5.4 Anwendungen der Differentialrechnung in den Wirtschaftswissenschaften

5.4.1 Grenzfunktionen, Durchschnittsfunktionen

Es sei $f(x)$ eine ökonomische Funktion, etwa $f(x) = K(x)$ eine Kostenfunktion. Eine für den Wirtschaftswissenschaftler wichtige Größe ist die Veränderung einer solchen Funktion, d.h. ihr Zuwachs oder ihre Abnahme, wenn von x aus die unabhängige Variable um eine Einheit zunimmt. Diese Größe, d.h. $\Delta f = f(x+1) - f(x)$, bezeichnet der Wirtschaftswissenschaftler als Grenzfunktion. Sie ist nichts anderes als der Differenzenquotient $\dfrac{\Delta f}{\Delta x} = \dfrac{f(x + \Delta x) - f(x)}{\Delta x}$ für $\Delta x = 1$. Man geht nun in der Regel davon aus, daß eine Einheit von x verschwindend klein ist gegenüber denjenigen x, mit denen man arbeitet. Z.B. habe man es mit Outputmengen von tausenden Tonnen oder zehntausenden Stück zu tun. Dann ist eine Tonne oder ein Stück dagegen verschwindend klein. Oder man habe es mit Geldmengen von hunderten DM zu tun. Dann ist eine DM dagegen verschwindend klein. Unter dieser Voraussetzung ist $\Delta f = f(x + 1) - f(x) = \dfrac{f(x + 1) - f(x)}{1}$ nur sehr wenig von $f'(x)$ verschieden. Da man mit den Ableitungen wesentlich bequemer arbeiten kann als mit den Differenzen bzw. Differenzenquotienten, faßt man die Ableitung selbst als Grenzfunktion auf:

Als Grenzfunktion, Marginalfunktion oder marginale Quote einer ökonomischen Funktion $f(x)$ bezeichnet man ihre erste Ableitung $f'(x)$. Der Wert $f'(x_0)$ der Grenzfunktion an einer Stelle x_0 gibt (näherungsweise) die Änderung der Funktion f an, wenn von x_0 ausgehend die unabhängige Variable um eine Einheit zunimmt.

Die Grenzfunktion kann auch so interpretiert werden: Man stelle sich vor, man habe die unabhängige Variable, irgendwo beginnend, bis zum Wert $x + 1$ gebracht. Dann ist die Grenzfunktion an der Stelle x die Funktionsänderung, welche durch die *letzte Einheit der unabhängigen Variablen* hervorgerufen wurde.

Anmerkungen:

1) Man kann die Grenzfunktion auch als das Differential von $f(x)$ für $dx = 1$ auffassen: $df = f'(x)dx$ ergibt für $dx = 1$ gerade $df = f'(x)$. Diese Auffassung liefert unter Berücksichtigung der Interpretation des Differentials (5.1.3) unmittelbar die Interpretation der Grenzfunktion als (näherungsweise) Funktionsänderung, die von x aus durch die nächste Einheit

der unabhängigen Variablen hervorgerufen wird.

2) Die Analyse ökonomischer Zusammenhänge mittels Grenzfunktionen bezeichnet man auch als Marginalanalyse. Sie ist besonders wichtig für das theoretische Verständnis betriebswirtschaftlicher und volkswirtschaftlicher Zusammenhänge.

3) Da die Grenzfunktion aus einem Quotienten $\dfrac{f(x + \Delta x) - f(x)}{\Delta x}$ hervorgegangen ist, ist ihre Maßeinheit gleich $\dfrac{\text{Maßeinheit von } f}{\text{Maßeinheit von } x}$. Wird z.B. $f(x)$ in DM/kg gemessen, x in kg (f könnte eine Stückkostenfunktion sein), dann ist die Maßeinheit der Grenzfunktion $f'(x) = \dfrac{\text{DM/kg}}{\text{kg}}$.

Wir wollen nun die Grenzfunktionen von einigen der schon behandelten ökonomischen Funktionen und einigen neu einzuführenden Funktionen diskutieren.

(1) *Grenzsteuer*

In 4.2.1 (Abb. 4.15) hatten wir die Einkommenssteuerfunktion $S(E)$ betrachtet. Ihre Grenzfunktion $S'(E)$ heißt *Grenzsteuer*. Der Wert $S'(E_0)$ der Grenzsteuer für ein Einkommen E_0 gibt an, wieviel Steuern bei diesem Einkommen eine zusätzlich verdiente Mark hervorruft. Es ist z.B. für $4537 \text{ DM} \leq E \leq 18\,035 \text{ DM}$ $S(E) = 0,22E - 998$ und damit die Grenzsteuer $S'(E) = 0,22$ DM/DM unabhängig von E, d.h. von jeder zusätzlich verdienten Mark müssen in diesem Einkommensbereich 22 Pfennig abgeführt werden. Im Bereich $18\,935 \text{ DM} \leq E \leq 130\,032 \text{ DM}$ hängt die Grenzsteuer von E ab: Sie wächst mit wachsendem E (Steuerprogression). Beispielsweise gilt für $80\,028 \text{ DM} \leq E \leq 130\,031 \text{ DM}$: $\quad S(E) = 60 \left(\dfrac{E - 80\,000}{10\,000} \right)^2 + 5000 \dfrac{E - 80\,000}{10\,000} + 27\,798$ und damit $S'(E) = 60 \cdot 2 \left(\dfrac{E - 80\,000}{10\,000} \right) \cdot \dfrac{1}{10\,000} + \dfrac{5000}{10\,000} = 0,000\,0012E + 0,404$. Für ein Einkommen von $81\,000$ DM etwa ist die Grenzsteuer $S'(81\,000) = 0,000\,0012 \cdot 81\,000 + 0,404 = 0,5012$ DM/DM, d.h. bei diesem Einkommen müssen von einer zusätzlich verdienten Mark ca. 50 Pfennig Steuern abgeführt werden. Für ein Einkommen von $130\,000$ DM ist $S'(130\,000) = 0,56$ DM/DM, d.h. bei einem Einkommen von $130\,000$ DM verursacht eine zusätzlich verdiente Mark 56 Pfennig Steuern. Diese Grenzsteuer gilt auch wegen $S(E) = 0,56E - 18502$ für $E \geq 130\,032$ DM,d.h ab diesem Einkommen findet keine Progression mehr statt, die Grenzsteuer bleibt konstant.

(2) *Grenzkosten*

Ist $K(x)$ eine Gesamtkostenfunktion, so heißt $K'(x)$ die *Grenzkostenfunktion* oder kurz die *Grenzkosten*. $K'(x_0)$ gibt die Kostenänderung an, die durch Steigerung des Outputs von x_0 aus um eine Einheit verursacht wird. Entsprechend kann man variable Grenzkosten $K'_v(x)$ (sie sind gleich den Grenzkosten; warum?), Grenz-Stückkosten $k'(x)$ usw. betrachten.

Beispiel:

Gegeben sei die Kostenfunktion $K(x) = \dfrac{1}{6}x^3 - 100x^2 + 26\,000x + 51\,000$.

Man bestimme a) die Grenzkosten; b) die Grenzstückkosten; c) die Schwelle des Ertragsgesetzes.

d) Welche Kosten verursacht bei einem Output von 305 Einheiten eine zusätzlich produzierte Einheit?

e)Welche Kosten verursacht eine zusätzlich produzierte Einheit an der Schwelle des Ertragsgesetzes?

f) Wir wirkt sich bei einem Output von 198 Einheiten eine zusätzlich produzierte Einheit auf die Stückkosten aus?

Lösungen:

a) $K'(x) = \dfrac{1}{2}x^2 - 200x + 26\,000$.

b) Es ist $k(x) = \dfrac{K(x)}{x} = \dfrac{1}{6}x^2 - 100x + 26\,000 + \dfrac{51\,000}{x}$.

Für die Grenz-Stückkosten ergibt sich $k'(x) = \dfrac{1}{3}x - 100 - \dfrac{51\,000}{x^2}$.

c) Die Schwelle des Ertragsgesetzes ist gerade die Stelle des Wendepunktes von $K(x)$ oder, was dasselbe ist, die Stelle des Extremwertes – hier des Minimums – der Grenzkosten: $K''(x) = x - 200$, $K'''(x) = 1$. $K''(x) = 0$: $x_0 = 200$. $K'''(200) = 1 \neq 0$.

Bei $x_0 = 200$ liegt die Schwelle des Ertragsgesetzes.

d) Es ist $K'(305)$ zu berechnen: $K'(305) = \dfrac{1}{2} \cdot 305^2 - 200 \cdot 305 + 26\,000 \approx 11513$.

Die bei einem Output von 305 ME durch eine zusätzlich produzierte Einheit verursachten Kosten betragen (näherungsweise) 11 513 GE. (Der exakte Wert ist hier 11 565 GE.)

e) $K'(200) = 6000$ GE/ME.

f) Es ist $k'(198)$ zu berechnen: $k'(198) = \dfrac{198}{3} - 100 - \dfrac{51\,000}{198^2} = -35,3 \; \dfrac{\text{GE/ME}}{\text{ME}}$.

Die Stückkosten sinken, wenn bei einem Output von 198 Einheiten eine weitere Einheit produziert wird, um 35,3 GE/ME. (Der exakte Wert ist hier 35,13 GE.)

(3) *Grenzerlös*

Der Erlös (Umsatz) E ist das Produkt von abgesetzter Menge und Preis: $E = x \cdot p$. Damit der Erlös als Funktion der Menge $E = E(x)$ oder als Funktion des Preises $E = E(p)$ geschrieben werden kann, muß die Beziehung zwischen x und p, die Preis-Absatz-Funktion oder Nachfragefunktion, gegeben sein. Ist sie in der Form $x = x(p)$ gegeben, so wird nach Einsetzen $E = x(p) \cdot p = E(p)$ eine Funktion des Preises. Die entsprechende Grenfunktion $E'(p)$ heißt der

Grenzerlös (auch Grenzumsatz) *bezüglich des Preises.* Liegt die Preis-Absatz-Funktion in der Form $p = p(x)$ vor, so wird nach Einsetzen $E = p(x) \cdot x = E(x)$ eine Funktion der Menge. Die Grenzfunktion $E'(x)$ heißt der *Grenzerlös* (oder Grenzumsatz) *bezüglich der Menge.*

Beispiel:

Die Preis-Absatz-Funktion eines monopolistischen Anbieters habe die Form $x(p) = 420 - 2, 1p$. Man bestimme:

a) den Grenzerlös bezüglich des Preises;   b) den Grenzerlös bezüglich der Menge.

c) Wie verändert sich der Erlös, wenn bei einem Preis von 94 GE/ME der Preis um eine GE/ME angehoben wird?

d) Wie verändert sich der Erlös, wenn bei einem Absatz von 220 ME der Absatz um eine ME zunimmt?

Lösungen:

a) $E(p) = p \cdot x(p) = p(420 - 2, 1p) = -2, 1p^2 + 420p$. $E'(p) = -4, 2p + 420$.

b) Um den Erlös als Funktion von x zu erhalten, müssen wir die Umkehrfunktion $p(x)$ von $x(p) = 420 - 2, 1p$ bestimmen: Aus $x = 420 - 2, 1p$ folgt $2, 1p = 420 - x$, $p = 200 - 0, 4762x$.

$E(x) = x(200 - 0, 4762x) = -0, 4762x^2 + 200x$. $E'(x) = -0, 9524x + 200$.

c) Es ist $E'(p)$ an $p = 94$ zu berechnen: $E'(94) = -4, 2 \cdot 94 + 420 = 25, 2 \dfrac{\text{GE}}{\text{GE/ME}}$.

Hebt man bei einem Preis von 94 GE/ME den Preis um eine GE/ME an, so steigt der Erlös um ca. 25,2 GE. In diesem Fall ist die Voraussetzung, daß eine Einheit gegenüber den betrachteten Mengen verschwindend klein ist, nicht gut erfüllt. Der exakte Wert von 23,1 GE weicht beträchtlich vom erhaltenen Resultat ab.

d) Es ist $E'(220)$ zu berechnen: $E'(220) = -0, 9524 \cdot 220 + 200 \approx -9, 5$ GE/ME.

Setzt man bei einem Umsatz von 220 ME eine zusätzliche Einheit um, so vermindert sich der Erlös um 9,5 GE. (Der exakte Wert ist $-10, 004$).

(4) *Grenzgewinn*

Die erste Ableitung $G'(x)$ der Gewinnfunktion $G(x)$ (vgl. (4.27)) heißt der *Grenzgewinn.* Wegen $G(x) = E(x) - K(x)$ ist $G'(x) = E'(x) - K'(x)$, d.h. der Grenzgewinn ist die Differenz von Grenzerlös und Grenzkosten. Man kann Erlös und Kosten auch als Funktion des Preises p angeben; dann ist $G = G(p)$ und $G'(p)$ heißt *Grenzgewinn bezüglich des Preises.* Präzise müßte man dann obiges $G'(x)$ als *Grenzgewinn bezüglich der Menge* bezeichnen. Schließlich kann man auch für den Erlös oder Umsatz E einen Produktlebenszyklus $U(t)$ einsetzen (4.4.3. (1)); weiß man dann noch die Kosten in Abhängigkeit von t, so ist $G = G(t) = U(t) - K(t)$ und $G'(t)$ heißt dann *Grenzgewinn bezüglich der Zeit.* Ganz Analog zur Bildung der Grenzfunktion bei den bereits besprochenen Beispielen kann man aus den Funktionen $g(x)$ (s. (4.28)) den *Grenzstückgewinn*

$g'(x)$, aus $D(x)$ (4.30) den *Grenzdeckungsbeitrag* $D'(x)$ und aus $d(x)$ (4.31) den *Grenzstückdeckungsbeitrag* $d'(x)$ ermitteln.

Beispiel:

Ein monopolistischer Anbieter produziere mit der Kostenfunktion $K(x) = 0,001\,275x^2 + 0,255x + 150$. Die Preis-Absatz-Funktion lautet $p(x) = 3,2 - 0,0064x$.

Man bestimme: a) den Grenzgewinn;   b) den Grenzstückgewinn   c) den Grenzdeckungsbeitrag;   d) den Grenzstückdeckungsbeitrag   e) den Grenzgewinn bezüglich des Preises.

f) Wie ändert sich der Deckungsbeitrag, wenn die abgesetzte Menge bei einem Absatz von 300 ME um eine Einheit erhöht wird?

g) Wie ändert sich der Stückgewinn, wenn bei einem Absatz von 150 ME die abgesetzte Menge um eine Einheit zunimmt?

h) Für welchen Absatz ist der Gewinn maximal?

Lösungen:

a) Es ist $E(x) = x \cdot p(x) = -0,0064x^2 + 3,2x$ und $G(x) = E(x) - K(x) = -0,007\,675x^2 + 2,945x - 150$.

Grenzgewinn: $G'(x) = -0,015\,35x + 2,945$.

b) $g(x) = \dfrac{G(x)}{x} = -0,007\,675x + 2,945 - \dfrac{150}{x}$.

Grenzstückgewinn: $g'(x) = -0,007\,675 + \dfrac{150}{x^2}$.

c) $D(x) = E(x) - K_v(x) = -0,007\,675x^2 + 2,945x$.

Grenzdeckungsbeitrag: $D'(x) = -0,015\,35x + 2,945$.

Die Übereinstimmung von Grenzgewinn und Grenzdeckungsbeitrag ist kein Zufall. Sie stimmen stets überein (warum?).

d) $d(x) = \dfrac{D(x)}{x} = -0,007\,675x + 2,945$.

Grenzstückdeckungsbeitrag: $d'(x) = -0,007\,675$.

e) Es ist $p = 3,2 - 0,0064x$, also $0,0064x = 3,2 - p$, $x = 500 - 156,25p$.

$E(p) = -156,25p^2 + 500p$, $K(p) = 0,001\,275(500 - 156,25p)^2 + 0,255(500 - 156,25p) + 150 = 31,12793p^2 - 239,0625p + 596,25$. $G(p) = -187,37793p^2 + 739,0625p - 596,25$.

Der Grenzgewinn bezüglich des Preises: $G'(p) = -374,755\,86p + 739,0625$.

f) Es ist $D'(300)$ zu berechnen: $D'(300) = -0,015\,35 \cdot 300 + 2,945 = -1,66$ GE/ME.

g) Es ist $g'(150)$ zu berechnen: $g'(150) = -0,007\,675 + \dfrac{150}{150^2} \approx -0,001 \dfrac{\text{GE/ME}}{\text{ME}}$.

Der Stückgewinn sinkt um $0,001$ GE/ME, wenn bei einem Absatz von 150 ME der Absatz um eine Einheit erhöht wird. (Der exakte Wert ist $-0,001\,05$).

h) $G'(x) = 0$: $-0,015\,35x + 2,945 = 0$, $x_0 = 191,86$ ME. $G''(x_0) = -0,015\,35 < 0$, also liegt ein Maximum vor. Das Maximum des Gewinns liegt bei einem Absatz von $191,86$ ME. Der Maximalgewinn beträgt $G(191,86) = 132,51$ GE.

(5) *Grenzproduktivität*

Eine Funktion $x(r)$, welche die Beziehung zwischen der produzierten Menge (Output) x und der eingesetzten Menge r eines Produktionsfaktors zum Ausdruck bringt, heißt eine Produktionsfunktion. Ihre Grenzfunktion $x'(r)$ heißt *Grenzproduktivität* oder *Grenzertrag*.

Beispiel:

> Im Intervall $0 \leq r \leq 260$ ($r = 260$ ist die Kapazitätsgrenze für den Produktionsfaktor r) sei die Produktionsfunktion $x(r) = -0,01r^3 + 7,9r^2 + 80r$ gegeben. Man berechne und interpretiere die Grenzproduktivität für die Einsatzmenge $r = 100$ ME.
>
> $x'(r) = -0,03r^2 + 15,8r + 80$. $x'(100) = 1360 \dfrac{\text{ME von } x}{\text{ME von } r}$.   Erhöht man bei einer Einsatzmenge von $r = 100$ ME diese um eine Mengeneinheit, so wächst der Output um 1360 Mengeneinheiten. (Der exakte Wert ist 1364,89 ME.)

(6) *Grenzrate der Substitution*

Sei jetzt $x(r_1, r_2)$ eine Produktionsfunktion, die von zwei Produktionsfaktoren abhängt. Halten wir $x = x_0$ fest, so ist $x_0 = x(r_1, r_2)$ die Gleichung der Isoquante zum Output x_0; alle Faktorkombinationen (r_1, r_2), die auf dieser Kurve liegen, liefern denselben Output x_0 (vgl. den Abschnitt „Isohöhenlinien" in 4.5.2). Löst man diese Gleichung $x_0 = x(r_1, r_2)$ nach r_2 auf, so erhält man die Gleichung der Isoquante in der Form $r_2 = f(r_1)$. Die erste Ableitung $\dfrac{dr_2}{dr_1} = f'(r_1)$ heißt die *Grenzrate der Substitution*. Die Grenzrate der Substitution an einer Stelle r_1 gibt an, um wieviel Einheiten man den Input r_2 ändern muß, um bei Steigerung des Inputs des ersten Faktor von r_1 aus um eine Einheit unverändert den Output x_0 zu erhalten.

Beispiel:

> Wir hatten in 4.5.2 die Produktionsfunktion $x(r_1, r_2) = 2,5 r_1^{0,3} r_2^{0,7}$ betrachtet und zum Output $x_0 = 5$ bereits die Isoquantengleichung $r_2 = f(r_1) = \dfrac{2\sqrt[7]{2^3}}{\sqrt[7]{r_1^3}} = 2\sqrt[7]{2^3}\, r_1^{-\frac{3}{7}}$ hergeleitet.
>
> Wie hoch ist die Grenzrate der Substitution bei $r_1 = 6$ Einheiten?
>
> $r_2' = f'(r_1) = 2\sqrt[7]{2^3}\left(-\dfrac{3}{7}\right)r_1^{-\frac{3}{7}-1} = -1,153\,6787 r_1^{-\frac{10}{7}}$. $f'(6) \approx -0,09 \dfrac{\text{ME (von} r_2)}{\text{ME (von} r_1)}$.
>
> Steigt also bei einem Einsatz von 6 ME des ersten Produktionsfaktors dieser um eine Mengeneinheit, so muß, um nach wie vor einen Output von $x = 5$ Mengeneinheiten zu erhalten, der Einsatz des zweiten Produktionsfaktors um 0,09 ME verringert werden. (Der exakte Wert ist -0,08.)

Anmerkung:

Die beiden zum selben Output x_0 gehörigen Grenzraten der Substitution $\dfrac{dr_2}{dr_1}$ und $\dfrac{dr_1}{dr_2}$
sind Kehrwerte voneinander: $\dfrac{dr_2}{dr_1} \cdot \dfrac{dr_1}{dr_2} = 1$.

(7) *Marginale Konsumquote*

Der Zusammenhang zwischen dem Gesamteinkommen X und dem Konsum C einer Bevölkerung in einer gegebenen Zeitperiode wird duch eine (makroökonomische) Konsumfunktion $C = C(X)$ beschrieben. Die Grenzfunktion $C'(X)$ heißt die *marginale Konsumquote*. Sie wird auch als *Grenzneigung zum Konsum* oder *Grenzhang zum Konsum* bezeichnet. Sie gibt an, um wieviel Einheiten der Konsum steigt, wenn das Gesamteinkommen, von X ausgehend, um eine Einheit steigt. Die Größe $1 - C'(X)$ heißt *marginale Sparquote* oder *Grenzneigung* bzw. *Grenzhang zum Sparen*.

Auch für kleinere wirtschaftliche Einheiten, z.B. Haushalte, wird der Zusammenhang zwischen Einkommen X und Konsum C durch eine (mikroökonomische) Konsumfunktion beschrieben. Auch hier heißt $C'(X)$ marginale Konsumquote, $1 - C'(X)$ marginale Sparquote. Während für makroökonomische Konsumfunktionen lineare Funktionen meist ein brauchbares Modell liefern, wählt man für mikroökonomische Konsumfunktionen in der Regel einen gebrochenrationalen Ansatz.

Beispiel:

Die monatliche Konsumfunktion eines ländlichen 4-Personenhaushalts sei $C(X) = 8400\dfrac{X + 700}{X + 7500}$.

Man ermittle bei einem Einkommen von $X = 3800$ DM/Monat die marginale Sparquote.

$$C'(X) = 8400\frac{1 \cdot (X + 7500) - (X + 700) \cdot 1}{(X + 7500)^2} = \frac{57\,120\,000}{(X + 7500)^2}.$$

$$C'(3800) = 0,45\,\frac{\text{DM/Monat}}{\text{DM/Monat}}.$$

Die marginale Sparquote beträgt $1 - 0,45 = 0,55\,\dfrac{\text{DM/Monat}}{\text{DM/Monat}}$.

Ein Haushalt der betrachteten Art konsumiert bei 3800 DM/Monat Einkommen von jeder weiteren pro Monat verdienten Mark 45 Pfennige; er spart 55 Pfennige.

Durchschnittsfunktionen

Außer der Grenzfunktion $f'(x)$ einer ökonomischen Funktion $f(x)$ spielt auch die *Durchschnittsfunktion* $\bar{f}(x) = \dfrac{f(x)}{x}$ eine wichtige Rolle. Der Wert der Durchschnittsfunktion $\bar{f}(x)$ gibt den durchschnittlichen Wert der Größe $f(x)$ pro Einheit der unabhängigen Variablen an, wobei sich der Durchschnitt auf sämtliche Einheiten der unabhängigen Variable bezieht. Der Wert der Durchschnittsfunktion ist also oft als *stückbezogene Größe* zu interpretieren. Z.B. ist die Durchschnittsfunktion einer Kostenfunktion die zugehörige Stückkostenfunktion; die Durchschnittsfunktion einer Gewinnfunktion ist die zugehörige Stückgewinnfunktion.

Der Wert $\bar{f}(x_0)$ der Durchschnittsfunktion an einer Stelle x_0 läßt sich folgendermaßen geometrisch interpretieren: Zu x_0 gehört der Punkt $P(x_0, f(x_0))$ auf dem Graphen von $f(x)$. Die Verbindungsgerade des Koordinatenursprungs $O(0,0)$ zum Punkt P nennt man den *Fahrstrahl* an die Funktion $f(x)$ im Punkt P (bzw. an der Stelle x_0). Abb. 5.32 zeigt, daß *der Wert $\bar{f}(x_0)$ der Durchschnittsfunktion an der Stelle x_0 gerade gleich der Steigung des Fahrstrahls an $f(x)$ im Punkt $P(x_0, f(x_0))$ ist*, denn diese Steigung ist ja (nach der Definition der Steigung einer Geraden, s. 4.2.1, Abb. 4.19) gerade $\dfrac{y_0 - 0}{x_0 - 0} = \dfrac{f(x_0)}{x_0} = \bar{f}(x_0)$.

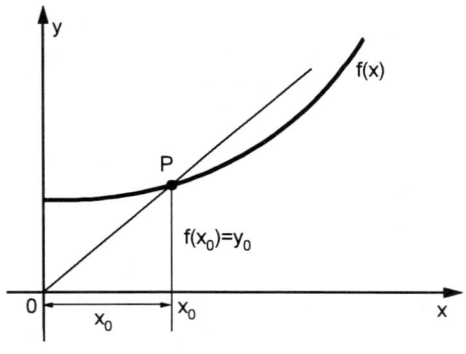

Abb. 5.32

Wir erinnern nochmals – um den Unterschied zwischen Grenzfunktion und Durchschnittsfunktion deutlich zu machen – an die geometrische Bedeutung der Grenzfunktion $f'(x)$: $f'(x_0)$ gibt die Steigung der Tangente in $P(x_0, f(x_0))$ an. Diese ist von der Steigung des Fahrstrahls im allgemeinen verschieden.

Beispiel:

Für die Produktionsfunktion $x(r) = -0,001r^3 + 7,9r^2 + 80r$ bestimme und interpretiere man den Wert der Durchschnittsfunktion für $r = 100$ ME.

Es ist $\bar{x}(r) = \dfrac{x(r)}{r} = -0,01r^2 + 7,9r + 80.$ $\bar{x}(100) = 770 \ \dfrac{\text{ME (von } x)}{\text{ME (von } r)}.$

Bei einem Einsatz von insgesamt 100 ME des Produktionsfaktors r entfallen im Durchschnitt auf eine Einheit eingesetzen Produktionsfaktor r 770 Einheiten des Produkts x.

5.4.2   Analyse und Optimierung ökonomischer Funktionen

Aus der Fülle der Anwendungen der Differentialrechnung auf das Studium ökonomischer Gesetzmäßigkeiten wollen wir hier zwei herausgreifen, die Analyse ertragsgesetzlicher Kostenfunktionen und die Gewinnmaximierung. Bevor wir damit beginnen, soll noch ein allgemeingültiger Zusammenhang zwischen Durchschnittsfunktion und Grenzfunktion hergeleitet werden.

Hat die Durchschnittsfunktion $\bar{f}(x)$ an x_0 einen Extremwert, so stimmt sie dort mit der Grenzfunktion $f'(x)$ überein: $\bar{f}(x_0) = f'(x_0)$. Mit anderen Worten: An einer Extremstelle der Durchschnittsfunktion $\bar{f}(x)$ schneiden sich die Kurven $y = f'(x)$ und $y = \bar{f}(x)$.

Zur Begründung bedenken wir, daß notwendig für ein Extremum von $\bar{f}(x)$ an $x = x_0$ die Bedingung $\bar{f}'(x_0) = 0$ ist. Es ist $\bar{f}(x) = \dfrac{f(x)}{x}$ und somit nach der Quotientenregel $\bar{f}'(x) = \dfrac{f'(x)x - f(x) \cdot 1}{x^2}$. $\bar{f}'(x_0) = 0$ bedeutet, daß der Zähler an x_0 gleich Null ist, also $f'(x_0)x_0 - f(x_0) = 0$. Daraus folgt $f'(x_0) = \dfrac{f(x_0)}{x_0} = \bar{f}(x_0)$ wie behauptet.

(1) *Analyse ertragsgesetzlicher Kostenfunktionen*

Ertragsgesetzliche Kostenfunktionen (vgl. 4.4.1, (2)) haben einen Verlauf, wie er im oberen Teil der Abb. 5.33 skizziert ist. Drei Punkte (bzw. ihre Outputwerte) sind an solchen Funktionen von besonderem Interesse:

a) *die Schwelle des Ertragsgesetzes* x_s: Das ist die Stelle des Wendepunktes von $K(x)$ bzw. die Stelle des Minimums der Grenzkosten $K'(x)$.

b) *das Betriebsminimum* B_m: Es ist definiert als das Minimum der variablen Stückkosten $k_v(x)$. Wird dieses Minimum an $x = x_m$ angenommen, so heißt x_m

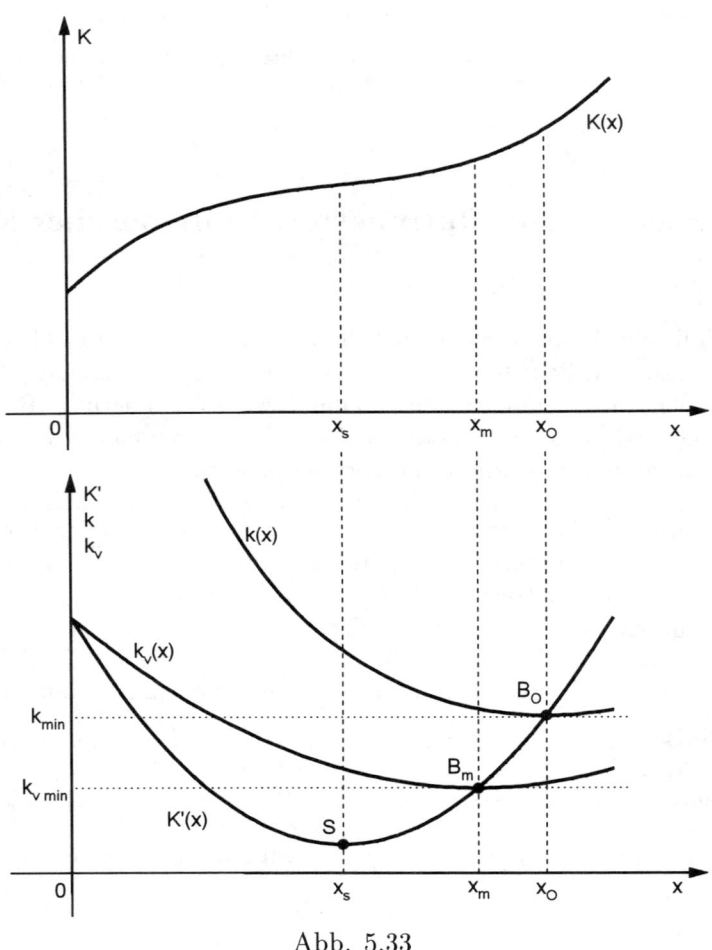

Abb. 5.33

die Stelle des Betriebsminimums. Der zugehörige minimale Wert der Funktion $k_v(x)$, d.h. $k_v(x_m)$, wird mit $k_{v\text{min}}$ bezeichnet und heißt die *kurzfristige Preisuntergrenze*. Realisiert das Unternehmen diesen Preis, so kann es bei Produktion von x_m Einheiten gerade noch die variablen Stückkosten decken. Da die fixen Kosten kurzfristig unverändert anfallen, auch wenn die Produktion stockt, so ist es sinnvoll, kurzfristig weiter zu produzieren, auch wenn man nur den Preis $k_{v\text{min}}$ erzielt. Sinkt der Preis unter $k_{v\text{min}}$, d.h. unter die kurzfristige Preisuntergrenze, so ist Stillegung wirtschaftlicher als Weiterproduktion, da man nicht einmal mehr die variablen Stückkosten decken kann.

Da $k_v(x)$ die Durchschnittsfunktion von $K_v(x)$ ist, folgt aus der eingangs herge-
leiteten Beziehung, daß sich $k_v(x)$ und $K'_v(x)$ im Punkt $B_m(x_m, k_{v\min})$ schneiden. Wegen $K'_v(x) = K'(x)$ (denn $K_v(x)$ und $K(x)$ unterscheiden sich nur
um die Konstante K_f, die beim Differenzieren wegfällt) schneiden sich also
die Grenzkostenfunktion und variable Stückkostenfunktion im Punkte B_m des
Betriebsminimums (Abb. 5.33). Diese Gesetzmäßigkeit können wir auch so
ausdrücken:

> An der Stelle x_m des Betriebsminimums sind die Grenzkosten gleich den va-
> riablen Stückkosten: $K'(x_m) = k_v(x_m) = k_{v\min}$.

c) *das Betriebsoptimum* B_0: Es ist definiert als das Minimum der Stückkosten
$k(x)$. Wird dieses Minimum an $x = x_0$ angenommen, so heißt x_0 die Stelle
des Betriebsoptimums. Der zum Output x_0 gehörige minimale Wert der Stückkosten wird mit $k_{\min}$ bezeichnet und heißt die *langfristige Preisuntergrenze*.
Realisiert ein Unternehmen diesen Preis, so kann es gerade noch die Stückkosten vollständig decken, wenn es den optimalen Output x_0 produziert. Sinkt
der Preis am Markt auf lange Sicht unter $k_{\min}$, so kann das Unternehmen bei
keinem Output die Stückkosten decken.

Da $k(x)$ die Durchschnittsfunktion von $K(x)$ ist, so gilt $k(x_0) = K'(x_0)$: Grenzkostenfunktion und Stückkostenfunktion schneiden sich im Betriebsoptimum
$B_0(x_0, k_{\min})$. Man kann diese Gesetzmäßigkeit auch so formulieren:

> An der Stelle x_0 des Betriebsoptimums sind die Grenzkosten gleich den Stück-
> kosten.

Abb. 5.33 zeigt die besprochenen Zusammenhänge.

Beispiel:

> $K(x) = x^3 - 12x^2 + 54x + 248$. Für diese Kostenfunktion bestimme man: a) die
> Schwelle des Ertragsgesetzes; b) die Stelle des Betriebsminimums und die kurzfristige
> Preisuntergrenze; c) die Stelle des Betriebsoptimums und die langfristige Preisunter-
> grenze.
> a) $K'(x) = 3x^2 - 24x + 54$; $K''(x) = 6x - 24$; $K'''(x) = 6$.
> $K''(x) = 0$: $6x - 24 = 0$. $x_s = 4$ ME. $K'''(4) = 6 > 0$, also hat $K'(x)$ an x_s
> tatsächlich ein Minimum.
> b) $k_v(x) = x^2 - 12x + 54$; $k'_v(x) = 2x - 12$; $k''_v(x) = 2$.
> $k'_v(x) = 0$: $2x - 12 = 0$. $x_m = 6$ ME. $k''_v(x) = 2 > 0$, also liegt ein Minimum vor.
> Das Betriebsmimimum liegt bei einem Output von $x_m = 6$ ME.
> $k_{v\min} = k_v(6) = 18$ GE/ME. Die kurzfristige Preisuntergrenze liegt bei 18 GE/ME.
> Der Punkt des Betriebsminimums ist $B_m(6, 18)$; in diesem Punkt schneiden sich die
> Kurven $K'(x)$ und $k_v(x)$.

c) $k(x) = x^2 - 12x + 54 + \dfrac{248}{x}$; $k'(x) = 2x - 12 - \dfrac{248}{x^2}$; $k''(x) = 2 + \dfrac{496}{x^3}$.

$k'(x) = 0$: $2x - 12 - \dfrac{248}{x^2} = 0$.   Multiplizieren wir diese Gleichung mit x^2, so erhalten wir die Gleichung 3. Grades $2x^3 - 12x^2 - 248 = 0$. Diese Gleichung kann man durch ein Näherungsverfahren lösen; es ergibt sich als Lösung $x_0 \approx 7,958$ ME. $k''(7,958) \approx 2,98 > 0$, also liegt ein Minimum vor.

Das Betriebsoptimum liegt bei einem Output von $x_0 = 7,958$ ME. $k_{\min} = k(7,958) \approx 53$ GE/ME. Der Punkt des Betriebsoptimums ist $B_0(7,958,53)$; in diesem Punkt schneiden sich die Kurven $K'(x)$ und $k(x)$. Abb. 5.34 zeigt in einem Koordinatensystem die Kurven $K'(x)$, $k_v(x)$ und $k(x)$ und veranschaulicht die ermittelten Größen.

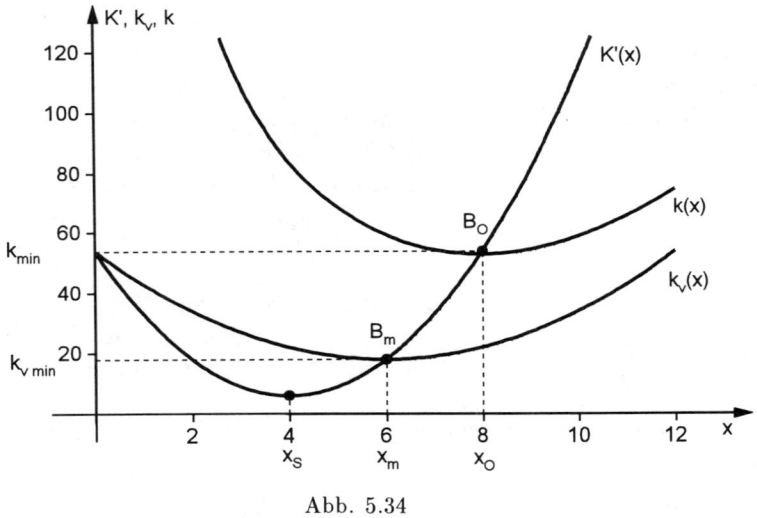

Abb. 5.34

(2) *Gewinnmaximierung*

Wir wollen zwei verschiedene Marktsituationen studieren:

I) *Polypolistischer Anbieter:* Das Produkt des Anbieters wird auch von zahlreichen Konkurrenten angeboten. Das hat zur Folge, daß für den einzelnen Anbieter der Marktpreis nicht von der von ihm angebotenen Menge x abhängt, sondern aus seiner Sicht zu einem gegebenen Zeitpunkt eine Konstante p ist (im zeitlichen Verlauf kann der Marktpreis natürlich variieren). Die Erlösfunktion $E(x)$ ist in diesem Falle linear: $E(x) = px$.

II) *Monopolistischer Anbieter:* Der Anbieter hat das Monopol auf sein Produkt. Er sieht sich dann einer Preis-Absatz-Funktion $p = p(x)$ gegenüber, die monoton fallend ist: Je mehr er anbietet, d.h. je größer x ist, desto geringer ist der zu erzielende Preis. Die Erlösfunktion ist dann nichtlinear: $E(x) = p(x) \cdot x$.

Diese beiden Fälle sind gewissermaßen Extreme; reale Situationen nähern sich diesen Idealfällen nur mehr oder weniger an.

Für die Kostenfunktion wählen wir zwei Modelle:

a) lineare Gesamtkosten
b) ertragsgesetzliche Gesamtkosten

Ia) *Polypolistischer Anbieter, lineare Gesamtkosten:*

Die Kostenfunktion sei $K(x) = 4x + 360$. Der Marktpreis betrage $p = 18$ GE/ME. Die Kapazitätsgrenze des Anbieters liege bei $x_{\max} = 90$ ME. Es ist $E(x) = 18x$ und $G(x) = E(x) - K(x) = 18x - (4x + 360) = 14x - 360$. $G(x)$ ist eine lineare Funktion, hat also kein relatives Maximum. Da sie monoton wachsend ist, liegt das Maximum am rechten Rand des Intervalls, d.h. an der Kapazitätsgrenze. Der Maximalgewinn ist $G_{\max} = G(x_{\max}) = G(90) = 900$ GE.

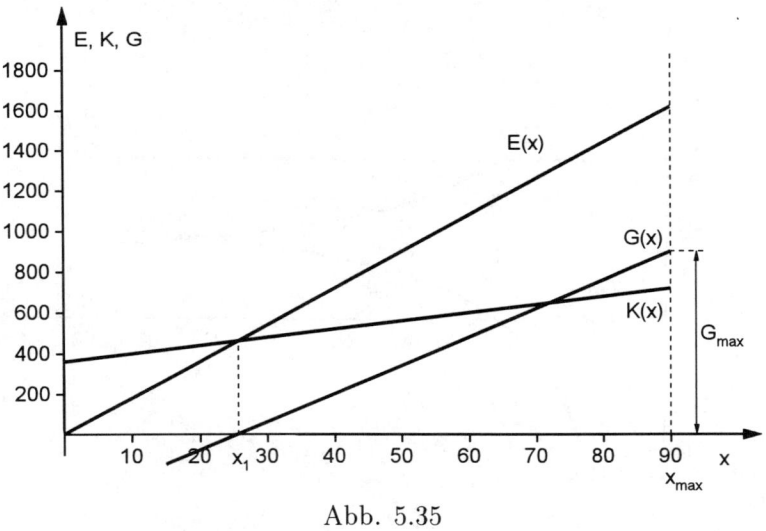

Abb. 5.35

Die Gewinnschwelle, d.h. derjenige Outputwert, ab dem der Gewinn positiv ist, d.h. ab dem überhauptGewinn erzielt wird, ist die Nullstelle von $G(x)$ (oder anders ausgedrückt, die Stelle, an der sich Erlösgerade und Kostengerade schneiden): $G(x) = 0$: $14x - 360 = 0$; $x_1 = 25,7143$ ME. Die Bedingung dafür, daß überhaupt Gewinn erzielt werden kann, ist im Fall Ia), daß die

Gewinnschwelle x_1 im Intervall $[0, x_{max}]$ liegt. Wenn der Preis p zu gering ausfällt, tritt das nicht ein. Wäre im Beispiel der Preis bei unveränderten Kosten $p = 5$ GE/ME, so wäre $G(x) = x - 360$ und $x_1 = 360$ läge jenseits der Kapazitätsgrenze. Abb. 5.35 zeigt die Funktionen $K(x), E(x)$ und $G(x)$ unseres Beispiels in einem Koordinatensystem.

Betrachten wir noch den Stückgewinn im Fall Ia). Wegen $E(x) = px$ und $G(x) = E(x) - K(x)$ ist $g(x) = p - k(x)$: Der Stückgewinn ist bei konstantem Marktpreis die Differenz zwischen diesem Marktpreis und den Stückkosten. Für $x > x_1$ ist $k(x) < p$, d.h. der Stückgewinn positiv. Im Beispiel ist $g(x) = 18 - (4 + \dfrac{360}{x}) = 14 - \dfrac{360}{x}$ und $g'(x) = \dfrac{360}{x^2}$. $g'(x)$ hat keine Nullstelle. Also gibt es keine relativen Extrema und das Maximum von $g(x)$ wird am Rand angenommen. Das Maximum des Stückgewinns liegt also ebenfalls an der Kapazitätsgrenze. Dort sind die Stückkosten minimal. Abb. 5.36 zeigt $k(x)$, die Gerade $y = p$ und $g(x)$ in einem Koordinatensystem.

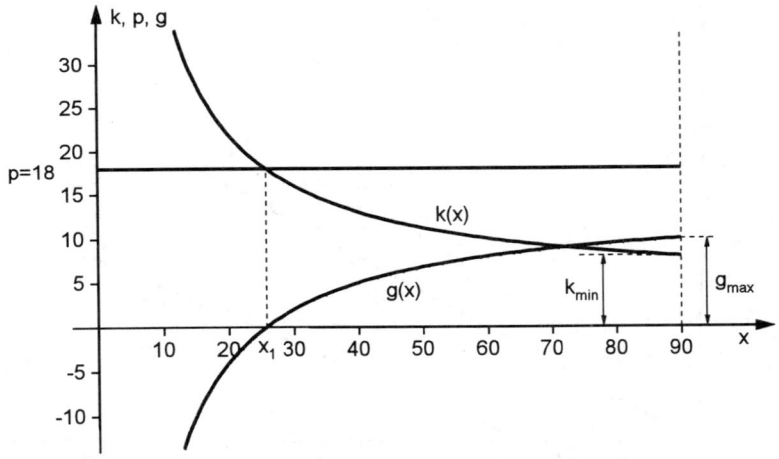

Abb. 5.36

Ein polypolistischer Anbieter mit linearem Kostenverlauf wird also stets an der Kapazitätsgrenze anbieten, vorausgesetzt, der Marktpreis ist groß genug, d.h. die Gewinnschwelle liegt unterhalb seiner Kapazitätsgrenze.

Ib) *Polypolistischer Anbieter, ertragsgesetzliche Gesamtkosten:*

Die Begriffe Gewinnzone, Gewinnschwelle und deren Ermittlung haben wir für diesen Fall bereits in 4.4.2. Abschnitt (3) (Abb. 4.102) besprochen. Für den Gewinn gilt im Fall Ib): $G(x) = p(x) - K(x)$, wo p bezüglich x konstant ist. Daraus folgt: $G'(x) = p - K'(x)$, $G''(x) = -K''(x)$. Die Bedingungen für ein Maximum des Gewinns sind also $G'(x) = 0$, d.h. $p = K'(x)$ und $G''(x) < 0$, d.h. $-K''(x) < 0$, bzw. $K''(x) > 0$. Sei x_G die Stelle des Gewinnmaximums, so gilt demnach: $p = K'(x_G)$ und $K''(x_G) > 0$. Das letztere bedeutet, daß x_G im konvexen Bereich der Kostenfunktion liegen muß. Diese Erkenntnisse können wir so zusammenfassen:

> Das Gewinnmaximum erzielt ein polypolistischer Anbieter mit derjenigen Angebotsmenge x_G, für die die Grenzkosten $K'(x_G)$ gleich dem Marktpreis p sind. Dabei kann ein solches Maximum nur existieren, wenn diese Angebotsmenge im konvexen Bereich der Kostenfunktion liegt.

Hieraus ergibt sich unmittelbar die *Angebotsfunktion* $x(p)$ eines solchen Anbieters: Zu vorgegebenem Marktpreis p wird er diejenige Menge x anbieten, die der Gleichung $p = K'(x)$ entspricht. Löst man diese Gleichung nach x auf, erhält man die Angebotsfunktion $x = x(p)$, die zu jedem p die anzubietende Menge x unter der Bedingung maximalen Gewinns angibt. p darf dabei nicht unter die langfristige Preisuntergrenze k_{min} sinken, d.h. $x(p)$ ist langfristig nur für $p \geq k_{min}$ definiert. Kurzfristig könnte man $x(p)$ auch für $p \leq k_{min}$ benutzen.

Wir können natürlich auch mit der Umkehrfunktion von $x(p)$ arbeiten, d.h. mit $p = K'(x)$ selbst. Dem Wert $p = k_{min}$ entspricht x_0, die Stelle des Betriebsoptimums, größeren p entsprechen x-Werte rechts von x_0, und wir können so formulieren:

> Die Grenzkosten, von der Stelle des Betriebsoptimums an, stellen die Angebotsfunktion eines gewinnmaximierenden polypolistischen Anbieters dar.

Abb. 5.37 zeigt diese Auffassung der Angebotsfunktion (in der Zeichnung stark ausgezogen) und die graphische Bestimmung der anzubietenden Menge $x(p)$ zu vorgegebenem Marktpreis $p > k_{min}$.

Zur *Stückgewinnmaximierung* im Fall (Ib) ist folgendes zu bemerken: Wegen $G(x) = px - K(x)$ ist $g(x) = p - k(x)$ und damit: $g'(x) = -k'(x)$; $g''(x) = -k''(x)$. $g'(x) = 0$ bedeutet also $k'(x) = 0$ und $g''(x) < 0$ bedeutet $k''(x) > 0$. Das Maximum von $g(x)$ liegt gerade an der Stelle des Minimums von $k(x)$, d.h. an der Stelle x_0 des Betriebsoptimums.

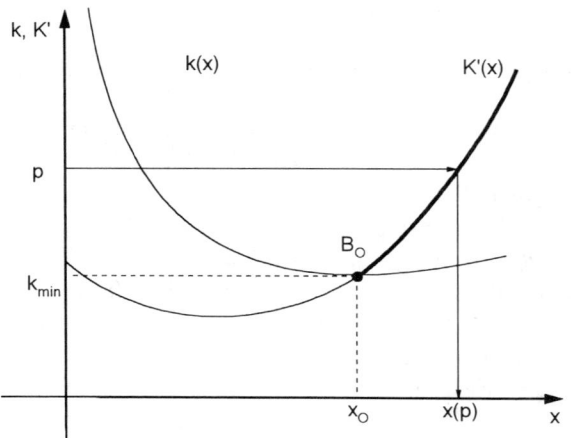

Abb. 5.37

Ein polypolistischer Anbieter maximiert seinen Stückgewinn für die betriebs-optimale Angebotsmenge x_0.

Beispiel:

Ein polypolistischer Anbieter habe die in (1) bereits analysierte Gesamtkostenfunktion $K(x) = x^3 - 12x^2 + 54x + 248$. Die Kapazitätsgrenze liege bei 14 ME. Der Marktpreis betrage $p = 62$ GE/ME.

a) Welches ist die bei diesem Preis gewinnmaximale Angebotsmenge?

b) Bei welcher Angebotsmenge ist der Stückgewinn maximal?

c) Wie lautet die gewinnmaximale Angebotsfunktion $x(p)$ und in welchem Bereich ist sie gültig?

Lösungen:

a) Wir müssen $p = K'(x)$ lösen, d.h. $3x^2 - 24x + 54 = 62$, bzw. $x^2 - 8x - \dfrac{8}{3} = 0$.

$x_{1,2} = 4 \pm \sqrt{16 + \dfrac{8}{3}} \approx 4 \pm 4,320$. Es kommt nur der positive Wert in Frage:

$x_G = 8,320$ ME. Bei einer Menge von 8,320 ME ist der Gewinn maximal. Es ist $G(x) = 62x - K(x) = -x^3 + 12x^2 + 8x - 248$. $G_{\max} = G(8,320) = 73,30$ GE.

b) Der Stückgewinn ist an $x = x_0$, d.h. an der Stelle des Betriebsoptimums, maximal. Es war $x_0 = 7,958$ ME und $k_{\min} \approx 53$ GE/ME, d.h. $g_{\max} = p - k_{\min} = 62 - 53 = 9$ GE/ME. An $x_0 = 7,958$ ME wird der maximale Stückgewinn von 9 GE/ME erzielt.

c) Die Gleichung $p = K'(x)$ liefert $3x^2 - 24x + 54 = p$, bzw. $x^2 - 8x + \left(18 - \dfrac{p}{3}\right) = 0$.

Die Auflösung nach x ergibt: $x_{1,2} = 4 \pm \sqrt{16 - 18 + \dfrac{p}{3}} = 4 \pm \sqrt{\dfrac{p}{3} - 2}$.

Es kommt nur das +-Zeichen in Frage, also $x(p) = 4 + \sqrt{\dfrac{p}{3} - 2}$.

Das gilt (langfristig gesehen) für $p \geq k_{\min}$, d.h für $p \geq 56$ GE/ME. Für die Kapazitätsgrenze $x = 14$ liefert $3x^2 - 24x + 54 = p$ den Preis 306 GE/ME. Also gibt $x(p)$ für $53 \leq p \leq 306$ die jeweils gewinnmaximale Angebotsmenge. Z.B. erhält man für einen Marktpreis von $p = 150$ GE/ME die gewinnmaximale Angebotsmenge

$$x_G = 4 + \sqrt{\frac{150}{3} - 2} \approx 10,928 \text{ ME.}$$

II) *Monopolistischer Anbieter. Der Cournot-Punkt:*

Die folgenden Überlegungen gelten unabhängig von der Form der Kostenfunktion $K(x)$. Wie bereits erwähnt, sieht sich der Monopolist einer Preis-Absatz-Funktion $p = p(x)$ gegenüber, die man auch als Nachfragefunktion auffassen kann: die Umkehrfunktion $x = x(p)$ gibt die Nachfrage des Marktes in Abhängigkeit von dem vom Monopolisten festgesetzten Preis p.

Es ist $G(x) = E(x) - K(x)$ und $G'(x) = E'(x) - K'(x)$. $G'(x) = 0$ bedeutet $E'(x) = K'(x)$. Die Lösung x_G dieser Gleichung ist Stelle des Gewinnmaximums falls noch $G''(x_G) < 0$ erfüllt ist.

> An der Stelle x_G des Gewinnmaximums stimmen Grenzerlös und Grenzkosten überein.

Man kann das auch so ausdrücken: Die Stelle x_G des Gewinnmaximums ist die Abszisse des Schnittpunktes von Grenzerlös- und Grenzkostenkurve. Der Punkt C auf dem Graphen der Preis-Absatz-Funktion, dessen Abszisse x_G ist, d.h. der Punkt $C(x_G, p(x_G))$ heißt der *Cournot-Punkt.* $p(x_G)$ heißt der *Cournot-Preis,* x_G die *Cournot-Menge.*

> Setzt der Monopolist seinen Preis auf den Cournot-Preis fest, so erzielt er einen maximalen Gewinn. Die dabei nachgefragte und abgesetzte Menge ist die Cournot-Menge.

Man kann x_G rechnerisch leicht aus den Regeln der Differentialrechnung ermitteln. Den Maximalgewinn erhält man dann aus der Gewinnfunktion $G(x)$: $G_{\max} = G(x_G)$. Man kann den Maximalgewinn aber auch folgendermaßen ermitteln: Zu x_G gehört der Stückgewinn $g(x_G) = p(x_G) - k(x_G) =$(Cournot-Preis)−(Stückkosten an der Cournot-Menge). Multipliziert man dies mit der Cournot Menge x_G, so erhält man $G(x_G) = G_{\max}$, denn es ist ja $g(x) \cdot x = G(x)$. es gilt also $G_{\max} = (p(x_G) - k(x_G))x_G$; geometrisch kann man das als eine Rechtecksfläche interpretieren (s. Abb. 5.38, 5.39) und so den Maximalgewinn aus den Kurven $p(x)$ und $k(x)$ graphisch bestimmen. Abb. 5.38 zeigt die diskutierten Verhältnisse im Falle linearer Kosten (Beispiel 1) und Abb. 5.39 im Falle ertragsgesetzlicher Kosten (Beispiel 2).

Beispiele:

1)   Monopolistischer Anbieter, lineare Kosten:
Die Preis-Absatz-Funktion sei $p = p(x) = 15, 2 - 0, 8x$ und die Kostenfunktion $K(x) = 4x + 20$. Man ermittle den Cournot-Punkt und den Maximalgewinn.
Es ist $E(x) = xp(x) = -0, 8x^2 + 15, 2x$. $E'(x) = -1, 6x + 15, 2$, $K'(x) = 4$.
$E'(x) = K'(x)$ liefert $-1, 6x + 15, 2 = 4$, die Lösung ist $x_G = 7$ ME.
$G(x) = E(x) - K(x) = -0, 8x^2 + 11, 2x - 20$. $G'(x) = -1, 6x + 11, 2$; $G''(x) = -1, 6 < 0$,
also liegt bei $x_G = 7$ ein Maximum vor ($x_G = 7$ hätte natürlich auch aus $G'(x) = 0$ ermittelt werden können).
$p(x_G) = 15, 2 - 0, 8 \cdot 7 = 9, 6$ GE/ME. Der Cournot-Punkt ist $C(7; 9, 6)$.
$G_{\max} = G(7) = 19, 2$ GE.
2. Weg zur Bestimmung von $G_{\max}$:
$k(x) = 4 + \dfrac{20}{x}$, $k(x_G) = k(7) = 4 + \dfrac{20}{7} = 6, 8571429$.
$G_{\max} = (9, 6 - 6, 8571429) \cdot 7 = 19, 2$ GE.

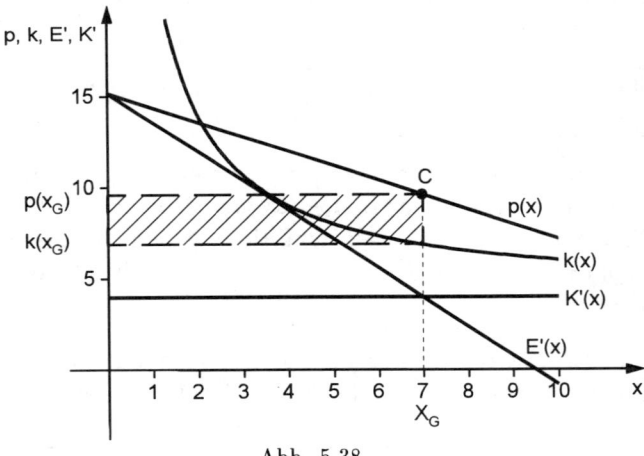

Abb. 5.38

2)   Monopolistischer Anbieter, ertragsgesetzliche Kosten:
Ein Monopolist habe die Preis-Absatz-Funktion $p(x) = 100 - 1, 5x$ und die Kosten-funktion $K(x) = x^3 - 12x^2 + 54x + 248$. Man löse dieselben Aufgaben wie im Beispiel 1).
Es ist $E(x) = xp(x) = -1, 5x^2 + 100x$. Die Bedingung für das Gewinnmaximum ist $E'(x) = K'(x)$: $-3x + 100 = 3x^2 - 24x + 54$. Das ergibt die Gleichung $x^2 - 7x - 15\frac{1}{3} = 0$.
$x_{1,2} = \dfrac{7}{2} \pm \sqrt{27, 58333} \approx 3, 5 \pm 5, 252$. Es kommt nur das positive Ergebnis in Frage, also $x_G \approx 8, 752$ ME. $p(x_G) \approx 86, 872$ GE/ME.
Beim Preis von 86,872 GE/ME realisiert der Monopolist sein Gewinnmaximum. Der Cournot-Punkt ist $C(8, 752; 86, 872)$. Wir berechnen auch hier $G_{\max}$ auf zwei ver-schiedenen Wegen:

Es ist $G(x) = -x^3 + 10,5x^2 + 46x - 248.$ ($G'(x) = -3x^2 + 21x + 46,$ $G'(x) = 0$ hätte auch x_G geliefert; $G''(x) = -6x + 21,$ $G''(8,752) = -31,512 < 0,$ also liegt ein Maximum vor).

$G_{\max} = G(x_G) \approx 288,48$ GE.

2. Weg: $k(x) = x^2 - 12x + 54 + \dfrac{248}{x};$ $k(x_G) \approx 53,91$ GE/ME.

$G_{\max} = (86,872 - 53,910) \cdot 8,752 \approx 288,48$ GE.

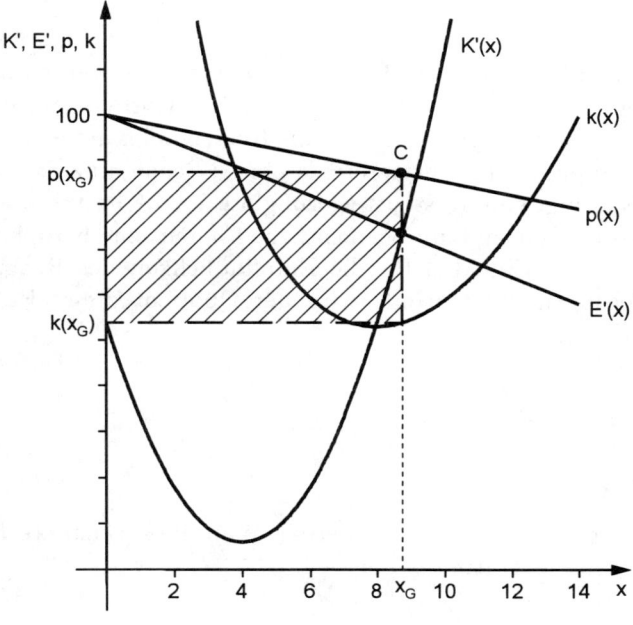

Abb. 5.39

5.4.3   Elastizität ökonomischer Funktionen

Die absolute Änderung einer Funktion $f(x)$ pro zusätzlicher Einheit x, wie sie uns die Grenzfunktion $f'(x)$ gibt, ist zur Charakterisierung des Änderungsverhaltens oft noch nicht aussagekräftig genug. Wir wollen uns das an folgendem Beispiel klarmachen: Zwei Unternehmen A und B erhöhen ihren Output um eine Einheit; die dadurch verursachte Änderung der Kosten betrage bei beiden 5 Einheiten. Folgende Tabelle zeigt die Verhältnisse:

	A	B
bisheriger Output x	20	200
Änderung Δx	1	1
neuer Output	21	201
bisherige Kosten K	95	65
Änderung ΔK	5	5
neue Kosten	100	70

Die Änderung des Outputs um eine Einheit bedeutet bei Unternehmen A eine relative Änderung um 5% bei B um 0,5%. Die relative Kostenänderung beträgt bei A 5,26%, bei B 7,69%. Man sieht, daß die Kosten bei B auf eine Steigerung des Outputs viel empfindlicher reagieren als bei A: Schon eine Steigerung des Outputs um 0,5% bringt eine Kostensteigerung um 7,69% hervor, während bei A eine Steigerung des Outputs um beträchtliche 5% nur eine Kostensteigerung von 5,26% verursacht. Ein Maß für die Empfindlichkeit des Reagierens der Kosten auf Änderungen des Outputs wird der Quotient dieser Prozentsätze sein, d.h. das Verhältnis

$$\frac{\dfrac{\Delta K}{K} \cdot 100}{\dfrac{\Delta x}{x} \cdot 100} = \frac{\dfrac{\Delta K}{K}}{\dfrac{\Delta x}{x}} = \frac{\Delta K}{\Delta x} \cdot \frac{x}{K}.$$

Läßt man hier Δx gegen Null gehen, so erhält man die sogenannte Elastizität der Kosten bezüglich des Outputs:

$$\varepsilon_{K,x} = \frac{K'(x) \cdot x}{K(x)}.$$

Der Wert der Elastizität $\varepsilon_{K,x}$ an x_0 gibt an, um wieviel % sich die Kosten ändern (steigen bei $\varepsilon_{K,x} > 0$, sinken bei $\varepsilon_{K,x} < 0$), wenn der Output um 1% zunimmt.

Als Elastizität $\varepsilon_{f,x}$ der ökonomischen Funktion $f(x)$ bezüglich der Größe x bezeichnet man die Funktion

$$\varepsilon_{f,x} = \frac{f'(x)}{f(x)} \cdot x = \frac{f'(x)}{\overline{f}(x)} = \frac{\text{Grenzfunktion}}{\text{Durchschnittsfunktion}} \qquad (5.14)$$

Sie ist eine dimensionslose Größe und unabhängig davon, in welchen Maßeinheiten man f und x mißt. Die Elastizität an einer Stelle x_0 gibt an, um wieviel % sich f ändert, wenn x bei x_0 um 1% wächst.

Ist an x_0 $|\varepsilon_{f,x}| > 1$, so heißt f bezüglich x an der betrachteten Stelle *elastisch*. Elastisches Verhalten kann man auch so interpretieren: f reagiert sehr sensibel auf Änderungen von x, und zwar umso sensibler, je größer $|\varepsilon_{f,x}|$ ist. Den Grenzfall $|\varepsilon_{f,x}| = \infty$ nennt man den Fall vollkommener Elastizität. Ist an x_0 $|\varepsilon_{f,x}| < 1$, so heißt f bezüglich x an der betrachteten Stelle *unelastisch*. Unelastisches Verhalten bedeutet: f reagiert wenig sensibel auf Änderungen von x. Je kleiner $|\varepsilon_{f,x}|$ ist, desto robuster ist f gegenüber Änderungen von x. Im Grenzfall $\varepsilon_{f,x} = 0$ heißt f *vollkommen unelastisch* oder *starr*; es reagiert dann auf Änderungen von x überhaupt nicht mehr. Im Übergang von elastischem zu unelastischem Verhalten, d.h. bei $|\varepsilon_{f,x}| = 1$, nennt man f bezüglich x *ausgeglichen elastisch*.

Beispiele:

1) Gegeben sei die Kostenfunktion $K(x) = x^3 - 12x^2 + 54x + 248$. Man bestimme und interpretiere die Elastizität an $x = 1$ und $x = 10$.
$$\varepsilon_{K,x} = \frac{(3x^2 - 24x + 54)x}{x^3 - 12x^2 + 54x + 248} = \frac{3x^3 - 24x^2 + 54x}{x^3 - 12x^2 + 54x + 248}$$
Es ist $\varepsilon_{K,x}|_{x=1} \approx 0,1134$. An $x = 1$ verhalten sich die Kosten bezüglich des Outputs unelastisch: Nimmt x an $x = 1$ um 1% zu, so steigen die Kosten um ca. $0,11\%$.
Es ist $\varepsilon_{K,x}|_{x=10} \approx 1,94$. An $x = 10$ verhalten sich die Kosten bezüglich des Outputs elastisch. Nimmt x an $x = 10$ um 1% zu, so steigen die Kosten um ca. $1,94\%$.

2) Gegeben sei die Nachfragefunktion $x(p) = 22 - 0,5p$ im Bereich $0 \leq p \leq 44$ $(x > 0)$. In welchem Preisbereich ist die Nachfrage elastisch, in welchem unelastisch?

Für die Preiselastizität der Nachfrage ergibt sich $\varepsilon_{x,p} = \dfrac{-0,5p}{22 - 0,5p}$.

Das ist für $0 \leq p \leq 44$ negativ, also liegt Elastizität der Nachfrage (d.h. $|\varepsilon_{x,p}| > 1$) bei $\varepsilon_{x,p} < -1$ vor: $\dfrac{-0,5p}{22 - 0,5p} < -1$: $-0,5p < 0.5p - 22$: $p > 22$.

Elastische Nachfrage haben wir demnach bei $p > 22$. Für $p < 22$ ist die Nachfrage unelastisch, für $p = 0$ ist sie starr und für $p = 44$ ist sie vollkommen elastisch.

3) $C(x) = 8400\dfrac{x + 700}{x + 7500}$ sei eine mikroökonomische Konsumfunktion (vgl. 5.4.1). Man berechne und interpretiere die Einkommenselastizität des Konsums für ein Einkommen von 5000 DM.
Es ist $\varepsilon_{C,x} = \dfrac{6800x}{(x + 700)(x + 7500)}$. $\varepsilon_{C,x}|_{x=5000} \approx 0,4772$.
Nimmt bei einem Einkommen von 5000 DM das Einkommen um 1% zu, so wächst der Konsum um ca.$0,48\%$.

4) Gegeben sei die Nachfragefunktion $x(p) = 12e^{-0,3p}$. Man bestimme die Bereiche elastischer und unelastischer Nachfrage.
$\varepsilon_{p,x} = -0,3p$. Die Nachfrage ist preiselastisch für $-0,3p < -1$, d.h. für $0,3p > 1$, also für $p > 3\frac{1}{3}$. Für $0 < p < 3\frac{1}{3}$ ist sie unelastisch, für $p = 0$ starr und für $p = 3\frac{1}{3}$ ausgeglichen elastisch.

5.5 Differentiation von Funktionen mehrerer Veränderlicher

5.5.1 Partielle Ableitungen, totales Differential

Der Begriff der Ableitung einer Funktion, kombiniert mit der ceteris-paribus-Bedingung, führt zum Begriff der partiellen Ableitung einer Funktion mehrerer Variabler:

Sei $y = f(x_1, x_2, \ldots, x_n)$ eine Funktion von n Variablen. Die partielle Ableitung von $f(x_1, x_2, \ldots, x_n)$ nach der Variablen x_i erhält man, indem man nur x_i als Variable, alle anderen Variablen aber als konstant betrachtet und dann f nach x_i differenziert. Sie wird mit $\dfrac{\partial f}{\partial x_i}$, f_{x_i} oder $\dfrac{\partial y}{\partial x_i}$ bezeichnet.

Beispiel: $f(x_1, x_2) = x_1^3 + x_2^2 + x_1^2 x_2$.

Gesucht sind die partiellen Ableitungen $\dfrac{\partial f}{\partial x_1}$ und $\dfrac{\partial f}{\partial x_2}$.

Um $\dfrac{\partial f}{\partial x_1}$ zu berechnen, betrachten wir $f(x_1, x_2)$ als Funktion von x_1. x_2^2 ist dann eine additive Konstante und fällt beim Differenzieren weg; im Ausdruck $x_1^2 x_2$ ist x_2 eine multiplikative Konstante, bleibt also beim Differenzieren nach x_1 unverändert. Also gilt: $\dfrac{\partial f}{\partial x_1} = 3x_1^2 + 2x_1 x_2$. Analog findet man $\dfrac{\partial f}{\partial x_2} = 2x_2 + x_1^2$.

Weitere Beispiele:

1) $f(x, y) = 2x + \dfrac{x^2 e^y}{y}$.

$\dfrac{\partial f}{\partial x} = 2 + \dfrac{2x e^y}{y}; \quad \dfrac{\partial f}{\partial y} = x^2 \dfrac{e^y y - e^y}{y^2} = \dfrac{x^2 e^y (y-1)}{y^2}$.

2) $c(a, b) = ab^2 - \dfrac{1}{ab}$

$\dfrac{\partial c}{\partial a} = b^2 + \dfrac{1}{a^2 b}; \quad \dfrac{\partial c}{\partial b} = 2ab + \dfrac{1}{ab^2}$.

3) $K(x_1, x_2, x_3) = 7x_1^2 - 2x_1 x_2 + x_2 x_3 + x_2^2 + 4x_3^2$.

$\dfrac{\partial K}{\partial x_1} = 14x_1 - 2x_2; \quad \dfrac{\partial K}{\partial x_2} = -2x_1 + x_3 + 2x_2; \quad \dfrac{\partial K}{\partial x_3} = x_2 + 8x_3$.

4) $f(x_1, x_2, \ldots, x_n) = \displaystyle\sum_{i=1}^{n} a_i x_i = a_1 x_1 + a_2 x_2 + \ldots + a_n x_n$.

$$\frac{\partial f}{x_i} = a_i, \quad i = 1, 2, \ldots, n$$

5) $h(r,s,t) = \dfrac{rse^{-t}}{t} + \sqrt{t}\ln r - \dfrac{1}{s}.$

$$\frac{\partial h}{\partial r} = \frac{se^{-t}}{t} + \frac{\sqrt{t}}{r}; \quad \frac{\partial h}{\partial s} = \frac{re^{-t}}{t} + \frac{1}{s^2};$$

$$\frac{\partial h}{\partial t} = rs\frac{-e^{-t}t - e^{-t}}{t^2} + \frac{1}{2\sqrt{t}}\ln r = -\frac{rse^{-t}(t+1)}{t^2} + \frac{1}{2\sqrt{t}}\ln r.$$

6) $x(r_1, r_2) = 6r_1^{0,7}r_2^{0,3}.$

$$\frac{\partial x}{\partial r_1} = 6 \cdot 0,7r_1^{0,7-1}r_2^{0,3} = 4,2r_1^{-0,3}r_2^{0,3}, \quad \frac{\partial x}{\partial r_2} = 6 \cdot r_1^{0,7} \cdot 0,3r_2^{0,3-1} = 1,8r_1^{0,7}r_2^{-0,7}.$$

Anmerkung: Wir sind heuristisch herangegangen und haben uns um die Bedingungen, unter denen die partiellen Ableitungen existieren, nicht gekümmert. Für alle aus elementaren Funktionen zusammengesetzten Ausdrücke, wie wir sie etwa in den Beispielen betrachtet haben, gibt es im Definitionsbereich dieser Funktionen keine Probleme.

Auf eine geometrische Deutung wird verzichtet, weil sie nur auf den Spezialfall zweier Variabler beschränkt wäre. Es sei erwähnt, daß für Funktionen $f(x,y)$ zweier Variabler die partielle Ableitung $\dfrac{\partial f}{\partial x}$, an einem Punkt (x_0, y_0) genommen, dort die Steigung des Funktionsgebirges in x-Richtung, $\dfrac{\partial f}{\partial y}$ entsprechend die Steigung in y-Richtung angibt.

Die partiellen Ableitungen $\dfrac{\partial f}{\partial x_i}$ einer Funktion $f(x_1, \ldots, x_n)$ sind wiederum Funktionen von $x_1, \ldots, x_n$ (möglicherweise hängen sie von einigen x_i nicht mehr ab; das spielt aber für die allgemeine Betrachtung keine Rolle). Den Wert der Funktion $\dfrac{\partial f}{\partial x_i}$ an dem festen Punkt $P_0(x_{10}, x_{20}, \ldots, x_{n0})$ (lies: $x - eins - null$, $x - zwei - null$ usw.) bezeichnen wir mit $\dfrac{\partial f}{\partial x_i}\bigg|_{P_0}$ oder mit $f_{x_i}(x_{10}, \ldots, x_{n0})$. Die Interpretation dieser Größe können wir ebenfalls aus der Differentialrechnung einer Variablen übernehmen:

$\dfrac{\partial f}{\partial x_i}dx_i$ gibt näherungsweise die Änderung der Funktion f an, wenn x_i von x_{i0} aus um dx_i verändert wird und alle übrigen Variablen auf ihrem Stand bei P_0 festgehalten werden (ceteris-paribus-Bedingung).

Beispiele:

1) Wie ändert sich $f(x, y, z) = x^2yz + xy^2z + xyz^2$, wenn am Punkt $P_0(1, -1, 2)$ die Größe z um 0,01 Einheiten zunimmt, und x und y unveränderlich bleiben?

$$\frac{\partial f}{\partial z} = x^2 y + xy^2 + 2xyz; \quad \left.\frac{\partial f}{\partial z}\right|_{P_0} = 1^2 \cdot (-1) + 1 \cdot (-1)^2 + 2 \cdot 1 \cdot (-1) \cdot 2 = -4.$$

Es ist $dz = 0,01$ und somit $\left.\dfrac{\partial f}{\partial z}\right|_{P_0} \cdot dz = -0,04$.

Die Funktion nimmt um 0,04 Einheiten ab. Der exakte Wert der Änderung, nämlich $f(1;-1;2,01) - f(1;-1;2)$ ist $-0,0401$.

2)   In der Produktionsfunktion $x(r_1, r_2) = 8r_1^{0,5} r_2^{0,6}$ werde beim Einsatzniveau $r_1 = 4$, $r_2 = 5$ der erste Faktor um 0,1 Einheiten erhöht, der zweite unverändert gelassen. Wie ändert sich der Output x ?

$$\frac{\partial x}{\partial r_1} = 8 \cdot 0,5 r_1^{-0,5} r_2^{0,6} = 4 r_1^{-0,5} r_2^{0,6}; \quad \left.\frac{\partial x}{\partial r_1}\right|_{(4;5)} \approx 5,25.$$

Es ist $dr_1 = 0,1$ und $\left.\dfrac{\partial x}{\partial r_1}\right|_{(4;5)} \cdot dr_1 \approx 0,525$. Der Output erhöht sich um 0,525 ME (Der exakte Wert ist 0,522).

Man kann zeigen, daß sich im Kleinen – oder, wie man auch sagt, im Infinitesimalen – d.h. bei sehr kleinen dx_i, die Einzeländerungen zur Gesamtänderung einfach addieren:

$$\sum_{i=1}^{n} \frac{\partial f}{\partial x_i} dx_i = \frac{\partial f}{\partial x_1} dx_1 + \frac{\partial f}{\partial x_2} dx_2 + \ldots + \frac{\partial f}{\partial x_n} dx_n$$

gibt dann (näherungsweise) die Änderung von f an, wenn sich x_1 um dx_1, x_2 um dx_2, ..., x_n um dx_n ändert. $\displaystyle\sum_{i=1}^{n} \frac{\partial f}{\partial x_i} dx_i$ heißt das *totale Differential* der Funktion $f(x_1, x_2, \ldots, x_n)$ und wird mit df bezeichnet:

$$df = \frac{\partial f}{\partial x_1} dx_1 + \frac{\partial f}{\partial x_2} dx_2 + \ldots + \frac{\partial f}{\partial x_n} dx_n.$$

Beispiele:

1)   Gegeben sei die Produktionsfunktion $x = x(r_1, r_2) = 6r_1^{0,3} r_2^{0,7}$. Um wieviel ändert sich der Output x, wenn beim Einsatzniveau $r_1 = 6$ ME, $r_2 = 10$ ME der erste Faktor um 0,2 Einheiten erhöht, der zweite um 0,1 Einheiten vermindert wird?

Es ist $dr_1 = 0,2$, $dr_2 = -0,1$ und $dx = \left.\dfrac{\partial x}{\partial r_1}\right|_{(6;10)} \cdot 0,2 + \left.\dfrac{\partial x}{\partial r_2}\right|_{(6;10)} \cdot (-0,1)$ zu berechnen.

$$\frac{\partial x}{\partial r_1} = 1,8 r_1^{-0,7} r_2^{0,7}, \quad \frac{\partial x}{\partial r_2} = 4,2 r_1^{0,3} r_2^{-0,3}.$$

$dx = 2,57 \cdot 0,2 + 3,60 \cdot (-0,1) \approx 0,15.$ (der exakte Wert ist 0,144).

Der Output wächst bei den angegebenen Änderungen um ca. 0,15 Einheiten.

2) $K(x_1, x_2, x_2) = 2,8 x_1^{1,5} + 3,2 x_2^2 + 4 x_1^{0,1} x_3^{0,8} + 880$ sei die Gesamtkostenfunktion eines

Dreiproduktunternehmens. Wie ändern sich die Kosten, wenn sich bei einem Output von $x_1 = 12$ ME, $x_2 = 18$ ME, $x_3 = 22$ ME x_1 um 0,1 Einheiten verringert, x_2 um 0,02 Einheiten vermehrt und x_3 um 0,1 Einheiten verringert?

Es ist $dx_1 = -0,1$, $dx_2 = 0,02$, $dx_3 = -0,1$.

$$\frac{\partial K}{\partial x_1} = 4,2x_1^{0,5} + 0,4x_1^{-0,9}x_3^{0,8}, \quad \frac{\partial K}{\partial x_2} = 6,4x_2, \quad \frac{\partial K}{\partial x_3} = 3,2x_1^{0,1}x_3^{-0,2}.$$

$$\left.\frac{\partial K}{\partial x_1}\right|_{(12,18,22)} \approx 15,06; \quad \left.\frac{\partial K}{\partial x_2}\right|_{(12,18,22)} \approx 115,2; \quad \left.\frac{\partial K}{\partial x_3}\right|_{(12,18,22)} \approx 2,21.$$

$dK = 15,06 \cdot (-0,1) + 115,2 \cdot 0,02 + 2,21 \cdot (-0,1) \approx 0,58.$ (der exakte Wert ist 0,5815).
Die Kosten steigen bei den angegebenen Änderungen um ca. 0,58 Einheiten.

5.5.2 Anwendungen

(1) *Partielle Grenzfunktionen*

Die Interpretation der Ableitung einer ökonomischen Funktion als Grenzfunktion kann zwanglos auf ökonomische Funktionen mehrerer Variabler übertragen werden:

Ist $f(x_1, x_2, \ldots, x_n)$ eine ökonomische Funktion, so heißen die partiellen Ableitungen $\frac{\partial f}{\partial x_i}$ die partiellen Grenzfunktionen von $f(x_1, x_2, \ldots, x_n)$.

Ihre ökonomische Deutung folgt ebenfalls unmittelbar aus der Interpretation der Größe $\left.\frac{\partial f}{\partial x_i}\right|_{P_0} \cdot dx_i$ für $dx_i = 1$:

Der Wert der partiellen Grenzfunktion $\frac{\partial f}{\partial x_i}$ an einem Punkt P_0 gibt (näherungsweise) an, wie sich f ändert, wenn x_i von x_{i0} aus um eine Einheit wächst, während alle anderen Variablen auf dem Stand von P_0 gehalten werden (c.-p.-Bedingung).

Damit diese Näherung brauchbar ist, muß man voraussetzen, daß eine Einheit von x_i verschwindend klein ist verglichen mit den Quantitäten der Variablen, mit denen man arbeitet.

Ist $K(x_1, x_2, \ldots, x_n)$ eine Kostenfunktion, so heißen $\frac{\partial K}{\partial x_i}$ die *partiellen Grenzkosten*. Ist $E(x_1, x_2, \ldots, x_n)$ eine Erlösfunktion, so heißen die $\frac{\partial E}{\partial x_i}$ die *partiellen*

Grenzerlöse. Entsprechend sind *partielle Grenzgewinne* und *partielle Grenzproduktivitäten* definiert.

(2) *Partielle Elastizitäten*

Der Begriff der Elastizität läßt sich ebenfalls unmittelbar auf Funktionen mehrerer Variabler übertragen:

Ist $f(x_1, x_2, \ldots, x_n)$ eine ökonomische Funktion, so heißen die Funktionen

$$\varepsilon_{f,x_i} = \frac{\dfrac{\partial f}{\partial x_i}}{f} \cdot x_i = \frac{f_{x_i} \cdot x_i}{f}$$

die partiellen Elastizitäten von $f(x_1, x_2, \ldots, x_n)$.

$\varepsilon_{f,x_i}|_{P_0}$ gibt näherungsweise an, um wieviel % sich f ändert, wenn x_i von x_{i0} aus um 1% zunimmt und alle anderen Variablen auf dem Stand von P_0 festgehalten werden.

Beispiel:

Man bestimme und interpretiere die partiellen Elastizitäten von $f(x_1, x_2) = x_1^2 x_2 - 2x_1$ an $P_0(4, 5)$.

$$\varepsilon_{f,x_1} = \frac{(2x_1 x_2 - 2)x_1}{x_1^2 x_2 - 2x_1} = \frac{2x_1^2 x_2 - 2x_1}{x_1^2 x_2 - 2x_1}. \qquad \varepsilon_{f,x_2} = \frac{x_1^2 x_2}{x_1^2 x_2 - 2x_1}.$$

$\varepsilon_{f,x_1} \approx 2.11$. Nimmt x_1 von $x_1 = 4$ aus um 1% zu, während x_2 bei $x_2 = 5$ festgehalten wird, so steigt f (näherungsweise) um $2,11\%$.

$\varepsilon_{f,x_2} \approx 1.11$. Nimmt x_2 von $x_2 = 5$ aus um 1% zu, während x_1 bei $x_1 = 4$ festgehalten wird, so steigt f (näherungsweise) um $1,11\%$.

(3) *Extrema ohne Nebenbedingungen; Methode der kleinsten Quadrate*

Die ausführliche Behandlung der Theorie der Extrema für Funktionen mehrerer Variabler und ihrer zahlreichen Anwendungen in der Ökonomie geht über den Rahmen eines Brückenkurses hinaus; es sei deshalb auf die weiterführende Literatur verwiesen. Wir begnügen uns hier mit der Angabe der notwendigen Bedingungen für ein Extremum und erläutern als Anwendung die Methode der kleinsten Quadrate.

Analog wie bei Funktionen einer Variablen gilt:

Wenn $f(x_1, x_2, \ldots, x_n)$ am Punkt $P_0(x_{10}, x_{20}, \ldots, x_{n0})$ ein relatives Extremum hat, so ist

$$\left.\frac{\partial f}{\partial x_1}\right|_{P_0} = 0, \quad \left.\frac{\partial f}{\partial x_2}\right|_{P_0} = 0, \quad \ldots, \quad \left.\frac{\partial f}{\partial x_n}\right|_{P_0} = 0. \qquad (5.15)$$

(5.15) ist ein Gleichungssytem zur Bestimmung von $x_{10}, x_{20}, \ldots, x_{n0}$, d.h. von P_0. Die Bestimmung von P_0 gelingt relativ leicht, wenn (5.15) ein lineares Gleichungssystem darstellt, wie dies bei der *Methode der kleinsten Quadrate* der Fall ist:

Es seien n Wertepaare (x_i, y_i), $i = 1, \ldots, n$, statistisch erhoben worden.

Beispiele:

1) In n Jahren seien die Regenmengen x_i und die Ernteerträge an Kartoffeln y_i bestimmt worden.

2) Zu n Inputs r_i wurden die Outputs x_i ermittelt.

3) Zu n Outputwerten x_i wurden aus der Betriebsstatistik die Kosten K_i ermittelt.

4) Zu n Zeitpunkten t_i wurden die Umsätze E_i einer Warenhauskette ermittelt.

Wenn man die Meßwertpaare (x_i, y_i) graphisch darstellt, erhält man eine Punktwolke. Die Abbildungen 5.40 und 5.41 zeigen zwei Beispiele.

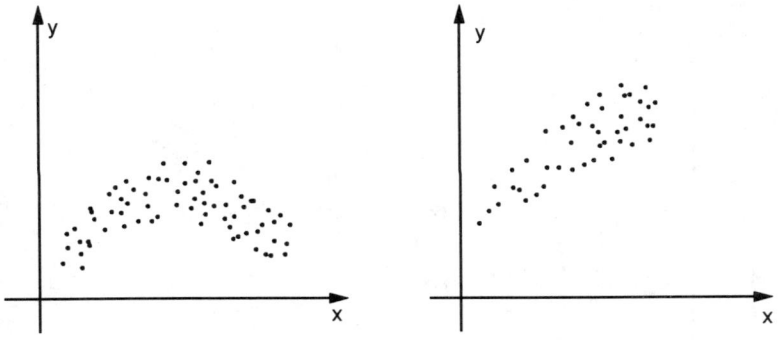

Abb. 5.40 und 5.41

Es geht nun darum, den Zusammenhang zwischen x und y durch eine Funktion $y = f(x)$ „möglichst gut" zu beschreiben. Man wird als Ansatz für eine solche Funktion bei der in Abb. 5.40 dargestellten Meßreihe eine quadratische Funktion (eine Parabel), bei der in Abb. 5.41 dargestellten eine lineare Funktion (eine Gerade) wählen, d.h. der Ansatz lautet im Fall der Abb. 5.40:

$f(x) = ax^2 + bx + c$, im Fall der Abb. 5.41: $f(x) = ax + b$. Solche Funktionen heißen *Regressionsfunktionen*.

Bei der Auswahl des Typs der Regressionsfunktion kann man gegebenenfalls von Kenntnissen über den Zusammenhang zwischen x und y profitieren, oder man läßt sich durch Vermutungen leiten, die etwa durch die grphische Darstellung der Meßwerte nahegelegt werden. Hat man z.B. durch die Betriebsstatistik zu n verschiedenen Outputwerten die Kosten und weiß man, daß ein ertragsgesetzlicher Zusammenhang zwischen Kosten und Output besteht, so wird der Ansatz für die Regressionsfunktion lauten: $K(x) = ax^3 + bx^2 + cx + d$ mit vier unbekannten Parametern a, b, c, d.

Oft begnügt man sich mit der Bestimmung einer Regressionsgeraden. Was heißt nun, die Gerade soll „möglichst gut" den in der Punktwolke zum Ausdruck kommenden Zusammenhang zwischen x und y beschreiben? In der Wahrscheinlichkeitsrechnung wird gezeigt, daß das in vieler Hinsicht günstigste Kriterium folgendes ist: Man bildet für jedes x_i die Abweichung des Funktionswertes $f(x_i)$ vom Meßwert y_i, d.h. $f(x_i) - y_i$, und bestimmt die unbekannten Parameter so, daß $Q = \sum_{i=1}^{n} (f(x_i) - y_i)^2$ minimal wird. Die *Summe aller Abweichungsquadrate wird* also *minimiert*. Abb. 5.42 zeigt für 5 Meßpunkte die Abweichungen (stark ausgezogen; da sie für die Bildung von Q quadriert werden, spielt ihr Vorzeichen keine Rolle).

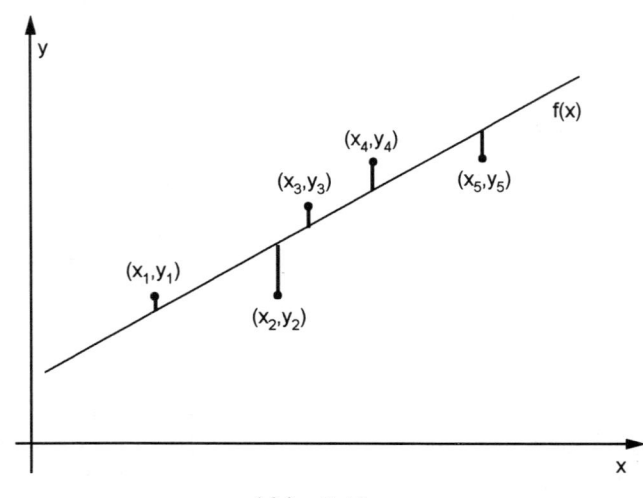

Abb. 5.42

Im Falle einer Regressionsgeraden $f(x) = ax + b$ ist $f(x_i) = ax_i + b$ und

$$Q(a,b) = \sum_{i=1}^{n}(ax_i + b - y_i)^2.$$

$Q(a,b)$ ist eine Funktion der unbekannten Parameter a und b (man beachte, daß x_i und y_i jetzt keine Variablen sind, sondern feste Zahlen, nämlich die Meßwerte).

(5.15) liefert für ein Minimum von Q die Bedingungen: $\dfrac{\partial Q}{\partial a} = 0, \quad \dfrac{\partial Q}{\partial b} = 0.$

Nach der Summenregel ist $\dfrac{\partial Q}{\partial a}$ die Summe über die Ableitungen von $(ax_i + b - y_i)^2$ nach a; diese sind nun nach der Kettenregel ($(ax_i + b - y_i)$ ist die innere Funktion): $2(ax_i + b - y_i) \cdot x_i$. Also gilt

$$\frac{\partial Q}{\partial a} = \sum_{i=1}^{n} 2(ax_i + b - y_i)x_i = 2\left(a\sum_{i=1}^{n} x_i^2 + b\sum_{i=1}^{n} x_i - \sum_{i=1}^{n} x_i y_i \right).$$

Ebenso erhält man $\dfrac{\partial Q}{\partial b} = 2\left(a\sum\limits_{i=1}^{n} x_i + b \cdot n - \sum\limits_{i=1}^{n} y_i \right).$ Hierbei war noch zu beachten, daß $\sum\limits_{i=1}^{n} b = \underbrace{b + b + \ldots + b}_{n \text{ Summanden}} = n \cdot b$ ist. $\dfrac{\partial Q}{\partial b} = 0, \quad \dfrac{\partial Q}{\partial a} = 0$ liefern also das folgende lineare Gleichungssystem für die unbekannten Parameter a und b.

$$\left. \begin{aligned} a \cdot \sum_{i=1}^{n} x_i + b \cdot n \quad &= \sum_{i=1}^{n} y_i \\ a \cdot \sum_{i=1}^{n} x_i^2 + b \cdot \sum_{i=1}^{n} x_i &= \sum_{i=1}^{n} x_i y_i \end{aligned} \right\} \qquad (5.16)$$

(5.16) heißt das *System der Normalgleichungen*.

Beispiel:

Eine Statistik über Ausbringungsmengen und Kosten ergab über 15 Zeitperioden folgende Resultate:

Ausbringungsmenge x_i	Kosten K_i
102	389
117	402
132	436
130	428
178	490
162	471
149	430
136	429
141	446
128	423
109	395
125	416
146	452
159	468
168	471
$\sum$: 2082	6546

$\sum x_i^2 = 295\,634,\quad \sum x_i K_i = 917\,457.$ Das Normalgleichungssystem lautet:

$$2082a + \quad 15b = \quad 6546$$
$$295\,634a + 2082b = 917\,457$$

Als Lösung ergibt sich (s. Kap. 7): $a \approx 1,33,\quad b \approx 251.\quad K(x) = 1,33x + 251.$
Abb. 5.43 zeigt die Meßdaten und die Regressionsgerade $K(x)$ (die Achsen sind an den gekennzeichneten Stellen unterbrochen).

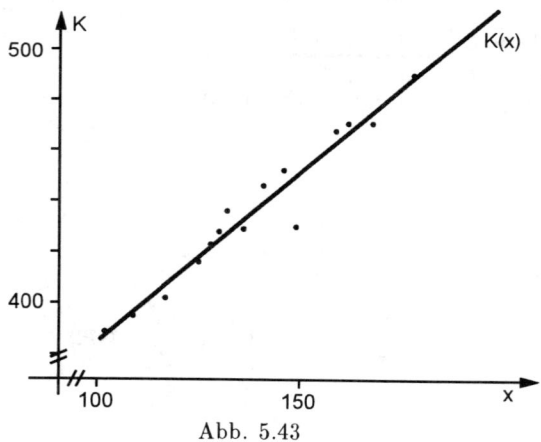

Abb. 5.43

5.6 Übungsaufgaben

1) Man berechne die 1. Ableitung von $f(x) = x^4$ mittels der Definition, d.h. mittels $\lim\limits_{\Delta x \to 0} \dfrac{f(x + \Delta x) - f(x)}{\Delta x}$.

2) Man ermittle die 1. Ableitungen folgender Funktionen:

   a) $f(x) = -3x^5 + 2x^3 - x^2 + x - 1$; b) $f(x) = 6x^{-3} + 4x^{-1} + 6x$;

   c) $h(s) = \dfrac{7}{s^2} + \dfrac{3s - 1}{s + 2}$; d) $g(t) = \sqrt[3]{t}$; e) $f(x) = \sqrt[17]{x^{16}}$;

   f) $u(s) = \sqrt[4]{(3s - 6)^3}$; g) $f(x) = 7x^2 e^{-2x+1}$; h) $C(Y) = 9000 \dfrac{Y + 850}{Y + 9000}$;

   i) $f(x) = \dfrac{7x^2 - x + 3}{-x^2 + x - 4}$; j) $y(t) = \sqrt{t}\ln(t^2 - 4t + 1)$; k) $h(z) = \dfrac{z e^{3z}}{2z - 1}$.

3) Man ermittle die ersten vier Ableitungen der Funktionen:

   a) $f(x) = 6x^4 + 3x^3 - x^2 + x - 6$; b) $f(x) = \dfrac{1}{x}$; c) $u(t) = t e^{-t}$;

   d) $f(u) = u \ln u$.

4) Wie groß ist die Steigung des Graphen folgender Funktionen an den angegebenen Stellen:

   a) $f(x) = 8,3x^2 - 6,2x + 5$ an $x_0 = -2,6$; b) $f(x) = \dfrac{5}{6 - e^{-0,5x}}$ an $x_0 = 1$;

   c) $u(t) = (t^2 + 1)\ln(t - 1)$ an $t_0 = 5$; d) $h(s) = \dfrac{7s - 8}{s^2 + s + 1}$ an $s_0 = -3$.

5) Man bestimme die Gleichung der Tangenten an die Graphen folgender Funktionen an den angegebenen Stellen:

   a) $f(x) = -2x^2 + 6x - 9$ an $x_0 = 2$; b) $f(x) = x\sqrt{2x - 1} + \dfrac{e^x}{\ln x}$ an $x_0 = 3$;

   c) $C(t) = \sqrt[3]{t^4} - (6t + 1)\sqrt[3]{t}$ an $t_0 = 1,5$; d) $h(s) = s e^{-3s}$ an $s_0 = 4$.

6) Man untersuche das Steigungsverhalten folgender Funktionen (in welchen Intervallen des jeweiligen Definitionsbereiches steigen sie, in welchen fallen sie?):

   a) $f(x) = -12x^2 + 8x + 4$; b) $f(t) = t\ln t$; c) $f(x) = (x^2 + 4)e^{-(x+3)}$;

   d) $u(s) = \dfrac{s - 1}{s^2 + s + 4}$.

7) Man untersuche das Krümmungsverhalten folgender Funktionen (in welchen Intervallen des Definitionsbereiches sind sie konvex, in welchen konkav?):

   a) $f(x) = x^3 - 6x^2 + 10x + 5$; b) $f(t) = \dfrac{t^2 + 1}{t - 1}$; c) $g(u) = u^2 \ln u$;

   d) $h(z) = z^2 e^{-z}$; e) $f(x) = x^4 + 2x^3 - 12x^2 + 60x + 120$.

8) Man bestimme mittels des Differentials näherungsweie die Änderung der Funktion $7x^3 + 2x^2 - x + 5$, wenn x von $x_0 = 3$ aus um 0,02 zunimmt. Wie groß ist die exakte Funktionsänderung?

9) Man bestimme mittels des Differentials näherungsweise die Änderung der Funktion $u(t) = t^2 e^{-\frac{1}{2}t^2}$, wenn t von $t_0 = -1$ aus um 0,1 abnimmt. Wie groß ist die exakte Funktionsänderung?

10)   Man ermittle die relativen Extrema folgender Funktionen:

   a) $f(x) = x^2 - 6x + 14$;   b) $f(x) = x^3 + 12x^2 + 45x + 18$;   c) $g(t) = t^4 - 2t^3 + 1$;

   d) $v(z) = \sqrt{z}e^{-z}$;   e) $k(y) = 2y\ln y$;   f) $f(x) = x^4 + \dfrac{1}{x^3}$.

11)   Von einer rechteckigen Glastafel von 100×80 cm ist eine Ecke, wie in Abb. 5.44
      angegeben, weggebrochen. Wo ist auf der Bruchlinie der Punkt P zu wählen, damit
      die mit P als Ecke herausgeschnittene rechteckige Tafel maximale Fläche hat?

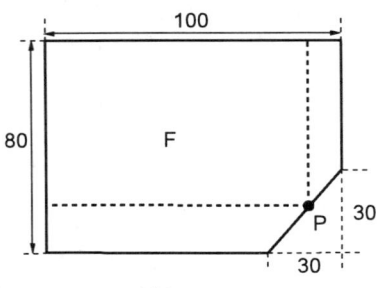

Abb. 5.44

12)   Es soll ein oben offenes zylindrisches Gefäß von 10l Inhalt gefertigt werden. Wie sind
      die Maße zu wählen, damit möglichst wenig Material verbraucht wird?

13)   Man ermittle die Wendepunkte folgender Funktionen:

   a) $f(x) = 3x^3 - 18x^2 + 6x + 5$;   b) $u(t) = t^4 + 6t^3 - 60t^2 + 12t - 12$;

   c) $f(x) = x^4 - 8x^3 - 18x^2 + 60x + 120$;   d) $c(y) = \dfrac{1}{y^2+1}$;   e) $g(s) = e^{-\frac{s^2}{2}}$.

14)   Man führe für folgende Funktionen eine Kurvendiskussion durch:

   a) $f(x) = x^3 + 7x^2 + 4x - 12$

   Hinweis: Eine der Nullstellen ist leicht durch Probieren zu finden.

   b) $x(t) = \dfrac{t^2 - 3t + 2}{t + 1}$;   c) $f(x) = x^2 e^{-x}$.

15)   Man bestimme für die Einkommenssteuer $S(E)$ (vgl. 4.1) die Grenzsteuer für das In-
      tervall
      $18\,036$ DM $\le E \le 80\,027$ DM. Wie groß ist der Wert der Grenzsteuer für ein Einkom-
      men von $50\,000$ DM ?

16)   Gegeben sei die Kostenfunktion $K(x) = \dfrac{1}{6}x^3 - 155x^2 + 52\,000x + 46\,000$. Man bestimme:

   a) die Grenzkosten;   b) die Grenzstückkosten;   c) die Schwelle des Ertragsgesetzes.

   d) Welche Kosten verursacht bei einem Output von 250 Einheiten eine zusätzlich produzierte Einheit?

   e) Welche Kosten verursacht eine zusätzlich produzierte Einheit an der Schwelle des
   Ertragsgesetzes?

   f) Wie wirkt sich bei einem Output von 340 Einheiten eine zusätzlich produzierte
   Einheit auf die Stückkosten aus?

   g) Man berechne für d) – f) auch die exakten Werte (also bei d) $K(251) - K(250)$) und
   vergleiche sie mit den Näherungen, die man mittels der Grenzfunktion erhält.

17) Die Preis-Absatz-Funktion eines monopolistischen Anbieters laute $x(p) = 500 - 2p$. Man bestimme:

a) den Grenzerlös bezüglich des Preises;

b) den Grenzerlös bezüglich der Menge.

c) Wie verändert sich der Erlös, wenn bei einem Absatz von 110 ME der Absatz um eine ME zunimmt? Man ermittle diese Veränderung näherungsweise mittels des Grenzerlöses und zum Vergleich exakt.

18) Ein monopolistischer Anbieter produziert mit der Kostenfunktion $K(x) = \dfrac{1}{4}x + 160$. Seine Preis-Absatz-Funktion ist $p(x) = 4 - 0,006x$. Man bestimme:

a) die Gewinnzone; b) das Maximum des Gewinns; c) den Grenzgewinn; d) den Grenzstückgewinn; e) den Grenzdeckungsbeitrag; f) den Grenzstückdeckungsbeitrag; g) den Grenzgewinn bezüglich des Preises.

h) Wie ändert sich der Gewinn, wenn die abgesetzte Menge bei einem Absatz von 280 ME um eine Einheit steigt?

i) Wie ändert sich der Stückgewinn, wenn bei einem Absatz von 320 ME der Absatz um eine Einheit sinkt?

j) Wie ändert sich der Deckungsbeitrag, wenn bei einem Absatz von 250 ME der Absatz um eine Einheit sinkt?

19) Gegeben sei die Produktionsfunktion $x(r) = -0,01r^3 + 8r^2 + 82r$. Man berechne und interpretiere die Grenzproduktivität bei einer Einsatzmenge von $r = 80$ ME.

20) Für die Produktionsfunktion $x(r_1, r_2) = 3,8\, r_1^{0,4} r_2^{0,6}$ bestimme man zum Output $x = 10$ ME die Grenzrate der Substitution $\dfrac{dr_2}{dr_1}$. Wie muß man r_2 verändern, wenn bei einem Einsatz von 5 ME des Faktors r_1 dessen Einsatz um 0,1 Einheiten steigt, der Output $x = 10$ aber konstant bleiben soll.

21) Man berechne für die mikroökonomische Konsumfunktion $C(X) = 12\,000\,\dfrac{X + 1000}{X + 12\,000}$ die marginale Konsumquote und die marginale Sparquote als Funktionen des Einkommens X. Wie hoch sind marginale Konsumquote und marginale Sparquote für ein Einkommen von $X = 4000$ DM?

22) Gegeben sei die Kostenfunktion $K(x) = \dfrac{x^3}{6} - 50x^2 + 6000x + 52\,000$. Für diese Kostenfunktion bestimme man:

a) die Schwelle des Ertragsgesetzes; b) die Stelle des Betriebsminimums und die kurzfristige Preisuntergrenze; c) die Stelle des Betriebsoptimums und die langfristige Preisuntergrenze.

Hinweis zu c): Die Frage nach dem Betriebsoptimum führt auf eine Gleichung 3. Grades. Man kann die Nullstellen mit einem Näherungsverfahren ausrechnen oder auf dem Computer ausrechnen lassen. Oder man ermittelt den Punkt B_0 durch eine genaue Zeichnung graphisch.

23) Ein polypolistischer Anbieter produziere mit der Kostenfunktion aus Aufg. 22); seine Kapazitätsgrenze liege bei $x = 180$ ME. Der Marktpreis betrage 3100 GE/ME.

a) Welches ist die bei diesem Preis gewinnmaximale Angebotsmenge?

b) Bei welcher Angebotsmenge ist der Stückgewinn maximal?

c) Wie lautet die gewinnmaximale Angebotsfunktion $x(p)$ und in welchem Bereich ist sie langfristig gültig?

24) Ein polypolistischer Anbieter produziere mit der Kostenfunktion $K(x) = 5x + 400$. Seine Kapazitätsgrenze liege bei 110 ME. Er sieht sich einem Marktpreis von 15 GE/ME gegenüber.

a) Man bestimme die Gewinnschwelle.

b) Bei welchem Absatz wird der Maximalgewinn erzielt und wie groß ist er?

c) Wie groß sind das Minimum der Stückkosten und der maximale Stückgewinn?

25) Ein monopolistischer Anbieter habe die Preis-Absatz-Funktion $p(x) = 400 - x$. Man bestimme den Cournot-Punkt und den Maximalgewinn, wenn er

a) mit der Kostenfunktion $K(x) = 0,01x^3 - 2,4x^2 + 210x + 600$ produziert,

b) mit der Kostenfunktion $K(x) = 50x + 2000$ produziert.

26) Man bestimme die Elastizität für folgende Funktionen:

a) $f(x) = x^n$;   b) $f(x) = 2x^2 - 3x + 4$;   c) $g(t) = te^{-3t}$;

d) $x(r) = \sqrt[3]{r^2}$;   e) $f(u) = u^2 \ln(u^3 - 1)$.

27) Gegeben sei die Produktionsfunktion $x(r) = -0,1r^3 + 6r^2 + 155r$. Man bestimme und interpretiere die Elastizität des Outputs bezüglich des Faktoreinsatzes für:

a) $r = 10$ ME;   b) $r = 50$ ME.

28) Für die folgenden beiden Nachfragefunktionen ermittle man, in welchem Preisbereich die Nachfrage elastisch, in welchem sie unelastisch ist:

a) $x(p) = 12 - 0,8p$ $(0 \leq p \leq 15)$;   b) $x(p) = 8e^{-\frac{1}{2}p}$.

29) $S(X) = \dfrac{X^2 - 900X - 5880\,000}{X + 7500}$ sei eine mikroökonomische Sparfunktion. Man berechne und interpretiere die Elastizität des Sparens bezüglich des Einkommens bei einem Einkommen von $X = 5000$ DM.

30) Man berechne die ersten partiellen Ableitungen folgender Funktionen:

a) $f(x_1, x_2, x_3) = -x_1^2 + 2x_2^2 - x_3^3 + 4x_1x_2 - 2x_1x_3 + x_2x_3$;

b) $f(x, y, z) = x(y - z)^4 + z(x - 2y)^6$;   c) $u(s, t) = \dfrac{s - 1}{t + 1} + \dfrac{\sqrt{s}}{\sqrt{t - s}}$;

d) $x(r_1, r_2, r_3) = 0,5r_1^{0,4}r_2^{0,5}r_3^{0,6}$;   e) $f(x_1, x_2, \ldots, x_n) = e^{-\sum_{i=1}^{n} x_i^2}$;

f) $f(x_1, x_2, \ldots, x_n) = \sum_{k=1}^{n} kx_k^3$;   g) $Q(a, b, c) = \sum_{i=1}^{n} (c + bx_i + ax_i^2 - y_i)^2$.

(Setzt man hier $\dfrac{\partial Q}{\partial a}$, $\dfrac{\partial Q}{\partial b}$, $\dfrac{\partial Q}{\partial c} = 0$, so erhält man das Normalgleichungssystem für quadratische Regression. Wie lautet es?)

h) $g(r, s) = r^2 e^{-2(r-s)}$;   i) $f(x, y) = (x - y)^2 \ln(x^2 - 2y)$

31) Wie ändert sich die Funktion $f(x_1, x_2, x_3)$ aus Aufg. 30a), wenn bei $x_1 = 2$, $x_2 = 4$, $x_3 = -1$ die Variable x_2 um 0,01 abnimmt?

32) Wie ändert sich die Funktion $f(x, y, z)$ aus Aufg. 30b), wenn bei $x = 1$, $y = -2$, $z = 3$ x um 0,001 zunimmt, y um 0,02 abnimmt und z ebenfalls um 0,02 abnimmt?

33) Man bestimme für $g(r, s) = r^2 e^{2(r-s)}$ die partiellen Elastizitäten $\varepsilon_{g,r}$, $\varepsilon_{g,s}$ und berechne deren Werte am Punkt $P_0(1, 2)$. Man interpretiere die Ergebnisse.

34) Zu den Geschwindigkeiten v_i wurden bei nasser Straße die Bremswege s_i gemessen. Es ergaben sich folgende Daten:

$v_i(km/h)$	$s_i(m)$
15	3,9
32	10,0
98	22,2
45	10,8
70	19,2
24	6,0
56	13,0
88	23,1
79	20,1
36	8,6
65	16,5
67	15,9

Man bestimme die Regressionsgerade $s = av + b$.

Kapitel 6

Integralrechnung

6.1   Das unbestimmte Integral

6.1.1   Begriff des unbestimmten Integrals. Integration der elementaren Funktionen

Ein Produzent habe die Grenzerlösfunktion $E'(x) = 6 - 1,2x$. Gesucht ist die Preis-Absatz-Funktion $p = p(x)$.

Es ist $E(x) = x \cdot p(x)$. Wüßten wir also $E(x)$, so könnten wir $p(x)$ als $\dfrac{E(x)}{x}$ sofort ermitteln. Man wird hier auf das Umkehrproblem der Differentialrechnung geführt. In der Differentialrechnung war die Funktion $f(x)$ gegeben und die Ableitung $f'(x)$ gesucht. In der eben diskutierten Situation ist es umgekehrt: Es ist die Ableitung $E'(x)$ der Funktion $E(x)$ gegeben, und es ist die Funktion $E(x)$ selbst gesucht. Im obigen Beispiel können wir die Lösung ohne Kenntnis der Integralrechnung finden. Wir überlegen so: Welche Funktion ergibt differenziert die Konstante 6? Das ist $6x$. Was ergibt differenziert $-1,2x$? Das ist $-0,6x^2$. Also ist $E(x) = 6x - 0,6x^2$. Genausogut könnten wir aber auch $E(x) = 6x - 0,6x^2 + 2000$ nehmen; statt 2000 wäre auch jede andere Konstante möglich, denn eine Konstante verschwindet ja beim Differenzieren. In diesem speziellen Falle hilft eine inhaltliche Überlegung, die Eindeutigkeit herzustellen: $E(x)$ muß ja bei $x = 0$ Null ergeben, denn wenn man nichts absetzt, erlöst man nichts. Die Konstante muß also gleich Null sein, und das Resultat lautet $E(x) = -0,6x^2 + 6x$, was $p(x) = 6 - 0,6x$ ergibt.

Wir fassen diese Überlegungen jetzt allgemein und definieren die grundlegenden Begriffe der *Stammfunktion* und des *unbestimmten Integrals*.

> Gegeben sei eine stetige Funktion $f(x)$. Eine Funktion $F(x)$ heißt Stammfunktion von $f(x)$, wenn $F'(x) = f(x)$ ist.

Den Übergang von einer Funktion zur Stammfunktion nennt man *Integrieren*. *Das Integrieren ist also die Umkehroperation des Differenzierens.*

Beispiel:

Zu $f(x) = x^2 + 1$ ist $F(x) = \dfrac{x^3}{3} + x + 5$ eine Stammfunktion, denn $F'(x) = \dfrac{3x^2}{3} + 1 = x^2 + 1 = f(x)$. Ebensogut wäre $F(x) = \dfrac{x^3}{3} + x + 1000$ eine Stammfunktion oder allgemein $F(x) = \dfrac{x^3}{3} + x + C$, wo C eine beliebige Konstante ist.

> Ist $F(x)$ eine Stammfunktion von $f(x)$, so ist auch $F_1(x) = F(x) + C$ eine Stammfunktion von $f(x)$.

Denn es gilt $F_1'(x) = F'(x) = f(x)$. Die Stammfunktion einer Funktion ist also nur bis auf eine additive Konstante bestimmt; zwei Stammfunktionen unterscheiden sich um eine additive Konstante.

Für unsere ökonomischen Funktionen können wir feststellen: Die Kostenfunktion ist eine Stammfunktion der zugehörigen Grenzkostenfunktion, der Gewinn ist eine Stammfunktion des zugehörigen Grenzgewinns, der Konsum ist eine Stammfunktion der zugehörigen marginalen Konsumquote usw.

Ist $F(x)$ irgendeine Stammfunktion, so stellt – wie wir gerade gesehen haben – der Ausdruck $F(x) + C$ jede beliebige Stammfunktion dar. Der Ausdruck $F(x) + C$ repräsentiert also die Schar oder die Menge aller Stammfunktionen. Man nennt *die Schar aller Stammfunktionen von $f(x)$ das unbestimmte Integral von $f(x)$.* Das unbestimmte Integral wird nach Leibniz mit dem Symbol $\int f(x)\, dx$ bezeichnet (gelesen „Integral über $f(x)\, dx$"). Es gilt also

$$\boxed{\int f(x)\, dx = F(x) + C} \qquad (6.1)$$

wo $F(x)$ eine Stammfunktion von $f(x)$ und C eine beliebige Konstante ist. in unserem Beispiel wäre also $\int (x^2 + 1)\, dx = \dfrac{x^3}{3} + x + C$. (6.1) kann auch in folgender Weise geschrieben werden

$$\int f'(x)\,dx = f(x) + C \tag{6.2}$$

oder

$$\frac{d}{dx}\left(\int f(x)\,dx\right) = f(x) \tag{6.3}$$

Dabei bedeutet $\dfrac{d}{dx}(\ldots)$ die Ableitung des in Klammern stehenden Ausdrucks nach x (vgl. 5.1.2). In (6.2) und (6.3) kommt besonders prägnant zum Ausdruck, daß Differenzieren und Integrieren inverse Operationen sind.

Aus den Regeln über das Differenzieren elementarer Funktionen sind für einige Grundfunktionen leicht die unbestimmten Integrale zu berechnen; man nennt sie oft wegen ihrer Bedeutung für das Geschäft des Integrierens *Grundintegrale*. So ist, wie man sofort nachrechnet, die Ableitung von $F(x) = \dfrac{1}{n+1}x^{n+1}$ gerade $F'(x) = f(x) = x^n$, also

$$\boxed{\int x^n\,dx = \frac{1}{n+1}x^{n+1} + C} \tag{6.4}$$

Die Formel (6.4) gilt für alle ganzen und gebrochenen n außer für $n = -1$ (denn für $n = -1$ wird die rechte Seite sinnlos). Die Funktion $f(x) = x^{-1} = \dfrac{1}{x}$ können wir also nicht nach (6.4) integrieren.

Beispiele:

1) $\displaystyle\int dx = \int 1\cdot dx = \int x^0\,dx = \frac{1}{0+1}x^1 + C = x + C$

2) $\displaystyle\int x\,dx = \frac{1}{2}x^2 + C$

3) $\displaystyle\int x^5\,dx = \frac{1}{6}x^6 + C$

4) $\displaystyle\int \frac{dx}{x^2} = \int \frac{1}{x^2}\,dx = \int x^{-2}\,dx = \frac{1}{-2+1}x^{-2+1} + C = -\frac{1}{x} + C$

5) $\displaystyle\int \frac{dx}{x^6} = \int x^{-6}\,dx = \frac{1}{-5}x^{-5} + C = -\frac{1}{5x^5} + C$

6) $\displaystyle\int \sqrt{x}\,dx = \int x^{\frac{1}{2}}\,dx = \frac{2}{3}x^{\frac{3}{2}} + C = \frac{2}{3}x\sqrt{x} + C$

7) $\displaystyle\int \sqrt[6]{x^5}\,dx = \int x^{\frac{5}{6}}\,dx = \frac{6}{11}x\sqrt[6]{x^5} + C$

8) $\quad \displaystyle\int \frac{dx}{\sqrt{x}} = \int x^{-\frac{1}{2}}\, dx = 2\sqrt{x} + C$

9) $\quad \displaystyle\int \frac{dx}{\sqrt[5]{x^2}} = \int x^{-\frac{2}{5}}\, dx = \frac{5}{3} x^{\frac{3}{5}} + C = \frac{5}{3} \sqrt[5]{x^3} + C$

Die Ableitung von $F(x) = \ln x$ war $F'(x) = f(x) = \dfrac{1}{x}$, also

$$\int \frac{dx}{x} = \int \frac{1}{x}\, dx = \ln x + C \tag{6.5}$$

(6.5) ist das noch fehlende Stück, um alle Potenzfunktionen x^n integrieren zu können. Regel (6.5) gilt nur für $x > 0$, denn $\ln x$ ist ja nur für $x > 0$ definiert. Für $x < 0$ gilt:

$$\int \frac{dx}{x} = \ln(-x) + C \tag{6.6}$$

Unter Berücksichtigung der Definition von $|x|$ kann man (6.5) und (6.6) zu einer Formel zusammenfassen:

$$\boxed{\int \frac{dx}{x} = \int \frac{1}{x}\, dx = \ln |x| + C} \tag{6.7}$$

Die Ableitung von $F(x) = e^x$ ist $F'(x) = f(x) = e^x$, also gilt

$$\boxed{\int e^x\, dx = e^x + C} \tag{6.8}$$

Die Grundintegrale (6.4), (6.7) und (6.8), kombiniert mit den nun zu besprechenden Integrationsregeln, ermöglichen bereits die Integration eines ansehnlichen Arsenals von Funktionen.

6.1.2 Integrationsregeln

(1) *Faktorregel*

Aus der Regel (5.6) über die Behandlung eines konstanten Faktors beim Differenzieren erhält man eine analoge Regel für das Integrieren: Ist $F(x)$ eine Stammfunktion von $f(x)$, so ist $aF(x)$ eine Stammfunktion von $af(x)$. Man hat nämlich

$$\frac{d}{dx}(aF(x)) \overset{(5.6)}{=} a \cdot \frac{d}{dx}F(x) = af(x).$$

Man kann das auch so ausdrücken

$$\int a f(x)\, dx = a \int f(x)\, dx \qquad (6.9)$$

Ein konstanter Faktor kann vor das Integral gezogen werden.

Beispiele:

1) $\displaystyle \int 7\, dx = 7 \int dx = 7x + C$

2) $\displaystyle \int -e^x\, dx = (-1) \cdot \int e^x\, dx = -e^x + C$

3) $\displaystyle \int -3x^2\, dx = (-3) \cdot \int x^2\, dx = (-3)\frac{x^3}{3} + C = -x^3 + C$

4) $\displaystyle \int \frac{2}{x}\, dx = 2 \int \frac{dx}{x} = 2\ln|x| + C$

5) $\displaystyle \int \frac{dx}{2\sqrt{x}} = \frac{1}{2} \int x^{-\frac{1}{2}}\, dx = \frac{1}{2} \cdot 2x^{\frac{1}{2}} + C = \sqrt{x} + C$

(2) *Summenregel*

Aus der Summenregel (5.7) für die Differentiation ergibt sich analog wie eben die Summenregel für Integrale:

$$\int (f(x) + g(x))\, dx = \int f(x)\, dx + \int g(x)\, dx \qquad (6.10)$$

Eine Summe kann gliedweise integriert werden.

Insbesondere kann man durch Kombination von (6.4), (6.9) und (6.10) jedes beliebige Polynom integrieren.

Beispiele:

1) $\displaystyle \int (x^2 - 7x + 5)\, dx = \frac{x^3}{3} - \frac{7}{2}x^2 + 5x + C$

2) $\displaystyle \int (-2x^5 + 3x^4 - x^3 + 2x^2 - x + 1)\, dx = -\frac{1}{3}x^6 + \frac{3}{5}x^5 - \frac{1}{4}x^4 + \frac{2}{3}x^3 - \frac{1}{2}x^2 + x + C$

3) $\displaystyle \int (-4x^3 + 3x^2 - 2x + 6)\, dx = -x^4 + x^3 - x^2 + 6x + C$

Weitere Beispiele zur Benutzung von (6.9) und (6.10):

1) $\displaystyle \int \left(x^2 - \frac{2}{x^2} + 7\sqrt[5]{x^2} \right) dx = \frac{x^3}{3} + \frac{2}{x} + 5x\sqrt[5]{x^2} + C$

2) $\displaystyle \int \left(-4x^3 + 6e^x - \frac{5}{x} \right) dx = -x^4 + 6e^x - 5\ln|x| + C$

3) $\displaystyle \int \left(3x^2 - \frac{4}{x^3} - e^x + \frac{2}{\sqrt[7]{x}} \right) dx = x^3 + \frac{2}{x^2} - e^x + \frac{7}{3}\sqrt[7]{x^6} + C$

(3) Partielle Integration

Integriert man auf beiden Seiten die Produktregel (5.9), d.h. die Gleichung $(u(x)\,v(x))' = u'(x)\,v(x) + u(x)\,v'(x)$, und berücksichtigt (6.2), so erhält man:

$$u(x)\,v(x) = \int u'(x)\,v(x)\,dx + \int u(x)\,v'(x)\,dx.$$

Dabei denken wir uns die links noch auftretende Konstante in einem der unbestimmten Integrale auf der rechten Seite untergebracht. Löst man das nach $\int u'(x)\,v(x)\,dx$ auf, so erhält man die Regel für die partielle Integration:

$$\boxed{\int u'(x)\,v(x)\,dx = u(x)\,v(x) - \int u(x)\,v'(x)\,dx} \qquad (6.11)$$

Diese Regel kann bei der Integration eines Produktes nützlich sein, und zwar dann, wenn man von einem der Faktoren eine Stammfunktion kennt oder sie leicht beschaffen kann. Man faßt dann diesen Faktor als u' auf; u ist dann bekannt und (6.11) liefert auf der rechten Seite möglicherweise ein Integral, welches man einfacher berechnen kann als das gegebene.

Beispiele:

1) $\int e^x \cdot x\,dx$
    Wir fassen e^x als $u'(x)$ auf; $u(x)$ ist dann bekannt, nämlich $u(x) = e^x$ (6.8). (6.11) liefert dann $\int e^x \cdot x\,dx = e^x \cdot x - \int e^x \cdot 1\,dx = e^x \cdot x - e^x + C = e^x(x-1) + C$.

2) $\int x^2 \ln x\,dx$.
    Wir setzen $u'(x) = x^2$, $u(x)$ ist dann $\dfrac{x^3}{3}$ und (6.11) liefert
    $$\int x^2 \ln x\,dx = \frac{x^3}{3}\ln x - \int \frac{x^3}{3}\cdot\frac{1}{x}\,dx = \frac{x^3}{3}\ln x - \frac{x^3}{9} + C$$

3) Gegebenenfalls stellt man sich das Produkt auch künstlich her:
    $\int \ln x\,dx$. Dies schreiben wir als $\int 1 \cdot \ln x\,dx$ und fassen 1 als $u'(x)$ auf. $u(x)$ ist dann gleich x. Also $\displaystyle \int \ln x\,dx = x \cdot \ln x - \int x \cdot \frac{1}{x}\,dx = x\ln x - x + C$

Oft führt Regel (6.11) aber auch auf ein Integral, welches komplizierter ist als dasjenige, das man berechnen sollte. Dann nützt sie nichts und führt nicht zum Ziel.

Beispiel:

$$\int \frac{x}{\ln x}\, dx.$$

Wir setzen $u'(x) = x$, $v(x) = \dfrac{1}{\ln x}$; dann ist $u(x) = \dfrac{x^2}{2}$ und (6.11) ergibt:

$$\int \frac{x}{\ln x}\, dx = \frac{x^2}{2} \cdot \frac{1}{\ln x} - \int \frac{x^2}{2} \frac{(-1)}{(\ln x)^2} \frac{1}{x}\, dx = \frac{x^2}{2} \cdot \frac{1}{\ln x} + \int \frac{x}{2(\ln x)^2}\, dx.$$

Das Integral auf der rechten Seite ist komplizierter als das Ausgangsintegral; die partielle Integration führt hier nicht zum Ziel.

Während die Differentiationsregeln immer zum Ziel führen, ist das bei den Integrationsregeln nicht der Fall. Das werden wir auch bei der folgenden Regel sehen. Das Integrieren stellt wesentlich höhere Anforderungen an Einfallsreichtum und mathematisches Gespür als das Differenzieren. Scherzhaft sagt man: „Differenzieren ist Handwerk, Integrieren ist Kunst."

(4) *Integration durch Substitution*

Ersetzt man im Integral $\int f(x)\, dx$ die Variable x durch eine Funktion einer anderen Variablen t: $x = g(t)$, so gilt

$$\boxed{\int f(x)\, dx = \int f(g(t))\, g'(t)\, dt; \quad x = g(t)} \tag{6.12}$$

Diese Regel beruht auf der Kettenregel (5.11) der Differentialrechnung: Wir differenzieren beide Seiten nach t. Die Ableitung der rechten Seite nach t ist gemäß (6.3) $f(g(t))g'(t)$. Um die Ableitung der linken Seite nach t zu erhalten, überlegen wir so: Es sei $F(x)$ Stammfunktion von $f(x)$, so wird nach der Substitution $x = g(t)$ das F eine Funktion von t und es gilt nach der Kettenregel: $\dfrac{d}{dt}F(g(t)) = \dfrac{dF}{dt}g'(t) = f(g(t))g'(t)$. Da $\int f(x)\, dx = F(x) + C$, ist also die Ableitung der linken Seite auch gleich $f(g(t))g'(t)$. Meist wird die Regel von rechts nach links gelesen:

$$\int f(g(x))g'(x)\, dx = \int f(u)\, du \quad \text{mit } u = g(x). \tag{6.13}$$

Beispiel:

$\int 2x\sqrt{x^2+1}\,dx$ ist zu berechnen.

Mit $u = g(x) = x^2 + 1$, $f(u) = \sqrt{u}$ und $g'(x) = 2x$ hat dieses Integral in der Tat die Gestalt $\int f(g(x))g'(x)\,dx$ und ist folglich gleich $\int f(u)\,du = \int \sqrt{u}\,du$. Dies kann leicht integriert werden: $\int \sqrt{u}\,du = \int u^{\frac{1}{2}}\,du = \frac{2}{3}u^{\frac{3}{2}} + C = \frac{2}{3}u\sqrt{u} + C$. Nun kann u wieder substituiert werden, und man erhält das Endergebnis:

$$\int 2x\sqrt{x^2+1}\,dx = \frac{2}{3}(x^2+1)\sqrt{x^2+1} + C.$$

Im vorliegenden Beispiel wurde (6.13) ganz formal benutzt, d.h. das vorliegende Integral hatte genau die passende Form. Meist geht man folgendermaßen vor: Man versucht eine Substitution $u = g(x)$. (6.13) zeigt, daß die Differentiale, die im Integral ja zunächst nichts anderes waren als Bestandteil der Bezeichnung (man hätte ja das unbestimmte Integral auch mit $\int f(x)$ bezeichnen können), sich automatisch richtig transformieren, denn wenn $u = g(x)$ ist, ist ja gerade $g'(x)\,dx$ gleich du. Wenn es also gelingt, in einem Integral durch Substitution $u = g(x)$ und Umrechung des Differentials dx in du nach der Formel $du = g'(x)\,dx$ ein Integral zu erhalten, welches nur noch die Variable u enthält, so kann die Substitutionsmethode zur Lösung führen.

Beispiele:

1) $\int xe^{2x^2+4}\,dx$ sei zu berechnen.

Wir versuchen die Substitution $u = 2x^2 + 4$, dann ist $du = 4x\,dx$. $x\,dx$ ist ja in dem Integral vorhanden, also $x\,dx = \frac{1}{4}\,du$ und somit:

$$\int xe^{2x^2+4}\,dx = \frac{1}{4}\int e^u\,du = \frac{1}{4}e^u + C = \frac{1}{4}e^{2x^2+4} + C.$$

2) $\int x^2 e^{2x^2+4}\,dx$.

Wir versuchen wieder $u = 2x^2 + 4$, $du = 4x\,dx$, $x\,dx = \frac{1}{4}\,du$. Nun bleibt aber ein x übrig; wollte man dies auch durch u ausdrücken, so erhielte man $x = \sqrt{\frac{u}{2} - 2}$ und

somit: $\int x^2 e^{2x^2+4}\,dx = \frac{1}{4}\int \sqrt{\frac{u}{2} - 2}\,e^u\,du$.

Dieses Integral ist aber auch nicht einfacher als das gegebene; die Substitutionsmethode versagt hier.

Die Substitutionsmethode funktioniert jedoch immer, wenn man eine lineare Funktion von x substituieren kann, und wenn das dann entstehende Integral berechnet werden kann.

Beispiel:

$$\int e^{-3x+4}\,dx \text{ sei zu berechnen.} \quad u = -3x+4, \quad du = -3\,dx, \text{ d.h. } dx = -\frac{1}{3}\,du.$$

$$\int e^{-3x+4}\,dx = -\frac{1}{3}\int e^u\,du = -\frac{1}{3}e^u + C = -\frac{1}{3}e^{-3x+4} + C.$$

Wir können im Fall linearer Substitution eine allgemeine Regel formulieren: $\int f(ax+b)\,dx$ soll berechnet werden. $u = ax+b, \quad du = a\,dx, \quad dx = \frac{1}{a}\,du$, also:

$$\int f(ax+b)\,dx = \frac{1}{a}\int f(u)\,du. \tag{6.14}$$

Beispiele für die Anwendung von (6.14):

1) $\displaystyle\int e^{ax+b}\,dx = \frac{1}{a}e^{ax+b} + C$

2) $\displaystyle\int \frac{1}{ax+b}\,dx = \frac{1}{a}\ln|ax+b| + C$

3) $\displaystyle\int (ax+b)^n\,dx = \frac{1}{a(n+1)}(ax+b)^{n+1} + C; \quad n \neq -1$

4) $\displaystyle\int \sqrt{2x-7}\,dx = \frac{1}{2}\cdot\frac{2}{3}(2x-7)^{\frac{3}{2}} + C = \frac{1}{3}(2x-7)\sqrt{2x-7} + C$

5) $\displaystyle\int \frac{dx}{(3x+4)^2} = \frac{1}{3}\cdot\left(-\frac{1}{3x+4}\right) + C = -\frac{1}{3(3x+4)} + C$

6) $\displaystyle\int e^{-x}\,dx = -e^{-x} + C$

7) $\displaystyle\int \frac{dx}{1-x} = -\ln|1-x| + C$

8) $\displaystyle\int (-2x+4)^6\,dx = \frac{1}{-2}\cdot\frac{1}{7}(-2x+4)^7 + C = -\frac{1}{14}(-2x+4)^7 + C$

Mit einigen weiteren Beispielen zur Substitutionsmethode wollen wir es dann bewenden lassen. Sollte man auf kompliziertere Integrale stoßen, die man nicht bewältigen kann, so empfiehlt sich ein Blick in eine Integraltafel, z.B. die im *Taschenbuch der Mathematik*, Teubner Stuttgart-Leipzig, oder die Benutzung eines Computeralgebra-Systems, z.B. MAPLE oder MATHEMATICA.

Weitere Beispiele:

1) $\displaystyle\int x^2\sqrt{x-1}\,dx.$

Wir substituieren $u = x-1, \quad du = dx$. Es ist dann $x = u+1$ und das Integral geht über in

$$\int (u+1)^2 \sqrt{u}\, du = \int (u^2 + 2u + 1)\sqrt{u}\, du = \int \left(u^{\frac{5}{2}} + 2u^{\frac{3}{2}} + u^{\frac{1}{2}}\right) du$$

$$= \frac{2}{7}u^{\frac{7}{2}} + \frac{4}{5}u^{\frac{5}{2}} + \frac{2}{3}u^{\frac{3}{2}} + C = \left(\frac{2}{7}u^3 + \frac{4}{5}u^2 + \frac{2}{3}u\right)\sqrt{u} + C$$

Also $\int x^2\sqrt{x-1}\, dx = \left[\frac{2}{7}(x-1)^3 + \frac{4}{5}(x-1)^2 + \frac{2}{3}(x-1)\right]\sqrt{x-1} + C.$

2) $\quad \int \dfrac{x^3\, dx}{x^4 + 1}. \qquad u = x^4 + 1, \quad du = 4x^3\, dx, \quad x^3\, dx = \dfrac{1}{4}\, du.$

$$\int \frac{x^3\, dx}{x^4 + 1} = \frac{1}{4}\int \frac{du}{u} = \frac{1}{4}\ln|u| + C = \frac{1}{4}\ln(x^4 + 1) + C.$$

(Die Betragsstriche können weggelassen werden, da $x^4 + 1$ stets > 0 ist.)

3) $\quad \int e^{-x}\sqrt[3]{1 - e^{-x}}\, dx. \qquad u = 1 - e^{-x}, \quad du = -(-e^{-x})\, dx = e^{-x}\, dx.$

$$\int e^{-x}\sqrt[3]{1 - e^{-x}}\, dx = \int \sqrt[3]{u}\, du = \int u^{\frac{1}{3}}\, du = \frac{3}{4}u^{\frac{4}{3}} + C = \frac{3}{4}u\sqrt[3]{u} + C$$

$$= \frac{3}{4}(1 - e^{-x})\sqrt[3]{1 - e^{-x}} + C.$$

6.2   Das bestimmte Integral

6.2.1   Begriff des bestimmten Integrals

Der Ausgangspunkt für diese Begriffsbildung ist das Flächeninhaltsproblem:

Es soll die Fläche unter einer stetigen Kurve bestimmt werden. Genauer gesagt geht es um die Bestimmung der Fläche, die von der x−Achse, den Geraden $x = a$ und $x = b$ und dem Graphen einer stetigen Funktion $f(x)$ begrenzt wird (Abb. 6.1; die gesuchte Fläche ist schattiert).

Wir überlegen zunächst, wie man die Fläche eines schmalen Streifens näherungsweise bestimmen könnte, der von zwei nahe beieinanderliegenden Abszissen x_i und x_{i+1}, der Funktionskurve und der x-Achse begrenzt wird (Abb. 6.2). Die Fläche dieses Streifens ist näherungsweise gleich der Fläche eines Rechtecks, als dessen Länge wir den Funktionswert am linken Randpunkt, d.h. $f(x_i)$ nehmen, und dessen Breite gleich $\Delta x_i = x_{i+1} - x_i$ ist. Die Übereinstimmung von Rechtecksfläche und wirklicher Fläche des Streifens wird umso besser sein, je schmaler der Streifen ist. Diese qualitative Überlegung bleibt auch gültig, wenn wir statt $f(x_i)$ irgendeinen Funktionswert $f(\xi_i)$ mit $x_i \leq \xi_i \leq x_{i+1}$ genommen hätten (die Annäherung wäre dann möglicherweise ein wenig besser oder ein wenig

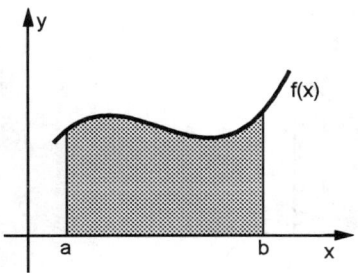 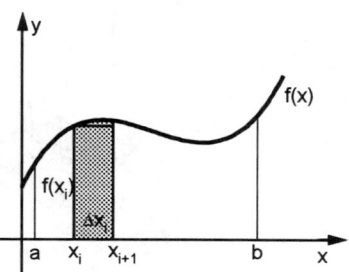

Abb. 6.1 und 6.2

schlechter, je nach Wahl des Zwischenpunktes ξ_i). Es liegt nun nahe, die gesuchte Fläche in Abb. 6.1 durch Zerschneiden in Streifen und Summierung der zugehörigen Rechtecke zunächst näherungsweise zu bestimmen und dann durch einen Grenzübergang, der die Streifen immer schmaler und schmaler macht und dafür ihre Anzahl unbegrenzt anwachsen läßt, schließlich zum exakten Wert der Fläche zu kommen.

Die hier skizzierte Überlegung wollen wir jetzt genauer durchführen. Wir teilen das Intervall $[a, b]$ (die eckigen Klammern bedeuten, daß die Randpunkte dazugehören) in n Teile, indem wir entsprechend Teilpunkte einführen:

$$a = x_0 < x_1 < x_2 < \ldots < x_{n-1} < x_n = b.$$

Die Längen der Teilstücke sind $\Delta x_0 = x_1 - x_0$, $\Delta x_1 = x_2 - x_1, \ldots$, $\Delta x_i = x_{i+1} - x_i, \ldots$, $\Delta x_{n-1} = x_n - x_{n-1}$. Unsere Näherungssumme für die Fläche, die Summe aller Näherungswerte, hat dann die Form

$$S_n = \sum_{i=0}^{n-1} f(x_i)(x_{i+1} - x_i) = \sum_{i=0}^{n-1} f(x_i)\Delta x_i$$

Ein Beispiel mit $n = 10$ ist in Abb. 6.3 dargestellt.

Wir wollen, wie in Abb. 6.3, die maximale Streifenbreite, d.h. das Maximum der Größen Δx_i mit δ bezeichnen. Wenn man nun immer feinere und feinere Zerlegungen betrachtet, so wird $\delta \to 0$ (und gleichzeitig $n \to \infty$) gehen. Der Grenzübergang $\delta \to 0$ wird schließlich das gewünschte Resultat liefern, d.h. S_n wird gegen die gesuchte Fläche streben.

Man kann zeigen, daß in der Tat für stetige Funktionen $f(x)$ (und z.B. auch für Funktionen, die bis auf endlich viele Sprungstellen stetig sind) der Grenzwert der Summen S_n für $\delta \to 0$ existiert. Das führt zu folgender Definition:

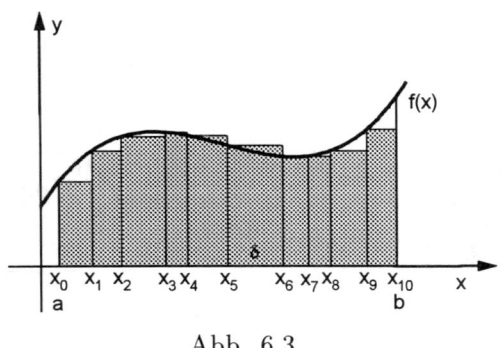

Abb. 6.3

Der Grenzwert der Näherungssummen, d.h. $\lim\limits_{\delta \to 0} \sum\limits_{i=0}^{n-1} f(x_i)(x_{i+1} - x_i)$, heißt

das bestimmte Integral von $f(x)$ zwischen den Grenzen a und b und wird mit

$$\int_a^b f(x)\,dx$$

bezeichnet. Dabei ist $f(x)$ als stetig vorausgesetzt, $a = x_0 < x_1 < x_2 <$ $\ldots < x_{n-1} < x_n = b$ ist eine Teilung des Intervalls $[a,b]$ in n Teile und $\delta = \max \Delta x_i = \max(x_{i+1} - x_i)$.

$\int_a^b f(x)\,dx$ wird gelesen „Integral von a bis b f von x dx". $f(x)$ heißt der Integrand, a heißt die untere, b die obere Integrationsgrenze.

Die geometrische Bedeutung des bestimmten Integrals für Funktionen $f(x)$, deren Graph in $[a,b]$ über der x-Achse liegt, d.h. für die $f(x) \geq 0$ in $[a,b]$ ist, ergibt sich unmittelbar aus dem Gang unserer Überlegungen:

Ist $f(x) \geq 0$ in $[a,b]$, so ist $\int_a^b f(x)\,dx$ die Fläche, die von der x-Achse, den Geraden $x = a$ und $x = b$ und dem Graphen der Funktion $f(x)$ begrenzt wird (Abb. 6.1).

Ist $f(x) \leq 0$ in $[a,b]$, so ist jede Summe S_n negativ, da $f(x_i) \leq 0$ und die Δx_i positiv sind. $\int_a^b f(x)\,dx$ ist demnach in diesem Fall der negative Wert der Fläche zwischen dem Graphen der Funktion, der x-Achse und den Geraden $x = a$ und $x = b$. $|\int_a^b f(x)\,dx|$ ist also in diesem Fall die Fläche F (Abb. 6.4). Wechselt $f(x)$ in $[a,b]$ das Vorzeichen, so sind zur Flächenberechnung zusätzliche Überlegungen erforderlich (s.u.).

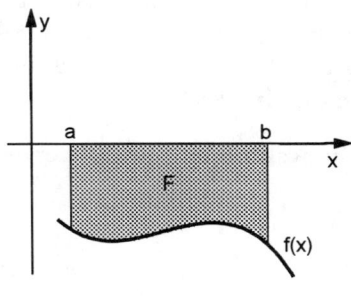

Abb. 6.4

Wir wollen zunächst als Beispiel ein einfaches bestimmtes Integral mittels der Definition berechnen, nämlich $\int_0^1 x\,dx$ (Abb.6.5)

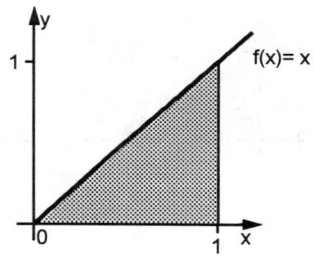

Abb. 6.5

In diesem Fall kann man die Fläche (Dreiecksfläche) elementargeometrisch bestimmen: $F = \dfrac{1}{2} \cdot$ Grundlinie $\cdot$ Höhe $= \dfrac{1}{2} \cdot 1 \cdot 1 = \dfrac{1}{2}$. Es muß also $\int_0^1 x\,dx = \dfrac{1}{2}$ sein. Um das zu bestätigen, unterteilen wir das Intervall $[0,1]$ in n gleiche Teile durch die Teilpunkte $0 = x_0,\ x_1 = \dfrac{1}{n},\ x_2 = 2 \cdot \dfrac{1}{n}, \ldots,\ x_i = i\dfrac{1}{n}, \ldots,\ x_n = n\dfrac{1}{n} = 1$. Es ist dann $\Delta x_i = (i+1)\dfrac{1}{n} - i\dfrac{1}{n} = \dfrac{1}{n}$ und $\delta = \dfrac{1}{n}$. $\delta \to 0$ bedeutet also $n \to \infty$. Es ist $f(x) = x$ und somit $f(x_i) = i\dfrac{1}{n}$, also ist die Näherungssumme $S_n = \displaystyle\sum_{i=0}^{n-1} i\dfrac{1}{n} \cdot \dfrac{1}{n} = \dfrac{1}{n^2} \sum_{i=0}^{n-1} i$. $\displaystyle\sum_{i=0}^{n-1} i$ ist nach

(3.1.1) gleich $\dfrac{(n-1)n}{2}$. Also ist $S_n = \dfrac{n^2 - n}{2n^2}$. Den Grenzwert von S_n für $n \to \infty$ kann man nach denselben Regeln berechnen, wie wir sie für gebrochenrationale Funktionen kennengelernt haben:

$$\lim_{n\to\infty} \frac{n^2 - n}{2n^2} = \lim_{x\to\infty} \frac{x^2 - x}{2x^2} = \frac{1}{2}$$

(gleicher Grad der Polynome im Zähler und Nenner).

Also $\int_0^1 x\,dx = \lim_{n\to\infty} S_n = \dfrac{1}{2}$.

Dieses Beispiel zeigt, daß, selbst im allereinfachsten Fall, die Berechnung eines bestimmten Integrals über die Definition sehr umständlich ist. Der Hauptsatz der Differential- und Integralrechnung (6.2.2) wird uns ein effektives Mittel an die Hand geben, um bestimmte Integrale zu berechnen.

Die folgenden Eigenschaften bestimmter Integrale ergeben sich unmittelbar aus der Definition:

$$\int_a^b f(x)\,dx + \int_b^c f(x)\,dx = \int_a^c f(x)\,dx \quad \text{vgl. Abb. 6.6} \tag{6.15}$$

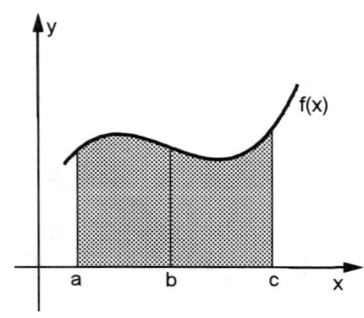

Abb. 6.6

$$\int_a^b (f(x) \pm g(x))\,dx = \int_a^b f(x)\,dx \pm \int_a^b g(x)\,dx \tag{6.16}$$

Wir legen noch folgendes per Definition fest:

$$\int_b^a f(x)\,dx = -\int_a^b f(x)\,dx \tag{6.17}$$

Das kann man in Worten auch so ausdrücken:

> Bei Umkehrung der Integrationsrichtung, d.h. bei Vertauschen der beiden Integrationsgrenzen, kehrt sich das Vorzeichen des Integrals um.

$$\int_a^a f(x)\,dx = 0 \tag{6.18}$$

> Sind beide Integrationsgrenzen gleich, ist das Integral gleich Null.

6.2.2   Der Hauptsatz der Differential- und Integralrechnung

Der Begriff der Stammfunktion bzw. des unbestimmten Integrals war ja durch Umkehrung der Differentiation entstanden. Der Begriff des bestimmten Integrals als Grenzwert von Näherungssummen entstand aus dem Problem der Bestimmung des Flächeninhalts. Daß nun zwischen diesen beiden so verschiedenen Begriffen ein enger Zusammenhang besteht, ist von grundlegender Bedeutung. Man bezeichnet diesen Zusammenhang deshalb auch als Hauptsatz oder als Fundamentalsatz der Differential- und Integralrechnung.

Um ihn zu gewinnen, betrachten wir die zu einer stetigen Funktion $f(x)$ gehörige *Flächenfunktion* $F_1(x)$: Wir fixieren einen Abszissenwert a und nehmen die Fläche bis zu einem variablen Wert x; diese Fläche bezeichnen wir mit $F_1(x)$ (Abb. 6.7). Es entsteht auf diese Weise in der Tat eine Funktion, denn zu jedem

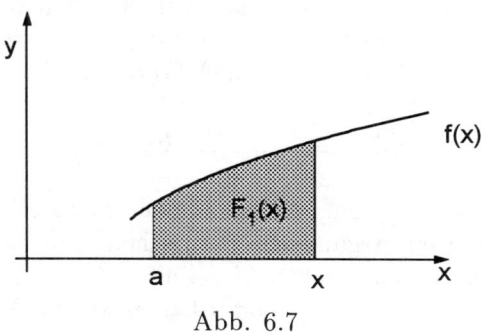

Abb. 6.7

x gibt es eine Zahl $F_1(x)$, die Fläche unter der Kurve von a bis zu diesem x. Nach unseren bisherigen Erkenntnissen können wir diese Fläche als bestimmtes Integral schreiben: $F_1(x) = \int_a^x f(t)\, dt$.

Hier wurde als Integrationsvariable t geschrieben, um Verwechslungen der Integrationsvariablen mit der variablen oberen Integrationsgrenze zu vermeiden. Die Bezeichnung der Integrationsvariable in einem bestimmten Integral ist nämlich beliebig; es gilt

$$\int_a^b f(x)\, dx = \int_a^b f(t)\, dt = \int_a^b f(u)\, du \quad \text{usw.}$$

Unser nächstes Ziel ist es, die Ableitung von $F_1(x)$ auszurechnen. Dazu bestimmen wir zunächst $F_1(x_0 + \Delta x) - F_1(x_0)$ (Abb. 6.8) $F_1(x_0 + \Delta x)$ ist die Gesamtfläche von a aus gerechnet bis $x_0 + \Delta x$. Davon wird $F_1(x_0)$, d.h. die Fläche von a aus bis x_0 subtrahiert. Übrig bleibt dann die Fläche in dem Streifen von x_0 bis $x_0 + \Delta x$ (Abb. 6.8).

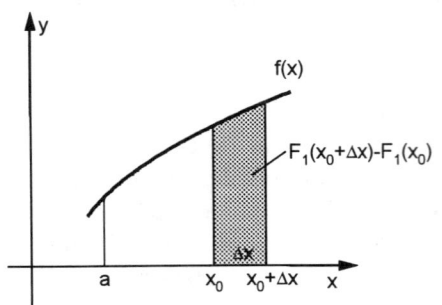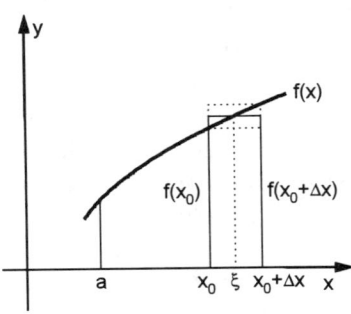

Abb. 6.8 und 6.9

Man kann diese Fläche exakt als Rechtecksfläche schreiben, indem man folgendes überlegt (Abb.6.9): Das Rechteck $f(x_0) \cdot \Delta x$ ist ein wenig zu klein, das Rechteck $f(x_0 + \Delta x) \cdot \Delta x$ ein wenig zu groß. Es wird also einen Abszissenwert ξ zwischen x_0 und $x_0 + \Delta x$ geben, so daß exakt gilt: Streifenfläche $= f(\xi) \cdot \Delta x$. Nun ist ja die Streifenfläche gerade $F_1(x_0 + \Delta x) - F_1(x_0)$. Also können wir schließen: Es gibt ein ξ mit $x_0 \leq \xi \leq x_0 + \Delta x$, so daß $F_1(x_0 + \Delta x) - F_1(x_0) = f(\xi) \cdot \Delta x$, bzw.

$$\frac{F_1(x_0 + \Delta x) - F_1(x_0)}{\Delta x} = f(\xi).$$

Nun lassen wir $\Delta x \to 0$ gehen. Auf der linken Seite erhalten wir dann die Ableitung $F_1'(x_0)$. Da ξ ein Argumentwert zwischen x_0 und $x_0 + \Delta x$ ist, wandert es gegen x_0, wenn Δx gegen 0 geht. Also geht $f(\xi)$ bei $\Delta x \to 0$ gegen $f(x_0)$ (Stetigkeit von $f(x)$ vorausgesetzt). Somit haben wir das Ergebnis:

$$F_1'(x_0) = f(x_0).$$

Das kann man für jedes x_0 machen, also gilt allgemein:

$$F_1'(x) = f(x).$$

Die Flächenfunktion $F_1(x)$ von $f(x)$ ist eine Stammfunktion von $f(x)$.

Oder anders ausgedrückt:

Das bestimmte Integral $\int_a^x f(t)\,dt$ mit variabler oberer Grenze ist eine Stammfunktion des Integranden.

Oft wird bereits dieser Satz als Hauptsatz der Differential- und Integralrechnung bezeichnet. In vielen Lehrbüchern heißt die folgende Schlußfolgerung der Hauptsatz der Differential- und Integralrechnung. Es sei $F(x)$ ein beliebige Stammfunktion von $f(x)$. Wir wissen dann, daß sich $F(x)$ von unserer Flächenfunktion $F_1(x)$ nur um eine additive Konstante unterscheidet.

$$F_1(x) = F(x) + C \tag{6.19}$$

Insbesondere gilt:

$$F_1(b) = \int_a^b f(x)\,dx = F(b) + C \tag{6.20}$$

Nach (6.18) ist $F_1(a) = \int_a^a f(x)\,dx = 0$, andererseits folgt aus (6.19) $F_1(a) = F(a) + C$. Man hat also $0 = F(a) + C$, d.h. $C = -F(a)$. Setzt man das in (6.20) ein, so erhält man den *Hauptsatz der Differential- und Integralrechnung*:

Ist $F(x)$ eine beliebige Stammfunktion von $f(x)$, so gilt

$$\int_a^b f(x)\,dx = F(b) - F(a). \tag{6.21}$$

Die Bedeutung dieses Satzes liegt auf der Hand: Wenn ein bestimmtes Integral $\int_a^b f(x)\,dx$ zu berechnen ist, so braucht man nicht den mühsamen Weg über die Definition zu gehen, sondern man berechnet das unbestimmte Integral $F(x)$, in welchem man die Konstante fortlassen kann und bildet dann $F(b) - F(a)$.

Beispiel:

$\int_{-1}^{2} x^2\,dx$ sei gesucht.

Es ist $\int x^2\,dx = \dfrac{x^3}{3}$, also $\int_{-1}^{2} x^2\,dx = \dfrac{2^3}{3} - \dfrac{(-1)^3}{3} = \dfrac{8}{3} + \dfrac{1}{3} = 3$.

Es hat sich bei solchen Berechnungen folgende Schreibweise eingebürgert:

$$\int_a^b x^2\,dx = \left[\frac{x^3}{3}\right]_a^b.$$

Der Ausdruck $\left[\dfrac{x^3}{3}\right]_a^b$ bedeutet, daß man erst b einsetzt und dann den Term subtrahiert, der durch Einsetzen von a entsteht, also $\left[\dfrac{x^3}{3}\right]_a^b = \dfrac{b^3}{3} - \dfrac{a^3}{3}$. In unserem Beispiel ist $\int_{-1}^{2} x^2\,dx = \left[\dfrac{x^3}{3}\right]_{-1}^{2} = \dfrac{2^3}{3} - \dfrac{(-1)^3}{3} = 3$.

Beispiele für die Berechnung bestimmter Integrale:

1) $\int_{-2}^{4} (-3x^3 + 7x^2 + 4x + 5)\, dx = \left[-\frac{3}{4}x^4 + \frac{7}{3}x^3 + 2x^2 + 5x \right]_{-2}^{4}$

$$= -\frac{3}{4} \cdot 4^4 + \frac{7}{3} \cdot 4^3 + 2 \cdot 4^2 + 5 \cdot 4 - \left(-\frac{3}{4}(-2)^4 + \frac{7}{3}(-2)^3 + 2(-2)^2 + 5(-2) \right) = 42.$$

2) $\int_{1}^{4} \frac{dx}{3x + 4}.$

Zunächst berechnen wir nach der Substitutionsmethode $\int \frac{dx}{3x+4}$. $u = 3x + 4$, $dx =$

$\frac{1}{3}\, du$, also $\int \frac{dx}{3x+4} = \frac{1}{3} \int \frac{du}{u} = \frac{1}{3} \ln|u| = \frac{1}{3} \ln|3x + 4|.$

Also $\int_{1}^{4} \frac{dx}{3x + 4} = \left[\frac{1}{3} \ln|3x + 4| \right]_{1}^{4} = \frac{1}{3} \ln 16 - \frac{1}{3} \ln 7 = 0,2755595.$

3) $\int_{-2}^{2} xe^x\, dx.$

Zunächst berechnen wir mittels partieller Integration $\int xe^x\, dx$. Wir setzen $v(x) = x$, $u'(x) = e^x$, dann ist $u(x) = e^x$, also $\int xe^x\, dx = xe^x - \int e^x\, dx = xe^x - e^x = e^x(x - 1).$

$$\int_{-2}^{2} xe^x\, dx = [e^x(x - 1)]_{-2}^{2} = e^2 - e^{-2}(-3) = e^2 + 3e^{-2} = 7,7950619.$$

4) $\int_{1}^{4} \sqrt[3]{x}\, dx = \left[\frac{3}{4}x\sqrt[3]{x} \right]_{1}^{4} = \frac{3 \cdot 4}{4} \cdot \sqrt[3]{4} - \frac{3}{4} \cdot 1 \cdot \sqrt[3]{1} = 3 \cdot \sqrt[3]{4} - \frac{3}{4} = 4,012203.$

5) $\int_{-1}^{1} (-x^4 + x^2)\, dx = \left[-\frac{x^5}{5} + \frac{x^3}{3} \right]_{-1}^{1} = -\frac{1}{5} + \frac{1}{3} - \left(-\frac{(-1)^5}{5} + \frac{(-1)^3}{3} \right)$

$$= -\frac{1}{5} + \frac{1}{3} - \frac{1}{5} + \frac{1}{3} = \frac{4}{15}.$$

Dieses Beispiel zeigt insbesondere, wie wichtig es ist, die Vorzeichenregeln ganz sorgfältig zu handhaben und jeden Schritt genau auszuführen.

Flächenberechnungen

Aus dem bisher Dargelegten wissen wir bereits folgendes:

– $\int_{a}^{b} f(x)\, dx$ ist die Fläche zwischen x-Achse, Funktionskurve und den Geraden $x = a$ und $x = b$, falls in $[a, b]$ $f(x) \geq 0$ ist (Abb. 6.1)

– $\left| \int_{a}^{b} f(x)\, dx \right|$ ist die Fläche zwischen x-Achse, Funktionskurve und den Geraden $x = a$ und $x = b$, falls in $[a, b]$ $f(x) \leq 0$ ist (Abb. 6.4).

Wenn in $[a, b]$ die Funktion $f(x)$ das Vorzeichen wechselt, liefert $\int_{a}^{b} f(x)\, dx$ nicht die Fläche. Wir betrachten folgendes Beispiel:

$$\int_{-1}^{1} x^3\,dx = \left[\frac{x^4}{4}\right]_{-1}^{1} = \frac{1}{4} - \frac{1}{4} = 0 \text{ (Abb. 6.10).}$$

$$\int_{-1}^{0} x^3\,dx = -\frac{1}{4} \text{ liefert die Fläche } F_1, \text{ aber mit negativem Vorzeichen.}$$

$$\int_{0}^{1} x^3\,dx = \frac{1}{4} \text{ liefert die Fläche } F_2. \text{ Beide sind betragsmäßig gleich groß und}$$

heben sich bei der Berechnung von $\int_{-1}^{1} x^3\,dx = \int_{-1}^{0} x^3\,dx + \int_{0}^{1} x^3\,dx$ (Regel (6.15)) gerade fort. Um auch in solchen Fällen die Fläche berechnen zu können, muß man das Integral bei den Nullstellen aufteilen und für die unterhalb der x-Achse gelegenen Anteile beim Integral den Betrag nehmen. Abb. 6.11 illustriert das Vorgehen, falls z.B. in $[a,b]$ drei Nullstellen von $f(x)$ liegen.

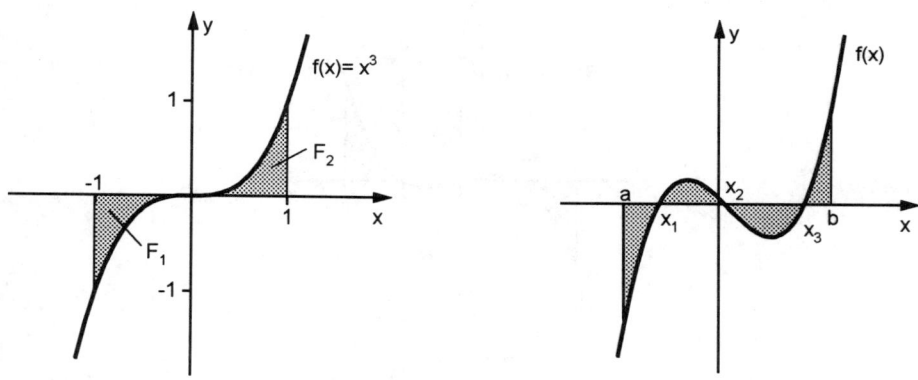

Abb. 6.10 und 6.11

Für die Gesamtfläche F (in der Abb. schattiert) gilt in diesem Beispiel:

$$F = \left|\int_{a}^{x_1} f(x)\,dx\right| + \left|\int_{x_1}^{x_2} f(x)\,dx\right| + \left|\int_{x_2}^{x_3} f(x)\,dx\right| + \left|\int_{x_3}^{x_4} f(x)\,dx\right|.$$

Für die schattierte Fläche in Abb. 6.10 hätten wir demnach:

$$F = \left|\int_{-1}^{0} x^3\,dx\right| + \int_{0}^{1} x^3\,dx = \left|-\frac{1}{4}\right| + \frac{1}{4} = \frac{1}{2}.$$

Beispiel zur Flächenberechnung:

Man berechne die Gesamtfläche zwischen Kurve und x-Achse in den Grenzen von $a = -2$ bis $b = 2$ für $f(x) = x^3 - x$.

Es ist $f(x) = x(x^2 - 1)$. Man erhält also die Nullstellen, wenn man $x = 0$ und $x^2 - 1 = 0$ setzt. Also $x_1 = -1$, $x_2 = 0$, $x_3 = 1$. Folglich hat man (Abb. 6.12):

$$F = \left| \int_{-2}^{-1} (x^3 - x)\, dx \right| + \int_{-1}^{0} (x^3 - x)\, dx + \left| \int_{0}^{1} (x^3 - x)\, dx \right| + \int_{1}^{2} (x^3 - x)\, dx =$$

$$= \left| \left[\frac{x^4}{4} - \frac{x^2}{2} \right]_{-2}^{-1} \right| + \left[\frac{x^4}{4} - \frac{x^2}{2} \right]_{-1}^{0} + \left| \left[\frac{x^4}{4} - \frac{x^2}{2} \right]_{0}^{1} \right| + \left[\frac{x^4}{4} - \frac{x^2}{2} \right]_{1}^{2}$$

$$= \left| -\frac{9}{4} \right| + \frac{1}{4} + \left| -\frac{1}{4} \right| + \frac{9}{4} = 5.$$

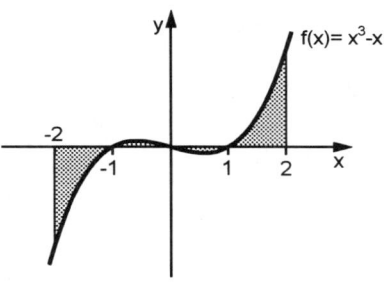

Abb. 6.12

6.3 Anwendung der Integralrechung in den Wirtschaftswissenschaften

6.3.1 Kontinuierlicher Zahlungsverkehr

Bevor wir kontinuierliche Zahlungsströme behandeln können, müssen wir etwas über *stetige Verzinsung* vorausschicken. Wir hatten bei der Behandlung der unterjährigen Verzinsung folgendes hergeleitet: Teilt man das Jahr in m Zinsperioden (z.B. $m = 12$ bei monatlicher Verzinsung), so gilt für das Endkapital

K_t, auf das ein Anfangskapital K_0 in t Jahren anwächst (2.18):

$$K_t = K_0 \left(1 + \frac{p}{m \cdot 100}\right)^N.$$

Dabei ist $N = t \cdot m$ die Gesamtzahl der Zinsperioden in t Jahren. Lösen wir $N = t \cdot m$ nach m auf, und setzen ein, so folgt:

$$K_t = K_0 \left(1 + \frac{p \cdot t}{N \cdot 100}\right)^N.$$

Wir stellen uns nun vor, daß die Zinsperioden immer kürzer werden, d.h., daß die Zinsen täglich, stündlich, ja jede Sekunde und in der Grenze augenblicklich dem Kapital zugeschlagen werden. Man spricht dann von *stetiger Verzinsung*. Für unsere Endkapitalformel würde der Übergang zu immer kürzeren Zinsperioden bedeuten, daß m und damit N gegen Unendlich gehen. Das Endkapital K_t nach einer verflossenen Zeit von t Zeiteinheiten wäre also bei stetiger Verzinsung:

$$K_t = \lim_{N \to \infty} K_0 \left(1 + \frac{p \cdot t}{N \cdot 100}\right)^N.$$

Man beweist in der höheren Mathematik folgende Beziehung:

$$\lim_{N \to \infty} \left(1 + \frac{x}{N}\right)^N = e^x.$$

Also gilt für das Kapital K_t bei stetiger Verzinsung zum Zinssatz p:

$$\boxed{K_t = K_0 e^{\frac{p}{100}t}} \qquad (6.22)$$

Beispiel:

Auf welchen Betrag wächst ein Kapital von 12 000 DM bei stetiger Verzinsung und einem Zinssatz von $p = 5\%$ in 7 Jahren an?
$K_7 = 12\,000\, e^{0,05 \cdot 7} = 17\,028,81$ DM.
Zum Vergleich berechnen wir das Kapital nach 7 Jahren bei jährlicher Verzinsung:
$K_7 = 12\,000 \cdot 1,05^7 = 16\,885,21$ DM.
Es ist klar, daß das Endkapital bei jährlicher Verzinsung geringer sein muß als bei stetiger Verzinsung, wo ja die Zinsen augenblicklich und kontinuierlich dem Kapital zugeschlagen und dann mitverzinst werden.

Dieser Vergleich führt uns auf folgendes Problem: Die stetige Verzinsung ist ein Modell, welches leicht zu handhaben und für die Behandlung kontinuierlicher Zahlungsströme unerläßlich ist. Andererseits ist es praktisch nicht ganz adäquat, weil in Wirklichkeit die Zinszuschläge diskret (meist jährlich) erfolgen. Man könnte diesen Nachteil der stetigen Verzinsung dadurch ausgleichen, daß man mit einem etwas geringeren Zinssatz $\bar{p}$ arbeitet. Dieser müßte so beschaffen sein, daß bei gegebenem Zinssatz p das Endkapital nach n Jahren bei stetiger Verzinsung mit dem Zinssatz $\bar{p}$ die gleiche Höhe hat wie das bei jährlicher Verzinsung mit dem gegebenen Zinsatz p entstehende Endkapital. *$\bar{p}$ heißt dann der zu p äquivalente stetige Zinssatz.* Für seine Berechnung haben wir nach dem eben Gesagten die Gleichung

$$K_0 e^{\frac{\bar{p}}{100}n} = K_0 \left(1 + \frac{p}{100}\right)^n$$

nach $\bar{p}$ aufzulösen. Wir können zunächst durch K_0 dividieren und das Potenzgesetz (2.8) anwenden:

$$\left(e^{\frac{\bar{p}}{100}}\right)^n = \left(1 + \frac{p}{100}\right)^n.$$

Wir ziehen auf beiden Seiten die n-te Wurzel und logarithmieren beide Seiten anschließend; dabei beachten wir (2.29):

$$\frac{\bar{p}}{100} = \ln\left(1 + \frac{p}{100}\right),$$

woraus sich für den zu p äquivalenten stetigen Zinssatz

$$\bar{p} = 100 \ln\left(1 + \frac{p}{100}\right) = 100 \ln q. \tag{6.23}$$

ergibt. Berechnen wir beispielsweise $\bar{p}$ zu $p = 5\%$: $\bar{p} = 100 \ln 1,05 \approx 4,879\%$.

Wir wollen nun an einem Beispiel prüfen, ob tatsächlich das Endkapital bei stetiger Verzinsung mit dem Zinssatz $\bar{p} = 4,879\%$ gleich dem Endkapital bei jährlicher Verzinsung zu $p = 5\%$ ist. Wir wählen als Beispiel $K_0 = 10\,000$ DM und $n = 7$ Jahre. Dann gilt: $K_7(\text{stetig}) = 10\,000\, e^{0,04879 \cdot 7} = 14\,070,99$ DM.

$K_7(\text{jährlich}) = 10\,000 \cdot 1,05^7 = 14\,071,00$ DM.

Der Pfennig Differenz entsteht durch den Rundungsfehler beim Prozentsatz $\bar{p}$ und ist natürlich unerheblich.

Kontinuierliche Zahlungströme

Zahlungen sind zunächst diskrete Vorgänge: Zu einem gewissen Zeitpunkt wird eine gewisse Summe gezahlt. Es gibt aber auch Situationen, in denen praktisch in jeder Zeiteinheit zahlreiche Einzelzahlungen stattfinden, die sich zu einem Zahlungsstrom summieren, den man sich als kontinuierlich fließend vorstellen kann. So können z.B. die Umsatzsteuereinnahmen des Staates als ein kontinuierlicher Zahlungsstrom aufgefaßt werden. Ein kontinuierlicher Zahlungsstrom wird durch seine *Stromgeschwindigkeit* $R(t)$ beschrieben. $R(t)$ heißt auch *Zahlungsfluß*. Der Zahlungsfluß kann folgendermaßen interpretiert werden: $R(t_0)\Delta t$ ist näherungsweise das Kapital, welches in der Zeitspanne zwischen den Momenten t_0 und $t_0 + \Delta t$ fließt (in Ab.. 6.13 ist dieses Kapital das schattierte Rechteck). Seine Maßeinheit ist demnach Geldeinheiten/Zeiteinheit (z.B. DM/Tag, Mio.DM/Woche). Um das gesamte Kapital zu berechnen, welches in der Zeit

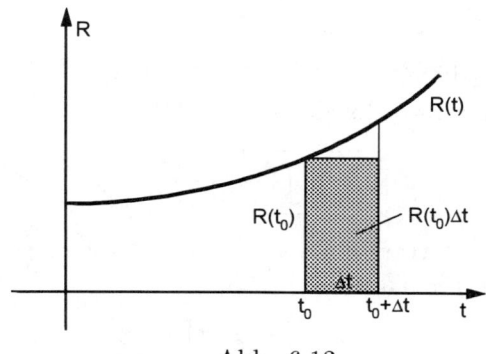

Abb. 6.13

zwischen zwei Zeitpunkten T_1 und T_2 fließt, zerlegen wir das Intervall $[T_1, T_2]$ in n Teile: $T_1 = t_0 < t_1 < t_2 < \ldots < t_n = T_2$. Dann ist die Summe

$$K_n = \sum_{i=0}^{n-1} R(t_i)\Delta t_i \qquad (6.24)$$

mit $\Delta t_i = t_{i+1} - t_i$ näherungsweise das gesamte Kapital. Die Näherung wird umso besser sein, je feiner die Intervallzerlegung ist; bei unbegrenzt zunehmender Feinheit strebt (6.24) gegen das Integral $\int_{T_1}^{T_2} R(t)\,dt$, welches demnach der exakte Wert des insgesamt im Zeitraum $[T_1, T_2]$ fließenden Kapitals ist:

$$K = \int_{T_1}^{T_2} R(t)\,dt. \qquad (6.25)$$

Insbesondere ist das von der Gegenwart ($T_1 = 0$) bis zu einem Zeitpunkt T fließende Kapital

$$K = \int_0^T R(t)\,dt. \qquad (6.26)$$

(6.25) bzw. (6.26) geben nur das nominelle Kapital an. Jedes Kapital unterliegt aber einer Verzinsung. Die einzelnen Anteile des Zahlungsstromes können deshalb nur dann miteinander verglichen werden, wenn sie alle auf einen einheit-lichen Zeitpunkt bezogen sind. Wir beziehen sie auf die Gegenwart und wollen deshalb den *Barwert* oder *Gegenwartswert* eines Zahlungsstromes berechnen.

Löst man (6.22), mit dem Zinssatz $\bar{p}$ angesetzt, nach K_0 auf, so erhält man den Barwert eines am Zeitpunkt t vorliegenden Kapitals K_t:

$$K_0 = K_t e^{-\frac{\bar{p}}{100}t}. \tag{6.27}$$

Wir wollen für $\frac{\bar{p}}{100}$ die Abkürzung α einführen: $\alpha = \dfrac{\bar{p}}{100}$ heißt die zum Zinssatz p äquivalente stetige Zinsrate. Es gilt nach (6.23):

$$\boxed{\alpha = \ln\left(1 + \frac{p}{100}\right)} \tag{6.28}$$

Wir haben also für den Barwert eines am Zeitpunkt t vorliegenden Kapitals K_t bei einem Zinssatz von $p\%$ p.a.

$$\boxed{K_0 = K_t e^{-\alpha t}} \tag{6.29}$$

Wir nehmen jetzt an, daß unser Zahlungsstrom einer Verzinsung von $p\%$ p.a. unterliegt, α sei die dazu äquivalente stetige Zinsrate. In dem kleinen Zeitinter-vall t_0 bis $t_0 + \Delta t$ repräsentiert unser Zahlungsstrom, wie wir oben sahen, nähe-rungsweise das Kapital $R(t_0)\Delta t$. Sein Barwert ist näherungsweise $R(t_0)e^{-\alpha t_0}\Delta t$. Um den Barwert des Zahlungsstromes im gesamten Intervall $[T_1, T_2]$ zu ermiteln, zerlegen wir es wie oben in Teilintervalle und summieren die Barwertanteile der einzelnen Teilintervalle; wir erhalten dann näherungsweise für den Barwert

$$K_0 \approx \sum_{i=0}^{n-1} R(t_i)e^{-\alpha t_i}\Delta t_i$$

Nun machen wir die Unterteilung immer feiner und feiner und erhalten in der Grenze den exakten Barwert:

$$\boxed{K_0 = \int_{T_1}^{T_2} R(t)e^{-\alpha t}\,dt} \tag{6.30}$$

Insbesondere ist der Barwert eines von jetzt ab bis zu einem Zeitpunkt T mit der Geschwindigkeit $R(t)$ fließenden Zahlungsstromes, der einer Verzinsung von $p\%$ unterliegt:

$$\boxed{K_0 = \int_0^T R(t)e^{-\alpha t}\,dt} \tag{6.31}$$

Nun ist es einfach, den Wert eines Zahlungsstromes zu einem beliebigen Zeitpunkt τ zu bestimmen: Man muß seinen Barwert K_0 entsprechend (6.22) nur mit $e^{\alpha\tau}$ multiplizieren:

Ein zwischen T_1 und T_2 fließender, mit $p\%$ p.a. verzinster Zahlungsstrom mit der Stromgeschwindigkeit $R(t)$ hat zum Zeitpunkt τ den Wert

$$K_\tau = e^{\alpha\tau} \int_{T_1}^{T_2} R(t) e^{-\alpha t}\, dt \qquad (6.32)$$

Beispiele:

1) Ein Zahlungsstrom habe die konstante Stromgeschwindigkeit $R(t) = 124\,000$ DM/Jahr. Der Zinsatz betrage $p = 6\%$ p.a. Man berechne:

a) den Barwert des Zahlungsstromes, wenn vorausgesetzt wird, daß er von der Gegenwart an 20 Jahre fließt,

b) den Endwert des Zahlungsstroms nach 25 Jahren,

c) den Barwert des im 25. Jahr des Stromes fließenden Kapitals.

Es ist $\alpha = \ln 1,06 = 0,0582689$.

a) $K_0 = 124\,000 \displaystyle\int_0^{20} e^{-\alpha t}\, dt = 124\,000 \cdot \dfrac{1}{-\alpha} \left[e^{-\alpha t} \right]_0^{20} = \dfrac{124\,000}{-\alpha}(e^{-20\alpha} - 1)$

$= \dfrac{124\,000}{\alpha}(1 - e^{-20\alpha}) = 2128\,064,6\,(1 - e^{-0,0582689\cdot 20}) = 1464\,524$ DM.

b) $K_{25} = e^{\alpha\cdot 25} \cdot 124\,000 \displaystyle\int_0^{25} e^{-\alpha t}\, dt = \dfrac{124\,000}{-\alpha} e^{\alpha\cdot 25}(e^{-\alpha\cdot 25} - 1)$

$= 2128\,064,6\,(e^{0,0582689\cdot 25} - 1) = 7005\,313,5$ DM.

c) $K_0 = 124\,000 \displaystyle\int_{24}^{25} e^{-\alpha t}\, dt = \dfrac{124\,000}{-\alpha} \left[e^{-\alpha t} \right]_{24}^{25} = \dfrac{124\,000}{-\alpha}(e^{-\alpha\cdot 25} - e^{-\alpha\cdot 24})$

$= 2128\,064,6\,(e^{-0,0582689\cdot 24} - e^{-0,0582689\cdot 25}) = 29\,750,17$ DM.

2) Ein kontinuierlicher Zahlungsstrom mit der stetigen Zinsrate $\alpha = 0,05$ (d.h. $p \approx 5,127\%$ p.a.) habe die Stromgeschwindigkeit $R(t) = 150\,000\, e^{0,02t}$ DM/Jahr. Er fließe von der Gegenwart an 6 Jahre. Man berechne:

a) seinen Barwert   b) seinen Wert nach 10 Jahren und 9 Monaten.

a) $K_0 = \displaystyle\int_0^6 150\,000\, e^{0,02t}\, e^{-0,05t}\, dt = 150\,000 \int_0^6 e^{-0,03t}\, dt = \dfrac{150\,000}{-0,03} \left[e^{-0,03t} \right]_0^6$

$= 5000\,000(1 - e^{-0,03\cdot 6}) = 823\,648,94$ DM.

b) $K_{10,75} = e^{0,05\cdot 10,75} \cdot 823\,648,94 = 1409\,858,20$ DM.

6.3.2   Konsumenten- und Produzentenrente

Wir betrachten die in 4.4.2 (1) beschriebene Marktsituation, die durch eine
Nachfragefunktion und eine Angebotsfunktion gekennzeichnet ist. Der Schnittpunkt $\bar{P}(\bar{x},\bar{p})$ beider Kurven wird Punkt des Marktgleichgewichts genannt; $\bar{p}$
ist der Marktpreis oder Konkurrenzpreis, der sich am Markt einstellt.

(1) *Konsumentenrente*

Wir fassen nun die Nachfragefunktion $p_N(x)$ ins Auge, und zwar im Intervall
von 0 bis zur Abszisse $\bar{x}$ des Marktgleichgewichts (Abb. 6.14). Die Kurve

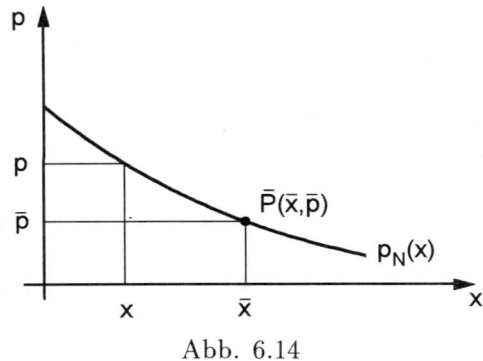

Abb. 6.14

zeigt, daß viele Nachfrager bereit gewesen wären, für das betrachtete Gut mehr
zu bezahlen als $\bar{p}$, als den Preis, den sie tatsächlich bezahlen. Denn zu dem
höheren Preis p z.B. wird ja auch noch eine gewisse Menge $x \neq 0$ nachgefragt
(Abb. 6.14). Diese Nachfrager sparen also dadurch etwas, daß der tatsächlich
von ihnen gezahlte Preis niedriger ausfällt als der Preis, *den sie gerade noch
zu zahlen bereit gewesen wären.* Unser Ziel ist es, die Gesamtsumme dieser
Ersparnis für alle Konsumenten zu berechnen. Man nennt diese Größe die
Konsumentenrente K_R für den Gleichgewichtspunkt $(\bar{x},\bar{p})$.

Zu diesem Zweck teilen wir das Intervall $[0,\bar{x}]$ in n Teile: $0 = x_0 < x_1 < x_2 <$
$\ldots < x_n = \bar{x}$. $x_{i+1} - x_i$ bezeichnen wir wieder mit Δx_i; Δx_i ist also die
Länge des i-ten Teilstückes. Da die Summe der Längen aller Teilstücke gleich
der Länge $\bar{x}$ des Gesamtintervalls $[0,\bar{x}]$ ist, können wir sagen, daß die gesamte
umgesetzte Menge $\bar{x}$ gleich $\Delta x_0 + \Delta x_1 + \ldots + \Delta x_{n-1}$ ist. Für das Mengenintervall
$[x_i, x_{i+1}]$ nehmen wir nun an, daß dort näherungsweise überall noch der Preis
$p_N(x_i)$ am linken Randpunkt gilt; diese Näherung ist umso besser, je kleiner das

Intervall ist. In $[x_0, x_1] = [0, x_1]$ gilt also der Preis $p_N(x_0) = p_N(0)$, in $[x_1, x_2]$ gilt der Preis $p_N(x_1)$ usw. Die Menge Δx_0 wird von denjenigen Konsumenten nachgefragt, die gerade noch bereit gewesen wären, den Preis $p_N(x_0)$ zu zahlen. Da sie nur den Preis $\bar{p}$ gezahlt haben, ist ihre Ersparnis

$$p_N(x_0)\Delta x_0 - \bar{p}\Delta x_0 = (p_N(x_0) - \bar{p})\Delta x_0.$$

Nachdem diese Nachfrage befriedigt ist, kommt die Menge Δx_1 dazu, die von denjenigen Nachfragern zusätzlich nachgefragt wird, die gerade noch bereit gewesen wären, den Preis $p_N(x_1)$ zu zahlen. Ihre Ersparnis ist $(p_N(x_1) - \bar{p})\Delta x_1$, usw. Die Gesamtersparnis aller Nachfrager ist also näherungsweise

$$\sum_{i=0}^{n-1}(p_N(x_i) - \bar{p})\Delta x_i \tag{6.33}$$

(in Abb. 6.15 ist diese Summe schraffiert).

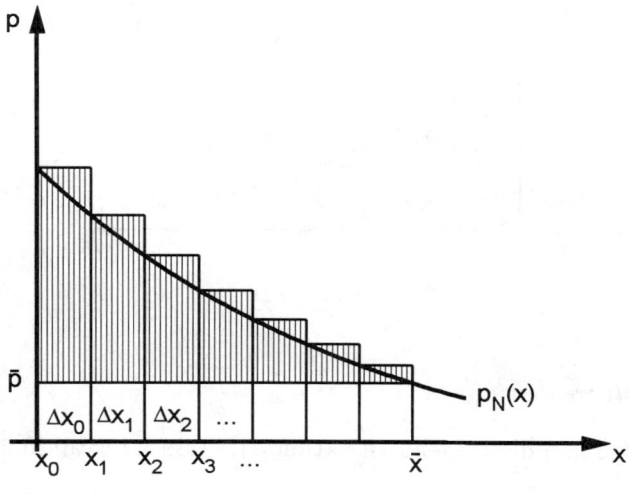

Abb. 6.15

Die Annäherung von (6.33) an den wirklichen Wert der Konsumentenrente wird immer besser, je kleiner die Teilintervalle sind; im Grenzfall $\delta = \max \Delta x_i \to 0$ geht die Summe in das Integral

$$\int_0^{\bar{x}} (p_N(x) - \bar{p})\,dx = \int_0^{\bar{x}} p_N(x)\,dx - \bar{p}\int_0^{\bar{x}} dx = \int_0^{\bar{x}} p_N(x)\,dx - \bar{p}\bar{x}$$

über, welches den genauen Wert der Konsumentenrente darstellt.

Ist $p_N(x)$ die Nachfragefunktion und $(\bar{x}, \bar{p})$ der Punkt des Marktgleichgewichts, so ist die Konsumentenrente K_R für diesen Gleichgewichtspunkt:

$$K_R = \int_0^{\bar{x}} p_N(x)\,dx - \bar{p}\bar{x}. \qquad (6.34)$$

Man kann $\displaystyle\int_0^{\bar{x}} p_N(x)\,dx$ interpretieren als den theoretisch möglichen Umsatz bzw. die theoretisch möglichen Ausgaben aller Konsumenten, wenn jeder Konsument den Preis gezahlt hätte, den er gerade noch zu zahlen bereit gewesen wäre. $\bar{p}\bar{x}$ ist der tatsächlich am Markt erzielte Umsatz bzw. die für das betrachtete Gut tatsächlich getätigten Ausgaben aller Konsumenten. Die Differenz zwischen diesen beiden Größen ist die Konsumentenrente K_R (Abb. 6.16, K_R ist schraffiert).

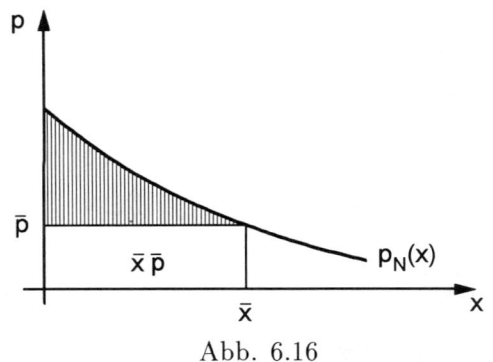

Abb. 6.16

(2) *Produzentenrente*

Wir betrachten nun die Angebotsfunktion $p_A(x)$ im Intervall $[0, \bar{x}]$ (Abb. 6.17).

Jeder Produzent bietet seine gesamte Ware ab einer gewissen Preisuntergrenze an. Die Angebotsfunktion zeigt, daß es viele Produzenten gibt, die schon angeboten hätten, auch wenn der Marktpreis unterhalb des Gleichgewichtspreises gelegen hätte (Abb. 6.17 zeigt, daß z.B. zu dem eingezeichneten $p < \bar{p}$ eine Angebotsmenge $x \neq 0$ gehört). Diese Produzenten erzielen einen zusätzlichen Gewinn, da der tatsächliche erzielte Preis $\bar{p}$ höher ist als der, für den sie ihre Ware gerade noch verkauft hätten. Die Summe aller dieser Gewinne bezeichnet man als die Produzentenrente P_R. Durch analoge Überlegungen wie bei der Konsumentenrente ergibt sich:

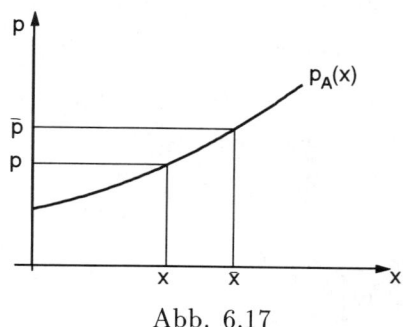

Abb. 6.17

Ist $p_A(x)$ die Angebotsfunktion und $(\bar{x}, \bar{p})$ der Punkt des Marktgleichgewichts, so ist die Produzentenrente P_R für den Gleichgewichtspunkt

$$P_R = \bar{p}\bar{x} - \int_0^{\bar{x}} p_A(x)\,dx \qquad (6.35)$$

Abb. 6.18 zeigt die Produzentenrente als schattierte Fläche.

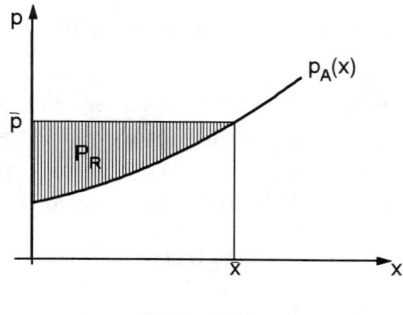

Abb. 6.18

Beispiel:

1) Für die Nachfragefunktion $p_N(x) = 10 - 0,5x$ und die Angebotsfunktion $p_A(x) = 4 + 0,02x^2$ bestimme man die Konsumenten- und die Produzentenrente.

Wir bestimmen zunächst den Gleichgewichtspunkt, d.h. den Schnittpunkt beider Kurven.

$4x + 0,02x^2 = 10 - 0,5x$; $x^2 + 25x - 300 = 0$; $x_{1,2} = -12,5 \pm \sqrt{426,25}$.

$\bar{x} = 8,86$ ME, $\bar{p} = 10 - 0,5 \cdot 8,86 = 5,57$ GE/ME.

$$K_R = \int_0^{8,86} (10 - 0,5x)\,dx - 8,86 \cdot 5,57 = \left[10x - 0,25x^2\right]_0^{8,86} - 49,35 = 19,63 \text{ GE.}$$

Das sind ca. 40% des Gesamtumsatzes.

$$P_R = 8,86 \cdot 5,57 - \int_0^{8,86} (4 + 0,02x^2)\,dx = 49,35 - \left[4x + 0,02\frac{x^3}{3}\right]_0^{8,86} = 9,27 \text{ GE.}$$

Das sind ca. 19% des Gesamtumsatzes.

Abb. 6.19 zeigt die Verhältnisse.

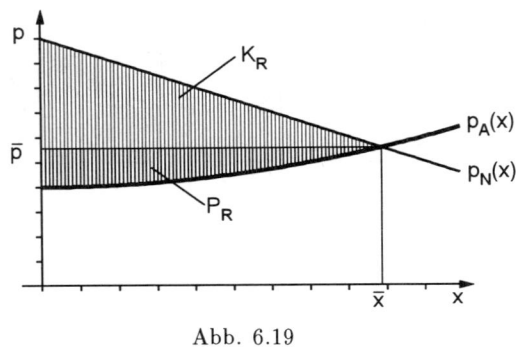

Abb. 6.19

6.3.3   Investitionsrate und Kapitalstock

$I(t)$ bezeichne die Geschwindigkeit der Nettoinvestitionen einer Volkswirtschaft (etwa in $Mrd.$ GE/Jahr). $I(t)$ kann also interpretiert werden als Zahlungsfluß eines kontinuierlichen Zahlungsstromes. Aus dieser Interpretation ergibt sich das im Zeitraum t_0 bis $t_0 + \Delta t$ akkumulierte Kapital näherungsweise zu

$$I(t_0)\Delta t. \tag{6.36}$$

Um das Kapital zu berechnen, welches von $t = 0$ bis $t = T$ akkumuliert wird, teilen wir das Intervall $[0, T]$ in n Teile: $0 = t_0 < t_1 < t_2 < \ldots < t_n = T$ und setzen wie stets $\Delta t_i = t_{i+1} - t_i$. Dann ist $\sum_{i=1}^{n-1} I(t_i)\Delta t_i$ gemäß (6.36) annähernd das von 0 bis T akkumulierte Kapital. Die Näherung wird umso besser, je feiner wir die Einteilung machen. Für $\delta = \max \Delta x_i \to 0$ geht die Summe in das Integral $\int_0^T I(t)\,dt$ über, welches exakt angibt, wieviel Kapital von 0 bis T akkumuliert wird. Der *Kapitalstock* $K(T)$ einer Volkswirtschaft zum Zeitpunkt T setzt sich zusammen aus dem Kapital, welches bereits bei $t = 0$ vorhanden war, also $K(0)$, und aus dem von 0 bis T akkumulierten Kapital. Es gilt also für den Kapitalstock $K(T)$:

$$\boxed{K(T) = K(0) + \int_0^T I(t)\,dt} \qquad (6.37)$$

Beispiel:

Der Kapitalstock an $t = 0$ betrage 2,8 Billionen DM, die jährliche Rate der Nettoinvestitionen, die Investitionsgeschwindigkeit $I(t)$, betrage $22 \cdot t^{0,3}$ (Mrd. DM/Jahr).

a) Wie groß ist der Kapitalstock nach 12 Jahren?

b) Man vergleiche die Akkumulation im 7. und im 12. Jahr.

Lösungen:

a) $K(12) = 2800 + 22 \int_0^{12} t^{0,3}\,dt = 2800 + 22 \left[\dfrac{t^{1,3}}{1,3}\right]_0^{12} = 3227,972$ Mrd. DM.

b) Akkumulation im 7. Jahr $= 22 \int_6^7 t^{0,3}\,dt = 22 \left[\dfrac{t^{1,3}}{1,3}\right]_6^7 = 38,566$ Mrd. DM.

Akkumulation im 12. Jahr $22 \int_{11}^{12} t^{0,3}\,dt = 45,772$ Mrd. DM.

6.4 Übungsaufgaben

1) Man berechne die folgenden unbestimmten Integrale:

a) $\int (-2x^5 + 3x^4 - x^3 + 3x^2 + 4x - 1)\, dx$;   b) $\int (t^{0,4} - 3t^{-0,2})\, dt$;

c) $\int (2\sqrt[3]{u} - 3\sqrt{u} + \sqrt[6]{u^5})\, du$;   d) $\int \left(\dfrac{1}{2x} - 6e^x \right) dx$;   e) $\int \dfrac{dy}{-y+2}$;

f) $\int e^{-2s+1}\, ds$;   g) $\int x^3 \ln x\, dx$;   h) $\int x^2 e^x\, dx$;   i) $\int \dfrac{3u^2}{u^3 + 4}\, du$;

j) $\int \dfrac{e^{-x}}{1 + e^{-x}}\, dx$.

2) Man berechne die folgenden bestimmten Integrale:

a) $\int_{-2}^{1} (-x^3 + 2x^2 - x + 4)\, dx$;   b) $\int_{-6}^{-1} (-x^4 + x^2 - 7)\, dx$;   c) $\int_{1}^{4} \left(3t^{0,6} + \dfrac{1}{t^2} \right) dt$;

d) $\int_{-3}^{0} (e^{-x} + 2e^x)\, dx$;   e) $\int_{5}^{6} x \ln x\, dx$;   f) $\int_{-1}^{0} x^2 e^x\, dx$;   g) $\int_{-1}^{1} \dfrac{-t^5}{t^6 + 1}$.

3) Man berechne die Gesamtfläche zwischen x-Achse und Kurve von $a = -5$ bis $b = 5$ für folgende Funktionen

a) $f(x) = x^4 + x^2 + 1$;   b) $f(x) = -e^{-x}$;   c) $f(x) = x^3 - 9x$.

4) Gegeben sei ein kontinuierlicher Zahlungsstrom mit der konstanten Stromgeschwindigkeit $R(t) = 250\,000$ DM/Jahr, Der Zinssatz betrage $p = 6,2\%$ p.a., der Strom fließt von der Gegenwart an 10 Jahre lang. Man berechne:

a) den Barwert des Zahlungsstromes;

b) den Wert des Zahlungsstromes am Zeitpunkt $\tau = 7,5$ Jahre;

c) den Endwert des Zahlungsstromes nach 10 Jahren.

5) Gegeben sei ein kontinuierlicher Zahlungsstrom mit der Stromgeschwindigkeit $R(t) = 200\,000 + 18\,000t$. Die äquivalente stetige Zinsrate betrage $\alpha = 0,05$. Der Strom fließt zwischen $t = 3$ und $t = 12$.

a) Wie groß ist der zugrundeliegende Zinssatz p (in % p.a.)?

b) Man berechne den Barwert des Zahlungsstromes.

c) Man berechne den Endwert des Zahlungsstromes am Ende des 12. Jahres.

6) Gegeben sei die Nachfragefunktion $p_N(x) = 17 - 0,3x$ und die Angebotsfunktion $p_A(x) = 3 + 0,4x$. Man bestimme die Konsumenten- und die Produzentenrente für das Marktgleichgewicht.

7) Man löse die gleiche Aufgabe wie in 6) für $p_N(x) = 28 - 0,03x^2$, $p_A(x) = 10 + 0,06x^2$.

8) Die Netto-Investitionsgeschwindigkeit betrage $I(t) = 50e^{0,05t}$ (Mrd. DM/Jahr). Der Kapitalstock an $t = 0$ betrage 1,9 Bio DM.

a) Wie groß ist der Kapitalstock nach 9 Jahren?

b) Wieviel wird im 8. und 9. Jahr zusammen akkumuliert?

Kapitel 7

Lineare Algebra

Die *praktische Bedeutung* der linearen Algebra ist für den Wirtschaftswissenschaftler ungleich größer als die der Analysis. Letztere ist wiederum für das *theoretische Verständnis* wichtiger Grundlagen der Betriebs- und Volkswirtschaftslehre sowie der Wahrscheinlichkeitsrechnung und der mathematischen Statistik sehr hilfreich. Da es in den ersten Semestern vor allem um das Verständnis der Grundlagen geht und die Differential- und Integralrechnung erfahrungsgemäß dem Anfänger mehr Schwierigkeiten macht als die mehr algorithmisch orientierte lineare Algebra, wird in diesem Brückenkurs die Infinitesimalrechnung recht ausführlich behandelt, in die lineare Algebra aber nur eine kurze Einführung gegeben. Hier ist also ganz besonders auf weiterführende Literatur zu verweisen, insbesondere was die Methoden der Optimierung und generell die rechentechnische Umsetzung der Algorithmen betrifft (z.B. [Luderer/Würker 1995], [Großmann/Terno 1993]).

7.1   Matrizen und Vektoren

7.1.1   Einführende Beispiele

Lineare Gleichungssysteme sind Systeme von Gleichungen, in denen alle Unbekannten nur in der ersten Potenz vorkommen. Bei der Anwendung der Methode der kleinsten Quadrate in 5.5.2 wurden wir auf solche Gleichungssysteme geführt. Nennen wir die dort mit a und b bezeichneten Unbekannten jetzt x_1 und x_2, so hat ein lineares Gleichungssystem mit zwei Gleichungen und zwei

Unbekannten die Gestalt

$$a_{11}x_1 + a_{12}x_2 = b_1$$
$$a_{21}x_1 + a_{22}x_2 = b_2$$

Die Größen a_{ik} und b_i sind gegebene reelle Zahlen. Beispielsweise ist für das Gleichungssystem

$$6x_1 - x_2 = -1$$
$$x_1 + 3x_2 = 4$$

$a_{11} = 6,\ a_{12} = -1,\ a_{21} = 1,\ a_{22} = 3,\ b_1 = -1,\ b_2 = 4.$

Allgemein betrachtet man lineare Gleichungssysteme von m Gleichungen mit n Unbekannten $x_1, x_2, \ldots, x_n$ und schreibt sie analog zum obigen Beispiel folgendermaßen

$$\begin{aligned}
a_{11}x_1 + a_{12}x_2 + \cdots + a_{1n}x_n &= b_1 \\
a_{21}x_1 + a_{22}x_2 + \cdots + a_{2n}x_n &= b_2 \\
\vdots \qquad \vdots \qquad\qquad \vdots &= \vdots \\
a_{m1}x_1 + a_{m2}x_2 + \cdots + a_{mn}x_n &= b_m
\end{aligned} \tag{7.1}$$

oder kurz

$$\sum_{k=1}^{n} a_{ik}x_k = b_i, \quad i = 1, 2, \ldots, m. \tag{7.2}$$

Die Zahlen a_{ik} heißen die Koeffizienten, die b_i die rechten Seiten des Gleichungssystems. Dabei ist der erste Index i bei a_{ik} die Nummer der Gleichung, der zweite Index k die Nummer der Unbekannten; so ist a_{ik} der Koeffizient, der in der i-ten Gleichung bei der k-ten Unbekannten steht (er steht in der i-ten Zeile und der k-ten Spalte des Systems); b_i ist die rechte Seite der i-ten Gleichung. Durch das Schema der Koeffizienten und durch die rechten Seiten ist das Gleichungssystem vollständig gegeben; wie man die Unbekannten bezeichnet, ist völlig belanglos, man hätte sie auch $t_1, t_2, \ldots, t_n$ oder $u_1, u_2, \ldots, u_n$ oder sonstwie nennen können. Wir sehen somit, daß das rechteckige Zahlenschema

$$\begin{pmatrix}
a_{11} & a_{12} & \cdots & a_{1n} \\
a_{21} & a_{22} & \cdots & a_{2n} \\
\vdots & \vdots & & \vdots \\
a_{m1} & a_{m2} & \cdots & a_{mn}
\end{pmatrix} \tag{7.3}$$

sowie die Spalte

$$\begin{pmatrix}
b_1 \\
b_2 \\
\vdots \\
b_m
\end{pmatrix} \tag{7.4}$$

das Gleichungssystem vollkommen beschreiben. Ein rechteckiges Zahlenschema der Form (7.3) heißt eine *Matrix*, genauer eine (m, n)-*Matrix* (auch $m \times n$ - Matrix). m ist ihre Zeilenzahl, n ihre Spaltenzahl. Ein Schema (7.4) von reellen Zahlen heißt ein *Vektor*, genauer ein m-*dimensionaler Spaltenvektor*. Ein solcher Vektor ist eine spezielle Matrix, nämlich eine $(m, 1)$-Matrix (m Zeilen, eine Spalte). Ein m-Tupel reeller Zahlen $(a_1, a_2, \ldots, a_m)$ (vgl. 4.5.1) nennt man auch einen m-*dimensionalen Zeilenvektor*. Ein m-dimensionaler Zeilenvektor kann als $(1, m)$-Matrix aufgefaßt werden.

Beispielsweise wäre für das Gleichungssystem

$$\begin{aligned} x_1 - \ x_2 + 2x_3 + x_4 &= \ \ 1 \\ -2x_2 + \ x_3 \quad\ \ &= \ \ 0 \\ 5x_1 + 3x_2 - 6x_3 + x_4 &= -1 \end{aligned}$$

die Koeffizientenmatrix folgende $(3, 4)$-Matrix:

$$\begin{pmatrix} 1 & -1 & 2 & 1 \\ 0 & -2 & 1 & 0 \\ 5 & 3 & -6 & 1 \end{pmatrix}$$

und die rechte Seite wäre der dreidimensionale Spaltenvektor $\begin{pmatrix} 1 \\ 0 \\ -1 \end{pmatrix}$.

Matrizen und Vektoren eignen sich zur mathematischen Beschreibung zahlreicher quantitativer Beziehungen in den Wirtschaftswissenschaften. Das soll noch an einigen Beispielen gezeigt werden.

Verflechtungstabelle

Ein Großunternehmen bestehe aus n Sektoren $S_1, S_2, \ldots, S_n$. Die Lieferungen des Sektors S_i an den Sektor S_k in einem gewissen Zeitabschnitt bezeichnen wir mit a_{ik}. Die Lieferungen von S_i an den Endverbraucher werden mit b_i bezeichnet. Dann charakterisiert die (n, n)-Matrix

$$\begin{pmatrix} a_{11} & a_{12} & \cdots & a_{1n} \\ a_{21} & a_{22} & \cdots & a_{2n} \\ \vdots & \vdots & & \vdots \\ a_{n1} & a_{n2} & \cdots & a_{nn} \end{pmatrix}$$

die innere Verflechtung des Unternehmens, der Vektor $\begin{pmatrix} b_1 \\ b_2 \\ \vdots \\ b_n \end{pmatrix}$ charakterisiert den Output des Unternehmens.

Produktionskoeffizienten

Wieder stellen wir uns eine Wirtschaftseinheit vor, welche aus n Sektoren S_1, $S_2, \ldots, S_n$ besteht. Mit a_{ik} bezeichnen wir jetzt die Zahl der Mengeneinheiten der Produktion des Sektors S_i, die für die Produktion von einer Einheit des Sektors S_k benötigt wird. Die (n, n)-Matrix

$$\begin{pmatrix} a_{11} & a_{12} & \cdots & a_{1n} \\ a_{21} & a_{22} & \cdots & a_{2n} \\ \vdots & \vdots & & \vdots \\ a_{n1} & a_{n2} & \cdots & a_{nn} \end{pmatrix}$$

heißt die Matrix der Produktionskoeffizienten. Im folgenden Beispiel mit 3 Sektoren würden etwa für die Produktion einer Einheit des Sektors S_2 1,7 Einheiten der Produktion von S_1 und $0,5$ Einheiten der Produktion von S_3 benötigt.

		empfangender Sektor		
		S_1	S_2	S_3
	S_1	$0,1$	$1,7$	0
liefernder Sektor	S_2	2	0	$1,4$
	S_3	$1,1$	$0,5$	$0,1$

Rohstoffverbrauchskoeffizienten

Ein Unternehmen mit n Sektoren $S_1, S_2, \ldots, S_n$ verbrauche m Typen von Rohstoffen $R_1, R_2, \ldots, R_m$. Die Zahl r_{ik} gebe an, wieviel Einheiten des Rohstoffes R_i man für die Produktion einer Einheit im Sektor S_k benötigt. Die r_{ik} bilden eine (m, n)-Matrix, die Matrix des Rohstoffverbrauchskoeffizienten.

Auch den *Vektorbegriff* kann man vielfach benutzen:

– seien $x_1, x_2, \ldots, x_n$ die produzierten Mengen eines n-Produktunternehmens, so kann man die Gesamtproduktion als einen n-dimensionalen Produktionsvektor auffassen:

$$\begin{pmatrix} x_1 \\ x_2 \\ \vdots \\ x_n \end{pmatrix}$$

– sind $p_1, p_2, \ldots, p_n$ die Preise dieser Produkte, so faßt man sie zu einem

Preisvektor zusammen:

$$\begin{pmatrix} p_1 \\ p_2 \\ \vdots \\ p_n \end{pmatrix}$$

– ebenso bilden n Rohstoffmengen $r_1, r_2, \ldots, r_n$ einen Rohstoffvektor

$$\begin{pmatrix} r_1 \\ r_2 \\ \vdots \\ r_n \end{pmatrix} \quad \text{usw.}$$

7.1.2   Das Rechnen mit Matrizen und Vektoren

Ein rechteckiges Zahlenschema der Form (7.3) heißt, wie bereits erwähnt, eine (m, n)-Matrix. Wir bezeichnen Matrizen mit fettgedruckten lateinischen Großbuchstaben. Eine Matrix $\boldsymbol{A}$ der Form (7.3) wird auch kurz folgendermaßen geschrieben

$$\boldsymbol{A} = (a_{ik})_{i=1,\ldots,m}^{k=1,\ldots,n} \, .$$

Die $m \cdot n$ Zahlen $a_{11}, a_{12}, \ldots, a_{mn}$ heißen die *Elemente der Matrix*; a_{ik} ist das Element in der i-ten Zeile und der k-ten Spalte.

Vektoren bezeichnen wir mit fettgedruckten lateinischen Kleinbuchstaben, z.B.

$$\boldsymbol{b} = \begin{pmatrix} b_1 \\ b_2 \\ \vdots \\ b_n \end{pmatrix}$$

bzw. $\boldsymbol{c} = (c_1, c_2, \ldots, c_n)$. Die b_i bzw. c_i heißen die *Komponenten* des jeweiligen Vektors. Zwei Matrizen $\boldsymbol{A}$, $\boldsymbol{B}$ heißen gleich, in Zeichen $\boldsymbol{A} = \boldsymbol{B}$, wenn ihre sämtlichen Elemente gleich sind: $a_{ik} = b_{ik}$ für alle i und k. Das setzt insbesondere voraus, daß sie die gleiche Gestalt haben, d.h. gleich viele Zeilen und gleichviele Spalten. Zwei Vektoren heißen gleich, wenn alle ihre Komponenten gleich sind; das setzt insbesondere voraus, daß sie dieselbe Dimension haben, d.h. gleiche Anzahl von Komponenten.

Eine (n, n)-Matrix, d.h. eine Matrix, in der die Zeilenzahl gleich der Spaltenzahl ist, heißt eine *quadratische Matrix*, genauer eine n-reihige quadratische Matrix. Die Elemente $a_{11}, a_{22}, a_{33}, \ldots, a_{nn}$ einer quadratischen Matrix heißen ihre *Hauptdiagonalelemente*. Sie stehen auf der von links oben nach rechts unten verlaufenden „Diagonalen", der sogenannten *Hauptdiagonalen*.

Beispiel:

In der quadratischen 4-reihigen Matrix

$$\begin{pmatrix} -1 & 2 & 4 & 2 \\ 0 & 3 & -2 & 0 \\ -3 & 6 & 0 & -5 \\ 4 & -4 & 2 & 1 \end{pmatrix}$$

sind -1, 3, 0, 1 die Hauptdiagonalelemente.

Ist

$$A = \begin{pmatrix} a_{11} & a_{12} & \cdots & a_{1n} \\ a_{21} & a_{22} & \cdots & a_{2n} \\ \vdots & \vdots & & \vdots \\ a_{m1} & a_{m2} & \cdots & a_{mn} \end{pmatrix}$$

eine (m, n)-Matrix, so heißt die durch Vertauschen von Zeilen und Spalten aus A hervorgehende Matrix die *Transponierte* von A und wird mit A^{T} bezeichnet. A^{T} ist dann eine (n, m)-Matrix:

$$\begin{pmatrix} a_{11} & a_{21} & \cdots & a_{m1} \\ a_{12} & a_{22} & \cdots & a_{m2} \\ \vdots & \vdots & & \vdots \\ a_{1n} & a_{2n} & \cdots & a_{mn} \end{pmatrix}$$

Beispiele:

1) $\quad A = \begin{pmatrix} 1 & 3 & -7 & 9 \\ 2 & 0 & 4 & 6 \end{pmatrix}, \quad A^{T} = \begin{pmatrix} 1 & 2 \\ 3 & 0 \\ -7 & 4 \\ 9 & 6 \end{pmatrix}.$

2) $\quad A = \begin{pmatrix} 1 & -1 & -2 \\ -3 & 3 & 0 \\ 2 & 4 & 1 \end{pmatrix}, \quad A^{T} = \begin{pmatrix} 1 & -3 & 2 \\ -1 & 3 & 4 \\ -2 & 0 & 1 \end{pmatrix}$

Bei einer quadratischen Matrix entsteht die Transponierte durch Spiegelung an der Hauptdiagonalen. Eine quadratische Matrix heißt *symmetrisch*, wenn $A^{T} = A$ ist. Es gilt dann $a_{ik} = a_{ki}$ für alle i und k.

Beispiel:

Die folgende 4-reihige Matrix ist symmetrisch (sie ändert sich nicht bei Spiegelung an der Hauptdiagonalen):

$$A = \begin{pmatrix} 1 & 0 & 1 & 4 \\ 0 & -1 & -2 & 6 \\ 1 & -2 & 3 & 0 \\ 4 & 6 & 0 & 2 \end{pmatrix}$$

Die Transponierte eines Zeilenvektors ist ein Spaltenvektor, die Transponierte eines Spaltenvektors ein Zeilenvektor:

$$(a_1, a_2, \ldots, a_n)^{\mathrm{T}} = \begin{pmatrix} a_1 \\ a_2 \\ \vdots \\ a_n \end{pmatrix}, \quad \begin{pmatrix} b_1 \\ b_2 \\ \vdots \\ b_n \end{pmatrix}^{\mathrm{T}} = (b_1, b_2, \ldots, b_n).$$

Bevor wir uns den Rechenoperationen mit Matrizen und Vektoren zuwenden, wollen wir noch einige spezielle Matrizen und Vektoren einführen:

Eine Matrix, in der sämtliche Elemente gleich Null sind, heißt eine *Nullmatrix* O. Zu jeder Gestalt (m, n) gibt es eine Nullmatrix. Entsprechend heißt ein Vektor, dessen Komponenten alle verschwinden, ein *Nullvektor*.

Beispiele:

$\begin{pmatrix} 0 & 0 & 0 & 0 \\ 0 & 0 & 0 & 0 \end{pmatrix}$ ist die (2,4)-Nullmatrix, $\begin{pmatrix} 0 \\ 0 \\ 0 \end{pmatrix}$ ist der dreidimensionale Nullvektor (als Spaltenvektor geschrieben).

Die n-dimensionalen Vektoren e_i, deren i-te Komponente gleich 1, deren übrige Komponenten alle gleich 0 sind, heißen die *n-dimensionalen Einheitsvektoren*. Es gibt davon gerade n-Stück.

Beispiele:

Die vierdimensionalen Einheitsvektoren (als Spalten geschrieben) sind:

$$e_1 = \begin{pmatrix} 1 \\ 0 \\ 0 \\ 0 \end{pmatrix}, \quad e_2 = \begin{pmatrix} 0 \\ 1 \\ 0 \\ 0 \end{pmatrix}, \quad e_3 = \begin{pmatrix} 0 \\ 0 \\ 1 \\ 0 \end{pmatrix}, \quad e_4 = \begin{pmatrix} 0 \\ 0 \\ 0 \\ 1 \end{pmatrix}.$$

Eine quadratische Matrix heißt eine *Diagonalmatrix*, wenn alle Elemente außerhalb der Hauptdiagonale gleich Null sind, d.h. es gilt $a_{ik} = 0$ für $i \neq k$. Die allgemeine Form einer n-reihigen Diagonalmatrix ist demnach:

$$A = \begin{pmatrix} a_{11} & 0 & \cdots & 0 \\ 0 & a_{22} & & \vdots \\ \vdots & & \ddots & 0 \\ 0 & \cdots & 0 & a_{nn} \end{pmatrix}$$

Eine quadratische Matrix heißt *obere Dreiecksmatrix*, wenn alle Elemente unterhalb der Hauptdiagonale gleich Null sind, d.h. $a_{ik} = 0$ für $i > k$. Eine quadratische Matrix heißt *untere Dreiecksmatrix*, falls alle Elemente oberhalb der Hauptdiagonale gleich Null sind, d.h. $a_{ik} = 0$ für $i < k$.

Beispiele:

$$\begin{pmatrix} 1 & 5 & 4 & 2 \\ 0 & 7 & 0 & 7 \\ 0 & 0 & -2 & 0 \\ 0 & 0 & 0 & 1 \end{pmatrix} \text{ ist eine obere,} \qquad \begin{pmatrix} 1 & 0 & 0 \\ -1 & 2 & 0 \\ 2 & 4 & 1 \end{pmatrix} \text{ ist eine untere Dreiecksmatrix.}$$

Diejenige n-reihige Diagonalmatrix, in der alle Diagonalelemente gleich 1 sind, heißt die n-reihige Einheitsmatrix $\boldsymbol{E_n}$ (meist nur mit $\boldsymbol{E}$ bezeichnet, wenn die Reihenzahl während der Betrachtung fest ist). Für die Elemente a_{ik} der Einheitsmatrix gilt: $a_{ik} = \left\{ \begin{matrix} 0, & i \neq k \\ 1, & i = k \end{matrix} \right\}$.

Beispiele:

$$\begin{pmatrix} 1 & 0 \\ 0 & 1 \end{pmatrix} \text{ ist die zweireihige,} \qquad \begin{pmatrix} 1 & 0 & 0 & 0 \\ 0 & 1 & 0 & 0 \\ 0 & 0 & 1 & 0 \\ 0 & 0 & 0 & 1 \end{pmatrix} \text{ ist die vierreihige Einheitsmatrix.}$$

Rechenoperationen

(1) *Vervielfachung von Matrizen und Vektoren mit einem Skalar*

Wenn man mit Matrizen und Vektoren rechnet, so bezeichnet man reelle Zahlen als *Skalare*, um sie von den Matrizen und Vektoren, die ja Schemata von reellen Zahlen sind, deutlich zu unterscheiden. Ist λ ein Skalar, so soll jetzt erklärt werden, was das λ-fache einer Matrix oder eines Vektors ist. Betrachten wir dazu eine Verflechtungstabelle mit 3 Sektoren:

	S_1	S_2	S_3
S_1	$0,1$	$1,2$	$2,4$
S_2	$0,8$	0	$1,1$
S_3	$2,1$	$1,1$	$0,2$

Die Elemente a_{ik} der dadurch gegebenen 3-reihigen quadratischen Matrix sind die Lieferungen des Sektors S_i an den Sektor S_k. Nehmen wir an, diese Lieferungen wären in Tausend Tonnen angegeben, für eine weitere Rechnung benötigten wir aber die Angaben in Tonnen. Das ergäbe die Matrix

$$\begin{pmatrix} 100 & 1200 & 2400 \\ 800 & 0 & 1100 \\ 2100 & 1100 & 200 \end{pmatrix}$$

Sie entsteht aus der ursprünglichen Matrix, indem jedes Element mit 1000 multipliziert wird. Man sagt kurz, die Matrix ist mit 1000 vervielfacht oder multipliziert worden. Dementsprechend wird definiert: Ist $\boldsymbol{A} = (a_{ik})_{i=1,\ldots,m}^{k=1,\ldots,n}$ eine Matrix und λ ein Skalar, so versteht man unter $\lambda\boldsymbol{A}$ die Matrix

$$\lambda\boldsymbol{A} = (\lambda a_{ik})_{i=1,\ldots,m}^{k=1,\ldots,n} ; \tag{7.5}$$

in $\lambda\boldsymbol{A}$ sind also alle Elemente von $\boldsymbol{A}$ mit λ multipliziert. entsprechend ist
$\lambda\boldsymbol{a} = \begin{pmatrix} \lambda a_1 \\ \vdots \\ \lambda a_n \end{pmatrix}$, wenn $\boldsymbol{a}$ der Vektor $\begin{pmatrix} a_1 \\ \vdots \\ a_n \end{pmatrix}$ ist.

Man nennt diese Operation die Vervielfachung oder Multiplikation einer Matrix (oder eines Vektors) mit einem Skalar.

Beispiele:

1) $(-1) \begin{pmatrix} 6 & 2 & 0 \\ -1 & -2 & 3 \\ -1 & -6 & -3 \end{pmatrix} = \begin{pmatrix} -6 & -2 & 0 \\ 1 & 2 & -3 \\ 1 & 6 & 3 \end{pmatrix}$

2) $\dfrac{1}{2} \begin{pmatrix} 2 \\ 4 \\ 1 \end{pmatrix} = \begin{pmatrix} 1 \\ 2 \\ 0,5 \end{pmatrix}$

(2) *Addition und Subtraktion von Matrizen und Vektoren*

Wir betrachten als einführendes Beispiel wieder die Verflechtung zwischen 3 Sektoren. Angenommen, die Lieferungen werden wöchentlich erfaßt; in den vier Wochen eines Monats mögen sich folgende Lieferungen ergeben haben:

	1. Woche				2.Woche				3.Woche				4.Woche		
	S_1	S_2	S_3		S_1	S_2	S_3		S_1	S_2	S_3		S_1	S_2	S_3
S_1	0,1	2,0	2,4	S_1	0	2,1	1,8	S_1	0	1,9	2,0	S_1	0,1	1,8	2,1
S_2	0,5	0	1,4	S_2	0,7	0	1,5	S_2	0,6	0,1	1,6	S_2	0,6	0	1,4
S_3	3,2	1,2	0,1	S_3	3,0	1,3	0,1	S_3	3,1	1,1	0,1	S_3	3,0	1,0	0,1

Die Lieferungen im gesamten Monat wird durch eine dreireihige Matrix beschrieben, in der die Elemente durch Addition der entsprechenden Elemente der vier „Wochenmatrizen" entstehen:

gesamter Monat

	S_1	S_2	S_3
S_1	0,2	7,8	8,3
S_2	2,4	0,1	5,9
S_3	12,3	4,6	0,4

Entsprechend wird man allgemein die Addition und Subtraktion von Matrizen gleicher Gestalt definieren: Seien $A = (a_{ik})_{i=1,...,m}^{k=1,...,n}$ und $B = (b_{ik})_{i=1,...,m}^{k=1,...,n}$ zwei (m,n)-Matrizen, so heißt die (m,n)-Matrix

$$C = (a_{ik} + b_{ik})_{i=1,...,m}^{k=1,...,n} \tag{7.6}$$

die *Summe* von A und B und wird mit $C = A + B$ bezeichnet. Entsprechend ist $A - B = (a_{ik} - b_{ik})_{i=1,...,m}^{k=1,...,n}$. Matrizen werden also addiert (subtrahiert), indem man die an gleicher Stelle stehenden Elemente addiert (subtrahiert). Addieren und Subtrahieren kann man nur Matrizen gleicher Gestalt, d.h. mit gleichen m und n. Es ist z.B. nicht möglich, eine (3,4)-Matrix und eine (2,3)-Matrix zu addieren.

Für Vektoren gilt sinngemäß:

$$\text{Ist} \quad a = \begin{pmatrix} a_1 \\ \vdots \\ a_n \end{pmatrix}, \quad b = \begin{pmatrix} b_1 \\ \vdots \\ b_n \end{pmatrix}, \quad \text{so ist} \quad a \pm b = \begin{pmatrix} a_1 \pm b_1 \\ \vdots \\ a_n \pm b_n \end{pmatrix}$$

analog für Zeilenvektoren. Vektoren kann man nur addieren und subtrahieren, wenn sie die gleiche Komponentenzahl haben.

Beispiele:

1) $\begin{pmatrix} 2 & -1 & -3 & 5 \\ 1 & 0 & 2 & 0 \end{pmatrix} + \begin{pmatrix} 1 & 2 & -1 & 1 \\ 0 & 2 & 1 & 0 \end{pmatrix} = \begin{pmatrix} 3 & 1 & -4 & 6 \\ 1 & 2 & 3 & 0 \end{pmatrix}$

2) $\begin{pmatrix} -1 & 0 & 2 \\ 0 & 4 & 3 \\ 1 & 0 & -1 \end{pmatrix} - \begin{pmatrix} 2 & 2 & 4 \\ -2 & 1 & -3 \\ -1 & -1 & 0 \end{pmatrix} = \begin{pmatrix} -3 & -2 & -2 \\ 2 & 3 & 6 \\ 2 & 1 & -1 \end{pmatrix}$

3) $\begin{pmatrix} 1 \\ 0 \\ 4 \end{pmatrix} + \begin{pmatrix} 0 \\ 2 \\ -6 \end{pmatrix} - \begin{pmatrix} 1 \\ 1 \\ 1 \end{pmatrix} - \begin{pmatrix} 2 \\ 3 \\ 1 \end{pmatrix} = \begin{pmatrix} -2 \\ -2 \\ -4 \end{pmatrix}$

4) $(1,2) - (6,3) = (-5,-1)$.

Für die Addition von Matrizen (bzw. Vektoren) gelten folgende Rechenregeln:

$$\boldsymbol{A} + \boldsymbol{O} = \boldsymbol{A} \qquad (7.7)$$

$$\boldsymbol{A} + \boldsymbol{B} = \boldsymbol{B} + \boldsymbol{A} \qquad \text{(Kommutativgesetz)} \qquad (7.8)$$

$$\boldsymbol{A} + (\boldsymbol{B} + \boldsymbol{C}) = (\boldsymbol{A} + \boldsymbol{B}) + \boldsymbol{C} \qquad \text{(Assoziativgesetz)} \qquad (7.9)$$

$$\left. \begin{array}{rcl} (\lambda + \mu)\boldsymbol{A} &=& \lambda\boldsymbol{A} + \mu\boldsymbol{A} \\ \lambda(\boldsymbol{A} + \boldsymbol{B}) &=& \lambda\boldsymbol{A} + \lambda\boldsymbol{B} \end{array} \right\} \qquad (7.10)$$

(7.9) bedeutet, daß man bei Addition die Klammern weglassen kann. (7.10) bezeichnet man auch als Distributivgesetze der Vielfachbildung.

Eine Matrix der Form $\lambda_1\boldsymbol{A}_1 + \lambda_2\boldsymbol{A}_2 + \ldots + \lambda_k\boldsymbol{A}_k$ heißt eine *Linearkombination* der k (m,n)-Matrizen $\boldsymbol{A}_1, \ldots \boldsymbol{A}_k$. Diese Begriffsbildung wird besonders auf Vektoren angewandt: Es seien $\boldsymbol{a}_1, \ldots, \boldsymbol{a}_k$ k Vektoren (gleicher Dimension), alle als Zeilen oder als Spalten geschrieben, dann heißt der Vektor

$$\boldsymbol{a} = \lambda_1\boldsymbol{a}_1 + \lambda_2\boldsymbol{a}_2 + \ldots + \lambda_k\boldsymbol{a}_k \qquad (7.11)$$

eine Linearkombination der Vektoren $\boldsymbol{a}_1, \ldots, \boldsymbol{a}_k$, z.B. ist

$$\boldsymbol{a} = 4\begin{pmatrix} 0 \\ 3 \\ -1 \end{pmatrix} - \begin{pmatrix} 1 \\ -4 \\ 1 \end{pmatrix} + 2\begin{pmatrix} 0 \\ 0 \\ -1 \end{pmatrix}$$

eine Linearkombination der drei Vektoren $\begin{pmatrix} 0 \\ 3 \\ -1 \end{pmatrix}, \quad \begin{pmatrix} 1 \\ -4 \\ 1 \end{pmatrix}, \quad \begin{pmatrix} 0 \\ 0 \\ -1 \end{pmatrix}$.

Jeder beliebige Vektor $\boldsymbol{a} = \begin{pmatrix} a_1 \\ a_2 \\ \vdots \\ a_n \end{pmatrix}$ der Dimension n ist Linearkombination (7.11)

der n Einheitsvektoren $\boldsymbol{e}_1, \boldsymbol{e}_2, \ldots, \boldsymbol{e}_n$ der Dimension n, dabei sind die λ_i gerade die Komponenten a_i von $\boldsymbol{a}$: $\boldsymbol{a} = a_1\boldsymbol{e}_1 + a_2\boldsymbol{e}_2 + \ldots + a_n\boldsymbol{e}_n$.

Beispiel:

$$\begin{pmatrix} 2 \\ 3 \\ -1 \end{pmatrix} = 2 \begin{pmatrix} 1 \\ 0 \\ 0 \end{pmatrix} + 3 \begin{pmatrix} 0 \\ 1 \\ 0 \end{pmatrix} + (-1) \begin{pmatrix} 0 \\ 0 \\ 1 \end{pmatrix}$$

Einen Vektor $\begin{pmatrix} a_1 \\ a_2 \\ a_3 \end{pmatrix}$ der Dimension 3 kann man im Raum geometrisch deuten als Pfeil vom Koordinatenursprung zum Punkt mit den Koordinaten (a_1, a_2, a_3) (Ortsvektor). Entsprechend kann man Vektoren der Dimension 2 als Ortsvektoren in der Ebene deuten.

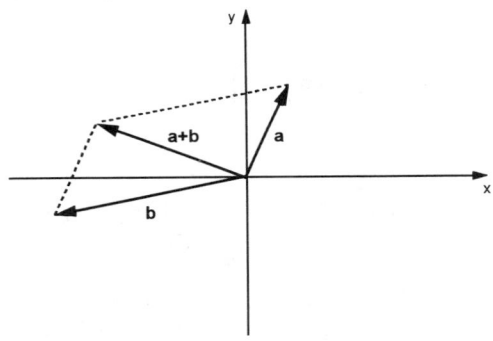

Abb. 7.1

In Abb. 7.1 sind die Vektoren $a = \begin{pmatrix} 1 \\ 2 \end{pmatrix}$ und $b = \begin{pmatrix} -3 \\ -1 \end{pmatrix}$ eingetragen. Ihre Summe ist dann gerade die Diagonale des von a und b aufgespannten Parallelogramms (Parallelogrammregel der Vektoraddition).

Zwei Vektoren a und b heißen linear unabhängig, wenn der eine kein λ-faches des anderen ist. Zwei linear unabhängige Vektoren weisen also im Raum oder in der Ebene in verschiedene Richtungen. Die Menge aller Linearkombinationen zweier linear unabhängiger dreidimensionaler Vektoren stellt eine Ebene im Raum dar; man sagt, zwei linear unabhängige Vektoren spannen eine Ebene auf. Eine Ebene kann man als zweidimensionalen Teilraum des Raumes betrachten. Diese geometrische Sprechweise überträgt man auf n-dimensionale Ortsvektoren, obwohl man sich die Sache im n-Dimensionalen nicht mehr vorstellen kann. Man sagt, die Menge aller n-dimensionalen Ortsvektoren (bzw. aller n-Tupel) bildet den n-dimensionalen Raum R^n. k Stück Vektoren des R^n

heißen linear unabhängig, wenn es nie möglich ist, einen von ihnen als Linearkombination der übrigen darzustellen. Man kann zeigen, daß es im R^n nicht mehr als n linear unabhängige Vektoren geben kann. Die n Einheitsvektoren $e_1, \ldots, e_n$ sind linear unabhängig. k linear unabhängige Vektoren spannen einen k-dimensionalen Teilraum oder Unterraum des R^n auf (so wie zwei linear unabhängige Vektoren des R^3 eine Ebene, einen zweidimensionalen Teilraum des R^3 aufspannen). Wir wollen diese geometrische Sprechweise nicht weiter vertiefen; sie wird in der linearen Algebra oft und mit Vorteil benutzt, z.B. zur Beschreibung der Lösungsmenge eines linearen Gleichungssystems.

(3) *Das Skalarprodukt zweier Vektoren*

Die zentrale Operation der linearen Algebra ist die Bildung des *Skalarproduktes* zweier Vektoren gleicher Dimension, d.h. gleicher Komponentenzahl. Das Ergebnis dieser Operation ist eine reelle Zahl, ein Skalar. Betrachten wir als Beispiel ein Unternehmen, welches 4 Produkte herstellt. Die Komponenten x_i des Produktionsvektors $x = (x_1, x_2, x_3, x_4)$ sind die in einer gewissen Zeitperiode produzierten Mengen. Die Komponenten p_i des Preisvektors $p = (p_1, p_2, p_3, p_4)$ geben an, wieviel eine Einheit des i-ten Produktes am Markt kostet. Wollen wir den Gesamterlös bestimmen, so haben wir zu rechnen

$$E = x_1 p_1 + x_2 p_2 + x_3 p_3 + x_4 p_4.$$

Diese Größe heißt das Skalarprodukt der beiden Vektoren x und p.

Man kann das Skalarprodukt als speziellen Fall der Matrizenmultiplikation (s. (4)) betrachten; dann muß der erste Vektor als Zeile, der zweite als Spalte geschrieben werden. Das Produkt Spalte $\times$ Zeile ist dagegen kein Skalar, sondern eine quadratische Matrix. Für den Umgang mit Vektoren ist diese Einschränkung allerdings ein wenig lästig; ein Skalarprodukt kann unabhängig vom Begriff der Matrizenmultiplikation definiert werden, wenn beide Vektoren die gleiche Dimension haben:

Seien a und b zwei n-dimensionale Vektoren mit den Komponenten $a_1, a_2, \ldots, a_n$ und $b_1, b_2, \ldots, b_n$, so heißt die Summe

$$a_1 b_1 + a_2 b_2 + \ldots + a_n b_n$$

das Skalarprodukt von a und b und wird mit ab bezeichnet.

$$ab = \sum_{i=1}^{n} a_i b_i \qquad (7.12)$$

Beispiel:

$$a = (2, -1, 3, 6), \quad b = (1, 0, -2, 4)$$
$$ab = 2 \cdot 1 + (-1) \cdot 0 + 3 \cdot (-2) + 6 \cdot 4 = 20.$$

Mittels des Skalarprodukts können wir die Indexzahlen aus 1.3.3 sehr elegant schreiben:

Sei $\boldsymbol{p}_\circ = (p_{01}, p_{02}, \dots, p_{0n})$ der Preisvektor der Basisperiode, $\boldsymbol{q}_\circ = (q_{01}, q_{02}, \dots, q_{0n})$ der Mengenvektor der Basisperiode, $\boldsymbol{p}_i$, $\boldsymbol{q}_i$ die entsprechenden Vektoren für die Berichtsperiode (i-te Periode), so gilt:

für den *Preisindex nach Laspeyres* (1.57): $I_{0,i} = \dfrac{\boldsymbol{p}_i \boldsymbol{q}_\circ}{\boldsymbol{p}_\circ \boldsymbol{q}_\circ}$,

für den *Preisindex nach Paasche* (1.58): $I_{0,i} = \dfrac{\boldsymbol{p}_i \boldsymbol{q}_i}{\boldsymbol{p}_\circ \boldsymbol{q}_i}$,

für den *Mengenindex nach Laspeyres* (1.59): $I_{0,i} = \dfrac{\boldsymbol{q}_i \boldsymbol{p}_\circ}{\boldsymbol{q}_\circ \boldsymbol{p}_\circ}$,

für den *Mengenindex nach Paasche* (1.60): $I_{0,i} = \dfrac{\boldsymbol{q}_i \boldsymbol{p}_i}{\boldsymbol{q}_\circ \boldsymbol{p}_i}$,

und schließlich für den *Umsatzindex* (1.54) $I_{0,i} = \dfrac{\boldsymbol{p}_i \boldsymbol{q}_i}{\boldsymbol{p}_\circ \boldsymbol{q}_\circ}$.

In dieser übersichtlichen Form lassen sich die Bildungsgesetze dieser Indexzahlen besonders leicht durchschauen.

(4) *Multiplikation von Matrizen*

Zur Motivation der Definition des Produktes zweier Matrizen betrachten wir folgende Situation: Ein Betrieb stelle aus 3 Rohstoffen 2 Zwischenprodukte und aus diesen vier Endprodukte her. Die Matrix $\boldsymbol{A}$ der Rohstoffverbrauchskoeffizienten zur Herstellung der Zwischenprodukte werde durch folgende Tabelle wiedergegeben:

	Z_1	Z_2
R_1	6	5
R_2	3	0,5
R_3	4	2

$$; \qquad A = \begin{pmatrix} 6 & 5 \\ 3 & 0,5 \\ 4 & 2 \end{pmatrix}.$$

Für die Produktion einer Einheit von Z_1 braucht man also 6 Einheiten R_1, 3 Einheiten R_2, 4 Einheiten R_3. Die Matrix $\boldsymbol{B}$ der Verbrauchskoeffizienten für die Zwischenprodukte zur Herstellung der Endprodukte werde durch folgende Tabelle wiedergegeben:

	E_1	E_2	E_3	E_4
Z_1	0,6	0,8	1,1	2,0
Z_2	0,4	0,5	0,1	1,2

$$\textbf{B} = \begin{pmatrix} 0,6 & 0,8 & 1,1 & 2,0 \\ 0,4 & 0,5 & 0,1 & 1,2 \end{pmatrix}.$$

Wir wollen jetzt die Matrix der Rohstoffverbrauchskoeffizienten für die Endprodukte bestimmen, d.h. wir wollen folgende Tabelle ausfüllen:

	E_1	E_2	E_3	E_4
R_1			$\vdots$	
R_2	$\cdots$	$\cdots$	c_{23}	$\cdots$
R_3			$\vdots$	

Nennen wir diese Koeffizienten c_{ik}, so ist die Frage, wie sich die c_{ik} aus den Elementen von $\textbf{A}$ und $\textbf{B}$ bestimmen lassen. Beginnen wir mit c_{11}, d.h. wir wollen wissen, wieviel Einheiten des Rohstoffes R_1 man für eine Einheit des Endproduktes E_1 benötigt. Um eine Einheit E_1 herzustellen, benötigt man 0,6 Einheiten Z_1 und 0,4 Einheiten Z_2. Um eine Einheit Z_1 herzustellen, braucht man 6 Einheiten R_1, um eine Einheit Z_2 herzustellen braucht man 5 Einheiten R_1; also braucht man insgesamt für eine Einheit E_1:

$$c_{11} = 6 \cdot 0,6 + 5 \cdot 0,4 = 5,6 \qquad \text{Einheiten } R_1$$

c_{11} ist gerade das Skalarprodukt der ersten Zeile von $\textbf{A}$ mit der ersten Spalte von $\textbf{B}$. Berechnen wir noch c_{23}, d.h. wieviel Einheiten R_2 braucht man für die Produktion von einer Einheit E_3? Genau wie eben überlegt man, daß $c_{23} = 3 \cdot 1,1 + 0,5 \cdot 0,1 = 3,35$ ist. c_{23} ist das Skalarprodukt der zweiten Zeile von $\textbf{A}$ mit der dritten Spalte von $\textbf{B}$. Allgemein bekommen wir c_{ik} als das Skalarprodukt der i-ten Zeile von $\textbf{A}$ mit der k-ten Spalte von $\textbf{B}$. Die auf diese Weise gewonnene Matrix $\textbf{C}$ wird als Produkt von $\textbf{A}$ und $\textbf{B}$ aufgefaßt. Damit die Skalarprodukte wie oben beschrieben überhaupt gebildet werden können, müssen die Zeilen von $\textbf{A}$ genausoviele Komponenten haben wie die Spalten von $\textbf{B}$ (in unserem Beispiel sind es 2), d.h. aber, die Spaltenzahl von $\textbf{A}$ muß gleich der Zeilenzahl von $\textbf{B}$ sein. Diese Vorbetrachtungen führen zu folgenden Definitionen:

Zwei Matrizen $\textbf{A}$ und $\textbf{B}$ heißen (in dieser Reihenfolge) *verkettet*, wenn die Spaltenzahl von $\textbf{A}$ gleich der Zeilenzahl von $\textbf{B}$ ist. Ist $\textbf{A}$ eine (m, n)-Matrix, so muß $\textbf{B}$, wenn $\textbf{A}$ und $\textbf{B}$ verkettet sind, eine (n, p)-Matrix sein. Quadratische Matrizen gleicher Reihenzahl sind stets verkettet.

Beispiel:

$$A = \begin{pmatrix} 1 & 2 & -1 & 3 \\ 6 & 1 & 1 & 4 \end{pmatrix}, \qquad B = \begin{pmatrix} 1 & 6 & 2 \\ 7 & 1 & 9 \\ 0 & 4 & 6 \\ 5 & 4 & 9 \end{pmatrix}.$$

A und B sind verkettet. B und A sind nicht verkettet. Die Eigenschaft „verkettet sein" hängt von der Reihenfolge ab!

Sind $A = (a_{ik})_{i=1,\ldots,m}^{k=1,\ldots,n}$, $B = (b_{kl})_{k=1,\ldots,n}^{l=1,\ldots,p}$, verkettet, so heißt die (m,p)-Matrix $C = (c_{il})_{i=1,\ldots,m}^{l=1,\ldots,p}$ mit

$$c_{il} = a_{i1}b_{1l} + a_{i2}b_{2l} + \ldots + a_{in}b_{nl} = \sum_{k=1}^{n} a_{ik}b_{kl} \qquad (7.13)$$

das Produkt von A und B. Es wird mit $C = AB$ bezeichnet.

Merkregel:

Eine (m,n)-Matrix multipliziert mit einer (n,p)-Matrix ergibt eine (m,p)-Matrix. Das Element c_{il} der Produktmatrix AB ist das Skalarprodukt der i-ten Zeile von A mit der l-ten Spalte von B.

Für die Berechnung des Produkts kann die sogenannte Falksche Anordnung hilfreich sein. Sei z.B. AB zu berechnen für

$$A = \begin{pmatrix} -1 & 0 & 2 \\ 1 & 3 & 4 \end{pmatrix}, \qquad B = \begin{pmatrix} 1 & -1 & 0 & 4 \\ 2 & 1 & 2 & 0 \\ -1 & -3 & 1 & 2 \end{pmatrix}.$$

AB wird eine $(2,4)$-Matrix sein. Man schreibt A in Form einer Tabelle links hin und B rechts davon, nach oben versetzt, dann hat man automatisch die richtige Gestalt von C:

				1	-1	0	4
				2	1	2	0
				-1	-3	1	2
-1	0	2		-3	-5	2	0
1	3	4		3	-10	$\boxed{10}$	12

Wenn man z.B. die 2. Zeile von A mit der dritten Spalte von B multipliziert, so entsteht im Schnittpunkt der verlängerten Zeilen und Spaltenlinien an der richtigen Stelle von C das Element $c_{23} = 1 \cdot 0 + 3 \cdot 2 + 4 \cdot 1 = 10$. Analog füllt man die anderen Plätze von C aus.

Beispiele:

1) Wir berechnen zunächst die Rohstoffverbrauchskoeffizienten für die Endprodukte in unserem einführenden Beispiel:

$$C = \begin{pmatrix} 6 & 5 \\ 3 & 0,5 \\ 4 & 2 \end{pmatrix} \begin{pmatrix} 0,6 & 0,8 & 1,1 & 2 \\ 0,4 & 0,5 & 0,1 & 1,2 \end{pmatrix} = \begin{pmatrix} 5,6 & 7,3 & 7,1 & 18 \\ 2 & 2,65 & 3,35 & 6,6 \\ 3,2 & 4,2 & 4,6 & 10,4 \end{pmatrix}.$$

Um beispielsweise eine Einheit E_4 produzieren zu können, braucht man 18 Einheiten R_1, 6,6 Einheiten R_2 und 10,4 Einheiten R_3.

2) Es sei $A = \begin{pmatrix} 1 & 0 & -2 \\ 2 & 4 & 6 \\ -1 & 1 & 0 \end{pmatrix}$, $B = \begin{pmatrix} 1 & 2 & 1 \\ -1 & 0 & -1 \\ 2 & 4 & 3 \end{pmatrix}$.

Man berechne AB und BA.

$$AB = \begin{pmatrix} -3 & -6 & -5 \\ 10 & 28 & 16 \\ -2 & -2 & -2 \end{pmatrix}, \quad BA = \begin{pmatrix} 4 & 9 & 10 \\ 0 & -1 & 2 \\ 7 & 19 & 20 \end{pmatrix}.$$

Auch für quadratische Matrizen gleicher Reihenzahl, für die ja AB und BA stets beide existieren, ist im allgemeinen $AB \neq BA$. Die Matrizenmultiplikation ist also auch für quadratische Matrizen gleicher Reihenzahl nicht kommutativ. Zwei n-reihige quadratische Matrizen mit $AB = BA$ heißen vertauschbar. Z.B. ist die Einheitsmatrix mit jeder quadratischen Matrix derselben Reihenzahl vertauschbar.

3) Multipliziert man einen Zeilenvektor, als $(1, n)$-Matrix aufgefaßt, mit einem Spaltenvektor $((n, 1)$-Matrix), so erhält man eine $(1,1)$-Matrix (c_{11}), diese kann man mit dem Skalar c_{11} identifizieren. Man erhält so das Skalarprodukt als Spezialfall der Matrizenmultiplikation

$$(a_1 \quad a_2 \quad \cdots \quad a_n) \begin{pmatrix} b_1 \\ b_2 \\ \vdots \\ b_n \end{pmatrix} = \left(\sum_{k=1}^{n} a_k b_k \right).$$

Bildet man $\begin{pmatrix} a_1 \\ a_2 \\ \vdots \\ a_n \end{pmatrix} (b_1 \quad b_2 \quad \cdots \quad b_n)$ so erhält man die (n, n)-Matrix:

$$\begin{pmatrix} a_1 b_1 & a_1 b_2 & \cdots & a_1 b_n \\ a_2 b_1 & a_2 b_2 & \cdots & a_2 b_n \\ \vdots & \vdots & \ddots & \vdots \\ a_n b_1 & a_n b_2 & \cdots & a_n b_n \end{pmatrix},$$

d.h. c_{ik} ist gerade $a_i b_k$.

4)　　Ist $A = (a_{ik})_{i=1,\ldots,m}^{k=1,\ldots,n}$ die Koeffizientenmatrix des linearen Gleichungssystems (7.1), so

kann man nach Einführung des Vektors $x = \begin{pmatrix} x_1 \\ x_2 \\ \vdots \\ x_n \end{pmatrix}$ der Unbekannten (7.1) kurz so

schreiben:

$$Ax = b. \tag{7.14}$$

Dabei ist $b = \begin{pmatrix} b_1 \\ b_2 \\ \vdots \\ b_m \end{pmatrix}$ der Vektor der rechten Seiten.

Für das Rechnen mit Matrizen gelten außer (7.1)–(7.10) noch folgende *Rechen-regeln* (dabei sei A eine (m, n)-Matrix, B und D seien (n, p)-Matrizen und C sei eine (p, q)-Matrix):

$$(AB)C = A(BC) \tag{7.15}$$

(Assoziativgesetz der Multiplikation)

Es bedeutet, daß man Klammern beliebig setzen oder auch ganz weglassen kann.

$$\left. \begin{array}{l} A(B + D) = AB + AD \\ (B + D)C = BC + DC \end{array} \right\} \tag{7.16}$$

(Distributivgesetze)

$$(AB)^{\mathrm{T}} = B^{\mathrm{T}} A^{\mathrm{T}}. \tag{7.17}$$

Ist A eine (m, n)-Matrix und E die n-reihige Einheitsmatrix, so ist $AE = A$; ist E die m-reihige Einheitsmatrix, so ist $EA = A$.

Ist insbesondere A eine quadratische n-reihige Matrix und E die Einheitsmatrix gleicher Reihenzahl, so gilt

$$AE = EA = A. \tag{7.18}$$

Die Einheitsmatrix spielt also bei der Multiplikation quadratischer Matrizen dieselbe Rolle wie die Zahl 1 bei der Multiplikation der Zahlen.

Eine n-reihige quadratische Matrix A heißt *regulär*, falls es eine n-reihige quadratische Matrix B gibt mit $AB = E$. B heißt dann die zu A inverse Matrix und wird mit A^{-1} bezeichnet. Ist A regulär und A^{-1} ihre Inverse, so gilt

$$A^{-1}A = AA^{-1} = E. \tag{7.19}$$

Sind A_1 und A_2 regulär, so ist auch $A_1 A_2$ regulär und es gilt:

$$(A_1 A_2)^{-1} = A_2^{-1} A_1^{-1}. \tag{7.20}$$

Man kann also die Inversenbildung in einem Produkt gliedweise vornehmen, muß aber die Reihenfolge der Faktoren vertauschen!

Für ein Gleichungssystem mit n Gleichungen und n Unbekannten, dessen Koeffizientenmatrix A regulär ist, kann man die Lösung sofort hinschreiben, wenn man die Inverse A^{-1} der Koeffizientenmatrix kennt. Denn multipliziert man (7.14) von links mit A^{-1}, so ergibt sich $A^{-1} A x = A^{-1} b$ bzw. $E x = x = A^{-1} b$. Wir werden in 7.2. sehen, wie man feststellen kann, ob eine gegebene Matrix A regulär ist oder nicht, und wie man im Falle der Regularität A^{-1} findet.

7.2 Lineare Gleichungssysteme

7.2.1 Lösbarkeitsverhalten und Lösungsalgorithmus

Der Ausgangspunkt unserer Betrachtungen ist ein lineares Gleichungssystem von m Gleichungen mit n Unbekannten, d.h. ein System der Form (7.1). Die Matrix $A = (a_{ik})_{i=1,\dots,m}^{k=1,\dots,n}$ heißt die Koeffizientenmatrix, der Vektor $b = \begin{pmatrix} b_1 \\ \vdots \\ b_m \end{pmatrix}$ der Vektor der rechten Seiten.

In Matrixschreibweise hat (7.1) die Gestalt:

$$A x = b, \tag{7.21}$$

wo $x = \begin{pmatrix} x_1 \\ \vdots \\ x_n \end{pmatrix}$ der Vektor der Unbekannten ist. Das Gleichungssystem (7.1) bzw. (7.21) heißt *homogen*, wenn alle b_i gleich Null sind, d.h. wenn b der Nullvektor ist, andernfalls *inhomogen*.

Ein Gleichungssystem lösen, bedeutet für die Unbekannten $x_1, x_2, \dots, x_n$ n Zahlen $\bar{x}_1, \bar{x}_2, \dots, \bar{x}_n$ so zu finden, daß die m Gleichungen erfüllt sind. Man kann das auch folgendermaßen ausdrücken: Es ist ein Vektor $\bar{x} = \begin{pmatrix} \bar{x}_1 \\ \vdots \\ \bar{x}_n \end{pmatrix}$ so zu finden, daß $A\bar{x}$ gerade den Vektor b ergibt, d.h. $\bar{x}$ das Gleichungssystem (7.21) erfüllt.

Ein Vektor $\bar{x}$ heißt Lösung des linearen Gleichungssystems (7.1) bzw. (7.21), wenn $A\bar{x} = b$ erfüllt ist. Die Menge aller Lösungen heißt die Lösungsmenge des linearen Gleichungssystems.

Beispiele:

1) $\qquad 4x_1 - x_2 = 5$
    $\qquad\quad x_1 + x_2 = 10$

$\bar{x} = \begin{pmatrix} 3 \\ 7 \end{pmatrix}$ ist eine Lösung, denn $4 \cdot 3 - 7 = 5$ und $3 + 7 = 10$. In diesem Fall gibt es keine weiteren Lösungen. Die Lösungsmenge besteht aus dem einzigen Vektor $\begin{pmatrix} 3 \\ 7 \end{pmatrix}$; man sagt, das Gleichungssystem ist eindeutig lösbar.

2) $\qquad\quad x_1 - 2x_2 = 3$
    $\qquad -2x_1 + 4x_2 = -6$

Dieses System hat z.B. die Lösungen $\begin{pmatrix} 3 \\ 0 \end{pmatrix}$, $\begin{pmatrix} 5 \\ 1 \end{pmatrix}$, $\begin{pmatrix} 4 \\ 0,5 \end{pmatrix}$, $\begin{pmatrix} 1 \\ -1 \end{pmatrix}$, $\begin{pmatrix} -1 \\ -2 \end{pmatrix}$ und noch unendlich viele weitere. Die Lösungsmenge ist unendlich.

3) $\qquad x_1 + x_2 = 4$
    $\qquad x_1 + x_2 = 6$

Dieses Gleichungssystem kann keine Lösung haben, denn es enthält einen Widerspruch: einmal soll $x_1 + x_2 = 4$ sein, zum anderen soll $x_1 + x_2 = 6$ sein. Das ist für keine Wahl von x_1 und x_2 zu realisieren. Man drückt diesen Sachverhalt auch so aus: die Lösungsmenge ist leer.

Man kann zeigen, daß die Möglichkeiten für das Lösungsverhalten, die in den Beispielen 1) – 3) vorkommen, auch für beliebige Gleichungssysteme bereits alle Möglichkeiten ausschöpfen, d.h. es gilt folgender Satz:

Ein lineares Gleichungssystem (7.1) bzw. (7.21) hat entweder genau eine Lösung, oder es hat unendlich viele Lösungen, oder es hat keine Lösung.

Wir wollen uns diesen Satz für ein System von zwei Gleichungen mit zwei Unbekannten geometrisch klarmachen. Eine lineare Gleichung $a_1 x_1 + a_2 x_2 = b$ stellt in der (x_1, x_2)-Ebene eine Gerade dar (4.2.1), nämlich für $a_2 \neq 0$ die Gerade

$$x_2 = -\frac{a_1}{a_2} x_1 + \frac{b}{a_2}$$

mit der Steigung $-\dfrac{a_1}{a_2}$ und dem Ordinatenabschnitt $\dfrac{b}{a_2}$, und für $a_2 = 0$ die

Gerade $x_1 = \dfrac{b}{a_1}$, welche eine Parallele zur x_2-Achse ist. Ein System

$$a_{11}x_1 + a_{12}x_2 = b_1$$
$$a_{21}x_1 + a_{22}x_2 = b_2 \qquad\qquad (7.22)$$

stellt also 2 Geraden dar. Eine Lösung $\bar{x} = \begin{pmatrix} \bar{x}_1 \\ \bar{x}_2 \end{pmatrix}$ muß beiden Geradenglei-
chungen genügen, muß also in der (x_1, x_2)-Ebene ein Punkt $P(\bar{x}_1, \bar{x}_2)$ sein, der
auf beiden Geraden liegt. Die Lösungsmenge des Gleichungssystems (7.22) ist
also die Menge aller Punkte, die beiden Geraden gemeinsam ist. Es gibt aber
nur drei Möglichkeiten für das Schnittverhalten zweier Geraden:

1) Die Geraden schneiden sich in einem Punkt $P(\bar{x}_1, \bar{x}_2)$ (Abb. 7.2). Dann ist
$\begin{pmatrix} \bar{x}_1 \\ \bar{x}_2 \end{pmatrix}$ die einzige Lösung von (7.22). Das Gleichungssystem ist eindeutig
lösbar.

2) Die beiden Gerade fallen in eine einzige Gerade zusammen (Abb. 7.3).
Dann sind alle $\begin{pmatrix} \bar{x}_1 \\ \bar{x}_2 \end{pmatrix}$, die auf dieser Geraden liegen, Lösungen des zugehörigen Gleichungssystems (7.22). Die Lösungsmenge ist unendlich.

3) Die beiden Geraden sind parallel ohne zusammenzufallen (Abb. 7.4).
Dann haben sie keinen gemeinsamen Punkt. Das Gleichungssystem hat
keine Lösung, die Lösungsmenge ist leer.

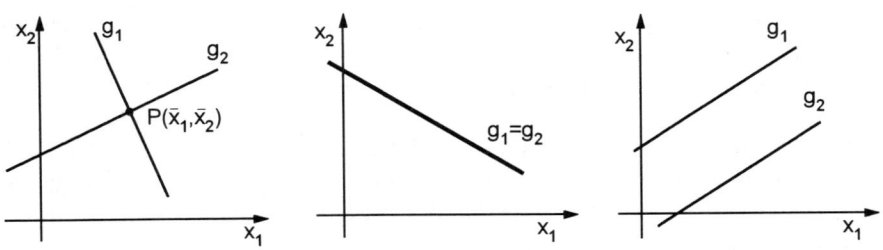

Abb. 7.2–4

Mit dem im folgenden angegebenen Algorithmus, dem sogenannten *Gaußschen
Algorithmus*, können wir feststellen, ob ein lineares Gleichungssystem überhaupt

Lösungen hat. Wenn ja, erlaubt der Algorithmus bei eindeutiger Lösbarkeit die zahlenmäßige Angabe des Lösungsvektors. Bei mehrdeutiger Lösbarkeit liefert er eine Darstellungsformel für die unendlich vielen Lösungen; diese nennt man die *allgemeine Lösung*.

Wir wollen uns zunächst überlegen, welche Umformungen man mit einem linearen Gleichungssystem vornehmen kann, ohne daß sich die Lösungsmenge ändert. Wir nennen diese Umformungen die *erlaubten Umformungen*. Man darf offenbar zwei Gleichungen vertauschen, d.h. man kann im System (7.1) zwei Zeilen vertauschen. Es ist klar, daß dies keinen Einfluß auf die Lösungen hat, denn die Bedingungen, die das Gleichungssystem an die $x_1, x_2, \ldots, x_n$ stellt, bleiben bei dieser Operation ja insgesamt dieselben. Aus unserem Wissen über erlaubte Termumformungen (Kap. 1) ergibt sich weiter: Man darf eine beliebige Gleichung (Zeile) mit einem Faktor $\lambda \neq 0$ multiplizieren, d.h. man darf eine beliebige Zeile des Systems durch ihr λ-faches ersetzen. Man darf ferner zu einer beliebigen Gleichung des Systems eine andere Gleichung des Systems addieren, d.h. man darf eine Gleichung (Zeile) durch ihre Summe mit einer anderen Gleichung (Zeile) ersetzen. Die letzten beiden Operationen können noch in eine zusammengefaßt werden. Die erlaubten Umformungen werden also durch folgenden Satz charakterisiert:

Die Lösungsmenge eines linearen Gleichungssystems ändert sich nicht, wenn folgende Umformungen vorgenommen werden:

1)   Vertauschen zweier Zeilen

2)   Ersetzen einer Zeile durch die Summe aus dem λ_1-fachen dieser Zeile und dem λ_2-fachen einer anderen Zeile.

Die Grundidee des Gaußschen Algorithmus besteht nun darin, die erlaubten Umformungen in systematischer Weise solange anzuwenden, bis das Gleichungssystem die denkbar einfachste Gestalt annimmt.

Betrachten wir zunächst den Fall von 3 Gleichungen mit 3 Unbekannten. Die Koeffizientenmatrix ist in diesem Fall eine (3,3)-Matrix. Das Gleichungssystem wird die denkbar einfachste Gestalt haben, wenn die Spalten der Matrix Einheitsvektoren sind, d.h. wenn es folgendermaßen aussieht:

$$
\begin{aligned}
x_1 \phantom{{}+x_2+x_3} &= b_1 \\
x_2 \phantom{{}+x_3} &= b_2 \\
x_3 &= b_3 \; .
\end{aligned}
$$

Seine Lösung kann man dann unmittelbar ablesen $\bar{x} = \begin{pmatrix} b_1 \\ b_2 \\ b_3 \end{pmatrix}$.

Wir werden also versuchen, ein Gleichungssystem durch erlaubte Umformungen dahin zu bringen, daß die Koeffizientenmatrix aus möglichst vielen Einheitsvektoren besteht.

Es sei als Beispiel folgendes Gleichungssystem gegeben:

$$\begin{array}{rcrcrcr} 2x_1 & - & x_2 & + & 4x_3 & = & 15 \\ -3x_1 & + & 4x_2 & - & x_3 & = & -15 \\ x_1 & + & x_2 & - & x_3 & = & 0. \end{array}$$

Wir wollen zunächst die Koeffizientenmatrix durch erlaubte Umformungen in eine Diagonalmatrix verwandeln. In einem ersten Schritt müssen also die Koeffizienten bei x_1 in der zweiten und dritten Zeile zu Null gemacht werden. Das erreicht man durch folgende Umformungen:

2. Gleichung $\cdot 2$ $+$ 1. Gleichung $\cdot 3$ $\rightarrow$ neue 2. Gleichung
3. Gleichung $\cdot (-2)$ $+$ 1. Gleichung $\rightarrow$ neue 3. Gleichung.

Damit erhalten wir das System

$$\begin{array}{rcrcrcr} 2x_1 & - & x_2 & + & 4x_3 & = & 15 \\ & & 5x_2 & + & 10x_3 & = & 15 \\ & - & 3x_2 & + & 6x_3 & = & 15. \end{array}$$

Nun sorgen wir dafür, daß in der 2.Spalte außer in der Diagonalen alle Koeffizienten zu Null gemacht werden:

1. Gleichung $\cdot 5$ $+$ 2. Gleichung $\rightarrow$ neue 1. Gleichung
3. Gleichung $\cdot 5$ $+$ 2. Gleichung $\cdot 3$ $\rightarrow$ neue 3. Gleichung.

$$\begin{array}{rcrcr} 10x_1 & & + & 30x_3 & = & 90 \\ & 5x_2 & + & 10x_3 & = & 15 \\ & & & 60x_3 & = & 120. \end{array}$$

Schließlich werden die Koeffizienten in der 3. Spalte außerhalb der Diagonalen zu Nullen gemacht:

1. Gleichung $\cdot (-2)$ $+$ 3. Gleichung $\rightarrow$ neue 1. Gleichung
2. Gleichung $\cdot (-6)$ $+$ 3. Gleichung $\rightarrow$ neue 2. Gleichung.

$$\begin{array}{rcr} -20x_1 & = & -60 \\ -30x_2 & = & 30 \\ 60x_3 & = & 120. \end{array}$$

Jetzt wird noch die erste Gleichung durch (-20) dividiert (Multiplikation mit $\lambda = -\frac{1}{20}$), die zweite durch (-30), die dritte durch 60; es ergibt sich das System

$$
\begin{array}{rcr}
x_1 & = & 3 \\
x_2 & = & -1 \\
x_3 & = & 2,
\end{array}
$$

woraus sich die Lösung unseres Ausgangssystem sofort ablesen läßt: $\bar{x} = \begin{pmatrix} 3 \\ -1 \\ 2 \end{pmatrix}$.

Die Lösung ist eindeutig bestimmt.

Man schreibt die einzelnen Schritte oft in Form sogenannter Tableaus, indem man der Einfachheit halber die Unbekannten nicht mehr aufschreibt und die rechten Seiten durch einen Strich abtrennt. Rechts oder links daneben kann man die notwendigen Operationen, die zum nächsten Tableau führen, notieren; dabei bedeutet $[k]$ die k-te Zeile. Für unser Beispiel sehen die Tableaus folgendermaßen aus:

			2	-1	4	15
$[2] \cdot 2$	$+ [1] \cdot 3$	$\rightarrow [2]$	-3	4	-1	-15
$[3] \cdot (-2)$	$+ [1]$	$\rightarrow [3]$	1	1	-1	0
$[1] \cdot 5$	$+ [2]$	$\rightarrow [1]$	2	-1	4	15
			0	5	10	15
$[3] \cdot 5$	$+ [2] \cdot 3$	$\rightarrow [3]$	0	-3	6	15
$[1] \cdot (-2)$	$+ [3]$	$\rightarrow [1]$	10	0	30	90
$[2] \cdot (-6)$	$+ [3]$	$\rightarrow [2]$	0	5	10	15
			0	0	60	120
$[1] \cdot (-\frac{1}{20})$		$\rightarrow [1]$	-20	0	0	-60
$[2] \cdot (-\frac{1}{30})$		$\rightarrow [2]$	0	-30	0	30
$[3] \cdot \frac{1}{60}$		$\rightarrow [3]$	0	0	60	120
			1	0	0	3
			0	1	0	-1
			0	0	1	2

Damit folgt $\bar{x} = \begin{pmatrix} 3 \\ -1 \\ 2 \end{pmatrix}$.

Um wie im eben gerechneten Beispiel die Einheitsvektoren in ihrer natürlichen
Reihenfolge $e_1 = \begin{pmatrix} 1 \\ 0 \\ 0 \\ \vdots \end{pmatrix}$, $e_2 = \begin{pmatrix} 0 \\ 1 \\ 0 \\ \vdots \end{pmatrix}$ zu erzeugen, muß man gegebenenfalls
Zeilen vertauschen.

Beispiel:

$$
\begin{aligned}
x_1 - 2x_2 + x_3 &= 3 \\
x_1 - 2x_2 + 4x_3 &= 3 \\
-3x_1 + x_2 - x_3 &= -4.
\end{aligned}
$$

	1	−2	1	3
[2] + [1] · (−1) → [2]	1	−2	4	3
[3] + [1] · 3 → [3]	−3	1	−1	−4

1	−2	1	3
0	0	3	0
0	−5	2	5

In der 2. Spalte läßt sich der Einheitsvektor $e_2 = \begin{pmatrix} 0 \\ 1 \\ 0 \end{pmatrix}$ nicht erzeugen, weil sich
an der Stelle, wo eine Eins erzeugt werden soll, eine Null befindet. Wir vertauschen
deshalb die Zeilen [2] und [3]. Das ergibt das folgende Tableau, mit dem dann wie
üblich verfahren wird:

[1] · 5 + [2] · (−2) → [1]	1	−2	1	3
	0	−5	2	5
	0	0	3	0

[1] · 3 + [3] · (−1) → [1]	5	0	1	5
[2] · (−3) + [3] · 2 → [2]	0	−5	2	5
	0	0	3	0

[1] : 15 → [1]	15	0	0	15
[2] : 15 → [2]	0	15	0	−15
[3] : 3 → [3]	0	0	3	0

1	0	0	1
0	1	0	−1
0	0	1	0

Die Lösung des gegebenen Systems ist $\bar{x} = \begin{pmatrix} 1 \\ -1 \\ 0 \end{pmatrix}$.

In den bisherigen Beispielen waren die Gleichungssysteme eindeutig lösbar. Der Gaußsche Algorithmus zeigt aber auch an, wenn der Fall mehrdeutiger Lösbarkeit vorliegt und liefert eine Darstellungsformel für die unendlich vielen Lösungen. Wir betrachten als Beispiel das folgende Gleichungssystem:

$$
\begin{aligned}
2x_1 &- x_2 + 4x_3 - 2x_4 = 0 \\
-x_1 &+ x_2 - 2x_3 + x_4 = 1 \\
x_1 & + 2x_3 - x_4 = 1 \\
-x_1 &+ 2x_2 - 2x_3 + x_4 = 3.
\end{aligned}
\tag{7.23}
$$

Der Algorithmus liefert folgende Tableaus:

			2	−1	4	−2	0
$[2] \cdot 2$	$+ [1]$	$\to [2]$	−1	1	−2	1	1
$[3] \cdot (-2)$	$+ [1]$	$\to [3]$	1	0	2	−1	1
$[4] \cdot 2$	$+ [1]$	$\to [4]$	−1	2	−2	1	3

			2	−1	4	−2	0
$[1]$	$+ [2]$	$\to [1]$	0	1	0	0	2
$[3]$	$+ [2]$	$\to [3]$	0	−1	0	0	−2
$[4]$	$+ [2] \cdot (-3)$	$\to [4]$	0	3	0	0	6

			2	0	4	−2	2
			0	1	0	0	2
			0	0	0	0	0
			0	0	0	0	0

Wir haben nun ein Tableau erhalten, in dem zwei Zeilen komplett aus Nullen bestehen. Solche Zeilen enthalten für die Unbekannten keinerlei Information mehr. Sie können deshalb weggelassen werden. Dividieren wir die erste Zeile noch durch 2, so sieht das Endtableau folgendermaßen aus:

$$
\begin{array}{cccc|c}
1 & 0 & 2 & -1 & 1 \\
0 & 1 & 0 & 0 & 2
\end{array}
$$

Das entspricht dem Gleichungssystem:

$$
\begin{aligned}
x_1 & + 2x_3 - x_4 = 1 \\
&x_2 = 2
\end{aligned}
\tag{7.24}
$$

oder $x_1 = 1 - 2x_3 + x_4$
       $x_2 = 2.$

Hier kann man für x_3 und x_4 beliebige Werte wählen. x_1 und x_2 sind dann bestimmt. Man erhält auf diese Weise unendlich viele Lösungen von (7.23). Die allgemeine Lösung hat also folgende Form:

$$\bar{x} = \begin{pmatrix} 1 - 2x_3 + x_4 \\ 2 \\ x_3 \\ x_4 \end{pmatrix}.$$

Wählt man etwa $x_3 = -1$, $x_4 = -2$, so erhält man $\bar{x} = \begin{pmatrix} 1 \\ 2 \\ -1 \\ -2 \end{pmatrix}$.

Das ist tatsächlich eine Lösung von (7.23), wie man durch Einsetzen sofort bestätigt.

$x_3 = 1$, $x_4 = 0$ liefert die Lösung $\bar{x} = \begin{pmatrix} -1 \\ 2 \\ 1 \\ 0 \end{pmatrix}$. So könnten wir uns beliebig viele weitere Lösungen verschaffen. Wichtiger als einzelne konkrete Lösungen ist in diesem Fall die Lösungsmenge, die durch das Endresultat des Algorithmus, nämlich das Gleichungssystem (7.24) beschrieben wird. Es hat die charakteristische Eigenschaft, daß seine Spalten die maximal mögliche Menge von Einheitsvektoren (bei zwei Zeilen, d.h. zweikomponentigen Vektoren, sind das zwei) enthält. Ein Gleichungssystem mit der maximal möglichen Menge von Einheitsvektoren in der Koeffizientenmatrix heißt *kanonisch*. Das Resultat des Gaußschen Algorithmus ist also im Falle mehrdeutig lösbarer Gleichungssysteme ein kanonisches Gleichungssystem. In einem kanonischen Gleichungssystem heißen die Variablen, in deren zugehörigen Spalten Einheitsvektoren stehen, *Basisvariable*, die übrigen Nichtbasisvariable. In (7.24) sind x_1 und x_2 die Basisvariablen, x_3 und x_4 die Nichtbasisvariablen.

Beispiel:

In dem Gleichungssystem

$$\begin{array}{rcrcrcrcrcl} & & 2x_2 & + & 3x_3 & + & x_4 & & & = & 2 \\ x_1 & - & x_2 & + & 2x_3 & & & & & = & 6 \\ & & 4x_2 & + & 8x_3 & & & + & x_5 & = & -3. \end{array}$$

mit dem Tableau:

0	2	3	1	0	2
1	-1	2	0	0	6
0	4	8	0	1	-3

sind x_1, x_4 und x_5 die Basisvariablen, x_2 und x_3 die Nichtbasisvariablen.

Im folgenden werden wir sehen, wie der Gaußsche Algorithmus anzeigt, daß ein Gleichungssystem unlösbar ist. Betrachten wir als Beispiel das Gleichungssystem

$$
\begin{aligned}
2x_1 - 2x_2 + x_3 &= 4 \\
-x_1 + 6x_2 - 4x_3 &= -6 \\
-x_1 + 16x_2 - 11x_3 &= -10.
\end{aligned}
$$

		2	-2	1	4
$[2] \cdot 2 + [1]$	$\to [2]$	-1	6	-4	-6
$[3] \cdot 2 + [1]$	$\to [3]$	-1	16	-11	-10

		2	-2	1	4
$[1] \cdot 5 + [2]$	$\to [1]$	0	10	-7	-8
$[3] + [2] \cdot (-3)$	$\to [3]$	0	30	-21	-16

10	0	-2	12
0	10	-7	-8
0	0	0	8

Hier führt uns der Algorithmus auf eine Zeile, in der links alles Nullen, rechts aber eine Zahl $\neq 0$ steht. Die letzte Zeile würde ausgeschrieben bedeuten $0 \cdot x_1 + 0 \cdot x_2 + 0 \cdot x_3 = 8$, d.h. $0 = 8$, was offensichtlich falsch ist. Das Gleichungssystem enthält also einen Widerspruch und ist folglich nicht lösbar.

Beispiele:

1)

$$
\begin{aligned}
x_1 + 2x_2 - 3x_3 - x_4 &= 6 \\
-4x_1 + x_2 - x_3 + 2x_4 &= 3 \\
-x_1 + 3x_2 + 4x_3 + x_4 &= -3 \\
x_1 + x_2 + x_3 + x_4 &= 5.
\end{aligned}
$$

		1	2	-3	-1	6
$[2] + [1] \cdot 4$	$\to [2]$	-4	1	-1	2	3
$[3] + [1]$	$\to [3]$	-1	3	4	1	-3
$[4] + [1] \cdot (-1)$	$\to [4]$	1	1	1	1	5

		1	2	-3	-1	6
$[1] \cdot 9 + [2] \cdot (-2)$	$\to [1]$	0	9	-13	-2	27
$[3] \cdot 9 + [2] \cdot (-5)$	$\to [3]$	0	5	1	0	3
$[4] \cdot 9 + [2]$	$\to [4]$	0	-1	4	2	-1

$$
\begin{array}{llll}
[1] \cdot 74 & + [3] & \rightarrow [1] \\
[2] \cdot 74 & + [3] \cdot 13 & \rightarrow [2] \\
& & \\
[4] \cdot 74 & + [3] \cdot (-23) & \rightarrow [4]
\end{array}
\qquad
\left[\begin{array}{rrrr|r}
9 & 0 & -1 & -5 & 0 \\
0 & 9 & -13 & -2 & 27 \\
0 & 0 & 74 & 10 & -108 \\
0 & 0 & 23 & 16 & 18
\end{array}\right]
$$

$$
\left[\begin{array}{rrrr|r}
666 & 0 & 0 & -360 & -108 \\
0 & 666 & 0 & -18 & 594 \\
0 & 0 & 74 & 10 & -108 \\
0 & 0 & 0 & 954 & 3816
\end{array}\right]
$$

Zur Vereinfachung des letzten Schrittes dividieren wir die letzte Zeile durch 954;

$$
\begin{array}{llll}
[1] & + [4] \cdot 360 & \rightarrow [1] \\
[2] & + [4] \cdot 18 & \rightarrow [2] \\
[3] & + [4] \cdot (-10) & \rightarrow [3]
\end{array}
\qquad
\left[\begin{array}{rrrr|r}
666 & 0 & 0 & -360 & -108 \\
0 & 666 & 0 & -18 & 594 \\
0 & 0 & 74 & 10 & -108 \\
0 & 0 & 0 & 1 & 4
\end{array}\right]
$$

$$
\left[\begin{array}{rrrr|r}
666 & 0 & 0 & 0 & 1332 \\
0 & 666 & 0 & 0 & 666 \\
0 & 0 & 74 & 0 & -148 \\
0 & 0 & 0 & 1 & 4
\end{array}\right]
$$

$$
\left[\begin{array}{rrrr|r}
1 & 0 & 0 & 0 & 2 \\
0 & 1 & 0 & 0 & 1 \\
0 & 0 & 1 & 0 & -2 \\
0 & 0 & 0 & 1 & 4
\end{array}\right]
$$

Das System hat die eindeutige Lösung $\bar{x} = \begin{pmatrix} 2 \\ 1 \\ -2 \\ 4 \end{pmatrix}$.

2)

$$
\begin{array}{rrrrrr}
x_1 & - x_2 & + x_3 & - x_4 & + x_5 & = 4 \\
2x_1 & + x_2 & - 2x_3 & + x_4 & - x_5 & = -1 \\
4x_1 & - x_2 & & - x_4 & + x_5 & = 7.
\end{array}
$$

$$
\left[\begin{array}{rrrrr|r}
1 & -1 & 1 & -1 & 1 & 4 \\
2 & 1 & -2 & 1 & -1 & -1 \\
4 & -1 & 0 & -1 & 1 & 7
\end{array}\right]
$$

$$
\left[\begin{array}{rrrrr|r}
1 & -1 & 1 & -1 & 1 & 4 \\
0 & 3 & -4 & 3 & -3 & -9 \\
0 & 3 & -4 & 3 & -3 & -9
\end{array}\right]
$$

$$
\begin{array}{ccccc|c}
3 & 0 & -1 & 0 & 0 & 3 \\
0 & 3 & -4 & 3 & -3 & -9 \\
0 & 0 & 0 & 0 & 0 & 0
\end{array}
$$

$$
\begin{array}{ccccc|c}
1 & 0 & -\frac{1}{3} & 0 & 0 & 1 \\
0 & 1 & -\frac{4}{3} & 1 & -1 & -3
\end{array}
$$

$$
x_1 = 1 + \frac{1}{3}x_3
$$
$$
x_2 = -3 + \frac{4}{3}x_3 - x_4 + x_5.
$$

allgemeine Lösung: $\bar{x} = \begin{pmatrix} 1 + \frac{1}{3}x_3 \\ -3 + \frac{4}{3}x_3 - x_4 + x_5 \\ x_3 \\ x_4 \\ x_5 \end{pmatrix}$

3)

$$
\begin{aligned}
2x_1 - x_2 + 3x_3 + x_4 - x_5 &= 4 \\
2x_1 - x_2 + 3x_3 - 2x_4 + x_5 &= 6 \\
2x_1 - x_2 + 3x_3 + 2x_4 - 2x_5 &= 3.
\end{aligned}
$$

$$
\begin{array}{ccccc|c}
2 & -1 & 3 & 1 & -1 & 4 \\
2 & -1 & 3 & -2 & 1 & 6 \\
2 & -1 & 3 & 2 & -2 & 3
\end{array}
$$

$$
\begin{array}{ccccc|c}
2 & -1 & 3 & 1 & -1 & 4 \\
0 & 0 & 0 & -3 & 2 & 2 \\
0 & 0 & 0 & 1 & -1 & -1
\end{array}
$$

Der Einheitsvektor $\begin{pmatrix} 0 \\ 1 \\ 0 \end{pmatrix}$ kann weder in der zweiten noch in der dritten Spalte erzeugt werden. Wir wählen deshalb die 4. Spalte:

$$
\begin{array}{ccccc|c}
6 & -3 & 9 & 0 & -1 & 14 \\
0 & 0 & 0 & -3 & 2 & 2 \\
0 & 0 & 0 & 0 & -1 & -1
\end{array}
$$

$$\begin{array}{ccccc|c} 6 & -3 & 9 & 0 & 0 & 15 \\ 0 & 0 & 0 & -3 & 0 & 0 \\ 0 & 0 & 0 & 0 & -1 & -1 \end{array}$$

$$\begin{array}{ccccc|c} 1 & -\frac{1}{2} & \frac{3}{2} & 0 & 0 & \frac{5}{2} \\ 0 & 0 & 0 & 1 & 0 & 0 \\ 0 & 0 & 0 & 0 & 1 & 1 \end{array}$$

Die Basisvariablen dieses kanonischen Gleichungssystems sind x_1, x_4 und x_5.

$$x_1 = \frac{5}{2} + \frac{1}{2}x_2 - \frac{3}{2}x_3$$

$$x_4 = 0$$

$$x_5 = 1$$

x_2 und x_3 können beliebig gewählt werden. Die allgemeine Lösung ist:

$$\bar{x} = \begin{pmatrix} \frac{5}{2} + \frac{1}{2}x_2 - \frac{3}{2}x_3 \\ x_2 \\ x_3 \\ 0 \\ 1 \end{pmatrix}$$

4)

$$\begin{aligned} x_1 - x_2 + 2x_3 &= 0 \\ -x_1 + 4x_2 + 3x_3 &= 6 \\ 5x_1 - 2x_2 + 15x_3 &= -4. \end{aligned}$$

$$\begin{array}{ccc|c} 1 & -1 & 2 & 0 \\ -1 & 4 & 3 & 6 \\ 5 & -2 & 15 & -4 \end{array}$$

$$\begin{array}{ccc|c} 1 & -1 & 2 & 0 \\ 0 & 3 & 5 & 6 \\ 0 & 3 & 5 & -4 \end{array}$$

$$\begin{array}{ccc|c} 3 & 0 & 11 & 6 \\ 0 & 3 & 5 & 6 \\ 0 & 0 & 0 & 10 \end{array}$$

Die letzte Zeile stellt einen Widerspruch dar; das System hat keine Lösung.

Schauen wir uns die durchgerechneten Beispiele von *lösbaren* Gleichungssystemen an, so können wir folgendes feststellen: Ist r die Maximalzahl von verschiedenen Einheitsvektoren, die wir durch erlaubte Umformungen in der Koeffizientenmatrix herstellen können, so ist das Gleichungssystem *eindeutig lösbar*, wenn r gleich der Anzahl n der Unbekannten ist. Ist $r < n$, so gibt es unendlich viele Lösungen, und zwar kann man dann gerade $n - r$ der Unbekannten frei wählen, die restlichen r sind eindeutig bestimmt.

Rang einer Matrix:

Die letzte Betrachtung führt uns auf folgenden Begriff:

> Die Maximalzahl von verschiedenen Einheitsvektoren; die man durch erlaubte Umformungen in einer Matrix A herstellen kann, heißt der Rang der Matrix A.

A sei eine (m, n)-Matrix. Es gibt nicht mehr als m Stück Einheitsvektoren mit m Komponenten. Der Rang ist also $\le m$ (Zeilenzahl). Ebenso kann man höchstens soviele Einheitsvektoren erzeugen, wie es Spalten gibt. Der Rang ist also auch $\le n$.

> Ist A eine (m, n)-Matrix, so ist ihr Rang höchstens gleich $\min(m, n)$, d.h. höchstens gleich dem Minimum von Zeilen- und Spaltenzahl.

Eine (2,3)-Matrix z.B. hat höchstens den Rang 2, eine (5,4)-Matrix höchstens den Rang 4, eine quadratische n-reihige Matrix höchstens den Rang n. Um den Rang einer Matrix zu bestimmen, schreiben wir sie als Tableau und nehmen die erlaubten Umformungen wie bei den Gleichungssystemen vor.

Beispiele:

$$\text{a)} \quad A = \begin{pmatrix} 1 & 3 & 1 \\ 2 & -1 & 4 \\ -1 & 0 & 2 \end{pmatrix}, \quad \text{b)} \quad A = \begin{pmatrix} -1 & 0 & 2 & 0 \\ 3 & 1 & 4 & 2 \\ 2 & 1 & 6 & 2 \end{pmatrix}, \quad \text{c)} \quad A = \begin{pmatrix} 1 & -1 \\ 0 & 2 \\ 1 & 2 \\ 0 & 1 \end{pmatrix}.$$

Wir schreiben bei der Lösung die Tableaus aus Platzersparnis nebeneinander.

a)

1	3	1	1	3	1	7	0	13	189	0	0	1	0	0
2	-1	4	0	-7	2	0	-7	2	0	-189	0	0	1	0
-1	0	2	0	3	3	0	0	27	0	0	27	0	0	1

Der Rang ist 3.

b)

-1	0	2	0	-1	0	2	0	-1	0	2	0	1	0	-2	0
3	1	4	2	0	1	10	2	0	1	10	2	0	1	10	2
2	1	6	2	0	1	10	2	0	0	0	0	0	0	0	0

Der Rang ist 2.

c)

$$
\begin{array}{cc|cc|cc|cc}
1 & -1 & 1 & -1 & 2 & 0 & 1 & 0 \\
0 & 2 & 0 & 2 & 0 & 2 & 0 & 1 \\
1 & 2 & 0 & 3 & 0 & 0 & 0 & 0 \\
0 & 1 & 0 & 1 & 0 & 0 & 0 & 0
\end{array}
$$

Der Rang ist 2.

Mit Hilfe des Rangbegriffes kann man auch ein Kriterium dafür formulieren, daß ein Gleichungssystem überhaupt lösbar ist. Das Tableau des im Beispiel 4) betrachteten, unlösbaren Gleichungssystems hatte schließlich folgende Gestalt:

$$
\begin{array}{ccc|c}
3 & 0 & 11 & 6 \\
0 & 3 & 5 & 6 \\
\hline
0 & 0 & 0 & 10
\end{array}
$$

Hier hat die Koeffizientenmatrix, die auf der linken Seite des senkrechten Striches steht, den Rang 2. Betrachtet man die Matrix, welche aus der Koeffizientenmatrix durch Hinzufügen der rechten Seite als einer weiteren Spalte entsteht, also das gesamte Tableau ohne Berücksichtigung des senkrechten Striches, so hat diese erweiterte Koeffizientenmatrix den Rang 3. Diese Verschiedenheit der beiden Ränge ist charakteristisch für Unlösbarkeit.

Die Matrix, welche aus der Koeffizientenmatrix A eines linearen Gleichungssystems (7.1) durch Hinzufügen der rechten Seite als weitere Spalte entsteht, heißt die *erweiterte Koeffizientenmatrix*.

Beispiel:

$$
\begin{aligned}
2x_1 - x_2 + 3x_3 &= 0 \\
x_1 - x_2 + x_3 &= 5 \\
-x_1 + 2x_2 - x_3 &= 1.
\end{aligned}
$$

Die Koeffizientenmatrix ist $\begin{pmatrix} 2 & -1 & 3 \\ 1 & -1 & 1 \\ -1 & 2 & -1 \end{pmatrix}$, die erweiterte Koeffizientenmatrix ist

$\begin{pmatrix} 2 & -1 & 3 & 0 \\ 1 & -1 & 1 & 5 \\ -1 & 2 & -1 & 1 \end{pmatrix}$.

Für das Lösungsverhalten eines linearen Gleichungssystems kann nun zusammenfassend folgendes festgestellt werden:

> Genau dann ist ein lineares Gleichungssystem lösbar, wenn der Rang der Koeffizientenmatrix gleich dem Rang der erweiterten Koeffizientenmatrix ist.

Ist das der Fall, und sei r der Rang dieser Matrizen, so gilt:

Ist r gleich der Anzahl n der Unbekannten, so ist das Gleichungssystem eindeutig lösbar. Ist $r < n$, so gibt es unendlich viele Lösungen, und zwar kann man die Werte von $n - r$ Unbekannten beliebig wählen, die restlichen sind dann eindeutig bestimmt.

Insbesondere ist ein Gleichungssystem von n Gleichungen mit n Unbekannten genau dann eindeutig lösbar, wenn die Koeffizientenmatrix den Rang n hat. Eine *quadratische Matrix*, deren Rang gleich ihrer Zeilenzahl ist, d.h. deren Rang die maximal mögliche Größe erreicht, ist, wie sich zeigen wird, *regulär*. Die letzte Aussage können wir dann so formulieren:

Ein lineares Gleichungssystem mit n Gleichungen und n Unbekannten ist genau dann eindeutig lösbar, wenn die Koeffizientenmatrix regulär ist.

Pivotisierung:

Bisher haben wir bei der Abarbeitung des Gaußschen Algorithmus intuitiv „gesehen", was man mit den Gleichungen tun muß, um an vorgesehenen Stellen des Tableaus Nullen zu erzeugen. Das ist für das Rechnen mit Hand bei einfachen Systemen meist der schnellste Weg. Für komplizierte Systeme, wie sie in den Anwendungen vorkommen, braucht man ein systematisches Verfahren. Nehmen wir an, an der Stelle a_{ik} soll eine 1, an den übrigen Stellen der k-ten Spalte, d.h. an den Stellen a_{jk}, $j \neq i$, eine Null erzeugt werden. Im folgenden Schema sind die k-te Spalte und die beteiligten Zeilen, d.h. die i-te und die j-te Zeile dargestellt:

$$
\begin{array}{ccccccccc|c}
 & & & a_{1k} & & & & & & \\
 & & & a_{2k} & & & & & & \\
 & & & \vdots & & & & \vdots & & \\
a_{i1} & a_{i2} & \cdots & \boxed{a_{ik}} & \cdots & a_{il} & \cdots & a_{in} & & b_i \\
\vdots & \vdots & & \vdots & & & & \vdots & & \vdots \\
a_{j1} & a_{j2} & \cdots & a_{jk} & \cdots & a_{jl} & \cdots & a_{jn} & & b_j \\
 & & & \vdots & & & & & & \vdots \\
 & & & a_{mk} & & & & & &
\end{array}
$$

Das Element a_{ik}, an dessen Stelle die 1 erzeugt werden soll, heißt das *Pivotelement*. Die i-te Zeile heißt die *Pivotzeile*, die k-te Spalte heißt die *Pivotspalte*. Die Gesamtheit der Rechenschritte, die die Umwandlung der Pivotspalte in einen Einheitsvektor leistet, heißt ein *Pivotschritt*.

Um eine Null an der Stelle zu erzeugen, wo a_{jk} steht, multipliziert man die Pivotzeile mit $\left(-\dfrac{a_{jk}}{a_{ik}}\right)$ und addiert dies zur $j-$ten Zeile. Die neue j-te Zeile ist also gerade diese Summe, d.h. $a_{jl} + \left(-\dfrac{a_{jk}}{a_{ik}}\right)a_{il}$.

Es gilt also $a_{jk}^{(\text{neu})} = a_{jk} - \dfrac{a_{jk}}{a_{ik}}a_{ik} = 0$, wie es sein muß. Für die übrigen Elemente der j-ten Zeile gilt:

$$a_{jl}^{(\text{neu})} = a_{jl} - \frac{a_{jk}}{a_{ik}}a_{il} \qquad (7.25)$$

$$b_{j}^{(\text{neu})} = b_{j} - \frac{a_{jk}}{a_{ik}}b_{i} \qquad (7.26)$$

$$j \neq i, \; l \neq k$$

Schließlich wird noch, um eine 1 an der Stelle des Pivotelements zu erzeugen, die Pivotzeile durch a_{ik} dividiert:

$$a_{il}^{(\text{neu})} = \frac{a_{il}}{a_{ik}}, \qquad b_{i}^{(\text{neu})} = \frac{b_{i}}{a_{ik}} \qquad (7.27)$$

Die Umformung eines linearen Gleichungssystems durch sukzessive Anwendung der Pivotschritte (7.25)–(7.27) nennt man *Pivotisieren*. Wir lösen als Beispiel das Gleichungssystem aus Beispiel 1) durch Pivotisieren; die Pivotelemente sind bei jedem Schritt durch einen kleinen Kasten gekennzeichnet.

$$
\begin{array}{rrrr|r}
\boxed{1} & 2 & -3 & -1 & 6 \\
-4 & 1 & -1 & 2 & 3 \\
-1 & 3 & 4 & 1 & -3 \\
1 & 1 & 1 & 1 & 5
\end{array}
$$

Es wird zunächst die zweite Zeile umgeformt. Dafür wollen wir die Rechenschritte noch angeben:

$$a_{21}^{(\text{neu})} = a_{21} - \frac{a_{21}}{a_{11}}a_{11} = 0$$

$$a_{22}^{(\text{neu})} = a_{22} - \frac{a_{21}}{a_{11}}a_{12} = 1 - \frac{(-4)}{1} \cdot 2 = 9$$

$$a_{23}^{(\text{neu})} = a_{23} - \frac{a_{21}}{a_{11}}a_{13} = -1 - \frac{(-4)}{1} \cdot (-3) = -13$$

$$a_{24}^{(\text{neu})} = a_{24} - \frac{a_{21}}{a_{11}}a_{14} = 2 - \frac{(-4)}{1} \cdot (-1) = -2$$

$$b_2^{(\text{neu})} = b_2 - \frac{a_{21}}{a_{11}}b_1 = 3 - \frac{(-4)}{1} \cdot 6 = 27$$

Die Operation (7.27) brauchen wir nicht vorzunehmen, da das Pivotelement schon 1 ist. Nach dem 1. Pivotschritt sieht das Tableau folgendermaßen aus (das Pivotelement für den nächsten Schritt ist schon gekennzeichnet):

$$
\begin{array}{cccc|c}
1 & 2 & -3 & -1 & 6 \\
0 & \boxed{9} & -13 & -2 & 27 \\
0 & 5 & 1 & 0 & 3 \\
0 & -1 & 4 & 2 & -1
\end{array}
$$

Die weiteren Tableaus haben folgende Gestalt:

$$
\begin{array}{cccc|c}
1 & 0 & -\frac{1}{9} & -\frac{5}{9} & 0 \\
0 & 1 & -\frac{13}{9} & -\frac{2}{9} & 3 \\
0 & 0 & \boxed{\frac{74}{9}} & \frac{10}{9} & -\frac{108}{9} \\
0 & 0 & \frac{23}{9} & \frac{16}{9} & 2
\end{array}
$$

$$
\begin{array}{cccc|c}
1 & 0 & 0 & -\frac{360}{666} & -\frac{108}{666} \\
0 & 1 & 0 & -\frac{18}{666} & \frac{594}{666} \\
0 & 0 & 1 & \frac{10}{74} & -\frac{108}{74} \\
0 & 0 & 0 & \boxed{\frac{954}{666}} & \frac{3816}{666}
\end{array}
$$

$$\begin{array}{cccc|c}
1 & 0 & 0 & 0 & 2 \\
0 & 1 & 0 & 0 & 1 \\
0 & 0 & 1 & 0 & -2 \\
0 & 0 & 0 & 1 & 4
\end{array}$$

$\bar{x} = \begin{pmatrix} 2 \\ 1 \\ -2 \\ 4 \end{pmatrix}$ ist die eindeutig bestimmte Lösung.

Weitere Beispiele für das Pivotisieren finden sich in 7.2.3 und 7.3.

7.2.2 Berechnung der Inversen einer quadratischen Matrix

Wir erinnern daran, daß eine quadratische Matrix A regulär heißt, wenn es eine quadratische Matrix B derselben Reihenzahl gibt, so daß $AB = BA = E$ ist. B heißt dann die zu A inverse Matrix und wird mit A^{-1} bezeichnet. A^{-1} ist also durch die Beziehungen (7.19) definiert, falls A regulär ist. Das im folgenden beschriebene Verfahren zur Bestimmung der Inversen einer Matrix A wird gleichzeitig ein Kriterium dafür liefern, daß A regulär ist.

Es sei $A = (a_{ik})_{i=1,...,n}^{k=1,...,n}$ die gegebene Matrix. Die Elemente der gesuchten Matrix A^{-1} bezeichnen wir mit x_{ik}, also $A^{-1} = (x_{ik})_{i=1,...,n}^{k=1,...,n}$. Es sind insgesamt n^2 Unbekannte x_{ik} zu bestimmen, und zwar aus der Bedingung (7.19), d.h. aus

$$\begin{pmatrix}
a_{11} & a_{12} & \cdots & a_{1n} \\
a_{21} & a_{22} & \cdots & a_{2n} \\
a_{31} & a_{32} & \cdots & a_{3n} \\
\vdots & \vdots & \ddots & \vdots \\
a_{n1} & a_{n2} & \cdots & a_{nn}
\end{pmatrix}
\begin{pmatrix}
x_{11} & x_{12} & \cdots & x_{1n} \\
x_{21} & x_{22} & \cdots & x_{2n} \\
x_{31} & x_{32} & \cdots & x_{3n} \\
\vdots & \vdots & \ddots & \vdots \\
x_{n1} & x_{n2} & \cdots & x_{nn}
\end{pmatrix}
=
\begin{pmatrix}
1 & 0 & 0 & \cdots & 0 \\
0 & 1 & 0 & \cdots & 0 \\
0 & 0 & 1 & \cdots & 0 \\
\vdots & \vdots & \vdots & \ddots & \vdots \\
0 & 0 & 0 & \cdots & 1
\end{pmatrix}.$$

Zur Berechnung der ersten Spalte von A^{-1} haben wir, entsprechend den Regeln der Matrizenmultiplikation, das Gleichungssystem

$$A \begin{pmatrix} x_{11} \\ x_{21} \\ \vdots \\ x_{n1} \end{pmatrix} = \begin{pmatrix} 1 \\ 0 \\ \vdots \\ 0 \end{pmatrix}$$

zu lösen; zur Berechnung der zweiten Spalte von A^{-1} müssen wir das Gleichungssystem

$$A \begin{pmatrix} x_{12} \\ x_{22} \\ \vdots \\ x_{n2} \end{pmatrix} = \begin{pmatrix} 0 \\ 1 \\ \vdots \\ 0 \end{pmatrix}$$

lösen usw; zur Berechnung der n-ten Spalte von A^{-1} ist schließlich das System

$$A \begin{pmatrix} x_{1n} \\ x_{2n} \\ \vdots \\ x_{nn} \end{pmatrix} = \begin{pmatrix} 0 \\ 0 \\ \vdots \\ 1 \end{pmatrix}$$

zu lösen. Es handelt sich also bei der Bestimmung der Inversen einer (n,n)-
Matrix um die Lösung von n linearen Gleichungssystemen mit je n Unbekannten. Das sieht auf den ersten Blick nach schrecklich viel Aufwand auf. Der Aufwand reduziert sich jedoch erheblich, da alle diese Gleichungssysteme dieselbe
Koeffizientenmatrix, nämlich A, haben. Nur die rechten Seiten wechseln: sie
durchlaufen nacheinander die n verschiedenen Einheitsvektoren $e_1, e_2, \ldots, e_n$.
Das legt den Gedanken nahe, alle n Systeme mit einem einzigen Tableau zu
lösen, in welchem aber nicht nur eine rechte Seite vorhanden ist wie bei einem
gewöhnlichen Gleichungssystem, sondern in dem gleichzeitig n rechte Seiten
behandelt werden. Am Beginn der Rechnung hat man also folgendes Tableau

$$
\begin{array}{cccc|ccccc}
a_{11} & a_{12} & \cdots & a_{1n} & 1 & 0 & 0 & \cdots & 0 \\
a_{21} & a_{22} & \cdots & a_{2n} & 0 & 1 & 0 & \cdots & 0 \\
a_{31} & a_{32} & \cdots & a_{3n} & 0 & 0 & 1 & \cdots & 0 \\
\vdots & \vdots & \ddots & \vdots & \vdots & \vdots & \vdots & \ddots & \vdots \\
a_{n1} & a_{n2} & \cdots & a_{nn} & 0 & 0 & 0 & \cdots & 1
\end{array}
$$

Am Ende der Rechnung, d.h. wenn man links lauter Einheitsvektoren erzeugt
hat, erhält man ein Tableau der folgenden Gestalt:

$$
\begin{array}{cccc|cccc}
1 & 0 & 0 & \cdots & 0 & x_{11} & x_{12} & \cdots & x_{1n} \\
0 & 1 & 0 & \cdots & 0 & x_{21} & x_{22} & \cdots & x_{2n} \\
0 & 0 & 1 & \cdots & 0 & x_{31} & x_{32} & \cdots & x_{3n} \\
\vdots & \vdots & \vdots & \ddots & \vdots & \vdots & \vdots & \ddots & \vdots \\
0 & 0 & 0 & \cdots & 1 & x_{n1} & x_{n2} & \cdots & x_{nn}
\end{array}
$$

$(x_{ik})_{i=1,\ldots,n}^{k=1,\ldots,n}$ ist dann gerade die gesuchte inverse Matrix A^{-1} von A.

Beispiele:

1) Man berechne die inverse Matrix von

$$A = \begin{pmatrix} 2 & 2 & -5 \\ -2 & -1 & 4 \\ 1 & 0 & -1 \end{pmatrix}.$$

Das Ausgangstableau ist das folgende

$$\begin{array}{rrr|rrr} 2 & 2 & -5 & 1 & 0 & 0 \\ -2 & -1 & 4 & 0 & 1 & 0 \\ 1 & 0 & -1 & 0 & 0 & 1 \end{array}$$

Es wird nun links nach und nach die Einheitsmatrix erzeugt; die drei verschiedenen rechten Seiten werden simultan umgeformt. Das ergibt nacheinander (die Operationen, die das nächste Tableau ergeben, sind links notiert):

			2	2	−5	1	0	0
[2]	+ [1]	→ [2]	−2	−1	4	0	1	0
[3] · (−2)	+ [1]	→ [3]	1	0	−1	0	0	1

			2	2	−5	1	0	0
[1]	+ [2] · (−2)	→ [1]	0	1	−1	1	1	0
[3]	+ [2] · (−2)	→ [3]	0	2	−3	1	0	−2

			2	0	−3	−1	−2	0
[1]	+ [3] · (−3)	→ [1]	0	1	−1	1	1	0
[2]	+ [3] · (−1)	→ [2]	0	0	−1	−1	−2	−2

			2	0	0	2	4	6
[1] : 2		→ [1]	0	1	0	2	3	2
[3] · (−1)		→ [3]	0	0	−1	−1	−2	−2

$$\begin{array}{rrr|rrr} 1 & 0 & 0 & 1 & 2 & 3 \\ 0 & 1 & 0 & 2 & 3 & 2 \\ 0 & 0 & 1 & 1 & 2 & 2 \end{array}$$

Also: $A^{-1} = \begin{pmatrix} 1 & 2 & 3 \\ 2 & 3 & 2 \\ 1 & 2 & 2 \end{pmatrix}.$

Probe: $\begin{pmatrix} 2 & 2 & -5 \\ -2 & -1 & 4 \\ 1 & 0 & -1 \end{pmatrix} \begin{pmatrix} 1 & 2 & 3 \\ 2 & 3 & 2 \\ 1 & 2 & 2 \end{pmatrix} = \begin{pmatrix} 1 & 0 & 0 \\ 0 & 1 & 0 \\ 0 & 0 & 1 \end{pmatrix}.$

2) $A = \begin{pmatrix} 1 & 2 & -1 \\ 0 & 1 & 3 \\ 2 & 3 & -5 \end{pmatrix}$.

$$\begin{array}{ccc|ccc} 1 & 2 & -1 & 1 & 0 & 0 \\ 0 & 1 & 3 & 0 & 1 & 0 \\ 2 & 3 & -5 & 0 & 0 & 1 \end{array}$$

[3]   + [1] · (−2)   → [3]

$$\begin{array}{ccc|ccc} 1 & 2 & -1 & 1 & 0 & 0 \\ 0 & 1 & 3 & 0 & 1 & 0 \\ 0 & -1 & -3 & -2 & 0 & 1 \end{array}$$

[1]   + [2] · (−2)   → [1]

[3]   + [2]   → [3]

$$\begin{array}{ccc|ccc} 1 & 0 & -7 & 1 & -2 & 0 \\ 0 & 1 & 3 & 0 & 1 & 0 \\ 0 & 0 & 0 & -2 & 1 & 1 \end{array}$$

Hier hat die Rechnung eine Nullzeile geliefert. Der dritte Einheitsvektor läßt sich also nicht erzeugen. Die Matrix A hat keine Inverse. Wie wir aus unserer früheren Definition des Ranges sehen, hat A den Rang 2; d.h. der Rang ist niedriger als die Reihenzahl von A.

Allgemein können wir formulieren:

Eine n-reihige quadratische Matrix ist genau dann regulär, wenn ihr Rang r gleich der Reihenzahl ist.

7.2.3   Anwendungen

(1) *Input-Output-Analyse*

Wir betrachten eine Wirtschaftseinheit (Volkswirtschaft, Branche, Unternehmen), bestehend aus n Sektoren $S_1, S_2, \ldots, S_n$. Mit a_{ik} bezeichnen wir die Produktionskoeffizienten (vgl. 7.1.1), d.h. a_{ik} gibt an, wieviel Einheiten der Sektor S_i dem Sektor S_k zur Verfügung stellen muß, damit S_k *eine Einheit* seines Produkts produzieren kann. Die quadratische Matrix $A = (a_{ik})_{i=1,\ldots,n}^{k=1,\ldots,n}$, d.h. die Matrix der Produktionskoeffizienten, heißt auch die *Produktionsmatrix*. Sie spiegelt die Verflechtung der einzelnen Sektoren untereinander wider. Wir bezeichnen mit x_i die Gesamtproduktion des Sektors S_i.

$$x = \begin{pmatrix} x_1 \\ x_2 \\ \vdots \\ x_n \end{pmatrix}$$

wird als Produktionsvektor bezeichnet. Ein gewisser Teil von x wird zur Produktion selbst gebraucht. Diesen Anteil bezeichnet man als den *internen Input*. Den Rest, der zur Befriedigung einer äußeren Nachfrage zur Verfügung steht, bezeichnen wir für den Sektor S_i mit y_i; den Vektor

$$y = \begin{pmatrix} y_1 \\ y_2 \\ \vdots \\ y_n \end{pmatrix}$$

können wir demnach als Vektor der zu befriedigenden äußeren Nachfrage interpretieren. Sowohl x als auch y beziehen sich auf auf eine gewisse zeitliche Periode.

Wir wollen nun die Beziehung zwischen x und y auffinden. Berechnen wir zunächst den internen Input, den der i-te Sektor S_i bereitstellt: Zur Produktion von *einer Einheit* S_1 benötigen wir a_{i1} Einheiten S_i, also benötigen wir für die Produktion von x_1 Einheiten S_1 gerade $a_{i1}x_1$ Einheiten S_i. Analog braucht man zur Produktion von x_2 Einheiten S_2 $a_{i2}x_2$ Einheiten S_i usw., schließlich braucht man zur Produktion von x_n Einheiten S_n $a_{in}x_n$ Einheiten S_i. Der gesamte endogene Input, den S_i bereitstellen muß, ist somit $a_{i1}x_1 + a_{i2}x_2 + \ldots + a_{in}x_n$. Zusätzlich stellt S_i noch y_i Einheiten für die externe Nachfrage her. Also gilt die Gleichung:

$$x_i = a_{i1}x_1 + a_{i2}x_2 + \ldots + a_{in}x_n + y_i = y_i + \sum_{k=1}^{n} a_{ik}x_k. \qquad (7.28)$$

Der Ausdruck $\sum_{k=1}^{n} a_{ik}x_k$ ist gerade das Skalarprodukt der i-ten Zeile von A mit dem Vektor x. Eine solche Gleichung gilt für jedes i, so daß wir alle diese Gleichungen folgendermaßen in Matrizenform zusammenfassen können:

$$x = Ax + y. \qquad (7.29)$$

Wegen $x = Ex$, E Einheitsmatrix, folgt aus (7.29) das lineare Gleichungssystem

$$\boxed{(E - A)x = y} \qquad (7.30)$$

Mit (7.30) können zwei verschiedene Aufgaben gelöst werden. Zum einen kann bei gegebenem Produktionsvektor x ausgerechnet werden, wieviel zur Befriedigung der externen Nachfrage zur Verfügung steht, d.h. y wird berechnet. Das ist eine einfache Matrizenmultiplikation. Zum anderen – und das ist das praktisch wichtigere Problem – kann zu vorgegebener zu befriedigender Nachfrage

y die dafür erforderliche Produktion x berechnet werden. Das erfordert die Lösung des linearen Gleichungssystems (7.30).

Die Koeffizientenmatrix $E - A$ dieses Gleichungssystems wird auch als *Technologiematrix* bezeichnet. Sie ist in der Regel über mehrere Perioden stabil, so daß es sich lohnt, für die Lösung von (7.30) eine explizite Formel zu haben, mit deren Hilfe man dann für verschiedene vorgegebene y die zugehörigen x berechnen kann. Durch Multiplikation von (7.30) mit der Inversen von $E - A$ ergibt sich:

$$\boxed{x = (E - A)^{-1}y} \tag{7.31}$$

Die Matrix $(E - A)^{-1}$ heißt nach dem Begründer der Input-Output-Analyse die *Leontjef-Inverse*. Hat man sie einmal berechnet, so braucht man nur noch eine Matrizenmultiplikation (Matrix mal Vektor), um zu vorgegebener Nachfrage y den Produktionsvektor zu bestimmen.

Beispiel:

Ein Unternehmen bestehe aus 3 Sektoren S_1, S_2, S_3. Die Produktionsmatrix A habe folgende Gestalt:

$$A = \begin{pmatrix} 0,2 & 0,3 & 0,1 \\ 0,2 & 0,25 & 0,1 \\ 0,1 & 0,2 & 0,1 \end{pmatrix}.$$

a) Man berechne für eine Produktion von $x = \begin{pmatrix} 62 \\ 90 \\ 50 \end{pmatrix}$ Einheiten den Output y.

Man berechne den Produktionsvektor x, der erforderlich ist, um folgende externe Nachfrage zu befriedigen:

b) $y = \begin{pmatrix} 100 \\ 200 \\ 80 \end{pmatrix}$,   c) $y = \begin{pmatrix} 160 \\ 410 \\ 120 \end{pmatrix}$.

Lösungen:

a) Es ist $E - A = \begin{pmatrix} 0,8 & -0,3 & -0,1 \\ -0,2 & 0,75 & -0,1 \\ -0,1 & -0,2 & 0,9 \end{pmatrix}$.

$$y = \begin{pmatrix} 0,8 & -0,3 & -0,1 \\ -0,2 & 0,75 & -0,1 \\ -0,1 & -0,2 & 0,9 \end{pmatrix} \begin{pmatrix} 62 \\ 90 \\ 50 \end{pmatrix} = \begin{pmatrix} 17,6 \\ 50,1 \\ 20,8 \end{pmatrix}.$$

Um b) und c) zu lösen, wird die Leontjef-Inverse berechnet:

$$(E - A)^{-1} = \begin{pmatrix} 1,437\,98 & 0,636\,66 & 0,230\,52 \\ 0,417\,12 & 1,558\,73 & 0,219\,54 \\ 0,252\,47 & 0,417\,12 & 1,185\,51 \end{pmatrix}.$$

b) $\quad x = \begin{pmatrix} 1,437\,98 & 0,636\,66 & 0,230\,52 \\ 0,417\,12 & 1,558\,73 & 0,219\,54 \\ 0,252\,47 & 0,417\,12 & 1,185\,51 \end{pmatrix} \begin{pmatrix} 100 \\ 200 \\ 80 \end{pmatrix} \approx \begin{pmatrix} 289,57 \\ 371,02 \\ 203,51 \end{pmatrix}.$

c) $\quad x = \begin{pmatrix} 1,437\,98 & 0,636\,66 & 0,230\,52 \\ 0,417\,12 & 1,558\,73 & 0,219\,54 \\ 0,252\,47 & 0,417\,12 & 1,185\,51 \end{pmatrix} \begin{pmatrix} 160 \\ 410 \\ 120 \end{pmatrix} \approx \begin{pmatrix} 518,77 \\ 732,16 \\ 353,68 \end{pmatrix}.$

Anmerkung:

Ist die Produktionsmatrix A nicht direkt gegeben, sondern nur die Lieferungen der einzelnen Sektoren an die übrigen Sektoren und die Lieferung nach außen, so kann A berechnet werden, indem man die Inputs des Sektors S_i (d.h. die Elemente der i-ten Spalte) durch den gesamten Output von S_i dividiert.

Beispiel:

In einem Unternehmen mit 3 Sektoren werden innerhalb eines Berichtszeitraums folgende innerbetriebliche Lieferungen und Lieferungen an den Endverbrauch registriert:

		empfangende Sektoren			Endverbrauch
		S_1	S_2	S_3	
	S_1	2	3	5	18
liefernde Sektoren	S_2	4	1	6	12
	S_3	7	4	3	24

Der Gesamtoutput beträgt für S_1: $2 + 3 + 5 + 18 = 28$ ME, entsprechend für S_2 23 ME und für S_3 38 ME. Also gilt für die Produktionsmatrix: $a_{11} = \dfrac{2}{28} = \dfrac{1}{14}$, $a_{21} = \dfrac{4}{28} = \dfrac{1}{7}$, $a_{31} = \dfrac{7}{28} = \dfrac{1}{4}$, usw., es ergibt sich:

$$A = \begin{pmatrix} \frac{1}{14} & \frac{3}{23} & \frac{5}{38} \\ \frac{1}{7} & \frac{1}{23} & \frac{3}{19} \\ \frac{1}{4} & \frac{4}{23} & \frac{3}{38} \end{pmatrix}.$$

Das Modell der Input-Output-Analyse ist insofern noch nicht ganz vollständig, als zur Produktion natürlich auch Rohstoffe von außen benötigt werden. Diese Lieferungen von außen an die einzelnen Sektoren bezeichnet man als *exogenen Input*. Wir nehmen an, daß m Rohstoffe $R_1, R_2, \ldots, R_m$ gebraucht werden. r_{ik} seien die Rohstoffverbrauchskoeffizienten (vgl. 7.1.1), d.h. r_{ik} gibt an, wieviel Einheiten des Rohstoffs R_i für die Produktion von einer Einheit im Sektor S_k benötigt werden. $R = (r_{ik})_{i=1,\ldots,m}^{k=1,\ldots,n}$ sei die Matrix der Rohstoffverbrauchskoeffizienten. Der Verbrauch des i-ten Rohstoffs sei r_i, $r = \begin{pmatrix} r_1 \\ r_2 \\ \vdots \\ r_n \end{pmatrix}$ ist dann der Vektor des gesamten Rohstoffverbrauchs. Bei gegebenem Produktionsvektor x kann der zugehörige Rohstoffverbrauchsvektor r folgendermaßen bestimmt werden: Für x_1 produzierte Einheiten des Sektors S_1 benötigt man $r_{i1}x_1$ Einheiten des Rohstoffs R_i, für x_2 produzierte Einheiten von S_2 $r_{i2}x_2$ Einheiten von R_i usw. Der Gesamtbedarf des Rohstoffs R_i ist also

$$r_i = \sum_{k=1}^{n} r_{ik}x_k$$

Das ist gerade das Skalarprodukt der i-ten Zeile der Matrix R mit dem Vektor x. Eine solche Bilanz kann für jedes der r_i aufgestellt werden, so daß schließlich gilt:

$$\boxed{r = Rx} \tag{7.32}$$

Hat man die Produktion x bei vorgegebener Nachfrage y aus (7.30) oder (7.31) berechnet, so ermittelt man mittels (7.32) den dafür erforderlichen Rohstoffeinsatz r.

Für die Bestimmung von R aus Liefermengen gilt sinngemäß das in obiger Anmerkung Gesagte: Sind die Lieferungen an Rohstoffen an die einzelnen Sektoren gegeben, so erhält man die Rohstoffverbrauchskoeffizienten, indem man für einen Sektor S_i die exogenen Inputs von S_i durch den gesamten Output an S_i dividiert.

Beispiel:

1) Für ein Unternehmen mit 2 Sektoren gehen die gegenseitigen Lieferungen der Sektoren, die Lieferungen nach außen und die Rohstofflieferungen an die Sektoren aus folgender Tabelle hervor:

		empfangende Sektoren		Lieferung an
		S_1	S_2	Endverbraucher
liefernde Sektoren	S_1	20	40	140
	S_2	10	30	60
	R_1	80	20	
Rohstofflieferungen	R_2	20	50	
	R_3	70	30	

Man bestimme die Produktion, die zur Befriedigung der Nachfrage $y = \begin{pmatrix} 200 \\ 110 \end{pmatrix}$ erforderlich ist sowie den zugehörigen Rohstoffverbrauch.

Zunächst müssen die Produktionsmatrix A und die Matrix R der Rohstoffverbrauchs-koeffizienten bestimmt werden. Der Output von S_1 ist 200 ME, der von S_2 ist 100 ME.

$$A = \begin{pmatrix} \frac{20}{200} & \frac{40}{100} \\ \frac{10}{200} & \frac{30}{100} \end{pmatrix} = \begin{pmatrix} 0,1 & 0,4 \\ 0,05 & 0,3 \end{pmatrix}, \quad R = \begin{pmatrix} \frac{80}{200} & \frac{20}{100} \\ \frac{20}{200} & \frac{50}{100} \\ \frac{70}{200} & \frac{30}{100} \end{pmatrix} = \begin{pmatrix} 0,4 & 0,2 \\ 0,1 & 0,5 \\ 0,35 & 0,3 \end{pmatrix}.$$

$$E - A = \begin{pmatrix} 0,9 & -0,4 \\ -0,05 & 0,7 \end{pmatrix}.$$

(7.30) ergibt zur Berechnung von x:

$$0,9x_1 - 0,4x_2 = 200$$
$$-0,05x_1 + 0,7x_2 = 110.$$

Die Lösung ist $x = \begin{pmatrix} 301,639 \\ 178,689 \end{pmatrix}$. Das ergibt den Rohstoffverbrauch:

$$\begin{pmatrix} 0,4 & 0,2 \\ 0,1 & 0,5 \\ 0,35 & 0,3 \end{pmatrix} \begin{pmatrix} 301,639 \\ 178,689 \end{pmatrix} = \begin{pmatrix} 156,393 \\ 119,508 \\ 159,180 \end{pmatrix}.$$

(2) *Innerbetriebliche Leistungsverrechnung*

In jedem Unternehmen gibt es in der Regel Abteilungen, wie Fuhrpark oder Reparaturwerkstatt, die einerseits den produzierenden Abteilungen Leistungen erbringen, die andererseits auch wechselseitig Leistungen austauschen. Für die Selbstkostenermittlung und für die Preiskalkulation der Endprodukte ist es erforderlich, die innerbetrieblich ausgetauschten Leistungen kostenmäßig richtig zu bewerten. Als Beispiel betrachten wir ein Unternehmen, welches Motoren und Getriebe montiert. Die Motorenfertigung und die Getriebefertigung bezeichnen wir als die Hauptkostenstellen. Das Unternehmen habe die Hilfsbetriebe Fuhrpark und Reparaturwerkstatt. Diese Hilfsbetriebe bezeichnen wir auch als Hilfskostenstellen. Die Kosten, die den Hilfsbetrieben bei der Bereitstellung ihrer Leistungen unmittelbar durch Löhne, Gehälter, Materialverbrauch, Abschreibungen etc. entstehen, bezeichnet man als die *primären Kosten*. Die Hilfskostenstellen erbringen vor allem Leistungen an die Hauptkostenstellen. Sie tauschen aber auch untereinander Leistungen aus: Der Fuhrpark wird gewisse Leistungen für sich selbst erbringen, ebenso für die Werkstatt. Die Werkstatt erbringt neben den Leistungen für die Hauptkostenstellen auch gewisse Leistungen für sich selbst und für den Fuhrpark. Die folgende Tabelle zeigt die gegenseitig zwischen den Hilfskostenstellen erbrachten Leistungen in Leistungseinheiten (LE), ferner die an die Hauptkostenstellen erbrachten Leistungen sowie die primären Kosten (in DM):

Lieferant	Empfänger				
	Fuhrpark	Werkstatt	Motorenfertigung	Getriebefertigung	primäre Kosten
Fuhrpark	20	100	20 000	12 000	35 000
Werkstatt	550	60	15 000	16 000	201 800

Wir bezeichnen mit p_1 die unbekannten Kosten pro LE im Fuhrpark, mit p_2 die unbekannten Kosten pro LE in der Werkstatt. Diese Größen heißen auch die *Verrechnungspreise*. Die Gesamtleistung des Fuhrparks beträgt $20 + 100 + 20\,000 + 12\,000 = 32\,120$ LE. Die Gesamtleistung der Werkstatt beträgt $31\,610$ LE. Die Kosten für die *intern empfangenen* Leistungen betragen für den Fuhrpark $20p_1 + 550p_2$. Man nennt diese Kosten die *sekundären Kosten*. Sekundäre Kosten plus primäre Kosten ergeben die Gesamtkosten. Die Gesamtkosten des Fuhrparks sind aber andererseits gleich seiner Gesamtleistung $\cdot p_1$, d.h. gleich $32\,120p_1$. Die Gegenüberstellung beider Ausdrücke ergibt die Gleichung $35\,000 + 20p_1 + 550p_2 = 32\,120p_1$. Analog erhält man für die Werkstatt die Gleichung $201\,800 + 100p_1 + 60p_2 = 31\,610p_2$. Beide Gleichungen zusammen ergeben folgendes lineares Gleichungssystem für die Bestimmung der unbekannten Verrechnungspreise p_1 und p_2:

$$\begin{aligned} 32\,100p_1 - 550p_2 &= 35\,000 \\ -100p_1 + 31\,550p_2 &= 201\,800. \end{aligned}$$

Die Lösung ist $p_1 = 1,20$ DM/LE, $p_2 = 6,40$ DM/LE.

Allgemein bezeichne $K_1, K_2, \ldots, K_n$ die Hilfskostenstellen, $p_1, p_2, \ldots, p_n$ die Verrechnungspreise (p_i sind die Kosten pro LE der Hilfskostenstelle K_i). l_i bezeichne die Gesamtleistung von K_i und a_{ik} die Leistung, die K_i an K_k liefert. Mit k_i bezeichnen wir die primären Kosten von K_i. Man kann diese Daten in folgendem Schema zusammenfassen:

Lieferant	Empfänger				Gesamtleistung	primäre Kosten
	K_1	K_2	$\ldots$	K_n		
K_1	a_{11}	a_{12}	$\ldots$	a_{1n}	l_1	k_1
K_2	a_{21}	a_{22}	$\ldots$	a_{2n}	l_2	k_2
$\vdots$	$\vdots$	$\vdots$		$\vdots$	$\vdots$	$\vdots$
K_n	a_{n1}	a_{n2}	$\ldots$	a_{nn}	l_n	k_n

Um die sekundären Kosten der Kostenstelle K_i zu ermitteln, müssen wir die an K_i gehenden Leistungen $a_{1i}, a_{2i}, \ldots, a_{ni}$ mit den entsprechenden Verrechnungspreisen multiplizieren und alles addieren, d.h. aber, wir müssen das Skalarprodukt der *i-ten Spalte* der Matrix $\boldsymbol{A}$ mit dem Vektor der Verrechnungspreise bilden: Sekundäre Kosten von $K_i = a_{1i}p_1 + a_{2i}p_2 + \ldots + a_{ni}p_n$. Die Gesamtkosten betragen für K_i gerade $l_i p_i$ DM. Nach dem Schema „Gesamtkosten = primäre Kosten + sekundäre Kosten" ergibt sich für die Hilfskostenstelle K_i die Gleichung

$$k_i + a_{1i}p_1 + a_{2i}p_2 + \ldots + a_{ni}p_n = l_i p_i.$$

Das kann für jede Hilfskostenstelle gemacht werden und man erhält schließlich das folgende lineare Gleichungssystem zur Bestimmung der Verrechnungspreise $p_1, \ldots, p_n$:

$$
\begin{array}{cccccccc}
k_1 & + & a_{11}p_1 & + & a_{21}p_2 & + \cdots + & a_{n1}p_n & = & l_1 p_1 \\
k_2 & + & a_{12}p_1 & + & a_{22}p_2 & + \cdots + & a_{n2}p_n & = & l_2 p_2 \\
\vdots & & \vdots & & \vdots & & \vdots & & \vdots \\
k_i & + & a_{1i}p_1 & + & a_{2i}p_2 & + \cdots + & a_{ni}p_n & = & l_i p_i \\
\vdots & & \vdots & & \vdots & & \vdots & & \vdots \\
k_n & + & a_{1n}p_1 & + & a_{2n}p_2 & + \cdots + & a_{nn}p_n & = & l_n p_n
\end{array}
\tag{7.33}
$$

Dieses Gleichungssystem schreiben wir noch folgendermaßen um:

$$
\begin{array}{ccccccccc}
(l_1 - a_{11})p_1 & - & & a_{21}p_2 & - & a_{31}p_3 & - \cdots - & a_{n1}p_n & = & k_1 \\
-a_{12}p_1 & + & (l_2 - a_{22})p_2 & - & a_{32}p_3 & - \cdots - & & a_{n2}p_n & = & k_2 \\
\vdots & & \vdots & & \vdots & & & \vdots & & \vdots \\
-a_{1n}p_1 & - & & a_{2n}p_2 & - & a_{3n}p_3 & - \cdots + & (l_n - a_{nn})p_n & = & k_n.
\end{array}
$$

Mit $L = \begin{pmatrix} l_1 & 0 & \cdots & 0 \\ 0 & l_2 & \cdots & 0 \\ \vdots & \vdots & & \vdots \\ 0 & 0 & \cdots & l_n \end{pmatrix}$, $p = \begin{pmatrix} p_1 \\ p_2 \\ \vdots \\ p_n \end{pmatrix}$, $k = \begin{pmatrix} k_1 \\ k_2 \\ \vdots \\ k_n \end{pmatrix}$ und $A = (a_{ik})_{i=1,\ldots,n}^{k=1,\ldots,n}$

läßt sich dieses Gleichungssystem schließlich so schreiben:

$$\boxed{(L - A)^{\mathrm{T}} p = k} \tag{7.34}$$

Beispiel:

1) Wir betrachten ein Unternehmen mit 4 Hilfskostenstellen $K_1 \ldots, K_4$ und 4 Hauptkostenstellen $H_1, \ldots, H_4$. Die Lieferungen in einer Periode (in Leistungseinheiten) sowie die primären Kosten der Hilfskostenstellen sind in folgender Tabelle angegeben:

Lieferant	Empfänger								primäre Kosten
	K_1	K_2	K_3	K_4	H_1	H_2	H_3	H_4	
K_1	12	34	50	20	70	82	105	96	1544,70
K_2	27	0	41	36	120	32	46	88	1699,00
K_3	8	40	9	18	10	24	16	54	907,30
K_4	60	22	10	2	100	56	14	40	350,20

Man bestimme die Verrechnungspreise.

Es ist $l_1 = 469$ LE, $l_2 = 390$ LE, $l_3 = 179$ LE, $l_4 = 304$ LE. Das ergibt folgendes Gleichungssystem für die vier Verrechnungspreise p_1, p_2, p_3, p_4:

$$
\begin{aligned}
457p_1 \;-\; 27p_2 \;-\;\;\; 8p_3 \;-\;\;\; 60p_4 &= 1544,70 \\
-34p_1 \;+\; 390p_2 \;-\; 40p_3 \;-\;\; 22p_4 &= 1699,00 \\
-50p_1 \;-\; 41p_2 \;+\; 170p_3 \;-\;\; 10p_4 &= 907,30 \\
-20p_1 \;-\; 36p_2 \;-\; 18p_3 \;+\; 302p_4 &= 350,20.
\end{aligned}
$$

Die Lösung eines solchen schon etwas komplizierten Systems von Hand geht am schnellsten, wenn man durch Pivotisieren lediglich eine untere Dreiecksmatrix erzeugt und dann die Unbekannten, bei p_4 beginnend, durch Einsetzen ermittelt.

457	−27	−8	−60	1544,70
−34	390	−40	−22	1699,00
−50	−41	170	−10	907,30
−20	−36	−18	302	350,20

457	−27	−8	−60	1544,7000
0	387,991 25	−40,595 19	−26,463 90	1813,9230
0	−43,954 05	169,124 73	−16,564 55	1076,3044
0	−37,181 62	−18,350 11	299,374 18	417,801 75

457	−27	−8	−60	1544,7000
0	387,991 25	−40,595 19	−26,463 90	1813,9230
0	0	164,525 586	−19,562 54	1281,7968
0	0	−22,240 39	296,838 12	591,631 95

457	−27	−8	−60	1544,7000
0	387,991 25	−40,595 19	−26,463 90	1813,9230
0	0	164,525 586	−19,562 54	1281,7968
0	0	0	294,193 68	764,903 56

$$
p_4 = \frac{764,903\,56}{294,193\,68} \qquad\qquad\qquad\qquad \approx 2,60 \text{ DM/LE}
$$

$$
p_3 = \frac{1281,7968 + 19,562\,54 \cdot 2,60}{164,525\,86} \qquad\qquad \approx 8,10 \text{ DM/LE}
$$

$$
p_2 = \frac{1813,9230 + 26,463\,90 \cdot 2,60 + 40,595\,19 \cdot 8,10}{387,991\,25} \approx 5,70 \text{ DM/LE}
$$

$$
p_1 = \frac{1544,90 + 60 \cdot 2,60 + 8 \cdot 8,10 + 27 \cdot 5,70}{457} \qquad \approx 4,20 \text{ DM/LE}
$$

7.3 Einführung in die lineare Optimierung

7.3.1 Problemstellung

Eine wichtige Klasse von ökonomischen Optimierungsproblemen führt auf Maximum- oder Minimumaufgaben, in welchen eine *lineare Funktion*

$$Z(x_1, x_2, \ldots, x_n) = \sum_{i=1}^{n} c_i x_i \qquad (7.35)$$

(die *Zielfunktion*) zu maximieren oder zu minimieren ist. Dabei müssen die Variablen $x_1, x_2, \ldots, x_n$ Nebenbedingungen erfüllen, die die Form *linearer Ungleichungen* haben:

$$\sum_{k=1}^{n} a_{ik} x_k \leq b_i, \qquad i = 1, 2, \ldots, m \qquad (7.36)$$

Ferner sind aus ökonomischen Gründen die Variablen nichtnegativ:

$$x_i \geq 0, \qquad i = 1, 2, \ldots, n \qquad (7.37)$$

(Nichtnegativitätsbedingungen). Ein solches durch $Z \to$ max oder $Z \to$ min und durch (7.36)-(7.37) beschriebens Problem nennt man ein *lineares Optimierungsproblem* (LO-Problem). Für LO-Probleme versagen wegen des linearen Charakters der Zielfunktion (7.35) die Methoden der Analysis.

Wir wollen zunächst an zwei Beispielen typische Fälle von LO-Problemen für zwei Variable studieren. Bei zwei Variablen lassen sich LO-Probleme graphisch veranschaulichen und auch graphisch lösen. Die graphische Lösung bietet einen guten Zugang zum Verständnis der Grundidee des allgemeinen Lösungsalgorithmus (Simplexalgorithmus).

Beispiel 1: Optimale Produktionsstrategie

Ein Erzeugnis kann mittels zweier verschiedener Verfahren aus drei Komponenten K_1, K_2, K_3 hergestellt werden. Die drei Komponenten stehen nur in beschränkter Menge zur Verfügung. Die folgende Tabelle zeigt die Verbrauchskoeffizienten (Bedarf an K_1, K_2, K_3 für die Herstellung einer Mengeneinheit des

Endprodukts) sowie die maximal verfügbaren Mengen an K_1, K_2, K_3:

| | Verbrauchskoeffizient für | | verfügbare Mengen |
	Verfahren 1	Verfahren2	
K_1	1	3	24
K_2	5	7	64
K_3	2	1	22

Die Frage ist, wieviele Mengeneinheiten des Endproduktes man nach jedem der beiden Verfahren erzeugen soll, um insgesamt eine möglichst große Menge an Endprodukt herzustellen und gleichzeitig die Restriktionen über die verfügbaren Mengen der Ausgangskomponenten einzuhalten. Gefragt ist also eine optimale Produktionsstrategie.

Wir stellen zunächst das mathematische Modell auf. Sei x_1 die Menge an Endprodukt, die nach dem Verfahren 1 hergestellt wird, x_2 die Menge an Endprodukt, die nach dem Verfahren 2 hergestellt wird. Dann ist die Funktion

$$Z = x_1 + x_2 \tag{7.38}$$

(die Gesamtmenge des Endproduktes) zu maximieren. Von der Komponente K_1 benötigen wir insgesamt $1 \cdot x_1 + 3 \cdot x_2$ Mengeneinheiten; 24 ME stehen maximal zur Verfügung, also gilt die Ungleichung $x_1 + 3x_2 \leq 24$. Analog überlegt man für den Bedarf von K_2 und K_3, so daß sich folgendes System von *Nebenbedingungen* oder *Restriktionen* ergibt:

$$\begin{aligned}
x_1 + 3x_2 &\leq 24 \\
5x_1 + 7x_2 &\leq 64 \\
2x_1 + x_2 &\leq 22.
\end{aligned} \tag{7.39}$$

Schließlich muß noch

$$x_1 \geq 0, \quad x_2 \geq 0 \tag{7.40}$$

gelten (Nichtnegativitätsbedingung), denn Produktionsmengen können nicht negativ sein.

Jede Produktkombination (x_1, x_2), die den Bedingungen (7.39) und (7.40) genügt, bezeichnet man als eine *zulässige Lösung*. So ist z.B. (4,2) zulässig, d.h. die Produktion von $x_1 = 4$ ME des Produkts nach Verfahren 1 und von $x_2 = 2$ ME nach Verfahren 2, denn $4 + 3 \cdot 2 = 10 < 24$, $5 \cdot 4 + 7 \cdot 2 = 34 < 64$ und $2 \cdot 4 + 2 = 10 < 22$. Diese Lösung schöpft die Grenzen der Resourcen bei weitem nicht aus und ist deshalb vermutlich nicht optimal. Wir wollen uns zunächst den Bereich aller möglichen zulässigen Lösungen, den sogenannten *zulässigen Bereich*, geometrisch veranschaulichen. Betrachten wir dazu eine der Ungleichungen aus (7.39), etwa $5x_1 + 7x_2 \leq 64$, welche die Restriktion für die Komponente K_2 zum Ausdruck bringt. Die Obergrenze für K_2 ist 64. Die Kombinationen (x_1, x_2), die diese Grenze ausschöpfen, liegen auf der Geraden $5x_1 + 7x_2 = 64$; deren Gleichung in Normalform ist $x_2 = -\frac{5}{7}x_1 + \frac{64}{7}$. Diejenigen Punkte, welche $5x_1 + 7x_2 < 64$ erfüllen, liegen auf einer Seite dieser Geraden (in Abb. 7.5 durch Pfeile angedeutet). Die Ungleichung $5x_1 + 7x_2 \leq 64$ beschreibt also eine *Halbebene einschließlich der Begrenzung* (Abb. 7.5).

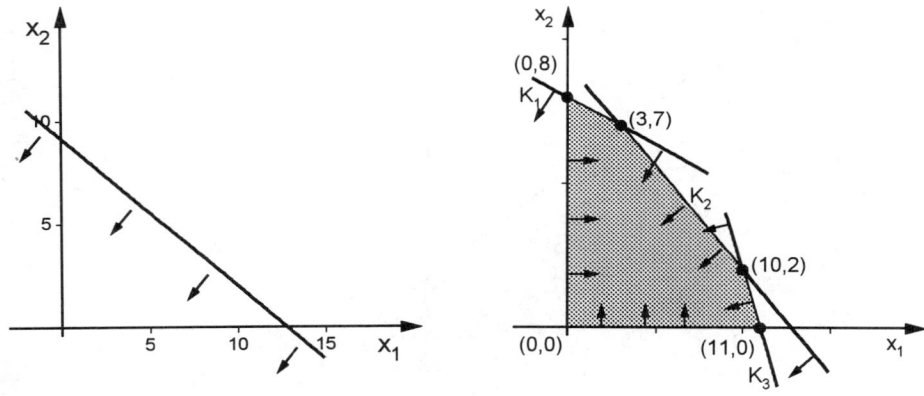

Abb. 7.5 und 7.6

Entsprechend beschreiben auch die anderen beiden Ungleichungen von (7.39) je eine Halbebene. Auch die Nichnegativitätsbedingungen (7.40) beschreiben Halbebenen: $x_1 \geq 0$ ist die Halbebene rechts der x_2-Achse einschließlich dieser Achse, $x_2 \geq 0$ stellt die Halbebene oberhalb der x_1-Achse einschließlich dieser Achse dar. In Abb. 7.6 sind alle diese Halbebenen analog wie in Abb. 7.5 durch ihre Begrenzung und durch Pfeile angedeutet. Die Punkte (x_1, x_2), die gleichzeitig allen diesen Halbebenen angehören, bilden den zulässigen Bereich. Er ist in Abb. 7.6 schattiert gezeichnet. Die Geraden, welche die Obergrenzen der Komponenten K_1, K_2, K_3 darstellen, sind mit diesen Buchstaben bezeichnet.

Die Schnittpunkte von je zwei Restriktionsgeraden, wozu auch die Koordinatenachsen zählen, heißen die *Ecken* oder Eckpunkte des Restriktionssystems. Diejenigen Ecken, die dem zulässigen Bereich angehören, heißen die *zulässigen Ecken*; sie sind im geometrischen Sinne die Eckpunkte des zulässigen Bereichs. In unserem Fall sind die zulässigen Ecken $(0,0)$, $(0,8)$, $(3,7)$, $(10,2)$, $(11,0)$, während der Schnittpunkt $(\frac{42}{5}, \frac{26}{5})$ von K_1 und K_3 keine zulässige Ecke ist (s. Abb. 7.6).

Um nun eine optimale Lösung zu finden, betrachten wir die Zielfunktion (7.38) und setzen zunächst $Z = 0$, d.h. wir betrachten den Zustand, in dem gar nichts produziert wird. Dem entspricht die Gerade $x_1 + x_2 = 0$, d.h. $x_2 = -x_1$. Nun erhöhen wir nach und nach Z, also etwa $Z = 2,\ 4,\ 6,\dots$ Das bedeutet, daß die Zielfunktionsgerade $x_2 = -x_1$ in $x_2 = -x_1 + 2$, $x_2 = -x_1 + 4$, $x_2 = -x_1 + 6$, usw. übergeht. Geometrisch bedeutet dies, daß die Zielfunktionsgerade nach rechts oben parallel verschoben wird (Abb. 7.7).

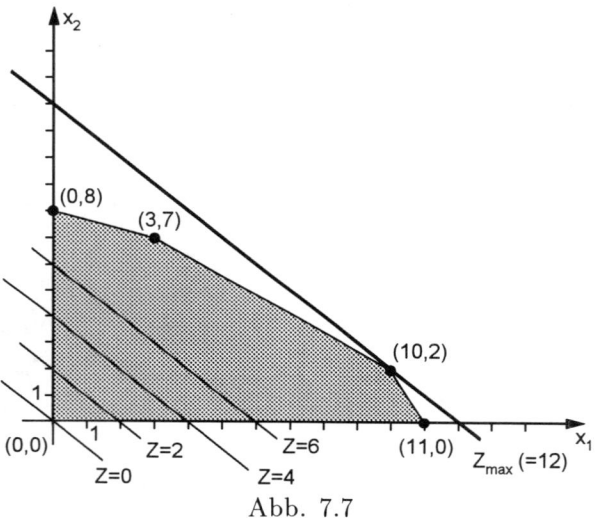

Abb. 7.7

Das maximale $Z = x_1 + x_2$, welches noch zu einer zulässigen Lösung (x_1, x_2) gehört, wird man erhalten, wenn man diese Parallelverschiebung soweit als irgend möglich durchführt, d.h. möglichst weit, aber so, daß die verschobene Gerade immer noch mindestens einen Punkt mit dem zulässigen Bereich gemeinsam hat. In unserem Beispiel erreicht man dieses Maximum, wenn man die Zielfunktionsgerade soweit verschiebt, daß sie durch die Ecke (10,2) geht. Diese Ecke ist dann die gesuchte Lösung, d.h. die optimale Produktionsstrategie lautet in unserem Beispiel: $x_1 = 10$ ME werden nach Verfahren 1, $x_2 = 2$ ME werden nach Verfahren 2 produziert. Die maximal erzeugbare Menge an Endprodukt beträgt unter Einhaltung der gegebenen Restriktionen 12 ME.

Beispiel 2: Kostenoptimale Futtermischung

Ein Züchter muß darauf achten, daß seine Tiere genügend Vitamine erhalten. Wir nehmen an, daß 4 Vitamine A,B,C,D erforderlich sind, und daß ein Tier täglich gewisse Mindestmengen dieser Vitamine zu sich nehmen muß. Es mögen zwei verschiedene Futtersorten F_1,F_2 zur Verfügung stehen, die unterschiedliche Preise haben. Die folgende Tabelle zeigt den Gehalt von F_1, F_2 an den benötigten Vitaminen A;B;C;D (in mg/100g Futter), den Mindestbedarf eines Tieres an Vitaminen (in mg/Tag) und die Preise der beiden Futtermittel an.

		Futtermittel F_1 F_2		täglicher Mindestbedarf pro Tier (in mg)
	A	6	1	22
Vitamine	B	7	4	71
	C	6	10	120
	D	3	9	72
Preis in DM/100g		$1,50$	$1,00$	

Wie muß der Züchter sein Futter aus den beiden Sorten zusammenstellen, damit einerseits der Vitaminbedarf gedeckt wird, andererseits der finanzielle Aufwand für das Futter möglichst gering ist? Es ist ferner zu beachten, daß ein Tier nicht mehr als 2kg Futter pro Tag erhalten darf.

Bezeichnen wir mit x_1 die Menge an F_1 (in 100g/Tag), mit x_2 die Menge an F_2 (in 100g/Tag), so lautet das LO-Problem folgendermaßen:

$$Z = 1,5x_1 + x_2 \quad \rightarrow \quad \text{Min} \tag{7.41}$$

$$\left. \begin{array}{rcl} 6x_1 + x_2 & \geq & 22 \\ 7x_1 + 4x_2 & \geq & 71 \\ 6x_1 + 10x_2 & \geq & 120 \\ 3x_1 + 9x_2 & \geq & 72 \\ x_1 + x_2 & \leq & 20 \end{array} \right\} \tag{7.42}$$

$$x_1 \geq 0, \quad x_2 \geq 0 \tag{7.43}$$

Zeichnet man die Restriktionsgeraden und beachtet, daß für die ersten vier Restriktionen von (7.42) wegen der $\geq$-Zeichen die Halbebenen oberhalb der jeweiligen Geraden betrachtet werden müssen, so erhält man den zulässigen Bereich. In Abb. 7.8 ist er schattiert dargestellt.

Um die optimale Lösung zu finden, suchte man beim Maximumproblem diejenige Lage der Zielfunktionsgeraden, die von der Nulllage möglichst weit entfernt ist, aber noch mindestens einen Punkt mit dem zulässigen Bereich gemeinsam hat. Entsprechend wird man beim Minimumproblem eine Lage der Zielfunktionsgeraden suchen, die der Nulllage möglichst nahe ist, aber noch mindestens

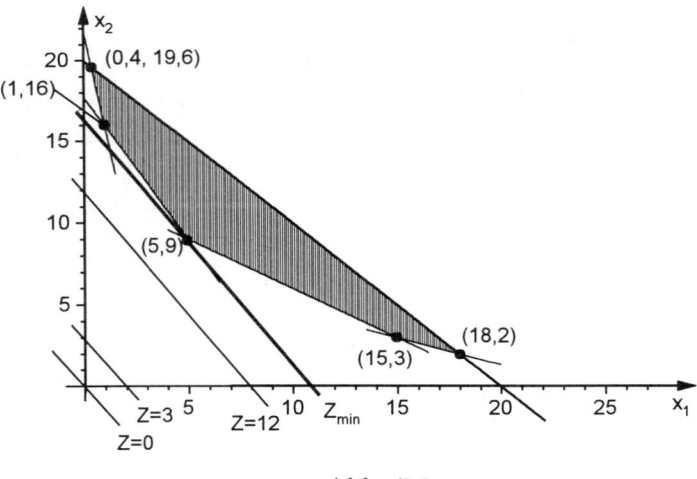

Abb. 7.8

einen Punkt mit dem zulässigen Bereich gemeinsam hat. Das erreicht man durch Parallelverschiebung der Zielfunktionsgeraden von der Nullage aus, und zwar soweit, bis sie erstmalig einen Punkt des zulässigen Bereichs erreicht. In unserem Beispiel geschieht das in der Ecke (5,9) (Abb. 7.8). Die optimale Lösung lautet also $x_1 = 5$, $x_2 = 9$, d.h. das Tier wird pro Tag 500g von F_1 und 900g von F_2 erhalten. Die Kosten Z_{Min} für diese Mischung betragen:

$$Z_{Min} = 1,5 \cdot 5 + 9 = 16,5 \text{ DM}.$$

In beiden Beispielen wurde das Optimum (Maximum bzw. Minimum) in einer Ecke des zulässigen Bereichs angenommen. *Das gilt für beliebige LO-Probleme, vorausgesetzt sie haben eine Lösung.* Es kann vorkommen, daß die Lösung nicht eindeutig bestimmt ist. Betrachten wir dazu als Beispiel folgendes, sehr einfaches LO-Problem.

$$Z = x_1 + x_2$$
$$x_1 \quad \leq 10$$
$$x_2 \leq 12$$
$$x_1 + x_2 \leq 14$$
$$x_1 \geq 0, \quad x_2 \geq 0.$$

Abb. 7.9 zeigt den zulässigen Bereich.

Verschieben wir die Zielfunktionsgerade von der Nullage weg, so erreicht sie die optimale Lage, wenn sie mit der Restriktionsgeraden $x_1 + x_2 = 14$ zusammenfällt. In diesem Fall sind alle Punkte auf der Begrenzung des zulässigen

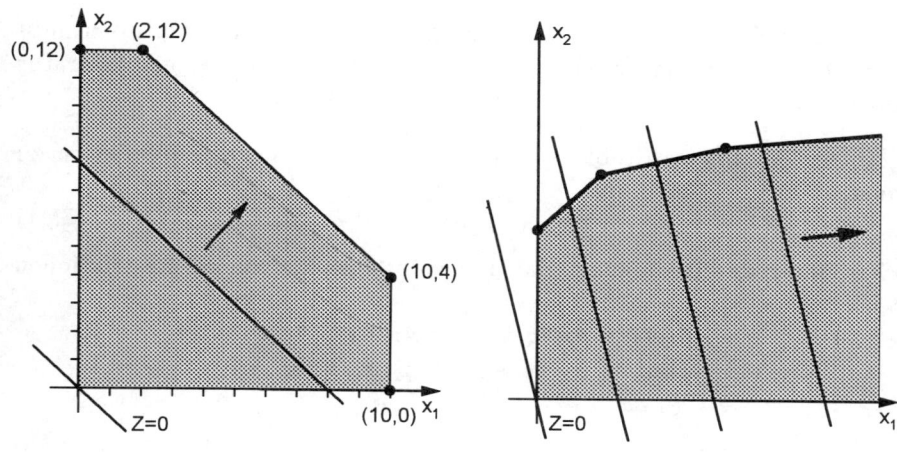

Abb. 7.9 und 7.10

Bereichs, die auf der Restriktionsgeraden $x_1 + x_2 = 14$ zwischen den Ecken (10,4) und (2,12) liegen, optimal. Da die Ecken zu dieser Strecke gehören, bleibt die Aussage richtig, daß die optimale Lösung in mindestens einer Ecke des zulässigen Bereichs angenommen wird. Ein allgemeiner Lösungsalgorithmus braucht also nur die endlich vielen Ecken durchzugehen und eine davon zu finden, in der Z optimal ist.

LO-Probleme brauchen nicht immer eine Lösung zu haben. Dies tritt ein, wenn sich die Restriktionen widersprechen. Bei unserem Beispiel 2 träte das ein, wenn man verlangt hätte, daß ein Tier höchstens 1kg Futter pro Tag erhalten soll. Es kann auch vorkommen, daß der zulässige Bereich nicht leer ist und es trotzdem keine optimale Lösung gibt, etwa wenn er bei einem Maximumproblem nach rechts offen ist, so daß man die Zielfunktionsgerade bis ins Unendliche parallel verschieben kann, ohne daß sie den zulässigen Bereich verläßt (Abb.7.10).

7.3.2 Der Simplexalgorithmus

Da die graphische Lösung für $n = 3$ Variable schon recht umständlich, für $n \geq 4$ ganz unmöglich ist, benötigt man einen von der geometrischen Anschauung unabhängigen rechnerischen Algorithmus für die Lösung von LO-Problemen. Ein solcher Algorithmus, der sogenannte *Simplexalgorithmus*, wurde 1947 von G.B. Dantzig angegeben. Im Rahmen dieses Brückenkurses soll nur die Grundidee im

Fall des Standard-Maximum-Problems dargestellt werden. Die Optimierungstheorie ist heute ein weitverzweigtes Gebiet mit einer umfangreichen Literatur und mit einem großen Sortiment an einschlägiger Software.

Das Standard-Maximum-Problem besteht darin, eine lineare Zielfunktion zu maximieren:

$$Z = c_1 x_1 + c_2 x_2 + \ldots + c_n x_n \quad \rightarrow \quad \text{Max}, \tag{7.44}$$

und zwar unter der Bedingung, daß folgendes System von m Restriktionen erfüllt ist:

$$
\begin{aligned}
a_{11}x_1 + a_{12}x_2 + \cdots + a_{1n}x_n &\leq b_1 \\
a_{21}x_1 + a_{22}x_2 + \cdots + a_{2n}x_n &\leq b_2 \\
\vdots \qquad \vdots \qquad\quad \vdots \qquad \vdots \\
a_{m1}x_1 + a_{m2}x_2 + \cdots + a_{mn}x_n &\leq b_m
\end{aligned}
\tag{7.45}
$$

Hinzu kommen die Nichtnegativitätsbedingungen:

$$x_1 \geq 0, \quad x_2 \geq 0, \quad \ldots , x_n \geq 0 \tag{7.46}$$

Unser Beispiel 1 ist ein solches Problem:

$$Z = x_1 + x_2 \quad \rightarrow \quad \text{Max}$$

$$
\begin{aligned}
x_1 + 3x_2 &\leq 24 \\
5x_1 + 7x_2 &\leq 64 \\
2x_1 + x_2 &\leq 22.
\end{aligned}
\tag{7.47}
$$

$$x_1 \geq 0, \quad x_2 \geq 0.$$

Um die Methoden der linearen Algebra anzuwenden, wird das lineare Ungleichungssystem (7.45) zunächst in ein lineares Gleichungssystem verwandelt. Das erreicht man, indem man in jede Ungleichung

$$\sum_{k=1}^{n} a_{ik}x_k \leq b_i \quad (i = 1, 2 \ldots , m)$$

eine nichtnegative *Schlupfvariable* y_i einführt, welche gerade die Differenz von b_i und $\sum_{k=1}^{n} a_{ik}x_k$ darstellt. Es gilt also

$$\sum_{k=1}^{n} a_{ik}x_k + y_i = b_i, \quad y_i \geq 0 \quad (i = 1, \ldots , m).$$

In unserem Beispiel ergibt sich nach der Einführung der Schlupfvariablen y_1, y_2, y_3:

$$
\begin{aligned}
x_1 + 3x_2 + y_1 &= 24 \\
5x_1 + 7x_2 \quad\ + y_2 &= 64 \\
2x_1 + \ x_2 \quad\quad\ \ + y_3 &= 22
\end{aligned}
\tag{7.48}
$$

mit $y_i \geq 0$.

Ökonomisch stellen die Werte der y_i für jedes zulässige (x_1, x_2) die nicht ausgenutzten Resourcen dar. Z.B. ist für $x_1 = 4$, $x_2 = 2$ der Wert von y_1 gleich 14: Bei der Produktion von 4 ME nach Verfahren 1 und von 2 ME nach Verfahren 2 werden von der Gesamtkapazität an Komponente 1 nur $4 \cdot 1 + 3 \cdot 2 = 10$ ME genutzt; $y_1 = 14$ ME bleiben ungenutzt.

Durch die Einführung der Schlupfvariablen lautet das LO-Problem folgendermaßen: Man ermittle die Lösung des Gleichungssystems

$$
\begin{aligned}
a_{11}x_1 + a_{12}x_2 + \cdots + a_{1n}x_n + y_1 \quad\quad\quad\quad &= b_1 \\
a_{21}x_1 + a_{22}x_2 + \cdots + a_{2n}x_n \quad\quad + y_2 \quad\quad &= b_2 \\
\vdots \quad\quad \vdots \quad\quad\quad\quad \vdots \quad\quad\quad\quad\quad\quad \vdots \\
a_{m1}x_1 + a_{m2}x_2 + \cdots + a_{mn}x_n \quad\quad\quad\quad + y_m &= b_m
\end{aligned}
\tag{7.49}
$$

welche den Bedingungen $x_1 \geq 0$, $x_2 \geq 0$, $\ldots$, $x_n \geq 0$, $y_1 \geq 0$, $y_2 \geq 0$, $\ldots$, $y_m \geq 0$ genügt und für welche

$$
Z = \sum_{i=1}^{n} c_i x_i
$$

maximal ist. Das Gleichungssystem (7.49) besteht aus m Gleichungen für $m+n$ Unbekannte oder Variable. Die Variablen $y_1, y_2, \ldots, y_m$ sind die Schlupfvariablen, die Variablen $x_1, x_2, \ldots, x_n$ bezeichnet man als *Entscheidungs-* oder *Problemvariable*. In der Matrix des Gleichungsystems (7.49) können maximal m Einheitsvektoren vorkommen, da sie m Zeilen hat. Diese m Einheitsvektoren kommen aber tatsächlich vor, denn die Matrix hat ja die Gestalt:

$$
\begin{pmatrix}
a_{11} & a_{12} & \cdots & a_{1n} & 1 & 0 & \cdots & 0 \\
a_{21} & a_{22} & \cdots & a_{2n} & 0 & 1 & \cdots & 0 \\
\vdots & \vdots & & \vdots & \vdots & \vdots & & \vdots \\
a_{m1} & a_{m2} & \cdots & a_{mn} & 0 & 0 & \cdots & 1
\end{pmatrix}
$$

Es handelt sich also bei (7.49) um ein *kanonisches Gleichungssystem* mit den *Basisvariablen* $y_1, y_2, \ldots, y_m$ und den *Nichtbasisvariablen* $x_1, x_2, \ldots, x_n$ (vgl. 7.2).

In einem beliebigen kanonischen Gleichungssystem mit m Basisvariablen und n Nichtbasisvariablen findet man sofort eine Lösung, wenn man alle Nichtbasisvariablen gleich Null setzt. Eine solche Lösung heißt eine *Basislösung*.

Beispiel:

$$\begin{aligned}
x_1 + x_2 + 3x_3 &&&&= 6 \\
2x_1 &&+ x_3 + x_4 &&= 8 \\
7x_1 &&+ 2x_3 &&+ x_5 &= 4.
\end{aligned}$$

Die Basisvariablen sind x_2, x_4 und x_5. Setzt man die Nichtbasisvariablen x_1 und x_3 gleich Null, so erhält man die Basislösung:

$$x = \begin{pmatrix} 0 \\ 6 \\ 0 \\ 8 \\ 4 \end{pmatrix}.$$

Die graphische Lösung von LO-Problemen hat gezeigt, daß es auf die Ecken des zulässigen Bereichs ankommt. Wir betrachten wieder unser Beispielproblem (7.47). Zu ihm gehört nach Einführung der Schlupfvariablen das Gleichungssystem (7.48). Die Frage ist nun, welche der unendlich vielen Lösungen von (7.48) die Ecken des zulässigen Bereichs (vgl. Abb. 7.6) darstellen. Eine Ecke entsteht:

 – durch den Schnitt zweier Restriktionsgeraden oder

 – durch den Schnitt einer Restriktionsgeraden mit einer Koordinatenachse oder

 – durch den Schnitt der beiden Koordinatenachsen.

Die erste Restriktionsgerade $x_1 + 3x_2 = 24$ ist durch $y_1 = 0$ charakterisiert usw.; die Gleichungen $y_1 = 0$, $y_2 = 0$, $y_3 = 0$ charakterisieren also die Restriktionsgeraden. Die Gleichungen $x_1 = 0$ und $x_2 = 0$ charakterisieren die Koordinatenachsen. Wir können also zusammenfassen: *Die Geraden, die den zulässigen Bereich begrenzen, sind durch das Verschwinden je einer Variabler charakterisiert.* Die Ecken müssen jeweils auf zwei dieser Gerade liegen. Also gilt: Die Ecken des zulässigen Bereichs sind durch das Verschwinden von je zwei Variablen charakterisiert. Fassen wir die Variablen x_1, x_2, y_1, y_2, y_3 zu einem Vektor

$$x = \begin{pmatrix} x_1 \\ x_2 \\ y_1 \\ y_2 \\ y_3 \end{pmatrix}$$

zusammen, den wir aus Gründen der Platzersparnis als transponierte Zeile schreiben: $\boldsymbol{x} = (x_1, x_2, y_1, y_2, y_3)^T$, so liefern die folgenden Variablenwerte die Ecken des zulässigen Bereichs:

$$\boldsymbol{x} = (\ \ 0,\ 0{,}24{,}64{,}22)^T \quad : \quad \text{Ecke } (0,0)$$
$$\boldsymbol{x} = (\ 11,\ 0{,}13,\ 9,\ 0)^T \quad : \quad \text{Ecke } (11,0)$$
$$\boldsymbol{x} = (\ 10,\ 2,\ 8,\ 0,\ 0)^T \quad : \quad \text{Ecke } (10,2)$$
$$\boldsymbol{x} = (\ \ 3,\ 7,\ 0,\ 0,\ 9)^T \quad : \quad \text{Ecke } (3,7)$$
$$\boldsymbol{x} = (\ \ 0,\ 8,\ 0,\ 8{,}14)^T \quad : \quad \text{Ecke } (0,8)$$

Jedes der aufgeschriebenen $\boldsymbol{x}$ stellt eine Basislösung des Systems (7.48) dar; die Null gesetzten Variablen sind jeweils die Nichtbasisvariablen, die übrigen die Basisvariablen. Da alle Variablenwerte nichtnegativ sind, sind alle diese Basislösungen zulässig. Die Eckpunkte des zulässigen Bereichs sind also gerade die zulässigen Basislösungen des Restriktionsgleichungssystems.

Man kann diese Aussagen auf das allgemeine Restriktionssystem (7.49) übertragen:

> Die Ecken des zulässigen Bereichs des Restriktionssystems (7.49) sind durch das Verschwinden von je n der Variablen charakterisiert.

Wenn in einem Gleichungssystem mit $m + n$ Variablen und Rang m n Variable verschwinden, sind die restlichen m eindeutig bestimmt. Man erhält auf diese Weise Basislösungen.

> Die Ecken des zulässigen Bereichs sind genau die zulässigen Basislösungen des Restriktionssystems (7.49).

Eine Basislösung ergibt sich aus (7.49) sofort, indem man die n Problemvariablen gleich Null setzt; sie hat die Gestalt $\boldsymbol{x} = (0, \ldots, 0, b_1, b_2, \ldots, b_m)^T$ und ist wegen $b_i \geq 0$ zulässig. In unserem Beispiel ist das die Basislösung $\boldsymbol{x} = (0, 0, 24, 64, 22)^T$. Wenn man andere Basislösungen haben will, muß man das Gleichungssystem durch Pivotschritte so umformen, daß die Einheitsvektoren in anderen Spalten der Koeffizientenmatrix stehen (zu Beginn stehen sie in den letzten m Spalten). Es werden also gewisse Basisvariable durch die Pivotschritte in Nichtbasisvariable, gewisse Nichtbasisvariable in Basisvariable umgewandelt (Basistausch). Der Simplexalgorithmus wird also darin bestehen, von der aus dem Restriktionssystem sofort ablesbaren zulässigen Basislösung $(0, \ldots, 0, b_1, b_2, \ldots, b_m)^T$ ausgehend, Schritt für Schritt zu neuen Basislösungen überzugehen, und zwar so, daß sich bei jedem Schritt der Wert der Zielfunktion vergrößert, bis eine Vergrößerung nicht mehr möglich ist und man das Maximum erreicht hat.

Der Algorithmus wird am Beispiel des optimalen Produktionsplanes erläutert. Zunächst fügen wir zum Restriktionssystem noch die Zielfunktionszeile $Z = x_1 + x_2$ in der Form $-x_1 - x_2 + Z = 0$ hinzu und erhalten folgendes lineare Gleichungssystem mit 4 Gleichungen und 6 Variablen $x_1, x_2, y_1, y_2, y_3, Z$:

$$
\begin{aligned}
x_1 + 3x_2 + y_1 &= 24 \\
5x_1 + 7x_2 \quad + y_2 &= 64 \\
2x_1 + x_2 \quad\quad + y_3 &= 22 \\
-x_1 - x_2 \quad\quad\quad + Z &= 0
\end{aligned}
$$

Wir schreiben es als Tableau, wobei wir in einer Kopfzeile alle Variablen aufführen, in einer Kopfspalte nur die Basisvariablen (im Ausgangstableau y_1, y_2, y_3, Z); die Zielfunktionszeile wird von den übrigen Zeilen durch eine Linie abgehoben:

	x_1	x_2	y_1	y_2	y_3	Z	b
y_1	1	3	1	0	0	0	24
y_2	5	7	0	1	0	0	64
y_3	2	1	0	0	1	0	22
Z	-1	-1	0	0	0	1	0

Im allgemeinen Fall (7.49) mit der Zielfunktion $Z = \sum_{i=1}^{n} c_i x_i$ sieht das Ausgangstableau des Simplexalgorithmus folgendermaßen aus:

	x_1	$\cdots$	x_n	y_1	y_2	$\cdots$	y_m	Z	b
y_1	a_{11}	$\cdots$	a_{1n}	1	0	$\cdots$	0	0	b_1
y_2	a_{21}	$\cdots$	a_{2n}	0	1	$\cdots$	0	0	b_2
$\vdots$	$\vdots$		$\vdots$	$\vdots$	$\vdots$		$\vdots$	$\vdots$	$\vdots$
y_m	a_{m1}	$\cdots$	a_{mn}	0	0	$\cdots$	1	0	b_m
Z	$-c_1$	$\cdots$	$-c_n$	0	0	$\cdots$	0	1	0

Die erste zulässige Basislösung ist in unserem Beispiel $x_1 = 0$, $x_2 = 0$, $y_1 = 24$, $y_2 = 64$, $y_3 = 22$, $Z = 0$. Wir betrachten die erste Spalte des Ausgangstableaus. Der Wert der Z-Zeile ist dort negativ, nämlich -1. Würden wir jetzt x_1 zur Basisvariablen machen, d.h. $x_1 > 0$ statt $x_1 = 0$, so würde Z um $1 \cdot x_1$ zunehmen: $(-1)x_1 + (-1)x_2 + Z = 0$ bedeutet ja $Z = 1 \cdot x_1 + 1 \cdot x_2$. Ein Basistausch bringt also dann eine Zunahme von Z, wenn eine solche Variable zur neuen Basisvariablen gemacht wird, in deren zugehöriger Spalte der Wert der Zielfunktionszeile negativ ist. Ist der Wert der Zielfunktionszeile in einer Spalte positiv, so würde ein Basistausch, in welchem diese Spalte zur neuen Basisspalte wird, den Wert von Z verringern. Das führt uns zu folgendem *Optimalitätskriterium:*

Enthält die Zielfunktionszeile eines Simplextableaus in der k-ten Spalte einen negativen Wert, so führt ein Basistausch, bei dem die k-te Variable Basisvariable wird, zu einer Erhöhung von Z. Sind alle Werte in der Zielfunktionszeile positiv, so hat man das Endtableau erreicht. Die optimale Lösung ist dann die diesem Tableau entsprechende Basislösung.

Damit haben wir ein Kriterium für die Auswahl der Pivotspalte: wir müssen eine solche Spalte wählen, in welcher der Wert der Zielfunktion negativ ist.

Hat man eine Pivotspalte gewählt, d.h. will man dort einen Einheitsvektor erzeugen, so steht noch die Wahl der Pivotzeile frei, d.h. die Wahl der Zeile, wo die 1 erzeugt werden soll (in allen übrigen Zeilen der Pivotspalte muß man dann ja Nullen erzeugen). Es kann durch eine geeignete Wahl der Pivotzeile garantiert werden, daß die entstehende neue Basislösung zulässig ist. Die Bedingung, die das gewährleistet, nennt man *Engpaßbedingung.* Sie lautet:

Liegt ein Simplextableau vor und soll im nächsten Schritt in der k-ten Spalte ein Einheitsvektor erzeugt werden, so wähle man dasjenige a_{ik} als Pivotelement, d.h. dasjenige i als Pivotzeile, für das der Quotient

$$\frac{b_i}{a_{ik}}$$

seinen kleinsten positiven Wert erreicht.

Zweckmäßigerweise führt man im Tableau deshalb noch eine Spalte für die Quotienten $\dfrac{b_i}{a_{ik}}$ mit.

In unserem Beispiel werden wir nach der Optimalitätsbedingung etwa die erste Spalte als Pivotspalte für den ersten Pivotschritt wählen (mit derselben Berechtigung hätte man auch die zweite wählen können). Von den Quotienten $\dfrac{b_i}{a_{i1}}$ ist $\dfrac{b_3}{a_{31}} = \dfrac{22}{2} = 11$ der kleinste, also ist die dritte Zeile die Pivotzeile und 2 (im Tableau eingerahmt) das Pivotelement. Das Ausgangstableau für den ersten Pivotschritt ist also folgendes:

	x_1	x_2	y_1	y_2	y_3	Z	b	$\frac{b_i}{a_{i1}}$
y_1	1	3	1	0	0	0	24	24
y_2	5	7	0	1	0	0	64	12,8
y_3	$\boxed{2}$	1	0	0	1	0	22	11
Z	-1	-1	0	0	0	1	0	

Die Berechnung des neuen Tableaus erfolgt nach den Regeln (7.25) – (7.27).
(7.27) bezieht sich auf die Umformung der Pivotzeile: alle Elemente dieser Zeile
müssen durch das Pivotelement dividiert werden. (7.25) und (7.26) beschreiben
die Umformung einer von der Pivotzeile verschiedenen Zeile. Man kann sie sich
besser merken, wenn man beachtet, daß die beteiligten Elemente ein Rechteck
im Tableau bilden:

$$
\begin{array}{ccccc|c}
\boxed{a_{ik}} & \cdots & a_{il} & \cdots & & b_i \\
\vdots & & \vdots & & & \vdots \\
a_{jk} & \cdots & \underline{a_{jl}} & \cdots & & \underline{b_j}
\end{array}
$$

Für die Umformung der j-ten Zeile braucht man für alle Elemente den Quotienten $\dfrac{a_{jk}}{a_{ik}}$; diesen speichert man ab: $\dfrac{a_{jk}}{a_{ik}} \to s$. Dann lauten die Regeln für die Umformung der unterstrichenen Elemente einfach so:

$$
a_{jl} - s a_{il} \;\to\; \text{neues } a_{jl}
$$
$$
b_j - s b_i \;\to\; \text{neues } b_j.
$$

Als zweites Tableau ergibt sich nach dem ersten Pivotschritt:

	x_1	x_2	y_1	y_2	y_3	Z	b	$\frac{b_i}{a_{i2}}$
x_1	0	$\frac{5}{2}$	1	0	$-\frac{1}{2}$	0	13	5,2
y_1	0	$\boxed{\frac{9}{2}}$	0	1	$-\frac{5}{2}$	0	9	2
y_2	1	$\frac{1}{2}$	0	0	$\frac{1}{2}$	0	11	22
Z	0	$-\frac{1}{2}$	0	0	$\frac{1}{2}$	1	11	

Für den nächsten Schritt kommt als Pivotspalte nur die zweite Spalte in Frage,
denn nur dort hat die Zielfunktionszeile ein negatives Element. Berechnet man
nun $\dfrac{b_i}{a_{i2}}$, so liefert die Engpaßbedingung die zweite Zeile als Pivotzeile; $\frac{9}{2}$ ist also

das Pivotelement für den nächsten Schritt. Dieser liefert das Tableau:

	x_1	x_2	y_1	y_2	y_3	Z	b
x_1	0	0	1	$-\frac{5}{9}$	$\frac{8}{9}$	0	8
x_2	0	1	0	$\frac{2}{9}$	$-\frac{5}{9}$	0	2
y_1	1	0	0	$-\frac{1}{9}$	$\frac{7}{9}$	0	10
Z	0	0	0	$\frac{1}{9}$	$\frac{2}{9}$	1	12

In diesem Tableau enthält die Zielfunktionszeile keine negativen Werte mehr. Die Basislösung dieses Tableaus muß also die optimale Lösung sein. Die Nichtbasisvariablen sind y_2 und y_3. Setzt man sie gleich Null, so findet man $x_1 = 10$, $x_2 = 2$, $Z = 12$. Diese optimale Lösung hatten wir auch graphisch ermittelt. Auch $y_1 = 8$ kann ökonomisch interpretiert werden: Beim optimalen Produktionsprogramm von 10 ME nach Verfahren 1 und 2 ME nach Verfahren 2 werden die vorhandenen Resourcen der Komponente 1 nicht voll ausgenutzt: Der Bedarf bleibt 8 ME unter der Höchstgrenze. In einem Flußbild kann die Lösung des Standard-Maximumproblems mittels Simplexalgorithmus folgendermaßen dargestellt werden:

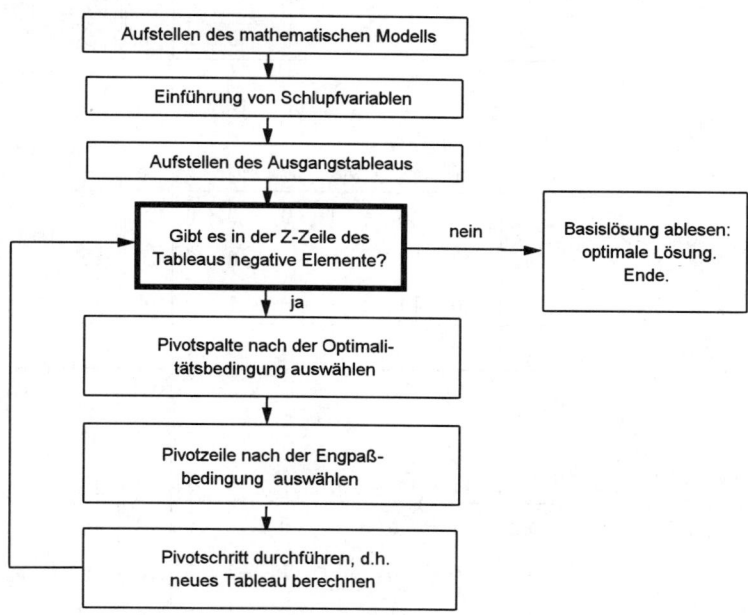

Beispiele:

1)   Man ermittle die optimale Lösung des folgenden Standard-Maximum-Problems:

$$Z = x_1 + 2x_2 \quad \rightarrow \quad \text{Max}$$

$$x_1 \qquad \leq 10$$
$$x_2 \leq 12$$
$$x_1 + x_2 \leq 14$$

$$x_1 \geq 0, \quad x_2 \geq 0.$$

Wir benötigen 3 Schlupfvariable y_1, y_2, y_3; das Gleichungssystem hat dann folgende Form:

$$x_1 \qquad + y_1 \qquad \qquad \qquad = 10$$
$$x_2 \qquad + y_2 \qquad \qquad = 12$$
$$x_1 + \; x_2 \qquad \qquad + y_3 \qquad = 14$$
$$-x_1 - 2x_2 \qquad \qquad \qquad + Z = \; 0$$

Ausgangstableau und weitere Tableaus:

	x_1	x_2	y_1	y_2	y_3	Z	b	$\frac{b_i}{a_{i1}}$
y_1	1	0	1	0	0	0	10	10
y_2	0	1	0	1	0	0	12	–
y_3	1	1	0	0	1	0	14	14
Z	-1	-2	0	0	0	1	0	

	x_1	x_2	y_1	y_2	y_3	Z	b	$\frac{b_i}{a_{i2}}$
x_1	1	0	1	0	0	0	10	–
y_2	0	1	0	1	0	0	12	12
y_3	0	1	-1	0	1	0	4	4
Z	0	-2	1	0	0	1	10	

	x_1	x_2	y_1	y_2	y_3	Z	b	$\frac{b_i}{a_{i3}}$
x_1	1	0	1	0	0	0	10	10
x_2	0	0	1	1	-1	0	8	8
y_2	0	1	-1	0	1	0	4	-4
Z	0	0	-1	0	2	1	18	

	x_1	x_2	y_1	y_2	y_3	Z	b
x_1	1	0	0	-1	1	0	2
x_2	0	0	1	1	-1	0	8
y_1	0	1	0	1	0	0	12
Z	0	0	0	1	1	1	26

Daraus ergibt sich die optimale Basislösung (Nichtbasisvariable y_2 und y_3 gleich Null gesetzt): $x_1 = 2$, $x_2 = 12$, $Z_{\text{Max}} = 26$.

2) Man löse das folgende Standard-Maximum-Problem:

$$Z = 2x_1 + 3x_2 + x_3 \quad \rightarrow \quad \text{Max}$$

$$\begin{aligned} x_1 + x_2 + x_3 &\leq 10 \\ x_1 + 2x_2 + 3x_3 &\leq 12 \end{aligned}$$

$$x_1 \geq 0, \quad x_2 \geq 0, \quad x_3 \geq 0.$$

In diesem Fall werden zwei Schlupfvariable y_1, y_2 benötigt. Die folgenden Simplextableaus führen zur Lösung:

	x_1	x_2	x_3	y_1	y_2	Z	b	$\frac{b_i}{a_{i1}}$
y_1	[1]	1	1	1	0	0	10	10
y_2	1	2	3	0	1	0	12	12
Z	-2	-3	-1	0	0	1	0	

	x_1	x_2	x_3	y_1	y_2	Z	b	$\frac{b_i}{a_{i2}}$
x_1	1	1	1	1	0	0	10	10
y_1	0	[1]	2	-1	1	0	2	2
Z	0	-1	1	1	0	1	20	

	x_1	x_2	x_3	y_1	y_2	Z	b
x_1	1	0	-1	2	-1	0	8
x_2	0	1	2	-1	1	0	2
Z	0	0	3	0	0	1	22

Die optimale Lösung ist $x_1 = 8$, $x_2 = 2$, $x_3 = 0$; $Z_{\text{Max}} = 22$.

7.4 Übungsaufgaben

1) Gegeben sind die Matrizen

$$A = \begin{pmatrix} 2 & 1 & -3 \\ 4 & 2 & 0 \\ 2 & 1 & 6 \end{pmatrix}, \quad B = \begin{pmatrix} -1 & 0 \\ 1 & 2 \\ -2 & 3 \end{pmatrix}, \quad C = \begin{pmatrix} 1 & -1 & 0 & 3 \\ 0 & 2 & -4 & 1 \\ 6 & 1 & 0 & 0 \end{pmatrix},$$

$$D = \begin{pmatrix} 1 & 1 & 0 \\ 0 & -1 & 1 \\ 2 & 1 & 0 \end{pmatrix} \text{ und die Vektoren } x = \begin{pmatrix} 1 \\ -1 \\ 2 \end{pmatrix}, \quad y = \begin{pmatrix} 0 \\ -1 \\ 1 \end{pmatrix}, \quad z = \begin{pmatrix} 2 \\ 1 \end{pmatrix}.$$

Man berechne:

a) $2A - 4D$, $D + A^{\mathrm{T}}$;   b) $x - y$, $2x + 3y$;   c) AD, DA, $B^{\mathrm{T}}A$, AC;

d) Ax, Dy, Bz, $x^{\mathrm{T}}y$.

2) Man untersuche die folgenden linearen Gleichungssysteme auf Lösbarkeit und löse sie
    im Fall der Lösbarkeit:

a) $2x_1 + 5x_2 = -1$;   b) $2,3a + 6,2b = 46,1$;

$x_1 - x_2 = 3$ ${-2a} + 1,1b = -1,4$

c) $2u_1 + u_2 - u_3 = 5$;   d) $y_1 - y_2 + 2y_3 = 8$;

$u_1 - 6u_2 + 2u_3 = 8$ ${-y_1} + 2y_2 - y_3 = -3$

$13u_2 - 5u_3 = 10$ $y_1 + 3y_3 = 13$

e) $4x_1 - 3x_2 + x_3 + 8x_4 = 12$

${-x_1} + 2x_3 - x_4 = 4$

$5x_1 + x_2 - x_3 = -9$

$x_1 + 6x_2 + 3x_4 = -7$

3) Man bestimme den Rang folgender Matrizen:

a) der Matrizen B und C aus Aufgabe 1);

b) der Matrizen $A = \begin{pmatrix} 1 & -1 & 0 & 2 \\ 4 & 3 & 1 & -1 \\ 5 & 2 & 1 & 1 \\ -3 & -4 & -1 & 3 \end{pmatrix}$, $B = \begin{pmatrix} 6 & -1 & 3 & 2 \\ 4 & 1 & 7 & 6 \\ -2 & 2 & 4 & 4 \end{pmatrix}$.

4) Man untersuche folgende Matrizen auf Regularität und berechne im regulären Fall die
    Inverse:

$$A = \begin{pmatrix} 1 & 0 & 1 \\ -1 & 3 & 2 \\ 1 & 3 & 4 \end{pmatrix}, \quad B = \begin{pmatrix} 1 & 0 & 1 \\ 0 & 3 & 1 \\ 3 & 4 & 4 \end{pmatrix}, \quad C = \begin{pmatrix} 1 & -3 \\ 2 & 4 \end{pmatrix}.$$

5) Für ein Unternehmen mit 2 Sektoren gehen die gegenseitigen Lieferungen, die Liefe-
    rungen an den Endverbaucher und die Rohstofflieferungen (alles in ME pro Berichts-
    periode) aus folgender Tabelle hervor:

	empfangende Sektoren S_1	S_2	Lieferung an Endverbraucher
liefernde Sektoren S_1	10	80	210
S_2	60	10	130
Rohstofflieferungen R_1	40	20	
R_2	30	60	

Man bestimme die Produktion, die zur Befriedigung der Nachfrage $\boldsymbol{y} = \begin{pmatrix} 300 \\ 200 \end{pmatrix}$ erforderlich ist sowie den zugehörigen Rohstoffverbrauch.

6) Wir betrachten ein Unternehmen mit 3 Hilfskostenstellen K_1, K_2, K_3 und einer Hauptkostenstelle H. Die Lieferungen einer Periode (in Leistungseinheiten) sowie die primären Kosten der Hilfskostenstellen zeigt folgende Tabelle:

		Empfänger K_1	K_2	K_3	H	primäre Kosten
	K_1	10	50	70	280	1577
Lieferanten	K_2	30	20	40	360	1235
	K_3	80	40	10	300	734

Man bestimme die Verrechnungspreise.

7) Zwei verschiedene Produkte P_1, P_2 werden auf drei verschiedenen Fertigungsstellen F_1, F_2, F_3 gefertigt. Die Tabelle zeigt, wieviel Stunden pro Tonne P_1 bzw. P_2 man auf den einzelnen Fertigungsstellen benötigt. Ferner zeigt sie die Deckungsbeiträge für P_1 und P_2 (in DM/Tonne) und die Kapazitätsgrenzen der Fertigungsstellen in Stunden/Tag. In welcher Mengenkombination müssen P_1 und P_2 täglich hergestellt werden, damit der Gesamtdeckungsbeitrag/Tag maximal ist? Man löse das Problem graphisch und mit dem Simplexalgorithmus.

	P_1	P_2	maximale Tageskapazität
F_1	1	2	22h
F_2	1	1	13h
F_3	1,5	0,5	16,5h
Deckungsbeitrag (DM/t)	200	300	

8) Man löse graphisch folgendes Minimumproblem:

$$Z = 2x_1 + 2x_2 \quad \to \quad \text{Min}$$

$$7x_1 + x_2 \geq 14$$
$$3x_1 + 2x_2 \geq 17$$
$$x_1 + 2x_2 \geq 11$$
$$x_1 + 5x_2 \geq 17$$
$$x_1 \geq 0, \quad x_2 \geq 0.$$

9)   Man löse mittels Simplexalgorithmus die folgenden beiden Standard-Maximum- Probleme:

a)

$$Z = 3x_1 + 2x_2 \quad \rightarrow \quad \text{Max}$$

$$x_1 + \qquad \leq 15$$
$$x_1 + 5x_2 \leq 87$$
$$x_1 + \quad x_2 \leq 23$$
$$3x_1 + \quad x_2 \leq 49$$
$$x_2 \leq 17$$

$$x_1 \geq 0, \quad x_2 \geq 0;$$

b)

$$Z = x_1 + x_2 + x_3 \quad \rightarrow \quad \text{Max}$$

$$x_1 + x_2 + 2x_3 \leq \quad 8$$
$$2x_1 + x_2 + 3x_3 \leq 10$$

$$x_1 \geq 0, \quad x_2 \geq 0, \quad x_3 \geq 0.$$

Kapitel 8

Lösungen der Übungsaufgaben

8.1 Aufgaben zu Kapitel 1

1)   a) $16a + 3b - 7xy$;   b) $-24abx^2y$;   c) $-5x_1 + 11x_2 - x_3$;   d) $-3x + 3y$;
    e) $2r$;   f) $-9v$;   g) $4(a - b)$.

2)   a) $2a^2 + ab - 6b^2$;   b) $-117x^2 + 105xy + 150y^2$;   c) $a^2x - \dfrac{2}{3}abx + \dfrac{3}{2}aby - b^2y$;

    d) $xx_1 + xx_2 + \ldots + xx_n - (yx_1 + yx_1 + \ldots + yx_n) = \displaystyle\sum_{i=1}^{n} xx_i - \sum_{i=1}^{n} yx_i = x\sum_{i=1}^{n} x_i - y\sum_{i=1}^{n} x_i$;

    e) $\displaystyle\sum_{i=1}^{n} aa_ib_i - \sum_{i=1}^{n} ca_ib_i = a\sum_{i=1}^{n} a_ib_i - c\sum_{i=1}^{n} a_ib_i$;   f) $-(4a^2 + ab + 3b^2)$;

    g) $x^2 - 3x - 23$;   h) $\dfrac{1}{3}p^2 - \dfrac{1}{18}q^2 - \dfrac{1}{16}r^2 - \dfrac{5}{36}pq + \dfrac{1}{24}pr + \dfrac{3}{24}qr$.

3)   a) $a(a + b + b^2)$;   b) $x(x - 2y + 1)$;   c) $xy\displaystyle\sum_{i=1}^{n} x_iy_i^2$.

4)   a) $r^2 - 2rs + s^2$;   b) $k^2 + 2k + 1$;   c) $16 - 4x^2$;   d) $6x + 3$;
    e) $a^2 + b^2 + c^2 + d^2 + 2ab + 2ac + 2bc - 2ad - 2bd - 2cd$;   f) $15x^2 + 44xy - 18y^2$.

5)   a) $(x - 1)(x + 1)$;   b) $(2a - 3)(2a + 3)$;   c) $(1 - 6x)(1 + 6x)$;   d) $(u + v + w)^2$;
    e) $(5xy + 2)^2$.

6)   a) $\dfrac{c - 1}{c + 2}$;   b) $-\dfrac{4}{a}$;   c) $\dfrac{b(a - b)}{c(a - c)}$;   d) $\dfrac{u - v}{u + v}$;   e) $\dfrac{a}{a - 1}$;   f) -1;   g) $\dfrac{p + q}{p - q}$.

7)   a) $\dfrac{a + b}{x + y}$;   b) $\dfrac{ab^2(4a^2 - 4ab + 1)}{c(a^2 - b^2)}$;   c) $\dfrac{ay + b}{a^2 - b^2}$;   d) $\dfrac{35a^2 + 18ab - 5b^2}{18a^2 - 3ab - 36b^2}$.

8)   a) $\dfrac{6ab(5 - 2x) - 5a^2(36 - 4x) + 3x}{60a^2bx}$;

b) $\dfrac{5a^2(3b-2c)-3b^2(4a-5c)+5c-3ab^2}{30abc} = \dfrac{15a^2b-10a^2c-15ab^2+15b^2+5c}{30abc}$;

c) $\dfrac{xy^2-x^2y+2y+6x^2}{x^2y^2}$;　　d) $\dfrac{x-y-1}{x-y}$;　　e) $\dfrac{17a-15b}{6(3b-a)}$;　　f) $\dfrac{2y}{x^2-y^2}$;

g) $\dfrac{8t+2}{t^2-1}$;　　h) $-\dfrac{2a}{(a+1)(3a+2)}$;　　i) $\dfrac{500k^3-115k^2-16k+5}{(5k-1)^2(5k+1)}$.

9)　　a) $\dfrac{ax}{cd}$;　　b) $-\dfrac{2q}{p}$;　　c) $\dfrac{1-(x-5)(3a+1)}{(x+5)(3a+1)}$;　　d) $a+b$;　　e) $\dfrac{a-2b}{2b}$;　　f) u;

g) $\dfrac{x^2+2xy-y^2}{x^2-2xy-y^2}$;　　h) $\dfrac{b-1}{b+1}$.

10)　　a) $x=\dfrac{20}{11}$;　　b) $x=\dfrac{155a}{47}$;　　c) $x=7,25$;　　d) $x=-\dfrac{7}{5}$;　　e) $x=-\dfrac{3}{29}$;

f) $x=-\dfrac{9}{10}$.

11)　　a) $y=\dfrac{b-a}{a}$;　　b) $u_2=u_1-\dfrac{K}{xy}$;　　c) $n=\dfrac{s_n-a_0}{d}+1$;　　d) $k=\dfrac{a-b^2-c}{a-b^2+c}$;

e) $s=\dfrac{r_1^2+r_1x-rr_2}{r_2-r_1}$;　　f) $y=\dfrac{y_2-y_1}{x_2-x_1}(x-x_1)+y_1$;　　g) $x=\dfrac{y^2+a^2}{2a}$;

h) $a=\dfrac{5f-bc}{1-b-5}$.

12)　　$x=\dfrac{9}{8}\cdot\dfrac{12}{16}\cdot 9254 = 7808,06\ \text{DM.}$

13)　　Ein paar Schuhe kostet 36,80 DM.

14)　　1200 DM.

15)　　$z=\dfrac{2000\cdot 2\cdot 204}{100\cdot 360}+\dfrac{1000\cdot 2\cdot 66}{100\cdot 360}=26,33\ \text{DM.}$

16)　　5509,78 DM.

17)　　12 000 DM.

18)

p	$7,03$	$8\frac{1}{3}$	$11,5$	$5,04$	$6,2$	$3\frac{1}{3}$
q	$1,0703$	$1,0833\ldots$	$1,115$	$1,0504$	$1,062$	$1,033\ldots$

19)　　a) $\displaystyle\sum_{i=n}^{2n} x_i$;　　b) $\displaystyle\sum_{i=0}^{k} a_i x_i$;　　c) $\dfrac{\displaystyle\sum_{i=1}^{n} u_i g_i}{\displaystyle\sum_{i=1}^{n} g_i}$;　　d) $\displaystyle\sum_{j=1}^{n} a_{ij}b_{jk}$;　　e) $\displaystyle\sum_{i=1}^{n} i^3$;　　f) $\displaystyle\sum_{i=0}^{n} (i-1)^2$.

20)　　a) $\dfrac{a_1b_1+a_2b_2+\ldots+a_nb_n}{b_1+b_2+\ldots+b_n}$;

b) $I_{0,i}=\dfrac{p_{i1}q_{01}+p_{i2}q_{02}+\ldots+p_{in}q_{0n}}{p_{01}q_{01}+p_{02}q_{02}+\ldots+p_{0n}q_{0n}}$　　(Preisindex nach Laspeyres);

c) $I_{0,i} = \dfrac{q_{i1}p_{i1} + q_{i2}p_{i2} + \ldots + q_{in}p_{in}}{q_{01}p_{i1} + q_{02}p_{i2} + \ldots + q_{0n}p_{in}}$ (Mengenindex nach Paasche);

d) $4^2 + 5^2 + \ldots + (2n+2)^2$; e) $b_{jk}(a_{1j} + a_{2j} + \ldots + a_{nj})$;

f) $1 + \dfrac{3}{4} + \dfrac{5}{7} + \dfrac{7}{10} + \cdots + \dfrac{2l+1}{3l+1}$;

g) $x_1 y_1^2 (z_1 - u_1) + x_2 y_2^2 (z_2 - u_2) + \ldots + x_n y_n^2 (z_n - u_n)$.

21) $p = \dfrac{10 \cdot 8,80 + 40 \cdot 5,30 + 30 \cdot 6,90 + 20 \cdot 7}{100} = 6,47$ DM/Liter.

22) a) Preisindex $I_{0,2}$ (Laspeyres):

$$I_{0,2} = \frac{\sum p_2 q_0}{\sum p_0 q_0} = \frac{2,10 \cdot 2760 + 3,80 \cdot 1020 + 10,15 \cdot 475 + 1,25 \cdot 9412}{2,80 \cdot 2760 + 3,75 \cdot 1020 + 12,10 \cdot 475 + 0,90 \cdot 9412} = 1,0189;$$

b) Preisindex $I_{0,2}$ (Paasche):

$$I_{0,2} = \frac{\sum p_2 q_2}{\sum p_0 q_2} = \frac{2,10 \cdot 2950 + 3,80 \cdot 990 + 10,15 \cdot 680 + 1,25 \cdot 8110}{2,80 \cdot 2950 + 3,75 \cdot 990 + 12,10 \cdot 680 + 0,90 \cdot 8110} = 0,9817;$$

c) Umsatzindex $I_{0,1}$:

$$I_{0,1} = \frac{\sum p_1 q_1}{\sum p_0 q_0} = \frac{2,45 \cdot 2810 + 3,65 \cdot 1000 + 10,80 \cdot 6,30 + 1,20 \cdot 8305}{2,80 \cdot 2760 + 3,75 \cdot 1020 + 12,10 \cdot 475 + 0,90 \cdot 9412} = 1,0595;$$

d) Mengenindex $I_{1,2}$ (Laspeyres): $I_{1,2} = \dfrac{\sum q_2 p_1}{\sum q_1 p_1} = 1,0224$;

e) Mengenindex $I_{0,1}$ (Paasche): $I_{0,1} = \dfrac{\sum q_1 p_1}{\sum q_0 p_1} = 1,0147$.

23) a) $x > \dfrac{1}{3}$; b) $x < \dfrac{7}{5}$;

c) Es sind drei Fälle zu betrachten: $x < 1$, $-1 < x < 1$, $x < -1$. Die Ungleichung ist für $-1 < x < 1$ und für $x > 3$ erfüllt.

d) Es sind die drei Fälle $x \geq 1$, $\dfrac{1}{2} \leq x < 1$ und $x < \dfrac{1}{2}$ zu unterscheiden. Die Ungleichung ist für $x \leq 0$ und $x \geq \dfrac{2}{3}$ erfüllt.

8.2 Aufgaben zu Kapitel 2

1) a) $28x^2 - 15y^2$; b) $-ab\left(\dfrac{1}{2}b + \dfrac{1}{10}a\right)$; c) $2x^5(6x^3 - 2x^2 + 12x - 3)$;

d) läßt sich nicht weiter vereinfachen.

2) a) x^{n+2}; b) u^3; c) c^{2n+11}; d) $10x^{3x+2m-1}$; e) $(a-b)^{n+6}$;
f) $(-a)^{4n-2m+7}$; g) $a^2(6a^4 - 40a^3 + 29a^2 - 14a + 1)$.

3) a) $\dfrac{1}{23rst}$;   b) $\dfrac{c^2(b-c)}{ab^2}$;   c) $\dfrac{20x^2y^4}{3b^6}$;   d) $\dfrac{225}{27}w^{2n+3}v^{5n-1}$;

e) $(-y)^{4n^2-1} = -y^{4n^2-1}$;   f) $x^{y^2-yz-6z^2}$.

4) a) $\dfrac{-3t^5+t^2+1}{t^6}$;   b) $\dfrac{a+by^3-cy^6+dy^{n-3}}{y^{n+2}}$;   c) $\dfrac{x^5(x-3)}{(x-1)^6}$.

5) a) $ca^{-2}b^{-1}$;   b) $(u-v)(u+v)^{-1}$;   c) $(x-1)^2x^{-2}$;   d) $a^{-2}n^{-1}$;   e) $(uv)^{-x}$.

6) a) $\dfrac{b^{n-3}}{c^{4n}}$;   b) $\dfrac{d^{x-4}}{a^x(bc)^{x-3}}$;   c) $\dfrac{1}{x^2}+\dfrac{1}{y^3}-\dfrac{1}{xy}$;   d) $\dfrac{4}{a^{3n}}+\dfrac{5}{a^{m-1}}-\dfrac{6}{a^{2m+n}}$.

7) a) $\dfrac{x^7y^{14}u^{24}}{v^{17}}$;   b) 5^{18};   c) $\dfrac{x^{24}y^{16}}{z^{24}}$.

8) a) $9x^{-5}y^{-4}-6x^{-4}y^{-5}+3x^{-3}y^{-6}$;   b) $4a^3+2a^2-a$;   c) $y^{3n-2}-2y+y^{-3n-4}$.

9) $\dbinom{90}{5} = \dfrac{90\cdot 89\cdot 88\cdot 87\cdot 86}{1\cdot 2\cdot 3\cdot 4\cdot 5} = 43\,949\,268$.

10) a) $a^4-8a^3b+24a^2b^2-32ab^3+16b^4$;   b) $1-6x+15x^2-20x^3+15x^4-6x^5+x^6$;

c) $q^5-5q^4+10q^3-10q^2+5q-1$;

d) $u^7-7u^6v+21u^5v^2-35u^4v^3+35u^3v^4-21u^2v^5+7uv^6-v^7$.

11) $202\,737,48$ DM.

12) a) $26\,996,73$ DM;   b) $27\,128,49$ DM.

13) Barwert des Angebots (A): $301\,804,19$ DM

Barwert des Angebots (B): $313\,597,63$ DM

Barwert des Angebots (C): $290\,098,33$ DM

Das Angebot (B) ist bei einem Zinssatz von 5,5% p.a. das günstigste.

14) a) $1,104\,0895$;   b) $1,027\,8954$;   c) $1,537\,7994$.

15) $p = 4,75\%$.

16) a) $x \le 1$;   b) $-a \le x \le a$;   c) für beliebiges x und y.

17) a) ist richtig;   b) $\sqrt[4]{a^4} = |a|$;   c) und d) sind völlig falsch.

18) a) $x^{\frac{2}{9}}$;   b) $y^{-\frac{3}{4}}$;   c) $(x^3-y^3)^{\frac{1}{3}}$.

19) a) $\sqrt[16]{b^7}$;   b) $\dfrac{1}{\sqrt[3]{a^2}}$;   c) $xy^2\sqrt{y}$;   d) $\dfrac{1}{\sqrt[10]{u^4}}$.

20) a) $\sqrt[3]{x^2}(1+a-2b)$;   b) $|ab|\sqrt{2c}$;   c) a^{m+1};   d) $\sqrt[3]{(x+y)(z-x)}$;   e) $\dfrac{1}{\sqrt{a-b}}$;

f) $|a|$;   g) $a^2b\sqrt[3]{b}$.

21) a) $\sqrt[24]{a^{23}}$;   b) $\sqrt[12]{x^{10}}$;   c) $\sqrt[8]{\dfrac{a^3}{b^3}}$.

22) a) $0,427\,8157$;   b) $-0166\,6667$;   c) $\dfrac{1}{m}$;   d) $-n$;   e) -3;   f) -1.

23) a) $x = u$; b) $x = 2$.

24) a) $\log_a \dfrac{uv}{w}$; b) $\ln(u^x v^y)$; c) $\log \dfrac{\sqrt[3]{ac^2}}{\sqrt[5]{b}}$.

25) 7 Jahre.

26) 23,43 Jahre.

27) a) $x_1 = 1$, $x_2 = -5$; b) $x_1 = -1$, $x_2 = -2$;

c) $x_1 = 2$, $x_2 = -2$, $x_3 = 1$, $x_4 = -1$;

d) $x^5(x^2 + 5x + 4) = 0$: $x_1 = 0$, $x_2 = -1$, $x_3 = -4$;

e) $x_1 = 5$, $x_2 = 1$, $x_3 = 9$, $x_4 = \dfrac{1}{2}$; f) $x = 3$;

g) $x_1 = 40,973\,666$, $x_2 = 3,026\,334$; h) $x = 8$; i) $x = \sqrt{5}$; j) $x = 4$;

k) $x = -\dfrac{61}{384}$; l) $x = 11,207\,65$; m) $x = 0,923\,5441$.

28) a) $u_{1,2} = \dfrac{v - 2 \pm \sqrt{(v-2)^2 + 4(x^2+1)(x^2+y^2)}}{2(x^2+1)}$; b) $a = \left(\dfrac{b}{c}\right)^2 + \dfrac{c^2}{4}$;

c) $b = \ln\sqrt{x - y^2}$; d) $n = \dfrac{\log\dfrac{1}{1 - K(q-1)}}{\log q}$;

e) $Kq^n + (x-2)q^{-n} - c^2 = 0$ $\quad | \cdot q^n$

$\quad Kq^{2n} - c^2 q^n + (x-2) = 0$ $\quad |$ Setze $q^n = z$

$\quad Kz^2 - c^2 z + x - 2 = 0$

$q_{1,2} = \sqrt[n]{\dfrac{c^2 \pm \sqrt{c^4 - 4K(x-2)}}{2K}}$

Unter der Bedingung $c^4 \geq 4K(x-2)$ existieren reelle Wurzeln.

8.3 Aufgaben zu Kapitel 3

1) $a_{15} = 100$, $s_{15} = 880$.

2) $R_{46} = 1,2 - 0,02 \cdot 46 = 0,28$ Mio DM.

3)

Jahr	Restschuld am Jahresanfang	Zinsen	Tilgung	Annuität
1	210 000	15 750	30 000	45 750
2	180 000	13 500	30 000	43 500
3	150 000	11 250	30 000	41 250
4	120 000	9000	30 000	39 000
5	90 000	6750	30 000	36 750
6	60 000	4500	30 000	34 500
7	30 000	2250	30 000	32 250

4) $z = 9216$ DM,   Gebühr $= 480$ DM, $b = 9696$ DM. Monatsrate: 1202 DM.
       $p_{\text{eff}} = 9,89\%$.

5)   a) 19 608;   b) 1, 666 6387;   c) 262 140;   d) $a\dfrac{q^{n+1} - 1}{q - 1} - a$.

6)   22 324, 36 DM.

7)   Endkapital nach 10 Jahren: 69 858, 21 DM; $z = 4191, 49$ DM.

8)   3298,30 DM.

9)   Am Ende des 12. Jahres werden 160 000 DM überschritten.

10)   14 933, 09 DM.

11)   30 210, 56 DM.

12)   34 474, 07 DM.

13) $1,06^n = \dfrac{1}{1 - \dfrac{200\,000 \cdot 0,06}{24\,000 \cdot 1,6}}$; $n = 10, 95$ Jahre.

14)   120 761, 19 DM.

15)   14 140, 91 DM.

16)   23 642, 10 DM.

17) $\approx 7, 5$ Jahre.

18) $A = 13\,965, 07$ DM.

Jahr	Restschuld am Jahresanfang	Zinsen	Tilgung	Annuität
1	100 000, 00	9000, 00	4965, 07	13 965, 07
2	95 034, 93	8553, 14	5411, 93	13 965, 07
3	89 623, 00	8066, 07	5899, 00	13 965, 07
4	83 724, 00	7535, 16	6429, 91	13 965, 07
5	77 294, 09	6956, 47	7008, 60	13 965, 07
6	70 285, 49	6325, 69	7639, 38	13 965, 07
7	62 646, 11	5638, 15	8326, 92	13 965, 07
8	54 319, 19	4888, 73	9076, 34	13 965, 07
9	45 242, 85	4071, 86	9893, 21	13 965, 07
10	35 349, 64	3181, 47	10 783, 60	13 965, 07
11	24 566, 04	2210, 94	11 754, 13	13 965, 07
12	12 811, 99	1153, 08	12 811, 99	13 965, 07

Gesamtzahlung: 167 580, 84 DM.

19) $A = 8000 \left(1 + \dfrac{8,5}{100 \cdot 12}\right)^{108} \dfrac{\dfrac{8,5}{100 \cdot 12}}{\left(1 + \dfrac{8,5}{100 \cdot 12}\right)^{108} - 1} = 1062, 35$ DM.

Monat	Restschuld am Monatsanfang	Zinsen	Tilgung	Annuität
1	80 000,00	566,67	495,68	1062,35
2	79 504,32	563,16	499,19	1062,35
3	79 005,13	559,62	502,73	1062,35
4	78 502,40	556,06	506,29	1062,35
⋮	⋮	⋮	⋮	⋮

20) $n = 5,36$ Jahre.

Jahr	Restschuld am Jahresanfang	Zinsen	Tilgung	Annuität
1	240 000,00	24 000,00	36 000,00	60 000,00
2	204 000,00	20 400,00	39 600,00	60 000,00
3	164 400,00	16 440,00	43 560,00	60 000,00
4	120 840,00	12 084,00	47 916,00	60 000,00
5	72 924,00	7292,40	52 707,60	60 000,00
6	20 216,40	2021,64	20 216,40	22 238,04

21) $A = 2262,50$ DM/Monat, $N = 89,84$ Monate $\approx 7\frac{1}{2}$ Jahre.

Jahr	Restschuld	Zinsen	Tilgung	Zinsersparnis	Annuität
1	150 000,00	1062,50	1200	–	2262,50
2	148 800,00	1054,00	1200	8,50	2262,50
3	147 591,50	1045,44	1200	17,06	2262,50
4	146 374,44	1036,82	1200	25,68	2262,50
5	145 148,76	1028,14	1200	34,36	2262,50
⋮	⋮	⋮	⋮	⋮	⋮

22)   Wegen $n < 10$ ist der höchste zulässige Prozentsatz $p = 30\%$. Für das Jahr des optimalen Überganges gilt: $l \geq 9 - \dfrac{100}{30} = 5,67$. Der Übergang erfolgt im 6. Jahr.

Jahr	Wert am Jahresanfang	Abschreibungsrate	Wert am Jahresende
1	380 000	114 000	266 000
2	266 000	79 800	186 200
3	186 200	55 860	130 340
4	130 340	39 102	91 238
5	91 238	27 371	63 867
6	63 867	21 289	42 578
7	42 578	21 289	21 289
8	21 289	21 289	0

8.4　Aufgaben zu Kapitel 4

1)　　a) D: alle reellen Zahlen. $f(-2) = 2$, $f(0) = 6$, $f(x_0 + 5) = 2x_0 + 16$.

　　　b) D: alle reellen Zahlen. $f(-2) = -5$, $f(0) = 1$, $f(x_0 + 5) = -x_0^2 - 9x_0 - 19$.

　　　c) D: alle reellen Zahlen mit Ausnahme von $x = 1$.

$$f(-2) = -\tfrac{1}{3}, \quad f(0) = -1, \quad f(x_0 + 5) = \frac{1}{x_0 + 4}.$$

　　　d) D: alle reellen Zahlen mit Ausnahme von $x = 4$ und $x = 3$.

$$f(-2) = 10\tfrac{1}{30}, \quad f(0) = 8\tfrac{1}{12}, \quad f(x_0 + 5) = -x_0 + 3 + \frac{1}{x_0^2 + 3x_0 + 2}$$

　　　e) D: alle reellen Zahlen. $f(-2) = -4$, $f(0) = -2$,

$$f(x_0 + 5) = \left\{ \begin{array}{ll} \sqrt{x_0^2 + 10x_0 + 21} & \text{für } \quad x_0 < -7, x_0 > -3 \\ x_0 + 3 & \text{für } \quad -7 \le x_0 \le -3 \end{array} \right\},$$

(denn $|x_0 + 5| \le 2$ bedeutet $-2 \le x_0 + 5 \le 2$, also $-7 \le x_0 \le -3$; entsprechend für $|x_0 + 5| > 2$).

2)　　a) $(1, 1)$, $(-2, -35)$;　　b) $(0, \tfrac{1}{4})$, $(-2, \tfrac{1}{4})$, $(-1, \tfrac{1}{3})$.

3)

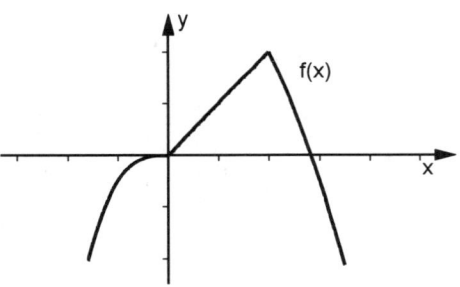

$f(x)$ ist stetig.

4)

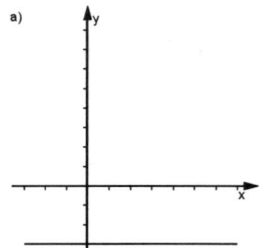 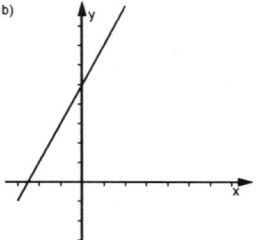 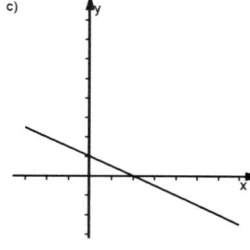

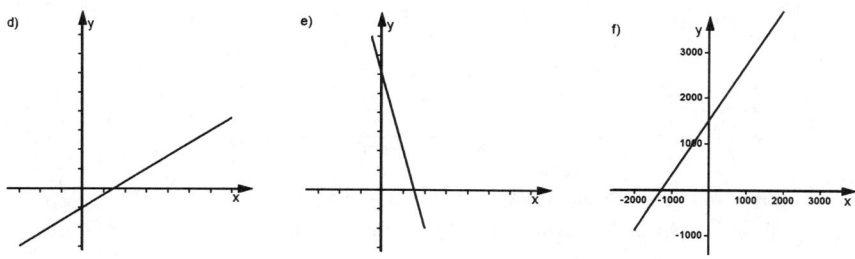

5) a) $y = 4x - 6$;   b) $y = \dfrac{2}{3}x - 1$;   c) $y = ux - ua + b$.

6) a) $y = -\dfrac{2}{3}x + \dfrac{4}{3}$;   b) $y = \dfrac{6}{5}x + \dfrac{2}{5}$;   c) $y = \dfrac{d-b}{c-a}(x-a) + b$

   d) $y = -\dfrac{v}{u}(x-u) - v$.

7) a) $(\frac{9}{2}, 3)$;   b) $(\frac{10}{7}, \frac{23}{7})$;   c) $(\frac{7}{4}, \frac{17}{4})$;   d) $(\frac{2}{3}, \frac{8}{3})$.

8) Die Geraden müssen den gleichen Anstieg haben, aber verschiedene Ordinatenab-schnitte, z.B. $y = 2x + 1$ und $y = 2x - 4$.

9) Man sucht 2 Geraden mit verschiedenem Anstieg durch $(-1, 3)$, dabei verwendet man die Punktrichtungsform (4.1); z.B. $\dfrac{y-3}{x-(-1)} = 1$, $\dfrac{y-3}{x-(-1)} = 2$, also $y = x + 4$, $y = 2x + 5$.

10) $K_A(x) = \left\{ \begin{array}{ll} x + 90, & 0 \le x \le 200 \\ 0,75x + 90, & 200 < x \le 400 \\ 0,6x + 90, & x > 400 \end{array} \right\}$, $K_B(x) = \left\{ \begin{array}{ll} 0,8x + 170, & 0 \le x \le 300 \\ 0,7x + 170, & 300 < x \le 500 \\ 0,5x + 170, & x > 500 \end{array} \right\}$.

   Aus der Skizze entnimmt man, daß erst im Bereich $x > 500$, $K_B(x) < K_A(x)$ werden kann. Also hat man zur Berechnung $0,5x + 170 < 0,6x + 90$: Für $x > 800$ wird B günstiger.

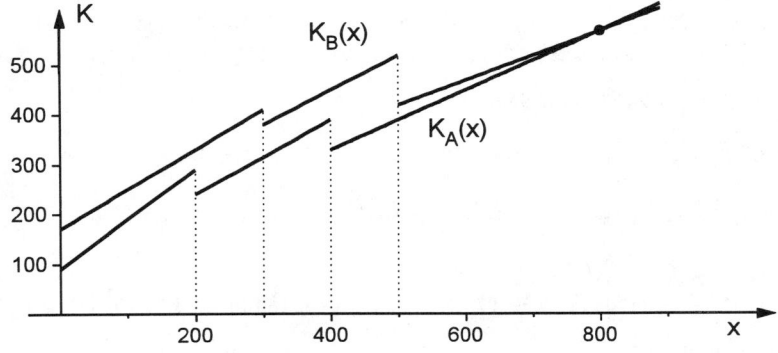

11)   a)

	1	−2	6	−1	0	1
1,2						
	1	−0,8	5,04	5,048	6,0576	8,269 12

b)

	−2	6	−2	1	−6
−0,8					
	−2	7,6	−8,08	7,464	−11,9712

12)   a) alle x mit Ausnahme von $x = 2$;   b) alle x;
      c) alle x mit Ausnahme von $x = -1$;   d) $|x| \geq 4$;   e) $x < 6$;   f) alle x.

13)   a) $2,223\,3302$;   b) $0,513\,5914$;   c) 1;   d) $1,086\,0331$;   e) $-1,736\,9656$.

14)   a) $x = 5,268\,4463$;   b) $x = 1,744\,8582$;   c) $x = 0,138\,6469$.

15) $f(g(x)) = -e^{2x} + 2e^x + 5$; $g(f(x)) = e^{-x^2 + 2x + 5}$.

16)   a) $2\sqrt{t-7} + 5$;   b) $2e^{t^2 - 1}$;   c) $\ln((4t - 1)^2 + 1)$.

17)   a) $f(x) = u(x)\,v(x)$ mit $u(x) = e^x$, $v(x) = r(s(x))$, $s(x) = x + 7$, $r(s) = s^4$.
      b) $f(x) = u(x)\,v(x)$ mit $u(x) = x$, $v(x) = r(s(x))$, $s(x) = 2x^2 + 5$, $r(s) = \sqrt[3]{s}$.
      c) $f(x) = f_1(x) - f_2(x)$, $f_1(x) = u_1(x)\,v_1(x)$ mit $u_1(x) = 2x$, $v_1(x) = \sqrt{x}$;
$$f_2(x) = \frac{u_2(x)}{v_2(x)} \quad \text{mit} \quad u_2(x) = 1, \quad v_2(x) = \sqrt[3]{x}.$$
      d) $f(x) = r(s(t(x)))$ mit $t(x) = x^2 + 2$, $s(t) = -t$, $r(s) = e^s$.
      e) $f(x) = \dfrac{u(x)}{v(x)}$, $u(x) = 7x - 5$, $v(x) = r(s(x))$ mit $s(x) = x - 3$, $r(s) = s^2$.
      f) $f(x) = r(s(t(x)))$ mit $t(x) = 3x - 7$, $s(t) = \sqrt{t}$, $r(s) = \ln s$.
      g) $f(x) = r(s(x))$ mit $s(x) = \sqrt[3]{x}$, $r(s) = s^2 - 2s + 5$.

18)   a) $x_0 = \dfrac{7}{2}$;   b) $x_1 = -5$, $x_2 = -4$;   c) $x_1 = 3,886\,0009$, $x_2 = -0,386\,0009$;
      d) $x_0 = 1$ kann man durch Probieren finden. Es ist $(x^3 - 2x^2 - x + 2) : (x - 1) = x^2 - x - 2$
      mit den zwei weiteren Nullstellen $x_1 = 2$, $x_2 = -1$.
      e) $x_1 = -1$, $x_2 = 3,8$, $x_3 = -2,8$;   f) $x_1 = 4$, $x_2 = 1$, $x_3 = -1$;
      g) $x_1 = 2$, $x_2 = -1$, $x_3 = 4,372\,2813$, $x_4 = -1,372\,2813$;   h) $x_0 = 1$;
      i) $x_1 = -2$, $x_2 = -3$;   j) $x_0 = 7$;   k) $x_1 = \sqrt{3}$, $x_2 = -\sqrt{3}$;
      l) $x_0 = \dfrac{1}{4} \ln 2 = 0,173\,2868$;

      m) $f(x) = 0$ führt auf $\ln(x - 2) = \ln(x + 1)^{-1}$; $x - 2 = \dfrac{1}{x + 1}$, $x^2 - x - 3 = 0$.

      Nur die Wurzel $x_1 = \dfrac{1}{2} + \dfrac{\sqrt{13}}{2} = 2,302\,7756$ kommt in Frage.

19)   a) $P_1 = (6, 13)$, $P_2 = (-2, -3)$;
      b) $P_1 = (0,847\,1271,\ 3,564\,7514)$, $P_2 = (-1,180\,4604,\ 2,213\,0264)$.

20) $x = 36,637\,659$.

21) a) $x(y) = \frac{1}{7}y + \frac{3}{7}$; b) $x(y) = \sqrt{\sqrt{y} - 1}$, $y > 0$; c) $p(x) = -\frac{x^2}{4} + 6$;

d) $u(t) = \frac{1}{2t} + \frac{5}{2}$; e) $\alpha(\beta) = \frac{1}{2}\ln\beta + \frac{1}{2}$.

22) a) $y = -\frac{1}{3} + \frac{5}{3}$; b) $y = \sqrt{x^3 + 1}$, $x > -1$; c) $y = -\ln x$; d) $y = 4^x + 3$.

23) a) -3; b) e^3; c) $\lim\limits_{x \to 2} \dfrac{x^2 + 4x - 12}{x^2 - 5x + 6} = \lim\limits_{x \to 2} \dfrac{(x+6)(x-2)}{(x-3)(x-2)} = \dfrac{8}{-1} = -8$;

d) $\dfrac{8}{5}$; e) $-\dfrac{3}{5}$.

24) a) $+\infty$; b) $\lim\limits_{x \to -1+0} \dfrac{1}{x+1} = +\infty$, $\lim\limits_{x \to -1-0} \dfrac{1}{x+1} = -\infty$;

c) $\lim\limits_{x \to 4-0} \dfrac{x}{x^2 - 5x + 4} = -\infty$, $\lim\limits_{x \to 4+0} \dfrac{x}{x^2 - 5x + 4} = +\infty$;

d) $\lim\limits_{x \to 2+0} f(x) = 2$, $\lim\limits_{x \to 2-0} f(x) = -1$.

25) a) -3; b) $-\dfrac{5}{2}$; c) 0; d) 0; e) $+\infty$; f) $-\infty$; g) 5; h) 2.

26) a) stetig; b) stetig; c) unstetig an $x = 1$; d) unstetig an $x = -1$ und $x = 1$.

27) a) $K(x) = 0,9x + 14$; $K_v(x) = 0,9x$, $K_f(x) = 14$,

$k(x) = 0,9 + \dfrac{14}{x}$, $k_f(x) = \dfrac{14}{x}$, $k_v(x) = 0,9$.

b) $K(x) = 0,8x^3 - 10x^2 + 60x + 120$; $K_f = 120$, $K_v(x) = 0,8x^3 - 10x^2 + 60x$,

$k(x) = 0,8x^2 - 10x + 60 + \dfrac{120}{x}$, $k_f(x) = \dfrac{120}{x}$, $k_v(x) = 0,8x^2 - 10 + 60$.

28) $E(x) = 10x - 0,3x^2$; $G(x) = -0,3x^2 + 9,1x - 14$; $D(x) = -0,3x^2 + 9,1x$;

Gewinnschwellen: $x_1 \approx 1,63$ ME, $x_2 \approx 28,71$ ME.

29) $\lim\limits_{x \to \infty} L(x) = 2,5$.

30) $y = -2x^2 + 2$.

31) a) $r_2 = \dfrac{25}{36}r_1^{-0,8}$, $r_2 = \dfrac{100}{36}r_1^{-0,8}$, $r_2 = \dfrac{400}{36}r_1^{-0,8}$;

b) $r_2 = \dfrac{35}{38,44r_1}$, $r_2 = \dfrac{100}{38,44r_1}$, $r_2 = \dfrac{400}{38,44r_1}$.

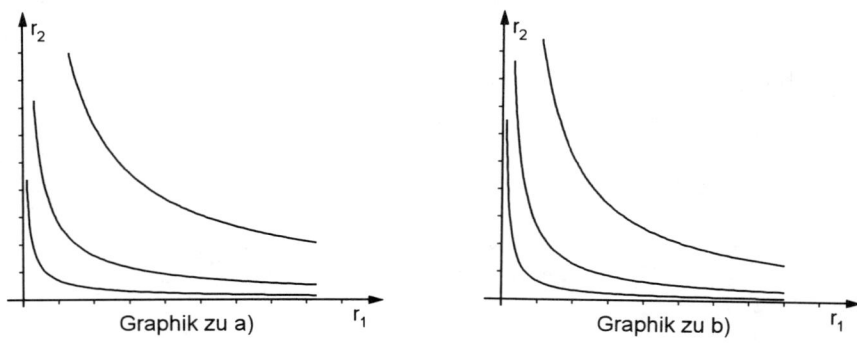

Graphik zu a)   Graphik zu b)

32) $x_2 = -\dfrac{2}{5}x_1 + \dfrac{14}{5}$, $x_2 = -\dfrac{2}{5}x_1 + \dfrac{24}{5}$, $x_2 = -\dfrac{2}{5}x_1 + \dfrac{34}{5}$.

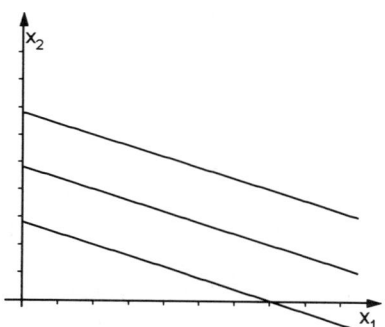

33) $x_2 = \dfrac{5^4}{8^4 \sqrt[3]{x_1^4}} = \dfrac{0,152\,5879}{x_1 \sqrt[3]{x_1}}$, $x_2 = \dfrac{12,359\,619}{x_1 \sqrt[3]{x_1}}$, $x_2 = \dfrac{39,0625}{x_1 \sqrt[3]{x_1}}$.

8.5   Aufgaben zu Kapitel 5

1) $f'(x) = \lim\limits_{\Delta x \to 0} \dfrac{(x + \Delta x)^4 - x^4}{\Delta x} = \lim\limits_{\Delta x \to 0} (4x^3 + 6x^2\Delta x + 4x^3\Delta x^2) = 4x^3.$

2)   a) $f'(x) = -15x^4 + 6x^2 - 2x + 1$;   b) $f'(x) = -18x^{-4} - 4x^{-2} + 6$;

c) $h'(s) = -\dfrac{14}{s^3} + \dfrac{7}{(s+2)^2}$;   d) $g'(t) = \dfrac{1}{3\sqrt[3]{t^2}}$;   e) $f'(x) = \dfrac{16}{17\sqrt[17]{x}}$;

f) $u'(s) = \dfrac{9}{4\sqrt[4]{3s-6}}$;   g) $f'(x) = 14xe^{-2x+1}(1-x)$;   h) $C'(Y) = 9000\dfrac{8150}{(Y+900)^2}$;

i) $f'(x) = \dfrac{6x^2 - 50x + 1}{(-x^2 + x - 4)^2}$;　　j) $y'(t) = \dfrac{1}{2\sqrt{t}}\ln(t^2 - 4t + 1) + \sqrt{t}\,\dfrac{2t - 4}{t^2 - 4t + 1}$;

k) $h'(z) = \dfrac{e^{3z}(6z^2 - 3z - 1)}{(2z - 1)^2}$.

3)　　a) $f'(x) = 24x^3 + 9x^2 - 2x + 1$,　$f''(x) = 72x^2 + 18x - 2$,

　　$f'''(x) = 144x + 18$,　$f^{(\mathrm{IV})}(x) = 144$;

　　b) $f'(x) = -\dfrac{1}{x^2}$,　$f''(x) = \dfrac{2}{x^3} = \dfrac{2!}{x^3}$,　$f'''(x) = -\dfrac{6}{x^4} = -\dfrac{3!}{x^4}$,　$f^{(\mathrm{IV})}(x) = \dfrac{24}{x^5} = \dfrac{4!}{x^5}$;

　　c) $f'(t) = e^{-t}(1 - t)$,　$f''(t) = e^{-t}(t - 2)$,　$f'''(t) = e^{-t}(3 - t)$,　$f^{(\mathrm{IV})}(t) = e^{-t}(t - 4)$;

　　d) $f'(u) = \ln u + 1$,　$f''(u) = \dfrac{1}{u}$,　$f'''(u) = -\dfrac{1}{u^2}$,　$f^{(\mathrm{IV})}(u) = \dfrac{2}{u^3}$.

4)　　a) $f'(-2,6) = -49,36$;　　b) $f'(1) \approx -0,052$;　　c) $u'(5) \approx 20,363$;

　　d) $h'(-3) \approx -1,959$.

5)　　a) $f'(2) = m = -2$,　$y + 5 = -2(x - 2)$,　$y = -2x - 1$;

　　b) $y = 16,313\,16x - 23,948\,632$;　　c) $C = -7,885\,809t + 2,098\,6425$;

　　d) $h = -0,000\,0676s + 0,000\,2949$.

6)　　a) steigend für $x < \dfrac{1}{3}$,　　fallend für $x > \dfrac{1}{3}$;

　　b) steigend für $t > \dfrac{1}{e}$,　　fallend für $t < \dfrac{1}{e}$;

　　c) $f'(x) = e^{-(x+3)}(-x^2 + 2x - 4)$, der erste Faktor ist stets > 0, der zweite stets < 0, also: $f(x)$ überall fallend;

　　d) fallend für $s < 1 - \sqrt{6}$ und $s > 1 + \sqrt{6}$,　　steigend für $1 - \sqrt{6} < s < 1 + \sqrt{6}$.

7)　　a) konkav für $x < 2$, konvex für $x > 2$;

　　b) $f''(t) = \dfrac{4}{(t - 1)^3}$,　f konvex für $t > 1$, konkav für $t < 1$.

　　c) $g''(u) = 2\ln u + 3$,　$2\ln u + 3 > 0$ ergibt $u > e^{-\frac{3}{2}}$; g konvex für $u > e^{-\frac{3}{2}}$, g konkav für $u < e^{-\frac{3}{2}}$;

　　d) $h''(z) = e^{-z}(z^2 - 4z + 2)$. Das Vorzeichen richtet sich wegen $e^{-z} > 0$ nach dem 2. Faktor. h konvex für $z < 2 - \sqrt{2}$ und $z > 2 + \sqrt{2}$, h konkav für $2 - \sqrt{2} < z < 2 + \sqrt{2}$;

　　e) f konvex für $x < -2$ und $x > 1$, f konkav für $-2 < x < 1$.

8)　　$df = 4$, exakter Wert der Funktionsänderung $= 4{,}026$.

9)　　$du = u'(-1)(-0,1) = 0,060\,6531$;

　　exakter Wert der Funktionsänderung $= u(-1,1) - u(-1) = 0,054\,2194$.

10)　　a) $x_0 = 3$ ist Stelle eines relativen Minimums; $f_{\min} = f(3) = 5$, d.h. $P_0(3,5)$ ist Punkt des relativen Minimums.

　　b) rel. Minimum: $(-3, -36)$;　　rel. Maximum: $(-5, -32)$.

　　c) rel. Minimum: $(1,5, -0,6875)$;　　d) rel. Maximum: $(0,5, 0,428\,8819)$;

　　e) rel. Minimum: $(e^{-1}, -2e^{-1})$;　　f) rel. Minimum: $(0,959\,7356, 1,979\,6263)$.

11) $F = (100 - x)(80 - y) \to$ Max. Es ist $x + y = 30$, $y = 30 - x$,

$F(x) = (100 - x)(50 + x)$, $F'(x) = 50 - 2x$, $F''(x) = -2 < 0$.

$x_0 = 25$, $y_0 = 5$.

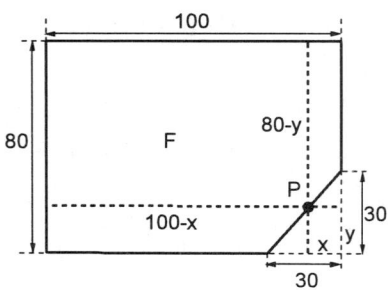

Die maximale Fläche erhält man, wenn P so gewählt wird, daß ein Quadrat entsteht.
$F_{\text{max}} = 75 \cdot 75 = 5625$ cm^2.

12) $V = \pi r^2 \cdot h$, $O = \pi r^2 + 2\pi r h$; $h = \dfrac{V}{\pi r^2}$ wird in O eingesetzt: $O(r) = \pi r^2 + \dfrac{2V}{r}$,

$O'(r) = 2\pi r - \dfrac{2V}{r^2}$, $r_0 = \sqrt[3]{\dfrac{V}{\pi}}$, $O''(r) = 2\pi + \dfrac{V}{r^3} > 0$ für $r > 0$, also liegt für

$r_0 = \sqrt[3]{\dfrac{V}{\pi}}$ ein Minimum vor.

Berechnung des zugehörigen h: $h = \dfrac{V}{\pi \sqrt[3]{\left(\dfrac{V}{\pi}\right)^2}} = \dfrac{V \sqrt[3]{\dfrac{V}{\pi}}}{\pi \cdot \dfrac{V}{\pi}} = \sqrt[3]{\dfrac{V}{\pi}}$. Bei dem

optimalen Gefäß ist die Höhe gleich dem Radius. Numerische Werte: $r_0 = \sqrt[3]{\dfrac{10\,000}{\pi}} \approx$
14,71cm. $h_0 = 14,71$cm.

13)   a) $W = (2, -31)$;   b) $W_1 = (2, -164)$, $W_2 = (-5, -1697)$;

c) $W_1 = (-0,645\,7513,\ 76,0771)$, $W_2 = (4,645\,7513,\ -326,0771)$

d) $W_1 = \left(-\dfrac{1}{\sqrt{3}}, \dfrac{3}{4}\right)$, $W_2 = \left(\dfrac{1}{\sqrt{3}}, \dfrac{3}{4}\right)$;   e) $W_1 = \left(-1, \dfrac{1}{\sqrt{e}}\right)$, $W_2 = \left(1, \dfrac{1}{\sqrt{e}}\right)$.

14)   a) Definitionsbereich: alle reellen x;   Nullstellen: $x_1 = 1$, $x_2 = -2$, $x_3 = -6$;
f(x) ist überall stetig;   Extrema: Maximum: $(-4,360\,9208,\ 20,745\,349)$, Minimum:
$(-0,305\,7458,\ -12,597\,201)$;   Wendepunkt: $\left(-\frac{7}{3}, 4\frac{2}{27}\right)$;
$f(x)$ wachsend für $x < -4,360\,9208$ und $x > -0,305\,7458$; $f(x)$ fallend in
$-4,360\,9208 < x < -0,305\,7458$; $f(x)$ konkav für $x < -\frac{7}{3}$, konvex für $x > \frac{7}{3}$;
$\displaystyle\lim_{x \to -\infty} f(x) = -\infty$, $\displaystyle\lim_{x \to +\infty} f(x) = +\infty$;

graphische Darstellung:

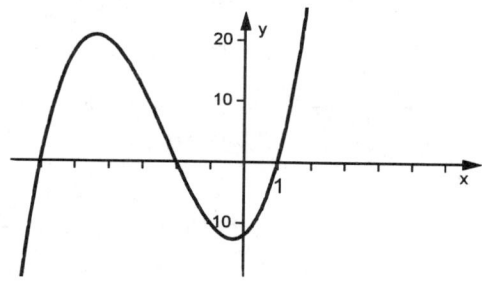

b) Definitionsbereich: alle reellen t außer $t = -1$; Nullstellen: $t_1 = 1$, $t_2 = 2$; Unstetigkeitsstelle: $t = -1$; Maximum: $(-1 - \sqrt{6}, -2\sqrt{6} - 5)$; Minimum: $(\sqrt{6} - 1; 2\sqrt{6} - 5)$; keine Wendepunkte; wachsend für $t < -1 - \sqrt{6}$ und für $t > \sqrt{6} - 1$; fallend für $-1 - \sqrt{6} < t < -1$ und $-1 < t < \sqrt{6} - 1$; konkav für $t < -1$, konvex für $t > -1$; $\lim\limits_{t \to -\infty} x(t) = -\infty$, $\lim\limits_{t \to +\infty} x(t) = +\infty$;

graphische Darstellung:

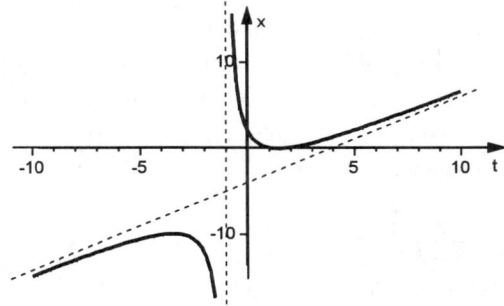

c) Definitionsbereich: alle reellen x; Nullstelle: $x_0 = 0$; keine Unstetigkeitsstellen; Minimum: $(0,0)$; Maximum: $(2, \frac{4}{e^2})$; Wendepunkte: $(0,585\,7864,\ 0,191\,0182)$ und $(3,414\,2136,\ 0,383\,537)$; fallend für $x < 0$ und $x > 2$, wachsend für $0 < x < 2$; konvex für $x < 0,585\,7864$ und $x > 3,414\,2136$, konkav für $0,585\,7864 < x < 3,414\,2136$; $\lim\limits_{x \to -\infty} f(x) = +\infty$, $\lim\limits_{x \to +\infty} f(x) = 0$;

graphische Darstellung:

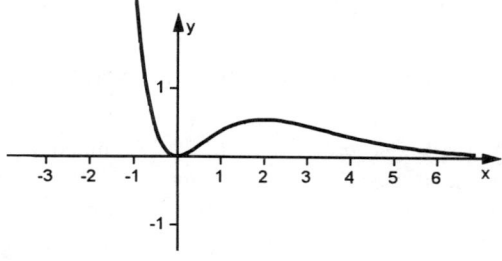

15)　Es ist $S(E) = 0,79z^4 - 30,82z^3 + 452z^2 + 2200z + 2926$　mit $z = \dfrac{E - 18\,000}{10\,000}$.

$S'(E) = (3,16z^3 - 92,46z^2 + 904z + 2200) \cdot z'$　mit $z' = \dfrac{1}{10\,000}$.

$S(50\,000):$　$z = \dfrac{50\,000 - 18\,000}{10\,000} = 3,2$,　$S(50\,000) \approx 0,425$ DM/DM.

Bei einem Jahreseinkommen von 50 000 DM verursacht eine zusätzlich verdiente Mark 42,5 Pf Steuern.

16)　a) $K'(x) = \frac{1}{2}x^2 - 310x + 52\,000$;　　b) $k'(x) = \frac{1}{3}x - 155 - \dfrac{46\,000}{x^2}$;　　c) $x_s = 310$ ME;

d) 5750 DM/ME;　　e) 3950 DM/ME;　　f) Die Stückkosten sinken um 42,06 DM/ME;

g) Die exakten Werte bei d), e), f) sind in dieser Reihenfolge: 5720,17; 3950,17; -41,90.

17)　a) $E'(p) = -4p + 500$;　　b) $E'(x) = -x + 250$;

c) $E'(110) = 140$ GE/ME,　$E(111) - E(110) = 139,5$ GE.

18)　a) $46,0613 < x < 578,9387$;　　b) $x_{\text{Max}} = 312,5$ ME,　$G_{\text{Max}} = 425,9375$ GE;

c) $G'(x) = -0,012x + 3,75$;　　d) $g'(x) = -0,006 + \dfrac{160}{x^2}$;

e) $D'(x) = -0,012x + 3,75$;　　f) $d'(x) = -0,006$;　　g) $E'(p) = -333\frac{1}{3}p + 666\frac{2}{3}$;

h) $G'(280) = 0,39$ GE/ME;　　i) der Stückgewinn steigt um $0,004\,44$ GE/ME;

j) der Deckungsbeitrag sinkt um 0,75 GE.

19)　$x'(80) = 1170:$　Wird bei einem Einsatz von 80 ME der Einsatz um 1 ME erhöht, so steigt die produzierte Menge um 1170 ME.

20)　$\dfrac{dr_2}{dr_1} = -\dfrac{2}{3}\sqrt[6]{\left(\dfrac{10}{3,8}\right)^{10}}\, r_1^{-\frac{5}{3}}$;　$\dfrac{dr_2}{dr_1}\bigg|_{r_1 = 5} \cdot 0,1 \approx -0,229:$

Der Einsatz von r_2 muß um 0,229 ME sinken.

21)　$C'(4000) \approx 0,52$ DM/DM. Die marginale Konsumquote beträgt bei einem Einkommen von $X = 4000$ DM ca. 0,52 DM/DM; die marginale Sparquote beträgt ca. 0,48 DM/DM.

22)　a) Die Schwelle des Ertragsgesetzes liegt bei $x_s = 100$ ME;

b) Das Betriebsminimum liegt bei $x_m = 150$ ME. Die kurzfristige Preisuntergrenze beträgt 2250 GE/ME.

c) $k'(x) = \dfrac{x}{3} - 50 - \dfrac{52\,000}{x^2} = 0$. Das führt auf die Gleichung 3. Grades:

$x^3 - 150x^2 - 156\,000 = 0$. Die positive Lösung, d.h. die Stelle des Betriebsoptimums, ist $x_0 = 156,379$ ME. Die langfristige Preisuntergrenze beträgt $k(156,379) \approx 2589,31$ GE/ME.

23)　a) $K'(x) = p$ liefert: $x_{1,2} \approx 100 \pm 64,81$. Da x_G im konvexen Bereich von $K(x)$, d.h. im Bereich $x > 100$, liegen muß, kommt nur $x_G = 164,81$ ME in Frage. Die gewinnmaximale Angebotsmenge beträgt 164,81 ME; $G_{\text{Max}} = G(164,81) = 82\,063,71$ GE.

b) Der Stückgewinn wird am Betriebsoptimum maximiert; dies liegt für die angegebene Kostenfunktion bei $x_0 = 156,379$ ME.

c) Die gewinnmaximale Angebotsfunktion ist $p = \dfrac{x^2}{2} - 100x + 6000$, d.h.

$x^2 - 200x + (6000 - p) \cdot 2 = 0$, $x(p) = 100 + \sqrt{10\,000 - 2 \cdot (6000 - p)}$,

sie gilt für $p \geq 2589,31$ GE/ME. Für die Kapazitätsgrenze $x = 180$ ME ergibt sich $p = 4200$ GE/ME, d.h. die Funktion $x(p)$ gilt für $2589,31 \leq p \leq 4200$.

24)   a) $G(x) = 10x - 400$. Die Gewinnschwelle liegt bei $x = 40$ ME.

b) Das Gewinnmaximum liegt an der Kapazitätsgrenze $x = 110$ ME, $G_{\text{Max}} = G(110) = 700$ GE.

c) $g(x) = 10 - \dfrac{400}{x}$;   das Maximum dieser Funktion wird an der Kapazitätsgrenze

angenommen. $g_{\text{Max}} = 10 - \dfrac{400}{110} \approx 6,36$ GE/ME. $k_{\text{Min}} = k(110) \approx 8,64$ GE/ME.

25)   a) Cournotpunkt $C = (138,92,\ 261,08)$; $G_{\text{Max}} = 26\,003,23$ GE.

b) $C = (175,\ 225)$, $G_{\text{Max}} = 28\,625$ GE.

26)   a) $\varepsilon_{f,x} = n$;   b) $\varepsilon_{f,x} = \dfrac{4x^2 - 3x}{2x^2 - 3x + 4}$;   c) $\varepsilon_{g,t} = 1 - 3t$;   d) $\varepsilon_{x,r} = \frac{2}{3}$;

e) $\varepsilon_{f,u} = \dfrac{2\ln(u^3 - 1) + \dfrac{3u^3}{u^3 - 1}}{\ln(u^3 - 1)}$.

27) $\varepsilon_{x,r} = \dfrac{-0,3r^2 + 12r + 155}{-0,1r^2 + 6r + 155}$, $\varepsilon_{x,r}|_{10} \approx 1,2$, $\varepsilon_{x,r}|_{50} \approx 0,02$.

Steigt der Faktoreinsatz bei $r = 10$ um 1%, so steigt der Output um $1,2\%$, der Output verhält sich bei $r = 10$ bzgl. des Faktoreinsatzes elastisch. Steigt der Faktoreinsatz bei $r = 50$ um 1%, so steigt der Output um $0,02\%$; bei $r = 50$ verhält sich der Output annähernd starr.

28)   a) starr für $p = 0$; unelastisch für $0 < p < 7,5$; ausgeglichen elastisch für $p = 7,5$; elastisch für $7,5 < p < 15$; vollkommen elastisch für $p = 15$.

b) starr für $p = 0$; unelastisch für $0 < p < 2$; ausgeglichen für $p = 2$; elastisch für $p > 2$.

29) $\varepsilon_{S,X} = \dfrac{(X^2 + 15\,000X - 870\,000)X}{(X + 7500)(X^2 - 900X - 5880\,000)}$, $\varepsilon_{S,X}|_{5000} \approx 2,71$.

Steigt bei einem Einkommen von 5000 DM das Einkommen um 1%, so erhöht sich der Sparanteil um $2,71\%$.

30)   a) $\dfrac{\partial f}{\partial x_1} = -2x_1 + 4x_2 - 3x_3$, $\dfrac{\partial f}{\partial x_2} = 4x_2 + 4x_1 + x_3$, $\dfrac{\partial f}{\partial x_3} = -3x_3^2 - 2x_1 + x_2$;

b) $\dfrac{\partial f}{\partial x} = (y - z)^4 + 6z(x - 2y)^5$, $\dfrac{\partial f}{\partial y} = 4x(y - z)^3 - 12z(x - 2y)^5$;

$\dfrac{\partial f}{\partial z} = -4x(y - z)^3 + (x - 2y)^6$;

c) $\dfrac{\partial u}{\partial s} = \dfrac{1}{t + 1} + \dfrac{t}{2(t - s)\sqrt{s(t - s)}}$, $\dfrac{\partial u}{\partial t} = -\dfrac{s - 1}{(t + 1)^2} - \dfrac{\sqrt{s}}{2(t - s)\sqrt{t - s}}$;

d) $\dfrac{\partial x}{\partial r_1} = 0,2r_1^{-0,6}r_2^{0,5}r_3^{0,6}$, $\dfrac{\partial x}{\partial r_2} = 0,25r_1^{0,4}r_2^{-0,5}r_3^{0,6}$, $\dfrac{\partial x}{\partial r_3} = 0,3r_1^{0,4}r_2^{0,5}r_3^{-0,4}$;

e) $\dfrac{\partial f}{\partial x_k} = -2x_k e^{-\sum_{i=1}^{n} x_i^2}$, $k = 1, 2 \ldots, n$;

f) $\dfrac{\partial f}{\partial x_k} = 3k x_k^2$, $k = 1, 2, \ldots, n$;

g) $\dfrac{\partial Q}{\partial c} = 2 \displaystyle\sum_{i=1}^{n}(c + bx_i + ax_i^2 - y_i)$, $\dfrac{\partial Q}{\partial b} = 2 \displaystyle\sum_{i=1}^{n}(c + bx_i + ax_i^2 - y_i)x_i$,

$\dfrac{\partial Q}{\partial a} = 2 \displaystyle\sum_{i=1}^{n}(c + bx_i + ax_i^2 - y_i)x_i^2$.

Das Normalgleichungssystem für die quadratische Regression lautet:

$$
\begin{aligned}
c \cdot n &+ b\sum x_i &+ a\sum x_i^2 &= \sum y_i \\
c\sum x_i &+ b\sum x_i^2 &+ a\sum x_i^3 &= \sum x_i y_i \\
c\sum x_i^2 &+ b\sum x_i^3 &+ a\sum x_i^4 &= \sum x_i^2 y_i.
\end{aligned}
$$

h) $\dfrac{\partial g}{\partial r} = 2r e^{-2(r-s)}(1 - r)$, $\dfrac{\partial g}{\partial s} = 2r^2 e^{-2(r-s)}$.

i) $\dfrac{\partial f}{\partial x} = 2(x-y)\left[\ln(x^2 - 2y) + \dfrac{x(x-y)}{x^2 - 2y}\right]$, $\dfrac{\partial f}{\partial y} = -2(x-y)\left[\ln(x^2 - 2y) + \dfrac{x - y}{x^2 - 2y}\right]$.

31) $\dfrac{\partial f}{\partial x_2} = 4x_1 + 4x_2 + x_3$, $\left.\dfrac{\partial f}{\partial x_2}\right|_{(2,4,-1)} \cdot (-0,01) = -0,23$.

Die Funktion nimmt um 0,23 Einheiten ab.

32) $df = \left.\dfrac{\partial f}{\partial x}\right|_{(1,-2,3)} \cdot 0,001 + \left.\dfrac{\partial f}{\partial y}\right|_{(1,-2,3)} \cdot (-0,02) + \left.\dfrac{\partial f}{\partial z}\right|_{(1,-2,3)} \cdot (-0,02) = 1994,375$.

33) $\varepsilon_{g,r} = 2(1 + r)$; $\varepsilon_{g,s} = -2s$, $\varepsilon_{g,r}|_{(1,\ 2)} = 4$, $\varepsilon_{g,s}|_{(1,\ 2)} = -4$.

Wächst r bei $P_0(1,\ 2)$ um 1% bei unverändertem s so nimmt die Funktion um 4% zu. Wächst s bei $P_0 = (1,\ 2)$ um 1% bei unverändertem r, so nimmt die Funktion um 4% ab.

34) $Q(a,b) = \displaystyle\sum_{i=1}^{12}(b + av_i - s_i)^2$. Das Normalgleichungssystem lautet:

$$
\begin{aligned}
12b &+ a\sum v_i &= \sum s_i \\
b\sum v_i &+ a\sum v_i^2 &= \sum v_i s_i
\end{aligned}
$$

$$
\begin{aligned}
675a &+ 12b &= 169,3 \\
45\,485a &+ 675b &= 11\,324,2
\end{aligned}
$$

$a \approx 0,2396$, $b \approx 0,6308$.

8.6 Aufgaben zu Kapitel 6

1)   a) $-\frac{1}{3}x^6 + \frac{3}{5}x^5 - \frac{1}{4}x^4 + x^3 + 2x^2 - x + C$;   b) $\frac{1}{1,4}t^{1,4} - \frac{3}{0,8}t^{0,8} + C$;

   c) $\frac{3}{2}u\sqrt[3]{u} - 2u\sqrt{u} + \frac{6}{11}u\sqrt[6]{u^5} + C$;   d) $\frac{1}{2}\ln|x| - 6e^x + C$;   e) $-\ln|-y+2|$;

   f) $-\frac{1}{2}e^{-2s+1} + C$;   g) $\dfrac{x^4}{4}\ln x - \dfrac{x^4}{16} + C$ (durch partielle Integration);

   h) durch zweimalige partielle Integration: $e^x(x^2 - 2x + 2)$;

   i) Substitution: $u^3 + 4 = t$: $\ln|u^3 + 4|$;

2)   a) $\left[-\frac{1}{4}x^4 + \frac{2}{3}x^3 - \frac{1}{2}x^2 + 4x\right]_{-2}^{1} = 23\frac{1}{4}$;   b) $-1518\frac{1}{3}$;   c) $16,105\,475$;

   d) $20,985\,963$;   e) $11,633\,697$;   f) $0,160\,6028$;   g) $\left[-\frac{1}{6}\ln(t^6 + 1)\right]_{-1}^{1} = 0$.

3)   a) $f(x) > 0$ in $[-5,\ 5]$, also $F = \displaystyle\int_{-5}^{5} (x^4 + x^2 + 1)\,dx = 1343\frac{1}{3}$ Flächeneinheiten;

   b) $f(x) < 0$ in $[-5,\ 5]$, also $F = \left|\displaystyle\int_{-5}^{5} -e^{-x}\,dx\right| = 148,406\,42$ FE;

   c) $f(x)$ hat die Nullstellen -3, 0, 3; es gilt

$$F = \left|\int_{-5}^{-3} (x^3 - 9x)\,dx\right| + \int_{-3}^{0} (x^3 - 9x)\,dx + \left|\int_{0}^{3} (x^3 - 9x)\,dx\right| + \int_{3}^{5} (x^3 - 9x)\,dx$$

denn $f(x)$ ist negativ in $[-5, -3]$, $[0, 3]$, positiv in $[-3, 0]$ und $[3, 5]$. $F = 168,5$ FE.

4) $\alpha = 0,060\,1539$.

   a) $K_0 = \displaystyle\int_{0}^{10} 250\,000\,e^{-\alpha t}\,dt = 1878\,649,10$ DM;

   b) $e^{\alpha \cdot 7,5} \cdot 1878\,649,1 = 2949\,711,50$ DM;   c) $e^{\alpha \cdot 10} \cdot 1878\,649,1 = 3428\,394,90$ DM.

5)   a) $p \approx 5,127\%$;   b) $K_0 = \displaystyle\int_{3}^{12} (200\,000 + 18\,000t)\,e^{-0,05t}\,dt = 2051\,937$ DM.

   c) $3738\,873$ DM.

6) $K_R = \displaystyle\int_{0}^{20} (17 - 0,3x)\,dx - 20 \cdot 11 = 60$ GE; $P_R = 20 \cdot 11 - \displaystyle\int_{0}^{20} (3 + 0,4x)\,dx = 80$ GE.

7) $K_R \approx 56,57$ GE; $P_R \approx 113,14$ GE.

8)   a) $K(9) = 1900 + 50\displaystyle\int_{0}^{9} e^{0,05t}\,dt = 2468,3122$ Mrd. DM;

   b) $50\displaystyle\int_{7}^{9} e^{0,05t}\,dt = 149,244\,64$ Mrd. DM.

8.7　Aufgaben zu Kapitel 7

1)　a) $2\boldsymbol{A} - 4\boldsymbol{D} = \begin{pmatrix} 0 & -2 & -6 \\ 8 & 8 & -4 \\ -4 & -2 & 12 \end{pmatrix}$;　$\boldsymbol{D} + \boldsymbol{A}^{\mathrm{T}} = \begin{pmatrix} 3 & 5 & 2 \\ 1 & 1 & 2 \\ -1 & 1 & 6 \end{pmatrix}$;

b) $\boldsymbol{x} - \boldsymbol{y} = \begin{pmatrix} 1 \\ 0 \\ 1 \end{pmatrix}$;　$2\boldsymbol{x} + 3\boldsymbol{y} = \begin{pmatrix} 2 \\ -5 \\ 7 \end{pmatrix}$;

c) $\boldsymbol{AD} = \begin{pmatrix} -4 & -2 & 1 \\ 4 & 2 & 2 \\ 14 & 7 & 1 \end{pmatrix}$;　$\boldsymbol{DA} = \begin{pmatrix} 6 & 3 & -3 \\ -2 & -1 & 6 \\ 8 & 4 & -6 \end{pmatrix}$;

$\boldsymbol{B}^{\mathrm{T}}\boldsymbol{A} = \begin{pmatrix} -2 & -1 & -9 \\ 14 & 7 & 18 \end{pmatrix}$;　$\boldsymbol{AC} = \begin{pmatrix} -16 & -3 & -4 & 7 \\ 4 & 0 & -8 & 14 \\ 38 & 6 & -4 & 7 \end{pmatrix}$.

d) $\boldsymbol{Ax} = \begin{pmatrix} -5 \\ 2 \\ 13 \end{pmatrix}$;　$\boldsymbol{Dy} = \begin{pmatrix} -1 \\ 2 \\ -1 \end{pmatrix}$;　$\boldsymbol{Bz} = \begin{pmatrix} -2 \\ 4 \\ -1 \end{pmatrix}$;　$\boldsymbol{x}^{\mathrm{T}}\boldsymbol{y} = 3$.

2)　a) $x_1 = 2$,　$x_2 = -1$;　　b) $a = 3{,}9778963$,　$b = 5{,}9598125$;　　c) unlösbar;

d) $\boldsymbol{x} = \begin{pmatrix} 13 - 3x_3 \\ 5 - x_3 \\ x_3 \end{pmatrix}$;　　e) $\boldsymbol{x} = \begin{pmatrix} -1{,}0724138 \\ -1{,}5810345 \\ 2{,}0568966 \\ 1{,}1862069 \end{pmatrix}$.

3)　a) Rang($\boldsymbol{B}$)=2;　　Rang($\boldsymbol{C}$) = 3;　　Rang($\boldsymbol{A}$) = 2;　　Rang($\boldsymbol{B}$) = 2.

4)　$\boldsymbol{A}$ besitzt keine Inverse;　$\boldsymbol{B}^{-1} = \begin{pmatrix} -8 & -4 & 3 \\ -3 & -1 & 1 \\ 9 & 4 & -3 \end{pmatrix}$;　$\boldsymbol{C}^{-1} = \begin{pmatrix} 0{,}4 & 0{,}3 \\ -0{,}2 & 0{,}1 \end{pmatrix}$.

5)　Produktionsmatrix $\boldsymbol{A} = \begin{pmatrix} \frac{10}{300} & \frac{80}{200} \\ \frac{60}{300} & \frac{10}{200} \end{pmatrix} = \begin{pmatrix} 0{,}03333 & 0{,}4 \\ 0{,}2 & 0{,}05 \end{pmatrix}$;

$\boldsymbol{R} = \begin{pmatrix} 0{,}13333 & 0{,}1 \\ 0{,}1 & 0{,}3 \end{pmatrix}$;　$\boldsymbol{E} - \boldsymbol{A} = \begin{pmatrix} 0{,}96667 & -0{,}4 \\ -0{,}2 & 0{,}95 \end{pmatrix}$.

$\boldsymbol{x}$ bestimmt man aus dem Gleichungssystem:
$$\begin{array}{rcrcl} 0{,}96667x_1 & - & 0{,}4x_2 & = & 300 \\ -0{,}2x_1 & + & 0{,}95x_2 & = & 200. \end{array}$$

$\boldsymbol{x} = \begin{pmatrix} 435{,}3877 \\ 302{,}1869 \end{pmatrix}$;　$\boldsymbol{r} = \boldsymbol{Rx} = \begin{pmatrix} 88{,}2704 \\ 134{,}1948 \end{pmatrix}$.

6)　$\boldsymbol{A} = \begin{pmatrix} 10 & 50 & 70 \\ 30 & 20 & 40 \\ 80 & 40 & 10 \end{pmatrix}$,　$\boldsymbol{L} = \begin{pmatrix} 410 & 0 & 0 \\ 0 & 450 & 0 \\ 0 & 0 & 430 \end{pmatrix}$,　$(\boldsymbol{L} - \boldsymbol{A})^{\mathrm{T}} = \begin{pmatrix} 400 & -30 & -80 \\ -50 & 430 & -40 \\ -70 & -40 & 420 \end{pmatrix}$;

$$\begin{array}{rcrcrcl} 400p_1 & - & 30p_2 & - & 80p_3 & = & 1577 \\ -50p_1 & + & 430p_2 & - & 40p_3 & = & 1235 \\ -70p_1 & - & 40p_2 & + & 420p_3 & = & 734 \end{array}$$;　$\boldsymbol{p} = \begin{pmatrix} 4{,}80 \\ 3{,}70 \\ 2{,}90 \end{pmatrix}$ GE/LE.

7) x_1 : Produktion von p_1(in t), x_2 : Produktion von p_2(in t).

$$Z = 200x_1 + 300x_2 \to \text{Max}$$
$$x_1 + 2x_2 \leq 22$$
$$x_1 + x_2 \leq 13$$
$$1,5x_1 + 0,5x_2 \leq 16,5$$
$$x_1 \geq 0, \quad x_2 \geq 0.$$

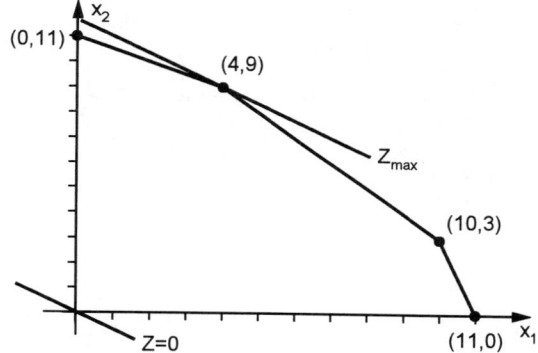

optimale Lösung: $\boldsymbol{x} = \begin{pmatrix} 4 \\ 9 \end{pmatrix} t$, $Z_{\text{Max}} = 3500$ DM.

	x_1	x_2	y_1	y_2	y_3	Z	b	$\frac{b_i}{a_{i2}}$
y_1	1	2	1	0	0	0	22	11
y_2	1	1	0	1	0	0	13	13
y_3	1,5	0,5	0	0	1	0	16,5	33
Z	−200	−300	0	0	0	1	0	

	x_1	x_2	y_1	y_2	y_3	Z	b	$\frac{b_i}{a_{i1}}$
x_2	0,5	1	0,5	0	0	0	11	22
y_2	0,5	0	−0,5	1	0	0	2	4
y_3	1,25	0	−0,25	0	1	0	11	8,8
Z	−50	0	150	0	0	1	3300	

	x_1	x_2	y_1	y_2	y_3	Z	b	
x_1	0	1	1	−1	0	0	9	
x_2	1	0	−1	2	0	0	4	
y_3	0	0	1	−2,5	1	0	6	
Z	0	0	100	100	0	1	3500	

Nichtbasisvariable: $y_1 = 0$, $y_2 = 0$. $\boldsymbol{x} = \begin{pmatrix} 4 \\ 9 \end{pmatrix}$, $Z_{\text{Max}} = 3500$.

8)

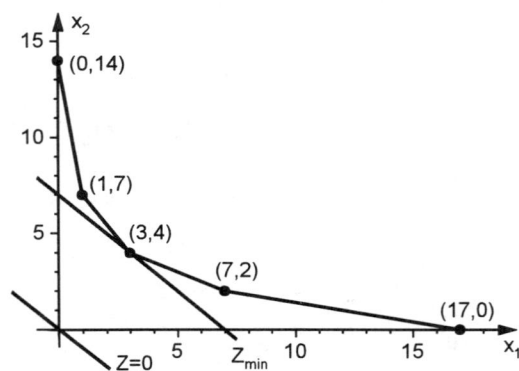

$$x = \begin{pmatrix} 3 \\ 4 \end{pmatrix}. \quad Z_{\text{Min}} = 14.$$

9)   a) $x_{\text{opt}} = \begin{pmatrix} 13 \\ 10 \end{pmatrix}$, $Z_{\text{Max}} = 59$;   b) $x_{\text{opt}} = \begin{pmatrix} 2 \\ 6 \\ 0 \end{pmatrix}$, $Z_{\text{Max}} = 8$.

Literaturverzeichnis

Altmann, J.: *Starthilfe BWL*. Stuttgart-Leipzig: Teubner-Verlag 1999.

Bosch, K.: *Finanzmathematik*. 4. Aufl. München: Oldenbourg-Verlag 1994.

Bosch, K.: *Mathematik für Wirtschaftswissenschaftler*. 12.Aufl. München: Oldenbourg-Verlag 1999.

Breitung, K.; Filip, P.: *Einführung in die Mathematik für Ökonomen*. München: Oldenbourg-Verlag 1989.

Britzelmaier, B.; Studer, H. P.: *Starthilfe Marketing*. Stuttgart-Leipzig: Teubner-Verlag 2000.

Clausen, M.; Kerber, A.: *Mathematische Grundlagen für Wirtschaftswissenschaftler*. Mannheim: B.I. Wissenschaftsverlag 1991.

Dantzig, G.B.: *Lineare Programmierung und Erweiterungen*. Berlin-Heidelberg-New York: Springer-Verlag 1966.

Gal, T. (Hrsg.): *Grundlagen des Operations Research*. 3 Bde, Berlin-Heidelberg-New York: Springer-Verlag 1991–1992.

Großmann, Ch.; Terno, J.: *Numerik der Optimierung*. 2. Aufl. Stuttgart-Leipzig: Teubner-Verlag 1997.

Huang, D.S.; Schulz, W.: *Einführung in die Mathematik für Wirtschaftswissenschaftler*. 8. Aufl. München: Oldenbourg-Verlag 1998.

Luderer, B.: *Klausurtraining Mathematik für Wirtschaftswissenschaftler*. Stuttgart-Leipzig: Teubner-Verlag 1997.

Luderer, B.; Nollau, V.; Vetters, K.: *Mathematische Formeln für Wirtschaftswissenschaftler*. 3. Aufl. Stuttgart-Leipzig-Wiesbaden: Teubner-Verlag 2000.

Luderer, B.; Würker, U.: *Einstieg in die Wirtschaftsmathematik*. Stuttgart-Leipzig: Teubner-Verlag 1997.

Nollau, V.: *Mathematik für Wirtschaftswissenschaftler*. 3. Aufl. Stuttgart-Leipzig: Teubner-Verlag 1999.

Ohse, D.: *Elementare Algebra und Funktionen: ein Brückenkurs zum Hochschulstudium*. München: Vahlen-Verlag 1992.

Ohse, D.: *Mathematik für Wirtschaftswissenschaftler I, II*. 4. Aufl. München: Vahlen-Verlag 1998.

Pfuff, F.: *Mathematik für Wirtschaftswissenschaftler*. 3. Aufl. Braunschweig: Vieweg-Verlag 1989.

Rommelfanger, H.: *Mathematik für Wirtschaftswissenschaftler I, II*. 4. Aufl. Mannheim: B.I. Wissenschaftsverlag 1997.

Schäfer, W.; Georgi, K.; Trippler, G.: *Mathematik-Vorkurs*. 4. Aufl. Stuttgart-Leipzig: Teubner-Verlag 1999.

Schierenbeck, H.: *Grundzüge der Betriebswirtschaftslehre*. 14. Aufl. München: Oldenbourg-Verlag 1999.

Tietze, J.: *Einführung in die angewandte Wirtschaftsmathematik*. 7. Aufl. Braunschweig: Vieweg-Verlag 1998.

Wöhe, G.: *Einführung in die allgemeine Betriebswirtschaftslehre*. 19. Aufl. München: Vahlen-Verlag 1996.

Zeidler, E.: *Teubner-Taschenbuch der Mathematik*. Stuttgart-Leipzig: Teubner-Verlag 1996.

Index